böhlau

Osteuropa in Geschichte und Gegenwart

Band 1

Im Auftrag des Center for Eastern European Studies (CEES)
herausgegeben von Tanja Penter, Jeronim Perović und Ulrich Schmid

Die neue Reihe *Osteuropa in Geschichte und Gegenwart* kommt einem wachsenden Bedürfnis nach profunder Analyse zu zeitgeschichtlichen und aktuellen Entwicklungen im östlichen Teil Europas nach. Osteuropa ist geographisch weit gefasst und umfasst einen Raum, der im Wesentlichen die sozialistischen Länder des ehemaligen »Ostblocks« einschliesst, wobei Russland und die Staaten der ehemaligen Sowjetunion einen Schwerpunkt bilden sollen. Die Reihe ist interdisziplinär ausgerichtet. Historisch orientierte Arbeiten sollen ebenso einbezogen werden wie solche, die sich mit gegenwartsbezogenen politischen, gesellschaftlichen, wirtschaftlichen und kulturellen Themen auseinandersetzen.

Die Herausgeber

Felix Rehschuh

Aufstieg zur Energiemacht

Der sowjetische Weg ins Erdölzeitalter

1930er bis 1950er Jahre

Mit 9 Abbildungen

Böhlau Verlag Wien Köln Weimar

Die Druckvorstufe dieser Publikation wurde vom Schweizerischen Nationalfonds zur Förderung der wissenschaftlichen Forschung unterstützt.

Die vorliegende Arbeit wurde von der Philosophischen Fakultät der Universität Zürich im Frühjahrssemester 2017 auf Antrag der Promotionskommission Prof. Dr. Jeronim Perović (hauptverantwortliche Betreuungsperson) und Prof. Dr. Klaus Gestwa als Dissertation angenommen.

Bibliografische Information der Deutschen Nationalbibliothek:
Die Deutsche Nationalbibliothek verzeichnet diese Publikation in der Deutschen Nationalbibliografie; detaillierte bibliografische Daten sind im Internet über http://dnb.de abrufbar.

Umschlagabbildung: Plakat »Za 38 mln. tonn nefti s gazom v 1941 godu!« aus dem Jahr 1941

Korrektorat: Anja Borkam, Jena
Satz: SchwabScantechnik, Göttingen
Umschlaggestaltung: hawemannundmosch, Berlin
Druck und Bindung: ⊕ Hubert & Co. BuchPartner, Göttingen
Printed in the EU

Vandenhoeck & Ruprecht Verlage | www.vandenhoeck-ruprecht-verlage.com

ISBN 978-3-412-51132-6

Inhalt

Vorwort

Prophezeiungen über ein nahendes Ende des Erdölzeitalters sind beinahe so alt wie der Verbrennungsmotor. Lange bevor das Erdöl wirtschaftliche Relevanz erlangte, warnten Fachleute bereits vor dessen Vergänglichkeit. Schon seit dem späten 19. Jahrhundert war das drohende Fördermaximum immer wieder Gegenstand kontroverser Debatten. Zuletzt warnten Experten zu Beginn der 2000er Jahre vor dem sogenannten Peak Oil und skizzierten eine düstere Zukunft des Mangels: explodierenden Preise würden die Weltwirtschaft schon bald in eine tiefe Krise stürzen. Wie wir wissen, kam es letztlich anders: Die Weltwirtschaftskrise brachte ihrerseits zahlreiche Erdölproduzenten in Bedrängnis – und uns die niedrigsten Benzinpreise seit vielen Jahren.

Dennoch gilt der Abschied vom Erdöl inzwischen vielerorts als alternativlos. Klimawandel, Dieselskandal, technologischer Fortschritt und die Furcht vor einer möglichen Erpressbarkeit durch autoritäre Erdölstaaten haben den energetischen Wandel längst eingeleitet. Verschiedene Staatschefs sahen sich jüngst gezwungen, dem Verbrennungsmotor als ›Brückentechnologie‹ ein baldiges Ende zu bescheiden oder dieses sogar durch angekündigte Verbote zu determinieren. Die Russländische Föderation als weltgrößter Erdölproduzent und mit Abstand wichtigster Energielieferant Europas kann an einer solchen Entwicklung nur ein geringes Interesse haben. Zwar hat der gesunkene Ölpreis die volkswirtschaftliche Relevanz des Brennstoffes in den letzten Jahren reduziert. Die Moskauer Regierung ist jedoch nach wie vor auf die entsprechenden Einnahmen angewiesen – sie machen immerhin mehr als ein Drittel des russischen Etats aus.

Die Ursprünge der engen Verflechtung zwischen russischem Staat und Erdölsektor, der immensen Bedeutung des Brennstoffes für die russische Wirtschaft, liegen in der Sowjetunion der 1930er und 1940er Jahre. In dieser Zeit wurden die Entscheidungen getroffen, dem amerikanischen, dem kapitalistischen energetischen Pfad zu folgen und die Prioritäten zugunsten des Erdöls auszurichten. Umso verwunderlicher ist, dass unser heutiges Wissen über diese so bedeutende Phase sowjetischer Energiepolitik bisher größtenteils auf den zeitgenössischen Erkenntnissen amerikanischer Geheimdienste basiert, deren Einblicke in viele innersowjetischen Entwicklungen allenfalls oberflächlich sein konnten. Dieses Buch soll entsprechend dazu beitragen, bestehende Wissenslücken zu schließen und auf diese Weise ein besseres Verständnis späterer sowjetischer, vielleicht sogar heutiger russländischer energiepolitischer Handlungsweisen zu ermöglichen.

Das vorliegende Werk ist im Verlauf von nahezu fünf Jahren als Dissertation an der Universität Zürich entstanden. Ohne die tatkräftige Hilfe, den Beistand und das Wohlwollen zahlreicher Förderer und Unterstützer wäre dieses Buch in der vorliegenden Form nicht möglich gewesen. Besonderer Dank gilt meinem Betreuer Jeronim Perović, der mir und meinem Projekt von Beginn an sein vollstes Vertrauen geschenkt hat und mir stets mit wertvollen Ratschlägen, Kommentaren und Hinweisen zur Seite stand. Herzlich danken möchte ich auch Klaus Gestwa, der meine Dissertation stets mit großem Interesse verfolgte und neben seinem umfassenden Wissen zur sowjetischen Energiepolitik auch erstes Quellenmaterial und Tipps zum Umgang mit Moskauer Archiven mit mir geteilt hat.

Von unschätzbarem Wert war für mich der Austausch mit Felix Frey, Michael Galbas und Markus Mirschel, die mich während der letzten Jahre inhaltlich wie persönlich begleitet haben und zahlreiche Kapitel meines Manuskripts kommentiert haben, wofür ich ihnen unendlich dankbar bin. Eine wichtige Unterstützung waren für mich Philipp Casula, Tom Koritschan, Angelika Strobel, Julia Heinemann, Andrea Westermann, Matthew Mesley, Ksenia Golovko und Tatjana Hofmann, die mir die Arbeit an meiner Dissertation auf vielerlei Art und Weise erleichtert haben. Danken möchte ich auch Nada Boškovska und ihrem Team vom Lehrstuhl für Osteuropäische Geschichte sowie all den anderen Kolleginnen und Kollegen vom Historischen Seminar und verschiedenen anderen Instituten für die fruchtbaren Gespräche und Anregungen der letzten Jahre und insgesamt die gemeinsame Zeit an der Universität Zürich.

Weiterer Dank gilt dem Böhlau-Verlag und hier insbesondere Dorothee Rheker-Wunsch, Kirsti Doepner und Julia Beenken für die gute Zusammenarbeit. Dass dieses Buch bereits im Sommer 2018 publiziert werden kann, ist auch ihr Verdienst. Für die finanzielle Förderung des Dissertationsprojektes und der anschließenden Publikation bin ich besonders dem Schweizerischen Nationalfonds zu erheblichem Dank verpflichtet. Ohne dessen langjährige und zuverlässige Finanzierung meiner Forschungen und Russlandreisen wäre das Projekt nicht möglich gewesen. Bedanken möchte ich mich nicht zuletzt bei den bisher ungenannten Konferenzteilnehmern und Gesprächspartnern, den Archiv- und Bibliotheksmitarbeitern, den Freunden und externen Kolleginnen und Kollegen und all den anderen Personen, die einen kleinen Teil zum Gelingen meines Projektes beigetragen haben.

Schließlich möchte ich in besonderem Maße meiner Familie danken, die ohne zu Murren und über Wochen hinweg gründlich mein Manuskript gelesen hat. Sie hat ganz erheblich dazu beigetragen, dass letztlich ein abgabefertiges Werk entstanden ist. Der größte Dank aber gilt Diana Fischer, die besonders in den letzten zwei Jahren auf viel gemeinsame Zeit verzichten musste. Wir holen das nach!

April 2018
Felix Rehschuh

Hinweise zu Schreibweise und Zitation

Russische Wörter werden nach der im deutschsprachigen Raum üblichen wissenschaftlichen Transliteration wiedergegeben, soweit sich nicht eine andere Schreibweise eingebürgert hat (Bolschewiki statt bol'ševiki, Sowjet statt sovet, Moskau statt Moskva). Eigennamen werden grundsätzlich in wissenschaftlicher Umschrift wiedergegeben (Chruščëv statt Chruschtschow, Berija statt Beria). Russische Begriffe und Akronyme sowie ungeläufige Abkürzungen werden bei Erstnennung in Klammern oder in der Fußnote aufgeschlüsselt. Bei häufigem Vorkommen im Text werden diese zusätzlich im Anhang erklärt.

Im Interesse der Lesbarkeit wurden sämtliche Zitate, auch solche aus dem Englischen, ins Deutsche übersetzt. Sofern nicht anders vermerkt, wurden die Übersetzungen vom Verfasser durchgeführt. Sämtliche Eingriffe ins Zitat sind durch eckige Klammern gekennzeichnet.

1 Einleitung

Zu Beginn des 20. Jahrhunderts befeuerte das Streben der Industriestaaten nach immer größerer Mobilität die Suche nach Alternativen zur Kohle. Als Lenin und seine Mitstreiter im Oktober 1917 im einstigen russischen Zarenreich nach der Macht griffen, war der zukünftige Favorit auf den Schlachtfeldern Europas längst auserkoren. Durch die Motoren der Panzer und Flugzeuge entschied immer häufiger der Zugriff auf Erdöl über Sieg oder Niederlage.[1] »Die durch den Flüssigbrennstoff verliehenen Vorteile waren unschätzbar«, stellte Winston Churchill 1923 retrospektiv mit Blick auf die britische Marine fest, deren »ganze Kraft und Effizienz« durch den neuen Antrieb »definitiv auf ein höheres Niveau« gehoben wurde.[2]

Den Revolutionären in Russland entging das Streben der europäischen Großmächte nach Erdöl keineswegs. Gleich mehrere Konfliktparteien drängten in Richtung der reichhaltigen Ölfelder Bakus in der Hoffnung auf den womöglich entscheidenden Vorteil im Kampf um die eigene Vorherrschaft. Überfordert mit den Wirren des Weltkrieges inmitten des Bürgerkrieges, sah sich Lenin schließlich genötigt, das deutsche Angebot zu akzeptieren, den Kaukasus im Austausch gegen das Erdöl Bakus vor britischen und türkischen Invasoren zu schützen. Die Aufgabe, die skeptischen Parteiverbände am Kaspischen Meer von der Alternativlosigkeit eines solchen Kuhhandels zu überzeugen, fiel dem aufstrebenden Stalin zu.[3] Der Fortbestand der Revolution war in Anbetracht der zahlreichen Gegner wichtiger als ein noch unter der Erde verborgener Brennstoff in einer Region, über die die Kontrolle der Bolschewiki alles andere als gesichert war.

Die Vereinbarung kam infolge der alsbald veränderten Ausgangslage nie zur Anwendung. Zur selben Zeit, als das Deutsche Kaiserreich auf den Schlachtfeldern der Heimatfront sein Ende fand, verloren Lenin und seine Mitstreiter im Bürgerkrieg vorübergehend die Kontrolle über den Kaukasus. Erst zwei Jahre später marschierte die Rote Armee erneut in Baku ein und sicherte den Revolutionären den Zugang zum Erdölreichtum der Region. Das nachrangige

---

1 Yergin, Daniel: The Prize. The Epic Quest for Oil, Money, and Power, New York 1991, S. 151–167.

2 Churchill, Winston S.: The World Crisis. Vol. 1, Toronto 1923, S. 133–136.

3 Suny, Ronald G.: The Baku Commune, 1917–1918. Class and Nationality in the Russian Revolution, Princeton NJ 1972, S. 259–292.

Interesse der Bolschewiki an der inländischen Nutzung des flüssigen Brennstoffs sollte sich jedoch erst Jahrzehnte später grundlegend ändern. Während die Vorzüge des Erdöls sich von den USA ausgehend auf dem europäischen Kontinent verbreiteten und langsam die Transformation der kohlezentrischen Industriestaaten einleiteten,[4] ging der erste sozialistische Staat den entgegengesetzten Weg. In den Visionen der führenden Bolschewiki fundierte das angestrebte sowjetische Projekt auf einem Gerüst aus Kohle und Stahl.[5] Das Erdöl, einst wichtigste Energiequelle des späten Zarenreichs, galt als Symbol des Vergangenen, inkompatibel mit den Plänen einer auf Industrialisierung und Massenmobilisierung basierenden Zukunft.

Die Energiebilanz der Sowjetunion entwickelte sich nach der Oktoberrevolution sonach konträr zur restlichen Welt. Der vormals außerordentlich hohe Erdölanteil am Brennstoffverbrauch sank deutlich, als der Energieträger in zahlreichen wirtschaftlichen Wachstumssektoren der Kohle weichen musste.[6] Stattdessen setzten die Planer in Moskau unter der Ägide Stalins auf die in der Sowjetunion reichlich vorhandene Kohle sowie auf Wasserkraft als Zukunftsenergie, die mit dem ganzen Land gleich auch den Verkehrssektor elektrifizieren sollten.[7] Obwohl die Moskauer Wirtschaftslenker stetig neue Rekorde in der Produktion motorisierter Fahrzeuge für Landwirtschaft, Transportwesen und Militär verkündeten, stagnierte die unterfinanzierte Erdölproduktion am Ende der 1930er Jahre zusehends und führte die sowjetische Treibstoffversorgung in eine Krise. Doch trotz des eigenen Mangels blieb Stalin gewillt, die Erdölreserven der Sowjetunion wie schon zuvor im Austausch gegen Technologie und, entsprechend den Vereinbarungen des deutsch-sowjetischen Nichtangriffspaktes,

4 Kohle und andere feste Brennstoffe blieben bis in die 1960er Jahre die global dominierende Energiequelle. Das Erdöl drängte den Anteil der Kohle nach dem Zweiten Weltkrieg jedoch zunehmend zurück. Dazu Smil, Vaclav: Energy Transitions. History, Requirements, Prospects, Santa Barbara 2010, S. 63–65; Dass.: Energy in World History, Boulder CO 1994, S. 157–222; Maugeri, Leonardo: The Age of Oil. The Mythology, History, and Future of the World's Most Controversial Resource, Westport 2006, S. 77.

5 So etwa in Stalin, Iosif V.: Sočinenija. 18 Bde., Moskva 1946–1952, 1997–2006, Bd. 5, S. 329.

6 Darmstadter, Joel/Teitelbaum, Perry D./Polach, Jaroslav G. (Hg.): Energy in the World Economy. A Statistical Review of Trends in Output, Trade, and Consumption since 1925, Baltimore 1971, S. 89–91; United Nations (Hg.): World Energy Supplies in Selected Years, 1929–1950 (Statistical Papers, Series J 1), New York 1952, S. 41.

7 Gushee, David E./Hardt, John P.: Soviet and United States Policy Options, in: John P. Hardt (Hg.): Energy in Soviet Policy. A Study, Washington, D.C. 1981, S. 140–157, S. 140–157, hier S. 151. Mit Fokus auf die Wasserkraft umfassend auch Gestwa, Klaus: Die Stalinschen Großbauten des Kommunismus. Sowjetische Technik- und Umweltgeschichte, 1948–1967 (Ordnungssysteme 30), München 2010.

in nicht unerheblichen Mengen an den vermeintlichen Bündnispartner zu liefern – noch bis kurz vor dem Beginn des deutschen Ostfeldzuges.[8]

Spätestens der vom nationalsozialistischen Deutschland aufgezwungene Krieg offenbarte die sowjetischen Treibstoffdefizite und leitete eine energiepolitische Neujustierung vonseiten der Moskauer Führung ein. Wie der Zweite Weltkrieg eindrucksvoll beweisen sollte, war ein moderner Krieg ohne Erdöl nicht zu gewinnen; der zuvor vernachlässigte Energieträger hatte auch für die Kremlführung erheblich an Relevanz gewonnen. Das offensive außenpolitische Vorgehen Stalins auf den Ölfeldern Osteuropas sowie im vermeintlich erdölreichen Nordiran und die nach Kriegsende erfolgte Klassifizierung des Erdölsektors als eine von drei »ausschlaggebenden Produktionsbranchen«[9] deuteten auf einen Paradigmenwechsel hin. Dennoch tat sich die Sowjetunion schwer mit einem grundlegenden energetischen Wandel. Noch bis Mitte der 1950er Jahre konstatierten westliche Beobachter eine »irrtümliche Brennstoffpolitik«, aufgrund derer die Energiebilanz des Landes bis zum Tod Stalins »mehr oder weniger konstant« geblieben war.[10] Erst sein Nachfolger, Nikita Chruščëv, bezog 1956 unter der Devise »Erdöl statt Kohle«[11] eindeutig Position zugunsten des flüssigen Brennstoffs, sodass die Sowjetunion auch offiziell »Kurs nehmen [konnte] auf die größtmögliche Beschleunigung der Entwicklung der Erdöl- und Erdgasindustrie«.[12]

Auf den ersten Blick kann es entsprechend leichtfallen, die energetischen Entwicklungen nach Kriegsende als konsistenten Epilog der kohlezentrischen 1930er Jahre zu deuten. Andererseits finden sich in den sowjetischen Produktionsstatistiken genügend Anhaltspunkte für die in Russland verbreitete Auffassung einer Erfolgsgeschichte des Erdölsektors, die nach der deutschen Kapitu-

---

8 Igolkin, Aleksandr A.: Osobennosti razvitija neftjanoj promyslennosti SSSR v gody pervych pjatiletok (1928–1940 gg.), in: Vagit J. Alekperov (Hg.): Neft' strany Sovetov. Problemy istorii neftjanoj promyšlennosti SSSR (1917–1991 gg.), Moskva 2005, S. 105–191, hier S. 107 f.; Yergin: Prize, S. 335.

9 Genannt werden Erdöl- und Kohlesektor sowie Metallurgie: Rešenija partii i pravitel'stva po chozjajstvennym voprosam. 1917–1967 gg. Sbornik dokumentov za 50 let. 16 Bde., Moskva 1968, Bd. 3, S. 284.

10 Lyndolph, Paul E./Shabad, Theodore: The Oil and Gas Industries in the USSR, in: Annals of the Association of American Geographers 50 (1960) 4, S. 461–486, hier S. 471.

11 RGANI, fond (f.) 3, opis' (op.) 12, delo (d.) 1006, list (l.) 56, abgedruckt in: Fursenko, Aleksandr A. (Hg.): Prezidium CK KPSS, 1954–1964. Černovye protokolnye zapisi zasedanij. Stenogrammy. Postanovlenija. V 3 tomach, Moskva 2004–2008, Bd. 1, S. 214.

12 XX s"ezd Kommunističeskoj Partii Sovetskogo Sojuza. 14–25 fevralja 1956 goda. Stenografičeskij otčet. 2 Bde., Moskva 1956, Bd. 2, S. 15.

lation einsetzte.[13] Beide Interpretationen verraten gleichwohl wenig über die im Wandel befindlichen Motive und Hintergründe sowjetischer Energie- und Erdölpolitik. Ziel dieser Arbeit ist es, die hinter den Wachstumsnarrativen der offiziellen Statistiken verborgenen Ambivalenzen des Verhältnisses der sowjetischen Führung zum Erdöl zu ergründen. Welche Implikationen, Ideen und Probleme lagen der Energiepolitik des ersten sozialistischen Staates in den Nachkriegsjahren zugrunde? Welche ideologischen, politischen, wirtschaftlichen oder strategischen Überlegungen beeinflussten die Bedeutung, die Entscheidungsträger in Moskau zur Zeit Stalins dem Erdöl zuschrieben? Welche Konsequenzen zogen die Akteure der sowjetischen Energiepolitik aus diesen Räsonnements?

Im Vordergrund stehen dabei Ansichten und Visionen, die den sowjetischen Weg ins Erdölzeitalter begleiteten, aber auch die konkreten Beschwernisse und Antagonismen, die sich im Rahmen der Verwirklichung dieser »energetischen Weltbilder«[14] ergaben. Auf diese Weise sucht dieses Buch zu erklären, welche Wechselwirkungen zwischen bestehenden Problemen, vorherrschenden Ansichten und empfundenen wie realen Abhängigkeiten bestanden und wie diese den sowjetischen Aufstieg zur Energiemacht nachhaltig prägten.

1.1 Ziele und Aufbau der Arbeit

All diese Fragen sind insbesondere dahingehend relevant, dass die dem Betrachtungszeitraum folgenden Dekaden durch einen beispiellosen Aufstieg der Sowjetunion zum global führenden Erdölproduzenten und -exporteur charakterisiert waren. Diese »Machtquelle Erdöl«[15] hat bis heute entscheidenden Einfluss auf die Russländische Föderation als Nachfolgestaat der Sowjetunion. Letztendlich soll diese Arbeit dazu beitragen, die Ursprünge der heutigen, in vielerlei Hinsicht von fossilen Brennstoffen geprägten russländischen Selbstwahrnehmung und auch der Abhängigkeit des Staates vom Energieträgerexport genauer zu beleuchten und zu verstehen.

---

13 Narodnoe chozjajstvo SSSR. 1922–1972 gg. Jubilejnyj statističeskij ežegodnik, Moskva 1972, S. 136 f.

14 Gestwa, Klaus: Energetische Brücken und Klimafabriken. Das energetische Weltbild der Sowjetunion, in: Osteuropa 54 (2004) 9–10, S. 15–38; weiterführend auch Sachs, Wolfgang: Energie als Weltbild. Ein Kapitel aus der Kulturgeschichte des Produktivismus, in: Technik und Gesellschaft 3 (1985), S. 36–57.

15 Basedau, Matthias/Kappel, Robert (Hg.): Machtquelle Erdöl. Die Außen-, Innen- und Wirtschaftspolitik von Erdölstaaten, Baden-Baden 2011.

Nach einem kurzen Rückblick auf das energetische Erbe des Zarenreiches (Kapitel 2.1) liegt ein erster Fokus auf den energiepolitischen Visionen und Maßnahmen der frühen Sowjetära (Kapitel 2.2) und besonders der 1930er Jahre (Kapitel 3). Diese frühen, gleichsam von Brüchen und Pfadabhängigkeiten geprägten Entwicklungen hatten einen maßgeblichen Anteil an den Treib- und Brennstoffproblemen im und nach dem Zweiten Weltkrieg und machten somit eine Revision der energetischen Prioritäten erst notwendig. Dabei wird insbesondere nach den Hintergründen und Implikationen des geringen Stellenwertes des Erdöls gefragt: Im energetischen Weltbild der frühen sowjetischen Führung kam dem flüssigen Brennstoff eine untergeordnete und weiter sinkende Bedeutung, primär als Exportgut zu. Implizit stehen damit auch die Integration der Erdölindustrie in die entstehende Planwirtschaft und die damit einhergehende Industrialisierung der Sowjetunion im Vordergrund.

Der überwiegende Teil der Arbeit konzentriert sich anschließend auf die auch im Rahmen der Energiepolitik von Umbrüchen gezeichnete spätstalinistische Ära. Die weitgehend chronologisch angeordneten Kapitel widmen sich dabei unterschiedlichen Aspekten des sowjetischen Erdöls in der Nachkriegszeit, sodass sich Überschneidungen und umfassende Rückblicke, etwa im Rahmen der versuchten Substitution des Energieträgers oder der regionalen Schwerpunktverschiebung, nicht immer vermeiden lassen. Im Fokus der Betrachtung steht neben dem Wandel der geostrategischen Bewertung des Erdöls im Kontext von Kriegen und Konflikten auch der Umgang der sowjetischen Führung mit dem eintretenden Mangel. In diesem Zusammenhang wird die Moskauer Energie- und Erdölpolitik zunächst im Kontext der internationalen Großwetterlage der 1940er Jahre (Kapitel 4) in den Vordergrund gerückt.

Wichtig sind in diesem Kontext auch die innen- und außenpolitischen Bemühungen des Kremls, Alternativen zum heimischen Erdöl zu erschließen, um der Mangelsituation in der Sowjetunion Herr zu werden (Kapitel 5). Die Überlegungen zur geographischen Konzentration auf den strategisch unsicheren Kaukasus sowie zur allgemeinen Vorgehensweise auf der Suche nach zusätzlichen Rohstoffquellen im eigenen Land gilt es gleichermaßen zu hinterfragen wie den Stellenwert des Erdöls in einer kohlezentrischen Wirtschaftsordnung (Kapitel 6). Auf eine detaillierte Analyse der Ereignisse während des ›Großen Vaterländischen Krieges‹ soll in diesem Rahmen zwar weitgehend verzichtet werden. Aufgrund der im Energiesektor jedoch deutlich hervortretenden Zusammenhänge und der oft nicht durch das offizielle Kriegsende beeinflussten Ereignisketten lässt sich eine eingeschränkte Einbeziehung der Kriegsjahre jedoch nicht vermeiden (Kapitel 4.1).

In der Folge werden primär anhand der Entwicklungen in den frühen 1950er Jahren die Funktionsweise der energiepolitischen Entscheidungsstrukturen und die Kompetenzverteilung zwischen Wirtschaftsbehörden und politischer Führung sowie zwischen Zentrum und Regionen einer Analyse unterzogen (Kapitel 7). Mit der steigenden Relevanz des Erdöls und dem tagespolitischen Rückzug Stalins in den letzten Jahren vor seinem Tod traten zunehmend neue Akteure auf, die ihre Interessen zu vertreten suchten oder sich einen Anteil am Geldsegen aus Moskau erhofften. Das neue Drängen einzelner Regionen auf eine immer größere Partizipation am Rohstofffieber der neuen Supermacht ermöglicht gleichermaßen auch Rückschlüsse auf die wachsende Bedeutung des Erdöls.

Ausgehend von dieser neuen Strahlkraft der Erdölindustrie stehen im letzten Teil die Folgen des veränderten energetischen Weltbilds und die damit verbundenen Implikationen für das Auftreten der östlichen Supermacht im frühen Kalten Krieg im Fokus der Betrachtung. Der langsame Wiedereinstieg in das globale Exportgeschäft ist dabei allerdings nur ein Aspekt, welcher keineswegs nur dazu diente, der Sowjetunion die Partizipation am Welthandel zu ermöglichen. Innerhalb der vom Kreml kontrollierten Hemisphäre – und teilweise auch darüber hinaus – präsentierte sich der Hegemon früh als großzügiger Ressourcenlieferant für seine ›Brudervölker‹, obwohl die aufstrebende Supermacht selbst zur Deckung des eigenen Bedarfs auf deren Energieressourcen angewiesen war. Das Erdöl und der dazugehörige Industriezweig bekamen auf diese Weise als machtpolitisches, zugleich aber prestigeträchtiges Bindeglied eine weit größere Bedeutung zugesprochen als noch in den 1930er Jahren (Kapitel 8.1).

Die neue Strahlkraft des flüssigen Energieträgers spiegelte sich zugleich im innenpolitischen Umgang mit dem Erdöl wider: Um die Heerscharen an Arbeitern und Fachkräften für die neue Relevanz des Brennstoffs zu sensibilisieren und für diesen Berufsweg zu begeistern, konnte die Propaganda nicht weiterhin an der vorherigen öffentlichen Negation des dazugehörigen Sektors festhalten (Kapitel 8.2). Wenn der weitgehend stillschweigend vorgenommene Kurswechsel nicht im Sande verlaufen sollte, brauchte die sowjetische Führung die Unterstützung der Bevölkerung. Das Erdöl musste einen Weg auch in die sowjetische Gesellschaft finden.

Im Mittelpunkt der Untersuchung stehen stets die handlungsweisenden Motive und Akteure, welche den anfänglichen sowjetischen Weg ins Erdölzeitalter begleiteten, prägten oder hemmten. Diese Arbeit folgt dabei keineswegs dem Anspruch, die Entwicklungen im sowjetischen Erdölsektor in all ihren Facetten lückenlos nachzuzeichnen. Wenngleich die Ölarbeiter, oder russisch Neftjaniki, auf den Ölfeldern stets ein immanenter Teil der Betrachtungen sind, so werden sie in den Visionen und Utopien der stalinistischen Wirtschaftsplaner in Moskau doch zu Nebendarstellern. Gleiches gilt beispielsweise für das technologische Niveau der Produktion, den Ausbildungsgrad der Arbeiterschaft, die wissenschaftliche Forschung und den allgemeinen Kenntnisstand über die sowjetischen Rohstoffvorkommen, jeweils von entscheidender Bedeutung für den Erfolg, gleichermaßen aber als Frage der Prioritäten zu sehen: Sicherlich vereinfachten entsprechende Neuerungen nach dem Krieg die Aufholjagd im Erdölsektor ebenso wie die Errichtung und den Betrieb von Bohrtürmen oder Raffinerien.[16] Dies änderte jedoch nichts daran, dass die sowjetische Führung in all diesen unverzichtbaren Bereichen bei der Etablierung der Planwirtschaft den Rotstift angesetzt und damit dem wahrscheinlich anspruchsvollsten und zugleich wichtigsten Aspekt der Erdölförderung, der Suche nach geeigneten Reserven, nahezu jegliche Grundlage entzogen hatte. Dementsprechend sind weniger die strukturellen und technischen Defizite des Wirtschaftszweiges, sondern der fehlende politische Wille als Hauptursache für den sowjetischen energetischen Sonderweg anzusehen.[17] Ausgehend von dieser Hypothese sollen einzelne Problemfelder herausgegriffen werden, welche das energetische Weltbild der Moskauer Führung in die eine oder andere Richtung beeinflussten, veränderten oder bestätigten.

Die Arbeit folgt dabei weniger einem geschlossenen theoretischen Konzept, sondern bedient sich vielmehr Anleihen aus der Kultur- und Technikgeschichte, um die politische Geschichte des sowjetischen Erdöls in der Zeit des Stalinismus herauszuarbeiten. Der Umgang der Moskauer Führung mit dem technischen Wandel hin zu einer erdölbasierten Wirtschafts- und Gesellschaftsordnung lässt sich ohne eine Betrachtung der energiepolitischen Vorstellungen der beteiligten Akteure und den dahinterstehenden Aushandlungsprozessen nicht verstehen. Im Gegensatz zur kapitalistischen Staatenwelt, in welcher meist profitorientierte Unternehmen und der steigende Bedarf an Erdölprodukten die Diskussion um energetische Prioritäten dominierten,[18] waren es in der Planwirtschaft häufig

16 Dazu etwa Kurjatnikov, Vladimir N.: Stanovlenie neftjanogo kompleksa v Ural'skom i Povolžskom regionach. (30–50-e gg. XX veka). 2 Bde., Samara 2008, hier Bd. 2, S. 69–115.

17 McDivitt, James F.: The Thread of Soviet Oil. New Front in the Economic Cold War, in: Challenge 9 (1961) 8, S. 20–22, hier S. 21; umfassend auch Campbell, Robert W.: The Economics of Soviet Oil and Gas, Baltimore 1968, insbes. S. 123–136.

18 Davies, Robert W.: Making Economic Policy, in: Paul R. Gregory (Hg.): Behind the Façade of Stalin's Command Economy. Evidence from the Soviet State and Party Archives (Hoover Institution Press publication 493), Stanford CA 2001, S. 61–80, hier S. 63; Gregory, Paul R./ Harrison, Mark: Allocation under Dictatorship. Research in Stalin's Archives, in: Journal of Economic Literature 43 (2005) 3, S. 721–761, hier S. 726.

politische und ideologische Präferenzen, die über den zentral koordinierten Aufstieg oder Niedergang eines Energiewirtschaftszweiges bestimmten.[19] Die im Spätstalinismus weitgehend hinter verschlossene Türen verbannten politischen Aushandlungsprozesse sind »als genuine Dimension des Politischen«[20] entsprechend ebenso in die Untersuchung einzubeziehen wie die über Reden, Symbole, Plakate oder Medien kommunizierte ›Wirklichkeit‹, ermöglichen diese doch »direkte Zugänge zu politischen Konflikten und Parteinahmen, zu vorgängigen Annahmen über die Bedingungen von Politik ebenso wie über politische Ziele und Utopien.«[21]

Die sowjetische Erdölpolitik im globalen Kontext

Die geringe volkswirtschaftliche Relevanz des Erdöls war in der ersten Hälfte des 20. Jahrhunderts keineswegs ungewöhnlich. Auch andere Staaten setzten vornehmlich auf feste Brennstoffe als Grundlage ihrer Industrialisierung, und in der Zwischenkriegsära waren diese sogar in der Mehrheit. Allerdings stellte die Sowjetunion dahingehend eine Ausnahme dar, dass unter den wenigen energieintensiven Volkswirtschaften dieser Zeit – nur sieben Länder verantworteten Ende der 1930er Jahre vier Fünftel des globalen Energieverbrauchs – viele aus der Not heraus auf Kohle setzten: Deutschland, Japan sowie eingeschränkt auch Frankreich und Großbritannien hatten nahezu keinen Zugriff auf eigene Erdölquellen.[22]

Während die beiden erstgenannten Staaten erhebliche Summen in synthetische Treibstoffe investierten und nicht zuletzt zur Neuverteilung der globalen Energieressourcen einen Weltkrieg anfachten, akzeptierte die britische Führung das Sicherheitsrisiko langer Transportwege aus dem wenigstens begrenzt kontrollierbaren Iran. Frankreich bemühte sich, weitaus weniger erfolgreich, um eine ähnliche Lösung im Irak. Um umfassende Abhängigkeiten zu vermeiden, setzten viele größere Volkswirtschaften ohne eigene Erdölvorkommen primär

---

19 Goldman, Marshall I.: Soviet Economic Trends, with Special Emphasis on Investment and Energy Policies, in: Kinya Niiseki/Seweryn Bialer (Hg.): The Soviet Union in Transition (Westview's Special Studies on the Soviet Union and Eastern Europe), Boulder CO 1987, S. 72–88, hier S. 72.

20 Frevert, Ute: Neue Politikgeschichte: Konzepte und Herausforderungen, in: Ute Frevert/Heinz-Gerhard Haupt (Hg.): Neue Politikgeschichte. Perspektiven einer historischen Politikforschung, Frankfurt am Main et al. 2005, S. 7–26, hier S. 20.

21 Mergel, Thomas: Kulturgeschichte der Politik, online verfügbar unter: http://docupedia.de/zg/Kulturgeschichte_der_Politik_Version_2.0_Thomas_Mergel [10.03.2017].

22 Clark, John G.: The Political Economy of World Energy. A Twentieth-Century Perspective, New York 1990, S. 53.

auf heimische Brennstoffe, in den meisten Fällen auf Kohle.[23] Die Sowjetunion war in diesem Kontext der einzige Staat mit hohem Energieverbrauch, der trotz erheblichen Erdölvorkommens auf eine intensivierte Ausbeutung ebendieser verzichtete – und stattdessen freiwillig dem notgedrungenen Beispiel der Westeuropäer folgte.

Das oftmals ambivalente Verhältnis der frühen Kremlherrscher zum Erdöl ist umso schwerer zu verstehen, erklärten doch bereits die revolutionären Bolschewiki die Energiepolitik zu einem zentralen Baustein ihres Machtanspruchs.[24] Auch in den Folgedekaden stilisierten sowjetische Kommentatoren das sozialistische Projekt als eine Erfolgsgeschichte des energetischen Aufstiegs, welcher die Arbeiterschaft zu immer neuen Durchbrüchen motiviert habe.[25] Dem Erdöl kam in diesen Erzählungen jedoch häufig nur eine allenfalls temporäre Nebenrolle zu. Stattdessen nahm die Moskauer Führung trotz des eigenen Mangels noch vor Kriegsende den Export von Erdöl und Treibstoffen wieder auf. Sie belieferte vorrangig ihre neuen Satellitenstaaten und die unmittelbaren Nachbarländer, um die Konsolidierung der neuen kommunistischen Regierungen zu fördern und diese wirtschaftlich wie politisch an die Sowjetunion anzubinden. Allerdings profitierten bereits zu Lebzeiten Stalins zunehmend auch westeuropäische Abnehmer von den wachsenden Erdölexporten, die als universelle Tauschwährung ein Mindestmaß an Außenhandel garantieren sollten.[26]

---

23 Judy, Richard: Die Bedeutung der Sowjetunion für die Welterdölwirtschaft von 1960 bis 1975 (Veröffentlichung der Arbeitsgemeinschaft deutscher wirtschaftswissenschaftlicher Forschungsinstitute e. V. Bonn zum Energie-Gutachten 1961), Berlin 1963, S. 33; Adelman, Morris A.: The World Petroleum Market, 2. Aufl., Baltimore 1973, S. 198. Zur deutschen Ölpolitik Eichholtz, Dietrich/Kockel, Titus: Deutsche Ölpolitik im Zeitalter der Weltkriege. Studien und Dokumente, Leipzig 2010, besonders S. 282–298; zu Frankreich Le Dez, Morgan: France's Oil Sources and Supply Networks (1861–1950), in: Alain Beltran (Hg.): Oil Producing Countries and Oil Companies. From the Nineteenth Century to the Twenty-first Century, Bern et al. 2011, S. 15–32; Styan, David: France and Iraq. Oil, Arms and French Policy Making in the Middle East (Library of International Relations 25), London 2006; zu Großbritannien Jones, Geoffrey: The State and the Emergence of the British Oil Industry (Studies in Business History), London 1981; Ferrier, Ronald W./Bamberg, James H.: The History of the British Petroleum Company. 3 Bde., Cambridge 1982–2000. Über das Dilemma zwischen heimischer, ineffizienter Kohle und ausländischem Erdöl mit Fokus auf die Nachkriegszeit auch Chick, Martin: Oil, National Security and Fuel Policy in France and the United Kingdom, 1945–1972, in: Alain Beltran (Hg.): A Comparative History of National Oil Companies, Bruxelles et al. 2010, S. 181–197.

24 Gumpel, Werner: Energiepolitik in der Sowjetunion, Köln 1970, S. 17.

25 Gestwa: Energetische Brücken, insb. S. 15.

26 Goldman, Marshall I.: The Enigma of Soviet Petroleum. Half-Full or Half-Empty?, London et al. 1980, S. 58 f.

Während der schwedische Politikwissenschaftler Nils Andrén für die Zeit nach Stalins Tod in der Energie »zugleich ein Instrument und eine Bedingung sowjetischer Außenpolitik« gesehen hat,[27] schränkten sich in den Nachkriegsjahren beide Faktoren gegenseitig ein: Erst 1954 verzeichnete die UdSSR Nettoüberschüsse im Erdölaußenhandel, und es dauerte noch bis zum Ende der Dekade, bis auch keine Treibstoffimporte mehr notwendig waren.[28] Gleichzeitig verzeichnete die sowjetische Wirtschaft einen Motorisierungsschub, der auch den inländischen Verbrauch in die Höhe schnellen ließ. 1955 verbrannten die Motoren, Antriebe und Generatoren in der UdSSR im Vergleich zum letzten Vorkriegsjahr nahezu die doppelte Menge Treibstoff. Das Erdöl »kurbelte [...] die größte wirtschaftliche Expansion in der sowjetischen Geschichte an« und untermauerte auf diese Weise den Supermachtstatus im mehr als vier Jahrzehnte währenden Systemkonflikt mit den USA.[29]

In diesem Sinne fungierte der flüssige Brennstoff in der frühen Phase des Ost-West-Gegensatzes als Machtbasis weit über seine Rolle als Grundlage der Mobilität der Streitkräfte hinaus und wurde zu Recht als eine treibende Kraft des Kalten Krieges identifiziert.[30] Die Ausgangspositionen der beiden »gegensätzlichen Ölmächte«[31] waren dabei grundverschieden: Während die USA nach dem Zweiten Weltkrieg nach Jahrzehnten des Überflusses nach einem Weg suchten, mit dem Verlust der Rohstoffautarkie und der daraus resultierenden Abhängigkeit umzugehen, stand der Sowjetunion eine Entwicklung zum »einzige[n] Erdölexporteur, der in der jüngsten Zeitgeschichte Zentrum eines Imperiums gewesen ist«, bevor.[32] Ungeachtet dessen, dass die Debatte um die sowjetische Brennstoffbilanz erst nach dem Tod Stalins auch in der Öffentlichkeit geführt

27 Andrén, Nils: Energy and Soviet Foreign Policy, in: Robert J. Lieber (Hg.): Will Europe fight for Oil? Energy Relations in the Atlantic Area, New York 1983, S. 105 f.

28 Vnešnjaja Torgovlja SSSR. Statističeskij sbornik. 1918–1966, Moskva 1967, S. 80 f., S. 102 f.

29 Grace, John D.: Russian Oil Supply. Performance and Prospects, Oxford 2005, Zitat S. 3. Zum Verbrauch auch Ebel, Robert E.: The Petroleum Industry of the Soviet Union, Arlington VA 1961, S. 136.

30 Maier, Charles S.: The World Economy and the Cold War in the Middle of the Twentieth Century, in: Melvyn Leffler/Odd Westad (Hg.): The Cambridge History of the Cold War. Volume I: Origins, Cambridge 2010, S. 44–66, hier S. 62. Ähnlich auch Westad, Odd A.: The Cold War and the International History of the Twentieth Century, in: Leffler/Westad (Hg.): Cambridge History of Cold War: Vol. I, S. 1–19, hier S. 12.

31 Stahmer, Alfred M.: Erdöl. Mächte und Probleme, Kevelaer 1950, S. 163.

32 Grätz, Jonas/Christie, Edward H.: Russlands Erdöl und -gas: Treibstoff für Autoritarismus und Großmachtanspruch, in: Basedau/Kappel (Hg.): Machtquelle Erdöl, S. 223–252, hier S. 223. Zu den Entwicklungen in den USA siehe Painter, David S.: Oil and the American Century. The Political Economy of U.S. Foreign Oil Policy, 1941–1954 (The Johns Hopkins University Studies in Historical and Political Science Ser. 104, 1), Baltimore 1986.

werden konnte und seine Nachfolger auf dem XX. und XXI. Parteitag ambitionierte energetische Reformen verkündeten,[33] waren die grundsätzlichen Probleme der Nachkriegsära zu diesem Zeitpunkt bereits überwunden. 1955 traten sowjetische Neftjaniki erstmals auf dem vierten World Petroleum Congress in Rom auf und berichteten der Weltöffentlichkeit selbstbewusst von ihren Errungenschaften im Erdölsektor.[34]

1.2 Forschungsstand

Die sowjetische Energiepolitik hat seit jeher in Ost und West erhebliches Interesse geweckt. Mit Argusaugen wachten westliche Beobachter in teils enger Anbindung an Politik und Geheimdienste über sämtliche Schritte des ideologischen Erzfeindes im Erdölsektor. Die immer größere Treibstoffgrundlage der Streitkräfte und der Wirtschaft, vor allem aber das wachsende Exportvolumen und mögliche daraus resultierende Abhängigkeiten faszinierten und verstörten die Analysten gleichermaßen. Vor der außenpolitischen Bedrohungskulisse des Kalten Krieges waren innersowjetische Tendenzen und Erwägungen in erster Linie dahingehend relevant, inwieweit sie die inländische Versorgungssituation im Verhältnis zur Produktion und das daraus resultierende Exportpotential beeinflussten. In diesem Kontext entwickelte sich der sowjetische Erdölsektor in der westlichen Forschung zum Terrain der Ökonomen, Geographen

33 Unter anderem werden die geltenden Paradigmen der Brennstoffpolitik kritisiert in: Pravda 134, 14.05.1955, S. 2; Maslakov, Dmitrij I.: Voprosy toplivnogo balansa SSSR, in: Planovoe chozjajstvo (1955) 3, S. 40–52; Bakulev, Grigorij D.: Voprosy ėkonomiki topliva v SSSR, Moskva 1957. Weiterführend auch Park, John D.: The Oil and Gas Industries of the Soviet Union and Eastern Europe in Relation to the Comecon Energy Balance and the World Petroleum Market, PhD, Glasgow 1977, S. 46 f. Zu den verkündeten Reformen auf beiden Parteitagen: Vneočerednoj XXI s"ezd Kommunističeskoj Partii Sovetskogo Sojuza. 27 janvarja – 5 fevralja 1959 goda. Stenografičeskij otčet. 2 Bde., Moskva 1959, Bd. 1, S. 12–45, insbesondere S. 27–29; XX s"ezd KPSS, Bd. 2, S. 3–66, insbesondere S. 15–17.

34 Trofimuk, A. A.: Conditions that led to the Formation of Oil Fields in the Ural-Volga Oil-Bearing Region, in: Fourth World Petroleum Congress Proceedings, Section I, Rom 1955, S. 731–736; Krylov, Aleksandr P.: The Fundamental Principles of Developments of Oil Fields in the USSR, in: Fourth World Petroleum Congress Proceedings, Section II, Rom 1955, S. 587–592. Dazu auch Joesten, Joachim: Öl regiert die Welt. Geschäft und Politik, Düsseldorf 1958, S. 443; PIRINC Special Report: The Role of Oil in the Soviet Economy, New York 1956, S. 17.

und Politologen, die den historischen Kontext meist knapp beleuchteten, das primäre Interesse jedoch in der jeweiligen Gegenwart verorteten.[35]

Sowjetische Publikationen hingegen tendierten dazu, die Vergangenheit des Erdölsektors, ganz im Sinne des im staatlichen Selbstverständnis allgegenwärtigen Helden- und Fortschrittsnarrativs, als Erfolgsgeschichte zu vermarkten. Eine Vielzahl der Werke befasste sich mit einzelnen Förderregionen, in denen meist trotz widrigster Bedingungen Ölfelder erschlossen, Bohrtürme errichtet und die Produktion angekurbelt werden konnte.[36] Während westliche Analysten häufig die Probleme und Rückschläge in den Vordergrund stellten und dem ideologischen Gegenspieler im Resultat eine düstere Zukunft prophezeiten, sah die sowjetische Forschung keinen Grund zur Klage, hatte doch die Parteiführung seit der Revolution den »Weg vom ›Erdölfriedhof‹ zum führenden Zweig der Schwerindustrie« bereitet.[37] Fehler geschahen in dieser Lesart allenfalls vor Ort oder durch äußere Eingriffe und wurden, je nach Ausmaß, binnen kürzester Zeit durch das beherzte Eingreifen der lokalen Neftjaniki oder eine Intervention aus

35 Aus der schier endlosen Liste der westlichen Publikationen zur sowjetischen Erdölpolitik sollen nur einzelne genannt werden: Goldman: Enigma of Soviet Petroleum; Ebel: Petroleum Industry; Ders.: Communist Trade in Oil and Gas. An Evaluation of the Future Export Capability of the Soviet Bloc, New York 1970; Campbell, Robert W.: Soviet Energy Balances, Santa Monica 1978; Ders.: Economics of Soviet Oil; Shimkin, Demitri B.: The Soviet Mineral-Fuels Industries, 1928–1958. A Statistic Survey (International Population Statistics Reports, Series P-90 19), Washington, D.C. 1961; Dass.: Minerals. A Key to Soviet Power, Cambridge 1953; Stern, Jonathan P.: Soviet Oil and Gas Exports to the West. Commercial Transaction or Security Threat?, Aldershot et al. 1987; Hardt, John P. (Hg.): Energy in Soviet Policy. A Study, Washington, D.C. 1981; Zieber, Paul: Die sowjetische Erdölwirtschaft. Analyse eines sowjetischen Industriezweigs, Hamburg 1962; Hassmann, Heinrich: Erdöl in der Sowjetunion. Geschichte – Gebiete – Probleme, Hamburg 1951; Grund, Herbert: Die Energiewirtschaft der Sowjetunion (Deutsches Institut für Wirtschaftsforschung, Sonderheft NF 18), Berlin 1952; Shabad, Theodore: Basic Industrial Resources of the U.S.S.R., New York 1969; Dienes, Leslie/Shabad, Theodore: The Soviet Energy System. Resource Use and Policies, Washington NY 1979; Jensen, Robert G./Shabad, Theodore/Wright, Arthur W. (Hg.): Soviet Natural Resources in the World Economy, Chicago 1983; Klinghoffer, Arthur J.: The Soviet Union and International Oil Politics, New York 1977; Schwarz, Solomon M.: How Much Oil has Russia, in: Foreign Affairs 24 (1946) 1, S. 736–741.

36 Darunter etwa Takoev, Dzandar A./Ivanov, Aleksej I.: Volžskaja neft', Kujbyšev 1960; Knjazev, Sergej L.: Neft' Tatarii: stranicy istorii, Kazan' 1981; Agarunov, Jakov M.: Geroičeskie sveršenija azerbajdžanskich neftjanikov v gody Velikoj Otečestvennoj vojny, Baku 1982; Ibragimov, Marat D.: Neftjanaja promyšlennost' Azerbajdžana v period imperializma, Baku 1984.

37 Lisičkin, Stepan M.: Očerki razvitija neftedobyvajuščej promyšlennosti SSSR, Moskau 1958, S. 14.

Moskau ausgeglichen.[38] Die von Rückschlägen und Kurskorrekturen geprägten unmittelbaren Nachkriegsjahre genossen offensichtlich auch deshalb nur eine geringe Aufmerksamkeit in der sowjetischen Forschung. Auch standen sie im Schatten der Heldentaten des ›Großen Vaterländischen Krieges‹ sowie des in den 1950er Jahren einsetzenden rasanten Aufschwungs. Ideologische Prämissen und der Ost-West-Gegensatz prägten entsprechend auf beiden Seiten des ›Eisernen Vorhangs‹ den jeweiligen Fokus der Interpretationsansätze.

Die Archivöffnungen nach der Auflösung der Sowjetunion und dem Ende des Kalten Krieges haben in diesem Kontext bisher nur wenige Veränderungen mit sich gebracht. Zwar konnte die russländische Forschung in den letzten Jahren auf Basis sowjetischer Quellen neue Erkenntnisse zu den Problemen und Schwierigkeiten im Erdölsektor gewinnen, die in den ideologisch gefärbten Abhandlungen der Sowjetära keinen Platz hatten. Hervorzuheben sind vor allem die aufschlussreichen Untersuchungen Aleksandr Igolkins, der auf Basis von Ministerialakten die Geschichte der sowjetischen Erdölindustrie als eine Geschichte der Unterfinanzierung und der fehlenden Wertschätzung gezeichnet hat.[39] Einem internationalen Trend der jüngeren Forschung folgend verkommt der Nachkriegsstalinismus in den Werken Igolkins jedoch weitgehend zum »bizarren Appendix der Herrschaft Stalins«,[40] zum vom Wiederaufbau geprägten Zwischenschritt auf dem Weg zum späteren Wandel der 1950er Jahre.[41] Die in seinen Betrachtungen ohnehin auf eine Nebenrolle

38 Stellvertretend für diese Werke: Budkov, A. D./Budkov, L. A.: Neftjanaja promyšlennost' SSSR v gody Velikoj Otečestvennoj vojny, Nedra 1985; Dinkov, V. A./Apanovich, Iu. G./Baikov, N. M./Berlin, M. A. (Hg.): Neft' SSSR. 1917–1987 gg., Moskva 1987; Keller, Aleksandr A.: Neftjanaja i gazovaja promyšlennost' SSSR v poslevoennye gody. (Kratkij obzor za 1946–1956 gg.), Moskva 1958; Safranov, Evgenij D.: Stanovlenie sovetskoj neftjanoj promyšlennosti, Moskva 1970.

39 Darunter maßgeblich: Igolkin, Aleksandr A.: Otečestvennaja neftjanaja promyšlennost' v 1917–1920 gg., Moskva 1999; Ders.: Sovetskaja neftjanaja promyšlennost' v 1921–1928 gg., Moskva 1999; Ders.: Neftjanaja politika SSSR v 1928–1940 gg., Moskva 2005; Ders.: Sovetskaja ėnergetičeskaja strategija i neftjanaja promyšlennost' v 1940 – pervoj polovine 1941 g., in: Ju. A. Petrov (Hg.): Ėkonomičeskaja istorija: Ežegodnik. 2007, Moskva 2008, S. 340–365; Ders.: Sovetskaja neftjanaja politika v 1940–1950 gg., Moskva 2009; Ders.: Neftjanaja promyšlennost' SSSR. 1928–1950-e gg, Moskva 2011.

40 Fürst, Juliane: Introduction. Late Stalinist Society: History, Policies and People, in: Juliane Fürst (Hg.): Late Stalinist Russia. Society between Reconstruction and Reinvention (BASEES/Routledge series on Russian and East European Studies 29), London et al. 2006, S. 1–19, hier S. 2; ähnlich auch Hildermeier, Manfred: Die Sowjetunion 1917–1991 (Oldenbourg Grundriss der Geschichte 31), 2. Aufl., München 2007, S. 62.

41 Igolkin starb 2008 und konnte seine Arbeiten an einem Folgeband, der dieses Defizit möglicherweise hätte ausgleichen können, nicht mehr vollenden.

reduzierte politische Ebene des Erdöls verschwindet in den Ausführungen zur Nachkriegsära nahezu vollständig und weicht einem auf Statistiken und Wirtschaftspläne fokussierten Abriss der Entwicklungen.

Dem Beispiel Igolkins folgend, hat sich die sowjetische Erdölpolitik zu einem beliebten Forschungsfeld russländischer Historiker entwickelt. Auffällig bleibt, dass neben einer häufig tendenziösen Darstellung in der Tradition sowjetischer Modernisierungsnarrative[42] die Nachkriegsjahre nur eine Nebenrolle spielen. Im Fokus der Werke stehen stattdessen die Zwischenkriegsjahre, der Zweite Weltkrieg oder die poststalinistische Ära.[43] Selbst in den Abhandlungen zum Erdölsektor in der gesamten Sowjetzeit verkommt der Spätstalinismus häufig zum Prolog für den sowjetischen Aufstieg zur Ölmacht unter Chruščëv und Brežnev, ohne eine eingehendere Analyse zu erfahren.[44] Verschiedene Regional-

42 Besonders auffällig ist die Suche nach Modernisierungserfolgen bei Marija Slavkina, unter anderem in Slavkina, Marija V.: Triumf i Tragedija. Razvitie neftegazovogo kompleksa SSSR v 1960–1980-e gody, Moskva 2002; Dies.: Velikie pobedy i upuščennye vozmožnosti. Vlijanie neftegazovogo kompleksa na social'no-ėkonomičeskoe razvitie SSSR v 1945–1991 gg, Moskva 2007; Dies.: Neftegazovyj faktor otečestvennoj modernizacii, 1939–2008, Moskva 2015; Dies.: Neftegazovyj kompleks i modernizacija 1945-2008 godov: Problemy ėkonomičeskoj istorii i perspektivy razvitija, in: Vestnik Čeljabinskogo gosudarstvennogo universiteta 7 (2012) 261, S. 65–74. Ähnliche Tendenzen zeigen sich bei Ivanov, V. A.: Stanovlenie uglevodorodnoj ėnergetiki Rossii, Sankt-Peterburg 2007; Rachmankulov, Diljus L.: U istokov sozdanija neftjanogo dela Uralo-Povolž'ja, Moskva 2008.

43 Exemplarisch für diese Werke: Bachtizin, Ramil' N./Vereščagin, Aleksandr S./Furman, Aleksandr B.: Bitva za neft'. Rossija v mirovoj bor'be za »čërnoe zoloto«: (konec XIX – seredina XX vv.), Ufa 2003; Bachtizin, Ramil' N./Vereščagin, Aleksandr S./Kijko, Michail J.'e.: »Neftjanoj Faktor« v Rossijskoj gosudarstvennoj politike. Dorevoljucionnyj i sovetskij periody, Ufa et al. 2007; Komgort, Marina V.: Zapadno-Sibirskaja neftegazonosnaja provincija, Tjumen' 2008; Nekrasov, Vjačeslav L./Stafeev, Oleg N./Chromov, Evgenij A.: Neftegazovyj kompleks SSSR (vtoraja polovina 1950-ch – pervaja polovina 1960-ch gg.). ėkonomičeskie i institucional'nye aspekty razvitija, Chanty-Mansijsk 2012; Nekrasov, Vjačeslav L.: Decision-Making in the Soviet Energy Sector in Post-Stalinist Times: The Failure of Khrushchev's Economic Modernization Strategy, in: Jeronim Perović (Hg.): Cold War Energy. A Transnational History of Soviet Oil and Gas, Cham 2017, S. 165–199; Razumov, V. V.: Sistema neftesnabženija v Velikoj Otečestvennoj vojne 1941–1945 gg., Moskva 1995; Sokolov, Andrej K.: Sovetskoe neftjanoe chozjajstvo. 1921–1945 gg., Moskva 2013; Zolotarev, Vladimir A./Sokolov, A. M./Janovič, Michail V.: Neft' i bezopasnost' Rossii, Moskva 2007. Bezeichnend sind auch die Beiträge in Alekperov, Vagit J. (Hg.): Neft' strany Sovetov. Problemy istorii neftjanoj promyšlennosti SSSR (1917–1991 gg.), Moskva 2005.

44 Stellvertretend für diese Werke: Šammazov, A. M./Mastobaev, B. N.: Očerki po istorii neftjanoj industrii SSSR, Ufa 1999; Šammazov, Ajrat M./Bachtizin, Ramil' N./Mastobaev, B. N./ Movsumzade, Ėl'dar M./Vladimirov, A. I./Karnauchov, N. N./Cchadaja, Nikolaj D./ Lapidus, A. L.: Istorija neftegazovogo dela Rossii, Mosvka 2001; Vdovykin, G. P.: Istorija neftegazovogo dela v Rossii, Moskva 2003; Alekperov, Vagit J.: Oil of Russia. Past, Present, & Future, Minneapolis 2011.

studien können dieses Versäumnis zwar partiell kompensieren, klammern die gesamtsowjetische Perspektive jedoch weitgehend aus und eignen sich so nur begrenzt, um die energiepolitischen Ambitionen der sowjetischen Führung zu hinterfragen.[45]

Die jüngere westliche Forschung konzentriert sich hingegen auf eng abgegrenzte außenpolitische Fragestellungen mit Bezug zum Erdöl. Das zuvor undurchsichtige sowjetische Vorgehen in der Irankrise von 1946, maßgeblich geprägt durch die Suche nach dem flüssigen Brennstoff, hat besondere Beachtung gefunden und ist verschiedenfach einer Neuinterpretation unterzogen worden. An der Diskussion, welche Bedeutung dem Erdöl tatsächlich zukam, welche Akteure ihre Interessen durchzusetzen versuchten und inwieweit die Irankrise den Ost-West-Gegensatz beförderte, haben sich mit unterschiedlichen Akzenten auch russländische und aserbaidschanische Historiker beteiligt.[46] Neue Erkenntnisse haben auch die Untersuchungen Walter Ibers zutage gefördert, der die Besatzungsgeschichte Österreichs mit einem Fokus auf die sowjetischen Erdölinteressen in dem Alpenstaat neu aufgerollt hat.[47] Aufschlussreich sind zudem verschiedene jüngere Studien, die auf Basis westlicher Archive die Moskauer Außenpolitik mit Bezug zum Erdöl zu entschlüsseln versuchen. Hervorzuheben sind die Untersuchungen Niklas Jensen-Eriksens, der die politischen Aspekte der bereits vor Kriegsende einsetzenden Erdöllieferungen an

45 Kurjatnikov: Stanovlenie neftjanogo kompleksa; Borozinec, Lenfrid G.: Istorija stanovlenija i razvitija neftegazovogo kompleksa Komi kraja, Uchta 2004.

46 Blake, Kristen: The U.S.-Soviet Confrontation in Iran, 1945–1962. A Case in the Annals of the Cold War, Lanham MD 2009; Egorova, Natalija I.: »Iranskij Krizis« 1945–1946 gg. po rassekrečennym archivnym dokumentam, in: Novaja i Novejšaja Istorija (1994) 3, S. 24–42; Yegorova, Natalia I.: The ›Iran Crisis‹ of 1945–1946: A View from the Russian Archives, Washington, D.C. 1996; Scheid Raine, Fernande: The Iranian Crisis of 1946 and the Origins of the Cold War, in: Melvyn P. Leffler/David S. Painter (Hg.): Origins of the Cold War. An International History, 2. Aufl., New York et al. 2005, S. 93–111; Hasanli, Jamil: At the Dawn of the Cold War. The Soviet-American Crisis over Iranian Azerbaijan, 1941–1946 (The Harvard Cold War Studies Book Series), Lanham MD 2006; Fawcett, Louise L'E.: Iran and the Cold War. The Azerbaijan Crisis of 1946 (Cambridge Middle East library 26), Cambridge 1992. Jüngst erschienen ist auch Egorova, Natalija I.: Stalin's Oil Policy and the Iranian Crisis of 1945–1946, in: Perović (Hg.): Cold War Energy, S. 79–104.

47 Iber, Walter M.: Erdöl statt Reparationen. Die Sowjetische Mineralölverwaltung in Österreich 1945–1955, in: Vierteljahrshefte für Zeitgeschichte 57 (2009) 4, S. 571–605; Ders.: Die sowjetische Mineralölverwaltung in Österreich. Zur Vorgeschichte der OMV 1945–1955, Innsbruck 2011.

Finnland analysiert hat,[48] sowie die bereits in den 1980er Jahren verfasste Studie zur Rolle des sowjetischen Strebens nach zusätzlichen Erdölvorkommen im frühen Kalten Krieg von Yury Napuch.[49]

Diese Arbeiten können jedoch nicht darüber hinwegtäuschen, dass insbesondere für die Nachkriegsjahre über die energetischen Vorstellungen des Kremls sowie die handlungsweisenden Motive der maßgeblichen Akteure hinsichtlich der sowjetischen Erdölpolitik nach wie vor wenig bekannt ist. In diesem Kontext tendieren neuere westliche Publikationen meist dazu, die Forschungsmeinungen aus der Zeit des Kalten Krieges zu rezipieren und die russländischen Studien ebenso wie die dortigen Archive zu übergehen.[50] Für einzelne sowjetische Energiebranchen, etwa mit Fokus auf dem »neuen sozialistischen Donbass«[51] oder den »Stalinschen Großbauten des Kommunismus«,[52] liegen bereits detaillierte Studien vor, die sich eingehender mit in dieser von Wandel geprägten, »vernachlässigten und häufig missverstandenen Ära«[53] des Nachkriegsstalinismus befassen. Ein reges Forschungsinteresse haben auch das »Rote Atom«[54] sowie

48 Jensen-Eriksen, Niklas: Just Rhetoric? The United Kingdom and the Question of Western Economic Aid to Finland, 1950–1962, in: Jari Eloranta/Jari Ojala (Hg.): East-West Trade and the Cold War (Jyväskylä Studies in Humanities 36), Jyväskylä 2005, S. 93–112; Ders.: The first Wave of the Soviet Oil Offensive. The Anglo-American Alliance and the Flow of ›Red Oil‹ to Finland during the 1950s, in: Business History 49 (2007) 3, S. 348–366; Ders.: The Cold War in Energy Markets. British Efforts to Contain Soviet Oil Exports to Non-communist Countries, 1950–1965, in: Alain Beltran (Hg.): Le pétrole et la guerre. Oil and War, Bruxelles et al. 2012, S. 191–208, Jensen-Eriksen, Niklas/Kuisma, Markku: British Government, Anglo-American Oil Companies & the Case of the Finnish Oil Market during the Cold War (1950–1970), in: Hubert Bonin (Hg.): Transnational Companies, 19 th–20 th Centuries (Collection Ecoclio), Paris 2002, S. 281–286. Jüngst erschienen ist auch Jensen-Eriksen, Niklas: »Red Oil« and Western Reactions: The Case of Britain, in: Perović (Hg.): Cold War Energy, S. 105–130.

49 Napuch, Yury: Die Sowjetunion, das Erdöl und die Ursachen des Kalten Krieges (Europäische Hochschulschriften, Reihe 3, Geschichte und ihre Hilfswissenschaften 300), Frankfurt am Main et al. 1986.

50 Goldman, Marshall I.: Petrostate. Putin, Power, and the new Russia, Oxford et al. 2008; Yergin: Prize; Considine, Jennifer I./Kerr, William A.: The Russian Oil Economy, Cheltenham et al. 2002; Painter, David S.: Oil, Resources, and the Cold War, 1945–1962, in: Leffler/Westad (Hg.): Cambridge History of Cold War: Vol. I, S. 486–507.

51 Penter, Tanja: Kohle für Stalin und Hitler. Arbeiten und Leben im Donbass 1929 bis 1953 (Veröffentlichungen des Instituts für soziale Bewegungen. Schriftenreihe C, Arbeitseinsatz und Zwangsarbeit im Bergbau 8), Essen 2010, Zitat S. 161.

52 Gestwa: Großbauten.

53 Fürst: Late Stalinist Society, S. 15.

54 Josephson, Paul R.: Red Atom. Russia's Nuclear Power Program from Stalin to Today, New York 1999; Schmid, Sonja D.: Producing Power. The Pre-Chernobyl History of the Soviet Nuclear Industry (Inside Technology), Cambridge MA 2015.

das »Rote Gas«[55] geweckt, wenngleich beide in ihrer Funktion als Energieträger erst in den späten 1950er Jahren eine größere Bedeutung erfahren hatten. Vorherige Entwicklungen werden in diesen Werken allenfalls als Prolog betrachtet. Für den Erdölsektor hingegen fehlt es trotz der gesellschaftlichen und politischen Relevanz des flüssigen Brennstoffes bisher an entsprechenden Äquivalenten.

Zur Quellengrundlage

Die Arbeit basiert zu einem gewichtigen Teil auf einer umfangreichen Quellengrundlage, welche sich aus den zu Beginn der 1990er Jahre deklassifizierten Archivbeständen zusammensetzt. Im Fokus stehen dabei vor allem für den internen Gebrauch bestimmte Dokumente, Briefe und Berichte derjenigen Institutionen, die als wesentliche Schnittstellen der sowjetischen Energiepolitik gewertet werden können. Der in den späten 1930er Jahren zum wirtschaftspolitischen Leitgremium etablierte Rat der Volkskommissare (1946 in Ministerrat umbenannt) und das nach dem Krieg innerhalb dieser Strukturen geschaffene Brennstoffbüro[56] können als zentrale Instanzen des energetischen Wandels gewertet werden, fungierten diese doch als Vermittler zwischen Stalin und den sowjetischen Behörden. Zwar werden einzelne Dokumentenbestände dieses höchsten Regierungsorgans im Staatsarchiv der Russländischen Föderation (Gosudarstvennyj archiv Rossijskoj Federacii, GARF) nach wie vor unter Verschluss gehalten. Dies betrifft allerdings – soweit ersichtlich – in erster Linie die Protokolle einzelner mündlich geführter Debatten, deren Inhalt und Ergebnisse sich oftmals auch aus dem zugrunde liegenden Schriftverkehr erschließen lassen.[57]

55 Högselius, Per: Red Gas. Russia and the Origins of European Energy Dependence (Palgrave Macmillan Transnational History Series), New York 2013.

56 Der Ministerrat entschied im Februar 1947, zunächst ein Bjuro po toplivu i ėlektrostancijam, zuständig für Brennstoffe und Kraftwerke, zu schaffen. Bereits wenige Wochen folgte ein Dekret, auch den Transportsektor einzugliedern, das Brennstoffbüro wurde zum Bjuro po toplivu i transportu. Im Februar 1951 entfiel die Zuständigkeit für Kraftwerke und den Transportsektor, um Berija zu entlasten. Fortan war das Bjuro po toplivnoj promyšlennosti nur noch für den Brennstoffsektor zuständig. Nur einen Monat später erfolgte die Auflösung der meisten Branchenbüros, die Mitarbeiterstrukturen bestanden aber weitgehend fort. Dazu Chlevnjuk, Oleg V. (Hg.): Politbjuro CK VKP(b) i Sovet Ministrov SSSR. 1945–1953 (dokumenty sovetskoj istorii 6), Moskva 2002, S. 39–46, S. 81 f. sowie S. 86 f. Im Folgenden wird die Institution durchgehend als Brennstoffbüro bezeichnet.

57 Ausgewertet wurden die relevanten Jahrgänge (1938–1958) im Fond des Ministerrates (f. R5446). Für die Zeit nach Stalins Tod wird das Ausmaß deklassifizierter Bestände merklich geringer.

Ergänzt werden diese auf die politische Führung konzentrierten Bestände durch verschiedene Akten aus dem Russländischen Archiv für Soziale und Politische Geschichte (Rossijskij gosudarstvennyj archiv social'no-političeskoj istorii, RGASPI), welches die persönliche Korrespondenz der Parteiführung sowie den Quellenfundus des in den Kriegsjahren maßgeblichen Staatlichen Verteidigungskomitees verwahrt.[58] Auf eine Berücksichtigung einzelner Parteiorgane wurde gleichermaßen verzichtet, da diesen besonders in den Nachkriegsjahren nur eine geringere Relevanz zukam und entsprechende Bestände darüber hinaus teilweise noch nicht freigegeben sind.[59]

Außer den politischen Akteuren spielten auch die wirtschaftlichen Planungs- und Kontrollinstanzen eine bedeutende Rolle in den Aushandlungsprozessen, arbeiteten diese doch den politischen Entscheidungsträgern zu und konnten auf diese Weise in begrenztem Maße auch die internen Debatten beeinflussen. Die im Russländischen Staatsarchiv der Wirtschaft (Rossijskij gosudarstvennyj archiv ėkonomiki, RGAĖ) gesammelten Akten des Erdölministeriums sowie des Gosplan gewähren zusätzliche Einblicke in die Vorstellungen, Zielsetzungen und Schwierigkeiten, welche der sowjetischen Energiepolitik zugrunde lagen und das energetische Weltbild dieser Zeit entsprechend prägten.[60] Von besonderer Relevanz sind diesbezüglich die verschiedenen Memoiren des im Betrachtungszeitraum verantwortlichen Erdölministers und späteren Gosplan-Vorsitzenden Nikolaj Bajbakovs, dessen häufig ganz eigene rückblickende Sichtweise auf einzelne Ereignisse vielschichtige Einblicke in die Selbstwahrnehmung des Erdölministers gestatten. Insbesondere dessen Schilderungen einzelner Treffen mit Stalin geben einen Hinweis darauf, welche Interessen der Parteichef im Erdölsektor verfolgte.[61] Während des Kalten Krieges publizierte Statistikbände sowie die Sammlungen verschiedener Quelleneditionen, die in den letzten 25 Jahren in großem Umfang erschienen sind und sich häufig einzelnen Aspekten sowjeti-

58 Einbezogen wurde der Fond des Staatlichen Verteidigungskomitees (f. 644) sowie partiell auch Stalins persönliche Korrespondenz (f. 558) und die Fonds zu den einzelnen Parteitagen (f. 56, f. 58, f. 59, f. 477, f. 592). Verschiedene Teile der Bestände aus dem RGASPI sind in der Bayerischen Staatsbibliothek in München eingesehen worden, andere auch über die auf http://sovdoc.rusarchives.ru veröffentlichte Dokumentensammlung zur sowjetischen Epoche.

59 Gorlizki, Yoram/Khlevniuk, Oleg V.: Cold Peace. Stalin and the Soviet Ruling Circle, 1945–1953, Oxford 2004, S. 8 f.; Igolkin: Neftjanaja politika (1940–1950), S. 8.

60 Relevant sind insbesondere der Gosplan-Fond (f. 4372) sowie die verschiedenen Bestände des Erdölministeriums (ff. 8625-8627). Letztere konnten nur partiell ausgewertet werden, da infolge einer Bestandsauslagerung des RGAE zahlreiche Akten nicht zugänglich waren.

61 Unter zahlreichen Publikationen sind insbesondere von Bedeutung: Bajbakov, Nikolaj K.: Ot Stalina do El'cina, Moskva 1998; Ders.: Sache des Lebens. Aufzeichnungen eines Erdölarbeiters, Berlin 1985; Ders.: Neftjanoj front (Biblioteka literaturnogo fakela), Moskva 2006.

scher Wirtschaftspolitik sowie den Mechanismen der Moskauer Entscheidungsfindung widmen, komplementieren diese umfangreichen Archivbestände.[62]

Schwierigkeiten bestehen dahingehend, dass technische Neuerungen im Spätstalinismus – vor allem die verstärkte Nutzung des Telefons – bei gleichzeitiger Tendenz zu intransparenten Prozessen und Stalins Präferenz für konspirativ anmutende Geheimtreffen in seinem Büro oder auf seiner Datscha den Beobachter von einzelnen Stadien der Entscheidungsfindung ausschließen.[63] Gleichzeitig bewirkten Technokratisierung und Bürokratisierung in den Nachkriegsjahren im Gegenzug einen erheblichen Anstieg der Briefwechsel und Aufzeichnungen auf den unteren Ebenen der Moskauer Führungsadministration, wodurch diese Defizite teilweise kompensiert werden können.

62 Unter den sowjetischen Quellen- und Statistikpublikationen sind hervorzuheben: Lenin, Vladimir I.: Polnoe sobranie sočinenij v 55 tomach, 5. Aufl., Moskva 1967–1981; Stalin: Sočinenija; Rešenija po chozjajstvennym voprosam; Direktivy KPSS i sovetskogo pravitel'stva po chozjajstvennym voprosam. 1917–1957 gody. Sbornik dokumentov v 4 tomach, Moskva 1957–1958; Kommunističeskaja Partija Sovetskogo Sojuza v rezoljucijach i rešenijach s"ezdov, konferencij i plenumov CK. 1898–1953 (čast' II: 1925–1953), 7. Aufl., Moskva 1953; Vnešnjaja Torgovlja SSSR za 1918–1940. Statističeskij obzor, Moskva 1960; Vnešnjaja Torgovlja SSSR (1918–1966); Narodnoe chozjajstvo SSSR (1922–1972) sowie die veröffentlichten stenographischen Protokolle der Parteitage. Wichtige seit den 1990er Jahren erschienene Quelleneditionen zum Betrachtungszeitraum sind unter anderem: Chlevnjuk, Oleg V. (Hg.): Stalin i Kaganovič. Perepiska. 1931–1936 gg. (Annaly kommunizma), Moskva 2001; Ders. (Hg.): Stalinskoe Politbjuro v 30-e gody. Sbornik dokumentov (dokumenty sovetskoj istorii), Moskva 1995; Ders. (Hg.): Politbjuro i Sovet Ministrov; Ders. (Hg.): Ėkonomika Gulaga (Istorija stalinskogo Gulaga. Konec 1920-ch – pervaja polovina 1950-ch godov 3), Moskva 2004; Chromov, Semen S. (Hg.): Industrializacija Sovetskogo Sojuza. Novye dokumenty, novye fakty, novye podchody. 2 Bde., Moskva 1997–1999; Muraško, Galina P. (Hg.): Vostočnaja Evropa v dokumentach rossijskich archivov. 1944–1953 gg. 2 Bde., Moskva 1997; Bachturina, Aleksandra J.'e. (Hg.): Rossija i SŠA: ėkonomičeskie otnošenija 1933–1941. Sbornik dokumentov, Moskva 2001; Rešin, Leonid E./Naumov, Vladimir P. (Hg.): 1941 god. V 2-ch knigach (Rossija. XX vek. Dokumenty), Moskva 1998; Sevost'janov, Grigorij N./Semenov, Vjačeslav M./Jakovlev, Aleksandr N./Petrenko, A. I. (Hg.): Sovetsko-amerikanskie otnošenija. 1945–1948 (Rossija XX vek Dokumenty), Moskva 2004; Dies. (Hg.): Sovetsko-amerikanskie otnošenija. 1949–1952 (Rossija XX vek Dokumenty), Moskva 2006; Adibekov, Grant M. (Hg.): Politbjuro CK RKP(b) – VKP(b) i Evropa. Rešenija »osoboj papki«. 1923–1939, Moskva 2001; Adibekov, Grant M./Anderson, K./Rogovaja, L. (Hg.): Politbjuro CK RKP (b)-VKP(b). Povestki dnja zasedanii: 1919–1952. Katalog v trech tomach, Moskva 2000–2001; Fursenko (Hg.): Prezidium CK KPSS.

63 Rees, Edward A.: Leaders and their Institutions, in: Gregory (Hg.): Stalin's Command Economy, S. 35–60, S. 49; Khlevniuk, Oleg V.: Stalin. New Biography of a Dictator, New Haven 2015, S. xii. Nur selten finden sich in den Akten Vermerke über Telefongespräche, und selbst diese bedeuten keineswegs, dass der Inhalt des Telefonates rekapituliert wird. Teilweise finden sich lediglich Notizen wie »telefonisch geklärt« auf den Akten: RGAE, f. 4372, op. 46, d. 375, l. 307.

Neben diesem umfangreichen, die internen Debatten beleuchtenden Quellenkorpus gilt es, durch die Heranziehung einschlägiger partei- und regierungsnaher Presseorgane, insbesondere der *Pravda* und der *Izvestija,* auch die öffentliche Dimension dieses Weltbildes näher zu beleuchten. Aufgrund der wenigen im Betrachtungszeitraum mit Bezug zum Erdöl eingesetzten Propagandaplakate, zu dieser Zeit wichtige Sprachrohre der sowjetischen Regierung, bieten sich einzelne Printmedien aufgrund ihrer hohen Reichweite besonders an, um den Kommunikationsprozess mit der Außenwelt nachzuvollziehen.[64] Ergänzend hinzugezogen werden vereinzelt auch populärwissenschaftliche Zeitschriften wie etwa die in Jugendkreisen verbreitete *Technika – molodeži,* die an ein erwachsenes Publikum gerichtete *Nauka i žizn'* oder die *Ogonëk,* wenngleich eine qualitative Analyse aufgrund der wenigen Bezüge zum Erdöl nur begrenzt erfolgen kann. Gleiches gilt für andere Medien wie etwa Filme, Dokumentationen oder Unterhaltungsliteratur, die zwar partiell in die Untersuchung einfließen, meist jedoch bereits durch ihre Veröffentlichung als Zeichen gewertet werden können und eine detaillierte inhaltliche Auseinandersetzung im Rahmen der Fragestellung redundant werden lassen.

64 Dickerman, Leah: Bulding the Collective, in: Leah Dickerman (Hg.): Building the Collective. Soviet Graphic Design 1917–1937, New York 1996, S. 11–38; Waschik, Klaus/Baburina, Nina I.: Werben für die Utopie. Russische Plakatkunst des 20. Jahrhunderts, Bietigheim-Bissingen 2003; Bonnell, Victoria E.: Iconography of Power. Soviet Political Posters under Lenin and Stalin (Studies on the History of Society and Culture 27), Berkeley 1997; Gestwa: Großbauten, S. 256–306.

2 Energetische Revolutionen und Kontinuitäten

Jegliche Energiepolitik, so innovativ sie auch sein mag, ist spätestens seit dem Beginn der Industrialisierung gebunden an vorherige Entwicklungen und Strukturen, die ihrerseits Pfadabhängigkeiten schaffen und sich, wenn überhaupt, nur langwierig und unter hohen Kosten aufbrechen lassen.[1] In diesem Kontext ist das folgende Kapitel den Hintergründen und Ursprüngen des energetischen Weltbildes der Bolschewiki und der nach den Wirren von Revolution und Bürgerkrieg daraus resultierenden Energiepolitik der entstehenden Sowjetunion gewidmet. Unabhängig von ihren tatsächlichen Erfolgen waren die Weichenstellungen, Überlegungen und Prioritätensetzungen der zaristischen Regierung eine wesentliche Grundlage für die Überzeugungen und Wahrnehmungen der frühen Bolschewiki, die ihren Machtanspruch nicht zuletzt damit begründeten, soziale wie wirtschaftliche Fehler und Schwächen der Vergangenheit zu überwinden und die Bevölkerung in ein neues, besseres Zeitalter zu führen.[2] Nicht die Erfolge, sondern in erster Linie vermeintliche wie reale Fehlentwicklungen vor der Oktoberrevolution prägten auf diese Weise das Weltbild der Bolschewiki auch im Energie- und Erdölsektor. Besondere Relevanz kommt in diesem Kontext dem von Lenin protegierten Elektrifizierungsprojekt zu, dessen Kernparadigmen für die sowjetische Führung über Jahrzehnte handlungsweisenden Charakter haben sollten.

---

1 Smil: Energy Transitions, S. 12 f.; auch die Überlegungen in Engels, Jens I./Schenk, Gerrit J.: Infrastrukten der Macht – Macht der Infrastrukturen. Überlegungen zu einem Forschungsfeld, in: Birte Förster/Martin Bauch (Hg.): Wasserinfrastrukturen und Macht von der Antike bis zur Gegenwart, Berlin et al. 2015, S. 22–59, oder die umfassende Fallstudie von Christopher Jones zur Grundsteinlegung in der amerikanischen Energiepolitik: Jones, Christopher F.: Routes of Power. Energy and Modern America, Cambridge MA 2014; Ders.: A Landscape of Energy Abundance. Anthracite Coal Canals and the Roots of American Fossil Fuel Dependence, 1820–1860, in: Environmental History 15 (2010) 6, S. 449–484.

2 Dazu umfassend Stites, Richard: Revolutionary Dreams. Utopian Bision and Experimental Life in the Russian Revolution, New York 1989; Beyrau, Dietrich: Das bolschewistische Projekt als Utopie und soziale Praxis, in: Wolfgang Hardtwig (Hg.): Utopie und politische Herrschaft im Europa der Zwischenkriegszeit, München 2003, S. 13–40; Plaggenborg, Stefan: Experiment Moderne. Der sowjetische Weg, Frankfurt [am Main] et al. 2006; Ders.: Revolutionskultur. Menschenbilder und kulturelle Praxis in Sowjetrussland zwischen Oktoberrevolution und Stalinismus (Beiträge zur Geschichte Osteuropas 21), Köln 1996.

Wie so oft in der sowjetischen Geschichte – und auch allgemein in ideologisch geprägten Großprojekten, zu denen die Schaffung eines sozialistischen Staates zu zählen ist – klafften Anspruch und Wirklichkeit jedoch bereits nach dem Bürgerkrieg weit auseinander. Mehr noch als in den Folgejahren, in denen in Einklang mit dem Übergang zur Planwirtschaft zunehmend auch eigene, als bolschewistisch definierte politische Akzente gesetzt werden konnten, erforderte der Mangel an Kapital, Erfahrung und Material Zugeständnisse, welche die Ausgangslage zwei Dekaden später maßgeblich beeinflussten. Das Erbe des Zarenreiches, das energetische Weltbild der Bolschewiki und die von Kompromissen gezeichneten Wiederaufbaujahre nach dem Ersten Weltkrieg bilden somit ein Konglomerat, welches erheblichen Einfluss auf die von Umgestaltungsbemühungen geprägte Energiepolitik der entstehenden Planwirtschaft hatte.

2.1 Das Erbe des Zarenreiches

Das Zarenreich galt am Vorabend seines Niedergangs innerhalb Europas als rückständig und lag in seinen Industrialisierungsbemühungen deutlich hinter anderen Großmächten zurück. In mancher Perspektive markierte die Oktoberrevolution jedoch keineswegs eine solch umfassende Zäsur in der historischen und insbesondere industriellen Entwicklung des Landes, wie die späteren Führer und Denker des Sowjetstaates stets proklamierten. Mithilfe primär ausländischer Investitionen hatten die Reichen und Mächtigen des Landes bereits unentwegt an der Forcierung des wirtschaftlichen Aufschwungs gearbeitet.[3] Die Transsibirische Eisenbahn war als Großprojekt von für diese Zeit gewaltigem Ausmaß bereits zur Jahrhundertwende fertiggestellt, und zahlreiche weitere technologische Neuerungen, wie etwa die großflächige Elektrifizierung, die später zu einem wesentlichen Leitmotiv der bolschewistischen Herrschaft werden sollte, wurden rege diskutiert. Ein umfassendes Elektrifizierungsprogramm war letztlich zwar an mangelnden finanziellen Möglichkeiten oder entsprechenden Prioritäten vonseiten der zaristischen Regierung gescheitert. Wichtige indus-

3 Schattenberg, Susanne: Stalins Ingenieure. Lebenswelten zwischen Technik und Terror in den 1930er Jahren (Ordnungssysteme 11), München 2002, S. 57 f.; Haumann, Heiko: Beginn der Planwirtschaft. Elektrifizierung, Wirtschaftsplanung und gesellschaftliche Entwicklung Sowjetrusslands 1917–1921 (Studien zur modernen Geschichte 15), Düsseldorf 1974, S. 13–21. Zur vermeintlichen Rückständigkeit: Gregory, Paul R.: The Political Economy of Stalinism. Evidence from the Soviet Secret Archives, Cambridge et al. 2004, S. 24–26.

trielle Zentren des Landes – in erster Linie Moskau, St. Petersburg und Baku – konnten jedoch bereits weitreichende Fortschritte aufweisen.[4]

In einigen Aspekten war die Energiewirtschaft des späten Zarenreiches in ihrer Struktur sogar einzigartig und, aus heutiger Perspektive betrachtet, ihrer Zeit sogar weit voraus: Wenngleich die russischen Städte auf dem Gebiet der Industrialisierung und Elektrifizierung mit vielen westlichen Metropolen nicht mithalten konnten, war das russische Imperium um die Jahrhundertwende nicht nur der größte Erdölproduzent der Welt, sondern gleichzeitig auch der größte Verbraucher.[5] Nicht nur die Eisenbahn, auch die energieintensive Wirtschaft und zahlreiche Kraftwerke des Landes wurden mit Masut, einer Heizölart befeuert. Aufgrund der oberflächennahen Beschaffenheit der kaukasischen Ölfelder und der fehlenden Effizienz im russischen Bergbau war dieses wesentlich günstiger als Kohle, die überdies mangels geeigneter Transportinfrastruktur oftmals aus England importiert werden musste.[6] Selbst die russische Marine experimentierte früh mit dem flüssigen Brennstoff und stellte den Antrieb der Flotten im Kaspischen Meer und auf der Volga bereits in den 1870er Jahren auf Erdöl um. Trotz positiver Erfahrungen verzichtete die Admiralität auf eine vollständige Umrüstung, weil der als fortschrittlicher wahrgenommene Westen damals weiter auf Kohlebriketts als Schiffstreibstoff setzte.[7]

Im ausgehenden 19. Jahrhundert, als alle anderen Großmächte fast ausschließlich auf den auch in Westeuropa reichlich vorhandenen festen Brennstoff zurückgriffen, um die Industrialisierung anzuheizen, stand die entstehende moderne Wirtschaft des Zarenreiches zu weiten Teilen unter dem Primat des Erdöls: Über 40 Prozent des gesamten Energieverbrauchs des Landes wurden

4 Coopersmith, Jonathan: The Electrification of Russia, 1880–1926, Ithaca NY et al. 1992, S. 42–98.

5 Etemad, Bouda/Luciani, Jean (Hg.): World Energy Production, 1800–1985. Production mondiale d'énergie, 1800–1985 (Publications du Centre d'histoire économique internationale de l'Université de Genève 7), Genève 1991, S. 205–207.

6 Igolkin: Neftjanaja promyšlennost' (1917–1920), S. 17; Tolf, Robert W.: The Russian Rockefellers. The Saga of the Nobel Family and the Russian Oil Industry (Hoover-Institution-Publication 158), Stanford CA 1976, S. 69–71. Zur weitgehenden erdölbefeuerten Eisenbahn des Zarenreichs D'jakonova, Irina A.: Neft' i ugol' v ėnergetike carskoj Rossii v meždunarodnych sopostavlenijach (Ėkonomičeskaja istorija Dokumenty, issledovanija, perevody), Moskva 1999, S. 106–109.

7 Tolf: Russian Rockefellers, S. 69; S. 120–123. Aufgrund dieser zögerlichen Haltung und der späteren Abkehr der Bolschewiki vom Erdöl als Brennstoff, auf die noch einzugehen sein wird, wird heute meist die britische Flotte als diejenige dargestellt, welche als erste auf Erdöl setzte, so etwa in Maugeri: Age of Oil, S. 19–32.

durch die weitaus effizientere Verbrennung von Masut gedeckt.[8] Die Fokussierung auf flüssige Brennstoffe brachte jedoch nicht nur Vorteile: Während das günstige Erdöl einerseits als willkommene Alternative zur teureren Kohle gesehen wurde, stand es andererseits der fortschreitenden Elektrifizierung deutlich im Wege. Selbst dort, wo elektrisches Licht möglich gewesen wäre, verzichteten die potentiellen Konsumenten und selbst die Stadtverwaltungen noch am Vorabend des Ersten Weltkrieges weitgehend auf die Vorzüge der Elektrizität. Die klassische Petroleumlampe war, solange der Nachschub an preiswertem Brennstoff nicht versiegte, nicht nur in ihrer Anschaffung wesentlich günstiger als ihr moderner Konkurrent.[9]

Den stetigen Zufluss verdankte die russische Führung in erster Linie den Erdölfeldern von Baku am Kaspischen Meer, wo schon im 16. Jahrhundert das erste ›schwarze Gold‹ gefördert wurde. Wenngleich zu hinterfragen ist, inwieweit der Erdölreichtum Bakus bereits ein Motiv des russischen Zaren für die Annexion Aserbaidschans während des Persisch-Russischen Krieges zu Beginn des 19. Jahrhunderts war,[10] so gilt Baku heute unter Fachleuten als »der Ort, an dem [1846] das moderne Ölzeitalter begann«[11] – beinahe 15 Jahre, bevor auch in den USA mittels industrieller Förder- und Verarbeitungsmethoden die großflächige Jagd auf das ›schwarze Gold‹ eingeleitet wurde. Nachdem in den 1870er Jahren wichtige Steuerreformen durchgeführt und zahlreiche Investitionsanreize geschaffen worden waren, um ausländisches Kapital in die Region zu holen und den zwischenzeitlichen Rückstand gegenüber der amerikanischen Förderindustrie zu verringern, waren dem Aufstieg der Erdölwirtschaft in Baku kaum noch Grenzen gesetzt.[12]

Allen voran die aus Schweden stammenden Brüder Robert und Ludvig Nobel, aber auch andere vorwiegend westliche Investoren brachten Personal und tech-

---

8 Mitchell, Timothy: Carbon Democracy. Political Power in the Age of Oil, London et al. 2013, S. 34. Umfassend zur Energiebilanz des Zarenreichs: D'jakonova: Neft' i ugol'.

9 Coopersmith: Electrification, S. 44 f.

10 Diese These vertritt zumindest Gökay, Bülent: The Background: History and Political Change, in: Bülent Gökay (Hg.): The Politics of Caspian Oil, Houndmills et al. 2001, S. 1–19, hier S. 4. Dagegen spricht etwa, dass der Zar erst nach der Eroberung Bakus seine Kommission dorthin entsandte, um die Eigenschaften des vorgefundenen Rohstoffs zu untersuchen, dazu Hohensee, Jens: Der erste Ölpreisschock 1973/74. Die politischen und gesellschaftlichen Auswirkungen der arabischen Erdölpolitik auf die Bundesrepublik Deutschland und Westeuropa (Historische Mitteilungen: Beiheft 17), Stuttgart 1996, S. 10 f.

11 Smil: Energy Transitions, S. 33 f.

12 Alekperov: Oil of Russia, S. 79 f., S. 94 f.; siehe auch Bachtizin, et al.: Neftjanoj Faktor, S. 15–17. Die gesetzlichen Neuerungen betrafen zwar nicht alle ausschließlich die Erdölindustrie, sondern sollten in Teilen auch die Industrialisierung im ganzen Land forcieren, waren jedoch von entscheidender Bedeutung für die weitere Entwicklung der kaukasischen Ölfelder.

nisches Knowhow in die Region, schufen die notwendigen Infrastrukturen und beförderten durch zahlreiche Innovationen die Konkurrenzfähigkeit der dortigen Betriebe. Binnen zweier Jahrzehnte stieg das Zarenreich zum größten Erdölproduzenten der Welt auf; auf engstem Raum wurde aus den Erdölfeldern am Kaspischen Meer über die Hälfte der globalen Produktion extrahiert.[13] Die einstige Provinzstadt Baku wuchs zu einer der größten und am rasantesten expandierenden Städte des späten Zarenreiches an, wurde ein primäres Ziel ausländischer Investitionen, zum Vorreiter in der industriellen Elektrifizierung und verantwortete knapp 10 Prozent der russischen Wirtschaftsleistung – fast ausschließlich auf Basis der florierenden Erdölindustrie.[14] Die Bedeutung des ›schwarzen Goldes‹ für das späte Zarenreich zeigte sich auch in zahlreichen offiziellen Besuchen hochrangiger Vertreter der Monarchie auf den Ölfeldern oder in den modernen Raffinerien insbesondere der Gebrüder Nobel, unter denen sich auch Zar Alexander III. befand.[15]

Das besondere Interesse der russischen Regierung am Erdöl resultierte dabei nicht allein aus der Bedeutung des Masuts für den Binnenmarkt. Selbst in dem für den russländischen Bedarf äußerst günstigen Mischverhältnis des kaukasischen Erdöls ließen sich nicht mehr als 70 Prozent des begehrten Heizöls gewinnen. Insbesondere an den leichten Treibstofffraktionen, aus denen neben Lampenöl auch Schmiermittel und in den USA mit der Verbreitung des Automobils zusehends Benzin und Diesel gewonnen wurden, herrschte im Zarenreich mangels potentieller Nutzer kaum Bedarf.[16] Das Erdöl oder zu dieser Zeit in erster Linie raffinierte Leichtbenzine wurden zu einem wesentlichen Bestandteil russischer Exporte und sollten so zusätzliches Kapital ins Land bringen.

Bis dahin wurden die Industrialisierung des Landes und der dafür notwendige Ankauf von Technologie und Maschinen mit dem Export von Getreide und Holz finanziert, das ›schwarze Gold‹ sollte nun nach dem Willen des Zaren

13 Dazu umfassend Tolf: Russian Rockefellers; siehe auch Travin, Dmitry/Marganiya, Otar: Resource Curse: Rethinking the Soviet Experience, in: Vladimir Gel'man/Otar Marganiya (Hg.): Resource Curse and post-Soviet Eurasia. Oil, Gas and Modernization, Lanham MD 2010, S. 23–47, hier S. 23–25.

14 Davies, Robert W.: Soviet Economic Development from Lenin to Khrushchev (New studies in economic and social history 34), Cambridge 1998, S. 14 f.; Bachtizin, et al.: Neftjanoj Faktor, S. 40 f. Umfassend zur Entwicklung vor Ort: Ibragimov: Neftjanaja promyšlennost'; zur Elektrifizierung siehe Coopersmith: Electrification, S. 58.

15 Tolf: Russian Rockefellers, S. 113. Die Gebrüder Nobel kontrollierten zu dieser Zeit nicht nur einen Großteil der russländischen Förderung, sondern dadurch insgesamt auch knapp 10 Prozent der globalen Erdölproduktion, vgl. Travin/Marganiya: Resource Curse, S. 25.

16 Bachtizin, et al.: Neftjanoj Faktor, S. 44 f. Zum russländischen Verbrauch vor dem Ersten Weltkrieg Lisičkin: Očerki razvitija, S. 200.

und seiner Regierung zusätzliche Mittel in Form von Lizenzgebühren akquirieren.[17] Doch mit dem rasanten Wachstum des Wirtschaftszweiges und den steigenden Profiten mehrten sich um die Jahrhundertwende auch die Probleme, ähnlich wie in vielen anderen europäischen Industriegebieten zu dieser Zeit. Überall im Zarenreich kam es, befördert durch die beschleunigte Industrialisierung und die größer werdende Ungleichheit, zu sozialen Spannungen.[18] In der kaukasischen Erdölindustrie und insbesondere in Baku konzentrierte sich eine wachsende und ethnisch bunt gemischte Arbeiterschaft nicht nur auf engstem Raum, sondern auch in Sichtnähe zu den Reichtümern, welche das ›schwarze Gold‹ mit sich brachte.[19]

Das 20. Jahrhundert begann in der Region, wie überall im Land, mit zahlreichen Streiks und Demonstrationen, die schließlich zu regelrechten Aufständen und ab 1903 zu landesweiten Generalstreiks führten. Die aufgebrachten Arbeiter hinterließen in Baku eine Spur der Verwüstung – zahlreiche Fördertürme wurden beschädigt oder zerstört, Büros und Wohnungen geplündert und niedergebrannt, vereinzelt fielen Fachkräfte und Unternehmer der wütenden Arbeiterschaft zum Opfer.[20] Doch anders als in der sowjetischen Geschichtsschreibung hervorgehoben, hatten die Arbeiterbewegung und auch die Bolschewiki im Kaukasus allgemein einen schweren Stand. Die muslimische Bevölkerungsmehrheit, wenngleich in der Arbeiterschaft im Erdölsektor unterdurchschnittlich vertreten, engagierte sich kaum in diesem Bereich und beteiligte sich nur in Ausnahmefällen an Streiks, um einzelne, ganz spezifische Forderungen wie

17 Bis zu 40 Prozent der Erdöleinnahmen flossen zur Jahrhundertwende in die Staatskasse, weit mehr als in anderen Ländern. Eine derart hohe Abgabe war in Russland notwendig, um das für die Industrialisierung dringend benötigte Kapital im Land zu halten. Zahlreiche westliche Investoren hatten in erster Linie eine schnelle Rendite im Sinn und so floss zu Beginn der russischen Exporte ein überwiegender Teil der Gewinne unmittelbar wieder ins Ausland, dazu Goldman: Enigma of Soviet Petroleum, S. 20; Igolkin: Neftjanaja promyšlennost' (1917–1920), S. 45. Zur Aussenhandelsbilanz des Zarenreiches und dem Export von Holz und Getreide im Austausch gegen moderne Technologie siehe Sanchez-Sibony, Oscar: Depression Stalinism. The Great Break Reconsidered, in: Kritika 15 (2014) 1, S. 23–49, hier S. 28 f. Zur Jahrhundertwende hatte das Erdöl einen Wertanteil von 7 Prozent an den russischen Gesamtausfuhren, vgl. Goldman: Petrostate, S. 24.

18 Davies: Soviet Economic Development, S. 14 f.

19 Grünewald, Jörn: Die Ethnisierung des Proletariats. Arbeiter in der Ölindustrie Bakus im ersten Drittel des 20. Jahrhunderts, in: Tanja Penter (Hg.): Sowjetische Bergleute und Industriearbeiter. Neue Forschungen (= Mitteilungsblatt des Instituts für soziale Bewegungen. Forschungen und Forschungsberichte 37 (2007) 1), Essen 2007, S. 31–50, hier S. 34.

20 Travin/Marganiya: Resource Curse, S. 26.

höhere Löhne zu unterstützen.[21] Gleichzeitig zählten die Arbeiter in der Erdölindustrie nicht nur im innerrussischen, sondern auch im internationalen Vergleich zu den Besserverdienern.[22] Sie konnten ihre sozialen Forderungen auch aufgrund der hohen Profite in der Erdölbranche durch kurze Arbeitsniederlegungen meist vergleichsweise schnell durchsetzen, weshalb die bestehende Ordnung an sich nicht umfassend in Frage gestellt wurde. Noch vor Beginn des Ersten Weltkrieges hatten sich die meisten sozialrevolutionären Parteien im Kaukasus bereits aufgelöst und ihre Arbeit eingestellt.[23]

Mit den sozialen bis sozialrevolutionären Konflikten, die das ganze Land betrafen und in der Revolution von 1905 ihren vorübergehenden Höhepunkt fanden, zeigten sich in der Region am Kaspischen Meer jedoch zunehmend auch ethnisch-religiöse Differenzen innerhalb der Arbeiterschaft. So standen nicht nur die ungelernten und vorwiegend armenischen, aserbaidschanischen und persischen Hilfsarbeiter mit den größtenteils gut ausgebildeten russischen Facharbeitern im Konflikt, sondern zugleich die christlichen Armenier mit den heimischen oder zugewanderten Muslimen, die als besonders »rückständig« galten.[24] Während die Neftjaniki sich am Vorabend der ersten Russischen Revolution nach zahlreichen Streiks und zähen Verhandlungen mit den Unternehmern auf den ersten Tarifvertrag des Zarenreiches geeinigt hatten, der ihnen weitreichende Zugeständnisse und Lohnerhöhungen gewährte, waren es 1905 vorwiegend interethnische Konflikte, welche die Gewalt eskalieren ließen.[25]

Befördert durch eine fehlgeleitete Nationalitätenpolitik der Regionalbehörden kam es über das Jahr verteilt zu zahlreichen bewaffneten Pogromen zwischen Muslimen und armenischen Christen, die nicht nur unzähligen Beteiligten wie Unbeteiligten das Leben kosteten, sondern auch gewaltige Zerstörungen und die massenhafte Flucht armenischer und russischer Arbeitskräfte zur Folge hatten.[26] Während der Staatsapparat passiv blieb in der Hoffnung, die ethnischen Konflikte würden die gut organisierte armenische Arbeiterschaft von weiteren

21 Grünewald: Ethnisierung, S. 38 f. Zur sowjetischen Interpretation, die sämtliche Konflikte in Baku als Ausdruck revolutionärer Auflehnung deutet und im Kaukasus gemeinhin eine Keimzelle des Bolschewismus verortet, siehe unter anderem Safranov: Stanovlenie.

22 Igolkin: Neftjanaja promyšlennost' (1917–1920), S. 23.

23 Baberowski, Jörg: Der Feind ist überall. Stalinismus im Kaukasus, München 2003, S. 94–96.

24 Grünewald: Ethnisierung, S. 37.

25 Zu diesem Schluss kommt relativ übereinstimmend die neuere Forschung, unter anderem Igolkin: Neftjanaja promyšlennost' (1917–1920), S. 20; umfassend auch Baberowski: Stalinismus im Kaukasus, S. 57–83. Zu den Errungenschaften des Tarifvertrages Alekperov: Oil of Russia, S. 134 f.

26 Baberowski: Stalinismus im Kaukasus, S. 77–83.

Streiks und Aufständen abhalten, versank die aserbaidschanische Wirtschaft vollends im Chaos. Nationalistische wie revolutionäre Kräfte bemühten sich, die aufgebrachten Massen für ihre Zwecke einzuspannen und heizten die Situation weiter auf, bis schließlich die Ölfelder brannten.[27] Als die zaristische Regierung eingriff und die Ordnung gewaltsam wiederherstellte, waren infolge der Feuer knapp 60 Prozent der Bohrlöcher außer Betrieb oder weitgehend unbrauchbar, zahlreiche Förderanlagen waren irreparabel beschädigt.[28]

Obwohl sich die Situation in der Folgezeit wieder beruhigte und sich Unternehmen wie Arbeiter dem Wiederaufbau widmeten, gestaltete sich die Regeneration der Erdölwirtschaft äußerst mühsam. Auch unabhängig der Zerstörungen ergab sich eine Vielzahl an Problemen, welche die Situation weiter verschärften. Der Druck, mit dem zuvor das Erdöl in Baku nahezu mühelos an die Erdoberfläche gesprudelt war, ließ in zahlreichen Bohrlöchern nach und verkomplizierte die Förderung. Die Erschließung zusätzlicher Lagerstätten scheiterte zugleich, nicht zuletzt weil sich Regierung und Erdölwirtschaft über die Konditionen und die Höhe der Lizenzgebühren nicht einigen konnten.[29] Lediglich mithilfe umfangreicher neuer Funde bei Groznyj und Majkop im Nordkaukasus, mit deren Förderung bereits um die Jahrhundertwende begonnen worden war, konnte zumindest das alte Produktionsniveau wieder erreicht werden. Dennoch waren die Kosten für das Erdöl am Vorabend des Ersten Weltkrieges deutlich gestiegen. Immer höhere Löhne, die im internationalen Vergleich hohen Lizenzgebühren und Abgaben, der Wiederaufbau und nicht zuletzt die teurer werdende Förderung selbst ließen die zuvor noch hohen Gewinnmargen einbrechen. Gleichzeitig nutzte insbesondere die amerikanische Konkurrenz die temporäre Schwäche der russischen Unternehmen, um deren lukrative Exportmärkte in Europa und Asien zu übernehmen – was die Umsätze weiter schmälerte.[30] Kurzfristige Preiserhöhungen auf Masut, welche die Verluste kompensieren sollten, hatten jedoch nur den Umstieg einzelner Großverbraucher vom Erdöl auf die nun konkurrenzfähigere Kohle zur Folge.[31]

Der daraus resultierende Versuch, Kosten bei der Produktion zu sparen, hatte gravierende Konsequenzen. Die großen Unternehmen und insbesondere die Brüder Nobel bemühten sich, ihre Marktanteile im Land zu vergrößern und kauften Konkurrenten auf, reduzierten gleichzeitig aber ihre Investitionen in

27 Yergin: Prize, S. 114 f.; Mitchell: Carbon Democracy, S. 35.
28 Igolkin: Neftjanaja promyšlennost' (1917–1920), S. 22.
29 Alekperov: Oil of Russia, S. 144–149.
30 Tolf: Russian Rockefellers, S. 182 f.
31 Coopersmith: Electrification, S. 63 f.

die Forschung und die Erschließung neuer Vorkommen.[32] Die russische Erdölwirtschaft, die zur Jahrhundertwende noch ein innovativer technologischer Vorreiter und von der Konkurrenz vielfach kopiertes Vorbild gewesen war, verfiel zusehends in eine vollumfängliche Stagnation.[33] Nachdem die Förderung sich zunächst wieder auf dem Niveau der Jahrhundertwende stabilisiert hatte, sank sie in den letzten Jahren vor dem Ersten Weltkrieg wieder ab. Der Anteil des russischen Erdöls an der globalen Produktion schrumpfte so zusehends in sich zusammen, von über der Hälfte um die Jahrhundertwende auf nur noch knapp über 15 Prozent.[34]

Am Vorabend des Ersten Weltkriegs machte sich bereits ein umfassender Brennstoffmangel im Land bemerkbar, der zwar auch die Kohle betraf, primär aber die flüssigen Brennstoffe Masut und Lampenöl. Die Preise für Energieträger stiegen infolge der Verknappung deutlich, wenn auch in unterschiedlichem Ausmaß. Kohle wurde im Verhältnis zum auch global rarer werdenden Erdöl immer günstiger und verdrängte schrittweise gemeinsam mit anderen festen Brennstoffen das Masut im russländischen Energiemix.[35] Ohnehin begannen zu dieser Zeit zahlreiche Vordenker, die vorherrschende Nutzung des Rohstoffes angesichts neuer Optionen und vor allem der voranschreitenden Entwicklungen von motorisierten Fahrzeugen zu hinterfragen. Verschiedene Regierungsmitglieder kamen zu der Überzeugung, dass das Erdöl zu wertvoll sei, um es als Brennstoff zu verfeuern, und protegierten stattdessen die Intensivierung der Kohlenutzung. Ein solcher Paradigmenwechsel der staatlichen Politik, dessen Behörden und Betriebe in dieser Zeit mit Abstand den größten Verbrauch verantworteten, hatte unmittelbare Auswirkungen auf die weitere Entwicklung der Brennstoffindustrie. Während die westlichen Großmächte begannen, die Vorzüge des energieintensiven Heizöls zu erkennen, und etwa Großbritannien seine Flotte auf den Flüssigtreibstoff umrüstete, sinnierten führende Vertreter des Zarenreiches über eine Abkehr vom ebendiesem.[36]

Der Krieg verkomplizierte die ohnehin angespannte Brennstoffversorgung im Zarenreich weiter. Zwar wurden die Erdölexporte nun vollends eingestellt und die kaukasische Erdölindustrie gänzlich in den Dienst des Staates gestellt. Doch angesichts der geringen Vorkriegsexporte und des Mangels

32 Igolkin: Neftjanaja promyšlennost' (1917–1920), S. 26; Tolf: Russian Rockefellers, S. 192.

33 Tolf: Russian Rockefellers, S. 193.

34 Mautner, Wilhelm: Der Kampf um und gegen das russische Erdöl, Wien et al. 1929, S. 4 f.

35 Coopersmith: Electrification, S. 79 f.

36 Igolkin: Neftjanaja promyšlennost' (1917–1920), S. 35–37; Bachtizin, et al.: Neftjanoj Faktor, S. 36 f.

insbesondere an Masut, welches nie ausgeführt worden war, konnte dieser Entscheid die prekäre Situation kaum verbessern.[37] Der Entschluss der Regierung, einen Großteil der Kohle- und Erdölarbeiter für die Front zu rekrutieren, beförderte die Schwierigkeiten zusätzlich. Im dominierenden Kohlerevier, dem Donbass, wurden etwa zwei Drittel der Bergleute an die Front beordert, im Kaukasus verpflichtete der Staat rund 30 Prozent der Neftjaniki zum Militärdienst. Primär waren es die russischen Fachkräfte und die Armenier, die eingezogen und durch ungelernte, meist muslimische Arbeitskräfte aus der Region ersetzt wurden.[38]

Der Fachkräfte- und Materialmangel wirkte sich rasch auf den laufenden Betrieb aus. Wenngleich die Erdölförderung in den ersten beiden Kriegsjahren unter dem Druck der Regierung noch leicht gesteigert werden konnte, so geschah dies letzten Endes auf Kosten der langfristigen Produktion. Alles, was nicht der Versorgung der Kriegswirtschaft diente, wurde mangels Personal, Material oder Ausrüstung eingestellt.[39] Der Zusammenbruch des Transportsektors am Vorabend der Revolution hatte schließlich den Kollaps der Erdöl- und Kohleversorgung in weiten Teilen des Landes zur Folge.[40] In diesem Kontext verbreitete sich unter der technischen Elite des Landes zusehends die Überzeugung, dass eine umfassende Elektrifizierung der russländischen Wirtschaft auf Basis vorrangig regionaler, minderwertiger Brennstoffe die Infrastruktur nicht nur entlasten, sondern einen Großteil der Probleme des Landes lösen könne.[41] Diese Überzeugung bildete den Vorläufer für ein erst später entstehendes Weltbild, welches nicht nur die Energiepolitik des Landes für Jahrzehnte prägen sollte, sondern in Form der vielzitierten Gleichung Lenins auch zum Staatsdogma der späteren Sowjetunion wurde: »Kommunismus ist Sowjetmacht plus Elektrifizierung des gesamten Landes«.[42]

37 Coopersmith: Electrification, S. 106–110, Alekperov: Oil of Russia, S. 150–152.

38 Igolkin: Neftjanaja promyšlennost' (1917–1920), S. 47 f.; Baberowski: Stalinismus im Kaukasus, S. 94.

39 Tolf: Russian Rockefellers, S. 192 f.; Bachtizin, et al.: Neftjanoj Faktor, S. 52 f.

40 Igolkin: Neftjanaja promyšlennost' (1917–1920), S. 50–57.

41 Coopersmith: Electrification, S. 119 f.

42 Die Losung wurde erstmals verkündet in einer Rede Lenins vom 22. September 1920, abgedruckt in Lenin: Pol. Sob. Soč., Bd. 42, S. 30. Wenngleich Lenin ursprünglich von einem Zeitraum von etwa zehn Jahren sprach, so blieb die Elektrifizierung bis zum Ende der Sowjetunion ein bedeutendes Leitmotiv.

2.2 Erdöl in der frühen sowjetischen Energiepolitik

Die Energieversorgung des Zarenreiches zeichnete sich also in erster Linie durch einen verhältnismäßig frühen hohen Erdölanteil aus, der jedoch selbst von Vertretern der Monarchie als rückständig und wenig effizient betrachtet wurde. Eine intensivierte Kohlenutzung, welche die rasante Industrialisierung der anderen Großmächte befeuerte, hatte sich zugleich im Russischen Kaiserreich infolge der günstigen und reichlich vorhandenen Erdölprodukte erst spät und langsam etablieren können. Die problemlose Verfügbarkeit des flüssigen Brennstoffes stand währenddessen jedoch verstärkt den zaristischen Modernisierungsbemühungen im Wege, die eine Elektrifizierung nach westlichem Vorbild anstrebten. Die sozial-ethnischen Unruhen, welche den Kaukasus um die Jahrhundertwende prägten, brachten nach einer längeren Blütezeit der dortigen Erdölindustrie deren raschen Niedergang mit sich, der Behörden wie Unternehmer zum Handeln zwang. Mit Beginn des 20. Jahrhunderts, als international steigende Erdölpreise infolge der anlaufenden Motorisierung den Export immer lukrativer werden ließen, stellten die wirtschaftlichen Eliten des Landes die Brennstoffgrundlage der russländischen Industrie deshalb grundsätzlich in Frage.

Die durch den Kriegsverlauf verursachten gravierenden Lieferprobleme im Zarenreich bestätigten die Kritik an der Energieversorgungsstruktur zusätzlich. Insbesondere der Erdölmangel beförderte originelle Lösungsansätze, welche die langfristige Überwindung der Abhängigkeit von Brennstofftransporten zum Ziel hatten. Bis zur Verwirklichung einer entsprechenden großflächigen Umstellung der Verbrauchsstrukturen, die sich in Kriegszeiten als schwierig gestaltete, blieb das Erdöl am Vorabend der Oktoberrevolution vorerst unverzichtbar. Doch obwohl der Reichtum, den das ›schwarze Gold‹ über Jahrzehnte mit sich gebracht hatte, im Kaukasus klar ersichtlich war und die profitierenden Großindustriellen zumindest theoretisch ein ideales Feindbild darstellten, verfügten die sozialrevolutionären Ideen unter den Belegschaften im Erdölsektor und insgesamt in der Region nur über geringen Rückhalt.

Energetische Visionen der Bolschewiki

Die Machtübernahme der Bolschewiki stellte ebendiese entsprechend vor umfangreiche Probleme. Die russländische Wirtschaft befand sich nach Weltkrieg und Revolutionen inmitten des Bürgerkrieges in einer desaströsen Verfassung und produzierte kaum ein Zehntel ihrer Vorkriegsleistung. Die Transportinfrastruktur war beinahe zusammengebrochen, und überall im Land wirkten sich Treibstoffmangel und Nahrungsknappheit in der Bevölkerung zusehends auch auf die Unterstützung der neuen Machthaber aus.[43] Die beiden wichtigsten Brennstoffregionen des Landes, der Donbass für Kohle und der Kaukasus für Erdöl, befanden sich während des Bürgerkrieges trotz anfänglicher Erfolge lange Zeit außerhalb der Kontrolle der Revolutionäre. Einzig das wenig ergiebige Moskauer Kohlebecken sowie die zentralrussischen Wälder standen den Bolschewiki als Energiequelle für die dringend benötigte Industrieproduktion zur Verfügung, konnten den Brennstoffbedarf jedoch nur eingeschränkt decken.[44]

In dieser Situation wurde der Bürgerkrieg zusehends nicht mehr nur um das Land, sondern auch um Ressourcen geführt, die für die neue Führung überlebenswichtig waren. Lenin als unbestrittener Führer der revolutionären Bewegung verortete in dieser Situation in einem Rundschreiben die »Brennstofffrage [...] im Zentrum aller anderen Probleme«, sie müsse »um jeden Preis überwunden werden, sonst können weder die Aufgaben auf dem Gebiet des Ernährungswesens noch die militärischen und die allgemeinen wirtschaftlichen Aufgaben gelöst werden.«[45] Da der Donbass zu dieser Zeit heftig umkämpft war und es den Bolschewiki weder gelang, Erdöl mithilfe von kaukasischen Untergrundkämpfern illegal über die Grenze zu schmuggeln, noch es auf legalem Wege von den Widersachern zu kaufen,[46] wurden schließlich militärische Lösungen erwogen.

Zumindest für Lenin war der Ölreichtum Bakus während des Bürgerkrieges der entscheidende Faktor in den Überlegungen hinsichtlich einer Offensive in Richtung des Kaukasus, während die Eroberung Georgiens, Armeniens und des restlichen Aserbaidschans primär auf regional verorteten und nicht mit dem Zentrum koordinierten Interessen und Maßnahmen basierte.[47] Die Bedeutung der Erdölindustrie für die neuen Machthaber zeigt sich auch in der Brutalität, mit der die intakte Übernahme der Produktion gewährleistet werden sollte. Schon zu Beginn des Vormarsches der Roten Armee im Süden kam aus Moskau die Anweisung, der Bevölkerung vor Ort klarzumachen, dass »alle abgeschlachtet« werden würden, sollten die Ölfelder bei der Übernahme

---

43 Davies: Soviet Economic Development, S. 23; hierzu auch umfassend Haumann: Planwirtschaft, S. 41–47.

44 Alekperov: Oil of Russia, S. 172–174.

45 Lenin: Pol. Sob. Soč., Bd. 39, S. 306 f.

46 Elliot, Iain F.: The Soviet Energy Balance: Natural Gas, Other Fossil Fuels, and Alternative Power Sources, New York 1974, S. 124 f.; Vasilenko, A. B.: Kaspijskaja neft' v geopolitičeskoj strategii rukovodstva Sovetskoj Rossii (1917–1922 gg.), in: Alekperov (Hg.): Neft' strany Sovetov, S. 8–43, hier S. 24–26.

47 Baberowski: Stalinismus im Kaukasus, S. 215–218.

brennen oder gar vollständig zerstört sein.[48] Als nach den nordkaukasischen Förderregionen schließlich auch Baku ohne großen Widerstand eingenommen wurde, verkündete Lenin Ende April 1920 erleichtert, dass nun – auf Grundlage des dortigen Erdöls – eine ausreichende Wirtschaftsbasis vorhanden sei, um »unserer gesamten [sowjetischen] Industrie Leben einzuhauchen«.[49] Andere Bolschewiki teilten die Einschätzung ihres Führers bezüglich der Bedeutung des flüssigen Brennstoffes. Unter ihnen befand sich auch Iosif Stalin, der die Kontrolle über den Kaukasus aufgrund der dortigen strategischen Infrastrukturen und Energieressourcen zu einer wichtigen Angelegenheit im Bürgerkrieg erklärte.[50]

Dieser Denkweise folgend ordneten die Revolutionsführer in Moskau bereits kurz nach der Übernahme Bakus Vorkehrungen an, die wichtige Treibstoffquelle im Falle einer westlichen Intervention selbst zu zerstören.[51] So wichtig der Zugang zum Erdöl für die Bolschewiki auch war, dem Feind sollte es nicht zum Vorteil gereichen. Grigorij Ordžonikidze, der bei der Rückeroberung und politischen Organisation der kaukasischen Staaten eine tragende Rolle spielte, brachte diese Wahrnehmung im Dezember 1921 auf den Punkt, als er die Frage aufwarf, ob nicht »Sowjetrussland das Erdöl aus Baku brauche wie der Mensch die Luft«.[52] Allerdings bemerkte er im Nebensatz, dass es sich lediglich um eine temporäre Priorität der Bolschewiki handle. Zwar habe der Brennstoff aus Baku dazu beigetragen, dass die sowjetische Wirtschaft sich zusehends regeneriere und auch die Kohleproduktion im Donbass dank kaukasischem Erdöl wieder angelaufen sei. Gleichwohl deutete Ordžonikidze an, dass der flüssige Energieträger nur eine vorrübergehende Notlösung sei, entstanden aus dem verheerenden Zustand der Donezker Kohlengruben.[53]

---

48 So die offizielle Anweisung Lenins von 28. Februar 1920 an Grigori Ordžonikidze und Ivan Smilga, die vor Ort die Front im Nordkaukasus koordinierten, abgedruckt in: Meijer, Jan M. (Hg.): The Trotsky Papers. 1917–1922. 2 Bde., The Hague 1964–1971, Bd. 2, S. 80.

49 So in einer Rede auf dem Allrussischen Kongress der Arbeiter der Glas- und Porzellanmanufakturen, abgedruckt in: Lenin: Pol. Sob. Soč., Bd. 40, S. 330–334, hier S. 332.

50 Pravda 269, 30.11.1920, S. 1.

51 Volkogonov, Dmitrij A.: Autopsy for an Empire. The Seven Leaders Who Built the Soviet Regime, New York 1998, S. 74. Es ist zu vermuten, dass sich diese Maßnahme auch gegen die Bevölkerung selbst richtete und eine erneute schnelle Kapitulation verhindern sollte – 1918 hatten die Revolutionäre in Baku weitgehend kampflos das Feld geräumt, als türkische und britische Truppen in Sichtweite kamen.

52 So auf einem Lokalverbandstreffen der Kommunistischen Partei Georgiens in Tiflis am 21. Dezember, abgedruckt in: Eudin, Xenia J./North, Robert C. (Hg.): Soviet Russia and the East. 1920–1927. A Documentary Survey, 2. Aufl., Stanford 1964, S. 56–59, Zitat S. 57.

53 Eudin/North (Hg.): Soviet Russia and the East, S. 57.

Ohnehin hatte sich der Fokus der Aufmerksamkeit der Bolschewiki mit dem Verlauf des Bürgerkrieges und den wichtigen Erfolgen im Frühjahr des Jahres 1920 verschoben. Als das Überleben der Revolution nicht mehr gefährdet war und die Versorgungskrise vorerst überstanden schien, wandten sich die Revolutionsführer in Moskau rasch ihrem eigentlichen Ziel zu, der Umgestaltung des Landes nach den eigenen Vorstellungen. Nun galt es nicht mehr, im Interesse der Kriegsanstrengungen das zaristische Erbe bestmöglich zu verwalten, sondern endlich auch die Rückständigkeit zu überwinden, die Industrialisierung voranzutreiben und das eigene ›bolschewistische Projekt‹ in die Praxis umzusetzen.[54] Die Schlüsselrolle sollte dabei, wie schon von den marxistischen Vordenkern angeregt, der modernen Technik zukommen. Lenin selbst war überzeugt, dass das »Bündnis aus Vertretern der Wissenschaft, des Proletariats und der Technik« jeglichen Widerstand überwinden könne.[55] Einige Jahre später befand Vjačeslav Molotov sogar, dass »Technik und Kommunismus nicht voneinander getrennt werden können«.[56] Der zu erreichende Fortschritt und auch die technologische Modernisierung ließen sich, so die vorherrschende Meinung, am einfachsten mithilfe einer zentralen Planung, umfangreicher Mechanisierung und der Etablierung von Methoden zur Massenproduktion bewerkstelligen.[57]

Zum primären Ausdruck dieser Überzeugung, dass eine staatlich gesteuerte technische Modernisierung nicht nur die Basis, sondern auch Grundvoraussetzung für wirtschaftlichen Fortschritt und die Umsetzung der kommunistischen Utopie sei, wurde bald die Fokussierung einiger führender Bolschewiki auf die Elektrifizierung des Landes.[58] Bereits im Frühjahr 1920 verkündete Lenin angesichts der stockenden Treibstoffversorgung, dass eine »neue technische Basis für den erneuten wirtschaftlichen Aufbau« benötigt werde: die Elektrizität. Zwar werde dies viele Jahre dauern, aber letztlich werde damit eine Grundlage geschaffen, auf der man alles andere aufbauen könne. So – und nur so – könnten letztlich »sogar in den entlegensten Winkeln Rückständigkeit, Finsternis, Elend, Krankheiten und Verwilderung bezwungen« werden.[59] Unter dem Applaus der

54 Beyrau: Bolschewistisches Projekt; Haumann: Planwirtschaft, S. 30–40.

55 Lenin: Pol. Sob. Soč., Bd. 40, S. 189. Dazu umfassend auch Gestwa: Großbauten, S. 50–56.

56 Zitiert nach: Schattenberg: Stalins Ingenieure, S. 11. Ähnliche Äußerungen finden sich bei anderen führenden Bolschewiki dieser Zeit, unter anderem bei Trotsky, Leon: Science in the Task of Socialist Construction. November 23, 1923, in: Leon Trotsky (Hg.): Problems of Everyday Life, and other Writings on Culture & Science, New York 1994, S. 199–205, hier S. 201.

57 Josephson, Paul R.: »Projects of the Century« in Soviet History: Large-Scale Technologies from Lenin to Gorbachev, in: Technology and Culture 36 (1995) 3, S. 519–559, hier S. 525.

58 Haumann: Planwirtschaft, S. 47–55.

59 Lenin: Pol. Sob. Soč., Bd. 40, S. 108 f.

anwesenden Parteifunktionäre wurde in der Folge die Schaffung einer Staatlichen Kommission für die Elektrifizierung Russlands (GOĖLRO) beschlossen, die binnen Jahresfrist jenen Plan ausarbeiten sollte, den Lenin einige Monate später aufgrund seiner Bedeutung euphorisch als »zweites Parteiprogramm« bezeichnen sollte.[60]

Das schlicht als »Plan ėlektrifikacii R.S.F.S.R.« präsentierte Ergebnis der Kommission umfasste entsprechend wesentlich mehr, als der Name suggerierte. Auf weit über 600 Seiten, erarbeitet in engster und weitgehend ideologieunabhängiger Kooperation mit den technischen Eliten des alten Zarenreiches,[61] war ein Dokument entstanden, welches das gesamte Repertoire wirtschafts- und fortschrittspolitischer Überzeugungen der führenden Bolschewiki widerspiegelte. Das Resultat war ein erster einheitlicher, zentraler Plan zur umfassenden perspektivischen Wirtschaftsentwicklung, auf Grundlage der Technologie und insbesondere der Elektrifizierung, der das ganze Land durch Mechanisierung und Massenproduktion großflächig umgestalten sollte.[62] Dem bolschewistischen Ingenieur Gleb Kržižanovskij zufolge, der als technischer Wegbereiter des GOĖLRO-Planes gilt, werde die »elektrische Energie überall zu jenem vorwärtstreibenden Element, das das Land auf den Weg der industriellen Entwicklung treibt«, gleich einer »Revolution der Produktivkräfte«.[63]

Mit ihrem unumstößlichen und allumfassenden Bekenntnis zur Elektrifizierung setzten die Parteiführer und Vordenker in Moskau alles auf eine Karte. Nicht weniger als das Gelingen der Revolution, der endgültige Sieg der Bolschewiki über den Kapitalismus im Inneren des Landes wie auch auf internationaler Ebene hing für Lenin von der Umsetzung und vom Gelingen des GOĖLRO-Planes ab, wie er bei dessen Präsentation im Dezember 1920 lautstark verkündete.[64] Wenngleich die in diesem Zusammenhang fokussierte Losung des Parteiführers den Kommunismus als Ergebnis der Bündelung der Sowjetmacht mit der Elek-

60 Lenin: Pol. Sob. Soč., Bd. 42, S. 157.

61 Zahlreiche Ingenieure und Wissenschaftler aus dem Technologiesektor begrüßten die Revolution sogar, weil sie sich – anfangs durchaus zu Recht – eine wesentlich umfassendere Unterstützung und eine ambitioniertere Modernisierungspolitik erhofften, als dies in ausgehenden Zarenreich der Fall gewesen war. Vgl. Bailes, Kendall E.: Technology and Society under Lenin and Stalin. Origins of the Soviet Technical Intelligentsia, 1917–1941 (Studies of the Russian Institute, Columbia University), Princeton NJ 1978, S. 415–417.

62 Plan ėlektrifikazii RSFSR. Vvedenie k dokladu 8-mu s"ezdu Sovetov Gosudarstvennoj komissii po Ėlektrifikicii Rossii, Moskva 1920, hier insbesondere S. 7–24. Zum GOĖLRO-Plan umfassend auch Coopersmith: Electrification, S. 151–191; Haumann: Planwirtschaft, S. 59–200.

63 Krischanowski, Gleb M.: Die Planwirtschaftsarbeit in der Sowjetunion. Ergebnisse des ersten Jahrzehnts, Wien 1927, S. 17.

64 Lenin: Pol. Sob. Soč., Bd. 42, S. 159.

trifizierung des gesamten Landes deutete, wurde Letztere so im selben Zug auch zur Herrschaftsgrundlage und -legitimation der Bolschewiki und zum langwährenden Staatsdogma[65] erhoben. Diesem Fokus folgend sollte die Umsetzung des GOĖLRO-Planes auf allen Ebenen auch in der Zukunft unter der strengen Kontrolle von Partei und Staat bleiben, sichtbar sein und die Fortschritte aufzeigen, die durch die Revolution ermöglicht wurden. Möglichst große und repräsentative Rayon-Kraftwerke sollten gebaut werden, begleitet von medialer Inszenierung durch Flugblätter, Broschüren, Plakate und alle anderen nur erdenklichen Mittel, um den Fortschritts- und Herrschaftsanspruch der Bolschewiki zu untermauern.[66]

Das wesentliche Ziel war der möglichst schnelle Aufbau von Kapazitäten zur zentralen Erzeugung und Verteilung von elektrischer Energie unter staatlicher Kontrolle, die Frage nach dem zu verwendenden Brennstoff war von untergeordneter Relevanz. Zwar bestand bis in die 1950er Jahre und darüber hinaus ein übergeordnetes, oftmals an Euphorie reichendes Bekenntnis zur Wasserkraft und den energetischen »Großbauten des Kommunismus« als zukunftsträchtigste Form der Stromerzeugung,[67] darüber hinaus folgte die Wahl des Energieträgers aber meist pragmatischen Überlegungen. In Anbetracht des nach wie vor eklatanten Brennstoffmangels sowie der fortwährenden Transportengpässe, welche durch die Elektrifizierung nicht weiter verschärft, sondern vielmehr überwunden werden sollten, griffen die Bolschewiki auf das Konzept aus der späten Zarenzeit zurück: Wo keine Flüsse zur hydroenergetischen Bewirtschaftung vorhanden waren, sollten minderwertige und wenig effiziente regionale Energieträger, in erster Linie Torf und Brennholz, überall dort genutzt werden, wo diese verfügbar waren.[68] Einige Jahre bevor das Streben nach zentral geplanter, aber größtmöglicher regionaler Rohstoffautarkie zu einem wesentlichen Faktor sowjetischer Wirtschaftspolitik wurde, sollte die Energiepolitik des Landes aus der Not heraus bereits auf diese Weise organisiert werden.[69]

65 So wurde nicht nur der ursprüngliche Elektrifizierungsplan zu diversen Jubiläen neu aufgelegt und als Grundlage der sozialistischen Wirtschaft gefeiert, so etwa 1955 zum 35-jährigen Bestehen des GOĖLRO-Planes: Plan ėlektrifikazii RSFSR. Doklad 8-mu s"ezdu Sovetov Gosudarstvennoj komissii po Ėlektrifikicii Rossii, 2. Aufl., Moskva 1955. Die Elektrifizierung blieb auch bis zum Ende der Sowjetunion beliebtes Leitmotiv sowjetischer Propagandaplakate und Thema in zahlreichen gross angelegten politischen Kampagnen, dazu etwa Snopkov, Aleksandr E.: Ėnergetika Rossii v plakate, Moskva 2012; Josephson: Projects of the Century, S. 524.

66 Haumann: Planwirtschaft, S. 110 f.; Coopersmith: Electrification, S. 163 f.

67 Siehe dazu die umfassende Untersuchung von Klaus Gestwa: Großbauten.

68 Plan ėlektrifikazii RSFSR (1920), S. 43; dazu auch Coopersmith: Electrification, S. 161–169.

69 Mieczkowski, Z.: The Economic Regionalization of the Soviet Union in the Lenin and Stalin Period, in: Canadian Slavonic Papers 8 (1966), S. 89–124.

Eine Dezentralisierung der Versorgung und Entlastung der Transportinfrastruktur waren allerdings nicht die einzigen Gründe für dieses Vorgehen. Gleichzeitig wurden Steinkohle und Erdöl von den Mitgliedern der GOĖLRO-Kommission, obschon allen anderen (bekannten) Brennstoffarten in ihrem Energiegehalt weit überlegen, als zu kostbar eingeschätzt, um diese in Kraftwerken zu verbrennen: Da die entsprechenden Vorräte im Land »nicht so unendlich groß« seien, sollten diese in Anbetracht der bevorstehenden Industrialisierung des Landes »für besondere Zwecke« aufbewahrt werden.[70]

Den vollständigen Verzicht auf Steinkohle und Erdöl bei der Elektrifizierung trauten sich die Planer jedoch nicht zu. Insbesondere in den urbanen industriellen Zentren gab es keine Alternative, zumal die Elektrifizierung selbst ja nur als Wegbereiter zur fortschreitenden Industrialisierung des gesamten Landes dienen sollte. Die Schwerindustrie, die früh zum vorrangingen Fokus bolschewistischer Wirtschaftspolitik geworden war, bedurfte erheblicher Mengen an Eisen und Stahl, für deren Produktion und Verarbeitung zumindest hochwertige Kohle unverzichtbar war. »Die Grundlage der ganzen Wirtschaft insgesamt,« so der Volkskommissar (Narkom) für den Obersten Volkswirtschaftsrat Aleksej Rykov im Dezember 1920, der ob seiner Position erheblichen Einfluss hatte, »sind Steinkohle und Metall.«[71] Der im Zarenreich weitgehend auf Masut basierende Eisenbahnsektor war im Weltkrieg bereits auf wenig effizientes, aber fast überall vorhandenes Brennholz umgerüstet worden. In der Folgezeit sollte die Kohle, die ohnehin den größten und stetig steigenden Anteil am Eisenbahntransport hatte, das Holz ersetzen; eine Rückkehr zum Erdöl war nicht geplant.[72] Bedingt durch die Bedeutung der Kohle für die geplante Industrialisierung wurde der Donbass mit Verweis auf die dortigen Minen auf Plakaten

70 Plan ėlektrifikazii RSFSR (1920), S. 153.

71 Vos'moj Vserossijskij s"ezd Sovetov rabočich, rest'janskich, krasnoarmejskich i kazač'ich deputatov. Stenografičeskij otčet (22–29 dekabrja 1920 goda), Moskva 1921, S. 188. Zwar standen in den ersten Jahren nach der Machtübernahme der Bolschewiki zunächst das Dorf und die Wiederherstellung der Nahrungsgrundlage der Arbeiterschaft im Fokus der politischen Führung, dem lag jedoch die Überzeugung zugrunde, dass »ohne ausreichende Versorgung der Städte und ohne landwirtschaftliche Kaufkraft keine Industrie« möglich sei. Dazu Hildermeier, Manfred: Geschichte der Sowjetunion, 1917–1991. Entstehung und Niedergang des ersten sozialistischen Staates, München 1998, S. 234.

72 Westwood, J. N.: Transport, in: Robert W. Davies et al. (Hg.): The Economic Transformation of the Soviet Union, 1913–1945, Cambridge 1994, S. 158–180, hier S. 161–168. Langfristig sollte die Eisenbahn jedoch vollständig elektrifiziert und, wo möglich, mithilfe von Wasserkraft betrieben werden, dazu: Plan ėlektrifikazii RSFSR (1920), S. 62–65.

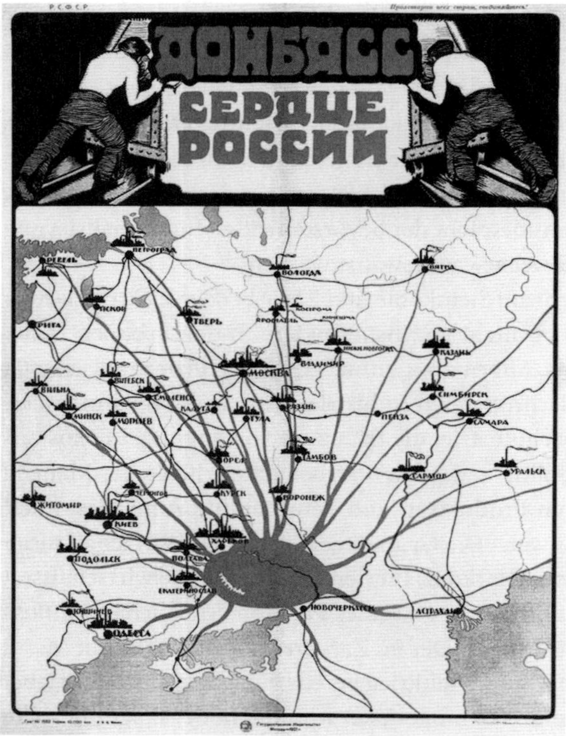

Abb. 1: Plakat »Donbass – Serdce Rossii« aus dem Jahr 1920/21

bereits 1920 als schlagendes »Herz Russlands« inszeniert, welches die Industriezentren des Landes am Leben halte.[73]

In der Folgezeit intensivierte sich die Präferenz führender Bolschewiki zugunsten des festen Brennstoffes weiter. Nach Lenins Tod entwickelte sich der Donbass mit dem einhergehenden wirtschaftlichen Aufstieg so schrittweise

73 So etwa das von einem unbekannten Künstler entworfene Plakat »Donbass – Serdce Rossii« aus dem Jahr 1920/21, welches mit einer Auflage von 10.000 Exemplaren weite Verbreitung gefunden hat: o. A.: Donbass – Serdce Rossii. Plakat, Moskva 1921, online verfügbar unter: http://digitalcollections.nypl.org/items/510d47de-83b5-a3d9-e040-e00a18064a99 [10.10.2017]. Auch Kržižanovskij, der Vordenker der Lenin'schen Elektrifizierung, bezeichnete den Donbass später, im Februar 1927, als potentielle »Hauptzitadelle unserer Schwerindustrie«, welche aufgrund der Relevanz des dortigen Bergbaus unbedingt primäres Ziel jeglicher Investitionen bleiben müsse, RGASPI, f. 17, op. 2, d. 276, abgedruckt in Chromov (Hg.): Industrializacija, Bd. 1, S. 120 f.

zur präferierten »Vorzeigeregion des sozialistischen Aufbaus und der sozialistischen Kultur«.[74]

Der GOĖLRO-Plan prognostizierte der Steinkohle in diesem Sinne bereits einen dominierenden Anteil in der zukünftigen Brennstoffbilanz des Landes. Knapp die Hälfte des Energiebedarfes sollte bis zum Ende des Jahrzehnts mit ihr gedeckt werden, um die als rückständig betrachtete Brennholznutzung deutlich zu reduzieren. Die Erdölförderung hingegen sollte zwar ebenfalls gesteigert werden, nicht aber der Verbrauch: Die Planer in Moskau verlockte eher eine Wiederaufnahme des lukrativen Exportgeschäfts aus der Zarenzeit.[75] In Anbetracht der hohen Weltmarktpreise für petrochemische Erzeugnisse, so die 1920 auf dem achten Allrussischen Sowjetkongress widerspruchslos geäußerte Auffassung Kržižanovskijs, könne man allein durch den Verkaufserlös des Erdöls ein Vielfaches an alternativen Brennstoffen importieren und so den Nutzen für die eigene Wirtschaft erheblich vergrößern.[76]

Ohnehin war innerhalb der energietechnischen Elite des Landes die Einschätzung verbreitet, dass das Erdöl weniger als 1 Prozent der nutzbaren heimischen Energieressourcen ausmache. Der Aufbau einer florierenden Wirtschaft auf Basis eines selbst global als selten eingestuften Brennstoffes wurde entsprechend als perspektivlos und damit wenig fortschrittlich betrachtet.[77] Langfristig träumte so mancher Revolutionär gar bereits in den 1920er Jahren von einer Bändigung des Atoms, welche die Abhängigkeit von Kohle und Erdöl beenden könne. Fast drei Jahrzehnte, bevor Nikita Chruščëv die sowjetische zivile Atomkraft zum Symbol der Überlegenheit des Kommunismus und der Sowjetmacht erhob, hofften Lenins Mitstreiter auf eine »neue Epoche des wissenschaftlichen und technischen Denkens«, welche die Brennstoffversorgung revolutionieren würde.[78]

Die führenden Bolschewiki waren sich durchaus bewusst, welche strategische Bedeutung die uneingeschränkte Erdölversorgung in einem kommen-

---

74 Penter: Kohle für Stalin, S. 15 sowie S. 159 f. Siehe dazu auch Elliot: Soviet Energy Balance, S. 124–127.

75 Haumann: Planwirtschaft, S. 127 f.

76 Vos'moj Vserossijskij s"ezd, S. 70.

77 Igolkin: Neftjanaja promyšlennost' (1928–1950), S. 27; Ders.: Neftjanaja promyšlennost' (1921–1928), S. 7–12.

78 So etwa Trotsky, Leon: Radio, Science, Technology, and Society. March 1, 1926, in: Trotsky (Hg.): Problems of Everyday Life, S. 250–263, insbesondere S. 251–256. Zur symbolischen Kraft des Atoms und der Nuklearkultur unter Chruščëv und Breženv umfassend: Josephson, Paul R.: Atomic-Powered Communism. Nuclear Culture in the Postwar USSR, in: Slavic Review 55 (1996) 2, S. 297–324.

den Krieg haben würde. Mit Blick auf die globalen Entwicklungen deutete etwa Stalin kurz nach Lenins Tod »die Erdölfrage« als »Lebensfrage, weil es davon, wer mehr Erdöl haben wird, abhängt, wer im nächsten Krieg das Kommando haben« und »wer die Industrie und den Handel der Welt beherrschen wird«. Das Erdöl sei »zum Lebensnerv im Kampf der Weltstaaten um die Vormachtstellung sowohl in Friedens- als auch in Kriegszeiten geworden«.[79] Die Notwendigkeit, entsprechend zu handeln und dem ›schwarzen Gold‹ auch im eigenen Land mehr Aufmerksamkeit zukommen zu lassen, sahen er und seine Mitstreiter allerdings nicht. Weltstaaten waren im Denken der Kremlherrscher in erster Linie die Vereinigten Staaten und Großbritannien, nicht aber der Sowjetstaat. Einen zukünftigen Krieg erwarteten sie ohnehin zwischen den kapitalistischen Staaten, aus dem die Sowjetunion als unbeteiligter Sieger hervorgehen würde.[80] Nicht zuletzt das unstillbare Verlangen nach immer mehr Erdöl und die Überzeugung der westlichen Großmächte von der Überlegenheit des flüssigen Treibstoffes, so die verbreitete Auslegung, würde den absehbaren Konflikt nicht nur entscheiden, sondern diesen vielmehr auch herbeiführen.[81] Erdöl und Kapitalismus waren in der Wahrnehmung der sowjetischen Eliten zwei Seiten derselben Medaille, untrennbar miteinander verknüpft.

Im Sowjetstaat hingegen sollte die Zukunft der Elektrizität gehören, und von dieser wurde nicht weniger erwartet, als das gegenwärtige »Erdölzeitalter« abzulösen. Das ›schwarze Gold‹ wurde in diesem Kontext eher als fortschrittshinderlich betrachtet, als weitgehend unerwünschter und allenfalls temporär geduldeter Konkurrent des bolschewistischen Modernisierungsprojektes.[82] Im Gegensatz zur Elektrizität, welche aufgrund ihrer zentralisierten Erzeugung in staatlichen Kraftwerken die vollständige Kontrolle der machthabenden Eliten gewährleistete, gestattete das Erdöl durch seine Vielseitigkeit eine gewisse Unabhängigkeit von der Staatsmacht.[83] Die Überzeugung der Landbevölkerung von der kommunistischen Zukunft und der Überlegenheit des eigenen Weltbildes ließ sich auf diese Weise nicht erreichen – zumal die Elektrifizierung des gesamten Landes nach dem Willen Lenins und seiner Mitstreiter einen erheblichen Anteil am ideologischen Siegeszug haben sollte.

In diesem Sinne stellte sich für die bolschewistische Führung alsbald weniger die Frage, was mit dem flüssigen Energieträger geschehen solle, sondern

79 Stalin: Sočinenija, Bd. 7, S. 278.
80 Stalin: Sočinenija, Bd. 7, S. 278–280.
81 Vos'moj Vserossijskij s"ezd, S. 99.
82 Plan ėlektrifikazii RSFSR (1920), S. 50–57.
83 Alekperov: Oil of Russia, S. 174 f.

vielmehr die, auf welche Art und Weise möglichst viel davon mit größtmöglichem Profit ins kapitalistische Ausland verkauft werden könne.[84] Entsprechend räumte die Moskauer Parteiführung um Lenin nach der Machtübernahme der Wiederherstellung der Exportinfrastruktur und der Deckung des eklatantesten eigenen Treibstoffbedarfs schon im Frühjahr 1921 hohe Priorität ein.[85] Bis der erwartete Konflikt zwischen den kapitalistischen Staaten ausbrechen würde, so die dahinter stehende Überlegung, könne der Erdölhunger der industrialisierten Welt den Wiederaufbau und den wirtschaftlichen Aufschwung des sozialistischen Staates begünstigen.[86] Denn schon früh waren die neuen Machthaber zu der Überzeugung gekommen, dass der flächendeckende technologische Fortschritt, den sie herbeisehnten, am schnellsten mit westlicher Unterstützung erreicht werden könne. Aus eigener Initiative heraus, dessen waren sie sich bewusst, würden gerade die westlichen Industriestaaten diese Hilfe dem ihnen verhassten Sowjetstaat nicht anbieten. Selbst als Mitte der 1920er Jahre die größtmögliche wirtschaftliche Autarkie der inzwischen gegründeten Sowjetunion zu einem Primärziel der Industrialisierungspolitik erhoben wurde, sollte der Technologieimport (und entsprechend auch der dazu notwendige Warenexport) davon ausgenommen bleiben.[87] Ganz in diesem Sinne argumentierte Stalin 1927, die Sowjetunion brauche

> Betriebsausrüstungen, Rohstoffe (zum Beispiel Baumwolle), Halbfabrikate […], die Kapitalisten aber brauchen einen Absatzmarkt für diese Waren. […] Die Kapitalisten brauchen Erdöl, Holz, Getreide, wir aber brauchen einen Absatzmarkt für diese Waren. Da haben Sie die Basis für ein Abkommen.[88]

Bewusst wurde in Kauf genommen, dass die vorübergehende Zusammenarbeit dem eigentlichen Gegner durchaus nützen würde. Langfristig jedoch, so die Überzeugung Lev Kamenevs und vieler anderer führender Bolschewiki, würden die ausländischen Kapitalisten sich durch ihre tatkräftige Hilfe beim

84 Dazu umfassend Žukov, Ju. N.: Neftjanoj faktor v politike sovetskoj pravjaščej ėlity v 1921–1929 gg., in: Alekperov (Hg.): Neft' strany Sovetov, S. 44–104.

85 Vasilenko: Kaspijskaja neft', S. 38–40.

86 Žukov: Neftjanoj faktor, S. 61–63.

87 Davies, Robert W.: The Soviet Economy in Turmoil, 1929–1930 (The Industrialisation of Soviet Russia 3), London 1989, S. 48.

88 Stalin: Sočinenija, Bd. 10, S. 123.

Erstarken der Sowjetmacht »ihr eigenes Grab schaufeln«.[89] Bis zu diesem Zeitpunkt würde es eine wirtschaftliche Zusammenarbeit mit ausgewählten kapitalistischen Unternehmen ermöglichen, die eigene Position international zu verbessern und die Differenzen zwischen den westlichen Staaten zu vertiefen. Nur auf diese Weise könne der Sowjetstaat den als unausweichlich empfundenen Krieg als profitierender Dritter unbeschadet überstehen.[90] Insbesondere den britischen und amerikanischen Erdölunternehmen wurde ein allumfassender und manipulierender Einfluss auf ihre jeweiligen Regierungen zugesprochen, der entsprechend genutzt werden könne. Aus der Sicht der Bolschewiki zeigte sich dieser bereits seit der Oktoberrevolution und der damit einhergehenden Nationalisierung der Erdölindustrie,[91] welche im Rahmen der gesamtwirtschaftlichen Verstaatlichung durchgeführt worden war. Diese faktische Enteignung westlicher Investoren hatte zu umfassenden Konflikten mit den USA und Großbritannien geführt, welche nicht zuletzt auch der offiziellen Anerkennung der Rechtmäßigkeit der sowjetischen Regierung durch diese Staaten im Wege stand.[92]

Der flüssige Treibstoff, für welchen die sowjetischen Planer innenpolitisch keine große Verwendung hatten, war aus ihrer Perspektive folglich das ideale Handelsgut, um die außenpolitischen – in erster Linie die diplomatische Anerkennung der Sowjetregierung – und wirtschaftlichen Ziele zu erreichen. Entsprechend interpretierten die ökonomischen Vordenker unter den Bolschewiki das ›schwarze Gold‹ auch ganz im Sinne der frühen amerikanischen Erdölpioniere, die den Begriff geprägt hatten. Valerian Obolenskij (Osinskij), wenige Monate später zum stellvertretenden Vorsitzenden des Obersten Volkswirtschaftsrats ernannt, brachte diese Sichtweise im April 1929 auf den Punkt:

> es ist bloß genau das, was uns einen Goldzufluss ins Land gewährt, welcher unentbehrlich ist für die schnellstmögliche Neugestaltung der Industrie und die schnellstmögliche Industrialisierung des Landes.[93]

---

89 Die Rede Kamenevs auf dem Zehnten Parteikongress vom 15.03.1921 in Moskau ist abgedruckt in Eudin, Xenia J./Fisher, Harold H. (Hg.): Soviet Russia and the West. 1920–1927. A Aocumentary Survey (Hoover Library Publications 26), 2. Aufl., Stanford CA 1967, S. 91–94, Zitat S. 93.

90 Napuch: Sowjetunion, S. 21 f.

91 Zur Nationalisierung der Erdölindustrie auch das folgende Kapitel.

92 Yodfat, Aryeh/Abir, Mordechai: In the Direction of the Persian Gulf. The Soviet Union and the Persian Gulf, London et al. 1977, S. 3. Dazu auch weiterführend Žukov: Neftjanoj faktor, S. 66–88.

93 RGASPI, f. 57, op. 2, d. 2, ll. 300–301.

Erdöl spielte im Denken der sowjetischen Führung für die sozialistische Wirtschaftsplanung schlichtweg keine besondere Rolle, was durchaus auch nach außen kommuniziert wurde – die *Pravda*-Ausgaben der 1920er und frühen 1930er Jahre enthalten zahlreiche Artikel, in denen das sowjetische Erdöl auf den Weltmärkten thematisiert wird. Lieferverträge mit Ländern wie Großbritannien oder Frankreich feierten die Machthaber als Triumph, immerhin unterliefen diese die Boykotthaltung der westlichen Ölkonzerne und verschafften der Sowjetunion somit einen bedeutenden Propagandasieg.[94] Solange die Einnahmen weiter das Staatsbudget vergrößerten und der technologische Fortschritt stetig bemerkbar blieb, gab es für die Bolschewiki keinen Grund, das lukrative Exportgeschäft oder gar ihre Energiepolitik selbst zu überdenken.

Die Rolle des Erdöls in der entstehenden Planwirtschaft

Ungeachtet aller energetischen Ambitionen befand sich die kaukasische Erdölindustrie, wie die gesamte russische Wirtschaft, zum Zeitpunkt der Machtübernahme der Bolschewiki nach Jahren der inneren wie äußeren Konflikte in einem verheerenden Zustand.[95] Zusätzlich zu den Arbeitern, die bereits zu Beginn des Krieges zum Militärdienst verpflichtet worden waren, hatten Revolution und Bürgerkrieg immer mehr Menschen dazu veranlasst, die Arbeit niederzulegen, um auf der einen oder anderen Seite zu den Waffen zu greifen oder das eigene Leben zu retten. Auf diese Weise verlor die aserbaidschanische Erdölindustrie zwischen 1913 und 1920 knapp zwei Drittel ihrer Arbeiterschaft.[96]

Investitionen in zusätzliche Förderkapazitäten oder die notwendige Infrastruktur, die schon im Krieg nur noch spärlich getätigt worden waren, ließen mit der Revolution und der damit einhergehenden Unsicherheit weiter nach. Wenngleich die Bolschewiki im Frühjahr 1918 nur für wenige Monate die Kontrolle über Baku erlangen und diese erst ab dem Sommer 1920 dauerhaft aufrechterhalten konnten, nationalisierten sie in dieser kurzen Zeit doch die Erdölindustrie, wodurch sie auch die letzten ausländischen Geldgeber abschreckten.[97] Gleichzeitig herrschte akuter Mangel an Ersatzteilen und Rohren wie auch an

94 So etwa in Pravda 5, 7.1.1927, S. 4; Pravda 298, 29.12.1927, S. 1; Pravda 253, 12.9.1932, S. 4.

95 Zur wirtschaftlichen Situation im Jahr 1920 siehe Davies: Soviet Economic Development, S. 23.

96 Gurevič, Ja. D.: Roždenija revoljuciej (1917–1922 gg.), in: Dinkov et al. (Hg.): Neft' SSSR, S. 19–31, hier S. 10.

97 Grace: Russian Oil, S. 8. Zur Nationalisierung umfassend Alekperov: Oil of Russia, S. 164–168.

Fachkräften, sodass selbst diejenigen Betriebe, welche die Förderung fortsetzten, in ihrer Produktivität deutlich eingeschränkt waren.[98]

In den knapp zwei Jahren, in denen sich die kaukasische Erdölindustrie außerhalb der Kontrolle der Bolschewiki befand, verschlechterte sich die Lage weiter. Britische Besatzungstruppen, die zwischenzeitlich in Baku stationiert waren, verhängten einen Erdölboykott gegen die Revolutionäre, wodurch der vorherige Hauptabsatzmarkt wegbrach. Gleichzeitig entstand mit dem Kriegsende und dem dadurch sinkenden Verbrauch ein globales Überangebot. Der Verkaufspreis sank so unter die kaukasischen Produktionskosten. In der Folge rentierte sich die Förderung im Kaukasus für immer weniger Unternehmen, Betriebsaufgaben und Massenentlassungen waren an der Tagesordnung. Erzürnte Arbeiter vollendeten schließlich, was durch Mangel und unterlassene Investitionen in den Jahren zuvor bereits begonnen hatte.[99]

In Groznyj, der zweiten wichtigen Förderregion, waren die Umstände nicht besser. In den Wirren der Revolution waren dort zahlreiche Ölfelder bereits im November 1917 in Brand gesteckt worden. Mangels koordinierter Löscharbeiten dauerte es beinahe anderthalb Jahre, bis die Flammen erstickt werden konnten.[100] Die Schäden, die durch ein derartiges Feuer an Ausrüstung, Bohrlöchern und Infrastruktur entstanden, sind unschwer vorzustellen. Als die Bolschewiki die Kontrolle über den Kaukasus im Frühjahr 1920 wiedererlangten, war allein die Förderkapazität um dreißig Jahre zurückgeworfen.[101] Aleksandr Serebrovskij, Bolschewik der ersten Stunde und junger Erdölingenieur, dem im Sommer 1920 die Aufgabe zum Wiederaufbau des inzwischen erneut nationalisierten Wirtschaftszweiges in Baku verantwortet wurde, erinnerte sich später an eine »größtenteils in zerstörtem und unbrauchbarem Zustande« befindliche Industrie. Durch »völligen Mangel an Material und Maschinen« und eine zusammengebrochene Infrastruktur funktionierte dort nahezu nichts.[102]

Als Leiter des zur Bündelung der zahlreichen aserbaidschanischen Erdölbetriebe eigens gegründeten Unternehmens Azneft' wurde Serebrovskij im Angesicht der Schäden mit umfassenden Kompetenzen ausgestattet, um die

98 Tolf: Russian Rockefellers, S. 224.

99 Baberowski: Stalinismus im Kaukasus, S. 158–160. Zu dieser Phase des Niederganges der kaukasischen Erdölindustrie und der Erdölpolitik im unabhängigen Aserbaidschan 1918–1920 siehe auch umfassend Igolkin: Neftjanaja promyšlennost' (1917–1920), S. 97–111.

100 Alekperov: Oil of Russia, S. 171 f.

101 Grace: Russian Oil, S. 8; Elliot: Soviet Energy Balance, S. 71.

102 Zitiert nach: Mautner: Kampf, S. 10–12.

Brennstoffversorgung im nach wie vor währenden Bürgerkrieg zugunsten der Revolutionäre zu verschieben.[103] Aufgrund des herrschenden Mangels an Nahrungsmitteln und Ausrüstung bei gleichzeitigem Druck aus Moskau, die Produktion zu vergrößern, nutzte er die ihm gewährten Freiheiten unmittelbar. Noch bevor die führenden Bolschewiki um Lenin den Handel mit dem kapitalistischen Ausland als Mittel zum Zweck legitimierten, kam Azneft' mit französischen Unternehmen überein, kleine Mengen an Erdölprodukten im Austausch gegen Nahrung und andere benötigte Güter zu liefern.[104] Die dahinter stehende Einschätzung Serebrovskijs, dass ausländische Unterstützung für einen raschen Wiederaufbau der Erdölindustrie unverzichtbar sei, begann sich auch bei anderen Bolschewiki durchzusetzen.

Im Frühjahr 1921 kam eine eigens eingesetzte Kommission – und mit ihr auch Lenin und zumindest Teile der Parteiführung – zu dem Schluss, dass der neue, revolutionäre Staat neben anderen wichtigen Wirtschaftszweigen insbesondere die Erdölindustrie ohne die »Hilfe der hochentwickelten modernen, kapitalistischen Technik« nicht »aus eigener Kraft« erneuern könne und entsprechend sogar Konzessionen vergeben müsse. Wenn man nur ein Viertel der Bohrtürme und Raffinerien von westlichen Unternehmen betreiben lasse, so das Kalkül, könne genügend Kapital erwirtschaftet werden, um die im Staatseigentum verbleibenden Anlagen gleichsam zu modernisieren.[105] Im Einklang mit der zeitgleich eingeführten Neuen Ökonomischen Politik (Novaja ėkonomičeskaja politika, NĖP) sollte so durch ein temporäres Abweichen von den Revolutionszielen der Wiederaufbau gewährleistet werden, was nicht unumstritten blieb und teils heftige Diskussionen auslöste.[106]

Wenngleich die – diesmal offiziellen – Verhandlungen über eine Zusammenarbeit in Form von Konzessionen im Erdölsektor keineswegs als Erfolg

103 Safranov: Stanovlenie, S. 93–95.

104 Ähnliche Anläufe unternahm der zeitgleich ernannte neue Leiter des Groznyjer Gegenstückes zu Azneft', Grozneft', allerdings mit weitaus weniger Erfolg. Siehe dazu Žukov: Neftjanoj faktor, S. 52–55.

105 Protokoly X s"ezda RKP(b), Moskva 1933, S. 34, S. 558f.

106 Zur NĖP, den damit einhergehenden allgemeinen wirtschaftlichen Veränderungen und auch den Kontroversen umfassend: Hildermeier: Geschichte der Sowjetunion, S. 157–363. Zur Frage der Konzessionen im Bereich der Erdölindustrie sind die unterschiedlichen und unvereinbaren Meinungen diesbezüglich allein auf dem zehnten Parteitag offensichtlich, siehe hierzu die zahlreichen Wortmeldungen in: Protokoly X s"ezda RKP(b). Die Brisanz der Thematik zeigt sich auch darin, dass Lenin die Genossen auf dem Parteitag 1921 darum bat, bezüglich der Konzessions- und Erdölfrage Stillschweigen zu bewahren, dazu Perović, Jeronim: Russlands Aufstieg zur Energiegroßmacht. Geschichte einer gesamteuropäischen Verflechtung, in: Osteuropa 63 (2013) 7, S. 5–28, hier S. 6.

betrachtet werden konnten, waren die aserbaidschanischen Parteieliten 1921 sogar dazu bereit, die weitgehende Kontrolle über die Erdölindustrie Bakus in die Hände der amerikanischen Standard Oil zu übergeben.[107] Wie viele andere zuvor im Kaukasus aktive Unternehmen weigerte sich die Konzernleitung jedoch zunächst, in ebenjene Anlagen zu investieren, derer sie erst kurz zuvor entschädigungslos enteignet worden waren.[108] Eine angestrebte Einigung kam deshalb nicht zustande. Allerdings befanden sich die großen westlichen Konzerne zu dieser Zeit auch untereinander im harten Konkurrenzkampf um den Zugang zu Ressourcen, Einfluss und Märkte. In diesem Konflikt jeden Vorteil suchend, waren Royal Dutch Shell und alsbald auch Standard Oil trotz anfänglicher Blockadehaltung zu Zugeständnissen und zum Weiterverkauf von sowjetischen Erdölprodukten bereit.[109] Gemeinsam mit den etablierten westlichen Partnern gelang es Serebrovskij und den anderen Führungskräften in der Folgezeit, die Exportinfrastruktur gen Westen wieder herzurichten. Die Deviseneinnahmen der inzwischen gegründeten Union der Sozialistischen Sowjetrepubliken (UdSSR) konnten auf diese Weise fortwährend gesteigert werden.[110]

Gleichzeitig etablierte sich anstelle der Konzessionen zusehends ein System der technischen Partnerschaft mit westlichen Ausrüstungsproduzenten. Kleinere im Bereich des Petroleum-Engineering tätige Unternehmen aus Deutschland, den USA oder Großbritannien waren nur zu gerne bereit, Personal und moder-

107 Baberowski: Stalinismus im Kaukasus, S. 380. Anzumerken ist an dieser Stelle, dass zahlreiche amerikanische Autoren die Konzessionspolitik durchaus als Grundlage der Wiedererrichtung der sowjetischen Erdölwirtschaft bewerten, so etwa Goldman: Petrostate, S. 26 f. Allerdings machten die tatsächlich erteilten Konzessionen nur einen Bruchteil der von Lenin angestrebten 25 Prozent aus. In den 1920er Jahre waren die Anteile der Konzessionsunternehmen an der gesamten Wirtschaftsleistung insgesamt nur minimal. Dazu etwa Considine/Kerr: Russian Oil Economy, S. 26 f.; Sokolov: Sovetskoe neftjanoe chozjajstvo, S. 37–39; Kostorničenko, B. N.: Koncessionnaja politika sovetskogo rukovodstva v neftjanoj promyšlennosti v 20–30-e gg. XX veka, in: Alekperov (Hg.): Neft' strany Sovetov, S. 261–350. Zu den wenigen Erfolgen der Konzessionspolitik siehe etwa Jones, Geoffrey/Trebilcock, Clive: Russian Industry and British Business 1910–1930: Oil and Armaments, in: The Journal of European Economic History 11 (1982) 1, S. 61–103, hier S. 92 f.

108 Mautner: Kampf; Napuch: Sowjetunion, S. 20–26. Das sowjetische Erdöl zwischen Nationalisierung und Konzessionen blieb in der ersten Hälfte der 1920er Jahre ein bedeutender politischer Faktor, der auch die Beziehungen zu den westlichen Regierungen in den Verhandlungen über die Nachkriegsfriedensordnung überschattete. Zu den Interessen und Problemen aus sowjetischer Perspektive umfassend auch Žukov: Neftjanoj faktor, S. 61–93. Die westliche Sichtweise ist in Yergin: Prize, S. 212–242 dargestellt.

109 Alekperov: Oil of Russia, S. 206–209.

110 Žukov: Neftjanoj faktor, S. 93–96.

nes Equipment im Austausch gegen einen Anteil am Verkaufspreis des damit geförderten oder verarbeiteten Erdöls zur Verfügung zu stellen.[111] Binnen weniger Jahre gelang auf diese Weise im Kaukasus eine gewaltige Effizienzsteigerung und Technisierung, wie sie sich die Bolschewiki auf Basis des GOĖLRO-Planes für das gesamte Land erträumt hatten. Ganz im Sinne der NĖP gewährte die politische Führung in Moskau den Leitern der kaukasischen Erdöltrusts[112] auch nach Lenins Tod weitreichende Flexibilität, solange diese nur ohne große Unterstützung vonseiten der Regierung die Förderleistung steigern konnten. Auf diese Weise sollte, mit oder ohne die Hilfe der westlichen Partner, immer mehr Erdöl exportiert werden, um mit dem Devisenüberschuss auch die restliche Wirtschaft nach dem Vorbild des rasanten Bakuer Wiederaufbaus zu modernisieren.[113]

Wie von Lenin und seinen Mitstreitern bereits 1920 im Rahmen der Elektrifizierungsdebatte geplant, sank der Anteil des flüssigen Energieträgers an der Brennstoffbilanz der Sowjetunion zusehends.[114] Insbesondere Benzin und andere wertvolle Erdölprodukte wurden mehrheitlich ins Ausland verkauft. Im Inland wurden neben geringen, aber wachsenden Mengen an Traktorentreibstoff lediglich Schmieröle und das beim Raffinationsprozess entstehende und

111 Sokolov: Sovetskoe neftjanoe chozjajstvo, S. 39–42. Umfassend zum Aufbau der sowjetischen Erdölindustrie während der NĖP auch Igolkin: Neftjanaja promyšlennost' (1921–1928). Zur allgemeinen Relevanz der ausländischen Technologie in der frühen Sowjetunion Sutton, Antony C.: Western Technology and Soviet Economic Development, 1917 to 1965. 3 Bde., Stanford 1968–1973, besonders Bd. 1: 1917–1930.

112 Trusts waren nach sowjetischer Definition zunächst »staatliche Industriebetriebe, welchen die Regierung Autonomie in der Ausführung ihrer Operationen [...] gewährt und welche auf Grundlage kommerzieller Berechnung mit dem Ziel der Profitgewinnung agieren«. Ein Nachdruck des Dekrets »O gosudarstvennych promyšlennych predprijatijach, dejstvujuščich na načalach kommerčeskogo rasčeta (trestach)« vom 10.04.1923 findet sich in: Sistematičeskoe sobranie dejstvujuščich zakonov Sojuza Sovetskich Socialističeskich Respublik. 5 Bde., Moskva 1926–1927, Bd. 2: Chozjajstvennyj stroj, S. 287–297, Zitat S. 288. Mit der Einführung der Planwirtschaft blieb diese Unternehmensform bestehen, büßte die Autonomie jedoch teilweise ein und war zentralen Planvorgaben unterworfen (Postanovlenie CIK SSSR i SNK SSSR ot 13.7.1927. Ob utverždenii Položenija o gosudarstvennych promyšlennych trestach, in: Sobranie zakonov i rasporjaženij Raboče – Krest'janskogo Pravitel'stva SSSR. Otdel pervyj (1927) 39, S. 391–392). 1935 erfolgte schließlich die Umwandlung der immer größer werdenden Trusts in Kombinate. Trusts existierten zwar weiterhin im Erdölsektor, waren aber den Kombinaten unterstellt und nur noch für einzelne Rohstoffvorkommen zuständig, nicht mehr für eine ganze Region. Dazu Igolkin: Neftjanaja politika (1928–1940), S. 171.

113 Žukov: Neftjanoj faktor, S. 96–100. Zu den technischen Erfolgen, an denen Serebrovskij einen erheblichen Anteil hatte: Alekperov: Oil of Russia, S. 209–217 sowie S. 234.

114 Igolkin: Neftjanaja politika (1928–1940), S. 19.

zu dieser Zeit nur schwer verkäufliche Schweröl genutzt.[115] In Anbetracht des äußerst eingeschränkten und nur minimal wachsenden heimischen Bedarfs an Erdölprodukten, so die vorherrschende und öffentlich verkündete Meinung, hänge »die zukünftige Entwicklung der Erdölindustrie [...] vollständig von der Größe der Exporte und der Situation auf dem Weltmarkt ab.« Solange eine globale Nachfrage bestehe und diese weiter ansteige, könne jegliche zukünftige Mehrförderung jedoch problemlos bewerkstelligt werden.[116] Vereinzelte Plädoyers für eine Kehrtwende in der Energiepolitik wurden angesichts der hohen Deviseneinahmen und des nach wie vor eklatanten Technologiebedarfs öffentlich angefochten, so etwa 1927 in einem Artikel in der *Pravda:*

> Es ist kaum notwendig zu sagen, dass die Möglichkeit einer größeren Erdölproduktion im laufenden Jahr wie auch in den kommenden Jahren auf keinen Fall den Standpunkt zur Erdölindustrie als überwiegend exportorientierte Industrie verändern sollte: Die Erdölindustrie kann und darf nicht zurückkehren in die Position einer Brennstoffindustrie.[117]

Die Priorität der führenden Bolschewiki zugunsten der Profitoptimierung im Erdölsektor spiegelte sich auch in der Arbeitspolitik wider, in der zwecks Effizienzsteigerung und Kostenminimierung eine »Amerikanisierung« durchgeführt wurde. Die Löhne für einfache Arbeiter wurden auf Anordnung der politischen Führung deutlich unter das Vorkriegsniveau gesenkt, während Spezialisten mit zahlreichen Privilegien und hohen Zuschüssen angelockt werden sollten. Insbesondere den ungelernten Arbeitern ging es in der Folge wesentlich schlechter als zuvor, was sie zusehends gegen die Parteiführung, aber auch gegen die privilegierten Ingenieure und Spezialisten aufbrachte.[118] Die soziale Frage in der Erdölindustrie, die vor der Revolution nur eingeschränkt in die ethnischen Kon-

115 Mehr als die Hälfte der Produktion war für den Export bestimmt, von einzelnen Sorten sogar fast die gesamte Marge. Siehe dazu Campbell: Economics of Soviet Oil, S. 157. In den Werten leicht abweichend, die Grundtendenz jedoch ebenfalls aufzeigend: Sokolov: Sovetskoe neftjanoe chozjajstvo, S. 31.

116 Ramsin, Leonid K.: The Power Resources of Russia, in: The Transactions of the First World Power Conference. London, June 30 th to July 12 th, 1924, Vol. 1: Power Resources of the World Available and Utilized, London [1925], S. 1213–1286, hier S. 1272–1275.

117 Pravda 24, 30.1.1927, S. 2.

118 Der Historiker Jörg Baberowski konstatiert für die Bakuer Erdölindustrie entsprechend eine »besonders radikale Variante der Neuen Ökonomischen Politik«, allumfassend »triumphierten die Prinzipien kapitalistischer Wirtschaftlichkeit«. Vgl. Baberowski: Stalinismus im Kaukasus, S. 372–374, dazu auch S. 376–383, S. 387 f. und S. 392–395. Zu den umfassenden Privilegien der Fachkräfte und Ingenieure siehe Alekperov: Oil of Russia, S. 216 f.

flikte hineingespielt hatte, erreichte Mitte der 1920er Jahre in der proklamierten ›Diktatur des Proletariats‹ ihren Höhepunkt.[119] Wie in der Landwirtschaft sollte die Bevölkerung des Kaukasus nach den Plänen der Parteiführung durch Konsumverzicht die Exportgewinne maximieren und somit die Industrialisierung des Landes finanzieren. Der Parallelen zum Zarenreich in der Ausbeutung der Arbeiterschaft war sich die Moskau Parteielite durchaus bewusst. Unter Verweis auf die höheren Ziele betrachteten führende Bolschewiki ein solches Vorgehen dennoch als vorübergehend gerechtfertigt.[120]

Unter dieser Prämisse war die Vorgehensweise während der NĖP von berauschendem Erfolg gekrönt. Die Produktivität pro Arbeiter im Erdölsektor näherte sich der amerikanischen an und war höher als in jedem anderen Bereich der sowjetischen Wirtschaft. Die Exporte wuchsen kontinuierlich und generierten Ende der Dekade knapp 15 Prozent der gesamten Außenhandelseinnahmen.[121] Gleichzeitig gelang es der politischen Führung, das ›schwarze Gold‹ in Verhandlungen mit westlichen Banken und Staaten als Garantie für gewährte Kredite geltend zu machen. Indirekt ließ sich also selbst die zukünftige Förderung amortisieren.[122] Unter den zwischenzeitlich geduldeten marktwirtschaftlichen Konditionen wurde das sowjetische Erdöl so zum »größten industriellen Erfolg der NĖP«.[123]

Mit der wirtschaftlichen Kehrtwende der sowjetischen Führung Ende der 1920er Jahre und dem Übergang zur Planwirtschaft endete die Flexibilität, welche der Erdölindustrie zuvor noch gewährt worden war. Lediglich die Export-

119 Grünewald: Ethnisierung, S. 45 f. Anzumerken ist, dass die ethnischen Konflikte nun erneut entflammten, da die ungelernten Arbeiter wie zuvor größtenteils muslimische Azeris, die Facharbeiter hingegen beinahe ausschließlich in Moskau ausgebildete Russen waren: Baberowski: Stalinismus im Kaukasus, S. 374 f.

120 Sanchez-Sibony: Depression Stalinism, S. 34. Siehe auch Musial, Bogdan: Stalins Beutezug. Die Plünderung Deutschlands und der Aufstieg der Sowjetunion zur Weltmacht, Berlin 2010, S. 49 f.

121 Davies: Soviet Economy in Turmoil, S. 28 f. sowie S. 40. Zum Export: Vnešnjaja Torgovlja SSSR (1918–1940), S. 94. In einzelnen Jahren war Erdöl sogar der größte Posten in den sowjetischen Ausfuhren. Anfang der 1930er Jahre lag der Anteil bei fast 20 Prozent, dazu Slavkina, Marija V.: Četyre lika sovetskogo neftjanogo ėksporta: osnovnye tendencii razvitija v 1922–1990-e gody, in: Vestnik Čeljabinskogo gosudarstvennogo universiteta 7 (2012) 261, S. 56–64, hier S. 57; Igolkin, Aleksandr A.: Sovetskij neftjanoj ėksport v gody predvoennych pjatiletok, in: Neftjanoe Chozjajstvo (2006) 9, S. 139–141.

122 RGASPI, f. 17, op. 162, d. 4, l. 112, ll. 115–117, abgedruckt in: Adibekov (Hg.): Politbjuro, S. 139–142.

123 Davies, Robert W./Wheatcroft, Stephen G.: Crisis and Progress in the Soviet Economy, 1931–1933 (The Industrialisation of Soviet Russia 4), London 1996, S. 476.

orientierung sollte zunächst weiter forciert werden.[124] Gleichzeitig wurden die Paradigmen des GOĖLRO-Planes als »Gründungsmythos der Sowjetökonomie« bemüht, um den zwischenzeitlich vernachlässigten gesamtwirtschaftlichen Modernisierungs- und Industrialisierungsimpuls unter Kontrolle der Partei neu zu beleben.[125] Entgegen aller energetischen Bekenntnisse der frühen Bolschewiki war die Erdölförderung in den 1920er Jahren, wenngleich exportorientiert, nahezu in gleichem Ausmaß gewachsen wie die Kohleproduktion und auch die Gesamtwirtschaft. Die weitgehende Wachstumsparität zwischen den Energieträgern hatte jedoch im Kaukasus trotz erheblichen Bilanzüberschüssen durch Exporteinnahmen ein Vielfaches gekostet. Insgesamt wurde Mitte der 1920er Jahre knapp ein Siebtel aller wirtschaftlichen Investitionen in der Sowjetunion im Erdölsektor getätigt, wovon ein erheblicher Anteil für westliche Ausrüstung aufgewendet wurde.[126] Ein solches Verhältnis ist keineswegs ungewöhnlich, da der Industriezweig aufgrund seiner Komplexität im Auf- und Ausbau wesentlich kapitalintensiver als etwa der Kohlebergbau ist. Der Betrieb bestehender Infrastruktur kann hingegen vergleichsweise günstig gewährleistet werden. Insbesondere Produktionssteigerungen fordern so im Erdölsektor überall auf der Welt erhebliche Investitionen und auch technische Innovationen, um neue Vorkommen zu erschließen oder die bestehenden effizienter auszubeuten.[127]

Der erste Fünfjahresplan sollte dieses empfundene Ungleichgewicht dennoch beheben und die Brennstoffbilanz auch im Bereich der Produktionsverhältnisse wieder auf den richtigen Kurs bringen.[128] Der inzwischen als Vorsitzender des Staatlichen Planungskomitees (Gosplan) zum obersten Planer des Landes aufgestiegene Kržižanovskij war weiterhin auf der Suche nach Alternativen, welche auch in den Regionen fernab des Donbass »das teure Erdöl ablösen« und zum »Brot für die [...] Industrie« werden könnten.[129] Im Vordergrund der geänderten Wirtschaftspolitik stand jedoch auch ein Prioritätenwechsel.

124 Žukov: Neftjanoj faktor, S. 96. Zum Niedergang der NĖP und den Anfängen der Planwirtschaft weiterführend Hildermeier: Geschichte der Sowjetunion, S. 248–253 sowie S. 367–377.

125 Gestwa: Großbauten, S. 61–63.

126 Igolkin: Neftjanaja promyšlennost' (1921–1928), S. 9; Davies/Wheatcroft: Crisis and Progress, S. 476. Zu den Produktionsziffern RGAE, f. 1562, op. 33, d. 2310, l. 36.

127 Adelman: World Petroleum Market, S. 17 f.

128 So sah der erste Fünfjahresplan etwa bei Kohle und Torf eine Produktionssteigerung von mindestens über 90 Prozent, bei Erdöl jedoch nur knapp über 60 Prozent vor, auch der prozentuale Anteil des Erdöls an der Brennstoffbilanz sollte weiter sinken: Pjatiletnij plan narodnochozjajstvennogo stroitel'stva SSSR, Moskva 1929–30, Bd. 1, S. 33–39.

129 RGASPI, f. 57, op. 2, d. 2, l. 13.

Wenngleich die Energie- und Brennstoffversorgung bei der Einführung der Planwirtschaft und auch in den Folgejahren einen gewichtigen Anteil in den politischen Diskussionen der Bolschewiki und ihrer höchsten Institution, des Politbüros, prägte, entschied sich die politische Führung gegen eine Neuauflage des GOĖLRO-Planes.[130] Die Elektrifizierung des gesamten Landes wurde weiter propagiert, rückte allerdings zusehends in den Hintergrund, weil Stalin, der in der Partei zunehmend den Ton angab, und seine Mitstreiter fest entschlossen waren, eine unabhängige und leistungsstarke Maschinenbau- und Rüstungsbasis zu errichten.

Der Technikkult der frühen 1920er Jahre blieb prägendes Element des Fortschrittsglaubens. Er manifestierte sich aber zusehends in der Auffassung, dass an die Stelle westlicher Importe schnellstmöglich moderne Technologie sowjetischer Provenienz treten müsse. Mit dem Fokus auf Eisen, Stahl und eine eigene Maschinenbauindustrie geriet in den Folgejahren selbst das von Lenin favorisierte Elektrifizierungsprojekt mit Ausnahme einiger prestigeträchtiger Kolossalbauten immer mehr ins Hintertreffen.[131] Auch Kostenpläne und die Rentabilität einer jeden Unternehmung spielten im Verteilungskampf um Ressourcen der 1930er Jahre eine zunehmende Rolle, während über Ausnahmen und prioritäre, als zukunftsweisend empfundene Gigantomanien ein immer kleiner werdender Führungskreis um Stalin befand.[132] Für das unter den Bolschewiki weitgehend unpopuläre Erdöl blieb im Spannungsfeld zwischen teuren Modernisierungsvisionen, planwirtschaftlichen Utopien und begrenzten Ressourcen immer weniger Raum.

130 Igolkin: Osobennosti razvitija, S. 106.

131 Fitzpatrick, Sheila: The Russian Revolution, Oxford 2001, S. 130 f.; Gregory: Political Economy, S. 160 f.; Josephson: Projects of the Century, S. 530. Anzumerken ist, dass die politische Führung trotz anderslautender öffentlicher Statements keineswegs eine Abkehr vom Außenhandel geplant hatte, sondern vielmehr eine deutliche Ausweitung des Warenverkehrs für die 1930er Jahre vorsah. Das Bestreben, speziell die Importvolumina zu reduzieren, resultierte vielmehr aus der Weltwirtschaftskrise und der wiederholt drohenden Staatsinsolvenz der frühen 1930er Jahre, dazu umfassend Sanchez-Sibony: Depression Stalinism.

132 Davies, Robert W.: The Management of Soviet Industry, 1928–41, in: William G. Rosenberg/Lewis H. Siegelbaum (Hg.): Social Dimensions of Soviet Industrialization (Indiana-Michigan Series in Russian and Eastern European Studies), Bloomington 1993, S. 105–123, hier S. 118 f. Zu verschiedenen Grossprojekten umfassend auch Gestwa: Großbauten; Rassweiler, Anne D.: The Generation of Power. The History of Dneprostroi, New York 1988; Kotkin, Stephen: Magnetic Mountain. Stalinism as a Civilization, Berkeley 1995; Payne, Matthew J.: Stalin's Railroad. Turksib and the Building of Socialism, Pittsburgh 2001; Neutatz, Dietmar: Die Moskauer Metro. Von den ersten Plänen bis zur Grossbaustelle des Stalinismus (1897–1935) (Beiträge zur Geschichte Osteuropas 33), Köln 2001.

Der Erdölsektor war zwar im allgemeinen Konsens weiterhin »eine der rentabelsten Exportbranchen der Volkswirtschaft«, die weiter ausgebaut werden müsse,[133] doch einzelne Entscheidungsträger hatten sich bereits einem anderen wertvollen Rohstoff zugewandt, der mit geringerem Aufwand höhere Gewinne versprach. Der aufgrund seiner Erfolge in Baku während der NĖP in Anspielung an den mächtigen amerikanischen Erdölmagnaten inzwischen als »sowjetischer Rockefeller« geadelte Serebrovskij wurde auf Drängen Stalins mit der Suche nach Edelmetallen beauftragt. Als Vorsitzender der Hauptverwaltung für die Gold- und Platinindustrie (Glavzoloto) sollte er seine Erfolge und Methoden repetieren und nun erneut mithilfe westlicher Technologie und Ingenieurskunst eine florierende Edelmetallproduktion organisieren.[134] Die Versetzung des bis dahin erfolgreichsten sowjetischen Ingenieurs und Managers aus der Erdölindustrie deutet bereits eine Prioritätenverschiebung auch im Exportsektor an, die sich in den Folgejahren immer stärker manifestierte.

Neben der grundsätzlichen wirtschaftspolitischen Neuorientierung beförderten globale Umbrüche die erneute Degradierung des Erdöls in den Planungen der sowjetischen Führung. Der Weltwirtschaftskrise der ausgehenden 1920er Jahre folgte aufgrund weltweit steigender Förderraten und einer abrupt einbrechenden Nachfrage ein deutliches Überangebot, welches einen drastischen Rückgang der Erdölpreise auslöste. Wenngleich die europäischen Märkte vom Preisverfall ungleich weniger betroffen waren als der amerikanische, brach der durchschnittliche Wert der sowjetischen Treibstoffexporte um die Hälfte ein und blieb bis Mitte der 1930er Jahre auf niedrigem Niveau.[135] Während jenseits des Atlantiks nur die finanzkräftigen und innovativeren Unternehmen gestärkt aus der Krise hervorgingen, entschieden sich die Wirtschaftsplaner in der Sowjetunion, den ohnehin bereits eingeschränkten Kapitalzufluss des Industriezweigs weiter zu

133 RGASPI, f. 57, op., 2, d. 2, l. 286.

134 Tzouliadis, Tim: The Forsaken. From the Great Depression to the Gulags: Hope and Betrayal in Stalin's Russia, London 2008, S. 165–171; Davies: Soviet Economy in Turmoil, S. 18. Wenngleich glaubhaft erscheint, dass die Initiative hier von Stalin ausging, war sein Einfluss in dieser Zeit keineswegs grenzenlos. Es ist anzunehmen, dass andere führende Bolschewiki die Personalentscheidung unterstützten oder sich zumindest überzeugen ließen. Zu Macht und Einfluss Stalins in dieser Zeit: Ders.: Management of Soviet Industry, S. 109.

135 Goldman: Petrostate, S. 28–30. In den USA, wo weltweit mit großem Abstand das meiste Erdöl gefördert wurde, war der Preisverfall mit bis zu 95 Prozent wesentlich umfassender. Zahlreiche Unternehmen gingen in der Folge Konkurs. Erst eine Intervention der US-Regierung unter Franklin Roosevelt durch Quotenregelungen schaffte Mitte der 1930er Jahre den Durchbruch. Die Ölpreise stabilisierten sich und die Rentabilität der Produktion wurde wiederhergestellt. Dazu Yergin: Prize, S. 229–242; McMillin, Douglas W./Parker, Randall E.: An Empirical Analysis of Oil Price Shocks in the Interwar Period, in: Economic Inquiry 32 (1994), S. 486–497.

kürzen. Um die Gewinnspanne zur Deckung laufender finanzieller Verpflichtungen und den Erwerb der nötigsten Maschinen zu maximieren, wurden die Investitionen im Erdölsektor Anfang der 1930er Jahre um zwei Drittel reduziert. In etwas geringerem Ausmaß traf es auch die in der Planwirtschaft essentiellen Ressourcenallokationen, gestrichen wurde vorrangig zuvor importiertes fortschrittliches Equipment.[136]

Obgleich die Fördermengen wie auch der Umfang der Exporte 1931 einen vorläufigen Höhepunkt erreichten – die Erdölindustrie war die erste, die den Fünfjahresplan nach nur zweieinhalb Jahren erfüllte –, war die Relevanz des Energieträgers in der Wirtschaftspolitik auch im Vergleich zur Kohle und zum Torf im Sinne der Prioritäten des frühen GOĖLRO-Planes bei einem Minimum angelangt. So erhielt die Erdölindustrie nur knapp 3 Prozent der 1931 getätigten Investitionen, während dem Kohlesektor mit fast 8 Prozent ein wesentlich höherer Anteil zugewiesen wurde. Selbst die Torfproduktion, die außer Arbeitskraft nur wenig erforderte, wurde mit einem Budgetanteil von beinahe 2 Prozent gemessen am Produktionsumfang deutlich bevorzugt.[137] Innovationen und Modernisierung, die während der NĖP den Grundstein für den rasanten Aufstieg des sowjetischen Erdöls gelegt hatten, kamen vollständig zum Stillstand. Dem Zeitgeist der Machbarkeitsutopie der frühen 1930er Jahre folgend und bestärkt durch die anfänglichen Erfolge der Erdölwirtschaft im ersten Fünfjahresplan sollten allein revolutionärer Elan und die Aufopferungsbereitschaft der Arbeiterschaft für weiteres Wachstum sorgen, unabhängig von Investitionen, Ausrüstung und Ressourcen.[138] Die sinnbildliche Trockenlegung des Brennstoffzweiges, in welchem einwandfreies Equipment und fortschrittliche Technologie aufgrund des flüssigen Aggregatzustandes des Erdöls bis heute unabkömmlich sind und deshalb erhebliches Startkapital erfordern, erwies sich als verheerend.

---

136 RGAE, f. 7297, op. 38, d. 289, ll. 65–74, abgedruckt in: Chromov (Hg.): Industrializacija, Bd. 2, S. 252–268. Siehe auch Davies/Wheatcroft: Crisis and Progress, S. 476 f. Um die deutlich gesunkenen Einnahmen zu kompensieren, exportierten die Bolschewiki in dieser Zeit nahezu alles, was sich zu Geld machen ließ, darunter neben Gold auch konfiszierte Kunstschätze, Antiquitäten und Wertgegenstände, vgl. dazu Igolkin, Aleksandr A./Sokolov, Andrej K.: Neftjanoj šturm i ego posledstvija, in: Ju. A. Petrov (Hg.): Ėkonomičeskaja istorija: Ežegodnik. 2006, Moskva 2006, S. 385–438, hier S. 391–397. Zur untergeordneten Bedeutung der Investitionen im Vergleich zu Ressourcenallokationen in der sowjetischen Planwirtschaft vgl. auch Ellman, Michael: Socialist Planning, 3. Aufl., Cambridge 2014, besonders S. 30–32.

137 Igolkin: Neftjanaja politika (1928–1940), S. 4 f.

138 Nove, Alec: An Economic History of the USSR. 1917–1991, 3. Aufl., London 1992, S. 191 f.; Igolkin/Sokolov: Neftjanoj šturm, S: 385 f.; Alekperov: Oil of Russia, S. 251 f.

Stalin selbst betonte zwar in der Umbruchphase der ausgehenden 1920er Jahre stets, wie sehr ihn der Klassenkampf Seite an Seite mit den Erdölarbeitern des Kaukasus geprägt habe und dass er dabei erkannt habe, »was es bedeutet, zu führen«.[139] Vor Ort bekam die Arbeiterschaft von dieser vermeintlich engen Verbindung jedoch nicht allzu viel zu spüren. Mit immer weniger Ausrüstung und Kapital sollten sie trotz sinkender Löhne immer höhere Förderquoten erreichen, um die Vorgaben des Planes erfüllen zu können. Nicht nur in der Erdölindustrie, sondern in ganz Baku verbreitete sich, wie der Historiker Jörg Baberowski konstatiert hat, unter den Einheimischen die Auffassung, dass die Region in kolonialer Tradition vom Zentrum lediglich ausgebeutet werde. Antisowjetische Tendenzen, die unter der muslimischen Bevölkerungsmehrheit ohnehin schon verbreitet waren, wurden dadurch weiter befördert.[140] Lavrentij Berija, zu dieser Zeit Parteivorsitzender der Transkaukasischen Föderation, hatte alle Hände voll damit zu tun, das empfundene Desinteresse der politischen Führung zu dementieren und den Arbeitern die volle Unterstützung Moskaus zu versichern.[141]

Allerdings befand sich die sowjetische Wirtschaft Anfang der 1930er Jahre insgesamt in der Krise: Die noch junge Kohle- und Metallindustrie, von Stalin später zum »Stolz unseres Landes«[142] erhoben, lag trotz gewaltiger Investitionen immer mehr hinter den Planvorgaben zurück und verzeichnete teils rückläufige Produktionsziffern. Der Transportsektor und insbesondere die Eisenbahn standen aufgrund des exponentiell steigenden Warenverkehrs kurz vor dem Zusammenbruch. Die Landwirtschaftspolitik nebst Kollektivierung und propagierter ›Vernichtung der Kulaken als Klasse‹ erforderte zunehmend die volle Aufmerksamkeit der Parteiführung.[143] In der von unzähligen Problemen

139 Stalin: Sočinenija, Bd. 8, S. 174. Anzumerken ist jedoch, dass Stalin, ähnlich wie seine Mitstreiter, keine allzu guten Erfahrungen im Kaukasus gemacht haben konnte. Nicht nur seine Partei, sondern auch Stalin selbst innerhalb der Parteistrukturen stieß oftmals auf wenig Gegenliebe und auf Misstrauen in Baku, dazu: Khlevniuk: Stalin, S. 26 f.

140 Baberowski: Stalinismus im Kaukasus, S. 400 f.

141 Berija, Lavrentij P.: Itogi Janvarskogo Plenuma CK i CKK VKP(b) i Zadači Azerbajdžanskoj Parkijnoy Organizacii. Doklad na sobranii obščebakinskogo partijnogo aktiva 26 janvarja 1933 goda, in: Lavrentij Pavlovič Berija: Za neft' i chlopok, o. O. 1933, S. 3–39, hier S. 18 f.

142 Stalin: Sočinenija, Bd. 13, S. 179.

143 Gregory/Harrison: Allocation under Dictatorship, S. 731; Davies: Soviet Economy in Turmoil, S. 346–377; Chlevnjuk, Oleg V.: Politbjuro. Mechanizmy političeskoj vlasti v 1930-e gody, Moskva 1996, S. 53–62. Zur Kollektivierung und den damit einhergehenden umfassenden Problemen auch: Hildermeier: Geschichte der Sowjetunion, S. 377–401. Speziell zur Krise im Kohlesektor, welche aufgrund ihrer volkswirtschaftlichen Bedeutung unter Umgehung des zuständigen Volkskommissariats von Stalin zur Chefsache erhoben wurde, siehe auch: Kuromiya, Hiroaki: The Commander and the Rank and File. Managing the Soviet Coal-Mining Industry, 1928–33, in: Rosenberg/Siegelbaum (Hg.): Social Dimensions, S. 146–165.

und Misserfolgen geprägten Frühphase der Planwirtschaft war die zur Exportbranche degradierte Erdölindustrie, die trotz deutlich reduzierter Investitionen ihren Anteil an der Brennstoffproduktion weiter steigerte,[144] allenfalls von untergeordneter Relevanz.

Resümee: Unbequeme energetische Erbschaften

Bedingt durch die gravierenden wirtschaftlichen Probleme nach Revolution und Bürgerkrieg waren die Bolschewiki während der NĖP in Einklang mit ihren vorübergehenden wirtschaftspolitischen Kompromissen weitgehend von ihren grundsätzlichen energetischen Prioritäten abgewichen. Das Kapital- und Technologiedefizit hatte stattdessen besonders im Erdölsektor die weitgehende Kontinuität zum ausgehenden Zarenreich erfordert, dessen Probleme die neuen Machthaber gleich mit übernommen hatten. Dem unbeliebten Energieträger war daher früh eine Schlüsselrolle zugekommen, um zusätzliche Devisen zur Modernisierung und Industrialisierung der sowjetischen Wirtschaft zu generieren. Zugleich erforderten der Mangel an Erfahrung und die eingeschränkten Möglichkeiten der Bolschewiki und ihrer Unterstützer die forcierte Kooperation mit kapitalistischen Investoren, die dem kaukasischen Erdölsektor binnen weniger Jahre zu einer neuen Blütezeit verhalfen. In Übereinstimmung mit dem energetischen Weltbild der Bolschewiki, welches geprägt war von den Versäumnissen und Problemen am Vorabend des Ersten Weltkrieges und einem immanenten Drang zur Modernisierung, setzten die neuen Machthaber währenddessen den von den Behörden des Kaiserreiches bereits eingeschlagenen Kurs zur größtmöglichen Substitution des flüssigen Brennstoffes fort.

Obwohl der Kohleanteil in der sowjetischen Verbrauchsbilanz auf diese Weise rasant anstieg, beförderte die Aufmerksamkeit der ausländischen Partner weit mehr noch den Aufstieg des Erdölsektors, was zahlreichen führenden Bolschewiki ein Dorn im Auge war. Die Treibstoffexporte spülten unentwegt Devisen in die Staatskassen, während die im Vergleich zur Kohle angenommene Rarität des Brennstoffs auch den temporären Charakter des Industriezweiges zu sichern schien. Dennoch standen die steigenden Förderquoten nach Ansicht der Parteiführung und der technischen Vordenker des GOĖLRO-Planes den eigentlichen energiepolitischen Zielen einer großflächigen Elektrifizierung und einer darauf

144 Hodgkins, Jordan A.: Soviet Power. Energy Resources, Production and Potential, Englewood Cliffs 1961, S. 102.

basierenden Überwindung des Erdölzeitalters diametral entgegen – und richteten sich somit gegen eine essentielle Komponente des eigenen Herrschaftsanspruches. Die Bereitschaft zu Konzessionen in diesem Punkt schwand entsprechend bereits mit der Entscheidung in der zweiten Hälfte der 1920er Jahre, die Zusammenarbeit mit kapitalistischen Unternehmen einzuschränken und den Übergang zu einer zentralen Planwirtschaft in Angriff zu nehmen. Zwar stellten die Entscheidungsträger keineswegs die Exportausrichtung des Erdölsektors in Frage. Zu einer Fortführung der gewaltigen Investitionen, die dem breiten Konsens nach auf dem Weg zur eigenen Modernisierungsvision in anderen Bereichen dringender benötigt würden, war die Parteiführung jedoch nicht mehr bereit.

Die Weltwirtschaftskrise brachte schließlich deutlich sinkende Marktpreise für das sowjetische Erdöl mit sich, sodass selbst die von der Moskauer Führung eingeräumte exportorientierte Daseinsberechtigung des Industriezweiges nach 1929 an Relevanz verlor und die getätigten Investitionen zusätzlich in Frage stellte. In Anbetracht der zahllosen Krisenherde, die sich in der Sowjetunion nach Einführung der Planwirtschaft auftaten, geriet das Erdöl zusehends ins Hintertreffen. Der an die Macht strebende Stalin und seine Unterstützer widmeten stattdessen ihre volle Aufmerksamkeit den zahllosen Prestigeprojekten der Parteiführung, um den Sowjetstaat nach den eigenen Vorstellungen umzugestalten: Eisen, Stahl und Maschinen aller Art, zum Sinnbild eines modernen Arbeiterstaates erhoben, aber auch die Kollektivierung der Landwirtschaft stellten das auf dem Weltmarkt im Überfluss vorhandene und international kaum noch einträgliche ›schwarze Gold‹ ins Abseits, sodass für die kaukasischen Ölfelder bald nur ein Ziel galt: durch geringstmöglichen Aufwand die Außenhandelsprofite maximieren.

Der Blick auf die politischen wie wirtschaftlichen Umwälzungen im ersten Drittel des 20. Jahrhunderts verdeutlicht die engen Verflechtungen zwischen der zaristischen und der sowjetischen Erdölpolitik, gleichsam jedoch auch die sich unterscheidenden energetischen Visionen, welche von den Bolschewiki nach ihrer Machtübernahme jedoch zugunsten der höheren Ideale aufgegeben worden waren. Das energetische Weltbild, welches Lenin und seine Mitstreiter im ausgehenden Zarenreich – und das teilweise durchaus im Einklang mit den damaligen Eliten – und den Wirren des Bürgerkrieges aufgrund der Defizite entwickelt hatten, schwelte jedoch stets unter der Oberfläche und verhärtete sich sogar durch die als Schmach betrachteten Zugeständnisse während der NEP. Die für zahlreiche Vorhaben dringend benötigten Ressourcen und Investitionen erachteten die Wirtschaftsplaner in Moskau entsprechend im Erdölsektor als wenig zielführend angelegt. Wenngleich die gesetzten Prioritäten beim Übergang zur Planwirtschaft schließlich von den Vorgaben des GOELRO-Planes abwichen, so war eine weitreichende Abkehr von dem flüssigen Brennstoff doch die logische Konsequenz des bolschewistischen Projektes. Am Ende der 1920er Jahre sollte das Erdöl auf diese Weise zu einer nutzbaren Finanzierungsgrundlage, nicht aber ein auszubauender Teil der sowjetischen Industrialisierung werden.

3 Auf dem Weg zum Mangel

Das folgende Kapitel ist den weiteren Entwicklungen gewidmet, die schließlich am Vorabend des Zweiten Weltkrieges einen umfassenden Mangel verursachten. Die dem Erdölsektor auferlegten Einschränkungen galten nicht für die Motorisierung von Landwirtschaft und Transport, sodass der Verbrauch weiterhin anstieg. Schon früh zeigten sich zunehmende Diskrepanzen zwischen Produktions- und Bedarfsentwicklung, die jedoch im Einklang mit dem verbreiteten Machbarkeitsglauben der 1930er Jahre nicht auf die zentralisierte Planung, sondern vielmehr auf individuelle Fehler oder Sabotage zurückgeführt wurden. Im Spannungsfeld zwischen ideologisch geprägtem Weltbild, gesetzten Prioritäten, technischen Möglichkeiten und konkreter Bedarfsentwicklung spiegelte kaum ein Wirtschaftszweig die Defizite der »Mangelwirtschaft«[1] derart umfassend wider wie der Erdöl- und Treibstoffsektor. Trotz zahlloser Plankorrekturen und Notfallmaßnahmen, die größtenteils auf schnelle oder prestigeträchtige Erfolge statt auf Nachhaltigkeit ausgelegt waren, befand sich die Sowjetunion bald in einer Versorgungskrise, während sich die Anzeichen für einen weiteren Weltkrieg verdichteten.

In diesem Kontext bemühte sich die sowjetische Führung, den eingeschlagenen Kurs noch einmal zu korrigieren, kurz bevor Hitler den europäischen Kontinent in ein Schlachtfeld verwandelte. Die ergriffenen Maßnahmen reichten jedoch in keiner Weise, die Defizite der Vorjahre auszugleichen und vor allem die strategisch äußerst unvorteilhafte Konzentration des Erdölsektors auf den Kaukasus zu verringern. Die Schonfrist, die Stalin durch den Pakt mit dem ideologischen Intimfeind erkaufen konnte, reichte auch infolge der zahllosen Baustellen im Rüstungssektor nur zu kaum mehr als einem letzten Aufbäumen vor dem Sturm. Zu ziellos und zu notdürftig waren die Korrekturen der Erdölpolitik, und sie kamen zu spät, um die Versäumnisse aus einer Dekade in wenigen Jahren ausgleichen zu können. Dennoch setzte sich in einzelnen Moskauer Behörden eine schmerzliche Gewissheit durch: Die bereits seit dem Bürgerkrieg geltenden energiepolitischen Paradigmen bedurften dringend einer Anpassung.

---

1 Kornai, János: Das sozialistische System. Die politische Ökonomie des Kommunismus (Schriftenreihe des Bundesinstituts für Ostwissenschaftliche und Internationale Studien 29), Baden-Baden 1995, S. 263.

3.1 Niedergang der kaukasischen Erdölindustrie

Zu Beginn der 1930er Jahre steckte die kaukasische Erdölindustrie in einer ganz anderen Krise, die in erster Linie durch den rasanten Produktionsanstieg und dafür völlig unzureichende Transport- und Lagerkapazitäten bedingt war. Bereits gefördertes und teils auch raffiniertes Erdöl wurde in eilends ausgehobenen und vor Wind und Wetter ungeschützten Gruben verunreinigt und versickerte langsam im Boden. Gleichzeitig mangelte es trotz hoher Fördermengen in vielen Gegenden des Landes immer wieder an Treibstoff.[2] Die Situation war im Sommer 1931 derart problematisch, dass Teile der politischen Führung in Erwägung zogen, ausländische Unternehmen auch mit dem Abtransport der für den sowjetischen Markt bestimmten Erdölprodukte zu beauftragen.[3] Vor dem Hintergrund der Bürgerkriegserfahrungen wurden in der Folge infrastrukturelle Defizite als primäres Problem der sowjetischen Brennstoffversorgung aus dem Kaukasus erachtet. Als am Ende des ersten Fünfjahresplanes erstmals die Wachstumsraten einbrachen und die Produktionsmengen zwei Jahre in Folge sogar sanken, suchte Stalin die Schuld für den spürbaren Mangel erneut beim Transportsektor: »Der Grund für den Rückstand liegt angeblich darin, dass es in Baku kein Erdöl gebe. Aber das ist unglaubhaft […]. Was macht das Transportkomitee? […] Setzen Sie der Schlampigkeit ein Ende!«[4]

Die durch die hohen Investitionen während der NĖP angestoßenen Wachstumsraten von weit über 10 Prozent waren angesichts der deutlich reduzierten Ausstattung des Industriezweiges allerdings nicht mehr zu erreichen. Bereits 1930 ergab eine Untersuchung, dass trotz der großen Erfolge die Exploration neuer Ölvorkommen und deren Erschließung wie auch der Ausbau der verarbeitenden Industriezweige weitgehend vernachlässigt worden seien. Die extreme Rückständigkeit der Erdölausrüstung verhindere zudem weiteres Wachstum.[5]

2 Igolkin/Sokolov: Neftjanoj šturm, S. 425 f.; Igolkin, Aleksandr A.: Neftjanaja promyšlennost' v gody vtoroj pjatiletki: plany i real'nost', in: Ėkonomičeskaja istorija. Obozrenie 10 (2005), S. 132–145, hier S. 139.

3 RGASPI, f. 558, op. 11, d. 739, ll. 48–55, abgedruckt in: Chlevnjuk (Hg.): Stalin i Kaganovič, S. 66.

4 RGASPI, f. 558, op. 11, d. 741, l. 6, abgedruckt in Chlevnjuk (Hg.): Stalin i Kaganovič, S. 308. Tatsächlich war Baku in geringerem Ausmaß betroffen als die anderen Förderregionen des Kaukasus; für Stalin scheint bezüglich der Erdölwirtschaft jedoch nur Baku relevant gewesen zu sein, siehe dazu die folgenden Seiten. Zu den exakten Förderraten in dieser Zeit: RGAE, f. 1562, op. 33, d. 2310, l. 45.

5 RGASPI, f. 17, op. 163, d. 855, ll. 17–26, abgedruckt in: Alekperov (Hg.): Neft' strany Sovetov, S. 575–577.

Die Schlussfolgerung, dass vorzeitige Planerfüllung trotz gesunkener Investitionen nur durch die Vernachlässigung aller perspektivischen Aufgaben möglich gewesen war, wurde in diesem Kontext jedoch nicht gezogen. Bohrungen waren schlichtweg der kostenintensivste Aspekt der Erdölproduktion, und gerade die häufig erfolglosen, aber notwendigen Erkundungsarbeiten stellten eine verlockende Einspargelegenheit dar.[6]

Tatsächlich standen die wesentlichen Kürzungen noch bevor, während das Zentralkomitee (ZK) der Kommunistischen Partei »vorschlug«, die Erdölförderung binnen nur dreier Jahre auf mehr als das Doppelte zu steigern – einzig durch Mobilisierung der Arbeiterschaft »auf Basis des [...] Sozialistischen Wettbewerbes und der Stoßarbeit«.[7] Allgemein war innerhalb der Parteielite die Einschätzung verbreitet, dass die Produktion des flüssigen Brennstoffes recht kurzfristig und beliebig erhöht werden könne und keines großen Aufwandes bedürfe. In der landesweiten Hungersnot der frühen 1930er Jahre erhielten die Arbeiter in zahlreichen Produktionsregionen der Schwerindustrie, wie im Donbass, in Moskau oder Leningrad, unmittelbar erhöhte Lebensmittelrationen, während in Baku erst ein deutlicher Produktionsrückgang Ende 1933 die politische Führung von einem solchen Schritt überzeugen konnte.[8]

Unzufrieden mit den wirtschaftlichen Entwicklungen im Kaukasus schrieb Stalin einen Brief an seinen engen Vertrauten und damaligen Stellvertreter in Moskau, Lazar' Kaganovič, man müsse schnellstens mehr Bohrungen durchführen, den Abtransport verbessern »und so weiter«, um im Folgejahr die Erdölproduktion allein in Baku von 15 Millionen Tonnen auf 21 bis 22 Millionen Tonnen zu erhöhen.[9] Allerdings war schon in den Vorjahren die große Steigerung entgegen zahlreicher Expertenwarnungen im Planerfüllungseifer mithilfe der einfachsten und kostengünstigsten Möglichkeit herbeigeführt wor-

6 Smil, Vaclav: Oil. A Beginner's Guide (Oneworld Beginner's Guides), Oxford 2008, S. 82–120. Mehr als die Hälfte aller Kosten im Erdölsektor entstand in der Zwischenkriegszeit durch Bohrarbeiten, der Anteil der Erkundungsbohrungen sank in den 1930er Jahren jedoch deutlich, vgl. Lisičkin: Očerki razvitija, S. 46.

7 Rešenija po chozjajstvennym voprosam, Bd. 2, S. 246–249. Zur Prioritätenverschiebung zulasten perspektivischer Arbeiten auch Joesten: Öl regiert die Welt, S. 437; Bachtizin, et al.: Bitva za neft', S. 96 f.

8 Ohnehin war die Versorgung der Erdölarbeiter Ende der 1920er Jahre deutlich reduziert worden und auf einem niedrigen Niveau. Dazu Gregory: Political Economy, S. 93; speziell zu den Arbeitern der Erdölindustrie: Igolkin/Sokolov: Neftjanoj šturm, S. 399 sowie S. 430 f.; allgemein auch Davies: Soviet Economy in Turmoil, S. 356.

9 In seiner Einschätzung verließ er sich dabei auf Materialien, die ihm Berija aus dem Kaukasus zukommen ließ: RGASPI, f. 81, op. 3, d. 100, ll. 37–42, abgedruckt in: Chlevnjuk (Hg.): Stalin i Kaganovič, S. 395.

den. Ein wachsender Anteil des sowjetischen Erdöls basierte lediglich auf dem anfänglichen natürlichen Druck (Eruptivförderung) der am wenigsten tiefen Lagerstätten, während mangels finanzieller und technischer Mittel nur selten Vorkehrungen getroffen wurden, die Förderung im Anschluss fortzusetzen.[10]

Während die Suche nach neuen Ressourcen vernachlässigt wurde, war der zukünftige Erfolg dieser Vorgehensweise zugleich von stetigen neuen Funden abhängig. Mehr noch als in anderen Wirtschaftszweigen richtete diese von der Stoßarbeiterbewegung geprägte »kommunistische Methode des sozialistischen Aufbaus«[11] in der kaukasischen Erdölindustrie erheblichen Schaden an. Sichtbar wurde die Langzeitwirkung der Arbeitsweise der Udarniki (Stoßarbeiter) besonders in Groznyj, wo zunächst die größten Erfolge erreicht werden konnten: Binnen weniger Jahre wurde vom dortigen Erdöltrust Grozneft' zwecks Planerfüllung die Förderung deutlich erhöht, ohne die notwendigen Vorkehrungen zu treffen, die Produktion langfristig aufrechtzuerhalten. 1932 war der Anteil des Nordkaukasus an der gesamten sowjetischen Erdölausbeute auf knapp 40 Prozent angestiegen, doch schon im Folgejahr halbierte sich dieser nahezu.[12]

Folgenreicher war allerdings die daraus resultierende Gewissheit der politischen Führung, dass trotz Warnungen von Fachleuten kurzfristige Erfolge möglich waren. Mangels technischen Equipments und bedingt durch die Überzeugung von der Überlegenheit der Stoßarbeit, ob sie nun von Udarniki oder später den Stachanovcy ausgeführt wurde, avancierte das Grundproblem zur bevorzugten Lösung: Immer neue Vorkommen wurden angebohrt und innerhalb kürzester Zeit wieder aufgegeben, sobald weniger Erdöl an die Oberfläche sprudelte. In der Folge war der Niedergang der regionalen Erdölindustrie in den 1930er Jahren nicht aufzuhalten. Am Ende der Dekade konnte in Groznyj nur noch knapp ein Viertel der Höchstmenge von 1931 produziert werden.[13] Obschon die Trusts aus Baku noch kleinere Erfolge vermeldeten, waren dieselben Probleme auch dort klar erkennbar. Zahlreiche zunächst aussichtsreiche Bohrlöcher blieben trotz erheblicher Erdölvorkommen schon nach wenigen Jahren weitgehend außer Betrieb, unterlassene Wartungsarbeiten und nach-

10 Igolkin: Neftjanaja promyšlennost' (1928–1950), S. 45–47; Lisičkin: Očerki razvitija, S. 131.

11 Hildermeier: Geschichte der Sowjetunion, S. 420 f.

12 RGAE, f. 4372, op. 36, d. 131, l. 31; ebd., op. 92, d. 292, ll. 30–28; GARF, f. R5446, op. 24a, d. 1623, l. 3.

13 GARF, f. R5446, op. 24, d. 1095, l. 93, siehe auch Matvejčuk, Aleksandr A.: V tiskach pervoj pjatiletki, in: Neft' Rossii (2011) 2, S. 112–117, hier S. 116 f.; Igolkin/Sokolov: Neftjanoj šturm, S. 400–402 sowie S. 419–422. Zur Stachanov-Bewegung umfassend Siegelbaum, Lewis H.: Stakhanovism and the Politics of Productivity in the USSR, 1935–1941 (Soviet and East European Studies 59), Cambridge 1990.

lassender Förderdruck waren auch hier die primären Gründe. Intensive und vor allem nachhaltige Produktionssteigerungen waren so auch am Kaspischen Meer immer weniger möglich.[14]

Zugleich hatte die Erdölindustrie im Einklang mit der gesamten sowjetischen Wirtschaft mit einem zunehmendem Fachkräftemangel zu kämpfen. Schon in den ausgehenden 1920er Jahren wurde die mangelnde Ausbildung insbesondere bei Azneft' zum Problem, welches in erster Linie aus dem niedrigen Qualifikationsniveau der heimischen Bevölkerung resultierte. Anders als etwa im Kohlesektor hatte der Modernisierungsschub der NĖP-Ära in der Erdölindustrie den Bedarf an einfachen Hilfsarbeitern drastisch reduziert, während immer mehr gut ausgebildete Facharbeiter und Ingenieure benötigt wurden.[15] Die sowjetische Nationalitätenpolitik im Kaukasus beförderte hingegen die bevorzugte Anstellung der unerfahrenen Angehörigen der aserbaidschanischen Titularnation, sodass der durchschnittliche Bildungsgrad der Arbeiterschaft zusehends sank.[16]

Verstärkt wurde der Trend durch die Bestrebungen der Parteiführung, den »Mangel an sozialistischem Bewußtsein« in der Bevölkerung zu beheben und endlich auch den Kampf mit den vorrübergehend noch als nützlich erachteten alten Wissenschaftseliten des Zarenreiches aufzunehmen.[17] An die Stelle der alten, ›bourgeoisen‹ Spezialisten, die noch vor dem Bürgerkrieg sozialisiert und ausgebildet worden waren und denen im Energiesektor ein erheblicher Anteil am Wiederaufbau der 1920er Jahre zuzuschreiben ist, sollte eine neue »Sowjetintelligenz« treten, die dem bolschewistischen Gedankengut und der sowjetischen Führung loyal verpflichtet war.[18] Durch die mit dem Schachty-Prozess eingeleitete Kampagne der sowjetischen Führung gegen die bürgerlichen Ingenieure und Fachkräfte wurden auch auf den Erdölfeldern des Kaukasus zahlreiche Angehörige der alten technischen Elite als ›Schädlinge‹ und

14 Shimkin: Soviet Mineral-Fuels, S. 41. Siehe auch Alekperov: Oil of Russia, S. 253.

15 Baberowski: Stalinismus im Kaukasus, S. 375. Siehe auch Lisičkin: Očerki razvitija, S. 223.

16 Grünewald: Ethnisierung, S. 44. Zu vergleichbaren Entwicklungen im Nordkaukasus umfassend auch Perović, Jeronim: Der Nordkaukasus unter russischer Herrschaft. Geschichte einer Vielvölkerregion zwischen Rebellion und Anpassung (Beiträge zur Geschichte Osteuropas 49), Köln 2015, S. 301–353.

17 Hildermeier: Geschichte der Sowjetunion, S. 406–11, Zitat S. 411.

18 Umfassend dazu Fitzpatrick, Sheila: Stalin and the Making of a New Elite. 1928–1939, in: Slavic Review 38 (1979) 3, S. 377–402, speziell zur technischen Intelligenz Lampert, Nicholas: The Technical Intelligentsia and the Soviet State. A Study of Soviet Managers and Technicians 1928–1935 (Studies in Soviet History and Society), London 1979; Bailes: Technology; Schattenberg: Stalins Ingenieure.

›Saboteure‹ gebrandmarkt und verurteilt.[19] Geprägt von der vergleichsweise hohen Arbeitslosigkeit, die mit dem stetig sinkenden Bedarf an manueller Arbeitskraft im Erdölsektor einhergegangen war, wurden die Verhaftungen besonders in Baku von den einheimischen Aseri unterstützt, trotz der weitgehenden Ablehnung der bolschewistischen Parteiherrschaft.[20] Wenngleich die Repressionen gegen Spezialisten im Sommer 1931 nachließen und die sowjetische Regierung sich eingestehen musste, dass die ungeliebten ›Überbleibsel‹ des Zarenreiches noch immer unverzichtbar waren, fügte die von weitreichender Propaganda begleitete Hetzjagd auf Ingenieure der Autorität des technischen Personals erheblichen Schaden zu.[21]

Um den durch die Repressionen verschärften Mangel zu lindern, wurden binnen kürzester Zeit Ausbildungseinrichtungen und Erdölinstitute aus dem Boden gestampft, die im Geiste des Strebens nach schnellen Erfolgen die Quantität der Qualität vorzogen. Als »proletarische Intelligenz«[22] wurden im Massenbetrieb behelfsmäßig geschulte ›Macher‹ den alten, als zu intellektuell und zögerlich betrachteten technischen Fachkräften vorgezogen. Selbst Vorreiter des bolschewistischen Ingenieurswesens wie Gleb Kržižanovskij mussten ihre Führungsposten schrittweise räumen.[23] Wie auch in anderen Bereichen der sowjetischen Wirtschaft strömten nun notdürftig ausgebildete technische Kader in die Erdölindustrie, während der Bedarf das Angebot weiterhin deutlich überstieg. Bezeichnend für den Mangel an qualifiziertem Personal und gleichzeitig die nach wie vor untergeordnete Relevanz des Erdölsektors ist in diesem Kontext die Tatsache, dass 1936 trotz der technologischen Rückständigkeit im Ver-

19 Zur Schachty-Affäre und den damit einhergehenden Repressionen siehe Davies: Soviet Economy in Turmoil, S. 110–125. Wenngleich keine konkreten Zahlen bekannt sind, ist ein ähnliches Ausmaß wie in der Kohleindustrie zu vermuten, wo rund die Hälfte des technischen Personals infolge der Säuberungen von ihrem Arbeitsplatz entfernt wurde: Bailes: Technology, S. 150. Zu den Repressionen und Verhaftungen im Edölsektor umfassend auch Igolkin: Neftjanaja promyšlennost' (1928–1950), S. 124–130.

20 Baberowski: Stalinismus im Kaukasus, S. 392 sowie S. 408 f. Allgemein zu diesem Phänomen Davies, Sarah: »Us against Them«. Social Identity in Soviet Russia, 1934–41, in: Sheila Fitzpatrick (Hg.): Stalinism. New Directions (Rewriting histories), London 2000, S. 47–70.

21 Acton, Edward (Hg.): The Soviet Union. A Documentary History (Exeter studies in history). 2 Volumes, Exeter 2007, Bd. 1, S. 351–55; weiterführend auch Davies/Wheatcroft: Crisis and Progress, S. 82–85; zu den mittelfristigen Folgen auch Kuromiya: Commander, S. 159.

22 Dazu umfassend Fitzpatrick, Sheila: Education and Social Mobility in the Soviet Union, 1921–1934 (Soviet and East European Studies), Cambridge 2002.

23 Bailes: Technology, S. 134–186.

hältnis zur Kapazität knapp 20 Prozent weniger Arbeiter angestellt waren als etwa in den USA.[24]

Fehlende Expertise und die von den Udarniki verinnerlichte »Ignoranz bestehender Erfahrung« beförderten so trotz der ab 1934 langsam wieder steigenden Investitionen die Erosion des während der NĖP erreichten technischen Niveaus.[25] Arbeitsproduktivität und Disziplin ließen nach, und Unfälle häuften sich. Insbesondere die Vernachlässigung von Sicherheitsvorkehrungen, wie etwa offenes Feuer und Rauchen am Arbeitsplatz, hatte schwerwiegende Folgen. Mitte der 1930er Jahre war die Erdölindustrie schließlich der einzige Bereich innerhalb des Volkskommissariats für Schwerindustrie (Narkomtjažprom), in welchem der Ertrag pro Arbeiter nicht im zweistelligen Prozentbereich gesteigert werden konnte, sondern stagnierte. Während die Kosten pro geförderter und verarbeiteter Tonne Erdöl so trotz konstanten Arbeitseinsatzes deutlich stiegen, hinkte der Wirtschaftszweig dem Plan immer weiter hinterher.[26]

Die Ausrüstung blieb in der Folge mangels Innovationen und Investitionen zusehends hinter dem internationalen Stand zurück. Nur noch vereinzelt und beinahe ausschließlich für die erdölverarbeitende Industrie wurde moderne Technologie im Ausland beschafft. Gleichzeitig verfolgten die sowjetischen Ingenieure den westlichen und insbesondere amerikanischen Fortschritt aufmerksam und warnten vor einem weiteren Rückstand.[27] Die Qualität des in der Sowjetunion hergestellten Equipments war oftmals nicht nur wesentlich schlechter im Vergleich, auch essentielle, zuvor importierte Komponenten wurden allenfalls in völlig unzureichenden Mengen produziert. Halbfertige und teils unbrauchbare Ausrüstung musste durch Improvisation zum Laufen gebracht werden.[28] Die Situation wurde Mitte der 1930er Jahre derart eklatant, dass Valerian Kujbyšev,

24 Igolkin: Neftjanaja promyšlennost' v gody vtoroj pjatiletki, S. 142; Igolkin/Sokolov: Neftjanoj šturm, S. 427. Auch im Vergleich mit anderen Industriezweigen blieb die Anzahl der Erdölarbeiter deutlich zurück, so waren 1934 knapp zehnmal mehr Arbeiter im (wenngleich arbeitsintensiveren) Kohlenbergbau tätig und rund doppelt so viele im Torfabbau, dazu Hodgman, Donald R.: Soviet Industrial Production. 1928–1951 (Russian Research Center Studies 15), Cambridge 1954, S. 56.

25 Schattenberg: Stalins Ingenieure, S. 230–232. Speziell zur Erdölindustrie Igolkin/Sokolov: Neftjanoj šturm, S. 401.

26 Igolkin/Sokolov: Neftjanoj šturm, S. 428 f.; Davies, Robert W.: The Years of Progress. The Soviet Economy, 1934–1936 (The Industrialisation of Soviet Russia 6), London 2014, S. 50 sowie S. 239–244.

27 Schattenberg: Stalins Ingenieure, S. 269 f.; Černyš, Michail E.: Razvitie neftepererabatyvajuščej promyšlennosti v Sovetskom Sojuze. Fragmenty istorii, Moskva 2006, S. 13 f.; Sutton: Western Technology, Bd. 3: 1945–1965, S. 413; Sokolov: Sovetskoe neftjanoe chozjajstvo, S. 99–109.

28 Igolkin: Neftjanaja promyšlennost' v gody vtoroj pjatiletki, S. 142 f.

der die Leitung des Gosplan nach der Absetzung Kržižanovskijs übernommen hatte, öffentlich eingestehen musste, die Erdölindustrie habe »sich von einer der fortschrittlichsten Branchen in einen industriellen Flaschenhals verwandelt«.[29]

Hochrangige Fachleute aus dem Brennstoffsektor und der Planungsbehörde sprachen sich deshalb für eine Wiederaufnahme der Technologieimporte aus den USA aus, um die Rückständigkeit zu überwinden.[30] Rasch wurde eine Kommission zur Überprüfung einer solchen Lösung zusammengestellt. Deren Leitung übernahm Michail Barinov, der als Stellvertreter Serebrovskijs während der NĖP zu den Pionieren des sowjetischen Erdöls gezählt und anschließend Karriere gemacht hatte. Als Vorsitzender der Erdöladministration (Glavneft') innerhalb des Narkomtjažprom war er zu dieser Zeit der oberste Neftjanik des Landes, und alsbald befand er sich mit seinen engsten Mitarbeitern auf dem Flug in die Vereinigten Staaten, um fünf Monate lang den Erfolg der amerikanischen Ölkonzerne und die Anwendbarkeit der dortigen Methoden in der Sowjetunion zu studieren.[31] Rückläufige Exporte und sinkende Einnahmen verringerten allerdings den Spielraum der sowjetischen Führung bezüglich des Ankaufes westlichen Equipments in der zweiten Hälfte der 1930er Jahre deutlich, während die drohende Kriegsgefahr die Prioritäten wie im restlichen Europa zugunsten der militärischen Aufrüstung verlagerte.[32]

Im Einklang mit der politischen Leitlinie und den durch die aufkommende Stachanov-Bewegung zunehmenden Konflikten zwischen Fachkräften und einfachen Arbeitern wurden gleichzeitig die Repressionen gegen die technischen Eliten erneut verschärft. Anders als zuvor wurden nun Manager und Ingenieure jeglicher politischer Couleur und Ideologie gleichsam zu Sündenböcken für wirtschaftliche Fehlschläge. Und in keinem anderen Bereich der Schwerindustrie lief es zu dieser Zeit schlechter als im Brennstoffsektor.[33] Die

---

29 Zitiert nach: Campbell: Economics of Soviet Oil, S. 121. Dazu auch Alekperov: Oil of Russia, S. 258.

30 Davies: Years of Progress, S. 201.

31 Čachmachčev, G. G.: Barinov Michail Vasil'evič, online verfügbar unter: https://sites.google.com/site/oilindustry95/b/barinov-mihail-vasilevic [06.10.2017].

32 Insgesamt waren die Außenhandelseinnahmen der Sowjetunion im Verlauf der 1930er Jahre um mehr als zwei Drittel eingebrochen und mit diesen auch die Möglichkeiten, Waren zu importieren, vgl. Vnešnjaja Torgovlja SSSR (1918–1940), S. 13–15, zu den Importen nach Sektor auch S. 369 f.

33 Thurston, Robert: The Stakhanovite Movement. Background to the Great Terror in the Factories, 1935–1938, in: Roberta T. Manning/John A. Getty (Hg.): Stalinist Terror. New Perspectives, Cambridge 1993, S. 142–160, hier speziell S. 154; Chlevnjuk (Hg.): Stalin i Kaganovič, S. 620; Manning, Roberta T.: The Soviet Economic Crisis of 1936–40 and the Great Purges, in: Manning/Getty (Hg.): Stalinist Terror, S. 116–141, hier S. 117.

Säuberungswellen des Großen Terrors fegten alsbald zahlreiche leitende Neftjaniki hinweg, die für den Niedergang der einst florierenden kaukasischen Erdölindustrie verantwortlich gemacht wurden. Aufgrund der katastrophalen Situation in Groznyj war es auch dieses Mal der Nordkaukasus, der am härtesten getroffen wurde.

Schon 1933 hatte sich das Volkskommissariat für Schwerindustrie unter der Leitung von Ordžonikidze darauf versteift, dass die Warnung verschiedener Fachleute, das dort erreichte Förderniveau lasse sich langfristig nicht aufrechterhalten, nichts anderes als eine »Theorie« staatsfeindlicher Kräfte darstelle. In der Folge hatten sowohl der Leiter von Grozneft' als auch der damalige Vorsitzende der Glavneft', Sergej Ganšin, den Posten räumen müssen, wenngleich beide lediglich in niedrigere Positionen versetzt wurden.[34]

Auf der Suche nach »Volksfeinden« wurden nun in den späten 1930er Jahren erneut die »schädlichen ›Theorien‹ über die Abwesenheit von Erdöl in Groznyj« bemüht, eine möglichst einfache Lösung für das Problem sinkender Produktionsraten zu finden. In der Überzeugung, derartige Fehlinformationen hätten ineffiziente Entscheidungsführung begünstigt und somit zu falschen Prioritäten und zu dem weitgehenden »Raubbau« geführt, wurden Investitionen erhöht und Kader wie Equipment in den nördlichen Kaukasus verschoben, die in der Folge an anderen Stellen fehlten.[35] Ab 1937 ergriffen die Organe des Volkskommissariats für innere Angelegenheiten (NKVD) in Einklang mit der politischen Großwetterlage zusätzlich Maßnahmen, die ›subversiven‹ Kräfte zu verhaften. Nahezu der gesamte technische wie administrative Führungsstab von Grozneft' fiel dem Terror zum Opfer.[36] Selbst der Erste Parteisekretär der Tschetscheno-Inguschischen Republik musste schließlich auf Anweisung der Moskauer Führung seinen Posten räumen und wurde durch einen Partei-

34 DAVIES/WHEATCROFT: Crisis and Progress, S. 334 f. Zum ›Großen Terror‹ maßgeblich: CONQUEST, ROBERT: The Great Terror. A Reassessment, London 1990; GETTY, JOHN A./ NAUMOV, OLEG V.: The Road to Terror. Stalin and the Self-Destruction of the Bolsheviks, 1932–1939 (Annals of Communism), New Haven CT 1999. Speziell im Erdölsektor auch MATVEJČUK, ALEKSANDR A.: Na pike Bol'šogo terrora, in: Neft' Rossii (2012) 2, S. 111–117.

35 GARF, f. R5446, op. 24, d. 1095, ll. 101–92.

36 APRF f. 3, op. 58, d. 338, ll. 278–280, abgedruckt in CHAUSTOV, VLADIMIR N. (Hg.): Lubjanka. Stalin i Glavnoe upravlenie gosbezopasnosti NKVD, 1937–1938 (Rossija. XX vek. Dokumenty), Moskva 2004, S: 331 f.; zum Ausmaß auch die Erinnerungen Aleksej Ragulins: RAGULIN, ALEKSEJ I.: O repressijach v Groznenskoj neftjanoj promyšlennosti, in: Veterany 22 (2009), S. 244–250. Vorgeworfen wurde den Angeklagten unter dem Deckmantel der Sabotage, wie überall in der Sowjetunion, oftmals lediglich die Umsetzung der Direktiven aus Moskau, dazu: ZALESKI, EUGÈNE: Stalinist Planning for Economic Growth, 1933–1952, Chapel Hill 1980, S. 248 f.

genossen mit Erdölerfahrung ersetzt, dessen Hauptaufgabe die Wiederherstellung der hohen Förderquoten aus den frühen 1930er Jahren darstellte.[37]

In den anderen relevanten Förderregionen und in erster Linie in Aserbaidschan unterschied sich die Situation während dieser Zeit nur unwesentlich. Schon 1933 war der dortige Parteichef mit dem ersten Einbruch der Erdölförderung ausgetauscht worden. Der neue Erste Sekretär, Mir Džafar Bagirov, war in den späten 1920er Jahren selbst unter den Bolschewiki aufgrund seiner Brutalität aufgefallen und wiederholt degradiert worden, doch ebendiese Eigenschaft war in Zeiten der Kollektivierung und der Hetzjagd auf vermeintliche Saboteure durchaus gefragt.[38] In seiner neuen Funktion war Bagirov rasch davon überzeugt, dass sich »Sabotage und terroristische Anschläge auf den Ölfeldern« hinter den zahlreichen Unfällen verbargen. Bereits 1935 griff er hart gegen die vermeintliche »Unterwanderung« durch – wesentlich früher, als die Moskauer Parteiführung sich darauf festlegte, jeglichen Produktionsausfall als ›konterrevolutionären Akt‹ zu verfolgen.[39]

Mit Beginn des Großen Terrors im Herbst 1936 wurden die Verhaftungen in Aserbaidschan nochmals verschärft. Überall im Land wurde nach ›Volksfeinden‹ und ›Spionen‹ gesucht, als deren einziges Indiz oftmals der Kontakt zum Ausland festgemacht wurde. In der Erdölindustrie, die während der NĖP-Jahre umfassend mit westlichen Unternehmen kooperiert hatte und welche auch nach dem Ende des Zarenreiches noch einige Arbeiter aus der benachbarten iranischen Provinz Aserbaidschan beschäftigte, waren zahllose Fachkräfte zu finden, auf welche dieses Kriterium zutraf.[40] Nach den Erinnerungen des späteren Volkskommissars für die Erdölindustrie, Nikolaj Bajbakov, damals noch

37 Perović: Nordkaukasus, S. 416–423.

38 Zur Einsetzung Bagirovs in Zusammenhang mit dem Scheitern der Erdölindustrie vgl. Chlevnjuk (Hg.): Stalin i Kaganovič, S. 396, Fußnote 2; Getty/Naumov: Road to Terror, S. 265. Zu Bagirov in Aserbaidschan vgl. Gellately, Robert: Stalin's Curse. Battling for Communism in War and Cold War, New York 2013, S. 153; Baberowski: Stalinismus im Kaukasus, S. 496, S. 668 sowie S. 791–830.

39 Zitiert nach: Baberowski: Stalinismus im Kaukasus, S. 797. Zur im November 1936 verfügten Verfolgung jeglicher Unfälle als Sabotage vgl. Khlevniuk, Oleg V.: In Stalin's Shadow. The Career of »Sergo« Ordzhonikidze (The new Russian History), Armonk NY 1995, S. 114.

40 Schattenberg: Stalins Ingenieure, S. 363. Schon Anfang der 1930er Jahre waren ausländische Unternehmen im Erdölsektor als »subversive Keimzellen« ausgemacht worden: GARF, f. R3316, op. 64, d. 1074, ll. 12–21, abgedruckt in: Werth, Nicolas/Mironenko, Sergej V. (Hg.): Massovye repressii v SSSR (Istorija stalinskogo Gulaga. Konec 1920-ch – pervaja polovina 1950-ch godov 1), Moskva 2004, S. 117–123. Weiterführend auch Khlevniuk, Oleg V.: Master of the House. Stalin and his inner Circle (The Yale-Hoover Series on Stalin, Stalinism, and the Cold War), New Haven 2009, S. 183 f.

junger Ingenieur bei Azneft', war »niemand [in verantwortlicher Position] gegen Diffamierung, Verleumdung und Denunziationen gefeit, besonders, wenn dieser jemanden in seiner Karriere behinderte«.[41] Oftmals kamen so genau jene Ingenieure und Fachkräfte in eine leitende Stellung, die im Schnellverfahren und unter der Prämisse der Überlegenheit von Stoßarbeit und ähnlichen wenig nachhaltigen Methoden der frühen Planwirtschaft ausgebildet worden waren.

Nach dem mutmaßlichen Suizid Ordžonikidzes im Frühjahr 1937, der zuvor mehr oder minder erfolgreich seine schützende Hand über seine direkten Untergebenen innerhalb des Narkomtjažprom gehalten und sich einen Ruf als »Beschützer der Ingenieure [...] und gerechter Übervater« erarbeitet hatte, breitete sich der Terror auch in den höchsten Rängen der sowjetischen Wirtschaftsadministration aus.[42] Der erst wenige Monate zuvor aus den USA zurückgekehrte Barinov wurde zusammen mit der Mehrheit seiner Untergebenen bei Glavneft' unter dem Vorwurf der Sabotage oder der Spionage verhaftet, verurteilt und erschossen. Ähnlich erging es auch einem Großteil der am Erfolg der NĖP-Ära beteiligten Neftjaniki, unter anderem auch dem einstigen Vorzeigeingenieur des Erdölsektors, Aleksandr Serebrovskij.[43] Nur wenigen Führungskadern gelang es, dem Terror zu entkommen. Im durch die zahlreichen Verhaftungen und Erschießungen entstehenden ›Klima der Angst‹ gingen die Überlebenden oftmals dazu über, »Verantwortung zu vermeiden, für jegliches Handeln die Genehmigung des Vorgesetzten einzuholen [und] mechanisch jede erhaltene Anweisung zu befolgen, ganz unabhängig von den lokalen Gegebenheiten.«[44]

Während der sowjetischen Führung die katastrophalen Auswirkungen der Säuberungen und insbesondere der Auslöschung einer ganzen »Generation von erfahrenen und sachkundigen Betriebsleitern und technischem Personal« durchaus klar waren, verursachten Terror und wirtschaftlicher Verfall in zahlreichen strauchelnden Wirtschaftszweigen und auch in der Erdölindustrie eine

41 Bajbakov: Ot Stalina do El'cina, S. 117. Bajbakov selbst verließ die Erdölfelder zwischenzeitlich zugunsten des Militärdienstes, um nach eigenen Aussagen der Verhaftung zu entgehen, zählte aber langfristig zu den Profiteuren des Terrors und der zahlreichen nun vakanten Führungspositionen, vgl. Slavkina, Marija V.: Bajbakov (žizn' zamečatel'nych ljudej. Serija biografij 1490 (1290)), Moskva 2010, S. 29 f. Umfassend zum Terror in Baku auch Baberowski: Stalinismus im Kaukasus, S. 809–827.

42 Schattenberg: Stalins Ingenieure, S. 351–358; Khlevniuk: Stalin's Shadow, S. 78–120.

43 Alekperov: Oil of Russia, S. 259; Igolkin/Sokolov: Neftjanoj šturm, S. 433 f.

44 Nove: Economic History, S. 239. Zur Verbreitung der Angst: Schattenberg: Stalins Ingenieure, S. 385–396.

sich selbst verstärkende Spirale des Niedergangs.[45] Die neuen Entscheidungsträger setzten alsbald wieder auf die Methoden des ersten Fünfjahresplanes, mit denen sie vertraut waren und die zu den vermeintlich größten Erfolgen geführt hatten. Nach einem kurzen Anstieg Mitte der 1930er Jahre wurden die Erkundungsbohrungen auf der Suche nach neuen Erdölvorkommen erneut massiv reduziert, um mehr in die schnellstmögliche Ausbeutung bereits bekannter Ressourcen investieren zu können.[46] Denn die Sowjetunion, die ein Jahrzehnt lang über Erdöl im Überfluss verfügen konnte, steuerte auf einen weitreichenden Brennstoffmangel zu.

3.2 Sinkende Überschüsse und Ende der Exporte

Im Zuge der fortschreitenden Industrialisierung und vor allem der Motorisierung der Landwirtschaft stieg der Erdölverbrauch der Sowjetunion in den 1930er Jahren in erheblichem Maße, entgegen aller Absichten und Versuche, den flüssigen Brennstoff durch Alternativen zu substituieren. Allein der Benzinverbrauch vervielfachte sich innerhalb einer Dekade von 77.000 Tonnen zu Beginn des ersten Fünfjahresplanes auf mehr als drei Millionen Tonnen, trotz nach wie vor geringem Motorisierungsgrad und bestenfalls marginalem individuellen Personenverkehr.[47] Den größten Bedarf an flüssigem Brennstoff hatten die unzähligen neuen und in erster Linie mit Kerosin betriebenen Traktoren sowie andere landwirtschaftliche Maschinen, die im Fortschrittsparadigma der Bolschewiki als Lösung für die eklatante Nahrungsmittelknappheit fest verankert waren. Während der ersten Planjahrfünfte war die Gesamtleistung aller Agrarfahrzeuge ganz im Sinne der Planer um mehr als das 45-Fache erhöht worden, wodurch diese knapp drei Viertel des zusätzlichen Verbrauchs verursachten.[48]

Immer wieder führte dieser rasante und das Produktionswachstum deutlich übertreffende Bedarfsanstieg an Brennstoffen seit den frühen 1930er Jahren zu Versorgungsengpässen. Betroffen war davon zunächst jedoch primär die sow-

45 Gregory/Harrison: Allocation under Dictatorship, S. 740 f.; dazu auch Manning: Soviet Economic Crisis.

46 Campbell: Economics of Soviet Oil, S. 68 sowie S. 88 f.; Alekperov: Oil of Russia, S. 262.

47 RGAE, f. 4372, op. 36, d. 1390, ll. 1–4; Igolkin: Osobennosti razvitija, S. 107 f.

48 Campbell: Economics of Soviet Oil, S. 158; Shimkin: Minerals, S. 211. Deutsche Militärs kalkulierten 1940 mit 7,5 Millionen Tonnen Treibstoffverbrauch durch sowjetische Traktoren, vgl. Eichholtz, Dietrich: Krieg um Öl. Ein Erdölimperium als deutsches Kriegsziel (1938–1943), Leipzig 2006, S. 86.

jetische Bevölkerung. Aller Elektrifizierungsrhetorik zum Trotz griffen selbst die meisten Stadtbewohner noch auf Petroleumlampen und -öfen zurück. Wie so häufig in der Sowjetunion unter Stalins Herrschaft wurden die Bedürfnisse des Einzelnen denen des Kollektivs untergeordnet; der Verbrauch von Landwirtschaft, Streitkräften und sogar die Exporte als zentrale Devisenquelle wurden schlicht als wichtiger erachtet.[49] Langfristig war die Parteispitze sich jedoch bereits im Klaren darüber, dass der rasant steigende Inlandsbedarf sich auch auf die für den Außenhandel verfügbaren Überschüsse auswirken würde. Noch bevor die Förderung im Kaukasus Anfang der 1930er Jahre sichtbar einbrach, war Stalin bereits überzeugt, dass der verfügbare »Bestand an Exporterdöl sich verringern wird angesichts des kolossalen und fortwährend wachsenden Bedarfs an Erdölprodukten«.[50]

Die wachsende Diskrepanz zwischen Plan und Wirklichkeit im Erdölsektor verdeutlichte jedoch alsbald, dass dies schon wesentlich eher der Fall sein würde, als wohl auch von Stalin erwartet. Zusehends wurden nicht nur von Expertenseite Kritik an der politischen Prioritätensetzung und den unzureichenden Investitionen geäußert sowie Warnungen vor einem baldigen Treibstoffmangel ausgesprochen.[51] Bereits 1930 konstatierte der unter Energiefachleuten äußerst einflussreiche Akademiker Ivan Gubkin, der gleichsam als Begründer der sowjetischen Erdölgeologie gilt, man »könne sogar sagen, dass [die Erdölindustrie] die entscheidende Rolle in der Epoche der sozialistischen Rekonstruktion der Volkswirtschaft« spiele und folglich das Erdöl »besondere ›politische‹ Bedeutung erlangt«. Durch eine einseitige Konzentration auf Metall- und Maschinenbauindustrie ohne ausreichende Berücksichtigung der Treibstoffversorgung, so der leicht unterschwellige Grundtenor seines Apells, sei die geplante Industrialisierung in der Landwirtschaft und darüber hinaus zum Scheitern verurteilt.[52]

Die erwünschten Konsequenzen hatten derartige Warnungen jedoch nicht. Anstatt die Investitionen und die Ressourcenzuweisung dem angemahnten tatsächlichen Bedarf der Produktionsbetriebe anzupassen oder zumindest anzunähern, wurde lediglich beschlossen, die geplanten Exporte um die erwarteten

49 Igolkin: Neftjanaja politika (1928–1940), S. 90–97.

50 So in einem Brief an Kaganovič, RGASPI, f. 588, op. 11, d. 77, ll. 22–23, abgedruckt in Chlevnjuk (Hg.): Stalin i Kaganovič, S. 148.

51 RGASPI, f. 17, op. 2, d. 460, ll. 35–36; ebd., d. 514.1, ll. 43–44 und ll. 116–117, abgedruckt in: Chromov (Hg.): Industrializacija, Bd. 2, S. 67–75 bzw. S. 103–114; weiterführend auch Campbell: Economics of Soviet Oil, S. 10–12.

52 Gubkin, Ivan M.: Neftjanaja promyšlennost' v pjatiletnem i general'nom plane, in: Ivan M. Gubkin/A. N. Sachanov (Hg.): Neftjanaja promyšlennost' SSSR i toplivnaja problema. K toplivnoj konferencii, sozyvaemoj Gosplanom SSSR, Moskva 1930, S. 3–46, Zitat S. 3 f.

Fehlmengen zu kürzen.[53] Mitte der 1930er Jahre konnte schließlich auch die politische Führung die Augen nicht mehr davor verschließen, dass die Sowjetunion unter Beibehaltung der aktuellen Prioritäten selbst bei Beendigung jeglichen Erdölexports auf einen Treibstoffmangel zusteuerte. Auf dem XVII. Parteitag 1934 zeigte der zum innersten Führungskreis gehörende Kujbyšev in seiner Funktion als Gosplan-Chef auf, dass die Förderung allein während des zweiten Fünfjahresplanes verdoppelt und die Raffineriekapazität sogar verdreifacht werden müsse, um den steigenden Verbrauch decken zu können.[54] Selbst Stalin deutete in seiner Rede »das Fehlen der notwendigen Aufmerksamkeit« bei der Erschließung neuer Erdölregionen als ein wesentliches Manko der sowjetischen Wirtschaftsentwicklung, ohne dessen Bewältigung Industrie und Transportwesen »auf eine Sandbank festfahren könnten«. Seine zentralen Prioritäten lagen gleichwohl nach wie vor an anderer Stelle. Während der Maschinenbau an erster Stelle »seine jetzige führende Rolle im System der Industrie behalten« müsse, folgten in Stalins Rede der Ausbau der Eisen- wie Nichteisenmetallindustrie und auch des Kohlebergbaus als vorrangige Aufgaben noch vor dem Erdölsektor. Lediglich die von Beginn an vernachlässigte und in den 1930er Jahren zum Problem werdende Konsumgüterindustrie, so scheint es, war noch etwas weniger dringlich.[55]

Obwohl innerhalb der Parteiführung zumindest dahingehend Einigkeit bestand, dass ungeachtet der Priorität etwas geschehen müsse, gingen die Vorstellungen weit auseinander, wie sich eine Verbesserung der Treibstoffversorgung am schnellsten erreichen lasse. Zwar waren schon in den 1920er Jahren einige sowjetische Geologen zu der Überzeugung gekommen, dass es nicht nur im Kaukasus, sondern auch im Osten des Landes und insbesondere im Gebiet zwischen Volga und Ural erhebliche Mengen an Erdöl geben müsse. Tatsächlich sprachen einige Indizien dafür, und der einflussreiche Gubkin zählte zu den frühesten und stärksten Unterstützern intensivierter Explorationsarbeiten in dieser

53 Davies/Wheatcroft: Crisis and Progress, S. 298 sowie S. 414 f.

54 Kuibyschew, Walerian: Der zweite Fünfjahrplan, in: Der Sozialismus siegt. Berichte und Reden auf dem 17. Parteitag der KPdSU(B). Januar/Februar 1934, Zürich 1935, S. 487–603, hier S. 499 sowie S. 515–516.

55 Stalin, Josef: Bericht über die Arbeit des ZK der KPdSU(B), in: Der Sozialismus siegt. Berichte und Reden auf dem 17. Parteitag der KPdSU(B). Januar/Februar 1934, Zürich 1935, S. 7–105, hier S. 40–42. Verstärkt wird dieser Eindruck auch durch die Arbeiten des Herausgabekomitees: Ursprüngliches Protokoll und gedruckte Ausgabe unterscheiden sich an dieser Stelle primär dadurch, dass die Teile der Rede mit Kohlebezug durch den Vermerk »Anhaltender Beifall« nachträglich ergänzt wurden, die mit Bezug zum Erdöl jedoch nicht, vgl. RGASPI f. 59, op. 2, d. 1, l. 48.

Region. Die Mehrheit seiner Kollegen blieb jedoch angesichts der geringen für den Erdölsektor zur Verfügung stehenden finanziellen Mittel skeptisch.[56] Aufgrund ihrer zögerlichen Haltung wurden zahlreiche Kritiker Gubkins schließlich während der Säuberungen der späten 1930er Jahre als ›Volksfeinde‹ und ›Verräter‹ an den Pranger gestellt. Die Bedenken hinsichtlich einer schnellen Erschließung der Region, die nach dem Zweiten Weltkrieg zur wichtigsten Erdölquelle der Sowjetunion werden sollte, waren allerdings durchaus berechtigt: Nicht nur umfasste das skizzierte Gebiet in etwa die Größe Spaniens, auch war es nur dünn besiedelt, infrastrukturell kaum erschlossen, und – wohl am wichtigsten – es war in Anbetracht völlig unzureichender geologischer Erkundungsarbeiten weder bekannt, an welchen Stellen, noch wieviel Erdöl dort gefunden werden konnte.[57]

Zwar wurde bereits 1929 durch Zufall die erste Lagerstätte in der Region gefunden und so der Nachweis erbracht, dass Gubkins Annahme im Kern korrekt war. Die entdeckte Erdölmenge erwies sich jedoch im Vergleich zu den im Kaukasus bekannten Vorkommen als äußerst gering, und auch die wenigen im Verlauf der 1930er Jahre folgenden Funde waren nur bedingt überzeugend. Die Region eignete sich, das wurde schnell klar, ohne vorherige großflächige Erkundungen und vor allem erhebliche finanzielle Mittel nicht im Geringsten dazu, die gewünschten kostengünstigen Förderungssteigerungen zu gewährleisten. Umfassende Investitionen waren zugleich aufgrund der grundsätzlichen wirtschaftlichen Prioritäten und der vorübergehend schneller zu erreichenden Erfolge in den bekannten Erdölgebieten des Kaukasus keineswegs konsensfähig. Das Gebiet blieb so während der 1930er Jahre »wenig mehr als ein Spekulationsobjekt«.[58]

Der Abschlussbericht des XVII. Parteitags kam entsprechend trotz zahlreicher mündlicher Bekenntnisse zur intensivierten Erdölsuche zwischen Volga und

---

56 Owen, Edgar W.: Trek of the Oil Finders. A History of Exploration for Petroleum, Tulsa OK 1975, S. 1365 f., Rehschuh, Felix: From Crisis to Plenty: The Soviet »Oil Campaign« under Stalin, in: Perović (Hg.): Cold War Energy, S. 47–77, hier S. 49–54.

57 Peterson, James A./Clarke, James W.: Petroleum Geology and Resources of the Volga-Ural Province, U.S.S.R (Geological Survey circular 885), [Reston VA] 1983, S. 2–4; zur späteren Kritik an den Geologen siehe Bajbakov, Nikolaj K.: Vtoroe Baku, Moskva 1939, S. 22; XVIII s"ezd Vsesojuznoj Kommunističeskoj Partii (b). 10–21 marta 1939 g. Stenografičeskij otčet, Moskva 1939, S. 494–496. Angeheizt wurden die Vorwürfe, feindliche Absichten hätten die skeptische Haltung und allgemein den Misserfolg der Erdölindustrie herbeigeführt, auch von Gubkin selbst, vgl. Arutjunjan, Vladimir A.: V mire čërnogo zolota, 2. Aufl., Moskva 2002, S. 115 f.; Igolkin/Sokolov: Neftjanoj šturm, S. 435 f.

58 Hodgkins: Soviet Power, S. 100. Dazu auch Grace: Russian Oil, S. 16; Igolkin: Neftjanaja politika (1928–1940), S. 149; Shimkin: Soviet Mineral-Fuels, S. 36.

Ural nur zu halbherzigen Beschlüssen. Zwar sollte mit der insgesamt geplanten Ostverschiebung der sowjetischen Wirtschaft auch die Erdölförderung in den Gebieten jenseits der Volga anvisiert werden, konkrete Ziele oder regionale Präferenzen wurden jedoch nicht benannt.[59] Eine Erklärung für die fehlende Zielstrebigkeit kann darin gesehen werden, dass Ordžonikidze als einflussreicher Leiter des Narkomtjažprom eine deutliche Präferenz für die Konzentration auf die alten Fördergebiete im Kaukasus vertrat, von denen »die Erhöhung der Erdölgewinnung [...] zu 99 Prozent« abhänge.[60] In Ermangelung einer einvernehmlichen und realisierbaren Lösung bezüglich des zu geringen Produktionswachstums einigten sich Partei- und Fachkräfte in den 1930er Jahren auf ein bekanntes Schema: Technik und Wissenschaft sollten das Treibstoffproblem lösen. In erster Linie sollten die (letztlich wenig praktikable) Umrüstung von Traktoren auf biogene oder sogar fossile feste Brennstoffe, die Kohleverflüssigung und die Vergrößerung der als Benzin oder Kerosin nutzbaren Anteile des Erdöls durch die Modernisierung und Intensivierung des Raffinerieprozesses dabei helfen, die verfügbaren Ressourcen effizienter einzuteilen.[61]

Insgesamt wurden nach dem XVII. Parteitag die Investitionen im Erdölsektor zu diesem Zweck deutlich erhöht. Selbst den Explorationsarbeiten in der Region zwischen Volga und Ural wurde nun größere Aufmerksamkeit zuteil, wenn auch nur vorrübergehend. Bereits zwei Jahre später kürzten die Moskauer Behörden nach einer kurzen Intensivierung der Erkundungsbohrungen in Baschkirien angesichts der nach wie vor geringen Erfolge die dafür zur Verfügung gestellten Mittel, obwohl in dem Gebiet zuvor die vielversprechendsten Vorkommen entdeckt worden waren.[62] In Anbetracht der trotz Erhöhungen nach wie vor knappen Ressourcen und des zunehmenden Drucks aus der Regierung, die Erdölförderung zu steigern, wurden Investitionen und Equipment in der Hoff-

---

59 KPSS v rezoljucijach i rešenijach, čast' II, S. 759.

60 Ordshonikidse, Sergo: Die Vollendung der Rekonstruktion der gesamten Volkswirtschaft, in: Der Sozialismus siegt. Berichte und Reden auf dem 17. Parteitag der KPdSU(B). Januar/Februar 1934, Zürich 1935, S. 605–651, hier S. 632–634.

61 KPSS v rezoljucijach i rešenijach, čast' II, S. 757; RGAE f. 4372, op. 36, d. 131, ll. 1–10. Weiterführend auch Igolkin: Neftjanaja politika (1928–1940), S. 21; Davies: Soviet Economy in Turmoil, S. 195–197. Tatsächlich konnten auf Basis der vorhandenen Technologie in der Sowjetunion Anfang der 1930er Jahre weniger als 40 Prozent des Erdöls zu Flüssigtreibstoffen verarbeitet werden, während der überwiegende Teil als Masut/Heizöl übrigblieb, für das die Planer nur geringe Verwendung hatten. Vgl. Lisičkin: Očerki razvitija, S. 203–205.

62 GARF, f. R5446, op. 24a, d. 1623, ll. 73–64. Ferner auch Kurjatnikov: Stanovlenie neftjanogo kompleksa, Bd. 2, S. 330. Zu den Gesamtinvestitionen während des Zweiten Fünfjahresplanes: Davies: Years of Progress, S. 388. Auch intern wurde das Gebiet als (einziger) Hoffnungsträger der Region diskutiert, RGAE f. 8627, op. 9, d. 1, l. 146ob.

nung auf einen Durchbruch stets dorthin verschoben, wo auch nur die kleinsten Erfolge vermeldet wurden. Einzig die verarbeitende Industrie genoss angesichts der unsicheren Perspektive einzelner Förderregionen kontinuierlich Priorität und etablierte sich ungeachtet der begrenzt vorhandenen Rohstoffgrundlage in allen Landesteilen. [63]

Ein Jahr vor Beginn des Zweiten Weltkrieges erhoben die sowjetischen Wirtschaftsplaner die Verbesserung der Brennstoffversorgung insgesamt schließlich zu einem Kernanliegen des dritten Fünfjahresplanes. Auch der »Rückstand der Erdölindustrie vom allgemeinen Niveau und Entwicklungstempo der gesamten Volkswirtschaft« wurde als primäres Problem betont. An den grundsätzlichen Prioritäten änderte sich jedoch nichts. Die Gosplan-Experten stellten wie zuvor nicht die Erhöhung der Erdölförderung in den Fokus der Problemlösung: Festgehalten wurden als primäre Ziele des Planjahrfünfts der Ausbau der Kohle, Torf- und Schieferförderung, der regionalen Brennstoffindustrien und sogar der bisher vernachlässigten Erdgasindustrie, zuzüglich der Raffineriekapazität und der Herstellung synthetischer Flüssigtreibstoffe.[64] Insgesamt beförderten der Mangel an Erdöl und die Konzentration auf die Verbesserung der Raffinerieprozesse zur Überwindung der Treibstoffkrise auf diese Weise während der späten 1930er Jahre die Dominanz der Kohle in der sowjetischen Wirtschaft. Obwohl sich auch der Kohlebergbau während der ersten Fünfjahrespläne in der Dauerkrise befand, konnte die Produktion dort im Vergleich zum Erdölsektor ganz im Sinne der geltenden »politischen und ideologischen Imperative« wesentlich schneller und vergleichsweise kostengünstig gesteigert werden.[65]

Gleichzeitig wurde das ›schwarze Gold‹ immer teurer. Infolge der kapitalintensiven Entscheidung, die Raffineriekapazität deutlich auszubauen und dazu auf westliches Equipment zurückzugreifen, wurden bereits 1934 mehr Mittel für den Erdölsektor bereitgestellt als für den Kohlebergbau, zwei Jahre später überstiegen diese sogar die für Eisen und Stahl.[66] In Bezug auf die Investitionen bedeutete dies eine klare Aufwertung und einen Spitzenplatz innerhalb des Volkskommissariats für Schwerindustrie. Allerdings folgte daraus keineswegs,

---

63 Selbst die Parteiführung kritisierte diese Praxis 1939 als »schweres Versäumnis in unserer Wirtschaftsplanung«, vgl. XVIII s"ezd VKP(b), S. 495. Dazu auch Considine/Kerr: Russian Oil Economy, S. 36 f.

64 RGAE, f. 4372, op. 36, d. 131, ll. 1–10, Zitat ll. 3–4; noch deutlicher mit Bezug auf die Prioritäten im Erdölsektor zugunsten der verarbeitenden Industrie ebd., d. 178, l. 79.

65 Bachtizin, et al.: Bitva za neft', S. 97; Penter: Kohle für Stalin, S. 35; Igolkin: Neftjanaja politika (1928–1940), S. 17, Zitat S. 231.

66 RGAE, f. 1562, op. 10, d. 582a, l. 7, ein Auszug ist abgedruckt in Davies: Years of Progress, S. 388.

dass dem Erdölsektor auch auf höchster politischer Ebene eine konstante erstrangige Bedeutung zugewiesen wurde. Aufgrund der zunehmend von Spannungen und Kriegsangst geprägten weltpolitischen Lage der ausgehenden 1930er Jahre belastete der Verteidigungsetat durch forcierte Aufrüstung zusehends das Staatsbudget der Sowjetunion und forderte die volle Aufmerksamkeit der politischen Elite.[67]

Auch innerhalb des Narkomtjažprom waren unter der Leitung Ordžonikidzes die Abteilungen für Kohle und Stahl die wichtigsten und größten geblieben, denen gleichsam die höchste Priorität zuteil wurde.[68] Stalin befasste sich in seiner De-facto-Position als übergeordnete Instanz währenddessen nur eingeschränkt und temporär mit dem Erdöl oder störte sich zumindest nicht an der Amtsführung seines Wirtschaftslenkers. Zwar hatte er 1933 infolge des Produktionsrückgangs im Kaukasus intern die Untätigkeit Ordžonikidzes und seiner Mitarbeiter als Hauptgründe für die auftretenden Probleme kritisiert. Anders als im ebenfalls schwächelnden Kohlesektor griffen der Parteichef oder das Politbüro diesbezüglich jedoch nicht ein.[69] Auch hatte Stalin trotz eines allgemeinen Faibles für Kaderfragen in dieser Zeit anscheinend nichts gegen die Berufung Barinovs zum obersten Neftjanik einzuwenden, wenngleich er diesen als »Hemmschuh und nicht als Motor der Erdölförderung«[70] betrachtete.

Dabei hatte der Parteichef bereits im August 1929, keine zwei Monate nach der Entdeckung von Erdöl im westlichen Ural gefordert, Molotov solle sich »ernsthaft« damit befassen, dass der Region die notwendige Aufmerksamkeit zuteil werde, jegliche Vernachlässigung sei »Unfug und ein Verbrechen«.[71] Mitte 1932 ordnete er sogar eine umfassende Pressekampagne an, um die Erschlie-

67 Dazu umfassend auch Harrison, Mark: Accounting for War. Soviet Production, Employment, and the Defence Burden, 1940–1945 (Cambridge Russian, Soviet and post-Soviet Studies 99), New York 1996; Ders.: Soviet Planning in Peace and War, 1938–1945 (Soviet and East European Studies), Cambridge 2002.

68 Khlevniuk: Stalin's Shadow, S. 78–80. Igolkin vermutet als Ursache der weiterhin kohlezentrischen Energiepolitik eine starke »Kohlelobby« innerhalb der Parteiführung, dazu Igolkin: Neftjanaja politika (1928–1940), S. 19 f.

69 RGASPI, f. 81, op. 3, d. 100, ll. 37–42, abgedruckt in: Chlevnjuk (Hg.): Stalin i Kaganovič, S. 395 f. Zur umfassenden Einmischung in die Kohlepolitik vonseiten Stalins und des Politbüros: Kuromiya: Commander.

70 RGASPI, f. 558, op. 11, d. 741, ll. 117–118, abgedruckt in: Chlevnjuk (Hg.): Stalin i Kaganovič, S. 408. Zu Barinov auch Kapitel 3.1. Zu Stalins Vorliebe bezüglich Kaderfragen vgl. Lih, Lars T./Koschelewa, L. (Hg.): Stalin – Briefe an Molotow. 1925–1936, Berlin 1996, S. 29–31. Dazu auch Service, Robert W.: Stalin. A Biography, London 2004, S. 371–373.

71 Der entsprechende Brief ist abgedruckt in Lih/Koschelewa (Hg.): Stalin, S. 184 (Hervorhebung des Wortes »ernsthaft« durch Stalin). Wenig später betonte er erneut die Wichtigkeit der Ölförderung im Ural, vgl. ebd., S. 193.

ßung der östlichen Gebiete zu beschleunigen. Diese diente Stalin zufolge allerdings weniger als Botschaft an das eigene Volk, sondern sollte vielmehr die »anglo-amerikanischen Neftjaniki« dazu »zwingen«, bei der Erschließung erneut mit der Sowjetunion zu kooperieren und im Außenhandel Zugeständnisse zu machen. Denn »bei solch reichen Perspektiven« könne ein großer Teil des kaukasischen Erdöls wieder exportiert werden.[72] In Anbetracht des globalen Überangebots an Erdöl und der nach wie vor nicht überwundenen Weltwirtschaftskrise waren solche Verheißungen für die westlichen Ölkonzerne jedoch nur begrenzt verlockend.

Stalins Interesse währte ohnehin in der Regel ähnlich wie die Investitionszuweisungen, die Gosplan vornahm, nicht sonderlich lang. Im Sommer 1932 betrachtete er zunächst den sowjetischen Norden, Kasachstan und das westliche Baschkirien als wichtigste Zukunftsregionen, wenige Tage später war Jakutien ihm zufolge »geradezu eine Wohltat, eine kostbare Entdeckung«, die alle Aufmerksamkeit erfordere.[73] Während ein Teil seiner Mitstreiter überzeugt war, dass Stalin aufgrund seiner Arbeit in Baku die Angelegenheiten der Erdölindustrie verstehen müsse, war den wenigen von ihm favorisierten Projekten in den frühen 1930er Jahren nur eingeschränkter Erfolg beschieden.[74] In der Folgezeit, so scheint es, verlor er zusehends das Interesse.

Die Besucherlisten für das Büro des Kremlchefs, welches zunehmend zur inoffiziellen Kommandozentrale der sowjetischen Regierung avancierte, zeichnen ein ähnliches Bild. In den Jahren zwischen 1934 und 1938 ist darin nur ein einziges Treffen mit Vertretern des Erdölsektors vermerkt, im Sommer 1936. Anwesend waren allerdings außer dem Geologen Ivan Gubkin auch der Chef des NKVD, sein für das inzwischen etablierte Lagersystem (GULag) zuständiger Stellvertreter und der Leiter der Hauptverwaltung Nördlicher Seeweg, die Mitte der 1930er Jahre auf der Suche nach Ressourcen zahlreiche Expeditionen in der Arktis durchführte.[75] Stalins Interesse galt folglich eher einem anderen, bereits

---

72 RGASPI, f. 558, op. 11, d. 77, l. 31, abgedruckt in: Chlevnjuk (Hg.): Stalin i Kaganovič, S. 151. Im Westen wurde die Kampagne durchaus rezipiert, vgl. etwa Ebel: Communist Trade, S. 17 f.

73 RGASPI, f. 81, op. 3, d. 99, ll. 62–63, abgedruckt in: Chlevnjuk (Hg.): Stalin i Kaganovič, S. 169. In Jakutien wurde erst Jahrzehnte später Erdöl entdeckt.

74 Igolkin/Sokolov: Neftjanoj šturm, S. 424, hier auch Fußnote 42. Zumindest Kaganovič äußerte 1938, dass Stalin die Angelegenheiten der Erdölindustrie gut kenne, weil er in Baku gearbeitet habe: Igolkin: Neftjanaja politika (1928–1940), S. 116 f.

75 Černobaev, Anatolij A. (Hg.): Na prieme u Stalina. Tetradi (žurnaly) zapisej lic, prinjatych I. V. Stalinym. 1924–1953 gg, Moskva 2008, S. 187; Josephson, Paul R.: The Conquest of the Russian Arctic, Cambridge et al. 2014, S. 84. Zur zunehmenden Bedeutung von Stalins Kremlbüro bezüglich der Entscheidungsfindung auch Chlevnjuk: Politbjuro, insb. S. 65.

zu Beginn der Planwirtschaft etablierten Unternehmen mit Bezug zum ›schwarzen Gold‹: den im Rahmen des GULag am nördlichen Polarkreis errichteten Förderanlagen bei Uchta in der Region Komi. In diesem unwirtlichen Gebiet sollten bereits ab den frühen 1930er Jahren durch Zwangsarbeit verschiedene schon seit Zarenzeiten bekannte fossile Energieträger nutzbar gemacht werden.[76]

In gleichem Maße, wie der Ressourcenabbau im unwegsamen Norden und die »industrielle Assimilierung« der sowjetischen Arktis eine der Kernüberlegungen bei der Schaffung des ›Lager-Industrie-Komplexes‹ war, stand die weit im Norden gelegene Region Komi mit ihren Kohle- und Erdölvorkommen von Anfang an mit an der Spitze der Prioritätenliste. In der Folge stieg die Anzahl der Häftlinge stetig an, während Verhaftungen in Baku und Groznyj unter den Zwangsarbeitern für die notwendige Expertise sorgten.[77] Als zur weiteren Forcierung der Erdölförderung in der inzwischen Autonomen Sozialistischen Sowjetrepublik (ASSR) Komi 1938 ein eigenständiges Lager aus der übergeordneten Organisationseinheit herausgelöst wurde, waren dort über 30.000 Zwangsarbeiter nur für die Exploration und Förderung eingesetzt – knapp ein Achtel aller in der Sowjetunion direkt mit dem ›schwarzen Gold‹ beschäftigten Personen.[78] Wenngleich dort gerade einmal 0,2 Prozent des sowjetischen Erdöls gefördert wurden und eine Untersuchung einige Jahre später zu dem Schluss kam, dass das Gebiet diesbezüglich »im Grunde genommen keinerlei Perspektive« habe,[79] genoss der damit befasste Lagerkomplex eine besondere Priorität und Aufmerksamkeit der obersten Parteiführung.

Im Streben nach regionaler Rohstoffautarkie und der damit einhergehenden Versorgungsunabhängigkeit des sowjetischen Nordens inklusive des Industrie-

76 Khlevniuk, Oleg V.: The History of the Gulag. From Collectivization to the Great Terror, New Haven 2004, S. 23–32. Auf eine derartige thematische Fokussierung lässt auch eine Sitzung des Politbüros schließen, die sich im unmittelbaren zeitlichen Kontext mit den Ressourcen Uchtas befasst, siehe Adibekov et al. (Hg.): Povestki dnja zasedanii, Bd. 2, S. 791.

77 RGASPI, f. 17, op. 3, d. 746, l. 11; auch Applebaum, Anne: Gulag. A History of the Soviet Camps, London 2003, S. 65–67, S. 71 f., S. 86 f.; Josephson: Conquest of the Russian Arctic, S. 145–147, Zitat S. 145. Zu den Anfängen der dortigen Erdölförderung auch Alekperov: Oil of Russia, S. 238–243.

78 1938 waren innerhalb der Erdöladministration 217.210 Mitarbeiter registriert, von denen mehr als die Hälfte sogar nur indirekt mit dem Energieträger in Verbindung stand, vgl. RGAE, f. 8627, op. 10, d. 331a, ll. 10–11; Smirnov, Michail B.: Sistema ispravitel'no-trudovych lagerej v SSSR. 1923–1960. Spravočnik, Moskva 1998, S. 443 f.

79 GARF, f. R5446, op. 47a, d. 1011, l. 69. Wenngleich diese Untersuchung ihre Ergebnisse erst nach Kriegsende präsentierte, wurden auch 1941 nur 0,2 Prozent der bekannten sowjetischen Erdölreserven in Komi verzeichnet, vgl. RGAE, f. 4372, op. 43, l. 1256, d. 107. Zum Anteil des Komi-Erdöls an der Gesamtförderung: ebd., op. 38, d. 997, l. 26.

zentrums Leningrads waren »unter den Bedingungen der Planwirtschaft […] neben den Kosten auch andere Faktoren [von] Bedeutung«, sodass Uchta um jeden Preis als – überaus kostspielige – »Energiebasis« für ein gewaltiges Gebiet etabliert werden sollte.[80] Deutlich wird das nicht zuletzt in der Rede Nikolaj Voznesenskijs, der nach den umfassenden Säuberungen innerhalb der Planungsbehörde den Vorsitz von Gosplan übernommen hatte. Während dieser in seiner »kurzen Zusammenfassung« des geplanten Wirtschaftswachstums in den jeweiligen Regionen nur vage auf die Notwendigkeit einer zweiten Erdölbasis zwischen Volga und Ural einging, sollte die Produktion im Norden »um das 2,7-Fache« gesteigert werden, »mit der Perspektive der Versorgung Leningrads«.[81]

Darunter litten nicht zuletzt die anderen Förderregionen, denen außer den internierten Fachkräften auch Investitionen und Equipment fehlten. Während dem Erdölsektor zugunsten der Aufrüstung in vergleichsweise geringem Maße die finanziellen Mittel gekürzt wurden, mangelte es insbesondere an den in allen Produktionsstadien dringend benötigten und ohnehin schon knappen Rohren – das zugrunde liegende Rohmaterial wurde im Rüstungssektor benötigt.[82] Aufgrund des Materialengpasses wurden wie zuvor in erster Linie die Erkundungsbohrungen weiter eingeschränkt und die kaukasischen Erdöltrusts wurden wieder dazu aufgerufen, die tieferliegenden Vorkommen nachrangig zu behandeln. Auf diese Weise könne »eine maximale Wirkung bei minimalem Metallaufwand« erreicht werden, da der hohe Ressourcenverbrauch die rasche Entwicklung des Industriezweiges einschränke.[83] Der verordnete Sparzwang galt jedoch ein weiteres Mal nicht überall: In der Region Komi wurde ungeachtet

80 Nauka i Žizn' 6/1935, S. 21 f. Der Autor merkt an, dass die Erdölförderung in Uchta rund dreimal so teuer sei wie die Versorgung der Region aus Baku. Dennoch blieb die Idee grundlegend für die weitere Planung (RGAE, f. 4372, op. 42, d. 371, ll. 87–88), trotz gewaltiger Probleme (ebd., op. 38, d. 994, ll. 193–195). Vieles spricht dafür, dass Stalin selbst der Region Komi und den dortigen Lagern besondere Aufmerksamkeit widmete, vgl. etwa XVIII s"ezd VKP(b), S. 251, wenngleich sich die Aussage Kaganovičs hier nur auf Kohle bezieht. Auch Vjačeslav Malyšev schrieb in seinem Tagebuch über eine Sitzung des Politbüros im Sommer 1940, in welcher Stalin die Notwendigkeit einer »großen metallurgischen Basis im Norden« auf Grundlage des Erdöls von Uchta und der Kohle von Pečora betonte, vgl. Malyšev, Vjačeslav A.: Dnevnik narkoma. »Projdet desjatok let, i ėti vstreči ne vosstanoviš' uže v pamjati«, in: Istočnik (1997) 5, S. 103–147, hier S. 111. Dazu auch Applebaum: Gulag, S. 95 f. und Borozinec, Lenfrid G.: Iz istorii sozdanija neftegazovogo kompleksa na severo-zapade SSSR (konec 30-ch – seredina 70-ch gg. XX v.), in: Alekperov (Hg.): Neft' strany Sovetov, S. 366–414, hier S. 368.

81 XVIII s"ezd VKP(b), S. 338–340.

82 Shimkin: Minerals, S. 38 f.

83 GARF, f. R5446, op. 24, d. 1090, l. 122.

der Einschränkungen in allen anderen Bereichen des Erdölsektors von NKVD und Gosplan eine deutliche Ausweitung der Explorationsarbeiten vorbereitet.[84]

Die gesetzten Prioritäten führten schließlich dazu, dass die Raffineriekapazitäten in der zweiten Hälfte der 1930er Jahre um nahezu 50 Prozent, die Förderung aber lediglich um weniger als 20 Prozent gesteigert werden konnte. Dadurch war der Versuch, durch Intensivierung des Verarbeitungsprozesses immer größere Mengen an Motorentreibstoffen aus dem Rohöl zu gewinnen, von wesentlichem Erfolg gekrönt: Zwischen 1928 und 1940 konnte der Anteil des ungewollten Masuts nahezu halbiert werden. Auch konnte beinahe das gesamte in der Sowjetunion geförderte Erdöl verarbeitet werden, zuvor hatte die Raffineriekapazität zeitweise knapp ein Fünftel unterhalb der Produktionsmenge gelegen.[85] Allerdings mussten zur Deckung des eigenen Bedarfs die Exporte am Ende der 1930er Jahre nahezu eingestellt werden, um allein den Verbrauch in Friedenszeiten knapp decken zu können – und alle Zeichen standen in Europa ab Mitte 1938 deutlich auf Krieg.

3.3 Der Pakt mit dem Deutschen Reich

Als der Zweite Weltkrieg im September 1939 mit dem deutschen Überfall auf Polen seinen Anfang nahm, hatte sich Stalin längst gegen eine unmittelbare Kriegsbeteiligung abgesichert. Der kurz zuvor geschlossene Pakt mit dem ideologischen Erzfeind und im Spanischen Bürgerkrieg sogar realen Gegenspieler sollte der Sowjetunion zehnjährigen Frieden garantieren. Die Absprachen des geheimen Zusatzprotokolls gestatteten es den Bolschewiki darüber hinaus, die eigene Einflusssphäre in Europa zu erweitern und verloren geglaubte Gebiete, die einst Teil des Zarenreiches waren, zurückzugewinnen.[86]

Die ohnehin angespannte Brennstoffversorgung der Sowjetunion wurde durch die baldige Eingliederung des zusätzlichen Territoriums samt dazu-

84 Sokolov: Sovetskoe neftjanoe chozjajstvo, S. 198 f. Auch in vielen anderen Fällen waren die Betriebe des NKVD in der Zwischenkriegszeit weitaus besser ausgestattet als ihre Pendants in der ›regulären‹ Wirtschaft, wenngleich der Nutzen der Ausrüstung gering blieb, dazu Khlevnyuk, Oleg V.: The Economy of the Gulag, in: Gregory (Hg.): Stalin's Command Economy, S. 111–130, hier S. 127.

85 GARF, f. R5446, op. 24a, d. 1647, ll. 3–6; Lisičkin: Očerki razvitija, S. 204 f.

86 Wenngleich unter Historikern keine Einigkeit besteht, welche Ziele Stalin mit dem Pakt tatsächlich verfolgte, so gibt es doch einen weitgehenden Konsens, dass militärische Absicherung und territoriale Expansion in die Überlegungen hineingespielt haben, dazu Hildermeier: Sowjetunion 1917-1991, S. 134–136.

gehörigen Verbrauchern allerdings weiter verschärft, was den verantwortlichen Planern durchaus Sorgen bereitete. Nach der nicht für die Veröffentlichung vorgesehenen Einschätzung des für Energiefragen zuständigen stellvertretenden Gosplan-Vorsitzenden Andrej Panov aus dem Herbst 1940 würden bereits im Folgejahr mehr als 2 Millionen Tonnen Flüssigtreibstoff fehlen. Ein wesentlicher Grund dafür sei auch die Annexion des Baltikums und der damit einhergehende Mehrbedarf. Um dem Mangel zu entgehen, so Panov weiter, bleibe eine deutliche Reduktion des Benzinverbrauches durch Effizienzsteigerung selbst bei vollständigem Abbruch der ohnehin nur noch geringen Exporte die einzig realistische Option.[87] Während die Parteiführung im Frühjahr 1939 mit dem dritten Fünfjahresplan eine angestrebte Produktionssteigerung von beinahe 80 Prozent bis Ende 1942 bekanntgab, bestanden intern erhebliche Zweifel an einer solchen Entwicklung, zumal im vorangehenden Jahrfünft trotz ähnlich hoher Erwartungen die Kapazitäten lediglich um ein knappes Drittel hatten erhöht werden können.[88]

Die *Pravda* hingegen verkündete trotz des eklatant werdenden Treibstoffdefizits wiederholt voller Stolz von »neuen Siegen der sowjetischen Außenpolitik«, in deren Kontext »die Sowjetunion das Deutsche Reich mit industriellen Rohstoffen, Erdölprodukten und Lebensmitteln versorgt«.[89] Etwaige Bedenken an der Treibstoffversorgung der sowjetischen Wirtschaft waren nicht für eine breitere Öffentlichkeit oder gar für das Ausland bestimmt. Schon als Ende 1937 in einer rumänischen Fachzeitschrift zahlreiche Artikel veröffentlicht wurden, die detailliert über die stetig wachsende Diskrepanz zwischen Angebot und Nachfrage in der Sowjetunion berichteten, wurden zahlreiche Mitstreiter Stalins in Alarmbereitschaft versetzt: Sorgen bereitete weniger der Inhalt der Artikel, sondern die Feststellung, dass »geheimes und nicht zur Veröffentlichung bestimmtes Material« über eine undichte Stelle an die Öffentlichkeit gelangt sei und auf diese Weise »zum Nachteil unseres Landes« genutzt werden könne.[90]

Wenngleich der weitere Verlauf der Untersuchungen nach der Delegation an das NKVD unklar bleibt und ein Teil der veröffentlichten Zahlen sich aus der sowjetischen Fachpresse hätte beziehen lassen – was durchaus auch eingeräumt wurde –, sind die Konsequenzen eines solchen Datenlecks für möglicherweise Beteiligte in der Hochphase des stalinistischen Terrors unschwer vorzustellen. Unmittelbar nach Kriegsbeginn im September 1939 wurde schließlich jegliche eigenständige Publikation zu strategisch relevanten Wirtschaftszweigen

87 RGAE, f. 4372, op. 92, d. 292, ll. 186–184.

88 Rešenija po chozjajstvennym voprosam, Bd. 2, S. 682; RGAE, f. 1562, op. 42, d. 65, ll. 27–27ob.

89 Pravda 11, 11.1.1941, S. 1; ähnlich auch Izvestija 199, 23.8.1940, S. 1.

90 GARF, f. R5446, op. 22a, d. 1264, ll. 64–1, Zitate l. 63.

untersagt, unter anderem auch zur Erdölindustrie und zu zahlreichen Großverbrauchern, wie etwa dem Fahrzeug- oder dem Transportsektor.[91] Obwohl sich die sowjetische Führung aufgrund ihres Abkommens mit dem Deutschen Reich vorerst sicher wähnte, sollten Auskünfte über Produktionsziffern und damit auch die möglichen Schwächen der Sowjetunion keinesfalls allzu leichtfertig an die potentiellen Feinde übermittelt werden.

Kurz vor dem Krieg rückte die Energieversorgung in Anbetracht der Defizite zusehends in den Fokus der Parteiführung. Die Auflösung des zuvor in Wirtschaftsangelegenheiten beinahe allmächtigen Narkomtjažprom im Januar 1939 führte zur Schaffung eines eigenständigen Volkskommissariats für den Brennstoffsektor, welches für die Kohle, Erdöl- und Torfproduktion sowie die jeweiligen Verarbeitungsprozesse verantwortlich war. Die Idee einer ungebundenen Institution zur Verwaltung der energierelevanten Wirtschaftszweige war keineswegs neu. Schon fünf Jahre zuvor war eine solche unabhängige Institution ob der Bedeutung des Brennstoffsektors für die Industrialisierung in der Diskussion gewesen und zumindest Molotov hatte diese in einem internen Brief als »überfällig« betrachtet.[92] Tatsächlicher Handlungsbedarf wurde allerdings erst im Kontext des zunehmenden Mangels gesehen. Mit Kaganovič wurde ein Mitglied aus Stalins innerstem Kreis mit der Leitung des neuen Volkskommissariats betraut.

Zwar bedeutete die Zerschlagung der zentralen Wirtschaftsadministration für den »Eisernen Lazar«, der bald nach dem mutmaßlichen Suizid Ordžonikidzes deren Leitung übernommen hatte, einen deutlichen und wohl durchaus beabsichtigten Prestige- und Machtverlust. Dennoch blieb Kaganovič eine zentrale Figur in Stalins Führungskreis, der sich Ende der 1930er Jahre auf nur wenige Personen reduziert hatte. Zudem hatte sich Kaganovič einen Ruf als effizienter Krisenmanager erarbeitet.[93] Seine Ernennung zum Brennstoffkommissar kann entsprechend in Zeiten der zunehmenden Erdöl- und Kohleknappheit als deutliches Zeichen gewertet werden: Das Brennstoffproblem avancierte zur prioritären Angelegenheit der Parteiführung.

Die alten Vorlieben blieben gleichwohl vorerst klar ersichtlich; die Steigerung der Kohleproduktion stand auch nach dem Führungswechsel im

91 GARF, f. R5446, op. 57, d. 61, l. 102, abgedruckt in Chromov (Hg.): Industrializacija, Bd. 2, S. 164 f.

92 RGASPI, f. 79, op. 1, d. 798, ll. 7–9, abgedruckt in Chlevnjuk (Hg.): Stalinskoe Politbjuro, S. 140 f. Zur Aufspaltung des Narkomtjažprom: Drobižev, Vladimir Z. (Hg.): Sbornik dokumentov po istorii SSSR. Dlja seminarskich i praktičeskich zanjatij, Moskva 1970, Bd. 3, S. 246 f.

93 Rees, Edward A.: Iron Lazar. A political Biography of Lazar Kaganovich, London 2012, S. 230–234; Chlevnjuk: Politbjuro, S. 235–249; Bailes: Technology, S. 238.

Vordergrund des Volkskommissariats.[94] Erst mit der weiteren Aufspaltung der Administrationsstrukturen im Herbst 1939 konnte sich der Erdölsektor institutionell von der Dominanz der Kohle emanzipieren. Das neu geschaffene Volkskommissariat für die Erdölindustrie (Narkomneft') ermöglichte eine flexiblere Erdölverwaltung, die intern fortan nicht mehr von den politischen und ideologischen Prioritäten zugunsten fester Brennstoffe beeinflusst sein konnte. Mit Kaganovič erhielt die Behörde einen Volkskommissar, der regelmäßig bei Stalin ein- und ausging und sich im Interesse seiner weiteren Karriere auf das Erdöl konzentrieren musste. Für Kaganovič persönlich bedeutete die erneute institutionelle Umgestaltung hingegen eine Fortsetzung des schleichenden Machtverlustes, da er die Leitung des gesamtwirtschaftlich bedeutenderen und als wichtiger erachteten Kohlesektors abtreten musste.[95]

Der in technischen Angelegenheiten wenig versierte »Eiserne Kommissar« konnte sich selbst in diesem Amt nur relativ kurz halten. Im Juli 1940 wurde er durch seinen Stellvertreter, den Chemieingenieur Ivan Sedin ersetzt. Gewollt hatte er den Posten ohnehin nicht. Kaganovič gestand in seinen Memoiren selbst ein, dass er – im Gegensatz zur Kohle oder zum Stahl – von der Produktion und Förderung von Erdöl nur sehr wenig verstanden habe. Stalin hatte ihn dazu überredet, sich das erforderliche Wissen »unter großen Mühen« kurzfristig anzueignen.[96] Entsprechend wurden der erneute Führungswechsel und die damit einhergehende Zunahme der technischen Expertise des leitenden Narkom unter den Neftjaniki durchaus positiv aufgenommen.[97] In der kurzen Zeit von nicht einmal zwei Jahren, in der Kaganovič als Volkskommissar für die Brennstoff- und später die Erdölindustrie agierte und somit zur einflussreichsten Per-

94 Wheatcroft, Stephen G.: From Team-Stalin to Degenerate Tyranny, in: Edward A. Rees (Hg.): The Nature of Stalin's Dictatorship. The Politburo, 1924–1953 (Studies in Russian and East European History and Society), Basingstoke 2003, S. 79–107; Rees: Iron Lazar, S. 230–234; Gregory: Political Economy, 177–179.

95 Rees: Iron Lazar, S. 233. Zum Vergleich: Während Kaganovič in der ersten Hälfte des Jahres 1940 knapp vierzigmal in Stalins Büro registriert wurde, ist für Vasilij Vachrušev, dem das Kohlekommissariat übertragen wurde, kein einziger Besuch verzeichnet, siehe Černobaev (Hg.): Na prieme u Stalina, S. 582, S. 623 f. Seine Unzufriedenheit mit Kaganovičs Amtsausübung im Kohlesektor äußerte Stalin etwa während einer Sitzung des Verteidigungsausschusses im September 1939: Malyšev: Dnevnik narkoma, S. 108.

96 Kaganovič, Lazar' M.: Pamjatnye zapiski, Moskva 2003, S. 490–493.

97 Matvejčuk, Aleksandr A.: Zabytyj narkom. K 100-letiju so dnja roždenija I. K. Sedina, in: Veterany 19 (2006), S. 56–81. Auch in den Erinnerungen Bajbakovs wird Kaganovič als weitgehend inkompetent dargestellt, wenngleich er Ähnliches auch für dessen Nachfolger Sedin konstatierte. Dazu Bajbakov: Ot Stalina do El'cina, S. 40–46.

son in diesem Sektor avancierte, wurden dennoch zahlreiche Weichenstellungen vorgenommen, welche die sowjetische Energiepolitik langfristig veränderten.

Ein zaghafter Blick nach Osten

Bereits im Februar 1938 rief Kaganovič noch als Leiter des Narkomtjažprom auf der Fachtagung der Neftjaniki in Baku dazu auf, »Maßnahmen zu ergreifen, die nicht nur die Planerfüllung [...], sondern auch ein erneutes kraftvolles Erblühen der ruhmreichen Erdölindustrie gewährleisten würden.«[98] Im Verlauf der mehrtätigen Versammlung äußerten die Teilnehmer deutliche Kritik an der bisherigen Präferenz für Eruptivbohrungen und dem weitgehenden Verzicht auf Förderhilfsmittel und Pumpen. Dieses Vorgehen werteten viele als wesentliche Ursache für die ausbleibenden Produktionsgewinne. Gleichzeitig beschlossen die Führungskräfte der Neftjaniki intern, die Region zwischen Volga und Ural künftig stärker zu berücksichtigen.[99]

Nur wenige Wochen später erließ auch die sowjetische Regierung ein Dekret »Über die Entwicklung neuer Erdölregionen«. Zu diesem Zeitpunkt waren die Fördergebiete im Osten des Landes hinsichtlich ihrer Ausstattung mit Personal und Technik vollends auf die häufig nur eingeschränkt vorhandene Lieferbereitschaft der kaukasischen Erdöltrusts angewiesen. Mit dem Ziel, eine »bedeutende Erdölindustrie« im Osten zu schaffen, planten die Moskauer Wirtschaftslenker nun erstmals umfassende Maßnahmen zum Aufbau einer eigenständigen Ausrüstungsindustrie, von Ausbildungseinrichtungen und anderer benötigter Infrastruktur in dem Gebiet zwischen Volga und Ural.[100] Zahlreiche Forschungseinrichtungen befassten sich nun prioritär mit der Region und den bekannten Fundorten. Expeditionen wurden durchgeführt, welche die zusammenhängende Struktur der Erdölfelder nachweisen und endlich den Durchbruch bringen sollten.[101] Zur Unterstützung der neuen Ambitionen setzten alsbald erste mediale Kampagnen ein. Ab Sommer 1938 fanden sich in der sowjetischen Presse zaghafte Berichte über ein »›zweites Baku‹ im Osten der Sowjetunion« mit »nicht

98 Izvestija 43, 21.2.1938, S. 4; Pravda 51, 21.2.1938, S. 6. Zur Bedeutung Kaganovičs für den Erdölsektor in diesen Jahren vgl. auch Igolkin/Sokolov: Neftjanoj šturm, S. 387.

99 Rees: Iron Lazar, S. 198. Die angegebene Quelle konnte nicht überprüft werden, allerdings scheint eine solche Entscheidung im Frühjahr 1938 plausibel. Vgl. auch Agarunov: Geroičeskie sveršenija, S. 19 f.

100 Rešenija po chozjajstvennym voprosam, Bd. 2, S. 643–646. Zur massiven Abhängigkeit der östlichen Regionen von den Ausrüstungsbetrieben der kaukasischen Erdöltrusts vgl. Kurjatnikov: Stanovlenie neftjanogo kompleksa, Bd. 2, S. 279.

101 Budkov/Budkov: Neftjanaja promyšlennost', S. 22.

weniger als einem Drittel der gigantischen Erdölvorkommen Aserbaidschans«, deren Erschließung »eine der wichtigsten volkswirtschaftlichen Aufgaben [...] der kommenden Jahre« werde.[102]

Kaum ein Jahr später, mit dem dritten Fünfjahresplan und dem XVIII. Parteitag im März 1939, wurde das Zweite Baku zum festen Begriff in der sowjetischen Propaganda. Argumente für eine sichere Erdölversorgung aus dem Landesinneren im Falle einer militärischen Konfrontation waren keineswegs neu. Gubkin und andere hatten in ihrem Kampf um eine forcierte Erschließung der Volga-Ural-Region bereits in den 1930er Jahren mit den strategischen Vorteilen argumentiert. Den älteren Bolschewiki musste das während Revolution und Bürgerkrieg von verschiedenen Armeen besetzte Baku in schlechter Erinnerung gewesen sein.[103] Im Rahmen der Prioritätensetzung der ersten beiden Fünfjahrespläne waren die Warnungen jedoch weitgehend ohne Widerhall geblieben. Erst durch die politischen Spannungen in Europa änderte sich die Haltung der sowjetischen Führung. Strategische Erwägungen wurden zunehmend auch Teil der offiziellen politischen Linie. Die *Pravda* als auflagenstärkste Zeitung des Landes und Sprachrohr der Partei platzierte im August 1939 an prominenter Stelle auf der Titelseite einen umfangreichen Artikel über das Zweite Baku. Dieser hob hervor, dass »die unermessliche politische, wirtschaftliche und militärische Bedeutung« einer »mächtigen Erdölbasis [...] im Landesinneren«, fernab der Grenzen, »kaum überzubewerten« und entsprechend »eine Angelegenheit des ganzen Landes« sei.[104]

Auch andere Publikationen und sogar ein Dokumentarfilm widmeten sich der propagandistischen Untermauerung dieses »neuen majestätischen Denkmals, eines mächtigen Zentrums der sozialistischen Industrie, des Zweiten Stalin'schen Bakus«.[105] Wenngleich der Begriff wohl zu großen Teilen von der »Propaganda geschaffen [wurde], mehr um die Hoffnung auf ebenso ergiebige Ölquellen wie in Baku selbst auszudrücken, als aus einem echten Anlass«, lieferte die Furcht

---

102 Pravda 170, 22.2.1938, S. 3; Pravda 238, 29.8.1938, S. 2.

103 Gubkin, Ivan M.: Učenie o nefti, 3. Aufl., Moskva 1975, S. 11; weiterführend: Kurjatnikov, Vladimir N.: O geopolitičeskich aspektach sozdanija novoj neftjanoj bazy na vostoke SSSR v 30-e–50-e gg. XX stoletija. Čast' I, in: Vestnik SamGU 45 (2006) 5/1, S. 74–85, besonders S. 82–84; Ders.: O geopolitičeskich aspektach sozdanija novoj neftjanoj bazy na vostoke SSSR v 30-e–50-e gg. XX stoletija. Čast' II, in: Vestnik SamGU 50 (2006) 10/1, S. 101–109; Owen: Trek of the Oil Finders, S. 1365 f.; Meyerhof, Arthur A.: Soviet Petroleum. History, Technology, Geology, Reserves, Potential and Policy, in: Jensen et al. (Hg.): Soviet Natural Resources, S. 306–362, hier S. 310.

104 Pravda 217, 7.8.1939, S. 1.

105 Bajbakov: Vtoroe Baku, Zitat auf S. 39; Technika – molodëži 6/1939, S. 7–12; Vejland, Boris (Hg.): Vtoroe Baku. Dokumentalnyj Fil'm, Ufa 1940; Gubkin, Ivan M.: Uralo-volžskaja neftenosnaja oblast'. (Vtoroe Baku), Moskva et al. 1940.

vor dem Krieg der politischen Führung genügend Motivation, wenigstens eingeschränkt vom Primat des Kaukasus abzukehren.[106] Einseitig festlegen wollte sich aufgrund der Ungewissheiten gleichwohl keine der beteiligten Behörden und Institutionen. Die Entwicklung der Region zwischen Volga und Ural blieb so im Fünfjahresplan nur eine von zahllosen angestrebten Maßnahmen zur Korrektur der zahlreichen Disproportionen, die sich seit dem Ende der NEP durch Fehlplanungen oder unvorhergesehene Entwicklungen aufgetan hatten. Das bis 1942 gesetzte Ziel, endlich »das Zurückbleiben der Brennstoffwirtschaft von der Gesamtentwicklung« zu überwinden und »nicht nur den Brennstoffbedarf der Volkswirtschaft zu decken, sondern auch unerlässliche Wirtschafts- und Staatsreserven aufzubauen«,[107] benötigte mehr als nur ein noch recht wackeliges Standbein.

In Anbetracht des drohenden Treibstoffmangels, der Größe des Gebietes und der trotz zunehmender Gewissheit nach wie vor fragmentarischen Kenntnisse über die »genauen Konturen dieser gewaltigen neuentdeckten Erdölschatzkammer«[108] war vor dem Hintergrund des gerade erst überstandenen Großen Terrors kaum jemand bereit, größere Risiken einzugehen. Das Führungskollegium des Narkomneft' kam noch im Herbst 1940 zu dem Schluss, dass die

> umfassende Kehrtwende bei der Erkundung neuer und die Konturierung bereits in Betrieb befindlicher Erdölvorkommen [primäre Aufgabe] für alle Erdölkombinate und trusts ist, insbesondere in den Erdölregionen Bakus, Groznyjs, Baschkiriens und Kasachstans, um ein ausreichendes und notwendiges Wachstum [...] zu gewährleisten.[109]

Nach einem eindeutigen Bekenntnis zum Vorrang des Zweiten Baku klingt das nicht, drei der vier genannten prioritären Gebiete lagen anderswo.

Dennoch erlebte die Region eine gewisse Aufwertung. Während in zahlreichen anderen Wirtschaftssektoren nach einer vorübergehenden ›Osteuphorie‹ in den ersten Fünfjahresplänen Ende der 1930er Jahre ein Trend zugunsten der kostengünstiger zu entwickelnden Industriezweige im Westen des Landes kon-

---

106 Joesten: Öl regiert die Welt, S. 439. 1940 waren nur knapp 15 Prozent der tatsächlich bekannten Erdölreserven der Sowjetunion im Volga-Ural-Gebiet verortet, vgl. Hodgkins: Soviet Power, S. 111.

107 Tretij pjatiletnij plan razvitija narodnogo chozjajstva Sojuza SSR (1938–1942 gg.). Proėkt, Moskva 1939, S. 44–46.

108 Bajbakov: Vtoroe Baku, S. 22–27, Zitat S. 22; Ders.: Sache des Lebens, S. 206 f.; RGAE, f. 8627, op. 10, d. 331a, ll. 1–8.

109 RGAE, f. 8627, op. 9, d. 1, ll. 146–146ob.

statiert werden kann, war diese Entwicklung im Erdölsektor umgekehrt: Nach 1937 stieg der Anteil der Volga-Ural-Region an den innerhalb der Branche getätigten Investitionen bis 1940 auf knapp 14 Prozent an, wohingegen die klassischen Fördergebiete am Kaspischen Meer sich erstmals mit weniger als der Hälfte der Gesamtsumme abfinden mussten.[110] Allerdings floss Ende der 1930er Jahre ein erheblicher und weiter wachsender Teil der Mittel außerhalb des Kaukasus in den kapitalintensiven Ausbau der Raffineriekapazität, welcher bereits seit Beginn der Dekade bevorzugt im Osten des Landes und primär im Zweiten Baku umgesetzt wurde: Im Gegensatz zur Erdölförderung waren die Pläne zur verarbeitenden Industrie notfalls auch ohne vorherigen Ressourcenfund umsetzbar. Lässt man den Raffineriebau außer Betracht, dürfte der Anteil der Volga-Ural-Region an den Investitionen entsprechend deutlich geringer gewesen sein.[111]

Um die von der Propaganda verkündeten ambitionierten Ziele zu verwirklichen, reichten die Bemühungen keineswegs. Eine Untersuchung der Parteikontrollkommission über den Stand des Zweiten Baku kam im Januar 1941 zu dem Ergebnis, dass sämtliche beteiligten Wirtschafts- und Parteiorgane weitgehend versagt hätten. Der Aufbau einer funktionierenden und ökonomisch relevanten Erdölindustrie im Osten, so der Grundtenor des an Stalin, Molotov und Mikojan adressierten Berichtes, sei infolge teils sogar sinkender Produktionsraten und zahlreicher nicht annähernd abgeschlossener Bauprojekte bisher als weitgehend gescheitert zu betrachten.[112] Fehlende, defekte oder ungeeignete Ausrüstung erschwerte die Arbeiten vor Ort. Unzählige Unfälle waren die Folge, wobei insbesondere die Bohrungsfortschritte durch häufige Brüche des Gestänges zurückgeworfen wurden.[113]

Die Erdölindustrie »durchlebte« zugleich trotz des gestiegenen Budgets weiterhin »permanente finanzielle Schwierigkeiten«. Primärer Grund dafür waren die im Erdölsektor erforderlichen hohen Startinvestitionen für die Exploration und Erschließung neuer Vorkommen. Deren üblicherweise erst späte Amortisierung wurde in der sowjetischen Planwirtschaft nicht ausreichend berücksich-

110 Lisičkin: Očerki razvitija, S. 191; zur allgemeinen Entwicklung Davies: Soviet Economic Development, S. 45; Nove: Economic History, S. 273 f.

111 GARF, f. R5446, op. 24a, d. 1647, ll. 1–8, RGAE, f. 8627, op. 10, d. 7, l. 12; Lisičkin: Očerki razvitija, S. 191.

112 GARF, f. R5446, op. 25a, d. 3284, ll. 33–18 sowie ll. 17–1. Ähnliches berichtet auch Bajbakov: Sache des Lebens, S. 161.

113 GARF, f. R5446, op. 25a, d. 3284, ll. 23–22. Ein Bohrgestänge ist ein verschraubbarer Rohrstrang, der je nach Tiefe des Bohrloches aus teils mehreren Hundert nur wenige Meter langen Einzelelementen besteht. Ein Bruch bedeutet je nach Tiefe erheblichen Aufwand, teilweise muss gar eine komplett neue Bohrung durchgeführt werden.

tigt, wie Kaganovič im Herbst 1939 plausibel in einem ausführlichen Bericht an den Rat der Volkskommissare (Sovnarkom) kritisierte.[114] Allerdings konnten immer häufiger selbst die gewährten Mittel nicht genutzt werden, weil die Voraussetzungen dafür nicht gegeben waren. Zunehmender Material- und Equipmentmangel in allen Förderregionen, der sich mit der Entfernung zu den gleichsam unzureichend mit Ressourcen versorgten Ausrüstungsbetrieben des Kaukasus intensivierte, sowie fehlende Arbeits- und Fachkräfte wurden zu den eklatantesten Problemen des Erdölsektors.[115] In besonderem Maße litt unter diesen Defiziten das Zweite Baku, welches nach den Vorstellungen der Planer die Erdölförderung bis 1942 weit schneller erhöhen sollte als die meisten anderen Regionen – und schon zuvor nur notdürftig mit Equipment und Personal versorgt worden war.[116]

Derartige Schwierigkeiten lassen sich keineswegs exklusiv für den Erdölsektor konstatieren. Der Arbeitskräftemangel war seit Mitte der 1930er Jahre ein zunehmendes und durch den stalinistischen Terror noch verschärftes Problem der sowjetischen Wirtschaft, welches etwa den Kohlebergbau oder die Eisen- und Stahlindustrie deutlich tiefgreifender traf. Auch litten infolge der politischen Prioritäten zugunsten der Modernisierung der Streitkräfte so gut wie alle nicht direkt im Rüstungssektor verankerten Produktionsbetriebe unter Ressourcen- und Ausrüstungsmangel.[117] Allerdings ließen sich die Erdölprodukte im Gegensatz zu anderen Materialien nicht einfach umverteilen, um den veränderten politischen Prioritäten Folge zu leisten.

Treibstoff für den Krieg

Die forcierte Aufrüstung intensivierte den Treibstoffverbrauch und verwandelte die Rote Armee in einen Großverbraucher, der alsbald einen gewichtigen und gleichzeitig vorrangigen Anteil am Gesamtbedarf hatte. Doch weder in der Landwirtschaft noch im Transportsektor ließen sich ohne Konsequenzen große Einsparungen vornehmen, zumal die Streitkräfte häufig andere Benzinsorten benötigten. Nachdem 1938 noch kleine Mengen an Flüssigtreibstoffen in die

114 RGAE, f. 4372, op. 37, d. 349, l. 82.

115 RGAE, f. 4372, op. 37, d. 349, ll. 58–87, insbes. ll. 77–79; ebd., op. 38, d. 994, ll. 84–86; GARF, f. R5446, op. 24, d. 1090, ll. 163–160.

116 RGAE, f. 4372, op. 38, d. 998, ll. 1–15.

117 Zaleski: Stalinist Planning, S. 186–198; Nove: Economic History, S. 238 f. sowie S. 259; Manning: Soviet Economic Crisis, S. 129 sowie S. 137 f.; Filtzer, Donald A.: Soviet Workers and Stalinist Industrialization. The Formation of Modern Soviet Production Relations, 1928–1941, London 1986, S. 146 f.

USA exportiert worden waren, kehrte sich der Warenverkehr im Folgejahr um. Insbesondere hochwertige Benzine für militärische Zwecke wurden nun in den Vereinigten Staaten gekauft, da die eigene Produktion nicht mehr ausreichte. Bis zum deutschen Überfall im Sommer 1941 wurde der noch vor wenigen Jahren als Konkurrent bekämpfte Exporteur auf diese Weise nicht nur zum Großkunden der amerikanischen Ölkonzerne, sondern nach Ansicht des US-Ökonomen Robert Campbell sogar zum Nettoimporteur von Flüssigtreibstoffen.[118]

In den knapp zwei Jahren der Übereinkunft mit dem ›Dritten Reich‹ wurde der militärische Bedarf zunehmend zum Leitmotiv der sowjetischen Erdölpolitik.[119] Der 1940 entstandene Dokumentationsfilm »Vtoroe Baku« endet etwa mit dem Aufruf: »Mehr Erdöl der Sozialistischen Wirtschaft! [...] Mehr Erdöl den Flugzeugen und Panzern! Den Kreuzern und Schlachtschiffen! Schlechthin sämtlichen Waffen unserer ruhmreichen Roten Armee!«[120]

Im verarbeitenden Sektor galt die höchste Priorität den hochoktanigen Flugbenzinen, deren Produktion deutlich hinter dem Plan – und dem Verbrauch – zurückblieb. Größtes Problem war die für moderne Motoren völlig unzureichende Qualität sowjetischer Flüssigtreibstoffe, die sich in der Luftwaffe besonders bemerkbar machte. Wie zuvor fehlten die Technologie und das Knowhow, um die Diskrepanzen überwinden zu können. Die meisten ausländischen Ingenieure, die während der ersten beiden Fünfjahrespläne bei der Umsetzung der sowjetischen Fortschrittsutopien geholfen hatten, waren spätestens mit dem Großen Terror aus dem Land geflohen. Während im restlichen Europa bereits der Krieg tobte, holte die sowjetische Führung deshalb erneut amerikanische Fachkräfte ins Land, um entsprechende Raffinerien für hochwertige Benzine schnellstmöglich in Betrieb zu nehmen.[121]

Besondere Aufmerksamkeit wurde in der Folge auch denjenigen Regionen zuteil, deren hohe Erdölqualität mit verhältnismäßig geringem Aufwand eine Produktionssteigerung hochoktaniger Treibstoffe zuließ.[122] Diese Konzentration

118 RGAE, f. 413, op. 13, d. 2405, ll. 231–234, abgedruckt in Bachturina (Hg.): Rossija i SŠA, S. 354 f. Zu den Importen Campbell: Economics of Soviet Oil, S. 225. Wenngleich dieser keinen Nachweis liefert und die offiziellen sowjetischen Statistiken eine ausgeglichene Handelsbilanz aufzeigen, sind temporäre Nettoimporte angesichts rapide steigender Einfuhren und der sowjetischen Bereitschaft, deshalb sogar den Konflikt mit dem deutschen Partner zu riskieren, durchaus wahrscheinlich. Dazu auch Napuch: Sowjetunion, S. 35 f. sowie S. 42–44; Shimkin: Minerals, S. 212 f.

119 Bajbakov: Ot Stalina do El'cina, S. 50 f.

120 Vejland (Hg.): Vtoroe Baku. Dokumentalnyj Fil'm, 00:09:20–00:09:42.

121 RGAE, f. 4372, op. 92, d. 295, l. 71; ebd., d. 336, ll. 1–5; ebd., d. 294, l. 145.

122 RGAE, f. 4372, op. 92, d. 294, ll. 179–183.

auf qualitativ hochwertige Rohstoffe führte zugleich zu einem Zielkonflikt: Mit Ausnahme geringer Fördermengen aus Kasachstan waren die Ölsorten des Kaukasus am einfachsten zu verarbeiten. Das Erdöl aus dem Volgabecken hingegen bereitete den sowjetischen Ingenieuren aufgrund seines ungewöhnlich hohen Schwefelanteils massive Probleme, deren Lösung »entscheidende Bedeutung für die weitere Entwicklung der Erdölregionen des ›Zweiten Baku‹« beigemessen wurde.[123] Trotz langsamer Fortschritte im Verarbeitungsprozess waren teils erhebliche Beimengungen hochwertiger Rohöle aus anderen Regionen notwendig, um einen Ausgangsrohstoff zu erhalten, welcher sich zu militärisch brauchbaren Benzinen verarbeiten ließ – angesichts der ohnehin überlasteten Infrastruktur ein deutliches Manko.[124]

Der Paradigmenwechsel von einem Fokus auf den Treibstoffbedarf der Landwirtschaft und größtmöglichen Export hin zum Vorrang des militärischen Verbrauches spiegelte sich auch im Außenhandel wider. War einige Jahre zuvor noch davon abgesehen worden, begann die Sowjetunion nahezu zeitgleich mit dem Kriegsbeginn in Europa, auch über den Raffineriesektor hinaus wieder umfassend Erdölequipment sowie dazugehörige Bohr- und Pipelinerohre im Ausland zu kaufen. Im Herbst 1939 bat die Leitung des Narkomneft' um die Genehmigung für entsprechende Bestellungen in den USA, was auch von Gosplan unterstützt wurde.[125]

1940 wurde der Anteil des Erdölequipments an den Einfuhren beinahe um das Achtfache erhöht, vom Umfang her infolge insgesamt gestiegener Importvolumina sogar deutlich stärker. Wenngleich die in erster Linie aus Pumpen und Bohrausrüstung bestehenden Bestellungen nur knapp über 3 Prozent der Gesamtlieferungen ausmachten, bereitete der rapide Anstieg insbesondere den britischen Beobachtern Sorge.[126] Denn trotz des eigenen Mangels lieferte die Sowjetunion gemäß den wirtschaftlichen Begleitvereinbarungen des Molotov-Ribbentrop-Paktes immer größer werdende Treibstoffmengen an den deutschen Partner und subventionierte so indirekt den Westfeldzug der Wehrmacht. Zunächst hatten sich die Kremlunterhändler noch dagegen gesträubt, den knappen Energieträger in das Handelsabkommen mit dem ›Dritten Reich‹ einzubeziehen. Geprägt von

123 RGAE, f. 4372, op. 37, d. 349, ll. 1–1ob; Bajbakov: Vtoroe Baku, S. 32. Vgl. auch Igolkin/Sokolov: Neftjanoj šturm, S. 425.

124 Zieber: Sowjetische Erdölwirtschaft, S. 170.

125 RGAE, f. 4372, op. 37, d. 349, l. 79; RGAE, f. 4372, op. 37, d. 349, l. 24.

126 RGAE, f. 413, op. 13, d. 2747, ll. 240–241; RGAE, f. 413, op. 13, d. 2877, ll. 175–180; zu den britischen Sorgen RGAE, f. 413, op. 13, d. 2870, l. 9, alle abgedruckt in Bachturina (Hg.): Rossija i SŠA, S. 420–434. Vgl. dazu auch Musial: Stalins Beutezug, S. 52.

der Absicht, »den Krieg zu vermeiden oder dessen Beginn zu verzögern, und von der Überzeugung, dass es ihm gelingen würde«,[127] war Stalin, der die Verhandlungen mit Hitlers Unterhändlern bald zur Chefsache erklärte, allerdings anderer Auffassung. Schon 1936, während des Spanischen Bürgerkrieges, hatte der Parteichef den eigenen Bedarf außenpolitischen Verpflichtungen untergeordnet und den »unverzüglichen Erdölverkauf an die Spanier unter maximalen Vorzugskonditionen und nötigenfalls sogar zum ermäßigten Preis« gefordert.[128]

Drei Jahre später galt diese Prämisse noch immer. Während eine Intensivierung der wirtschaftlichen Beziehungen mit dem ›Dritten Reich‹ lange Zeit trotz verschiedener Anläufe aus primär ideologischen Gründen gescheitert war, ermöglichte – und forderte – die strategische Kehrtwende im Sommer 1939 den Ausbau des deutsch-sowjetischen Handels. Anders als zuvor waren es keine ideologischen, sondern rein pragmatische und strategische Überlegungen, die zur Herausgabe der knappen Ressourcen führten: Solange die Vereinbarungen die Sowjetunion aus dem Krieg heraushalten würden, so das Kalkül Stalins, war die Lieferung des aus Berlin geforderten Getreides und Erdöls auf Kosten des eigenen Bedarfes im Austausch gegen deutsche Technologie ein schmerzhafter, aber zu verkraftender Preis.[129] Im vollen Bewusstsein der Bedeutung der Ressourcenlieferungen für die deutsche Kriegsführung gelang es der Sowjetunion im Verlauf harter Verhandlungen als einzigem Staat während des Zweiten Weltkrieges sogar, im Februar 1940 mit dem Deutschen Reich »ein Handelsabkommen auf gleichberechtigter Basis durch[zu]setzen«.[130]

In Anbetracht der zunächst vorteilhaften sowjetischen Verhandlungsposition lassen sich die Wirtschaftsvereinbarungen gar als Renaissance früherer Außenhandelsparadigmen interpretieren. Die von sowjetischer Seite gelieferten Erdölmengen wiesen zwar erhebliche Schwankungen auf, übertrafen aber die

---

127 Žukov, Georgij K.: Vospominanija i razmyšlenija, Moskva 1969, S. 232 f.

128 RGASPI, f. 558, op. 11, d. 93, ll. 29–30, abgedruckt in: Chlevnjuk (Hg.): Stalin i Kaganovič, S. 633.

129 Ericson, Edward E.: Feeding the German Eagle. Soviet Economic Aid to Nazi Germany, 1933–1941, Westport CT 1999, S. 23–49 sowie S. 180; Schwendemann, Heinrich: Die wirtschaftliche Zusammenarbeit zwischen dem Deutschen Reich und der Sowjetunion von 1939 bis 1941. Alternative zu Hitlers Ostprogramm? (Quellen und Studien zur Geschichte Osteuropas, n. F. 31), Berlin 1993, S. 101 sowie S. 355; Khlevniuk: Stalin, S. 166 f.; Service: Stalin, S. 405 f.; Birkenfeld, Wolfgang: Stalin als Wirtschaftspartner Hitlers (1939–1941), in: VSWG 53 (1966) 4, S. 477–510, hier S. 481–498.

130 Schwendemann: Wirtschaftliche Zusammenarbeit, S. 144 f. Dazu auch Izvestija 195, 23.08.1940, S. 1.

ursprünglich nur eingeschränkten Erwartungen der Berliner Führung.[131] Während im eigenen Land Treibstoffmangel herrschte, trat die Sowjetunion gegenüber amerikanischen Erdölunternehmen zusätzlich als kaum verborgener Tarnkäufer auf, um die deutsche Benzinversorgung, die »Achillesferse der deutschen Wehrmacht«, zu verbessern.[132] Wenngleich Stalin die vom deutschen Partner im September 1939 trotz niedriger und weiter sinkender Produktionsraten geforderten Erdölgebiete im damals polnischen Galizien konsequent als sowjetisches Staatsgebiet beanspruchte, erklärte er sich doch bereit, dortige Produktionsmengen im Austausch gegen Kohle und Stahl zu verkaufen.[133] Auch in den übrigen Wirtschaftsverhandlungen waren die sowjetischen Wünsche neben Rüstungsgütern in erster Linie von Steinkohle und Equipment zur Stahlerzeugung geprägt. Zwar wurde der feste Brennstoff in den grundlegenden Vereinbarungen vom August 1939 nicht gesondert hervorgehoben, stellte jedoch in den Folgeabkommen stets einen gewichtigen Einzelposten dar. Zudem blieben die fortschrittlichen deutschen Hydrieranlagen zur Kohleverflüssigung ein stetiges sowjetisches Anliegen in den Verhandlungen, ohne dass diesbezüglich eine Einigung zustande kam.[134]

Gänzlich außer Acht ließ die Kremlführung den Ausrüstungsmangel des Narkomneft' bei diesem Technologietransfer nicht. Wie aus den USA bestellten die Unterhändler aus dem Deutschen Reich verschiedenes Equipment zur Erdölförderung. Dieses machte jedoch ebenfalls kaum mehr als 3 Prozent der Gesamt-

131 Kockel, Titus: Eine Quelle zur Vor- und Gründungsgeschichte der Kontinentale Öl AG aus dem Jahr 1940. E. R. Fischer (Reichswirtschaftsministerium, II Min. Öl), »Die Versorgung Europas mit Mineralöl vor dem Kriege, Ermittlungen des Nachkriegsverbrauches und Sicherung der Belieferung, 1940«, September 1940, in: Jahrbuch für Wirtschaftsgeschichte 44 (2003) 1, S. 175–208, hier S. 188.

132 Hayward, Joel: Hitler's Quest for Oil. The Impact of Economic Considerations on Military Strategy, 1941–42, in: The Journal of Strategic Studies 18 (1995) 4, S. 94–135, hier S. 96–99; Akten zur Deutschen Auswärtigen Politik, 1918–1945. Aus dem Archiv des Deutschen Auswärtigen Amtes (= ADAP), Göttingen 1950–1995, Serie D, Bd. VIII, S. 206 und S. 282. Vgl. auch Schustereit, Hartmut: Die Mineralöllieferungen der Sowjetunion an das Deutsche Reich 1940/41, in: VSWG 67 (1980) 3, S. 334–353, hier S. 335, Sanchez-Sibony, Oscar: Red Globalization. The Political Economy of the Soviet Cold War from Stalin to Khrushchev (New Studies in European History), Cambridge 2014, S. 60; Napuch: Sowjetunion, S. 35–36 sowie S. 44.

133 ADAP, Serie D, Bd. VIII, S. 123–125.

134 Der sowjetische Wunsch nach Hydriertechnologie taucht häufig in der deutschen internen Kommunikation auf, vgl. ADAP, Serie D, Bd. VIII, S. 181–183, S. 206 f., S. 244–246 sowie S. 371 f. Im Anhang des Wirtschaftsabkommens vom Februar 1940 wird schließlich die Absicht festgehalten, darüber weiter zu verhandeln, vgl. ebd., S. 599–604. Die darin präzisierten jeweiligen Bestellmengen weisen bereits auf einen hohen Kohleanteil hin, welcher in den letzten Monaten vor dem deutschen Überfall nochmals stieg: AVP RF, f. 3, op. 64, d. 670, ll. 165–175, abgedruckt in: Rešin/Naumov (Hg.): 1941 god, Bd. 2, S. 370–373.

importe aus. Einzig dringend benötigte Stahlrohre für Bohrungen und den Pipelinebau hatten mit einem knappen Zehntel an den Lieferungen einen gewichtigen Anteil. Da die eigene Produktion infolge des Rohrbedarfes im Rüstungssektor deutlich heruntergefahren war, stellte dies jedoch lediglich eine Fabrikationsverlagerung ins Ausland dar.[135] Im Rahmen der sowjetischen Kriegsvorbereitungen genossen Kohle und Stahl aufgrund ihrer Relevanz für die Aufrüstung für Stalin offensichtlich nach wie vor die höchste Priorität. Die Sorgen des Erdölsektors kamen, mit Ausnahme des dringend benötigten Flugbenzins, vorerst nur an zweiter Stelle.[136]

Eine solche Einschätzung deckt sich mit den Erinnerungen Anastas Mikojans, denen zufolge zumindest das Masut für den Kremlchef nur »irgendein besonders wertvolles Produkt, [...] irgendein Fetisch« gewesen sei. Für dessen Einsparung und Substitution durch Kohle und Torf habe sich Stalin »persönlich« eingesetzt, nachdem er erfahren habe, dass der deutsche Handelspartner danach verlangt habe.[137] Zugunsten des Exports wurde allerdings längst nicht nur Heizöl, sondern angesichts des Treibstoffmangels wie Jahre zuvor geplant auch Autobenzin und Traktorenkerosin durch feste Brennstoffe ersetzt oder ein entsprechender Umbau geplant.[138] Das Masut machte zudem nur ein knappes Fünftel an den deutschen Bestellungen aus und war vom Wert her das am wenigsten lukrative Exportgut aus dem Erdölsektor. Nicht nur im Verhältnis zur eigenen Produktion lieferte die Sowjetunion erheblich mehr an hochwertigen Treibstoffen wie Benzin oder Diesel. Intern kritisierte ein Mitarbeiter gegenüber Mikojan 1940 sogar deutlich, dass die hochwertigsten Erdölprodukte gen Westen exportiert würden und nur die minderwertigen für den eigenen Bedarf übrig bleiben würden, obwohl in der Sowjetunion Mangel herrsche.[139]

135 AVP RF, f. 3a, op. Germanija, d. 316, abgedruckt in: Rešin/Naumov (Hg.): 1941 god, Bd. 1, S. 527–535. Während knapp 50.000 Tonnen Rohre jährlich importiert wurden, sollte allein Groznyj 1940 neben den üblichen Lieferungen »zusätzliche« 25.000 Tonnen bekommen, vgl. GARF, f. R5446, op. 24, d. 1095, l. 98. 1940 wurden allein in der Sowjetunion zudem 170.000 Tonnen Rohre für die Erdölindustrie produziert, vgl. RGAE, f. 1652, op. 33, d. 1185, l. 23.

136 Das zeigt sich etwa auch in einer Sitzung des ZK VKP(b), in welcher Stalin im Juli 1940 die Verlängerung der Arbeitszeiten damit begründete, dass die laufenden Kriegsvorbereitungen dringend »mehr Metall, mehr Kohle und allerlei andere Produkte« benötigen würden, vgl. Malyšev: Dnevnik narkoma, S. 111 f.

137 Mikojan, Anastas I.: Tak bylo. Razmyšlenija o minuvšem, Moskva 1999, S. 524 f.

138 RGAE, f. 4372, op. 92, d. 292, l. 194; ebd., op. 42, d. 371, l. 23, vgl. auch Shimkin: Minerals, S. 212 f.

139 RGAE, f. 4372, op. 38, d. 993, ll. 85–86. Es folgte ein Versuch der sowjetischen Seite, die Qualitätsstandards der gelieferten Erdölprodukte herabzusetzen, vgl. Schustereit: Mineralöllieferungen, S. 348 f. Zu den Produktions- wie Exportzahlen und erlösen: GARF, f. R5446, op. 24a, d. 1647, l. 7; Vnešnjaja Torgovlja SSSR (1918–1940), S. 192 sowie S. 533.

Da Stalin die Vereinbarungen mit dem Deutschen Reich persönlich überwachte und auch Mikojan als Narkom für Außenhandel darin involviert war, ist es durchaus wahrscheinlich, dass nicht nur das Masut für die sowjetische Führung vorübergehend ersetzbar war. Währenddessen wurde die Zufriedenstellung Hitlers allerdings auch immer mehr zum Selbstzweck der sowjetischen Handelspolitik. Im Frühjahr 1941 ging die Kremlführung im Einklang mit den imposanten militärischen Erfolgen der Wehrmacht im restlichen Europa immer mehr zum »Economic Appeasement« über. In diesem Kontext bot Mikojan dem italienischen Botschafter sogar an, auch an den Juniorpartner des Deutschen Reiches zusätzliches Erdöl zu liefern, was zuvor wiederholt abgelehnt worden war. Zugleich erreichten die Exporte an den westlichen Nachbarn immer neue Rekorde.[140]

Auftakt zum politischen Wandel

Mit den steigenden Ausfuhren wurde die Versorgungslage im Land immer dramatischer. Ein interner Bericht des Volkskommissariats für Verteidigung (Narodnyj kommissariat oborony, NKO) über die Treibstoffversorgung der Roten Armee warnte in der zweiten Hälfte des Jahres 1940, die Reserven seien »äußerst niedrig«, zudem sei die »Beförderung des Treibstoffes [...] zu den Verbrauchsorten« aufgrund struktureller Defizite »äußerst erschwert«. Auch gebe es an den »wahrscheinlichen Kriegsschauplätzen [...] nicht annähernd genügend Tanklager, besonders für die Luftwaffe.« Dennoch sei aufgrund nur halbherzig durchgeführter Maßnahmen eine erhebliche »Verschwendung von Kraftstoffen in Friedenszeiten« festzustellen, wodurch sich die Lage weiter verschlechtere.[141]

Diese verheerende Einschätzung bereitete Stalin offenbar Unbehagen. In den letzten Monaten des Jahres 1940 wurde das Narkomneft' nicht nur von jeglichen Aufträgen anderer Volkskommissariate befreit, sondern erhielt auch deutlich mehr Equipment als in den Jahren zuvor.[142] Am 23. Dezember 1940 fand eine Sondersitzung im Kremlbüro des Parteichefs statt, an der nahezu die gesamte höchste Führungsebene des Erdölsektors teilnahm. Anwesend waren außer Stalin und Molotov auch der Gosplan-Vorsitzende Voznesenskij, der in

140 Schwendemann: Wirtschaftliche Zusammenarbeit, S. 194, S. 325 f., S. 336 f. sowie S. 354, Zitat S. 194. Vgl. auch Ericson: Feeding the German Eagle, S. 172f; Birkenfeld: Stalin als Wirtschaftspartner, S. 503.

141 Der Bericht ist abgedruckt in Zolotarev, Vladimir A. (Hg.): Prikazy narodnogo komissara oborony SSSR. 1937–21 ijunja 1941 g. (Russkij archiv: Velikaja Otečestvennaja 13,2(1)), Moskva 1994, S. 282–309, hier S. 307. Das Dokument ist undatiert, muss aber zwischen Mai und Dezember 1940 entstanden sein.

142 Igolkin: Sovetskaja ėnergetičeskaja strategija, S. 349.

Wirtschaftsangelegenheiten erheblichen Einfluss gewonnen hatte, sowie der inzwischen zum mächtigen NKVD-Chef aufgestiegene Berija.[143]

Bis dahin hatten die seit Beginn des Zweiten Weltkriegs deutlich zunehmenden Beratungen mit Kadern aus dem Erdölsektor in erster Linie den bereitzustellenden Lieferungen an den deutschen Partner und der Versorgung der Roten Armee im Finnisch-Sowjetischen Winterkrieg gegolten. Das Treffen im Dezember 1940 befasste sich allerdings umfassend mit der Treibstoffsituation im eigenen Land und stand in unmittelbarem Zusammenhang mit der wachsenden Kriegsangst. Wenngleich kein Protokoll vorliegt, kam dieser insgesamt knapp dreißigköpfigen Versammlung der Neftjaniki im Kreml, in der laut den Erinnerungen Bajbakovs in zweistündiger Diskussion mangelndes oder qualitativ minderwertiges Equipment als Hauptproblem der Treibstoffproduktion identifiziert wurde,[144] eine herausragende Bedeutung zu: Während Stalin in den Monaten vor dem deutschen Überfall seine uneingeschränkte Autorität in Wirtschaftsangelegenheiten konsolidierte, setzte er sich in dieser Zeit auch persönlich für die Belange des Narkomneft' und eine prioritäre Ressourcenzuweisung an den bisher häufig vernachlässigten Industriezweig ein.[145]

Bedingt durch den Treibstoffmangel wurde die Erdölproduktion auf diese Weise am Vorabend des deutschen Überfalls zur Chefsache. Schon am 24. Dezember verfügte ein Dekret, erhebliche zusätzliche Mittel zum Bau von zwölf neuen Betrieben zur Produktion von Erdölausrüstung zur Verfügung zu stellen, um die Versorgung der Förderregionen deutlich zu verbessern. Ein Großteil dieser Anlagen sollte nach Plan binnen nur zweier Jahre fertiggestellt werden.[146] Die Investitionen im Erdölsektor stiegen unmittelbar rapide an. Für das Jahr 1941 war eine Erhöhung um 123 Prozent vorgesehen. Gemeinsam mit der Stahlindustrie und dem Kraftwerksbau gehörte die Erdölindustrie zu den großen Profiteuren des Planes, der insgesamt nur eine Budgetsteigerung von 70 Prozent vorsah.[147]

143 Černobaev (Hg.): Na prieme u Stalina, S. 321.

144 Bajbakov: Ot Stalina do El'cina, S. 43–47. Unmittelbar nach der Zusammenkunft versammelte sich die militärische Führung der Roten Armee in Stalins Büro, um über den drohenden Krieg und die Verteidigungsbereitschaft der Sowjetunion zu diskutieren, dazu Montefiore, Simon: Stalin. Am Hof des roten Zaren, 2. Aufl., Frankfurt am Main 2005, S. 388–390. Zu den Inhalten vorheriger Treffen vgl. Matvejčuk: Zabytyj narkom, S. 64.

145 Bajbakov: Ot Stalina do El'cina, S. 43–47; zur Machtkonsolidierung Stalins vgl. Khlevniuk: Stalin, S. 177–182.

146 GARF, f. R5446, op. 24, d. 1088; ebd., op. 25, d. 415; ebd., d. 416; Adibekov et al. (Hg.): Povestki dnja zasedanii, Bd. 3, S. 133. Vgl. auch Igolkin: Sovetskaja ėnergetičeskaja strategija, S. 356.

147 Voznesenskij, Nikolaj A.: Izbrannye proizvedenija. 1931–1947, Moskva 1979, S. 433 f. Schon der Vorjahresplan hatte den Anteil der verarbeitenden Industrie an den Gesamtinvestitionen deutlich erhöht, RGAE, f. 8627, op. 10, d. 7, l. 12.

Abb. 2: Plakat »Za 38 mln. tonn nefti s gazom v 1941 godu!« aus dem Jahr 1941

Ein Großteil der zusätzlichen Investitionen dürfte angesichts der umfassenden Pläne zum Ausbau der Kapazität zur Ausrüstungsproduktion und den Schwierigkeiten bei der Produktion von Flugzeugtreibstoffen in diesen Sektoren angefallen sein. Im Frühjahr 1941 erfolgte die erste bekannte großflächig angelegte Mobilisierungskampagne im Erdölsektor, welche die Neftjaniki durch Propagandaplakate zur Steigerung der Förderung auf »38 Millionen Tonnen Erdöl mit Erdgas im Jahr 1941« aufrief.[148] Im Morgengrauen des 22. Juni, nur wenige Stunden, nachdem der letzte Versorgungszug über die sowjetisch-deutsche Grenze gerollt war, setzte die Wehrmacht mit dem Überfall auf den einstigen

148 Golrelyi, Paul: Za 38 mln. tonn nefti s gazom v 1941 godu! Plakat, Moskva 1941, in: Aleksander Snopkov et al. (Hg.): Šest'sot plakatov, Moskva 2004, S. 414.

Partner allen Bemühungen zur Verbesserung der Treibstoffversorgung jedoch ein abruptes Ende.

Die Sowjetunion hatte beinahe zwei Jahre lang die Lagerbestände des Deutschen Reiches gefüllt und in erheblichen Teilen die Ressourcengrundlage für den Feldzug Barbarossa geschaffen. Der Bruch des Nichtangriffspaktes durch Hitler beendete schließlich einen florierenden Handel, dessen Bilanz sich – durchaus im Wissen der sowjetischen Führung – im Verlauf des Jahres 1941 zugunsten Berlins verschoben hatte.[149] Doch wenngleich die deutsche Seite zahlreiche Ausgleichslieferungen für das sowjetische Erdöl und andere Ressourcen schuldig blieb, wurden von den sowjetischen Behörden selbst im militärisch kritischen Frühjahr 1942 »die Resultate der handelspolitischen Beziehungen der UdSSR mit Deutschland [...] [als] sehr vorteilhaft« bewertet. Denn diese hätten

> politisch gesehen [...] die Möglichkeit geboten [...], für bestimmte Zeit die Einbeziehung der UdSSR in den Krieg zu verzögern; aus wirtschaftlicher Perspektive hingegen ermöglichten sie die Forcierung der weiteren Steigerung der Verteidigungskraft des Landes unter den Bedingungen der kapitalistischen Einkreisung und des fortschreitenden [...] Krieges.[150]

Tatsächlich hatte die vorübergehende Schonfrist für die sowjetische Wirtschaft erhebliche Fortschritte möglich gemacht. Die Stagnation der ausgehenden 1930er Jahre konnte in verschiedenen militärisch relevanten Sektoren wie der Kohle- und Stahlproduktion weitgehend überwunden werden, und auch die Rüstungsindustrie konnte zahlreiche Erfolge verbuchen.[151] Für den Erdölsektor galt dies jedoch allenfalls eingeschränkt. Die Ende 1940 ergriffenen Maßnahmen waren zu spät eingeleitet worden, um Früchte zu tragen. Das Zweite Baku stagnierte seit 1939 mit einem Anteil von knapp über 5 Prozent an der Gesamtförderung. Mit Ausnahme vereinzelter kleinerer Trusts im Osten des Landes konnten lediglich Grozneft' und Azneft' ein geringes Wachstum vermelden.[152] Fast 90 Prozent der sowjetischen Förderleistung und ein nur marginal geringerer Anteil der Raffineriekapazität befanden sich nach wie vor im Kaukasus.

---

149 Gellately: Stalin's Curse, S. 57 f.; Schwendemann: Wirtschaftliche Zusammenarbeit, S. 342–52; Ericson: Feeding the German Eagle, S. 182 f.; Birkenfeld: Stalin als Wirtschaftspartner, S. 508 f.

150 RGAE, f. 413, op. 12, d. 5515, l. 21.

151 Harrison: Soviet Planning, S. 28–37.

152 RGAE, f. 8627, op. 10, d. 331a, l. 3; ebd., f. 4372, op. 41, d. 968, l. 10; ebd., op. 38, d. 997, l. 26, GARF, f. R5446, op. 24a, d. 1647, l. 6.

Resümee: Verspäteter Kurswechsel

Schon früh hatte sich die Unvereinbarkeit der sowjetischen Energiepolitik mit dem durch Industrialisierung und Motorisierung steigenden Treibstoffverbrauch abgezeichnet. Die Budgetkürzungen zu Beginn der Planwirtschaft wirkten sich mit leichter zeitlicher Verzögerung bereits Anfang der 1930er Jahre nachteilig auf das Wachstum des Erdölsektors aus, während die propagierten Pläne zur langfristigen Beendigung des Erdölzeitalters in Einklang mit der zurückbleibenden Elektrifizierung ins Stocken geraten waren. Die frühen Fünfjahrespläne waren entsprechend von einer weitgehenden Akzeptanz bestehender Pfadabhängigkeiten bezüglich des Treibstoffverbrauchs bei gleichzeitiger Ausblendung ebendieser bei der Brennstoffproduktion geprägt. Die Säuberungswellen der 1930er Jahre beraubten die unter Kapital- und Materialmangel leidende Erdölindustrie schließlich auch noch des wissenschaftlichen und technischen Personals. Sehen wollten die Wirtschaftsplaner und Entscheidungsträger die aufgeworfenen Diskrepanzen, die eine absehbare Krise herbeiführten, jedoch lange Zeit nicht. Die durch die Weltwirtschaftskrise deutlich entwerteten Erdölexporte boten einen geeigneten Puffer, auf dessen Grundlage der Mehrbedarf ohne zusätzliche Investitionen vergleichsweise einfach gedeckt werden konnte. Währenddessen herrschte in der Parteiführung Uneinigkeit bezüglich der Ursachen des zunehmenden Treibstoffdefizites und der daraus zu folgernden Lösungsmaßnahmen.

Im Planerfüllungseifer setzten die verbleibenden Neftjaniki, befördert von entsprechenden Anweisungen aus Moskau und den durch Repressionen und Terror nahezu omnipräsenten Erfolgsdruck, die notwendigen Einsparungen dort an, wo die Produktions- und Förderquoten oberflächlich betrachtet am wenigsten betroffen waren. Die Suche nach neuen Rohstoffvorkommen, für den perspektivischen Erhalt und besonders den weiteren Ausbau des Industriezweiges von essentieller Bedeutung, wurde auf diese Weise vernachlässigt, sodass die bekannten Reserven aufgrund der steigenden Produktionskapazitäten bald in sich zusammenschrumpften. Erst als der Exportpuffer im letzten Drittel der 1930er Jahre nahezu aufgebraucht war und eine Auseinandersetzung mit dem Problem nicht mehr aufgeschoben werden konnte, rückte auch die Erdölversorgung auf die Agenda der Parteiführung. Die Einsicht kam allerdings zu einem denkbar ungünstigen Zeitpunkt: Der Große Terror behinderte jeglichen ernstzunehmenden Wandel, zahlreiche andere und nicht minder wichtige Wirtschaftszweige steckten nach Jahren des Aufschwunges gleichsam in der Krise. Die drohende Kriegsgefahr zeigte den Moskauer Institutionen zugleich zahlreiche Defizite auf, deren Überwindung über den Fortbestand der Sowjetunion würde entscheiden können.

Die Ambivalenz gleich mehrerer tatsächlich oder vermeintlich existentieller Notwendigkeiten nicht nur auf gesamtwirtschaftlicher, sondern auch mikroökonomischer Ebene im Erdöl- und Brennstoffsektor verhinderte lange Zeit einen fokussierten Lösungsansatz. In Anbetracht der knappen Ressourcen erachtete die Moskauer Führung die primär auf Kohle und Stahl basierende Aufrüstung und Modernisierung der Streitkräfte vorerst als wichtiger als die schließlich erst im Fall einer tatsächlichen Anwendung unverzichtbare Treibstoffversorgung. Erst nachdem Hitler, unterstützt durch sowjetische Rohstofflieferungen, auf immer mehr Schlachtfeldern in Europa als Sieger hervorgegangen war und auch die im Austausch eigentlich vereinbarten Technologieimporte ausblieben, entschied sich Stalin zu einem persönlichen Eingriff. Die strategische Relevanz des Erdöls und die potentielle Angreifbarkeit des grenznahen Kaukasus machten in Anbetracht der gravierenden Versorgungsprobleme, die inzwischen auch die Rote Armee betrafen, eine Abkehr von bestehenden Paradigmen unabdingbar.

Den erhofften Befreiungsschlag brachte der Kurswechsel zum Jahreswechsel 1940/41 nicht mehr. Die Zusammenarbeit mit dem Deutschen Reich hatte zwar eine fast zweijährige Schonfrist herbeigeführt und somit wohl für zahlreiche Wirtschaftszweige Vorbereitungen für die anstehende militärische Konfrontation ermöglicht. Im Erdölsektor hingegen hatten die bis wenige Monate vor dem deutschen Überfall häufig nur zögerlichen Anpassungen insbesondere infolge eines gravierenden Material- und Personalmangels lediglich eingeschränkt das erwünschte Resultat mit sich gebracht. Zu spät kamen die neuen Investitionen und Zielsetzungen insbesondere für die Fördergebiete außerhalb des Kaukasus und speziell im Zweiten Baku, wo sowohl die vorgängige Prospektion potentieller Rohstoffvorkommen als auch der Infrastrukturausbau als Grundlage der industriellen Erschließung zu lange vernachlässigt worden waren. Im Sommer des Jahres 1941, kurz vor Beginn des ›Großen Vaterländischen Krieges‹, hing die Treibstoffversorgung der Sowjetunion und insbesondere der Roten Armee auf diese Weise nach wie vor von nur einer Region ab, die sich in gefährlicher Reichweite der Wehrmacht befand. Obwohl Stalin im Juni 1941 einen deutschen Angriff frühestens im Folgejahr erwartete, konnte eine solche Ausgangslage in keiner Weise zufriedenstellend sein: Hitlers Absicht, die Ölfelder Bakus langfristig als primäre Treibstoffbasis des Deutschen Reiches zu integrieren, war dem Kreml schon länger bekannt.[153]

153 Siehe etwa den Bericht Merkulovs an Stalin, in: Rešin/Naumov (Hg.): 1941 god, Bd. 2, S. 259 f.; auch Knight, Amy: Beria. Stalin's first Lieutenant, Princeton NJ 1993, S. 108.

4 Der Wandel der geostrategischen Bewertung des Erdöls

So wichtig der in den letzten Monaten vor Beginn des Krieges eingeleitete Auftakt zum energiepolitischen Wandel auch gewesen sein mag, veränderte der deutsche Überfall die Ausgangslage doch erheblich. In den von Rückzugsgefechten und gewaltigen Landverlusten geprägten katastrophalen ersten Wochen entwickelte sich der Erdölsektor vom Sorgenkind zum letzten voll funktionstüchtigen Eckpfeiler der Defensivbemühungen, sodass jeglicher Reformeifer im Überlebenskampf vorübergehend hinfällig wurde. Infolge des Frontverlaufes und der zunehmenden Entbehrungen des Krieges geriet im Herbst 1942 gleichsam das über Jahrzehnte dominierende Primat des Kaukasus ins Wanken. Mit dem unterversorgten und durch die deutsche Invasion gefährdeten kaukasischen Erdölsektor drohte die zentrale Säule der sowjetischen Treibstoffversorgung einzubrechen, sodass bald die erste Etappe einer weitreichenden Ostverlagerung des Erdölsektors eingeleitet werden musste. Im Spannungsfeld zwischen den Erfordernissen des Krieges und der weltpolitischen Lage, den spätestens nach der Schlacht von Stalingrad hinzukommenden Wiederaufbauverpflichtungen und dem immanenten Treibstoffmangel der Roten Armee befand sich die sowjetische Führung jedoch bald wieder in ebenjener Situation, welche bis einige Monate vor Kriegsbeginn die Bündelung der Ressourcen und den forcierten Aufbau des Erdölsektors verhindert hatte.

Aus der Perspektive der Regierung verschoben sich deshalb die Prioritäten im Verlauf der 1940er Jahre fortwährend. Profiteur der Entwicklungen war der Energie- und Ressourcensektor, der jedoch – obgleich insgesamt deutlich aufgewertet – nach altem Muster rekonstruiert werden sollte. Die Renaissance des kohlezentrischen energetischen Weltbildes, aufgrund des immanenten Treibstoffmangels während des Krieges nur vorübergehend aus den Fugen geraten, währte gleichsam nur kurz. Die Unvereinbarkeit der nach 1941 etablierten Abhängigkeit von US-Importen mit den sich abzeichnenden Konfrontationslinien des im Entstehen begriffenen Systemkonfliktes führte der sowjetischen Führung erneut ebenjene Probleme vor Augen, welche die Treibstoffversorgung bereits vor dem deutschen Überfall nahezu hatten kollabieren lassen. Angesichts des nicht mehr zu leugnenden Bruches mit den einstigen Alliierten sah sich die sowjetische Führung im zweiten Halbjahr 1947 erneut gezwungen, verankerte

Paradigmen zu hinterfragen. Die Verbrauchssteigerungen im Rahmen des Wiederaufbaus und die Bipolarisierung der Welt machten es für die aufsteigende Supermacht unabdingbar, das zumindest offiziell lange gemiedene Erdöl langsam aus dem Schatten der dominierenden Kohle zu befreien.

Die in bedeutendem Maße von externen, die Sowjetunion aber gleichsam in Zugzwang versetzenden Entwicklungen und daraus resultierenden strategischen Erwägungen abhängige Phase zwischen dem deutschen Überfall und dem Ende der Anti-Hitler-Koalition kommt somit eine herausragende Bedeutung für die Weiterentwicklung des energetischen Weltbildes der Bolschewiki zu. Unter dem Aspekt geostrategischer Handlungszwänge verschoben sich in diesem Zeitraum die Motive hinter der sowjetischen Erdölpolitik, wenngleich gewisse Argumentationen bereits ab 1939 handlungsweisenden Charakter erlangen konnten. Anhand der wesentlichen Entwicklungslinien soll im Folgenden aufgezeigt werden, wie fundamental das Schwankungen unterworfene Bedrohungsempfinden der sowjetischen Führung für die sowjetische Entscheidung zur Fokussierung der Erdölproduktion in der Nachkriegszeit war.

4.1 Die Sicherung der Treibstoffversorgung

Der Überfall der deutschen Wehrmacht auf die Sowjetunion am 22. Juni 1941 veränderte die Rahmenbedingungen der sowjetischen Energie- und Erdölpolitik wortwörtlich über Nacht. Zahlreiche Warnungen von verschiedenen Seiten waren von Stalin und seinem engsten Zirkel als Provokationen abgetan und weitgehend ignoriert worden. Die sowjetische Wirtschaft und insbesondere die immobilen Ressourcen- und Energieindustriezweige waren aufgrund strategischer Fehleinschätzungen und einer verbreiteten »Selbstgefälligkeit auf höchster Ebene« völlig unzureichend auf einen Krieg vorbereitet.[1] Auch die Treibstoffversorgung der Roten Armee war nach wie vor nur rudimentär gewährleistet. Eine konkrete Nachschubplanung bestand allenfalls in Ansätzen. Infolge des rasanten Vorstoßes der Wehrmacht waren die zurückweichenden Verteidiger

1 Harrison: Soviet Planning, S. 61 f.; umfassend auch Gorodetsky, Gabriel: Die große Täuschung. Hitler, Stalin und das Unternehmen »Barbarossa«, Berlin 2001, besonders S. 236–293; Gellately: Stalin's Curse, S. 53–58. Zu Stalins persönlicher und folgenreicher Fehleinschätzung, dass ein Krieg im Jahr 1941 ausgeschlossen sei: Khlevniuk: Stalin, S. 186–188; Acton (Hg.): Soviet Union, Bd. 2, S. 48–54.

teilweise gezwungen, motorisiertes Kriegsgerät mit leeren Tanks aufzugeben und in feindliche Hände fallen zu lassen.[2]

Zwar waren seit den späten 1930er Jahren Maßnahmen in die Wege geleitet worden, trotz knapper Bestände strategische Treibstoffreserven für den Kriegsfall zurückzuhalten. Im Sommer 1941 summierten sich diese auf beinahe 3 Millionen Tonnen, was den Bedarf für einige Monate hätte decken können. Diese Reserven waren jedoch über das gewaltige Territorium der Sowjetunion und zahlreiche Volkskommissariate verteilt, ohne dass zentrale Bestandslisten existierten. Erst Wochen nach Kriegsbeginn hatte die militärische Führung Zugriff auf sämtliche Vorratslager.[3] Zusätzlich waren die Reserven der sowjetischen Streitkräfte, wie bereits im Vorjahr angemahnt, äußerst ungleichmäßig verteilt und befanden sich häufig fernab der Kriegsschauplätze. Ein Großteil der gefüllten Treibstofflager war im Raum Moskau und im Kaukasus verortet, während der Mangel an der Westfront zu der desaströsen militärischen Lage der sowjetischen Verbände in den ersten Kriegsmonaten beitrug und das rasche Vorrücken der Wehrmacht beförderte.[4] Nicht das Fehlen von Reserven oder eine unzureichende Produktion, sondern die überlastete, unflexible und teils gar nicht vorhandene Infrastruktur wurden in den ersten Kriegsmonaten als eklatanteste Schwäche der sowjetischen Erdölpolitik offenbar.

Allerdings war auch die deutsche Treibstoffversorgung langfristig keineswegs gesichert. Die »Gründung eines Erdölimperiums am Kaukasus und im Nahen Osten« blieb lange Zeit ein Traum der militärischen Führung.[5] Im Gegensatz zu den sowjetischen energiepolitischen Präferenzen war das Erdöl für Hitler »das Element des Fortschritts, die treibende Kraft des technischen Jahrhunderts«, über welches das Deutsche Reich und seine Verbündeten jedoch nur in marginalen Mengen verfügten.[6] Dieser Umstand blieb auch den Strategen im Kreml nicht

2 Musial: Stalins Beutezug, S. 90.

3 Ebel: Communist Trade, S. 23 f.; Zolotarev, et al.: Neft' i bezopasnost', S. 85.

4 Nove: Economic History, S. 277; Zolotarev, et al.: Neft' i bezopasnost', S. 79–81. Zwar erwies sich die ungleiche Verteilung als Glück im Unglück, da es den Besatzern nicht gelang, mehr als eine halbe Million Tonnen Erdölprodukte zu erbeuten. Allerdings war das sowjetische Benzin für die deutschen Panzer aufgrund der niedrigen Qualität ohnehin kaum brauchbar. Dazu Dies.: Neft' i bezopasnost', S. 140–142; Hayward: Hitler's Quest for Oil, S. 101.

5 Eichholtz/Kockel: Deutsche Ölpolitik, S. 481.

6 Carell, Paul: Unternehmen Barbarossa. Der Marsch nach Russland (Bibliothek der Zeitgeschichte), Frankfurt am Main 1985, S. 473 f. Für die Achsenmächte war der Zweite Weltkrieg auch ein Kampf um Ressourcen und Märkte, um ein höchstmögliches Mass an Autarkie. Aus der deutschen Perspektive verfügte die ressourcenreiche Sowjetunion über all jene Reichtümer, welche das angestrebte nationalsozialistische Imperium unangreifbar machen würden. So war der »Erdölbedarf sicherlich ein primäres Motiv« für die Entscheidung zum Angriff auf die Sowjet-

verborgen. Während die Hauptstoßrichtung der deutschen Verbände in der ersten Phase der Offensive klar den wirtschaftlichen und politischen Zentren des Landes, Kiev, Leningrad und Moskau galt, erkannte die sowjetische Führung die langfristige Treibstoffversorgung folgerichtig als wesentliche Schwäche des deutschen Vorstoßes. Bereits im Frühjahr 1941 hatte Stalin gemäß den Erinnerungen Georgij Žukovs konstatiert, dass Hitler einen etwaigen »langwierigen und umfassenden Krieg« gegen die Sowjetunion ohne das »ukrainische Getreide, die Donezker Kohle und das kaukasische Erdöl« nicht gewinnen könne.[7] In den ersten Kriegswochen häuften sich entsprechend die Aufforderungen an die Rote Armee und die sowjetische Bevölkerung, »unseren Boden, unser Getreide und unser Erdöl« vor dem »nationalsozialistischen Scheusal« zu schützen – nicht zuletzt auch in der vielzitierten ersten Radioansprache Stalins nach Kriegsbeginn vom 3. Juli 1941.[8] In einem offenen Brief wandte sich die sowjetische Propaganda auch an deutsche Soldaten mit der Warnung, dass jeder, der »Getreide, Erdöl und andere Reichtümer« plündern wolle, »in Russland nur den sicheren Tod finden« werde.[9]

Nachdem die Rote Armee die Besetzung der Ukraine nicht verhindern konnte und zugleich katastrophale Verluste in den eigenen Reihen hinnehmen musste, wurde die Verteidigung der Erdölfelder im Kaukasus ein wesentlicher Faktor der sowjetischen Strategie. »Bei einem weiteren solchen Kriegstempo sollten die Treibstoffbestände des Deutschen Reiches in den nächsten drei Monaten erschöpft sein«, stellte im August 1941 etwa ein Gutachten des Volkskommissariats für Außenhandel über die Versorgungslage des vorrückenden Gegners fest:

> [E]ine Fortsetzung des Krieges [wäre dann] nur durch erneute einschneidende Kürzungen des nichtmilitärischen Verbrauchs, einen beinahe voll-

---

union im Sommer 1941, wie Albert Speer in den Befragungen durch die Alliierten zu Protokoll gab. Die deutschen Generäle waren wie Hitler überzeugt, dass der vermeintliche ›Koloss mit tönernen Füßen‹ binnen weniger Monate zusammenbrechen werde, bevor den eigenen Panzern der Treibstoff ausgehe. Dazu Harrison: Accounting for War, S. 8; Snyder, Timothy: Bloodlands. Europe between Hitler and Stalin, New York 2010, S. 159; Clark: Political Economy, S. 52. Das Zitat von Albert Speer ist abgedruckt in: The United States Strategic Bombing Survey. Vol. 5: Oil Division Final Report, 2. Aufl., [Washington, D.C.] 1947, S. 36–39.

7 Žukov: Vospominanija, S. 220.

8 Zolotarev, Vladimir A. (Hg.): Glavnye političeskie organy vooružennych sil SSSR v Velikoj Otečestvennoj vojne 1941–1945 gg. Dokumenty i materialy (Russkij archiv: Velikaja Otečestvennaja 17,6), Moskva 1996, S. 36 sowie S. 42, Zitat nach S. 36; Pravda, 155, 3.7.1941, S. 1; Rešin/Naumov (Hg.): 1941 god, Bd. 2, S. 446.

9 RGASPI, f. 17, op. 125, d. 35, ll. 5–11, abgedruckt in Livšin, A. J. (Hg.): Sovetskaja propaganda v gody Velikoj Otečestvennoj vojny. »Kommunikacija ubeždenija« i mobilizacionnye mechanizmy (dokumenty sovetskoj istorii), Moskva 2007, S. 297–300, hier S. 299.

> ständigen Abbruch der Versorgung der besetzten Länder und einen Produktionsanstieg möglich [...]. Die Herausforderung besteht nun darin, eine Ausweitung der [deutschen Treibstoff]Produktion zu verhindern, wo immer es möglich ist.[10]

Ähnlich wird auch der Volkskommissar für Verteidigung Semën Timošenko zitiert, welcher Ende 1941 vor dem Staatlichen Verteidigungskomitee (Gosudarstvennyj komitet oborony, GKO) erklärte, dass der mögliche Verlust Moskaus zwar eine Enttäuschung, aber nicht kriegsentscheidend sein werde. »Das Einzige, was wirklich zählt, ist Erdöl«, weshalb alles getan werden müsse, den deutschen Verbrauch zu erhöhen und den Kaukasus zu halten.[11] Um einen möglichen deutschen Vorstoß in diese Richtung zu verhindern, ließ Stalin entgegen der Warnungen seiner militärischen Berater bereits im Herbst 1941 zahlreiche Divisionen von der Westfront nach Süden verlegen. Es birgt eine gewisse Ironie, dass der Treibstoffmangel letzten Endes dazu beitrug, den deutschen Vorstoß gen Moskau zu verlangsamen, während Teile der sowjetischen Streitkräfte stattdessen abkommandiert waren, um das von Stalin prognostizierte Primärziel zu schützen, die Ölfelder des Kaukasus.[12]

Hitler hatte in seiner Überzeugung von der militärischen Überlegenheit der Wehrmacht allerdings nur ein langfristiges Interesse an der Region. Im erwarteten Blitzkrieg im Herbst 1941 brauchte er den Kaukasus noch nicht. Für die Sowjetunion hingegen wurde die Region unverzichtbarer denn je. In Aserbaidschan konnte die Erdölförderung noch nach Kriegsbeginn deutlich gesteigert werden, und selbst bei Grozneft' gelang es den Neftjaniki im Jahr 1941 nach beinahe einer Dekade des Niedergangs erstmals wieder, die Produktion zu erhöhen.[13] Der Verlust des Donbass und damit eines bedeutenden Anteils der sowjetischen Kohleproduktion erhöhte zugleich den Erdölanteil in der Brennstoffbilanz der UdSSR, die insgesamt mit deutlich weniger Brennstoff auskommen musste. Im verheerenden ersten Kriegsjahr, in welchem nach Ansicht einiger Historiker für Stalin selbst territoriale Zugeständnisse im Austausch für einen Frieden mit Deutschland annehmbar schienen, war der Erdölsektor der einzige kriegs-

10 RGAE, f. 413, op. 12, d. 5210, l. 1.

11 Zitiert nach Hayward: Hitler's Quest for Oil, S. 108 f.

12 Volkogonov: Autopsy, S. 114; Yergin: Prize, S. 318 f.; Napuch: Sowjetunion, S. 73–77.

13 GARF, f. R5446, op. 51a, d. 1226, l. 2.

relevante Wirtschaftszweig, welcher nur geringfügige Produktionseinbrüche zu verkraften hatte.[14]

Ende September 1941 vermeldete auch die *Pravda* endsprechend, man »habe viel Erdöl« und mit jedem Tag werde es mehr, während das Deutsche Reich zunehmend an den Reserven zehre. Es sei lediglich »ein schweres Verbrechen, nun selbstzufrieden zu sein«.[15] Wenngleich sicherlich propagandistische Elemente in eine derartige Berichterstattung hineinspielten, stand der Sowjetunion quantitativ betrachtet wesentlich mehr Erdöl zur Verfügung als dem deutschen Widersacher. Das Deutsche Reich konnte selbst mittels Kohlesynthese und umfangreichen Importen zu keinem Zeitpunkt während des Zweiten Weltkrieges diejenigen Treibstoffmengen übertreffen, welche allein die kaukasischen Trusts für die Front produzierten.[16]

Entsprechend befasste sich die sowjetische Führung aufgrund der zahllosen Krisenherde überall im Land und besonders im Westen nicht mit der Intensivierung der Erdölförderung, sondern primär mit Verarbeitungs- und Verteilungsproblemen.[17] Zwar wurde bereits im Juli 1941 ein Dekret erlassen, die Erdölproduktion im Osten zu forcieren und dazu erforderliches Equipment aus dem Kaukasus nach Turkmenistan und in andere Fördergebiete zu verlegen. Ziel war es, doch noch die Fördermengen zu erreichen, welche im dritten Fünfjahresplan in den östlichen Gebieten vorgesehen waren. Berija stellte jedoch in einem Brief an Stalin klar, dass keine Ausrüstung verlagert werde, welche am Kaspischen Meer für den weiteren Betrieb und die Planerfüllung benötigt werde.[18]

Anders sah es bei der Einberufung des Personals und der Übereignung der industriellen Basis des Erdölsektors zur Verstärkung der Front aus. Wie bereits im Ersten Weltkrieg wurden zehntausende Neftjaniki jeglichen Ausbildungsgrades

---

14 Narodnoe chozjajstvo SSSR v Velikoj Otečestvennoj vojne. 1941–1945 gg. Statističeskij sbornik, Moskva 1990, S. 5.; Kravčenko, Grigorij S.: Ėkonomika SSSR v gody Velikoj Otečestvennoj Vojny. (1941–1945gg.), 2. Aufl., Moskva 1970, S. 140 sowie S. 169. Zu den Spekulationen über die sowjetische Versuche, Kontakt mit Hitler aufzunehmen, siehe umfassend Gellately: Stalin's Curse, S. 62; Volkogonov, Dmitrij A.: Triumf i tragedija. Političeskij portret I. V. Stalina. 2 Bde., Moskva 1989, Bd. 2.1, S. 172–174; Zu Zweifeln an der These etwaiger Kapitulationsabsichten Stalins vgl. Bellamy, Chris: Absolute War. Soviet Russia in the Second World War, New York 2008, S. 221–223.

15 Pravda 271, 30.09.1941, S. 1.

16 Militärgeschichtliches Forschungsamt (Hg.): Das Deutsche Reich und der Zweite Weltkrieg (Beiträge zur Militär- und Kriegsgeschichte). 10 Bde., Stuttgart 1979–2008, hier Bd. 5.2: Organisation und Mobilisierung des deutschen Machtbereichs. Kriegsverwaltung, Wirtschaft und personelle Ressourcen 1942 bis 1944/45, S. 439 f.

17 Harrison: Accounting for War, S. 175 f.

18 RGASPI, f. 644, op. 2, d. 9, l. 94. Zu dem entsprechenden Dekret ebd., ll. 85–90.

zum Militärdienst eingezogen, um dem nationalsozialistischen Vernichtungsfeldzug Einhalt zu gebieten.[19] Nahezu die gesamte Industriekapazität wurde dem militärischen Bedarf untergeordnet, sodass die Produktion von Erdölequipment und Ersatzteilen weitgehend eingestellt wurde. Fahrzeuge und andere zur Versorgung der Front nutzbare Ausrüstung musste dem Militär überstellt werden, wodurch sich die ohnehin seit Jahren unzureichende Ausstattung des Erdölsektors weiter verschlechterte. Besonders im Kaukasus wurde es so immer schwieriger, die hohen Förderquoten aufrechtzuerhalten.[20]

Gleichzeitig steckte die sowjetische Führung in einem strategischen Dilemma: Eine gesicherte eigene Treibstoffversorgung ließ sich zwar am ehesten im Kaukasus bewerkstelligen. Darüber hinaus galt es jedoch auch, dem deutschen Besatzer keine funktionstüchtige Erdölindustrie zu überlassen, sollte dieser die Linien der Verteidiger überwinden können. Das Resultat war ein regelrechtes Tauziehen zwischen geostrategischer und quantitativer Versorgungssicherheit: Im Juli 1941 ordneten die Behörden angesichts der Erfolge der Wehrmacht vorsorglich eine Teilevakuierung der industriellen Anlagen aus den nördlichen Förderregionen Groznyj und Majkop an. Nach dem Scheitern der deutschen Offensive vor Moskau revidierten sie ihre Anweisung jedoch. Noch im Dezember wurden alle laufenden Demontagearbeiten eingestellt, evakuierte Ausrüstung zurückgeführt und mit dem Wiederaufbau begonnen.[21]

Die Entscheidung kam zu früh. Die Ölgebiete des Kaukasus wurden angesichts der knapper werdenden Benzinreserven und des gescheiterten Blitzkrieges im Frühjahr 1942 zum vorrangingen Ziel der deutschen Wehrmacht. Der eigene Treibstoffbedarf und das Unvermögen, diesen aus eigenen Quellen decken zu können, wurden zum Leitmotiv, dem britischen Historiker Joel Hayward zufolge sogar zu einer Art Besessenheit der deutschen Führung im Feldzug gegen die Sowjetunion.[22] Obwohl es den deutschen Truppen nie gelang, bis Groznyj oder

---

19 GARF, f. R5446, op. 48, d. 325, l. 131.

20 Agarunov: Geroičeskie sveršenija, S. 12–14; Bajbakov: Ot Stalina do El'cina, S. 58–62, siehe auch Kravčenko: Ėkonomika SSSR, S. 142; Budkov, A. D./Budkov, L. A.: Gody ispytanij (1941–1945 gg.), in: Dinkov et al. (Hg.): Neft' SSSR, S. 31–59, hier S. 32–42; Schwarz, Solomon M.: Labor in the Soviet Union, New York 1952, S. 74; Shimkin: Minerals, S. 38–45; Igolkin: Neftjanaja promyšlennost' (1928–1950), S. 285.

21 Igolkin, Aleksandr A.: Ėvakuacija predprijatij neftjanoj promyšlennosti v period Velikoj Otečestvennoj vojny, in: Veterany 20 (2007), S. 18–28, insbesondere S. 20 f.

22 Hayward: Hitler's Quest for Oil. Siehe auch Hürter, Johannes/Uhl, Matthias: Hitler in Vinnica. Ein neues Dokument zur Krise im September 1942, in: Vierteljahrshefte für Zeitgeschichte 63 (2015) 4, S. 581–639, hier S. 591; Roberts, Geoffrey: Stalins Kriege. Vom zweiten Weltkrieg bis zum Kalten Krieg, Düsseldorf 2008, S. 140.

gar bis Baku vorzudringen, hatte die veränderte Hauptstoßrichtung erhebliche Konsequenzen für den sowjetischen Erdölsektor. Im Sommer 1942 zeigte sich die Moskauer Führung keinesfalls sicher, ob die Rote Armee den Kaukasus würde halten können, wie Molotov Ende Mai in Washington bei einem Treffen mit Roosevelt betonte.[23]

Da in dem Gespräch die Notwendigkeit einer zweiten Front verdeutlicht werden sollte, ist unklar, wie wahrscheinlich die sowjetische Führung ein solches Szenario tatsächlich erachtete. Zumindest aber wurden Vorbereitungen für den Ernstfall getroffen. Investitionen in den entsprechenden Gebieten wurden vollständig eingestellt. Gegenüber dem britischen Botschafter machte Stalin deutlich, dass er »eher die Zerstörung der kaukasischen Erdölindustrie anordnen würde, als zuzulassen, dass diese unversehrt in die Hände der Deutschen falle.«[24] Bajbakov, zu dieser Zeit stellvertretender Erdölkommissar, wurde im Juli 1942 in den Kreml beordert, um entsprechende Maßnahmen zu ergreifen. Er müsse »alles unternehmen, damit die Deutschen keinen Tropfen Erdöl bekommen«, habe Stalin ihm aufgetragen. Ausführlich berichtete der Neftjanik in seinen Erinnerungen über die unmissverständliche Warnung des Parteichefs, keine Fehler zu machen: Sollte er scheitern oder der Treibstoffproduktion im Kaukasus verfrüht und ohne eine militärische Notwendigkeit Schaden zufügen, werde er erschossen.[25]

Zwar waren zahlreiche Raffinerien schon bei Kriegsbeginn ins sichere Hinterland evakuiert worden, ohne das Erdöl des Kaukasus waren diese jedoch nach wie vor nutzlos. Um die im Osten errichteten Anlagen auszulasten, so stellte ein Gutachten im Dezember 1941 fest, müsse mehr als die Hälfte der benötigten Rohstoffe aus Baku geliefert werden, rund 6 Millionen Tonnen Rohöl. Das Erdöl des Zweiten Baku und besonders aus Baschkirien, wo inzwischen fast die Hälfte aller außerhalb des Kaukasus verorteten Produktionskapazitäten zu

23 Foreign Relations of the United States, Diplomatic Papers (= FRUS), Washington, D.C. 1932–, hier Jahrgang 1942, Bd. 3: Europe, S. 575–578, hier S. 576; ohne Quellenangabe im Wortlaut auch bei Čuev, Feliks I.: Soldaty imperii. Besedy, vospominanija, dokumenty, Moskva 1998, S. 294.

24 Zitiert nach Napuch: Sowjetunion, S. 90.

25 Bajbakov: Neftjanoj front, S. 12 f. sowie S. 20; siehe auch Ders.: Ot Stalina do El'cina, S. 64 f. Diese Drohung betrachtete Bajbakov laut eigener Aussage noch bis zu seinem Tod als der Situation angemessen: Chimič, Oksana: Narkom Stalina. Nikolaj Bajbakov: »Nikto iz nynešnich ministrov Iosifu Vissarionoviču ne ponravilsja by«, in: Moskovskij komsomolec 1628, 13.5.2005, online verfügbar unter: http://www.mk.ru/editions/daily/article/2005/05/13/196364-narkom-stalina.html [06.03.2017]. Kurz darauf wurde vom GKO veranlasst, »anlässlich der entstandenen Kriegslage« alle Anlagen in Baku mit »der erforderlichen Menge an Sprengstoff« auszustatten, damit jederzeit binnen 48 Stunden die Sprengung veranlasst werden könne: RGASPI, f. 644, op. 1, d. 52, l. 20.

finden war, eigne sich qualitativ nur eingeschränkt, um den eklatanten Mangel an hochoktanigen Benzinen zu reduzieren, weshalb es »rationaler« sei, den Ausbau der Förderung in anderen Regionen zu forcieren.[26]

Flucht ins Ungewisse

Der Vorstoß deutscher Verbände an das Volgaufer im Sommer 1942 verkomplizierte die Lieferungen aus dem Kaukasus jedoch massiv. Der aufgrund seiner ökonomischen Bedeutung als ›Lebensader Russlands‹ mystifizierte Fluss war seit den Anfängen der zaristischen Erdölindustrie die wichtigste Transportroute für den flüssigen Brennstoff auf dem Weg zu den nördlich gelegenen Industriezentren des Landes. Die sowjetische Niederlage bei Rostov am Don, dem ›Tor zum Kaukasus‹, hatte bereits im Juli die Haupteisenbahnverbindung unterbrochen. Die Schlacht um Stalingrad, den zentralen Knotenpunkt für die Rohstoffversorgung aus dem Süden, beendete jedoch – durchaus von Hitler beabsichtigt – die weit wichtigeren Volgatransporte: Zu groß war das Risiko, den leicht entzündlichen Treibstoff in Schussweite der Wehrmacht zu verschiffen.[27]

Gedankenspiele, im Frühjahr 1942 eine mehr als 1000 Kilometer lange Pipeline vom Ostufer des Kaspischen Meeres durch sicheres Hinterland in die Verbrauchsregionen zu verlegen, erwiesen sich angesichts des gravierenden Ressourcenmangels und der gänzlich unzureichenden Vorarbeiten zur Trassenführung schnell als »unzweckmäßig« und »unrealistisch«.[28] Die einzige verbleibende sichere Transportroute war eine nur einspurig ausgebaute Nebenstrecke über Taschkent im Osten der Usbekischen Unionsrepublik. Diese erforderte allerdings knapp 2000 Kilometer Umweg und konnte nicht annähernd die benötigten Kapazitäten abfertigen. Im Spätsommer 1942 lagerten so rund 6 Millionen Tonnen fertige Erdölprodukte in Baku und Umgebung, die aufgrund der militärischen Lage nicht abtransportiert werden konnten.[29] Die überlastete

26 RGAE f. 4372, op. 42, d. 495, ll. 1–12.

27 Service: Stalin, S. 425; Eichholtz: Krieg um Öl, S. 121 f. Zwar hatte es bereits Anläufe gegeben, den Pipelineanteil von nur knapp über 7 Prozent am Gesamttransport zu erhöhen. Aufgrund von Rohrmangel waren diese allerdings selten von Erfolg gekrönt. Dazu RGAE, f. 4372, op. 38, d. 993, ll. 104–105.

28 RGAE, f. 4372, op. 42, d. 491, ll. 7–8, ll. 15–16, ll. 20–21, ll. 23–24.

29 Čadaev, Jakov E.: Ėkonomika SSSR v gody Velikoj Otečestvennoj vojny. 1941–1945 gg., 2. Aufl., Moskva 1985, S. 162; Sokolov, Andrej K.: V godinu tjažkich ispytanij. Vklad otečestvennoj neftjanoj promyšlennosti v pobedu nad fašizmom v Velikoj Otečestvennoj vojne, in: Neft' Rossii (2005) 5, online verfügbar unter: http://www.oilru.com/nr/144/3002 [10.04.2012]. Ver-

Infrastruktur zwang die Betreiber der Raffinerien wie Förderbetriebe, die Produktion aufgrund voller Tanks zu drosseln oder ganz einzustellen. In verschiedenen Regionen gingen die Trusts sogar dazu über, weniger dringend benötigte Erdölprodukte wie Masut zurück in die Erde zu pumpen, um Platz für Flugbenzin und andere militärisch benötigte Treibstoffe zu schaffen.[30] Mit Wehrmachtsverbänden am ›Tor zum Kaukasus‹ und der Blockade der Haupttransportrouten wurde Gewissheit, was zuvor nur zu Befürchtungen veranlasst hatte: Das Erdöl aus Baku und Groznyj war nicht sicher genug, um die Versorgung der sowjetischen Wirtschaft und der Roten Armee im Kriegsfall zu gewährleisten.

Hatte die sowjetische Führung sich während des bisherigen Kriegsverlaufes nur sporadisch mit konkreter Erdölpolitik befasst, änderte sich das nun. Schon im August war die Evakuierung des nördlichen Kaukasus beschlossen worden, zu nah war die Front herangerückt. Am 22. September 1942 folgte die Entscheidung des GKO, künftig primär auf die östlichen Fördergebiete zu setzen. Die »größtmögliche Forcierung der Steigerung der Erdölförderung [...] in den Regionen der Volga, des Urals, Kasachstans und Zentralasiens« wurde zur »kardinalen kriegswirtschaftlichen und politischen Aufgabe«. Wenngleich ein »Ausgleich für den temporär eingestellten Betrieb« in Majkop und Groznyj als primäres Ziel aufgeführt wird, sollte auch Azneft' einen erheblichen Teil des Bakuer Equipments und Personals zur Verfügung stellen.[31] Nicht nur sollten die Führungskader persönlich für die Gewährleistung des »fristgerechten Abtransportes in die östlichen Erdölregionen« haften, sondern auch sicherstellen, dass alle Neftjaniki »die volle Tragweite und Bedeutsamkeit [der angeordneten Maßnahmen] für das Land und die Front« verstünden und Zuwiderhandlung »schonungslos« geahndet werde.[32]

---

gleichbare Probleme bestanden in den Wintermonaten, in welchen die Volgaschifffahrt nicht möglich war, auch schon vor dem deutschen Vorstoß in Richtung Kaukasus, vgl. etwa RGAE, f. 4372, op. 42, d. 491, l. 23.

30 Agarunov: Geroičeskie sveršenija, S. 27 f.; Bajbakov: Neftjanoj front, S. 11; Čadaev: Ėkonomika SSSR, S. 116. Insgesamt verbrauchte die Rote Armee in den Kriegsjahren mehr als die Hälfte der sowjetischen Benzinproduktion (Kravčenko: Ėkonomika SSSR, S. 353), der Bedarf an Flugbenzin konnte jedoch zumindest in der Frühphase des Krieges nur zu einem Viertel gedeckt werden (Zolotarev, et al.: Neft' i bezopasnost', S. 61). Die Bereitstellung von Flugbenzin wurde in der Folge zur höchsten Priorität im Erdölsektor: RGAE, f. 4372, op. 42, d. 495, ll. 1–15.

31 RGASPI, f. 644, op. 1, d. 57, ll. 60–94. Zur vorherigen Evakuierung des Nordkaukasus umfassend Igolkin: Neftjanaja politika (1940–1950), S. 63 f.

32 Das Dekret ist abgedruckt in Sultanov, Čapaj A.: Vystojali by SSSR i Evropa protiv fašiz-ma, v slučae poteri bakinskoj nefti? (K 60-letiju pobedy), Baku 2005, S. 237–240; siehe auch RGASPI, f. 644, op. 1, d. 57, l. 93.

Allein aus dem Nordkaukasus waren zuvor Zehntausende evakuiert worden, es folgten nun größtenteils höherqualifizierte Erdölarbeiter und umfassendes Equipment nebst dringend benötigten Rohre und Pumpen aus Baku. Aufgrund seines Umfangs bezeichnet der russische Historiker Andrej Sokolov den September-Beschluss des GKO gar als Beginn der »tatsächlichen Verlagerung des [sowjetischen] Erdöls gen Osten«.[33] Gleichzeitig wurde der Dienst im Erdölsektor gleichbedeutend mit dem Kampf an der Front: Ein zweites Dekret selben Datums stufte alle noch nicht kämpfenden Neftjaniki als mobilisiert ein und entzog diese somit einer möglichen Konskription der Roten Armee.[34] Mit erheblichen Lohnzuschlägen und Prämien für die Erschließung neuer und ertragreicher Erdölvorkommen in den Ostgebieten sollten die evakuierten Arbeiter zu Höchstleitungen angespornt werden.[35]

Der administrative Geschäftsführer des Sovnarkom während der Kriegsjahre, Jakov Čadaev, erinnerte sich rückwirkend, dass in dieser Zeit »in gewaltigem Ausmaß die Bedeutung der Erdölindustrie zunahm«.[36] Im bereits seit einem Jahr andauernden »Krieg der Motoren«[37] wurde die Schaffung einer sicheren Treibstoffversorgung für die sowjetische Regierung um Stalin zu einem primären Ziel. Während Investitionen nach 1941 in nahezu allen Wirtschaftszweigen – mit Ausnahme der Rüstungsindustrie – deutlich einbrachen, blieben diese im Erdölsektor nahezu auf dem Niveau der letzten Vorkriegsjahre und stiegen in den späteren Kriegsjahren sogar leicht an.[38]

Davon profitierten zwar alle Fördergebiete außerhalb des Kaukasus, primärer Nutznießer war allerdings die zuvor immer wieder halbherzig fokussierte Hoffnungsregion zwischen Volga und Ural – das Zweite Baku. Bis die militärische Lage sich für die Sowjetunion im Sommer 1943 endgültig entspannte, stiegen die Kapitalaufwendungen dort auf über 55 Prozent der Gesamtinvestitionen des Erdölsektors an.[39] Ein erheblicher Teil der Kosten wurde allerdings durch

33 Sokolov: Sovetskoe neftjanoe chozjajstvo, S. 236. Der Plan allein sah die Evakuierung von knapp 13.000 Arbeitern zuzüglich deren Familien vor, insgesamt 18.000 Personen, vgl. RGASPI, f. 644, op. 1, d. 57, ll. 62–64; ebd., op. 2, d. 110. Zu den Evakuierungen auch umfassend Trošin, Anatolij: Trudovoj front neftjanikov, in: Neft' Rossii (2000) 5–6, nachgedruckt in: Vladimir A. Zolotarev/A. M. Sokolov/Michail V. Janovič: Neft' i bezopasnost' Rossii, Moskva 2007, S. 146–149, Sultanov: Vystojali by SSSR, S. 241–243.

34 Das Dekret ist abgedruckt in Sultanov: Vystojali by SSSR, S. 240 f.

35 GARF, f. R5446, op. 80a, d. 2519, l. 9.

36 Čadaev: Ėkonomika SSSR, S. 269.

37 Pravda 271, 30.09.1941, S. 1.

38 Lisičkin: Očerki razvitija, S. 129; Zieber: Sowjetische Erdölwirtschaft, S. 37. Zu den Gesamtinvestitionen Hildermeier: Geschichte der Sowjetunion, S. 636.

39 Čadaev: Ėkonomika SSSR, S. 269.

die Evakuierungen und den Wiederaufbau der kaukasischen Erdölbetriebe im Osten verursacht. In Ermangelung zusätzlicher Ausrüstung und bestärkt durch den ungedeckten Bedarf an Stahlrohren, in dessen Folge vielfach improvisiert werden musste, blieb der effektive Nutzen der Prioritätenverlagerung zunächst eher gering.[40]

Tatsächlich wussten die leitenden Kader des Narkomneft' im Sommer 1942 keineswegs, woher sie die vom GKO im Osten geforderten Erdölmengen nehmen sollten. Deutlich wurde das nicht zuletzt in einer Kollegiumssitzung im März 1942, in welcher die ranghöchsten Neftjaniki Kritik an den nach wie vor erfolglosen Geologen äußerten. Diese würden an den falschen Stellen oder nicht gründlich genug suchen, lautete der wiederkehrende Vorwurf. Die Geologen fanden jedoch schlichtweg keine geeigneten Vorkommen, die einen Durchbruch ermöglicht hätten: »Öltropfen gab es [bei den Erkundungsarbeiten zahlreiche], nur keine [erdölführenden] Flächen«. Man benötige aber »reales Erdöl«.[41]

Aus der Erde sprudelte dieses trotz der Evakuierungen, des Investitionsstopps und aller anderen Schwierigkeiten des Krieges nach wie vor primär im Kaukasus. Während die sowjetische Forschung, gestützt auf entsprechende Aussagen hochrangiger Wirtschaftsvertreter, nach Kriegsende stets hervorhob, der Anteil des Zweiten Baku habe während des Krieges von 6 auf nahezu 15 Prozent zugenommen,[42] relativieren die lange Zeit unveröffentlichten Produktionszahlen der einzelnen Regionen dieses Bild deutlich. Die Förderung zwischen Volga und Ural stieg mit 0,9 Millionen Tonnen zusätzlich bis 1945 nur unwesentlich stärker an, als dies in anderen Regionen außerhalb des Kaukasus der Fall war. Der durch die Prozentzahlen suggerierte enorme Anstieg war lediglich die Konsequenz der Probleme im Kaukasus, primär des rasanten Produktionsniedergangs in Baku. Die Bohrtürme Aserbaidschans produzierten auch im Krisen-

40 Diverse Memoiren berichten von den Schwierigkeiten der Kriegsjahre, in denen dünne Pipelinerohre zum Bohren verwendet oder alte, verrostete Teile, die bereits entsorgt worden waren, reaktiviert werden mussten, vgl. etwa Agarunov: Geroičeskie sveršenija, S. 52; Bajbakov: Ot Stalina do El'cina, S. 60 f. Siehe dazu auch GARF, f. R5446, op. 46a, d. 1064, l. 87 sowie ll. 153–156, weiterführend Harrison: Accounting for War, S. 169 f. Kosten für Evakuierungen wurden grundsätzlich dem Budget des jeweiligen Narkom angerechnet, vgl. etwa GARF, f. R5446, op. 46a, d. 1020, l. 88.

41 RGAE, f. 8627, op. 9, d. 635, ll. 48–70, ediert in Veterany 21 (2008), S. 16–41, Zitate S. 29, siehe insbesondere auch S. 35. Ersichtlich wird das auch in den internen Produktionsplänen, die etwa für 1942 zwar einen geringen Produktionsverlust in Baku, aber keine tatsächliche regionale Veränderung hin zum Zweiten Baku vorsehen, vgl. RGAE, f. 8627, op. 10, d. 442, ll. 7–10.

42 Budkov/Budkov: Neftjanaja promyšlennost', S. 222. Siehe hierzu auch Sultanov: Vystojali by SSSR, S. 245 f.; Sokolov: Sovetskoe neftjanoe chozjajstvo, S. 241–247.

jahr 1943, als die gesamtsowjetische Förderung um beinahe die Hälfte auf das Niveau der späten 1920er Jahre herabsackte, noch zwei Drittel des dringend benötigten Rohstoffes.[43]

Die Unverzichtbarkeit der südlichen Erdölregion für die Sowjetunion und der Unwille, diese in feindliche Hände fallen zu lassen, gipfelten schließlich in Stalins berüchtigtem Befehl Nr. 227, welcher weitere territoriale Verluste und strategische Rückzüge mittels der Androhung drakonischer Strafen unterbinden sollte. Begründet wurde die Notwendigkeit eines solchen Vorgehens unter anderem mit der Feststellung, dass die Wehrmacht »um jeden Preis« den Kaukasus »mit seinen Erdöl- und Kornreichtümern ergreifen« wolle, die Sowjetunion weitere Ressourcenverluste jedoch nicht verkraften könne.[44] Lev Čurilov, der letzte Erdölminister der Sowjetunion, erinnerte sich aus seiner Kindheit, dass in den Vororten Groznyjs zahllose junge Männer den vorrückenden Deutschen »praktisch unbewaffnet« entgegengetreten seien, da ein Rückzug aufgrund drohender Erschießung durch dafür abgestellte Milizen nicht in Frage gekommen sei.[45] Der Kaukasus, und mit ihm das Erdöl, sollte um jeden Preis gehalten werden.

Letzten Endes gelang es den Verteidigern, die zunehmend ausgezehrten deutschen Truppen aufzuhalten. Inmitten der Ölfelder Groznyjs war den Fahrzeugen der Wehrmacht der Treibstoff ausgegangen, die Versorgungslinien waren überdehnt, ein weiterer Vorstoß undenkbar.[46] Die wenigen Bohrlöcher, welche die Besatzer vorübergehend unter ihre Kontrolle bringen konnten, waren rechtzeitig gesprengt, zubetoniert oder anderweitig unbrauchbar gemacht worden. Gerade einmal 1000 Tonnen Erdöl konnten deutsche Spezialisten, die bereits vor Beginn des Feldzuges auf ihren Einsatz gewartet hatten, aus dem Boden extrahieren, so schwer waren die von Bajbakov und seinem Team verursachten Zerstörungen.[47] Die Schäden waren indes auch im restlichen Kaukasus aufgrund

43 Zu den verschiedenen Regionen und Produktionsziffern GARF, f. R5446, op. 46a, d. 1024, ll. 33–32; ebd., op. 49a, d. 829, ll. 182–181; ebd., op. 51a, d. 1226, l. 2; ebd., d. 1466, l. 29; RGAE, f. 1562, op. 33, d. 2310, l. 60; Budkov/Budkov: Gody ispytanij, S. 47 f.

44 Der Befehl vom 28.07.1942 ist abgedruckt in Zolotarev, Vladimir A. (Hg.): Prikazy narodnogo komissara oborony SSSR. 22 ijunja 1941 g. – 1942 g. (Russkij archiv: Velikaja Otečestvennaja 13,2(2)), Moskva 1997, S. 276–279.

45 Tchurilov, Lev/Gorst, Isabel/Poussenkova, Nina: Lifeblood of Empire. A Personal History of the Rise and Fall of the Soviet Oil Industry, New York 1996, S. 4. Ähnlich erinnert sich auch Bajbakov: Neftjanoj front, S. 21.

46 Yergin: Prize, S. 336 f.

47 Dazu umfassend: Eichholtz: Krieg um Öl, S. 127–130; Eichholtz/Kockel: Deutsche Ölpolitik, S. 420 f. sowie S. 455; Bajbakov: Ot Stalina do El'cina, S. 68–71; Semjonow, Juri N.: Erdöl aus dem Osten. Die Geschichte der Erdöl und Erdgasindustrie in der Sowjetunion, Düsseldorf 1973, S. 200, Hayward: Hitler's Quest for Oil, S. 122.

unterlassener Investitionen, Stilllegungen und der umfassenden Equipmentverlagerungen gen Osten enorm. Gleichzeitig waren zum ersten Mal seit der Entdeckung des Zweiten Baku Bemühungen erkennbar, dort tatsächlich eine ›mächtige Erdölbasis‹ zu errichten. Für die anstehende Gegenoffensive im Sommer 1943 brauchte die Rote Armee in erster Linie jedoch eines – mehr Erdöl.

4.2 Ressourcen für die Siegermacht

Schon mit Beginn des Krieges hatten die sowjetischen Propagandaabteilungen damit begonnen, ganz im Sinne der geltenden Maxime »Alles für die Front, alles für den Sieg!«[48] der Bevölkerung die Bedeutung des Erdölsektors für die Kriegsführung zu vermitteln. »Je mehr Treibstoff wir haben, desto näher wird die Stunde des Sieges sein«,[49] versprachen Plakate ab 1941. Parolen wie »Jede Tonne Erdöl ist ein Schritt hin zum Sieg über den Faschismus«[50] prägten den Alltag der Neftjaniki. Auch in der Wahrnehmung der sowjetischen Soldaten wurde das ›schwarze Gold‹ zum »Blut in den Adern der Front«, wie baschkirische Rekruten in einem Brief an ihre zurückgebliebenen Landsleute schrieben.[51] Schon im Sommer 1942 hatte das Führungskollegium des Narkomneft' beschlossen, angesichts der Materialengpässe und des gravierenden Arbeitskräftemangels fortan »alle Kräfte bedingungslos auf die […] Produktion« von jenen Erdölprodukten zu richten, welche für eine »Offensive unserer Armee« benötigt würden. Jegliche dazu nötigen Maßnahmen sollten fortan vorrangig behandelt werden.[52]

Mehr denn je galt die Prämisse, dass sich der Treibstoffmangel kurzfristig am ehesten durch eine möglichst vollständige und bedarfsorientierte Verarbeitung des Rohöles lindern lasse. Die vorhandene Technologie sollte dafür Sorge tragen, dass die Raffinerien möglichst nur das produzierten, was für den militärischen Erfolg dringend benötigt wurde. Tatsächlich gelang es den zuständigen Ingenieuren, die Verarbeitungsprozesse zu optimieren. Trotz der reduzierten

48 Siehe dazu Hildermeier: Geschichte der Sowjetunion, S. 659.

49 Mirzojanc, Š.A.: Čem bol'še gorjučego budet u nas, tem bliže pobedy rešitel'nyj čas. Plakat, [Moskva] 1941, online verfügbar unter: http://www.neftepro.ru/photo/11-0-122-3 [11.03.2017]; ähnlich auch in der Pravda 298, 02.12.1943, S. 1.

50 Irgalin, G. D./Muchametdinova, G. R. (Hg.): Baškirija v gody Velikoj Otečestvennoj vojny, 1941–1945. Dokumenty i materialy, Ufa 1995, S. 13; ähnlich auch Bajbakov: Neftjanoj front, S. 32.

51 Irgalin/Muchametdinova (Hg.): Baškirija, S. 408–410.

52 RGAE, f. 8627, op. 9, d. 74, l. 78.

Rohstoffgrundlage konnte die Herstellung insbesondere von Flugbenzin während des Krieges deutlich gesteigert werden.[53] Während Mark Harrison für die sowjetische Kriegswirtschaft Ende 1942 einen Wendepunkt konstatiert, ab welchem die sowjetischen Staatsorgane dem zivilen Bedarf schrittweise eine höhere Priorität zuweisen konnten und erstmals mit Nachkriegs- und Wiederaufbauplanungen begannen,[54] wurde die Erdölproduktion aufgrund der schrumpfenden Kapazitäten nahezu vollständig dem militärischen Bedarf untergeordnet.

Zur Deckung des längerfristigen Verbrauches auch anderer Wirtschaftszweige und vor allem der Landwirtschaft musste die zur Verfügung stehende Treibstoffmenge gleichwohl dringend wieder gesteigert werden. Die durch die militärische Gefährdung des Kaukasus herbeigeführte Alternativlosigkeit zwang die sowjetische Führung ebenso wie die Kader des Narkomneft' dazu, die in der Zwischenkriegszeit etablierten Vorgehensweisen in Frage zu stellen. Zwar wurden Investitionen, Ausrüstung und Arbeitskräfte weiterhin jeweils dort eingesetzt, wo mit »geringstmöglichem Aufwand die schnellstmögliche Steigerung der Erdölförderung erreicht werden« konnte, weshalb einzelne Regionen teilweise nur kurz von einer hohen Priorität profitieren konnten.[55] In Anbetracht der wenigen tatsächlich hinreichend bekannten Vorkommen außerhalb des Kaukasus wurden die Erkundungsarbeiten trotz Materialmangels auf Kosten der Erschließungsbohrungen überall im Land intensiviert. Der Entscheidung zum Vorrang der Produktion militärischer Treibstoffe folgte eine zweite Absichtserklärung, vor allem in den Volga-Ural-Provinzen und den mittelasiatischen Regionen die »vorrangige Aufmerksamkeit […] auf die Verstärkung der Explorationsarbeiten« zu richten und die vorhandene Ausrüstung primär dazu einzusetzen.[56]

Waren zuvor zwei Dekaden lang nur knapp ein Viertel aller Bohrungen zur Erkundung neuer Vorkommen und die überwältigende Mehrheit zur Erschließung bekannter Erdölfelder eingesetzt worden, änderte sich dies in den Folgejahren. Bis 1945 stieg der Anteil der Explorationsbohrungen auf beinahe 43 Prozent an, wenngleich die Bohrungen insgesamt wegen des Materialmangels reduziert werden mussten.[57] Nicht nur im Zweiten Baku, sondern überall außerhalb des Kaukasus wurden die Prospektions- und Explorationsaktivitäten intensiviert. Der neue Fokus galt in besonderem Maße auch dort,

53 Kravčenko: Ėkonomika SSSR, S. 331.
54 Harrison: Accounting for War, S. 141.
55 Čadaev: Ėkonomika SSSR, S. 191.
56 RGAE, f. 8627, op. 9, d. 74, l. 79.
57 Lisičkin: Očerki razvitija, S. 34.

wo grundsätzlich nur wenig Hoffnung auf Erdöl bestand, solches geographisch und strategisch aber von Vorteil gewesen wäre. Betroffen waren nicht nur die nördlichen Gebiete, sondern auch Sibirien, die Region Moskau und andere Unionsteile, in welchen die sowjetischen Geologen zuvor noch keine Nachweise für nutzbare Vorkommen erbracht hatten.[58] Die Suche nach »strategischen Rohstoffen«,[59] zu welchen das Erdöl in Artikeln der *Pravda* fortan zählte, blieb in den meisten Gebieten weitgehend erfolglos. Allerdings verdeutlicht die gewandelte Prioritätensetzung noch während des Krieges nicht nur die nach wie vor bestehenden Bedenken an der propagierten Lösung aller Probleme im Zweiten Baku, sondern auch die verzweifelte Lage, in der sich die Führung des Erdölsektors befand.

Im Juli 1943 legten schließlich Berija, Voznesenskij, Mikojan und Erdölkommissar Ivan Sedin gemeinsam Stalin ein umfassendes Dekret zur Unterschrift vor, welches weitreichende »Soforthilfe«-Maßnahmen anordnete. Unter anderem sollte das Narkomneft' fortan »gleichberechtigt mit den Verteidigungs-Volkskommissariaten« mit Material und Ausrüstung versorgt werden, um der »besonders wichtigen kriegswirtschaftlichen Bedeutung der Erdölindustrie« gerecht zu werden. Zahlreiche andere Branchen, selbst solche aus der Rüstungsproduktion, bekamen entsprechende Aufträge zur Verbesserung der Versorgung des Erdölsektors, was neben Fahrzeugen, Maschinen und diversem Verbrauchsmaterial auch eine deutliche Erhöhung der Lebensmittelrationen für die Arbeiter beinhaltete.[60] Bereits kurz zuvor war damit begonnen worden, ausgebildete Neftjaniki aus den Reihen der Roten Armee freizustellen und diese zur Sicherstellung des Wiederaufbaus und der Verbesserung der Treibstoffproduktion einzusetzen.[61]

Bedingt durch die Notwendigkeiten des Krieges und den gravierenden Mangel sah sich die sowjetische Führung gezwungen, die Relevanz des Erdöls endgültig anzuerkennen. Fortan stand das ›schwarze Gold‹ auf einer Stufe mit der Kohle und dem Metall, ebenso wie die infolge der immanenten Strom-

58 Igolkin: Sovetskaja ėnergetičeskaja strategija, S. 353; Ders.: Neftjanaja politika (1940–1950), S. 108; Mal'cev, Nikolaj A./Igrevskij, Valerij I./Vadeckij, Jurij V.: Neftjanaja promyšlennost' Rossii v poslevoennye gody, Moskva 1996, S. 50; auch RGAE, f. 8627, op. 9, d. 635, ll. 48–70, abgedruckt in Veterany 21 (2008), S. 16–41.

59 So etwa in der Pravda 143, 16.06.1945, S. 3.

60 RGASPI, f. 644, op. 1, d. 136, ll. 137–148, Zitate l. 137 sowie l. 141; dazu auch den Brief an Stalin: ebd., op. 2, d. 194, ll. 157–158.

61 RGASPI, f. 644, op. 1, d. 132, ll. 11–16. Wenige Monate später wurden erneut tausende Neftjaniki vom Militärdienst freigestellt, GARF, f. R5446, op. 46a, d. 1056, ll. 44–43. Dazu weiterführend auch Trošin: Trudovoj front, S. 146–149; Bajbakov: Ot Stalina do El'cina, S. 89–91.

knappheit des Krieges ›wiederentdeckte‹ Elektrifizierung. Gemeinsam wurden die vier entsprechenden Industriezweige fortan als »Fundament für den Wiederaufbau und den Aufstieg der gesamten Volkswirtschaft« betrachtet.[62] Noch wenige Wochen vor der deutschen Kapitulation mahnte die Abteilung zur Treibstoffversorgung der Roten Armee allerdings in einem Brief an das GKO, dass »zur Vermeidung einer Unterbrechung der Produktion von Erdölprodukten und somit einer Störung der Versorgung der Roten Armee und der Volkswirtschaft« die Regierung sofort entsprechende Maßnahmen umsetzen müsse, »um den Neftjaniki Hilfe zu leisten«.[63] Die weitere Steigerung von militärisch relevanten Treibstoffen und insbesondere von Flugbenzin hatte in der nur kurz darauf erlassenen Verordnung höchste Priorität.[64] Das angekündigte ›Fundament für den Wiederaufbau‹ blieb vorerst vorrangig dem Bedarf der Streitkräfte vorbehalten.

Das zeigt auch ein Gespräch Bajbakovs mit Stalin in den letzten Monaten des Krieges. Das Erdöl sei die »Seele der Kriegstechnik«, habe der Kremlchef dem Neftjanik gesagt, um ihm seine Verantwortung als neuer Volkskommissar für die Erdölwirtschaft zu verdeutlichen. Wenngleich der Wortlaut des Gesprächs in den verschiedenen Erinnerungspublikationen Bajbakovs leicht variiert, fügte dieser in allen Versionen hinzu, dass dies auch für die gesamte Wirtschaft gelte. Stalin jedoch sah die desolate Brennstoffversorgung Anfang 1945 primär als potentielle Schwäche der Roten Armee, aufgrund derer die Verbündeten »uns zerschmettern werden, sobald sie eine Möglichkeit [dazu] erblicken«.[65] Wie Molotov sich später erinnerte, sei die Ernennung Bajbakovs zum Narkom mit der Aufgabe der unmittelbaren Produktionssteigerung ent-

62 Rešenija po chozjajstvennym voprosam, Bd. 3, S. 219. Wenngleich die Elektrifizierung als Teil des Vermächtnisses Lenins stets einen prominenten Platz in der sowjetischen Modernisierungsrhetorik innehatte, erlebte diese nach beinahe zwei Jahrzehnten der realpolitischen Vernachlässigung zugunsten der forcierten Industrialisierung erst nach dem Zweiten Weltkrieg eine neue Blütezeit, dazu etwa Žimerin, Dmitrij G.: Istorija Ėlektrifikacii SSSR, Moskva 1962, S. 90–128.

63 GARF, f. R5446, op. 47a, d. 973, ll. 107–105, ähnlich auch ebd., d. 981, l. 7.

64 RGASPI, f. 644, op. 1, d. 395, l. 203–232. Der Vorrang des Militärs bestand für die gesamte Wirtschaft. Allerdings konnte der Erdölsektor 1945 kaum mehr als den Verbrauch der Roten Armee abdecken, während andere Industrien sich bereits wieder dem ›zivilen‹ Bedarf widmen konnten, vgl. etwa die Äußerungen im Plan für 1945, abgedruckt in: Rešenija po chozjajstvennym voprosam, Bd. 3, S. 229–231.

65 Bajbakov: Neftjanoj front, S. 36–40; Ders.: Ot Stalina do El'cina, S. 79–83. Das Gespräch fand zwischen Dezember 1944 und Kriegsende statt, in den verschiedenen Memoiren Bajbakovs findet sich keine genaue Datierung. Auch in den Empfangsbüchern für Stalins persönliches Büro im Kreml findet sich kein entsprechender Vermerk. Allerdings erwähnte auch Molotov im Gespräch mit Feliks Čuev ein entsprechendes Treffen, siehe folgende Fußnote 66.

sprechend erneut mit erheblichem Druck einhergegangen: Als dieser erwähnt habe, dass die gestellten Aufgaben nicht zu erfüllen seien, habe Stalin nur entgegnet, dass, falls es kein zusätzliches Erdöl gebe, dies auch für die Zukunft des Neftjanik gelte.[66] Zwar war der Sieg über das ›Dritte Reich‹ bereits in Reichweite, umso mehr herrschte im Kreml und besonders bei Stalin jedoch ein gravierendes Misstrauen gegenüber den Alliierten der Anti-Hitler-Koalition. Ohne den gemeinsamen Feind, so die Befürchtung nicht nur im Kreml, würden alte Ressentiments wieder aufbrechen und die ideologischen Differenzen die Fronten verschieben.[67] Um die nach dem verheerenden Krieg über breite Landstriche in Trümmern liegende Sowjetunion für einen erwarteten weiteren Konflikt so wehrhaft wie möglich zu gestalten, war eine gesicherte Treibstoffversorgung unumgänglich.

Im Frühjahr 1945 wies Stalin entsprechend Berija an, dem Erdölkommissar »alles, was Genosse Bajbakov für die Entwicklung der Erdölindustrie des Landes erbittet, zu gewähren.«[68] Vor den Neftjaniki stand zudem eine gewaltige Aufgabe, wie die *Pravda* nur wenige Monate später verkündete – die »weitgehende […] Motorisierung des Landes«. Dazu jedoch »benötigt das Land viel, sehr viel Erdöl, Benzin, Kerosin, alle Arten von Treibstoff und Schmieröl für Industrie, Landwirtschaft […] und die Panzertruppen der Roten Armee.« Man könne sogar »ohne Übertreibung sagen, dass das allgemeine Anlaufen unserer Volkswirtschaft in hohem Grade von den Wachstumsraten der Erdölförderung« abhänge, ebenso wie die Festigung der »militärischen Macht unserer Heimat«.[69] Das dem flüssigen Brennstoff zugewiesene Investitionsvolumen stieg in der Folge deutlich an. Bereits 1946 wurden die für den Erdölsektor bereitgestellten Mittel im Vergleich zum letzten Vorkriegsjahr mehr als verdoppelt, das Gesamtbudget hingegen nur geringfügig erhöht. In der Folgezeit setzte sich dieser Trend fort, wenngleich die Erhöhung der zugewiesenen Finanzmittel weniger deut-

66 »Budet neft' – budet Bajbakov, ne budet nefti – ne budet Bajbakova!«, zitiert nach Čuev: Soldaty imperii, S. 535.

67 Stellvertretend für die unzähligen Publikationen, welche sich mit den Anfängen des Kalten Krieges und dem gravierenden Misstrauen der Verbündeten untereinander seit Beginn der Allianz auseinandersetzen: Mastny, Vojtech: Moskaus Weg zum Kalten Krieg. Von der Kriegsallianz zur sowjetischen Vormachtstellung in Osteuropa, München 1980; Levering, Ralph B. (Hg.): Debating the Origins of the Cold War. American and Russian Perspectives, Lanham MD 2002; Mastny, Vojtech: The Cold War and Soviet Insecurity. The Stalin Years, Oxford 1996; Gaddis, John L.: We Now Know. Rethinking Cold War History (A Council on Foreign Relations book), Oxford 1997.

68 Bajbakov: Neftjanoj front, S. 38–40.

69 Pravda 172, 20.07.1945, S. 1.

lich ausfiel. Der Anteil des Wirtschaftszweiges an den staatlichen Investitionen stieg so kontinuierlich an.[70]

Energetische Prioritäten des Wiederaufbaus

An den grundsätzlichen energiepolitischen Prioritäten der sowjetischen Führung änderte sich jedoch nur wenig, im Gegenteil. Deutlich wurde das nicht zuletzt in Stalins vielzitierter erster Nachkriegsrede am 9. Februar 1946 vor der Moskauer Wählerversammlung, in welcher der siegestrunkene Parteichef einen »neuen machtvollen Aufschwung der Volkswirtschaft« ankündigte, damit »unsere Heimat gegen jegliche Eventualitäten gesichert sein wird«.[71] Innerhalb von drei Planjahrfünften sollte die Sowjetunion in der Lage sein, 500 Millionen Tonnen Kohle, 60 Millionen Tonnen Erdöl und 60 Millionen Tonnen Stahl zu produzieren, um sich in einem nächsten Konflikt behaupten zu können. Denn wie Stalin ebenfalls deutlich machte, erwartete er innerhalb der kapitalistischen Staatenwelt für die Zeit nach 1945 nichts anderes als eine Wiederholung der Vorkriegsereignisse unter neuen Bedingungen.[72] Wenngleich die genannten Zahlen in Anbetracht der weitreichenden Zerstörungen und Verluste, unter denen das Land knapp ein Jahr nach Kriegsende litt, aus zeitgenössischer Perspektive eher überambitioniert wirken mussten, weisen diese mit Blick auf die Vorkriegsproduktion klar auf eine im Kern unveränderte Brennstoffpolitik hin: Die Sowjetunion benötigte nach Stalins Einschätzung zwar viel Erdöl für die eigene Sicherheit, aber noch deutlich mehr Kohle.

Tatsächlich waren die Vorstellungen des auf dem Gipfel seiner Macht befindlichen Parteichefs von der zukünftigen Brennstoffproduktion sogar konservativer als interne Überlegungen des Gosplan, welche kurz vor dem Krieg angestellt worden waren. Das Politbüro hatte die Planungsbehörde im Februar 1941 dazu aufgefordert, einen langfristigen Perspektivplan für die kommenden 15 Jahre bis 1957 aufzustellen, dessen nahezu abgeschlossene Konzeption durch den deutschen Angriff unterbrochen wurde.[73] Die Kernpunkte der Entwürfe

70 Für die sowjetischen Gesamtinvestitionen RGAE, f. 1562, op. 33, d. 2310, ll. 122–124; zum Erdölsektor bis 1946 vgl. GARF, f. R5446, op. 49a, d. 782, l. 52, für die Jahre 1946–1949 vgl. ebd., op. 51a, d. 1267, l. 8. Wenngleich sich die Zahlen nicht unmittelbar miteinander vergleichen lassen, ist die tendenzielle Entwicklung augenscheinlich.

71 Stalin: Sočinenija, Bd. 16, S. 15 f.

72 So die durchaus plausible Interpretation von Tucker, Robert C.: The Soviet Political Mind. Stalinism and post-Stalin Change, London 1972, S. 90 f.

73 RGASPI, f. 17, op. 3, d. 1034, l. 9, abgedruckt in: Chlevnjuk (Hg.): Politbjuro i Sovet Ministrov, S. 244, Fußnote 1; Pravda 52, 22.1.1941, S. 1.

kalkulierten mit einem deutlich höheren Anstieg der Erdölförderung um das Viereinhalbfache und sogar mit einer verhältnismäßigen, wenn auch geringen Reduzierung des Kohleanteils in der Brennstoffbilanz. Dennoch gedachten die Gosplan-Strategen dem flüssigen Brennstoff gesamtwirtschaftlich auch weiterhin eine untergeordnete Rolle zu, wie der Planentwurf klar festhielt:

> In der Brennstoffbilanz der UdSSR sollte [bis 1957] deutlich der Anteil des Torfes, des Ölschiefers und des Erdgases erhöht werden. Die Struktur der Energieträger der Sowjetunion wird sich von der US-amerikanischen durch einen geringeren Erdölanteil unterscheiden.[74]

Auffällig ist, dass die zuständigen Gosplan-Abteilungen 1941 keineswegs damit rechneten, den Treibstoffbedarf des Landes selbst mit einer innerhalb von 15 Jahren zu erreichenden Erdölförderung von 175 Millionen Tonnen decken zu können. Insbesondere der landwirtschaftliche Verbrauch sollte langfristig größtenteils durch die Vergasung fester Brennstoffe gedeckt werden, und in den Regionen ohne bekannte Erdölvorkommen waren synthetische Treibstoffe aus Kohle die erste Wahl der Planer.[75]

Aus den Akten ist nicht klar ersichtlich, inwieweit Stalin den Verlauf der Planungen aktiv verfolgte oder über Ergebnisse informiert wurde. Die regelmäßige Anwesenheit des dafür verantwortlichen Gosplan-Vorsitzenden Voznesenskij in Stalins Büro während der Folgemonate und die bereits hinlänglich nachgewiesene Tendenz des Politbüros, Plankonzeptionen durch die Vorgabe von Prioritäten und die Beeinflussung der relevanten Kontrollziffern zu überwachen, legen jedoch nahe, dass der Parteichef eine grobe Kenntnis über den Stand der Planungen hatte.[76] Die internen Diskussionen um die Produktionsziffern für das Jahr 1947 verdeutlichen den Einfluss, den Stalin geltend machte. Unzufrieden mit den von Gosplan geplanten Produktionssteigerungen im Kohle- und Erdölsektor um jeweils rund 13 Prozent erhöhte er beide deutlich, wenn auch unterschiedlich gewichtet: 17 Prozent mehr Erdöl, aber 22 Prozent mehr Kohle sollte der Plan nun bringen. An der grundsätzlichen Möglichkeit, die Erdöl-

74 RGAE, f. 4372, op. 43, d. 125b, l. 18 sowie l. 29.
75 RGAE, f. 4372, op. 41, d. 184, l. 38 sowie l. 156; ebd., op. 43, d. 125v, l. 8.
76 Černobaev (Hg.): Na prieme u Stalina, S. 585. Zum Einfluss Stalins auf Planprioritäten umfassend Gregory, Paul R.: The Dictator's Orders, in: Gregory (Hg.): Stalin's Command Economy, S. 11–34.

förderung derart zu steigern, hegte er keine Zweifel – schließlich habe es Jahre gegeben, in denen allein Baku ein solches Wachstum erreicht habe.[77]

Wenngleich der abschließende Plan ein Drittel des staatlichen Gesamtbudgets für Erdöl, Kohle, Elektrizität und Eisenmetallurgie veranschlagte, blieb der Posten für den flüssigen Energieträger der mit Abstand niedrigste der vier Sektoren und betrug weniger als die Hälfte dessen, was für den Ausbau der Kohleproduktion aufgebracht werden sollte.[78] Bezeichnend ist diesbezüglich, dass eine erst 1942 eingerichtete selbstständige Abteilung für Erdölfragen innerhalb der Gosplan-Strukturen unmittelbar nach Kriegsende aufgelöst wurde.[79] Offensichtlich war die zuvor zur Verbesserung der Treibstoffversorgung als essentiell erachtete unabhängige administrative Einheit aus der Perspektive des Kremls in Anbetracht des sinkenden militärischen Verbrauchs nicht mehr erforderlich. Wahrscheinlich hielt Stalin es 1946 entsprechend tatsächlich für geboten, die vorübergehend verschobenen Entwicklungsparadigmen zu revidieren und die anzustrebende Brennstoffbilanz erneut zugunsten der Kohle zu definieren.

Im Siegestaumel dem Credo von der Richtigkeit, sogar Überlegenheit bisheriger sozialistischer Wirtschaftspolitik folgend, blieb auch der wenig später verabschiedete vierte Fünfjahresplan lediglich ein Leitfaden zum »Wiederaufbau im alten Korsett«.[80] Als wesentliches Ziel sah dieser vor, ab 1950 in allen als wichtig erachteten Industriezweigen die Vorkriegsproduktion zu übertreffen. Die Umbenennung der Volkskommissariate in zuvor als ›bourgeois‹ verschriene Ministerien im März des ersten Nachkriegsjahres sollte gleichsam das Ende der »Periode des revolutionären Umbruchs« kennzeichnen, dem neuen Namen sollte Kontinuität und Konsolidierung folgen.[81] Der 1941 erstellte Perspektivplan kam aufgrund des deutschen Überfalls nie zur Anwendung, und eine Wiederaufnahme der Konzeptionsarbeiten nach dem Krieg fand durch die Leningrader Affäre, der Voznesenskij und andere Gosplan-Führungskräfte zum Opfer fielen, ein jähes

77 So erinnert sich zumindest einer der anwesenden Volkskommissare, Malyšev: Dnevnik narkoma, S. 132.

78 Zaleski: Stalinist Planning, S. 416 f.

79 RGASPI, f. 644, op. 2, d. 104, ll. 49–50; RGAE, f. 4372, op. 48, d. 554, l. 176.

80 Hildermeier: Geschichte der Sowjetunion, S. 688–701; umfassend auch Dunmore, Timothy: The Stalinist Command Economy. The Soviet State Apparatus and Economic Policy, 1945–53, London 1980; Zaleski: Stalinist Planning, S. 347–354.

81 RGANI, f. 2, op. 1, d. 7, l. 24, zitiert nach Danilov, Aleksandr A./Pyžikov, Aleksandr V.: Roždenie sverchderžavy. SSSR v pervye poslevoennye gody, Moskva 2001, S. 179.

Ende. Dennoch knüpfte die unmittelbare Nachkriegsplanung größtenteils an die darin festgehaltenen energetischen Paradigmen der späten 1930er Jahre an.[82]

Hatten sich die Investitionsverhältnisse im Brennstoffsektor zuletzt deutlich zugunsten des Erdöls verschoben, rückte die Kohle nach 1945 erneut in den Fokus der sowjetischen Wirtschaftspolitik. Selbst die verheerenden Zerstörungen im Donbass und die Notwendigkeit des nahezu vollständigen Wiederaufbaus der dortigen Minen und Schächte eignen sich angesichts der großen Probleme des Erdölsektors nur bedingt, ein doppelt so hohes Investitionsvolumen zu erklären. Verstärkt wird dieser Eindruck durch die regionale Verteilung der Neubautätigkeit. Allein in den von den Zerstörungen des Krieges nicht betroffenen Ostgebieten der Sowjetunion wurde ein höherer Betrag für den Ausbau der Kohleförderungskapazität veranschlagt als im gesamten Erdölsektor.[83] Im Gegensatz dazu hatten die Gosplan-Verantwortlichen in der Anfangsphase der Planungen Ende 1944 in einem Entwurf – in vollem Bewusstsein um den Zustand der ukrainischen Industriegebiete – sogar noch eine fast gleichwertige Verteilung der Investitionen zwischen den beiden wichtigsten Brennstoffen kalkuliert.[84] Auch hier hatten sich die Prioritäten offensichtlich geändert.

Entsprechend gering waren deshalb auch die Erwartungen bezüglich der möglichen Produktionssteigerungen. Das Vorkriegsniveau sollte erst 1950 geringfügig übertroffen werden, deutlich später und in geringerem Ausmaß als in anderen wichtigen Industriezweigen. Die tatsächlichen Prioritäten im Erdölsektor lagen hingegen nach wie vor bei der Deckung des militärischen Verbrauchs, wie der Plan deutlich machte: Aufgabe sollte es sein, die Produktion von hochwertigem Flugbenzin weiter zu steigern, die Qualität der Treibstoffe im Allgemeinen zu erhöhen und die Verarbeitungsprozesse durch »neue Methoden« zu optimieren, um mehr Benzin aus dem vorhandenen Rohöl zu gewinnen. Parallel sollte auch die Herstellung von Flüssigtreibstoff aus Kohle und Ölschiefer weiter forciert werden.[85] Die Erforschung bestimmter »in ihrer volkswirt-

82 Zum weiteren Schicksal des Perspektivplanes Zalkind, A. I./Mirošničenko, B. P.: Očerki razvitija narodno-chozjajstvennogo planirovanija, Moskva 1980, S. 244–246; Chlevnjuk (Hg.): Politbjuro i Sovet Ministrov, S. 243 f.

83 RGAE, f. 4372, op. 46, d. 189, l. 213 sowie l. 229. Eine ähnliche Entwicklung zeigt sich auch in den Investitionsverteilungen des NKVD. Während des Zweiten Weltkrieges wurde ein zunehmend größerer Teil, 1944 knapp 14 Prozent des Investitionsbudgets für den Erdölsektor veranschlagt, um die Förderung in Uchta schnellstmöglich zu erhöhen. Ab 1945 sank der Anteil zugunsten des Kohlesektors, vgl. Chlevnjuk (Hg.): Ėkonomika Gulaga, S. 32–34.

84 RGAE, f. 4372, op. 45, d. 239, l. 92.

85 Rešenija po chozjajstvennym voprosam, Bd. 3, S. 246–319, insbesondere S. 259–261. Dazu umfassend auch Kapitel 5.1.

schaftlichen und strategischen Relevanz außerordentlich wichtigen Prozesse der Erdölverarbeitung«, so stellte Bajbakov im September 1946 in einem Brief an Berija fest, seien in der Sowjetunion erst »im Anfangsstadium der Entwicklung«. Insbesondere Treibstoffe für Raketentriebwerke stammten aufgrund des technischen Rückstands vollumfänglich »aus dem [nicht näher definierten] Ausland«, was die Führungskader des Erdölministeriums (Minnefteprom) als »eines der schwerwiegendsten Probleme« wahrnahmen.[86] Das 1941 reduzierte Forschungspersonal für den Erdölsektor war in Einklang mit dem dafür vorgesehenen Etat bereits während der späteren Kriegsjahre wieder aufgestockt worden, es folgte ein weiterer Ausbau des wissenschaftlichen Apparates. Sogar wissenschaftlich-technische Beiräte wurden den Entscheidungsträgern zur Seite gestellt, um Entscheidungen und Prozesse zu optimieren. Nahezu ein Viertel der Mitarbeiter an den verschiedenen und teils neu gegründeten Instituten forschten allerdings schon 1945 einzig zum Flugbenzin und zu den Möglichkeiten zur Steigerung und Verbesserung der Produktion.[87]

Die deutliche Besserstellung des Erdölsektors hinsichtlich der Investitionen und Ressourcenzuweisungen im Vergleich zur Vorkriegszeit ist somit weit weniger auf eine Aufwertung des flüssigen Brennstoffs im Vergleich zu den Alternativen, sondern auf eine allgemeine Priorisierung des Ressourcen- und Energiesektors zurückzuführen. Das spiegelte sich auch in den Erfolgen des Wiederaufbaus wider. Während – dem planwirtschaftlichen Primat der Quantität folgend – bereits 1946 mehr Energie, 1947 mehr Kohle und 1948 mehr Eisen und Stahl als vor dem Krieg produziert wurden, war der Erdölsektor 1949 der letzte innerhalb dieses Wirtschaftszweiges, der an das Vorkriegsniveau anknüpfen konnte.[88] Trotzdem bedeutete der neue Fokus sowjetischer Industrialisierungspolitik auf Roh- und Brennstoffe eine wesentliche Verbesserung der Versorgungslage der Erdölindustrie. Sichtbar wurde das bereits im ersten Nachkriegsplan für das Jahr 1945, in welchem der Ausbau und Wiederaufbau des Maschinenbausektors, anders als zuvor, nicht mehr als primäres Ziel und Selbstzweck sowjetischer Industrialisierungspolitik, sondern als Mittel »vor allem zur Produktion von Ausrüstung für die [...] Metallurgie, die Kohle- und die Erdölwirtschaft sowie für Kraftwerke« eingestuft wurde.[89]

86 RGAE, f. 4372, op. 46, d. 376, ll. 328–330.

87 Igolkin: Neftjanaja politika (1940–1950), S. 187–190; Ders.: Neftjanaja promyšlennost' (1928–1950), S. 307.

88 Gor'kov, Jurij A. (Hg.): Gosudarstvennyi Komitet Oborony postanovljaet (1941–1945). Cifry, dokumenty (Archiv), Moskva 2002, S. 174 f.

89 Rešenija po chozjajstvennym voprosam, Bd. 3, S. 229–231.

Eine solche Entscheidung war nach vier Jahren der materiellen Abstinenz der auf funktionierende Ausrüstung angewiesenen Industriezweige dringend notwendig. Im Erdölsektor fehlte es trotz verschiedener Notmaßnahmen nach wie vor an jedwedem Equipment. Im Frühjahr 1945 beklagte sich Bajbakov bei Berija, dass nur ein Bruchteil des Materialbedarfes gedeckt und unter diesen Bedingungen selbst eine moderate Produktionssteigerung völlig unrealistisch sei.[90] Auch aus den Folgejahren finden sich unzählige vergleichbare Mahnungen von Partei- und Industriekadern aus den verschiedenen Förderregionen in den Archiven. Aus Aserbaidschan vermeldeten führende Neftjaniki gemeinsam mit den regionalen Parteiorganen, dass binnen kurzer Zeit mehr Material und Kapital bereitgestellt werden müsse als in den gesamten 1930er Jahren, um die Verluste und Schäden der Kriegsjahre auszugleichen. Die Forderung nach zusätzlicher Ausrüstung blieb in den späten 1940er Jahren ein wesentliches Thema der sowjetischen Erdöladministration und wurde vereinzelt sogar in der Öffentlichkeit, etwa von der *Komsomol'skaja Pravda* aufgegriffen.[91]

Obwohl unmittelbar nach Kriegsende mit der Umrüstung zahlreicher Fabriken und Betriebe begonnen wurde, konnte die eigene Zulieferindustrie den Ausrüstungsbedarf des Erdölsektors über lange Zeit nicht decken und lag noch bis 1948 deutlich unter dem Vorkriegsniveau. Die Montanindustrie des Landes wurde hingegen bereits 1945, spätestens jedoch ein Jahr später mit mehr Equipment versorgt als 1940.[92] Nur die wenigsten Ausrüstungsbetriebe des Minnefteprom hatten vor dem Krieg in der Nähe der westlichen Schlachtfelder gelegen, sondern mehrheitlich in Reichweite der Ölfelder von Baku und Groznyj. Gleichzeitig hatte die Luftwaffe der Wehrmacht den Industriezweig im Kaukasus auf Befehl der deutschen Führung, die von der Übernahme einer vollständig intakten Treibstoffproduktion träumte, weitgehend verschont.[93] Ein Großteil der Vorkriegskapazität zur Produktion von Erdölequipment dürfte entsprechend weitgehend intakt geblieben und lediglich temporär zur Produktion von militärischen Gütern umgerüstet – oder zwecks Evakuierung demontiert worden sein. Dennoch wurden zahlreiche zur Förderung und Verarbeitung

---

90 GARF, f. R5446, op. 47a, d. 981, ll. 145–144.

91 GARF, f. R5446, op. 46a, d. 1057, l. 110; ebd., op. 48, d. 333, ll. 21–19; ebd., d. 1988, ll. 19–10; ebd., op. 49a, d. 772, ll. 155–148; ebd., op. 50a, d. 948, ll. 146–144; RGAE, f. 4372, op. 49, d. 424, ll. 19–20; ebd., f. 8627, op. 9, d. 383, l. 50. Zur kritischen Berichterstattung der *Komsomol'skaja Pravda* siehe Zaleski: Stalinist Planning, S. 409 f.

92 Zahlreiche Akten zur Umrüstung finden sich in RGAE, f. 4372, op. 45, d. 468. Die Produktion von Erdölausrüstung stieg in der Folge leicht an, allerdings konnten noch 1947 nur zwei Drittel des Vorkriegsniveaus erreicht werden, ebd., f. 1562, op. 41, d. 65, l. 28ob.

93 Zolotarev, et al.: Neft' i bezopasnost', S. 211 f.

Abb. 3: Plakat »SSSR – bogatejšaja strana v mire po nefti« aus dem Jahr 1946

des Rohstoffes dringend benötigte Teile auch viele Monate nach Kriegsende nicht produziert, sodass es dem Narkomneft' gerade einmal gelang, die funktionstüchtigen Anlagen in Betrieb zu halten.[94] Eine nennenswerte Steigerung der verfügbaren Erdölmengen ließ sich auf diese Weise keineswegs erreichen.

Während sich die Sowjetunion auf Plakaten als das »an Erdöl reichste Land der Welt«[95] feierte und die Zeitungen des Landes die Neftjaniki in Anlehnung an die Parolen der Kriegsjahre aufgeforderten, »mehr Erdöl [für] das baldige

94 RGAE, f. 4372, op. 45, d. 468, ll. 262–263, ähnlich klingt es auch in den Erinnerungen Jakov Agarunovs durch, welcher jedoch betont, welch große Hilfe die »Lieferung von Ersatzteilen zu diversem Equipment« für die Neftjaniki nach dem Krieg gewesen sei: Agarunov: Geroičeskie sveršenija, S. 94.

95 Rachimov, M.: SSSR – bogatejšaja strana v mire po nefti. Plakat, [Moskva] 1946, online verfügbar unter: http://www.sovietposters.ru/pages_rus/1086.htm [10.03.2017]. Das Plakat erreichte eine Auflage von 25.000.

erneute Aufblühen der Volkswirtschaft«[96] zu fördern, standen die Pläne für den Brennstoffsektor ähnlich wie in der Zwischenkriegszeit in keinem Verhältnis zur vorgesehenen Verbrauchszunahme. Die nichtmilitärische Nutzung von Erdölprodukten war nach dem Krieg zwar marginal, und das Erdöl erreichte in der Brennstoffbilanz der Sowjetunion ein Allzeittief von nur 15 Prozent. Das Ziel der frühen 1920er Jahre, den Anteil des Erdöls drastisch zu reduzieren und die Energieträgernutzung der Sowjetunion primär auf Kohle auszurichten, war weitgehend erreicht.[97]

Die Planungen zum Wiederaufbau sahen allerdings einen Anstieg der Fahrzeugproduktion vor, der die bisher gekannten Wachstumsraten in den Schatten stellte – der angekündigten Motorisierung des Landes sollten Taten folgen. Allein hinsichtlich der jährlichen Inbetriebnahme von Automobilen, Lastwagen und Bussen beabsichtigten die Planer bis 1950 eine Verdoppelung im Vergleich zu 1940, der Bestand an Traktoren sollte immerhin um 50 Prozent erhöht werden. Auch der nach dem Ende der Kampfhandlungen sinkende Bedarf der Sowjetarmee (die Umbenennung der Roten Armee erfolgte im Februar 1946) konnte den rasanten Verbrauchsanstieg des Transportsektors und der Landwirtschaft keinesfalls kompensieren.[98] Nach Jahren der verordneten Erdölabstinenz außerhalb von Militär und Rüstung bewirkte die Treibstofffreigabe für verschiedene Sektoren so einen zunehmenden Mangel, welcher sich wie in den 1930er Jahren primär bei Leichtbenzinen wie Traktorenkerosin und verschiedenen hochwertigen Benzinsorten bemerkbar machte.[99]

Solange die sowjetische Führung die gerade erst zaghaft wiederbelebte zivile Industrie nicht im Keim ersticken wollte, ließen sich die Defizite nur durch Importe kompensieren. Dennoch waren die »vollständige Kontrolle der Distribution, ein straffes Prioritätensystem« und qualitative Einschnitte zugunsten der Quantität notwendig, um die Grundversorgung der wichtigsten Wirtschaftszweige sowie des Militärs in Friedenszeiten gewährleisten zu können.[100] Am 1. Juli 1947 warnten führende Neftjaniki mit Berijas Unterstützung in einem Brief an Stalin schließlich ganz deutlich, dass der Erdölsektor bei gleichbleibenden Prioritäten den zivilen Verbrauchsanstieg der Volkswirtschaft nicht länger werde decken können. Der Plan müsse aus diesem Grund unverzüglich ange-

96 Pravda 40, 16.02.1946, S. 2.
97 Keller: Neftjanaja promyšlennost', S. 50.
98 Rešenija po chozjajstvennym voprosam, Bd. 3, S. 264. Vergleichszahlen bis 1940 finden sich in Igolkin: Osobennosti razvitija, S. 107.
99 Campbell: Economics of Soviet Oil, S. 162 f.
100 CIA FOIA ERR ORE 4/1: Petroleum Resources within the USSR, 16.06.1947, S. 4.

passst werden.[101] Doch nicht nur die sowjetische Industrie brauchte dringend mehr Erdöl. International bahnte sich, befördert durch die eigene Außenpolitik, immer mehr an, was Stalin vorhergesagt hatte. Getrennt durch den ›Eisernen Vorhang‹ wurden Alliierte zu Gegenspielern, und ein dritter Weltkrieg rückte langsam in den Bereich des Möglichen. In einem solchen, noch dazu gegen den laut Stalin »mächtigste[n] Staat der Welt«[102], würde die gesicherte Treibstoffversorgung der Sowjetarmee wichtiger sein denn je.

4.3 Amerikanische Technologie, sowjetisches Erdöl?

Anders als im zurückliegenden Krieg gegen das nationalsozialistische Deutschland war die Sowjetunion im Jahr 1947 im Angesicht der zunehmenden Spannungen international weitgehend isoliert. Ihre Machtposition in Osteuropa war noch nicht vollends ausgebaut, während die sowjetische Wirtschaft sich mit Ausnahme einzelner Sektoren nach wie vor in einem desolaten Zustand befand. Auch die technologische und militärische Überlegenheit der Vereinigten Staaten war in den letzten Wochen des Zweiten Weltkrieges in Hiroshima und Nagasaki erneut überdeutlich geworden, wenngleich das sowjetische Nuklearprogramm erste Fortschritte vermelden konnte.[103] Der aus Moskau als amerikanisches Diktat verdammte Marshall-Plan und die auf die Eindämmung des sowjetischen Einflusses ausgerichtete Truman-Doktrin ließen am Bruch der einstigen Alliierten keinen Zweifel mehr zu.[104] Die politischen Differenzen überschatteten auch die wirtschaftliche Zusammenarbeit zwischen den Alliierten der Anti-Hitler-Koalition, welche in den Kriegsjahren primär als Material- und Ausrüstungstransfer aus den Vereinigten Staaten nach Großbritannien und in die Sowjetunion etabliert worden war. Diese waren im Verlauf des Krieges zu einem wichtigen Standbein der sowjetischen Wirtschaft geworden.

101 GARF, f. R5446, op. 49a, d. 829, l. 169. Der Brief ist unterzeichnet von Berija, Bajbakov und Michail Evseenko, dem nach Bajbakov ranghöchsten Neftjanik in den späten 1940er und 1950er Jahren und zu dieser Zeit Minister für die Erdölindustrie in den östlichen Regionen der UdSSR.

102 So in Djilas, Milovan: Gespräche mit Stalin, Frankfurt am Main 1962, S. 230.

103 Zum langsamen Ausbau der sowjetischen Kontrolle in Osteuropa Naimark, Norman: The Sovietization of Eastern Europe, 1944–1953, in: Leffler/Westad (Hg.): Cambridge History of Cold War: Vol. I, S. 175–197; zum sowjetischen Atomprogramm umfassend Holloway, David: Stalin and the Bomb. The Soviet Union and Atomic Energy, 1939–1956, New Haven CT 1994; Josephson: Red Atom.

104 Mastny: Cold War and Soviet Insecurity, S. 25–29.

Bereits im Februar 1941 hatte der US-Kongress den amerikanischen Präsidenten durch den Lend-Lease-Act bevollmächtigt, verbündete Staaten in ihrem Krieg gegen das Deutsche Reich zu unterstützen und somit auch »die Verteidigung der Vereinigten Staaten zu fördern«, ohne selbst militärisch in den Krieg eingreifen zu müssen.[105] Primärer Nutznießer war in den ersten beiden Jahren des Zweiten Weltkrieges die britische Kriegswirtschaft. Der durch den deutschen Bruch des Nichtangriffspaktes herbeigeführte gemeinsame Feind beförderte im Sommer 1941 die Erweiterung der amerikanischen Unterstützung auf die Sowjetunion. Nachdem sich die Regierungen in London und Washington davon überzeugt hatten, dass Rote Armee und Moskauer Führung nicht wie befürchtet binnen weniger Wochen kapitulieren oder zusammenbrechen würden, wurden die Verhandlungen aufgenommen. Zugleich veranlassten die zuständigen Stellen bereits erste Lieferungen der besonders dringend benötigten Waren.[106]

Die insgesamt rund 17 Millionen Tonnen an Hilfsgütern für die Sowjetunion, von denen nur ein kleiner Teil Waffen und Munition umfasste, kumulierten sich während der Kriegsjahre auf einen Anteil von rund 10 Prozent an der sowjetischen Wirtschaftsleistung.[107] Zweifellos entlasteten die Treibstoff- und Ressourcenlieferungen, die bereits wenige Wochen nach dem deutschen Angriff und noch vor der endgültigen Unterzeichnung des Lend-Lease-Abkommens im Oktober 1941 in die Sowjetunion geschickt wurden, die Versorgungslage der Roten Armee. Obwohl es den sowjetischen Streitkräften im ersten Kriegsjahr weniger an Ausrüstung und Material, sondern vielmehr an strategischer Führung

105 Das als Lend-Lease-Act bekanntgewordene Gesetz, offiziell An Act to Promote the Defense of the United States, trat am 11.03.1941 in Kraft. Es gestattete dem Präsidenten, jeder Regierung, deren Verteidigung er für den Schutz der USA als unabdingbar erachtete, rüstungsrelevante Ausrüstung zu leihen, vermieten, verkaufen oder zu überschreiben: Public Law 77–11, H.R. 1776, 55 Statute, S. 31–33.

106 Jones, Robert H.: The Roads to Russia. United States Lend-Lease to the Soviet Union, Norman 1969, S. 33–69; Gellately: Stalin's Curse, S. 62 f.; zur Perspektive aus den russischen Archiven auch Mozochin, O. B./Naumenko, G. I./Šepelev, V. N.: »SSSR budet okazana vsjačeskaja pomošč' v toj bor'be, kotoruju on vedet«. Dokumenty AP RF i RGASPI. Ijul' – nojabr' 1941 g., in: Istoričeskij archiv 21 (2013) 5, S. 4–40.

107 Die UdSSR hatte den Anteil der westlichen Hilfslieferungen an der Kriegswirtschaft der UdSSR mit 4 Prozent wiedergegeben, was von Mark Harrison nach Öffnung der sowjetischen Archive wiederlegt werden konnte: Harrison: Accounting for War, S. 132–142. Andere kalkulieren aufgrund der höheren Qualität der US-Produkte sogar mit einem deutlich höheren Anteil, etwa Weeks, Albert L.: Russia's Life-saver. Lend-lease Aid to the U.S.S.R. in World War II, Lanham MD 2004; Sokolov, Boris V.: The Role of Lend-Lease in Soviet Military Efforts, 1941–1945, in: The Journal of Slavic Military Studies 7 (1994) 3, S. 567–586.

und militärischer Organisation mangelte,[108] offenbarten die Lieferungen die Defizite des sowjetischen Erdölsektors. Der militärische Bedarf an Flugbenzin konnte bei Kriegsbeginn lediglich zu einem Viertel aus eigener Produktion gedeckt werden, insbesondere mangelte es an hochoktanigen Sorten, welche für modernere Kampfflugzeuge unabdingbar waren. Die sowjetische Luftwaffe war weitgehend von importierten Treibstoffen abhängig, wenngleich die Produktion im weiteren Kriegsverlauf deutlich gesteigert werden konnte. Mit mehr als 12 Prozent füllten Erdölprodukte so einen nicht unerheblichen Anteil der via Lend-Lease verschifften Gesamttonnage und deckten insgesamt bis 1945 selbst nach offiziellen Angaben ein Zehntel des militärischen Treibstoffverbrauches der Sowjetunion.[109]

Weitaus wichtiger im Kontext der sowjetischen Erdölindustrie und auch mit Hinblick auf den Wiederaufbau erwiesen sich jedoch jene Güter, welche primär die Produktionsbasis in der Sowjetunion stärken und so die Lend-Lease-Infrastruktur entlasten sollten. Der entsprechende Ausrüstungs- und Technologietransfer setzte Ende 1942 vollumfänglich ein. Zuvor hatte in den USA aufgrund bleibender Skepsis bezüglich des sowjetischen Durchhaltevermögens das Primat gegolten, dass lediglich Ausrüstung versendet werden durfte, welche nicht unmittelbar für die amerikanischen Kriegsanstrengungen benötigt wurde. Diese Einstellung änderte sich mit der Schlacht um Stalingrad. Seit Beginn des Jahres 1943 waren die amerikanischen Alliierten, so meldete es im März 1944 die dafür zuständige Abteilung des Volkskommissariats für Außenhandel, deutlich eher bereit, den sowjetischen Wünschen zu entsprechen.[110]

Vorrangiges Ziel der US-Administration wurde alsbald die materielle Unterstützung der Gegenoffensive der Roten Armee. In dem Bewusstsein, dass einiges

108 So der weitgehend übereinstimmende Stand der Forschung, siehe etwa Khlevniuk: Stalin, S. 198–249; Hildermeier: Geschichte der Sowjetunion, S. 601–606.

109 Igolkin: Sovetskaja ėnergetičeskaja strategija, S. 357–359; Zolotarev, et al.: Neft' i bezopasnost', S. 61 und S. 130–133; Butenina, Natalya V.: Lend-liz. Sdelka veka, Moskva 2004, S. 152; Dies.: Lend-Lease: The Oil Factor, in: Oil of Russia 22 (2005) 1, online verfügbar unter: http://www.oilru.com/or/22/360 [03.04.2012]; Budkov/Budkov: Gody ispytanij, S. 52. Zu den frühen Lieferungen vor Lend-Lease, welche zum Großteil (79 Prozent) aus Erdölprodukten bestanden, siehe Report on War Aid furnished by the United Staes to the U.S.S.R. June 22, 1941 – September 20, 1945, [Washington, D.C.] 1945, S. 1.

110 RGAE, f. 413, op. 12, d. 6799, ll. 3–18, abgedruckt in: »Narkomvneštorg sčitaet celesoobraznym organizovat' zakupočnuju komissiju«. Istorija lend-liza v dokumentach RGAĖ. Fevral' 1942 - mart 1945 g., in: Istoričeskij archiv 21 (2013) 5, S. 31–55, hier S. 35–44. Im Sommer 1942 hatten die zuständigen Stellen der US-Administration noch empfohlen, diverse Equipmentwünsche »nicht zu erfüllen«, da die entsprechenden Maschinen in den USA benötigt würden: Soviet Supply Protocols. Wartime International Agreements, Washington, D.C. [1948], S. 29 f. Der rapide Anstieg des Anteils an technischer Ausrüstung ist in der Statistik deutlich sichtbar: Report on War Aid, S. 13.

bereits »ausschließlich der russischen Nachkriegsversorgung«[111] dienen könnte, wurden unter anderem vier vollständige Raffineriekomplexe sowie zusätzliche kleinere Verarbeitungsanlagen in den USA demontiert und in die Sowjetunion transportiert. Mit einer jährlichen Verarbeitungskapazität von insgesamt rund 3 Millionen Tonnen Erdöl sollten diese dazu beitragen, den technologischen Rückstand primär beim Flugbenzin zu reduzieren. Obwohl die amerikanischen Behörden längst nicht allen diesbezüglichen Bestellungen aus Moskau nachkamen und die endgültige Inbetriebnahme der Raffinerien sich bis Herbst 1945 verzögerte,[112] waren die Anlagen mit Blick auf die Nachkriegszeit von großer Relevanz für die sowjetische Erdölwirtschaft. Das Narkomneft' gelangte so durch die Unterstützung der US-Administration an patentgeschützte Verfahren, welche zu verkaufen sich die jeweiligen Unternehmen zuvor gesträubt hatten. Selbst die in Rechnung gestellten Lizenzgebühren sollten nie bezahlt werden – obwohl diese Verweigerungshaltung der Moskauer Führung die zunehmenden Spannungen der späten 1940er Jahre weiter verschärfte.[113]

Die Bedeutung der Anlagen zeigte sich im Verlauf des ersten Nachkriegsfünfjahresplanes. Noch Ende 1949 waren einzelne fortschrittliche Flugzeugtypen sowjetischer und amerikanischer Bauart im Einsatz auf die hochwertigen Benzinsorten dieser Raffinerien angewiesen. Eigene Kapazitäten, um Treibstoff von vergleichbarer Qualität herzustellen, existierten nach wie vor nicht.[114] Die von einigen Neftjaniki nach dem Krieg präferierte Anpassung der Motorenproduktion an die verfügbaren Benzinsorten war auf Anweisung Stalins untersagt. Die Raffinerieprozesse und die gewonnenen Treibstoffe sollten qualitativ dem Verbrauch der modernsten Motoren angepasst werden, nicht

---

111 So deutet es General Leslie Groves in einer späteren Anhörung an, mit dem Hinweis, dass dies durchaus bekannt gewesen sei, Hearings regarding Shipment of Atomic Material to the Soviet Union during World War II. Hearings Before the Committee on Un-American Activities. House of Representatives. Eighty-First Congress. First and Second Sessions. December 5 and 7, 1949; January 23, 24, 25, and 26, and March 2, 3, and 7, 1950 (HUAC Hearings. 1950, Volume 1), Washington, D.C. 1950, S. 948. Ähnlich auch Weeks: Russia's Life-saver, S. 121.

112 Jones: Roads to Russia, S. 222 f. Dazu auch die sowjetische Bestandaufnahme fünf Jahre später, in: GARF, f. R5446, op. 51a, d. 1466, ll. 133–130. Zu diversen abgelehnten Bestellungen GARF, f. R5446, op. 46a, d. 1056, l. 115; Soviet Supply Protocols, S. 73 und S. 118.

113 Sutton: Western Technology, Bd. 2: 1930–1945, S. 90, Ders.: Western Technology, Bd. 3, S. 134 f. Der Streit über offene Rechnungen für Lend-Lease füllt zahllose Akten und wurde nie beigelegt. Allein die Erdöllizenzgebühren beliefen sich 1950 auf knapp 3,7 Millionen Dollar: AVP RF, f. 07, op. 23a, papka (p.) 25, d. 324, ll. 149–159, abgedruckt in: Sevost'janov et al. (Hg.): Sovetsko-amerikanskie otnošenija (1949–1952), S. 294–298.

114 GARF, f. R5446, op. 51a, d. 1435, l. 74.

andersherum.[115] Bestärkt durch die teilweise auf amerikanischer Hilfe basierenden technologischen Errungenschaften der Kriegsjahre war für die sowjetische Führung im Sinne des weiterhin vorherrschenden Fortschritts- und Machbarkeitsglaubens selbst ein temporärer, aus Mangel resultierender Rückschritt nicht akzeptabel. Verschwendung und Ineffizienz beförderten so die Erosion der Motoren, die häufig infolge fehlender Alternativen einfach mit den verfügbaren statt den tatsächlich benötigten Treibstoffen betrieben wurden.[116] Indes hatte das Narkomneft' nach dem Krieg sogar Schwierigkeiten, die Produktion rein quantitativ auf dem erreichten Niveau zu halten. Es fehlten essentielle Komponenten, deren Produktion aufgrund entsprechender Lend-Lease-Lieferungen vernachlässigt worden war. Nach Ende der Kampfhandlungen waren die USA jedoch immer weniger bereit, verschiedene global knappe Verbrauchsgüter zulasten der eigenen Wirtschaft zu exportieren.[117]

Weniger umfangreich als im verarbeitenden Sektor, aber gleichsam unverzichtbar für die sowjetische Erdölindustrie war moderne Ausrüstung zur Exploration und Erschließung neuer Vorkommen und zum Ausbau der Transportinfrastruktur. Im Sommer 1943 wurden gleich mehrere ranghohe Neftjaniki aus dem Führungskader des Volkskommissariats in die Vereinigten Staaten gesandt. Wie in den 1920er Jahren sollten sie vor Ort die eingesetzte Technologie studieren und Kontakte zu Unternehmen herstellen, deren Equipment auch in der Sowjetunion eingesetzt werden könnte.[118] Zahlreiche Bestellungen waren die Folge. Obschon nur ein Bruchteil des tatsächlichen Bedarfs gedeckt werden konnte, stellten die amerikanischen Lieferungen an Rohren, Pumpen, Bohrern und Ähnlichem in den Kriegsjahren die grundlegende Materialbasis des Narkomneft' dar. Gleiches galt für andere Wirtschaftszweige, deren Versorgung durch den Krieg nicht mehr gewährleistet werden konnte. Der Technologietransfer erreichte durch Lend-Lease ein Ausmaß, welches binnen weniger Jahre das gesamte sowjetisch-amerikanische Handelsvolumen

115 RGAE, f. 8627, op. 9, d. 322, l. 449. Tatsächlich war ein Großteil der Flugzeuge sowjetischer Bauart nach wie vor in der Lage, auch mit minderwertigen Benzinsorten zu fliegen. Höchste Priorität galt jedoch der Nachvollziehung des US-Standards, was von führenden Erdölkadern kritisiert wurde, siehe GARF, f. R5446, op. 51a, d. 1435, ll. 6–4.

116 RGAE, f. 4372, op. 47, d. 351, ll. 133–135.

117 GARF, f. R5446, op. 47a, d. 976, l. 102; ebd., op. 49a, d. 828, ll. 298–280. Zu den US-Einschränkungen durch Lend-Lease: Jones: Roads to Russia, S. 78 f.; Frey, John W./Ide, Chandler H. (Hg.): A History of the Petroleum Administration for War. 1941–1945, Washington, D.C. 1946, S. 3–7.

118 Es handelte sich größtenteils um die Leiter einzelner Ministeriumsabteilungen oder deren Stellvertreter, dazu die Erinnerungen eines Teilnehmers: Lavruško, P. N : O rekonstrukcii neftjanoj industrii posle Velikoj Otečestvennoj Vojny, in: Veterany 3 (1992), S. 39–52.

der Zwischenkriegszeit in den Schatten stellte. Obwohl es mangels vollständiger Statistiken für die 1920er Jahre allenfalls Indizien dafür gibt, galt dies vermutlich auch für den Erdölsektor.[119] Von der florierenden und letztlich durch amerikanische Steuerzahler subventionierten Wirtschaftskooperation profitierten zahllose US-Unternehmen ebenso wie die sowjetische Industrie. Während in Washington darauf spekuliert wurde, dass die »großzügige Hilfe sich in der Nachkriegswelt in lukrativen Handel« wandeln und entsprechend auszahlen würde, hofften auch die Wirtschaftsplaner in Moskau im Frühjahr 1945 auf die Fortsetzung der wirtschaftlichen Zusammenarbeit nach dem absehbaren Sieg über die Achsenmächte.[120]

Ende der Partnerschaft

Politische Differenzen, gegenseitiges Misstrauen und diplomatische Fauxpas auf beiden Seiten trübten die Hoffnungen schon kurze Zeit später.[121] Der zwar 1941 vertraglich vereinbarte, aber ohne Vorwarnung abrupt durchgeführte Abbruch der amerikanischen Lend-Lease-Lieferungen kurz nach Kriegsende irritierte die sowjetische Führung ebenso wie die britische, die ebenfalls über Nacht keine Unterstützung mehr erhielt.[122] Besonders die von der US-Administration angeordnete Rückbeorderung sämtlicher bereits auf dem Weg befindlicher Schiffe traf in Moskau auf Unverständnis. Im Gespräch mit Vertretern der westlichen Alliierten im Kreml äußerte Stalin im Sommer 1945 persönlich seinen Unmut

119 Die offizielle Auflistung der gelieferten Güter findet sich in: Report on War Aid, S. 19–28; detaillierter in Jordan, George R./Stokes, Richard L.: From Major Jordan's Diaries, New York 1952, S. 142–191; mit Schwerpunkt auf Equipment: Sutton: Western Technology, Bd, 3, S. 3–14. Zur Relevanz für die sowjetische Wirtschaft: Harrison: Accounting for War, S. 149 f. Eindeutig dem Erdölsektor zuzuordnende Posten finden sich bei Matvejčuk, Aleksandr A.: Neftjanaja sostavljajuščaja lend-liza, in: Alekperov (Hg.): Neft' strany Sovetov, S. 415–455, hier S. 440 und S. 449 f. Das via Lend-Lease gelieferte Erdölequipment hatte einen Gesamtwert von fast 180 Millionen US-Dollar: Frey/Ide (Hg.): Petroleum Administration for War, S. 270 f. Zum Handelsvolumen der Zwischenkriegszeit: RGAE, f. 413, op. 13, d. 2877, ll. 175–180, abgedruckt in: Bachturina (Hg.): Rossija i SŠA, S. 429–434; dazu auch Weeks: Russia's Life-saver, S. 84.

120 RGAE, f. 4372, op. 45, d. 470, l. 19. Zitat zur US-Wahrnehmung in: Jentleson, Bruce W.: From Consensus to Conflict. The Domestic Political Economy of East-West Energy Trade Policy, in: International Organization 38 (1984) 4, S. 625–660, hier S. 361 f.

121 Dazu etwa Gaddis: We Now Know, S. 189–194.

122 RGAE, f. 413, op. 12, d. 9870, ll. 3–10, abgedruckt in: Istorija lend-liza v dokumentach RGAĖ (Istoričeskij archiv 21 (2013) 5), S. 45–53, hier S. 46 f. Zur britischen Verstimmung Paterson, Thomas G.: Soviet-American Confrontation. Postwar Reconstruction and the Origins of the Cold War, Baltimore 1973, S. 159.

über diese »brutale« und sogar »verächtliche« Art und Weise, mit welcher der sowjetischen Wirtschaft fest eingeplante Ressourcen unangekündigt entzogen worden seien.[123] Wenngleich binnen kurzer Zeit nach entsprechenden Absprachen die Lieferungen wieder aufgenommen wurden und im Oktober ein Folgeabkommen auf Basis umfangreicher Kredite ausgehandelt werden konnte, war das Vertrauen in die amerikanischen Wirtschaftspartner beschädigt. Deutlich wird dies auch im indirekten Vorwurf Stalins, der Abbruch von Lend-Lease solle womöglich Druck auf die Sowjetunion ausüben, damit diese eine weniger harte Haltung annehme – was »ein fundamentaler Fehler« sei und »genau den gegensätzlichen Effekt« zur Folge haben könne.[124]

Gleichsam war die sowjetische Führung sich der Abhängigkeit von einem Vertrauensvorschuss aus Washington bewusst, da zumindest temporär die verfügbare Palette an Handelsgütern äußerst eingeschränkt war. Dem Mangel an exportierbaren Ressourcen im Austausch für das gelieferte Equipment und der eingeschränkten Bereitschaft der sowjetischen Führung zu außenpolitischen Konzessionen standen jedoch immer häufiger Mahnungen aus den USA gegenüber, dass dort zunehmend an der Rückzahlungsfähigkeit oder sogar absicht des Handelspartners gezweifelt werde.[125] Ein im Oktober 1945 von der amerikanischen Regierung gewährter Kredit entsprach schließlich nur einem Bruchteil der 6 Milliarden Dollar, die Stalin einige Monate zuvor ursprünglich erbeten hatte.[126]

Die Ungewissheit über die Zukunft der Zusammenarbeit und die daraus resultierende Absicht Stalins, »das Maximum aus der Kriegsallianz […] herauszuholen«,[127] führte schließlich zu einem Umdenken in Moskau. Die sowjetische Einkaufskommission in den USA erhielt Anfang Oktober 1945 den Auftrag, »besondere Aufmerksamkeit« fortan auf die Beschaffung von »Ausrüstung für die wichtigsten volkswirtschaftlichen Vorhaben« zu legen. Primär sollte der Fokus auf Equipment zum Ausbau der Infrastruktur und des Energiesektors gelegt werden. Gleichsam müsse der schnellstmögliche Abtransport aller beschafften Güter gewährleistet werden.[128] Was einmal an Bord eines sowje-

123 FRUS 1945, Bd. 1, S. 31–41, Zitate S. 33 sowie S. 35.

124 FRUS 1945, Bd. 1, S. 33.

125 AVP RF, f. 6, op. 7, p. 4, d. 4, ll. 23–25, ediert in: Sevost'janov et al. (Hg.): Sovetsko-amerikanskie otnošenija (1945–1948), S. 35 f.

126 Sanchez-Sibony: Red Globalization, S. 62–64.

127 Service: Stalin, S. 494–502, Zitat S. 494.

128 RGAE, f. 413, op. 12, d. 9870, ll. 3–10, abgedruckt in: Istorija lend-liza v dokumentach RGAĖ (Istoričeskij archiv 21 (2013) 5), S. 45–53, hier S. 45. Das für die Fortsetzung der Lend-Lease-Lieferungen grundlegende Abkommen TIAS 3662: »Disposition of Lend-Lease Supplies in In-

tischen Frachters und auf hoher See sei, so das unterschwellige Kalkül, werde nicht mehr zurückbeordert werden können. In den ersten beiden Nachkriegsjahren wurde auf diese Weise der Technologietransfer, trotz sinkender Gesamtvolumina, in einzelnen als besonders wichtig – oder besonders rückständig – erachteten Wirtschaftszweigen fortgesetzt. Insbesondere das in der Sowjetunion chronisch verknappte Erdölequipment machte einen bedeutenden Anteil an den zunächst weiterhin florierenden transatlantischen Geschäften aus und erreichte vom Wert her nahezu das Niveau der späteren Kriegsjahre.[129]

Dem wachsenden Misstrauen zum Trotz zeigte sich die sowjetische Führung zunächst bemüht, den stetigen Zufluss an moderner Ausrüstung auch über den Kreditrahmen hinaus zu gewährleisten. Wie in der Zwischenkriegszeit wurden selbst knappe Güter exportiert. Ende 1947 erhielten britische Handelspartner sogar große Mengen Getreide, obwohl in zahlreichen Landesteilen nach wie vor Hunger vorherrschte. Das Exportvolumen aus der Sowjetunion stieg entsprechend nach Kriegsende an, um die benötigte Ausrüstung zu finanzieren.[130] Der US-Kongress setzte der technischen Unterstützung des sowjetischen Erdölsektors jedoch ab dem Sommer 1947 immer engere Grenzen. Wenngleich noch zahlreiche Lieferungen im Verlauf des Jahres zustande kamen, untersagten die amerikanischen Abgeordneten etwa einen im April ausgehandelten größeren Verkauf von Raffinerieequipment.[131] Nahezu zeitgleich mit der Feststellung, dass die Nachkriegsanstrengungen zur Produktionssteigerung nicht mit dem steigenden Verbrauch korrelierten, drohte die wichtige externe Materialbasis des Erdölsektors durch für die sowjetische Seite unkalkulierbare Verzögerungen und ausbleibende Exportgenehmigungen zu versiegen.[132]

---

ventory or Procurement in the United States« vom 15.10.1945 ist abgedruckt in: United States Treaties and Other International Agreements. Volume 7 in three Parts, Part 3, Washington, D.C. 1957, S. 2819–2828.

129 CIA FOIA ERR ORE 24–49: The USSR Petroleum Industry, 05.01.1950, S. 1; ferner auch Matvejčuk: Neftjanaja sostavljajuščaja lend-liza, S. 451; Jentleson, Bruce W.: Pipeline Politics. The Complex Political Economy of East-West Energy Trade, Ithaca NY 1986, S. 53. Zum hohen Anteil erdölrelevanten Equipments auch FRUS 1947, Bd. 4, S. 708, Fußnote 1.

130 RGAE, f. 413, op. 25, d. 3630, l. 79, abgedruckt in Sevost'janov et al. (Hg.): Sovetsko-amerikanskie otnošenija (1949–1952), S. 514 f.; zu den Getreideexporten Adler-Karlsson, Gunnar: Western Economic Warfare 1947–1967. A Case Study in Foreign Economic Policy (Stockholm Economic Studies, New Series 9), Stockholm 1968, S. 164.

131 RGAE, f. 4372, op. 46, d. 186, ll. 219–220. Dazu auch Igolkin: Neftjanaja politika (1940–1950), S. 153 sowie S. 271. Dokumentationen zu zahlreichen erfolgreichen Kaufverhandlungen finden sich in GARF, f. R5446, op. 49a, d. 3778.

132 Im Juli 1947 lassen sich etwa Vermerke in sowjetischen Dokumenten finden, dass es »bisher« nicht gelungen sei, das eingeplante Equipment in den USA zu beschaffen, GARF, f. R5446, op. 49a, d. 829, l. 165.

Ähnliche Probleme traten auch bei den Lieferungen hochwertiger Erdölprodukte aus den Vereinigten Staaten auf. Trotz sinkender Tendenz trugen diese weiterhin zum Ausgleich der sowjetischen Produktionsdefizite bei und umfassten 1946 wie in der ersten Hälfte des Folgejahres noch mehrere hunderttausend Tonnen Treibstoff. Primär entlasteten die Importe die sowjetische Transportinfrastruktur, indem sie die Gebiete im Osten des Landes versorgten. Im August 1947 kritisierten Voznesenskij, Berija, Malenkov und Nikolaj Bulganin in einem gemeinsamen Schreiben allerdings die zunehmende Unzuverlässigkeit des Handelspartners. Zahllose Bestellungen des ersten Halbjahres seien nicht mehr erfüllt worden.[133] Eine zuvor im Juni veranlasste deutliche Ausweitung der sowjetischen Definition von Staatsgeheimnissen, welche unter anderem auch die Brennstoffbilanz, Informationen über Ressourcenabbau, Industrie und Außenhandel umfasste und nahezu den gesamten Erdölsektor einschloss,[134] stellte jedoch das eigentliche Problem dar: Die US-Administration war unter dem Eindruck allgemeiner globaler Benzinknappheit nicht bereit, ohne ungefähre Kenntnis der aus sowjetischer Produktion und sonstigen Quellen bereits vorhandenen Treibstoffmengen und des tatsächlichen Bedarfs zusätzliche Exportlizenzen auszustellen.

Diese Bedingung sollte keineswegs nur für die Sowjetunion gelten, sondern für alle Importeure amerikanischer Treibstoffe. Angesehene Fachleute aus dem Erdölsektor warnten nach dem Krieg, in absehbarer Zukunft werde sich globaler Mangel bemerkbar machen. Die Vereinigten Staaten waren gezwungen, immer größere Erdölmengen aus dem Ausland zu beziehen, bis sie 1948 – nach einem Vierteljahrhundert des Überflusses – zum Nettoimporteur wurden. Eigeninteresse und strategische Erwägungen dominierten alsbald die amerikanische Erdölpolitik. Nach den Vorstellungen der US-Administration sollten marktwirtschaftliche Mechanismen eingeschränkt, Exporte nur noch in Abhängigkeit von Verfügbarkeit und Dringlichkeit gestattet werden.[135] Darauf wollte man es in Moskau nicht ankommen lassen. Die sowjetische Führung zog es vor, statt-

133 GARF, f. R5446, op. 49a, d. 4032, l. 32. Zum amerikanischen Erdölexport in die Sowjetunion, der nach dem Zweiten Weltkrieg sogar zunächst anstieg, RGAE, f. 413, op. 12, d. 9870, ll. 31–34, abgedruckt in: Istorija lend-liza v dokumentach RGAĖ (Istoričeskij archiv 21 (2013) 5), hier S. 47–50.

134 Das entsprechende Gesetz »Ob ustanovlenii perečnja svedenij, sostavljajuščich gosudarstvennuju tajnu, razglašenie kotorych karaetsja po zakonu« ist abgedruckt in: Izvestija 134, 10.6.1947, S. 1.

135 Use of American-Owned Tankers Transporting Gasoline and Oil to Russia. Hearings before the Committee on Merchant Marine and Fisheries. House of Representatives, Eightieth Congress, First Session, June 27, July 1, 9, 10, and 16, 1947, Washington, D.C. 1947, S. 197 f.; Painter: Oil and the American Century, S. 96–100.

dessen ganz zu verzichten und andere Lösungen zu suchen. Anfang September wurden Treibstoffbestellungen aus den USA per Dekret vollständig untersagt.[136] Offensichtlich erachtete Stalin die Geheimhaltung der wenige Monate zuvor noch bereitwillig zur Verfügung gestellten energiewirtschaftlichen Kennziffern im Angesicht des wachsenden Misstrauens gegenüber den Alliierten als wichtig genug, um Einschränkungen in der Treibstoffversorgung zu tolerieren – und den daraus resultierenden Mangel als kontrollierbar.

Weg aus der Krise

Obwohl die meisten Weichenstellungen zur wirtschaftlichen Konfrontation mit der UdSSR in den USA erst Ende 1947 gestellt wurden und zahlreiche Exportbeschränkungen erst im Folgejahr vollends zum Einsatz kamen,[137] erforderten Treibstoffmangel und Unsicherheit in den Sommermonaten eine Reaktion der sowjetischen Führung. Insbesondere diejenigen Aspekte des laufenden Fünfjahresplanes, deren Umsetzung amerikanische Erdölausrüstung bedingte, wurden grundsätzlich in Frage gestellt. Am 2. Juli, nur einen Tag, nachdem Stalin vor der wachsenden Diskrepanz zwischen Verbrauch und Produktion gewarnt worden war, fanden sich zahlreiche führende Neftjaniki gemeinsam mit Vertretern des Ministeriums für innere Angelegenheiten (Ministerstvo vnutrenych del, MVD), des Gosplan sowie der höchsten Führungsriege im Kremlbüro des Parteichefs ein,[138] um Lösungsvorschläge zu diskutieren. Wenngleich bisher keinerlei Informationen über den Inhalt der Sitzung bekannt geworden sind, zeichnen der zeitliche Kontext und die Teilnehmerliste ein deutliches Bild. In den fast anderthalb Stunden, die dieses erste seit 1940 verzeichnete größere Treffen der leitenden Kader des Minnefteprom mit Stalin andauerte, wurde die Zukunft des sowjetischen Erdöls debattiert.

Unter Hochdruck arbeiteten die Führungskräfte des Brennstoffsektors in den folgenden Wochen gemeinsam mit Berija und Voznesenskij an Plankorrekturen, die schließlich Ende Juli Stalin präsentiert werden konnten. Kernelement des vorgelegten Dekrets waren erhebliche Investitionen, welche das Gesamtbudget des Industriezweiges für das Planjahrfünft um nahezu ein Drittel erhöhen sollten. Wesentlicher Zweck der zusätzlichen Mittel sollten neben dem Ausbau der

---

136 GARF, f. R5446, op. 49a, d. 4032, ll. 36–33 und ll. 29–28.

137 Jentleson: Pipeline Politics, S. 55–57; Brzenk, Eleanor T.: The Turning Point in Postwar Soviet-American Trade Relations, 1947, in: Papers of the Michigan Academy of Science, Arts, and Letters 37 (1951), S. 153–159; Adler-Karlsson: Western Economic Warfare, S. 22 f.

138 Černobaev (Hg.): Na prieme u Stalina, S: 490.

Transport- und Energieversorgungsinfrastruktur eine »signifikante Steigerung der Produktion von Erdölequipment, Apparaturen, Rohren und Messgeräten« sein, um ausfallende Importe zu ersetzen.[139] Nur so könne der »ansteigende Verbrauch [...] der Landwirtschaft, der Industrie und des Transportes« durch eine Produktionserhöhung des Erdölsektors aufgefangen werden.[140] Während vereinzelte Ausrüstungsgüter bereits 1947 hinreichend in der Sowjetunion produziert werden konnten oder nur geringe Probleme durch die verursachten Defizite gesehen wurden, fehlte es insbesondere an Rohren jeglichen Umfangs. Wie in den 1930er Jahren wurden zudem gewisse technisch anspruchsvolle Bauteile, die aus dem Ausland bezogen werden konnten, nicht produziert.[141]

Dieses Defizit sollte nach dem Willen der sowjetischen Führung schnellstmöglich ausgeglichen werden. Wie bereits zwei Jahre zuvor sah der Plan für 1948 erneut nahezu eine Investitionsverdoppelung für den Erdölsektor vor, mit deren Hilfe die Ziele des Fünfjahresplanes beinahe ein Jahr früher erreicht werden sollten.[142] Die nach dem Krieg etablierte höhere Priorität für Kohle und Eisenmetallurgie blieb weiterhin deutlich erkennbar. Nur stiegen die dem Erdöl zugewiesenen Mittel erstmals seit dem Krieg stärker an als die der anderen bevorzugten Industriezweige aus dem Energie- und Ressourcensektor, und der Investitionsunterschied wurde etwas geringer.[143] Gleichsam mangelte es auch dort nach wie vor an Ausrüstung, um den steigenden Elektrizitäts- und Kohlebedarf der sowjetischen Wirtschaft decken zu können. Was in der Zwischenkriegszeit nur ansatzweise gelang und spätestens mit dem deutschen Überfall zum Scheitern verurteilt war, sollte aus dem Zwang der wachsenden Isolation heraus binnen kurzer Zeit nachgeholt werden, wie Stalin im Dezember 1947 während eines Treffens mit einigen Ministern verkündete:

> [G]egenwärtig geben uns die Amerikaner keine Ausrüstung. Wir müssen selbst die Produktion solcher Ausrüstung organisieren. Es wird eine schwierige Angelegenheit, aber innerhalb von zwei Jahren werden wir dies erlernen, und wir werden vollständig unabhängig vom Ausland sein.[144]

---

139 GARF, f. R5446, op. 49a, d. 829, l. 166 und ll. 130–106; ebd., d. 828, ll. 279–219, Zitat l. 279. Dazu auch RGAE, f. 4372, op. 46, d. 189, l. 128.

140 GARF, f. R5446, op. 49a, d. 829, l. 130.

141 RGAE, f. 4372, op. 46, d. 186, ll. 219–220; GARF, f. R5446, op. 47a, d. 984, ll. 154–153.

142 GARF, f. R5446, op. 49a, d. 782, l. 52.

143 Zaleski: Stalinist Planning, S. 426; Kaplan, Norman M.: Capital Investments in the Soviet Union, 1924–1951, Santa Monica 1952, S. 204 f.

144 Malyšev: Dnevnik narkoma, S. 134.

Die sowjetische Erdölindustrie, und mit ihr die anderen Wirtschaftszweige aus dem Energie- und Ressourcensektor, sollte endlich eine autarke Zulieferindustrie, eine »Basis des vaterländischen Erdölmaschinenbaus zur Produktion von Equipment für die Erdölindustrie«[145] erhalten, um die 1946 von Stalin verkündeten langfristigen Planziele zu erreichen.

Wenngleich die Planer und Wirtschaftslenker im Angesicht der zusätzlichen Investitionen optimistischer wurden bezüglich der Möglichkeiten im Erdölsektor – zuvor war selbst die vergleichsweise niedrige Zielmarke des Fünfjahresplanes von den Protagonisten des Erdölsektors kritisiert worden[146] –, blieben grundsätzliche Zweifel bestehen. Selbst Bajbakov äußerte in seinen Memoiren, dass er zunächst skeptisch bezüglich des gesetzten Zieles von 60 Millionen Tonnen Erdöls innerhalb von zwei bis drei Planjahrfünften gewesen sei, und mit ihm zahlreiche weitere Führungskader des Erdölsektors: »Damals schien uns das in gewissem Maße eine willkürliche Forderung zu sein. Die Zahlen hielten wir für zu hoch und die Termine für zu kurz.«[147] Obwohl während des Krieges und auch danach erhebliche Fortschritte bei der Exploration gemacht worden waren, bestand nach wie vor Unklarheit über die tatsächlich förderbaren Erdölreserven der Sowjetunion. Seit 1942 waren neue Vorkommen zwar primär im Osten des Landes entdeckt worden und auch die Förderleistung stieg außerhalb des Kaukasus weitaus schneller an als in den traditionellen Erdölregionen im Südwesten des Landes. Knapp 40 Prozent der bekannten Reserven verorteten die Geologen allerdings Anfang 1947 weiterhin in Aserbaidschan – weit weniger als vor dem Krieg, aber immer noch wesentlich mehr und räumlich konzentrierter als in allen anderen Regionen des Landes.[148] Die Akademie der Wissenschaften betrachtete die Region um Baku entsprechend weiterhin als »grundlegende Erdölprovinz der Sowjetunion«.[149] Gleichzeitig erholte sich die Erdölförderung im Kaukasus wie im ganzen Land nur äußerst langsam.

Unter Berücksichtigung der eigenen Erfahrungen, vor allem aus den 1930er Jahren, trugen diese Perspektiven keineswegs dazu bei, die bestehenden Vorstellungen hinsichtlich der Knappheit des Erdöls im Angesicht der nahezu endlosen Kohlereserven in Frage zu stellen. Trotz zusätzlicher Investitionen würde sich die Förderung nur eingeschränkt steigern lassen. In absehbarer Zukunft, davon

145 GARF, f. R5446, op. 49a, d. 828, l. 292.

146 Bei der Diskussion des Fünfjahresplanes hatte sich das Führungsgremium des Narkomneft' mehrheitlich skeptisch gezeigt ob der Planziffern für 1950. RGAE, f. 8627, op. 9, d. 322, ll. 449–455.

147 Bajbakov: Sache des Lebens, S. 168. Ausführlicher auch Ders.: Neftjanoj front, S. 88 f.

148 Bajbakov: Neftjanoj front, S. 58; Keller: Neftjanaja promyšlennost', S. 6. Dazu auch Kapitel 6.1.

149 RGAE, f. 4372, op. 47, d. 351, l. 211.

blieben die Vordenker der sowjetischen Wirtschaftsplanung weiterhin überzeugt, werde der wertvolle Brennstoff zur Neige gehen, sodass die Nutzung reglementiert bleiben müsse.[150] Die Furcht der amerikanischen Regierung vor einer globalen Erdölknappheit, welche sich zusehends in der aus Moskau skeptisch verfolgten US-Außenpolitik im Nahen und Mittleren Osten widerspiegelte,[151] trug sicherlich dazu bei, dass Stalin und seine Mitstreiter an ebendieser grundlegenden Hypothese des frühen energetischen Weltbildes der Bolschewiki festhielten. Die wachsende internationale Anspannung, welche im Dezember 1947 in der Entscheidung der sowjetischen Führung zur Wiederaufrüstung gipfelte,[152] signalisierte jedoch einen zukünftig höheren Treibstoffverbrauch des militärischen Sektors. Bedingt durch die spätestens im Krieg überdeutlich gewordene strategische Relevanz des Erdöls wurde es immer wichtiger, alternative Treibstoffquellen zu akquirieren.

Resümee: Erdölpolitik als Außen- und Sicherheitspolitik

Durch den ›Großen Vaterländischen Krieg‹ waren nahezu alle Befürchtungen und Zweifel an der sowjetischen Energiepolitik der Zwischenkriegszeit binnen weniger Monate Gewissheit geworden: Weder der Kaukasus als Treibstoffbasis noch die aufgebauten Förder- und Raffineriekapazitäten hatten sich in der Feuerprobe eines bewaffneten Konfliktes bewährt. Zugleich jedoch wurde die Region für die Sowjetunion infolge der zu spät und nur halbherzig ergriffenen Maßnahmen zum Aufbau eines zweiten Standbeins (oder vielmehr eines ›Zweiten Baku‹) der Treibstoffversorgung unverzichtbarer denn je. Obwohl die Erkenntnis, dass eine moderne Armee ohne Erdölprodukte nur eingeschränkt einsatzbereit sein kann, für Stalin und seine Mitstreiter keineswegs neu war, traf die Realität die Rote Armee und die sowjetische Wirtschaft nahezu unvorbereitet.

Um das Versäumnis der Vorjahre zu kompensieren, erhob die Kremlführung den Erdölsektor während des Krieges zur besonderen Priorität. Mit dem Ziel einer sicheren Treibstoffbasis fernab der sowjetischen Außengrenzen forcierte

150 GARF, f. R5446, op. 86a, d. 2528, l. 228; Arutjunjan: V mire černogo zolota, S. 52; Campbell: Economics of Soviet Oil, S. 10; Chernyshev, A. N.: Mining Without Miners, in: USSR Information Bulletin 6 (1946) 38, S. 317.

151 GARF, f. R5446, op. 48a, d. 633, ll. 211–131. Ansätze finden sich auch im berühmten Novikov-Telegramm, abgedruckt in: Jensen, Kenneth M. (Hg.): Origins of the Cold War. The Novikov, Kennan, and Roberts »Long Telegrams« of 1946 with Three New Commentaries, 2. Aufl., Washington, D.C. 1993, S. 3–16, insbesondere S. 9–11. Zur US-Perspektive Stahmer: Erdöl, S. 164.

152 Dunmore: Stalinist Command Economy, S. 108–115.

das Narkomneft', unterstützt von Investitionen bisher ungekannten Ausmaßes, die Suche nach neuen Erdölvorkommen im ganzen Land. Die Entsagungen der Kriegswirtschaft und unterlassene Vorarbeiten reduzierten derweil den Handlungsspielraum der Neftjaniki. Während sich die Relevanz einer geostrategisch sicheren und ausreichenden Treibstoffversorgung so im Denken Stalins und seiner Mitstreiter verankerte, waren die Kriegsjahre von einem stetigen Förderrückgang geprägt.

Nach Kriegsende erfuhr die Erdölindustrie gemeinsam mit dem gesamten Energie- und Ressourcensektor deshalb eine deutliche Aufwertung zu einem Fundament der sowjetischen Wirtschaft. Die grundsätzlichen energetischen Prioritäten änderten sich zugleich keineswegs. Wie in den 1930er Jahren galt ein Vorrang für Kohle und Stahl, die als wesentliche Grundlage des Wiederaufbaus betrachtet wurden. Im Vergleich zu diesen beiden Schwergewichten rückte das Erdöl erneut in den Hintergrund. Im selbsterklärten »an Erdöl reichsten Land der Welt« fehlte nach wie vor der politische Wille, aus dem angenommenen Reichtum Kapital zu schlagen. Für Stalin war der flüssige Brennstoff in erster Linie dem militärischen Verbrauch vorbehalten und sollte primär zu einem Garanten der sowjetischen Verteidigung werden. Besondere Eile legten die Moskauer Wirtschaftsstrategen dabei nicht an den Tag. Das Vorkriegsniveau des Sektors sollte plangemäß erst deutlich später als in anderen als relevant erachteten Industriezweigen erreicht werden. Die Diskrepanz zwischen Produktions- und Verbrauchsplanung reichte zwar nicht mehr an das Vorkriegsniveau heran, war aber keineswegs ausgeräumt.

Insbesondere die innersowjetische Ausrüstungsproduktion vernachlässigten die Planer im Erdölsektor, solange Importe aus den Vereinigten Staaten die schwerwiegendsten Defizite kompensieren konnten. Nach 1941 hatte sich nicht nur die Moskauer Führung an die umfangreichen Hilfslieferungen aus Washington gewöhnt, die während des Krieges eine unverzichtbare Stütze dargestellt und selbst in den Folgejahren zur Konsolidierung zahlreicher Wirtschaftszweige beigetragen hatten. Der Bruch mit den westlichen Alliierten stellte nicht nur die verantwortlichen Neftjaniki bald vor das Problem, dass die Wiederbelebung der in den 1930er Jahren vorübergehend zurückgefahrenen Technologieimporte ein dieses Mal von sowjetischer Seite ungeplantes und weitgehend abruptes Ende fand.

Zwar hatte der gleichsam aus sowjetischer Perspektive äußerst rabiate Abbruch der Lend-Lease-Lieferungen zwei Jahre zuvor bereits einen Vorgeschmack bezüglich der Ungewissheit des transatlantischen und transpazifischen Handels geboten. Die zunehmende Blockadehaltung der USA traf den Erdölsektor der UdSSR dennoch weitgehend unvorbereitet. Trotz bestehender Zweifel an der Nachhaltigkeit des Energieträgers, dessen globale Vorräte im Vergleich zur Kohle nach wie vor als äußerst eingeschränkt betrachtet wurden, sah sich die sowjetische Führung so in Anbetracht der wachsenden globalen Spannungen und der nur schleichenden Fortschritte bei der Überwindung des Mangels Ende 1947 gezwungen, die energiepolitischen Prioritäten grundsätzlich zu überdenken: Die Abhängigkeit von Technologieimporten wurde ebenso inakzeptabel wie der vorherrschende Material- und Ausrüstungsmangel. Um in der zunehmend bipolaren Weltordnung zu bestehen, musste die Sowjetunion endlich einen konkurrenzfähigen, autarken Treibstoffsektor erhalten.

5 Auf der Suche nach Alternativen zum sowjetischen Erdöl

Stalin und seine Mitstreiter konnten sich bereits in den frühen Nachkriegsjahren trotz der vorübergehenden Renaissance der kohlezentrischen Energiepolitik nicht vollends den Folgen des Erdölmangels verschließen. Verschiedene Alternativen, welche die sowjetische Erdölindustrie und die Treibstoffversorgung entlasten sollten, waren bereits während des Krieges auf die Agenda gerückt und erhielten auch nach der deutschen Kapitulation einen besonderen Platz in den alsbald entworfenen energetischen und versorgungsstrategischen Zukunftsszenarien. Neben der Intensivierung der bereits seit den 1930er Jahren von höchster Stelle protegierten Versuche zur Substitution des flüssigen Energieträgers durch Kohle, Ölschiefer, Torf oder zwischenzeitlich auch Erdgas rückte nunmehr eine zuvor vehement kritisierte Praxis der westlichen Staaten in den Vordergrund: die Suche nach Rohstoffen auch außerhalb des eigenen Staatsgebietes. Getrieben von einem teils durchaus zu Recht wahrgenommenen Erdölimperialismus aufseiten der ehemaligen Alliierten, die insbesondere die reichhaltigen Vorkommen des Nahen und Mittleren Osten unter sich aufzuteilen gedachten, prägte das Streben nach einem Zugang zu wichtigen Rohstoffen erkennbar die sowjetische Außenpolitik in den unmittelbaren Nachkriegsjahren. Das Vorgehen der Moskauer Regierung in verschiedenen Ländern Osteuropas, aber auch im Iran und in anderen benachbarten Ländern war somit eine logische Konsequenz aus den innenpolitischen Problemen im Brenn- und Treibstoffsektor. Eine Untersuchung der konkreten Rohstoffinteressen als Motiv für die territoriale Expansion der Sowjetunion nach dem Zweiten Weltkrieg kann an dieser Stelle aufgrund der Komplexität dieses Themas nicht erfolgen. Ähnlich wie die Substitutionsbestrebungen zur Entlastung des eigenen Erdölsektors gedacht, spiegelte die Vorgehensweise nach dieser Expansion allerdings in vielerlei Hinsicht auch erdölpolitische Überlegungen und Ansichten der sowjetischen Führung wider.

5.1 Substitution im eigenen Land

Die Idee, nicht nur das Erdöl, sondern auch Benzin und andere flüssige Treibstoffe durch regional verfügbare Alternativen zu ersetzen, entsprang in ihren

Grundzügen bereits den Hypothesen des GOĖLRO-Planes. Sie verfestigte sich jedoch erst mit dem Ende der NĖP in den planwirtschaftlichen Überlegungen der Parteiführung. Durch Erfolge deutscher Chemiker bei der Verflüssigung fester Brennstoffe in den 1920er Jahren motiviert, beschloss der Oberste Volkswirtschaftsrat 1929 den Aufbau eigener Kapazitäten. Ein Jahr später wurde diese Linie vom XVI. Parteitag bestätigt und die Gewinnung von synthetischen Rohstoffen jeglicher Form zur »wichtigen Aufgabe« für die industrielle Entwicklung der Sowjetunion erklärt.[1] Die Verantwortlichen bei Gosplan setzten fortan große Hoffnungen in die Technologie, welche als zukunftsweisende Lösung für die ungewollte Abhängigkeit vom ›schwarzen Gold‹ begriffen wurde. Interne Perspektivpläne aus dem Jahr 1930 sahen für das Ende der Dekade bereits die Deckung der Hälfte des Treibstoffverbrauches durch Kohleverflüssigung voraus.[2] In der Folge bemühte sich das Narkomtjažprom intensiv um den Aufbau von Kapazitäten zur Erprobung der neuen Technologie. Erklärtes Ziel war es, langfristig die Erdölvorräte zu entlasten und zugleich die ungünstig empfundene »geographische Verteilung unentbehrlicher Ressourcen« zu überwinden, wie der stellvertretende Volkskommissar Georgij Pjatakov Anfang 1934 darlegte.[3]

In den späten 1930er Jahren dominierten wie in zahllosen anderen Wirtschaftssektoren strategische Überlegungen die weiteren Planungen. Hitlers Streben nach nationaler Autarkie und die unübersehbaren Fortschritte bei der Substitution von Erdölimporten wurden nicht ohne Bewunderung genauestens verfolgt.[4] Im Rahmen des dritten Fünfjahresplanes hatte sich auch die Parteiführung zur Dringlichkeit der Produktion synthetischer Treibstoffe bekannt. Aufgrund der »gewaltigen Entfernungen« und der gegenwärtigen Notwendigkeit, »Erdöl und Erdölprodukte vom Süden her durch das ganze Land zu transportieren«, während es »Kohlenvorräte allerorts gebe«, habe Stalin entsprechende Anweisungen erteilt.[5] Langfristig sollte jede der von Gosplan festgelegten Wirtschaftsregionen in der Sowjetunion den eigenen Verbrauch an »Massenbedarfsgütern« selbst decken können, und dazu zählte auch die Treibstoffversorgung. Um eine solche regionale Autarkie zu gewährleisten, sollten

1 Fachreev, Nail' K.: Iz istorii otrasli iskusstvennogo židkogo topliva SSSR, in: Izvestija Rossijskogo gosudarstvennogo pedagogičeskogo universiteta im. A.I. Gercena (2008) 54, S. 231–236, hier S. 232; Rešenija po chozjajstvennym voprosam, Bd. 2, S. 219 f.

2 Igolkin: Neftjanaja politika (1928–1940), S. 21.

3 XVII s"ezd Vsesojuznoj Kommunističeskoj partii (b). 26 janvarja – 10 fevralja 1934 g. Stenografičeskij otčet, Moskva 1934, S. 460.

4 So etwa in RGAE, f. 4372, op. 92, d. 200, l. 41 und ll. 39–1.

5 So in der Rede Kaganovičs auf dem XVIII Parteitag: XVIII s"ezd VKP(b), S. 251 sowie S. 256.

»in Westsibirien und anderen Regionen, welche über kein eigenes Erdöl verfügen« – aufgezählt werden etwa das Baltikum, die zentralen und westlichen Landesteile oder Kasachstan –, entsprechende Kapazitäten aufgebaut werden.[6] Die Einschätzung der heute für die Russländische Föderation wichtigsten, damals aber vollkommen unbekannten Förderregion östlich des Urals als erdölarmes Gebiet deutet gleichsam erneut darauf hin, dass die sowjetische Erdölgeologie am Vorabend des Zweiten Weltkrieges im Osten des Landes erhebliche Lücken aufwies. Die sowjetischen Wirtschaftsplaner zogen es vor, anstelle der kostspieligen Suche nach eventuell vorhandenen Ressourcen die verfügbaren Mittel in nachgewiesene, aber dafür weniger effiziente Alternativen zu investieren.

Mit Molotov, Kaganovič, Voznesenskij und dem damaligen NKVD-Chef Nikolaj Ežov befassten sich gleich mehrere hochrangige Mitglieder der Parteiführung mit den Möglichkeiten zur Erdölsubstitution und suchten gemeinsam nach Möglichkeiten, vor allem die im Deutschen Reich verwendeten Technologien für die sowjetische Wirtschaft zu beschaffen.[7] Die dem synthetischen Treibstoff zugemessene strategische Bedeutung zeigt sich auch daran, dass nahezu alle Dokumente mit diesbezüglichem Kontext als streng geheim klassifiziert wurden, ein Status, der im Erdölsektor zu dieser Zeit lediglich in Ausnahmefällen und nahezu ausschließlich im Zusammenhang mit Flugbenzin vergeben wurde.[8] Ende Mai 1939 wurde schließlich der Bau von acht Anlagen zur Gewinnung von Flüssigtreibstoffen aus Kohle und anderen festen Energieträgern mit einer Gesamtkapazität von 230.000 Tonnen jährlich beschlossen, drei Jahre später sollten diese bereits den Betrieb aufnehmen. Obwohl auch die konventionellen Raffinerien am Vorabend des Krieges an ihre Kapazitätsgrenzen stießen und das Budget im Angesicht der steigenden Rüstungsausgaben angespannt war, wurden erhebliche Investitionen zur Umsetzung der Pläne bereitgestellt – beinahe doppelt so viel wie 1939 zur Finanzierung von erdölbasierten Verarbeitungsbetrieben.[9] Während

6 RGAE, f. 4372, op. 43, d. 125b, l. 22 sowie l. 115; ebd., d. 125v, l. 8. Allgemein zu den Bemühungen um regionale Autarkie in dieser Zeit Mieczkowski: Economic Regionalization, S. 114–120.

7 Zahlreiche Dokumente und Briefe, welche die tiefgreifende Involvierung der genannten Akteure belegen, sind abgedruckt in Melija, Aleksej A.: Mobilizacionnaja podgotovka narodnogo chozjajstva SSSR, Moskva 2004, S. 236–297. Dazu ferner auch Zolotarev, et al.: Neft' i bezopasnost', S. 68.

8 Auffällig ist, dass selbst die Probleme in Groznyj und Baku in den späten 1930er Jahren ohne gesonderte Geheimhaltung diskutiert wurden, etwa in: GARF, f. R5446, op. 24, d. 1090; ebd., d. 1095.

9 RGAE, f. 4372, op. 92, d. 293, l. 110–111; ebd., f. 8627, op. 10, d. 7, l. 12; Izvestija ČK KPSS (1990) 1, S. 173; Melija: Mobilizacionnaja podgotovka, S. 222 f.; Sokolov: Sovetskoe neftjanoe chozjajstvo, S. 209 f.

die deutsche Führung die mehr als zehnmal teurere und wesentlich aufwändigere Technologie – zur Herstellung von 1 Tonne Flugbenzin wurden bis zu 70 Tonnen Kohle benötigt, auf konventionellem Wege jedoch lediglich rund 3 Tonnen Erdöl – als temporäre Notlösung bis zur Eroberung des Kaukasus betrachtete, sahen Stalin und seine Mitstreiter darin eine gleichwertige und strategisch lohnenswerte Alternative.[10] Die Kosten spielten dabei nur eine untergeordnete Rolle.

Durch den Krieg und den Niedergang der Erdölförderung im Kaukasus sah sich die Kremlführung in ihren Annahmen und der daraus resultierenden Suche nach Möglichkeiten zur Erdölsubstitution bestätigt. Alles, was der Reduktion des Verbrauchs dienen konnte, wurde in Erwägung gezogen; wo immer möglich sollten Erdölprodukte durch andere Brennstoffe ersetzt werden. Mobile Gasgeneratoren zur Nutzung von Braunkohle, Torf oder Feuerholz in Fahrzeugen, mit denen bereits vor dem Krieg experimentiert worden war, wurden in zahlreiche zivil genutzte Lastwagen und Traktoren eingebaut. Insbesondere die Landwirtschaft wurde zunehmend auf Verzicht getrimmt.[11] Der Fokus der sowjetischen Erdölstrategie auf die Vertiefung der Verarbeitungsprozesse und die daraus resultierende Reduzierung der zur Verfügung stehenden Heizölmenge erforderte gleichsam einen Ersatz für die nach wie vor großen Masutmengen, welche von der Industrie verbraucht wurden. Die präferierte Kohle stand aufgrund der deutschen Besetzung des Donbass jedoch nicht als Alternative zur Verfügung.

Erdgas als Notlösung

Unter den vernachlässigten Projekten der Zwischenkriegszeit fand sich rasch eine mögliche Lösung für den Energieträgermangel: Bereits 1937 hatten Brennstoffexperten innerhalb Gosplans darüber spekuliert, dass sich die sinkende Erdölförderung am besten durch den Aufbau einer Gasindustrie zur Versorgung großer Städte und einzelner energieintensiver Betriebe kompensieren lasse.[12]

10 Igolkin: Neftjanaja politika (1928–1940), S. 22; US Strategic Bombing Survey, Vol. 5, S. 15. Die Kostenprobleme in den 1930er Jahren waren der sowjetischen Führung durchaus bekannt, siehe Matvejčuk, Aleksandr A./Evdošenko, Jurij V.: Istoki gazovoi otrasli Rossii. 1811–1945 gg. Istoricheskie ocherki, Moskva 2011, S. 428 f. Zu den deutschen Einschätzungen: Eichholtz/Kockel: Deutsche Ölpolitik, S. 509–511.

11 GARF, f. R5446, op. 1, d. 206, ll. 194–242; ebd., d. 208, ll. 78–84; Čadaev: Ėkonomika SSSR, S. 273 f. Weiterführend auch: Igolkin: Neftjanaja politika (1928–1940), S. 22 f.; Ders.: Neftjanaja politika (1940–1950), S. 244; Shimkin: Minerals, S. 212 f.; Sokolov: V godinu tjažkich ispytanij.

12 RGAE, f. 4372, op. 36, d. 958, ll. 29–30 sowie ll. 85–86. Dazu auch Matvejčuk/Evdošenko: Istoki gazovoi otrasli, S. 418–420.

Wenig später entdeckte auch die Parteiführung die zuvor bewusst »vergessene Industrie«.[13] Auf dem XVIII. Parteitag 1939 bezeichnete Kaganovič den Gassektor als »Industrie der kommunistischen Gesellschaft«, welcher »eine große Zukunft bevorsteht«. Die einer Gasifizierung zugrunde liegenden Paradigmen sollten jedoch wie im übrigen Energiesektor dem Regionalitätsprinzip untergeordnet werden: Zwar schloss er die Nutzung von in einzelnen Gebieten reichlich vorhandenem Erdgas in seiner Rede nicht ausdrücklich aus. Der Fokus sollte jedoch auf der Gasifizierung lokal verfügbarer fester Brennstoffe liegen.[14] Besondere Priorität genoss die unterirdische Kohlevergasung, an welcher bereits Lenin großes Interesse gezeigt hatte. Das Verfahren war Anfang des 20. Jahrhunderts in England entwickelt und im Frühjahr 1913 von Lenin in einem öffentlichen Brief als »gigantische technische Revolution« bezeichnet worden, mit dem Potential, nahezu grenzenlose Energie ohne den Einsatz von Arbeitskraft produzieren zu können.[15] Kurzum sah er in den entsprechenden Verfahren eine Technologie, mit der das sozialistische Ideal einen Schritt näher rücken würde.

Unter der Führung Stalins, für den die Schriften Lenins dem Historiker Oleg Chlevnjuk zufolge als Lehrwerk nahezu biblischen Charakter hatten, erhielt die derart gepriesene Technologie im Verlauf der 1930er Jahre erhebliche Aufmerksamkeit der politischen Führung und gewann so eine »große ideologische Bedeutung«.[16] Bemühungen von Erdölkommissar Sedin und anderen, Anfang 1940 die Investitionen auch im Erdgassektor zu erhöhen und endlich eine nennenswerte und eigenständige Erdgasindustrie aufzubauen, wie sie in den USA und anderen Ländern bereits existierte, waren in Anbetracht der zahllosen Konkurrenzprojekte wenig erfolgreich.[17] Knappe Mittel, fehlendes Equipment und die begrenzte Nutzbarkeit des Energieträgers ohne großflächige infrastrukturelle Baumaßnahmen reduzierten mit den Möglichkeiten auch das Interesse der sowjetischen Wirtschaftslenker. Im Sommer 1941 spielte der Energieträger nahezu keine Rolle. Eine Ausnahme stellte lediglich die Region um Baku dar, in der rund 90 Prozent des in der Sowjetunion gewonnenen Erdgases als Nebenprodukt der Erdölförderung produziert und größtenteils zur Elektrizitätsgewin-

13 Gurfinkel', Iosif M.: Zabytaja promyšlennost'. (Gazovoe delo v SSSR i sovremennoe sostojanie ego na Zapade), in: Planovoe chozjajstvo (1928) 5, S. 223–237; Ramsin: Power Resources, S. 1270.

14 XVIII s"ezd VKP(b), S. 253. Der auf dem Parteitag verabschiedete dritte Fünfjahresplan spiegelte diese Prioritätensetzung klar wider: KPSS v rezoljucijach i rešenijach, čast' II, S. 889.

15 Lenin: Pol. Sob. Soč., Bd. 23, S. 93.

16 Matvejčuk/Evdošenko: Istoki gazovoi otrasli, S. 430–440; Khlevniuk: Stalin, S. 93 f.

17 RGAE, f. 4372, op. 92, d. 292, ll. 289–197; ebd., op. 38, d. 993, ll. 107–108.

nung genutzt wurde.[18] Mit der angespannten Brennstoffversorgung während des Krieges und der Evakuierung rüstungsrelevanter und gleichsam energieintensiver Industriebetriebe in Gebiete jenseits der Volga, die zuvor aus dem nun besetzten Donbass mit Kohle und aus Baku mit Masut versorgt worden waren, änderte sich die Ausgangssituation jedoch grundlegend.

Mit Berijas Unterstützung legte Sedin im April 1942 dem Parteichef erneut ein Teilprojekt dessen vor, was er bereits zwei Jahre zuvor gefordert hatte. Die Intensivierung der Erdgasförderung und der Bau entsprechender Pipelines hätten das Potential, das Brennstoffdefizit in den entsprechenden Regionen zu reduzieren und folglich das Eisenbahnnetz entlasten. Die Volgametropole Kujbyšev – das heutige Samara –, die während der ersten Kriegsmonate zum wichtigen Zentrum der Rüstungsindustrie geworden war, sollte als Erste versorgt werden.[19] In Anbetracht des Mangels gelang es, Stalin von dieser Notwendigkeit zu überzeugen. Bereits im Folgejahr konnten einzelne wichtige Erdgaspipelines in Betrieb genommen werden.[20] Befördert durch die ersten Erfolge wurden im April 1943 trotz gravierenden Mangels an Stahlrohren und anderem Equipment die intensivierte Nutzung des Energieträgers und der weitere Ausbau der Transportinfrastruktur im Osten des Landes beschlossen. Allein die Förderung sollte binnen Jahresfrist vervierfacht werden. Die Suche nach neuen Gasvorkommen, zuvor eher zufälliger Beifang der Erdölexploration, wurde zur expliziten Aufgabe des Narkomneft'.[21] Parallel wurden auch die Bemühungen intensiviert, aus Erdgas Benzin und andere petrochemische Produkte zu gewinnen. Die entsprechenden Prozesse waren in Baku bereits seit den 1920er Jahren in einzelnen Raffinerien zur Treibstoffbeimischung angewandt worden. Mit dem unabhängigen Ausbau des Brennstoffes verbanden die Akteure so nicht zuletzt auch Hoffnungen, langfristig sogar über die Industrie hinaus zur Substitution des Erdöls beizutragen.[22] Was als auf einzelne Betriebe limitiertes Brennstoffnotversorgungsprojekt begonnen hatte, entwickelte sich zum Plan für den Aufbau einer regionalen Erdgasindustrie.

---

18 Dienes/Shabad: Soviet Energy System, S. 69–75.

19 RGASPI, f. 644, op. 2, d. 48, l. 152. Im ursprünglichen Vorschlag Sedins waren größtenteils Regionen im Westen der Sowjetunion fokussiert. Aufgrund der militärischen Situation waren diese Teilprojekte nicht umsetzbar. Die Versorgung von Kujbyšev stellte wohl den erfolgversprechendsten Beginn dar: RGAE, f. 4372, op. 92, d. 292, ll. 209–204a.

20 Bajbakov: Neftjanoj front, S. 36; Elliot: Soviet Energy Balance, S. 14–16; Shabad: Basic Industrial Resources, S. 19; Kurjatnikov: Stanovlenie neftjanogo kompleksa, Bd. 1, S. 254.

21 RGASPI, f. 644, op. 2, d. 147, ll. 33–51. Dazu auch Čadaev: Ėkonomika SSSR, S. 181.

22 Bajbakov: Neftjanoj front, S. 54; Sokolov: Sovetskoe neftjanoe chozjajstvo, S. 256; Matvejčuk/Evdošenko: Istoki gazovoi otrasli, S. 255–281.

Um die Bemühungen zur Substitution des Erdöls zu intensivieren und gleichsam unter einem Dach zu vereinen, bewilligte die sowjetische Regierung schon im Juni 1943 die Gründung einer Hauptverwaltung für synthetische Flüssigbrennstoffe und Gase (Glavgaztopprom). Die zuvor den jeweiligen Narkom für Kohle und Erdöl zugeordneten Einzelprojekte wurden auf diese Weise der direkten Aufsicht des Rates der Volkskommissare unterstellt. Die neue Abteilung, deren primäre Aufgabe angesichts der »großen volkswirtschaftlichen und militärischen Bedeutung« der schnellstmögliche Ausbau der synthetischen Treibstoffgewinnung und der Erdgasförderung sein sollte, war bereits nach kurzer Zeit vom Status her gleichberechtigt mit einem Volkskommissariat und verlieh dem Ausbau der jeweiligen Sektoren neue Impulse.[23] In die Erdgasnutzung wurden große Hoffnungen gesetzt. Planungen für die Energieversorgung der einzelnen Regionen innerhalb der Sowjetunion, die Ende 1943 von Gosplan gestartet wurden, sahen für das kommende Jahrfünft eine deutliche Steigerung des zuvor marginalen Erdgasanteils in der Brennstoffbilanz vor. Bis 1947 sollte dieser auf über 10 Prozent erhöht werden und besonders den Erdölverbrauch deutlich reduzieren.[24] Mit Unterstützung der politischen Führung stieg die Erdgasförderung in den Kriegsjahren rasant an, wenngleich der Produktionszuwachs in den Statistiken zunächst durch den Niedergang der kaukasischen Erdölindustrie und der dortigen Beigasgewinnung verschleiert wurde.[25]

Mit Krieg und Brennstoffmangel als Argumentationshilfen gelang es Sedin als einem der intensivsten Fürsprecher für den Ausbau der Erdgasindustrie zunehmend, Stalin von weiteren Projekten zu überzeugen. Eine zuvor noch abgelehnte, 800 Kilometer lange Pipeline zur Anbindung Moskaus wurde im September 1944 »angesichts der besonders wichtigen defensiven und volkswirtschaftlichen Bedeutung der Versorgung […] industrieller und ziviler Verbraucher« abgesegnet, auch Saratov sollte zusätzliches Erdgas erhalten. Wenig später folgte der Beschluss zum

23 Postanovlenie SNK SSSR Nr. 670 ot 19.6.1943. Ob organizacii Glavnogo Upravlenija iskusstvennogo židkogo topliva i gaza pri Sovnarkome SSSR, online verfügbar unter: http://www.consultant.ru/cons/cgi/online.cgi?req=doc;base=ESU;n=35341 [06.04.2017]; CIA FOIA ERR ORE 24–49: The USSR Petroleum Industry, S. 16.

24 RGAE, f. 4372, op. 44, d. 154, insbesondere ll. 1–2.

25 Etwa in Elliot: Soviet Energy Balance, S. 38. Ohne die Beigasgewinnung im Kaukasus sank die Erdgasproduktion im ersten Kriegsjahr zwar ebenfalls. Grund dafür war jedoch der Verlust der westukrainischen und ehemals ostpolnischen Gasindustrie. Im Osten stieg die Produktion hingegen massiv an. Vgl. GARF, f. R5446, op. 50a, d. 5011, ll. 29–27; ebd., op. 46a, d. 1057, l. 96; Lyndolph/Shabad: Oil and Gas Industries, S. 470.

Bau einer entsprechenden Anbindung von Kiev.[26] Besonders den Bauabschnitt zwischen Saratov und Moskau verfolgte Stalin detailliert und kritisierte die langsamen Fortschritte des Prestigeprojektes, nachdem »über diese Gasleitung viel Lärm in der ganzen Welt gemacht« worden sei. Wenngleich mangelnde Erfahrung im Erdgassegment und fehlende Ausrüstung wohl einen wesentlichen Anteil an den Schwierigkeiten beim Bau hatten, erhielt Berija im Dezember 1945 den Auftrag, die Inbetriebnahme zu beschleunigen.[27] Ein gutes Jahr später erfolgte schließlich die Fertigstellung der ersten großen Gaspipeline der Sowjetunion.[28]

Rückkehr zu alten Präferenzen

Das Kriegsende bedeutete ein vorläufiges Ende der Erdgaseuphorie. Die Erholung des Kohlebergbaus ermöglichte die Rückbesinnung auf alte technologische Vorlieben. Wenngleich das Erdgas nicht völlig vernachlässigt wurde, sollte bereits im ersten Nachkriegsfünfjahresplan ein Drittel der zusätzlichen Produktion durch die Gasifizierung fester Brennstoffe hinzugewonnen werden, obwohl die Kosten – ähnlich wie bei synthetischen Treibstoffen – wesentlich höher waren. Das Regionalitätsprinzip wurde auch hier zum entscheidenden Faktor. Lange Pipelines sollten die Ausnahme bleiben. Für Minsk, Leningrad, Novosibirsk und andere Städte war bis 1950 eine Gasifizierung auf Basis von lokalen Braunkohle- und Torfvorkommen eingeplant und auch der zusätzliche Bedarf Moskaus sollte auf diese Art gedeckt werden.[29] Ende 1948 wurden die entsprechenden Produktionsstätten wieder dem Erdölministerium zugesprochen, die Zeit des unabhängigen Glavgastopprom war vorüber. Der unmittelbare zeitliche Kontext der erneuten Eingliederung und Unterordnung des Erdgassektors mit dem groben Abschluss des Wiederaufbaus in zahlreichen Industriezweigen hebt gleichsam die nur vorrübergehende Priorität des Energieträgers hervor.[30]

26 Rešenija po chozjajstvennym voprosam, Bd. 3, S. 207–213, Zitat S. 207. Das besondere Engagement Sedins für die Erdgasindustrie zeigt sich insbesondere auch darin, dass er selbst, nachdem er 1944 in Ungnade gefallen war, weiter auf den Ausbau drängte, siehe dazu Högselius: Red Gas, S. 13 f.

27 Bajbakov: Neftjanoj front, S. 68 f. Zu den Defiziten im Erdgassektor, welche durch Lend-Lease-Lieferungen nicht ausgeglichen werden konnten: Shimkin: Minerals, S. 203; Owen: Trek of the Oil Finders, S. 1366 f.

28 GARF, f. R5446, op. 51a, d. 1466, l. 19.

29 GARF, f. R5446, op. 50a, d. 5011, ll. 5–3. Siehe auch die vergleichsweise frühen Vermutungen diesbezüglich von Robert Campbell: Economics of Soviet Oil, S. 197 f.

30 GARF, f. R5446, op. 50a, d. 1053, ll. 22–18. Zum Stand des Wiederaufbaus etwa Gorlizki/Khlevniuk: Cold Peace, S. 69 f.

Die institutionelle Bündelung des Erdgassektors mit dem Ausbau der Kapazitäten zur Produktion synthetischen Benzins hatte bereits angedeutet, welche Rolle die sowjetische Führung dem Industriezweig zugedacht hatte: Im Erdgas wurde vor allem eine vielversprechende Möglichkeit gesehen, den zivilen Erdöl- und Brennholzverbrauch zu reduzieren. Wie Mikojan in seinen Memoiren berichtet, setzte sich primär Stalin dafür ein, dass natürliches wie synthetisches Gas in den Städten nahezu ausschließlich für Haushaltszwecke eingesetzt wurde, nur in ausgewählten Ausnahmefällen ließ er sich von anderen Nutzungsmöglichkeiten überzeugen. In der Industrie und vor allem in den Kraftwerken des Landes, die während des Zweiten Weltkrieges temporär auf Erdgas umgerüstet worden waren, sollten die festen Brennstoffe langfristig auf keinen Fall von der flüchtigen Konkurrenz verdrängt werden.[31]

Die regionalen Partei- und Wirtschaftskader hatten allerdings andere Prioritäten. Der Ausbau der städtischen Gasnetze und die Gasifizierung der Haushalte machten nur langsam Fortschritte, den Wiederaufbau der restlichen Wirtschaft und die Stabilisierung der Stromversorgung erachteten die Verantwortlichen vor Ort als wichtiger. Das vorhandene – und mangels ziviler Abnehmer überschüssige – Erdgas setzten sie ein, um die Defizite, welche sich häufig durch regionalen Brennstoffmangel verschärften, in den Griff zu bekommen. Ende der 1940er Jahre standen besonders Saratov und Kiev in der Kritik, das Gas »falsch« zu verwenden. Kontrollen wurden durchgeführt, um den von Stalin präferierten Verwendungszweck zu gewährleisten. Die Pläne zur Gasversorgung der Städte wurden dem ›richtigen‹ Verbrauch angepasst und nach unten korrigiert. Im Frühjahr 1949 beauftragte der Ministerrat (Sovet Ministrov, Sovmin) schließlich Kaganovič, sich der Sache anzunehmen. Sein Fazit, dass die sowjetischen Städte »nicht vorbereitet sind auf eine größere Abnahme von Gas für den Haushaltsbedarf« und an einer Steigerung der Zufuhr entsprechend »kein Bedarf« herrsche, dämpfte die Hoffnung der Erdgasbefürworter wohl zusätzlich.[32]

Das im Spätstalinismus weiterhin geltende Primat der Schwerindustrie und die gleichzeitige Unterordnung ziviler Belange zugunsten des Wiederaufbaus und der militärischen Aufrüstung standen im deutlichen Konflikt zu Stalins Vision von einem eingeschränkt einsetzbaren Haushaltsbrennstoff. Neben der dominanten Kohle, der imposanten Wasserkraft und dem schwer verzichtbaren

31 Mikojan: Tak bylo, S. 525 f.; zur Umsetzung dieser Vorstellungen auch GARF, f. R5446, op. 51a, d. 1234, l. 150.

32 GARF, f. R5446, op. 51a, d. 1247, ll. 37–36 sowie 15–14. Dennoch gelang es der sowjetischen Führung auf diese Weise, den zivilen Erdölverbrauch nach dem Krieg niedrig zu halten, vgl. Campbell: Economics of Soviet Oil, S. 159.

Erdöl blieb unter diesen Paradigmen kein Platz für eine zusätzliche Energiequelle von nationaler Bedeutung. Die Produktionssteigerung geriet Ende der 1940er Jahre ins Stocken und erhielt bis zu Stalins Tod keine neuen Impulse. Zwar wurden die Investitionen weiterhin leicht erhöht und auch die Fördermengen stiegen in kleinen Schritten. Mehr als die Hälfte des aufgewendeten Kapitals floss zu Beginn des fünften Fünfjahresplanes jedoch in die Vergasung fester Brennstoffe und die Gewinnung von Treibstoff aus Erdgas.[33] Wie erfolgreich Letzteres im Detail war, muss leider unbeantwortet bleiben; in den eingesehenen Akten fanden sich diesbezüglich keine Informationen. Bezeichnend ist jedoch, dass die entsprechenden Pläne nicht erfüllt werden konnten und das Minnefteprom es mangels notwendiger technischer Ausrüstung häufig vorzog, überschüssiges Erdgas zu verbrennen.[34] Im Planentwurf für das Jahr 1952 schlug Bajbakov schließlich sogar vor, die Produktion von Erdgas im Vergleich zum Vorjahr zu reduzieren.[35] Ohne eine grundsätzliche Revision der Prioritäten in der sowjetischen Energiepolitik übertrafen selbst geringfügige Fördersteigerungen den schleichenden Verbrauchszuwachs des Energieträgers deutlich.

Die Verflüssigung fester Brennstoffe war hingegen eher kompatibel mit dem kohlezentrischen energetischen Weltbild und den wirtschaftlichen Prioritäten. Anders als beim Erdgas vervielfachte das Kriegsende das Potential der Technologie durch die Übernahme der deutschen Produktionskapazitäten im Besatzungsgebiet. Im März 1945 wurde »in Anbetracht der Modernität und besonders wichtigen Bedeutung« von Stalin der Auftrag gegeben, in Oberschlesien ein nahezu fabrikneues Werk zur Gewinnung von potentiell fast 1 Million Tonnen Flüssigtreibstoff aus Kohle fachgerecht zu demontieren. Zuvor sollte ein Team jedoch die Funktionsweisen und technischen Baupläne rekonstruieren, um die genutzte Technologie rezipieren zu können.[36] Auch in anderen befreiten Regionen des Deutschen Reiches wurden entsprechende Abbauarbeiten eingeleitet,

33 KPSS v rezoljucijach i rešenijach, čast' II, S. 1101; Elliot: Soviet Energy Balance, S. 16 f. und S. 38.

34 Meist wird in den eingesehenen Dokumenten auf die Benzingewinnung aus Erdgas nur im Nebensatz ohne konkrete Mengenangaben eingegangen. Detailliert wird lediglich die erhebliche amerikanische Produktion von Erdgasbenzin thematisiert, beispielsweise in GARF, f. R5446, op. 80a, d. 2414, l. 146. Zur Verbrennung von Erdgas und der Nichterfüllung der Pläne zur Gewinnung von Benzin daraus finden sich Hinweise in ebd., f. R5446, op. 80a, d. 2193, ll. 196–195; ebd., op. 50a, d. 950, ll. 44–39.

35 GARF, f. R5446, op. 81b, d. 2509, l. 53.

36 RGASPI, f. 644, op. 1, d 378, l. 88. Bis zum Kriegsende konnte das Werk bedingt durch Bauverzögerungen nahezu keinen Treibstoff produzieren und die angestrebte Kapazität von 900.000 Tonnen war 1945 nur zur Hälfte aufgebaut, dennoch war die Anlage eine der Größten im Besatzungsgebiet.

um das vermeintlich überlegene Ergebnis der deutschen Autarkiebestrebungen für den sowjetischen Wiederaufbau nutzbar zu machen.[37] Bajbakov zufolge war es Stalin, der immer wieder darauf drängte, auf Grundlage der deutschen Ausrüstung die sowjetischen Kapazitäten zur synthetischen Treibstoffproduktion zu vergrößern, »zumal wir über beachtliche Kohlevorräte verfügen«. Innerhalb von zwei Jahren sollten die demontierten Werke in der Sowjetunion betriebsbereit sein. Um die fristgerechte Fertigstellung zu gewährleisten, wurde erneut Berija mit der Aufsicht der Projekte beauftragt.[38]

Mit dem ersten Nachkriegsfünfjahresplan wurde so im großen Stil der Ausbau der Technologie zur Erdölsubstitution angestrebt. Da im Deutschen Reich insbesondere mit den neueren Anlagen vor allem hochwertige, für die Kriegsführung nutzbare Treibstoffe aus Kohle produziert worden waren, sollte die Technik auch die Defizite im sowjetischen Erdölsektor überwinden helfen. Allein 800.000 Tonnen Flugbenzin waren internen Planungen zufolge bis 1950 jährlich aus Kohle vorgesehen, beinahe so viel, wie vor dem Krieg in allen Erdölraffinerien insgesamt produziert wurde. Zusätzlich waren andere Benzinsorten zum regionalen Verbrauch eingeplant.[39] Wenngleich gerade die ambitionierten Vorgaben bezüglich des Flugbenzins nicht erreicht werden konnten, wurde die tatsächliche Bautätigkeit in den Nachkriegsjahren auch über die Plannormen hinaus intensiviert. Mehr als ein Drittel der zur Steigerung der Treibstoffproduktion investierten Mittel wurde im vierten Fünfjahresplan für Kapazitäten zur Produktion synthetischer Benzine aufgewendet.[40]

Beispielhaft ist in diesem Kontext die Vorgehensweise in der Estnischen Sowjetischen Sozialistischen Republik (SSR), in welcher unmittelbar nach der Vertreibung der nationalsozialistischen Besatzer weitreichende Pläne für die regionalen Ölschiefervorkommen erstellt wurden. Mithilfe staatlicher Subventionen war bereits im unabhängigen Estland der Zwischenkriegszeit vereinzelt vor allem Heizöl aus dem Gestein gewonnen worden. Nach dem Scheitern der deutschen Kaukasuspläne hatte Hitler aus der Not heraus den massiven Ausbau der wenig effizienten Verarbeitungsindustrie angeordnet.[41] Die sowjetische Füh-

---

37 Umfassend dazu Musial: Stalins Beutezug, S. 287–291; Zolotarev, et al.: Neft' i bezopasnost', S. 281. Zur deutschen Perspektive und den verschiedenen Hydrierwerken auch Eichholtz/Kockel: Deutsche Ölpolitik, S. 507–509.

38 Bajbakov: Neftjanoj front, S. 42; Ders.: Ot Stalina do El'cina, S. 84 f.

39 GARF, f. R5446, op. 50a, d. 5011, ll. 5–3. Zur Flugbenzinproduktion im Erdölsektor GARF, f. R5446, op. 80a, d. 2414, l. 146.

40 GARF, f. R5446, op. 80a, d. 2415, l. 255.

41 Eichholtz: Krieg um Öl, S. 88; Ders.: Ende mit Schrecken. Deutsche Ölpolitik und Ölwirtschaft nach Stalingrad, [Leipzig] 2010, S. 22 und S. 57.

rung nahm die geleisteten Vorarbeiten dankbar an. Die estnische Ölschieferindustrie sollte mithilfe von modernsten Anlagen zur Veränderung des Aggregatzustandes nicht nur eine Gasversorgung für Leningrad gewährleisten, sondern zugleich Treibstoff für die Region und die baltische Flotte liefern. Dazu galt es, die während der deutschen Besatzung erreichte Förderleistung bis 1950 zu verzehnfachen, Kapazitäten zur Produktion von mehr als 700.000 Tonnen synthetischer Erdölprodukte aufzubauen und gleichsam eine Pipeline nach Leningrad zu bauen.[42] Alle anderen Wiederaufbauarbeiten in der Estnischen SSR wurden als sekundär betrachtet. Rund die Hälfte der nichtmilitärischen Investitionen in der Teilrepublik war in der zweiten Hälfte der 1940er Jahre für den Umbau des »Ölschieferbeckens zu einem Industriegebiet des Stalinismus« reserviert, welches die nördlichen Regionen und vor allem Leningrad mit Brennstoff versorgen sollte.[43] Wenngleich die Umsetzung der ambitionierten Planziele nur in Teilen erfolgreich war, konnte durch gewaltige Investitionen die Gasversorgung der Neva-Metropole begonnen und die synthetische Treibstoffproduktion deutlich gesteigert werden.[44]

In anderen Regionen des Landes ohne eigene Erdölindustrie wurden ähnliche Fortschritte gemacht. Analysten des amerikanischen Geheimdienstes gingen im Frühjahr 1950 davon aus, dass Kapazitäten zur Produktion von 1 Million Tonnen synthetischer Treibstoffe in der Sowjetunion bereitständen und im selben Umfang in Bau befindlich seien.[45] Wenngleich im Erdölsektor deutlich größere Fortschritte zu erkennen waren – das Vorkriegsniveau konnte wie geplant 1949 wieder erreicht werden, lediglich der Verbrauch war wesentlich schneller angestiegen –, wurde der eingeschlagene Kurs fortgesetzt. Der fünfte Fünfjahresplan sah einen weiteren Ausbau des synthetischen Treibstoff-

42 RGASPI, f. 644, op. 1, d. 427, ll. 107–118.

43 Mertelsmann, Olaf: Die Arbeiter des estnischen Ölschieferbeckens – eine Industrieregion des Stalinismus, in: Tanja Penter (Hg.): Sowjetische Bergleute und Industriearbeiter. Neue Forschungen (= Mitteilungsblatt des Instituts für soziale Bewegungen. Forschungen und Forschungsberichte 37 (2007) 1), Essen 2007, S. 113–131, hier S. 118–120.

44 Holmberg, Rurik: Survival of the Unfit. Path Dependence and the Estonian Oil Shale Industry (Linköping Studies in Arts and Science 427), Linköping 2008, S. 133–161.

45 CIA FOIA ERR ORE 24–49: The USSR Petroleum Industry, S. 3 und S. 15 f. Siehe dazu auch Alekperov: Oil of Russia, S. 280. Da die Kapazitäten über das Kohle, Erdöl- und Innenministerium verteilt waren, sind genaue Aussagen schwer zu treffen. Ein internes Gosplan-Dokument aus dem Sommer 1951 führt für das Jahr 1950 lediglich die Produktion von 11.100 Tonnen synthetischen Benzins auf, was allerdings im Kontext der massiven Bemühungen sehr niedrig erscheint und zugleich nichts über die vorhandenen Kapazitäten auszusagen vermag, RGASPI, f.. 592, op. 1, d. 18, l. 90. Statistiken aus dem Ministerrat veranschlagen 440.000 Tonnen im Jahr 1950, GARF, f. R5446, op. 80a, d. 2416, l. 300.

komplexes und dazu knapp ein Zehntel der zu tätigenden Investitionen für das Minnefteprom vor.[46]

Bezeichnend ist, dass selbst Bajbakov als Neftjanik und Erdölminister den Kurs zumindest formal unterstützte. Im Dezember 1949 beantragte er, seinen Stellvertreter mit einer Gruppe Spezialisten in den östlichen Teil Deutschlands zu senden, um die verschiedenen dort eingesetzten Prozesse zur Kohleverflüssigung näher zu untersuchen. Die Erkenntnisse dieser Untersuchungen sollten genutzt werden, um die Produktion synthetischer Brennstoffe in der Sowjetunion weiter zu forcieren.[47] Solche Prioritäten werden auch an anderer Stelle sichtbar. Im Juni 1950 warnte Bajbakov in einem Brief an Berija unvermittelt davor, dass das geförderte Erdöl die Verarbeitungskapazitäten zusehends übersteige und dringend zusätzliche Raffinerien gebaut werden müssten.[48] Allerdings galt der Lösung dieses Problems augenscheinlich nur die zweithöchste Priorität. Wenige Monate später legte er einen Budgetentwurf seines Ministeriums für das Jahr 1951 vor, welcher zwar eine Verdoppelung der Mittel zum Ausbau des klassischen Raffineriesektors vorsah. Bezüglich des synthetischen Treibstoffes argumentierte er jedoch zugunsten einer Vervielfachung des dafür vom Minnefteprom eingeplanten Budgets um das 5,8-Fache – obwohl ein Großteil der Bautätigkeiten diesbezüglich vom MVD finanziert wurde.[49] Bedingt durch die ungleichmäßig über das Land verteilte Steigerung der Erdölförderung in der Nachkriegszeit, worauf noch einzugehen ist, wurde in einzelnen Fällen selbst vom ranghöchsten Neftjanik die regional ausgeglichene Verteilung der schnellstmöglichen Überwindung des Mangels vorgezogen.

Gleichzeitig verdeutlichten die nur langsamen Fortschritte bald, dass die Substitution des Erdöls nur eine Teillösung des Problems würde sein können. Die ohnehin geltenden Restriktionen bei der Treibstoffzuweisung mussten auch nach dem Krieg wiederholt verschärft werden, um der schnell wachsenden Zahl der Verbraucher gerecht zu werden. Wie zuvor galt der Fokus der Einsparungen dem unbeliebten Masut, dessen Anteil an der Erdölraffination weiter zurückgegangen war. Aber auch in anderen Bereichen taten sich Defizite auf.[50] Ent-

---

46 Ebel: Petroleum Industry, S. 20; KPSS v rezoljucijach i rešenijach, čast' II, S. 1101 f. Zum angestiegenen Treibstoffverbrauch der Nachkriegsjahre Shimkin: Minerals, S. 213.

47 GARF, f. R5446, op. 51a, d. 1231, l. 72.

48 GARF, f. R5446, op. 80a, d. 2595, ll. 23–18.

49 GARF, f. R5446, op. 80a, d. 2618, ll. 83–79; zur Verteilung zwischen MVD und Minnefteprom ebd., d. 2415, l. 255.

50 GARF, f. R5446, op. 47a, d. 3836, ll. 95–94; Igolkin: Neftjanaja promyšlennost' (1928–1950), S. 303; CIA FOIA ERR ORE 24–49: The USSR Petroleum Industry, S. 17.

sprechend bemühte sich die sowjetische Führung ganz im Sinne der Tradition westlicher Erdölunternehmen bereits früh um zusätzliche Möglichkeiten, die ihr zur Verfügung stehenden Erdöl- und Treibstoffreserven auch außerhalb des eigenen Staatsgebietes zu vergrößern.

5.2 Sicheres Erdöl am Kaspischen Meer

In den 1940er Jahren boten sich der sowjetischen Führung nur wenige Möglichkeiten, die Kontrolle über nachgewiesene und zugleich erreichbare Erdölvorkommen außerhalb der eigenen Grenzen zu erlangen. Amerikanische Unternehmen dominierten den Markt und kontrollierten mit der Rückendeckung Washingtons rund drei Viertel der weltweit bekannten Reserven.[51] Die größte Hoffnung auf erhebliche Vorkommen bot der Iran. Gewaltige Ölfelder im Süden des Landes deckten bereits den Bedarf Großbritanniens, doch auch im Norden entlang des Kaspischen Meeres – und in unmittelbarer Nähe zu Baku – wurden weitere Vorkommen vermutet.[52] Bereits 1923 hatte die sowjetische Regierung in dieser Region eine erste Konzession mit der zu dieser Zeit noch persischen Regierung ausgehandelt. Fehlendes Kapital und geringes Interesse vonseiten der Bolschewiki an zusätzlichem Erdöl beförderten allerdings eine nur wenig ambitionierte Herangehensweise, sodass die Erlaubnis zu entsprechenden Arbeiten Ende der 1920er Jahre wieder entzogen wurde.[53]

Tatsächlich lag es in dieser Zeit weit mehr im Interesse der sowjetischen Machthaber, eine Festsetzung westlicher Erdölunternehmen in der Nähe des Kaukasus zu verhindern. Die Erfahrungen im Bürgerkrieg mit der Einmischung ausländischer Truppen im Kaukasus und das grundsätzliche Misstrauen gegenüber den großen amerikanischen und britischen Ölkonzernen dominierten die sowjetische Persienpolitik, gerade eine Ausweitung des britischen Einflusses auf die nördlichen Regionen galt es zu verhindern. Im Austausch gegen den Ver-

51 Beinahe 80 Prozent der globalen Erdölproduktion waren zu dieser Zeit jenseits des Atlantiks verortet. In Europa existierten in einigen Regionen kleine moderne Erdölindustrien, eine Produktionssteigerung oder große neue Funde waren jedoch wenig wahrscheinlich – kaum eine andere Region war derart gründlich auf wertvolle Bodenschätze untersucht worden. Dazu Painter: Oil and the American Century, S. 9–14.

52 Singer, Clifford: Energy and International War. From Babylon to Baghdad and Beyond, Singapore et al. 2008, S. 143; Rezun, Miron: The Soviet Union and Iran. Soviet Policy in Iran from the Beginnings of the Pahlavi Dynasty until the Soviet Invasion in 1941, Boulder CO 1988, S. 63.

53 GARF, f. R5446, op. 48a, d. 634, l. 92.

zicht auf zahlreiche Privilegien des Zarenreiches ließen sich die Machthaber im Kreml 1921 sogar das Recht zugestehen, im Falle der Entwicklung einer von Persien ausgehenden akuten Bedrohungslage für die Sowjetunion mit Truppen intervenieren zu dürfen.[54] In der Folgezeit wurde Persien – wie bereits vor der Machtübernahme der Bolschewiki – zum Austragungsort einer britisch-sowjetischen Rivalität um Einflusssphären.

Auf beiden Seiten sollte auf diese Weise auch die Absicherung der jeweiligen primären Erdölquelle gewährleistet werden, für die Sowjetunion im Kaukasus respektive für Großbritannien in Südpersien. Die zunehmenden Spannungen in Europa am Ende der 1930er Jahre gingen jedoch mit einem wachsenden Engagement des Deutschen Reiches im (inzwischen umbenannten) Iran einher, welches vom Schah zur Rückgewinnung der Souveränität als Modernisierungspartner und Gegengewicht gewonnen werden konnte.[55] Das fragile Machtgleichgewicht drohte aus dem Ruder zu laufen. Besonders die zunehmenden und häufig verdeckt stattfindenden Aktivitäten deutscher Unternehmen im Grenzgebiet zum Kaukasus und am Kaspischen Meer wurden auf sowjetischer Seite mit großer Skepsis betrachtet. Nicht selten bezeugten offizielle Protestnoten aus Moskau den Unmut Stalins und seiner Mitstreiter, um den Schah durch diplomatischen Druck zur Revidierung entsprechender Genehmigungen zu bewegen.[56] Der Nichtangriffspakt mit dem Deutschen Reich beruhigte entsprechende Sorgen vorerst.

Dennoch wurden die grundsätzlichen Sicherheitsbedenken bezüglich des kaukasischen Erdöls nach dem Ausbruch des Zweiten Weltkrieges in Europa wiederholt auf die Probe gestellt. Briten wie Franzosen hatten im ersten Kriegsjahr umfassende Planungen zur Bombardierung der Erdölfelder Bakus begonnen, welche als einfaches Ziel betrachtet wurden. Ein solcher Luftangriff sollte langfristig nicht nur die Sowjetunion militärisch bewegungsunfähig machen, sondern zugleich auch die Bereitschaft zur Versorgung der deutschen Wehrmacht mit Treibstoff deutlich reduzieren.[57] Die Pläne scheiterten letztlich an der neutralen Haltung des Irans und der Türkei, die beide – auch aus Furcht vor

54 Yodfat/Abir: Direction of the Persian Gulf, S. 29; Egorova: Iranskij Krizis, S. 26.

55 Umfassend dazu Rezun: Soviet Union and Iran; Kuniholm, Bruce R.: The Origins of the Cold War in the Near East. Great Power Conflict and Diplomacy in Iran, Turkey, and Greece, 2. Aufl., Princeton NJ 1994, S. 135–139.

56 Egorova: Iranskij Krizis, S: 26; Rezun: Soviet Union and Iran, S. 322–331.

57 Das Dokument ist abgedruckt in: Burdett, Anita L. P. (Hg.): Oil Resources in Eastern Europe and the Caucasus. British Documents 1885–1978 (Cambridge Archive Editions). 9 Bde., Cambridge 2012, hier Bd. 4, S. 212–214. Zahllose weitere deklassifizierte Dokumente aus britischen Archiven zu diesen Planungen finden sich auf S. 161–303.

der sowjetischen Reaktion – die zwingend notwendigen Überflugrechte nicht gewährten. Gleichwohl intensivierte die Möglichkeit eines solchen Luftschlages, befördert durch die Publikation von erbeuteten französischen Geheimdokumenten durch die deutsche Regierung, im Sommer 1940 die Bedenken der sowjetischen Führung bezüglich der Sicherheit des kaukasischen Erdöls.[58]

Wie der deutsche Botschafter in der Slowakei seinem sowjetischen Kollegen im Juli entlocken konnte, veranlassten die entsprechenden Informationen die Kremlführung, auch »im Sinne des deutsch-russischen Handelsvertrages« erneut über die Schaffung einer Pufferzone zum Schutz der Erdölgebiete nachzudenken.[59] Während die deutsche Führung wiederholt Druck auf die Sowjetunion ausübte, den britischen Einfluss im Iran einzudämmen und auch militärisch aktiv zu werden, bereiteten sich die Kaukasusverbände der Roten Armee ab Mai 1941 darauf vor, im Zweifelsfall die nördlichen Regionen des Irans zu besetzen. Die regionalen politischen Eliten und primär Bagirov suchten dem aserbaidschanischen Historiker Jamil Hasanli zufolge das Sicherheitsbedürfnis des Kremls zugleich bewusst zur Fokussierung eigener Interessen zu nutzen, um das sowjetische Aserbaidschan langfristig mit seinem iranischen Gegenstück vereinigen zu können.[60]

Der deutsche Überfall auf die Sowjetunion änderte zwar die Bündniskonstellation und verbesserte das Verhältnis zu Großbritannien deutlich, die Ausgangslage im Iran wandelte sich jedoch nur eingeschränkt. Statt dem britischen Einfluss im Süden des Landes war es nun die deutsche Präsenz in den nördlichen Regionen, welche die sowjetische Führung umso mehr beunruhigte. Die Sorge um die möglichen Absichten hinter den Aktivitäten deutscher Unternehmer in der strategisch und vor allem in Bezug auf die Treibstoffversorgung der europäischen Opponenten Hitlers wichtigen Region teilten auch die Westalliierten. Die von Sympathie für das Deutsche Reich geprägte Haltung des Schahs, der sich weigerte, die iranische Neutralität aufzugeben und sich offen gegen Hitler

58 Im fünften und sechsten »Weißbuch der Deutschen Regierung« wurden 1940 und 1941 erbeutete französische Dokumente publiziert, darunter die Pläne zur Bombardierung des Kaukasus, vgl. Weitere Dokumente zur Kriegsausweitungspolitik der Westmächte. Die Generalstabsbesprechungen Englands und Frankreichs mit Belgien und den Niederlanden. Fünftes Weißbuch der Deutschen Regierung, Berlin 1940; Die Geheimakten des französischen Generalstabes. Sechstes Weißbuch der Deutschen Regierung, Berlin 1941. Die Dokumente wurden der Moskauer Führung übergeben und in Auszügen üer die sowjetischen Medien verbreitet, etwa in Izvestija 153, 05.07.1940, S. 1–3; Pravda 185, 05.07.1940, S. 1–4. Weiterführend auch Gorodetsky: Große Täuschung, S. 40–42 sowie S. 91 f.

59 ADAP, Serie D, Bd. XX, S. 234 f.

60 Hasanli: Dawn of Cold War, S. 1–3. Ferner auch Fawcett: Iran and Cold War, S. 84 f.; Napuch: Sowjetunion, S. 45 f.; Scheid Raine: Iranian Crisis, S. 96.

zu stellen, diente im August 1941 als willkommener Anlass für eine gemeinsame britisch-sowjetische Invasion.[61] Wenngleich Stalin unmittelbar nach der weitgehend widerstandslosen Besetzung – erfolglos – erneut eine Konzession zur Erdölsuche im Nordiran gefordert hatte,[62] dominierte das Sicherheitsbedürfnis das sowjetische Vorgehen. Zwischenzeitliche Versuche, auch ohne Erlaubnis der iranischen Regierung nach Erdöl zu suchen, wurden bereits nach wenigen Wochen erfolglos eingestellt.[63] Die Schaffung einer Pufferzone um die kaukasische Erdölindustrie hatte neben der Sicherung der durch den Iran verlaufenden Transitrouten für Lend-Lease-Lieferungen höchste Priorität.

Wie groß das Misstrauen Stalins und seiner Mitstreiter in Bezug auf die Treibstoffversorgung war, zeigt etwa die Aufnahme sämtlicher kaukasischer Erdölfelder in die Liste der für Ausländer nicht zugänglichen Staatsgebiete wenige Wochen vor dem deutschen Angriff.[64] Auch einer Delegation des US-Militärs wurde während eines Aufenthaltes an der Kaukasusfront Ende 1942 von verschiedenen Offizieren der Roten Armee deutlich gemacht, dass die Vergangenheit in der Sowjetunion »Misstrauen gegenüber ausländischen Mächten im Zusammenhang mit ihren Ölressourcen« geschaffen habe. Aus diesem Grund würden selbst von verbündeten Staaten keine militärischen Einheiten auch nur in der Nähe des Kaukasus geduldet werden.[65]

Angebote der Westalliierten, bei der Verteidigung der Region oder gar der Zerstörung der Erdölindustrie im Falle eines deutschen Vorrückens zu assistieren, wurden entsprechend freundlich, aber bestimmt abgelehnt. Große Besorgnis erregte vor allem der Vorschlag, die sowjetischen Truppen bei Baku durch britische und amerikanische zu ersetzen, um die Frontkapazitäten der Roten Armee zu vergrößern. Die sowjetische Führung befürchtete darin – so erinnerte sich Molotov später – einen Versuch der westlichen Partner, sich anstelle der dringend benötigten militärischen Unterstützung auch über den Krieg hinaus in der Region festzusetzen.[66] In diesem Sinne beschränkte sich das Vorgehen

61 Blake: US-Soviet Confrontation, S. 13 f.

62 Rezun: Soviet Union and Iran, S. 373–375; Fawcett: Iran and Cold War, S. 93 f.

63 Igolkin: Neftjanaja politika (1940–1950), S. 266.

64 RGASPI, f. 17, op. 162, p. 35, d. 4, ll. 30–31, ediert in: Chaustov, Vladimir N. (Hg.): Lubjanka. Stalin i NKVD – NKGB – GUKR »Smerš«. 1939 – mart 1946 (Rossija. XX vek. Dokumenty), Moskva 2006, S. 264 f.

65 So meldete es der Delegationsleiter, General Patrick Hurley, per Brief an Roosevelt: FRUS 1942, Bd. 3, S. 681.

66 Čuev, Feliks I./Molotov, Vjačeslav M.: Sto sorok besed s Molotovym, Moskva 1991, S. 65. Eine detaillierte Analyse dieser Phase auf Basis westlicher Archive liefert Napuch: Sowjetunion, S. 89–97 sowie S. 107–115.

des Kremls auch auf der iranischen Seite der Grenze bis Ende 1943 auf das Fernhalten alliierter wie feindlicher Truppenkontingente. Die Präsenz der Roten Armee im Nordiran wurde von den regionalen politischen Eliten und auch der Bevölkerung deshalb positiver gesehen als die der britischen Truppen im Südteil des Landes. Die Beziehungen zwischen der Sowjetunion und ihrem südlichen Nachbarn besserten sich deutlich. Lediglich verschiedene lokal von Bagirov initiierte und äußerst erfolgreiche Bemühungen, durch einen Kultur- und Medientransfer das Ansehen der Sowjetunion in der Bevölkerung des iranischen Aserbaidschans zu steigern, erregten in Teheran aufgrund der partiellen Duldung des Kremls zusehends Besorgnis bezüglich der dahinterstehenden Absichten.[67]

Der Iran rückt ins Blickfeld

Mit dem zunehmenden Treibstoffmangel und den Problemen im Kaukasus rückte 1943 das iranische Erdöl erneut ins Blickfeld. Zwei führende Erdölgeologen von Azneft' wurden im Juni des Jahres auf Initiative Bagirovs und des sowjetischen Botschafters im Iran unter dem Deckmantel der Besatzungstruppen in den Nordiran überstellt, um endgültig einen Beweis für das erhoffte Erdöl zu erbringen. Weniger deren Ergebnisse, welche zwar potentiell große Vorkommen, aber zugleich erhebliche benötigte Investitionen konstatierten,[68] sondern vielmehr das Vorgehen der Westalliierten erregte die Aufmerksamkeit der Kremlführung. Mitte 1944 begannen die britische und die US-Regierung unter Ausschluss des sowjetischen Partners Verhandlungen über eine mögliche Nachkriegsverteilung der Erdölressourcen des Nahen Ostens. Gleichzeitig fanden verschiedene geheime Sondierungen bezüglich Konzessionen zwischen amerikanischen Förderunternehmen und der iranischen Regierung statt, welche auch eine mögliche Aktivität im Norden thematisierten. Beides blieb dem sowjetischen Geheimdienst nicht verborgen und am 16. August 1944 warnte Berija in einem Brief an Stalin, die »sowjetischen Interessen im Bereich der internationalen Erdölangelegenheiten zu verteidigen« und ebenfalls aktiv zu werden.[69] Allein die

67 Rubin, Barry M.: The Great Powers in the Middle East, 1941–1947. The Road to the Cold War, London et al. 1980, S. 83–91; Fawcett: Iran and Cold War, S. 85–92. Zu den Bemühungen Bagirovs umfassend Hasanli: Dawn of Cold War, S. 4–25.

68 Igolkin: Neftjanaja politika (1940–1950), S. 267.

69 AVP RF, f. 6, op. 6, p. 37, d. 37, ll. 16–18, zitiert nach Yegorova: Iran Crisis, S. 3; dazu auch Zubok, Vladiaslav M.: A Failed Empire. The Soviet Union in the Cold War from Stalin to Gorbachev, London 2008, S. 40 f. Zu den Britisch-Amerikanischen Verhandlungen im Sommer 1944 umfassend Napuch: Sowjetunion, S. 181–197.

Gespräche über eine zukünftige Präsenz westlicher Erdölunternehmen im Grenzgebiet zur Sowjetunion versetzte die Moskauer Führung in Alarmbereitschaft, doch auch der zunehmende amerikanische Einfluss auf die iranische Regierung und vor allem den Schah wurde mit wachsendem Argwohn betrachtet.[70]

Berijas Warnung blieb nicht ohne Folgen. Bereits wenige Tage später wurde eilends eine Kommission zusammengestellt, welche die Frage der bereits länger erhofften Erdölkonzession im Nordiran endgültig klären sollte. Neben dem stellvertretenden Außenminister, Sergej Kavtaradze, wurden hochrangige Neftjaniki, wie der kurz nach der Rückkehr der Delegation zum Erdölkommissar ernannte Bajbakov oder der Leiter des nach wie vor größten Erdölkombinates Azneft', Nazar Hejdarov, mit zu den Verhandlungen nach Teheran geschickt.[71] Ressentiments und durch steigenden sowjetischen Druck gefördertes Misstrauen innerhalb der iranischen Führung prägten die Gespräche. Doch auch politisches Taktieren einflussreicher Individuen, diplomatische Fauxpas auf beiden Seiten, britische wie amerikanische Einmischungsversuche und nicht zuletzt verletzter Stolz[72] gipfelten schließlich nach »langen, zermürbenden Gesprächen« Ende 1944 im vorläufigen Scheitern der Konzessionsverhandlungen. Solange sowjetische, britische und amerikanische Truppen im Land blieben und die Regierung in ihrer Souveränität faktisch eingeschränkt war, untersagte das iranische Parlament Konzessionen jeglicher Form.[73] Dies bedeutete jedoch keineswegs, dass die Moskauer Führung bis zum Abzug der Besatzungstruppen zu warten gedachte oder gar aufzugeben bereit war. Während der Konferenz von Jalta im Februar 1945 vertrat Stalin die Ansicht, dass eine Nation, welche die Förderung ihrer Erdölreserven verhindere, damit effektiv »gegen den Frieden arbeiten« würde.[74]

70 Egorova: Iranskij Krizis, S. 28; Pechatnov, Vladimir O./Edmondson, Earl: The Russian Perspective, in: Levering (Hg.): Debating the Origins, S. 85–153, hier S. 118. Die Hintergründe der Befürchtungen blieben auch westlichen Beobachtern nicht verborgen, ausführlich berichtete etwa George Kennan, zu dieser Zeit US-Gesandter in Moskau, von seinen Eindrücken diesbezüglich: FRUS 1944, Bd. 5, S. 470 f.

71 GARF, f. R5446, op. 48a, d. 634, l. 92. Zur Vita Hejdarov: Hirschkowitz, Nafthali: Spravočnik po istorii Kommunističeskoj partii i Sovetskogo Sojuza 1898–1991. Gejdarov, Nazar Gejdar ogly, online verfügbar unter: http://www.knowbysight.info/GGG/02005.asp [30.07.2016].

72 Stalin war nicht bereit, schlechtere Konditionen zu akzeptieren als jene, welche im Süden für westliche Erdölunternehmen galten. GARF, f. R5446, op. 48a, d. 634, ll. 107–90.

73 Bajbakov: Ot Stalina do El'cina, S. 238. Umfassende Analysen der Konzessionsgespräche im Herbst 1944 finden sich bei Hasanli: Dawn of Cold War, S. 44–74; Egorova: Iranskij Krizis, S. 30; Rubin: Great Powers, S. 96–101; Napuch: Sowjetunion, S. 200–224.

74 FRUS 1945, The Conferences at Malta and Yalta, S. 930.

Paradoxerweise folgte dem Abbruch der Gespräche eine Intensivierung der sowjetischen Bemühungen zur Erdölexploration im Iran. Die innenpolitisch für das Jahr 1945 bereits konstatierte Sorge um die zukünftige Treibstoffversorgung der Roten Armee spiegelte sich zunehmend in der primären Zielsetzung im Iran wider. Wachsendes Misstrauen beförderte gleichsam im Kreml den Drang, aktiv zu werden. Im April 1945 hatten britische Geologen im Norden Teherans mit Erkundungsarbeiten begonnen, welche offiziell der Erschließung neuer Wasserquellen dienten, zugleich aber auch die Dokumentation der gefundenen Bodenschätze beinhalteten. Der sowjetische Geheimdienst betrachtete die Aktivitäten deshalb als Tarnoperation zur Erdölsuche, sodass Stalin sich zum Handeln gezwungen sah.[75] Am 21. Juni ordnete das GKO die Schaffung einer geologischen Abteilung zur Durchführung umfassender Erkundungsarbeiten im Nordiran an, welche in die Strukturen von Azneft' eingebunden werden sollte. Obwohl Personal- und Ausrüstungsmangel die Arbeit des Erdölsektors in der Sowjetunion bereits deutlich erschwerten, sollten 14 mit modernem Equipment ausgerüstete Explorationsteams, getarnt als besondere Abteilung »im Führungsstab der sowjetischen Truppen im Iran«, die Arbeit schnellstmöglich aufnehmen.[76]

Die große Anzahl zeugt von der hohen Priorität der Mission: Wenngleich ein bedeutender Teil der Teams neu zusammengestellt und nur drei aktive und erfahrene Mannschaften vollständig verlegt werden sollten, waren in der Sowjetunion insgesamt bei Kriegsende deutlich unter 200 dieser Teams unterwegs.[77] Bajbakov wurde die Verantwortung für die Auswahl und Ausstattung geeigneter Neftjaniki übertragen, Bagirov und der Kommandeur der Transkaukasusfront sollten der Expedition »größtmögliche Hilfe« leisten. Bezeichnend ist diesbezüglich, dass gemäß der Anordnung ein Teil des benötigten Personals und Equipments aus der von der sowjetischen Propaganda präferierten Hoffnungsregion im Osten abgezogen werden sollte – dem Zweiten Baku.[78] Die Moskauer Führung war allem Anschein nach fest davon überzeugt, dass neben Baku im Westen des Kaspischen Meeres und der turkmenischen und kasachischen Küste

75 Hasanli, Jamil: Der Kampf um das Erdöl im Nahen und Mittleren Osten, in: Walter M. Iber/Peter Ruggenthaler (Hg.): Stalins Wirtschaftspolitik an der sowjetischen Peripherie. Ein Überblick auf der Basis sowjetischer und osteuropäischer Quellen, Innsbruck 2011, S. 297–326, hier S. 303 f. Natalia Yegorova zufolge kontrollierte Stalin spätestens ab 1945 sämtliche Entscheidungen in der Iranpolitik persönlich, Yegorova: Iran Crisis, S. 9 f.

76 RGASPI, f. 644, op. 1, d. 429, ll. 136–140, Zitat l. 136.

77 Wenngleich für 1945 keine Zahlen vorliegen, waren insgesamt vermutlich zwischen 129 (1940) und 192 (1946) Explorationsteams in der UdSSR unterwegs: Keller: Neftjanaja promyšlennost', S. 11.

78 RGASPI, f. 644, op. 1, d. 429, ll. 137–140.

im Osten auch das Südufer reichhaltige Vorkommen beherbergte, welche lediglich entdeckt werden müssten. In der zweiten Hälfte des Jahres 1945 waren im Nordiran fast 500 sowjetische Fachkräfte mit der Suche nach Erdöl beschäftigt.[79]

Zugleich wurden Vorkehrungen getroffen, welche nach Abzug der sowjetischen Truppen ein erneutes Fiasko in der Konzessionsfrage verhindern sollten. Im März 1945 war aus Geheimdienstkreisen der Vorschlag unterbreitet worden, den breiten Zuspruch, welchen die UdSSR unter der regionalen Bevölkerung genoss, nutzbar zu machen. Auf diese Weise sei im iranischen Parlament »eine Mehrheit zu erlangen und diese [...] dazu zu verwenden, die [wirtschaftlichen] Interessen unseres [sowjetischen] Staates zu verfolgen«[80] – welche sich im Iran weitgehend auf den Erdölsektor beschränkten. Kaum drei Monate später ordnete Stalin entsprechende Maßnahmen an. Unter dem Schutz der Besatzungstruppen wurden Parteien neu gegründet oder auf Moskauer Linie gebracht, regionale Autonomiebestrebungen wurden im Grenzgebiet gefördert und vor Konsequenzen geschützt. Auf diese Weise wurde der sowjetische Einfluss im Nordiran stetig ausgebaut.[81] Dem Kalkül der Kremlführung folgend sollten die daraus hervorgehenden weitgehend autonomen Regionen die Wahrung der Sicherheitsinteressen Moskaus befördern, ohne einen vollständigen Bruch mit der Regierung in Teheran herbeizuführen. Gleichzeitig bot die faktische Kontrolle über die einflussreichsten nordiranischen Parteien ein geeignetes Druckmittel, um endlich einen als angemessen betrachteten, »größeren Anteil an der Ausbeutung der Erdölvorräte der Welt zu bekommen«, welcher der Sowjetunion nach Stalins Ansicht zuvor primär aufgrund diametraler britischer und amerikanischer Interessen im Nahen Osten verweigert worden war.[82]

---

79 Hasanli: Dawn of Cold War, S. 65.

80 RGASPI, f. 17, op. 128, d. 817, l. 132, zitiert nach Yegorova: Iran Crisis, S. 5 f.

81 Endsprechende Anweisungen aus aserbaidschanischen Archiven sind abgedruckt in: Hasanli, Jamil: New Evidence on the Iran Crisis 1945–1946. From the Baku Archives, in: CWIHP Bulletin 12–13 (2001), S. 309–314. Zu den Konsequenzen dieser Anweisungen siehe etwa Scheid Raine: Iranian Crisis, S. 98–106.

82 Smith, Walter B.: Meine drei Jahre in Moskau, Hamburg 1950, S. 66. Die iranische Haltung in der Konzessionsfrage wurde in Moskau als »diskriminierend« oder sogar sowjetfeindlich wahrgenommen, vgl. Izvestija 65, 16.3.1946, S. 7; ferner Hasanli: Dawn of Cold War, S. 218; Rubin: Great Powers, S. 178; Egorova: Iranskij Krizis, S. 33 f. Anzumerken ist, dass verschiedene Historiker Zweifel an dieser Gewichtung der sowjetischen Ziele im Nordiran hegen und eine territoriale Expansion als primäre Absicht Stalins unterstellen, so etwa Gellately: Stalin's Curse, S. 153–155; Zubok: Failed Empire, S. 42 f. In den bekannten und als streng geheim klassifizierten sowjetischen Archivdokumenten ist lediglich von der Schaffung nationaler Autonomie »mit weitreichenden Kompetenzen innerhalb des Iranischen Staates« die Rede. Vgl. das entsprechende Dekret in Hasanli: New Evidence on Iran Crisis, S. 311–313, Zitat S. 311.

Grenzen des sowjetischen Einflusses

Tatsächlich war es das nicht nur im Iran aggressiver werdende Auftreten der Sowjetunion, welches die vornehmlich diplomatische Interventionsbereitschaft der US-Regierung beförderte. Bestehende Zweifel bezüglich der Absichten Stalins wurden zusätzlich genährt durch dessen Weigerung, die für Februar 1946 vertraglich vereinbarte Frist zum Abzug der Besatzungstruppen einzuhalten, solange sowjetische Interessen im Iran nicht gleichwertig berücksichtigt werden würden. Regionale Akteure auf beiden Seiten der Grenze, welche weiterhin ein Interesse an einem Anschluss des iranischen Aserbaidschans an die Sowjetunion fokussierten, trugen ihrerseits zur Eskalation bei.[83]

In Washington und London gingen Beobachter zunehmend davon aus, dass die nicht genau spezifizierten Erdölreserven des Nordiran allein nicht bedeutend genug seien, um das sowjetische Vorgehen zu rechtfertigen – und stattdessen die britischen Ölfelder in den südlichen Landesteilen oder gar der Nahe und Mittlere Osten das eigentliche Ziel seien.[84] Grundlage für diese Hypothese waren neben der angespannten weltpolitischen Lage wohl auch die ausbleibenden Erfolge der sowjetischen Explorationsarbeiten im Nordiran. Abgesehen von einer »Reihe von günstigen geologischen Strukturen« hatte die im Sommer 1945 gestartete Expedition trotz detaillierter Arbeiten keinen Erfolg gebracht. Obwohl vieles für die Existenz großer Vorkommen sprach, fanden die Geologen – ähnlich wie in den frühen 1930er Jahren im Zweiten Baku – in der ganzen Region kein verwertbares Erdöl. Der im April 1946 doch noch angeordnete Abzug der sowjetischen Besatzungstruppen bedeutete schließlich das Ende der Explorationsarbeiten. Ohne entsprechende Erlaubnis aus Teheran blieb den Geologen nichts anderes übrig, als ihre Expedition ebenfalls abzubrechen.[85]

In Moskau herrschte hingegen die Überzeugung vor, dass eine Einigung im Konzessionsstreit bald erreicht werde. In Verhandlungen mit einer neuen, sowjetfreundlicheren iranischen Führung waren entsprechende Zugeständnisse im Austausch gegen einen vollständigen vorherigen Truppenabzug und den Abbruch

83 Hasanli: Dawn of Cold War, S. 386.

84 Sichtbar wird das etwa in: FRUS 1946, Bd. 7, S. 841; Levy, Walter J.: Middle Eastern Oil as an Objective of World Power. Lecture given at the National War College, Washington D.C., January 22, 1947, in: Walter J. Levy: Oil strategy and politics, 1941–1981, hg. v. Melvin Conant, Boulder CO 1982, S. 46–62, hier S. 60 f. Dazu umfassend: Rubin: Great Powers, S. 164–183; Galpern, Steven G.: Money, Oil, and Empire in the Middle East. Sterling and Postwar Imperialism, 1944–1971, Cambridge et al. 2009, S. 82–114; Fawcett: Iran and Cold War, S. 108–176.

85 GARF, f. R5446, op. 48a, d. 634, l. 91.

der innenpolitischen Parteinahme ausgehandelt, sogar die zukünftige Wahrung sowjetischer Sicherheitsinteressen versprochen worden.[86] Stalin war fest davon überzeugt, die erhofften Konzessionen nun auch ohne zusätzlichen Druck erlangen zu können. Er bezeichnete es sogar als »Dummheit«, die politischen Aktivitäten im Nordiran unter diesen Bedingungen weiter zu verfolgen.[87] Die Erdölabteilung des Sovmin war intensiv damit beschäftigt, Vertragsentwürfe zur Gründung und konkreten Ausgestaltung eines sowjetisch-iranischen Erdölunternehmens auszuarbeiten, um »angesichts der Wichtigkeit der Durchführung der Erdölexplorationsarbeiten im Nordiran« diese schnellstmöglich fortsetzen zu können.[88]

Unter den Neftjaniki waren bereits Mitarbeiter ausgewählt und deren Personalien Stalin zur Zustimmung vorgelegt worden, um unmittelbar nach einer Übereinkunft mit der Arbeit beginnen zu können.[89] Selbst die Errichtung von regionalen Krankenhäusern, die prioritäre Ausbildung von lokalen Arbeitern oder der Verzicht auf sowjetisches Wachpersonal wurde erwogen, um dem iranischen Parlament die Zustimmung zu erleichtern. Stalin hingegen betrachtete einen Teil dieser Zugeständnisse als überzogen und lehnte sie ab. Wie aus den Dokumenten hervorgeht, war der sowjetische Machthaber nicht bereit, wesentlich schlechtere als die für Großbritannien geltenden Konditionen zu akzeptieren. Im zu erwartenden Profit und einer gewährten iranischen Partizipation an der Steuerung des gemeinsamen Unternehmens sah Stalin hinreichende Anreize für eine Übereinkunft.[90]

Der Kremlchef hatte sich in seiner Einschätzung der Situation deutlich verkalkuliert. Taktische innen- und außenpolitische Erwägungen der Regierung in Teheran und ein wachsendes antikommunistisches Engagement der US-Administration hatten die Ausgangslage radikal gewandelt. Im Oktober 1947 gipfelten alle Bemühungen in der Ablehnung einer sowjetischen Konzession durch das iranische Parlament. Wenngleich das sowjetische Außenministerium bis zu Stalins Tod verschiedene Anläufe startete, die Verhandlungen fortzusetzen und das Verhältnis zum Nachbarland wieder zu verbessern, waren diese weitgehend erfolglos.[91] Ohne eine militärische Intervention bestand keine Hoffnung mehr auf das nach wie vor nur theoretisch bestehende Erdöl des nördlichen Irans.

86 Napuch: Sowjetunion, S. 341–345.
87 Egorova: Iranskij Krizis, S. 40–42, Zitat nach S. 41.
88 Zahllose Dokumente dazu finden sich in GARF, f. R5446, op. 48a, d. 634, Zitat l. 75.
89 GARF, f. R5446, op. 48a, d. 634, ll. 66–60.
90 GARF, f. R5446, op. 48a, d. 634, ll. 90–110.
91 Hasanli: Kampf um Erdöl, S. 307–322; Napuch: Sowjetunion, S. 374–376; Klinghoffer: Soviet Union, S. 125–127.

Die Ressourcen des Nahen und Mittleren Ostens waren unter weitgehender Kontrolle der ehemaligen Kriegsalliierten und somit in den späten 1940er Jahren für eine sowjetische Ausbeutung unerreichbar. Gleichzeitig war auch die Sicherheit des Kaukasus durch den fortan im Iran dominierenden Einfluss der USA keineswegs vergrößert. Zu verschiedenen Anlässen befürchtete Stalin amerikanische Spione und einen Sabotageakt auf den grenznahen Ölfeldern Bakus, und auch das Wissen um die westlichen Pläne zur Bombardierung jener Anlagen während des Krieges beförderte das Unbehagen.[92] Die angestrebte sichere Treibstoffversorgung im Falle eines weiteren Krieges ließ sich dort unter den geltenden Parametern keineswegs mehr umsetzen.

Die geostrategischen Beweggründe waren gleichermaßen zum Scheitern verurteilt wie die zwischenzeitlich dominierenden Hoffnungen auf zusätzliche Rohstoffvorkommen. Dennoch wirft die Irankrise insgesamt einen interessanten Blick auf die Motive, welche die sowjetische Erdölpolitik auch innenpolitisch dominierten. Zumindest 1945 und 1946 waren die Moskauer Entscheidungsträger und insbesondere Stalin keineswegs davon überzeugt, ob sich auf sowjetischem Territorium ein ›fairer‹ Anteil an den globalen Reserven würde finden lassen. Bedeutsam ist zugleich auch ein anderer Aspekt: Bis heute konnten im iranischen Teil des Küstenstreifens am Kaspischen Meer keine relevanten Erdölvorkommen nachgewiesen werden.[93] Während im Zweiten Baku seit 1929 trotz vereinzelter Nachweise Zweifel am Ressourcenreichtum der Region bestanden, reichten am Kaspischen Meer die Vermutung bezüglich größerer Erdölvorkommen und das Interesse westlicher Unternehmen an entsprechenden Erkundungsarbeiten aus, um außenpolitische Verwerfungen mit den Alliierten der Anti-Hitler-Koalition zu riskieren. Augenscheinlich betrachteten die Entscheidungsträger im Kreml die Erdölreichtümer des Kaukasus auch aus geostrategischer Perspektive langfristig als konkurrenzlos innerhalb der eigenen Landesgrenzen und rechneten nicht mit größeren Erfolgen jenseits der Volga.

In anderen Grenzregionen, vornehmlich im Norden Chinas, waren ähnliche sowjetische Bemühungen zur Erschließung der dortigen Bodenschätze zwar zunächst erfolgreicher gewesen, führten letztlich jedoch – ohne Intervention

92 Zu vermeintlichen US-Spionen siehe etwa Gorlizki/Khlevniuk: Cold Peace, S. 73. Tatsächlich wurden bereits im September 1946 während der Türkeikrise von US-Behörden neue Pläne ausgearbeitet, die kaukasische Erdölindustrie mit einem gezielten Luftschlag auszuschalten, siehe dazu Mark, Eduard: The Turkish War Scare of 1946, in: Leffler/Painter (Hg.): Origins of Cold War, S. 112–133, hier S. 122 f.

93 Das ist in aktuellen erdölgeologischen Karten der Region sichtbar: Shināsī, Gita: General Map of the Petroleum Industry of Iran, 4. Aufl., Teheran 2013.

vonseiten der Westalliierten – erst nach dem Sieg der chinesischen Kommunisten zum Aufbau einer gemeinsamen Erdölindustrie.[94] Für die Kremlführung hatte sich innerhalb weniger Jahre eines deutlich abgezeichnet: Außerhalb des sowjetischen Territoriums waren die Chancen aufgrund der westlichen Dominanz äußerst gering, im Kampf um einen angemessenen Anteil an den Erdölressourcen der Welt zu triumphieren. In Ermangelung der Kapazitäten für eine offene Konfrontation mussten dringend Möglichkeiten zur Deckung des Treibstoffbedarfs gefunden werden, auf welche vor allem die USA keinen Einfluss hatten – innerhalb des sowjetischen Herrschaftsgebietes. Und dieses war im Verlauf des zurückliegenden Krieges deutlich gewachsen.

5.3 Vom Technologietransfer zur Ressourcenintegration

Im Gegensatz zum Iran boten die europäischen Besatzungsgebiete aufgrund der weitgehend ausgeschöpften Erdölreserven einen deutlichen Nachteil, vereinfachten für den Kreml jedoch aufgrund der Machtverhältnisse die Akquisition der dortigen Rohstoffquellen. Die im internationalen Maßstab und im Vergleich zum Kaukasus als geringfügig zu betrachtenden Vorkommen in Europa, welche sich primär in Rumänien, Ungarn und im Osten Österreichs[95] befanden, hatten als Treibstoffbasis des ›Dritten Reiches‹ ihren Wert unter Beweis gestellt. Besonders die Leistungen deutscher Ingenieure, die getrieben vom Autarkiestreben Hitlers innerhalb weniger Jahre mit erheblichem Technologie- und Kapitalaufwand die Förderleistung in Ungarn und Österreich vervielfacht hatten, imponierten den sowjetischen Besatzern.[96]

94 Hasanli: Kampf um Erdöl, S. 322–326.

95 Die Liste der europäischen Erdölförderländer wurde Anfang der 1940er Jahre von der Sowjetunion (ca. 31 Millinen Tonnen) angeführt, mit weitem Abstand folgten Rumänien (ca. 6 Millionen Tonnen), Österreich (ca. 1 Million Tonnen) und Ungarn (ca. 0,8 Millionen Tonnen). Dazu Eichholtz: Krieg um Öl, S. 16 und S. 39; Zieber: Sowjetische Erdölwirtschaft, S. 243–255.

96 GARF, f. R5446, op. 47, d. 353, l. 51; ebd., op. 49a, d. 780, ll. 30–29; auch RGASPI, f. 17, op. 121, d. 395, ll. 1–3, abgedruckt in Békés, Csaba/Borhi, Laszlo G./Ruggenthaler, Peter/Traşcă, Ottmar (Hg.): Soviet Occupation of Romania, Hungary and Austria. 1944/45–1948/49, Budapest 2015, S. 274 f. Zu Ungarn, Österreich und Rumänien als Treibstoffbasis des Deutschen Reiches siehe Eichholtz/Kockel: Deutsche Ölpolitik, S. 280–350 und S. 371–375; Karlsch, Rainer/Stokes, Raymond G. (Hg.): Faktor Öl. Die Mineralölwirtschaft in Deutschland 1859–1974, München 2003, S. 171–244; Hayward: Hitler's Quest for Oil, S. 98–100. Mit Fokus auf Österreich detailliert auch Seidel, Hans: Österreichs Wirtschaft und Wirtschaftspolitik nach dem Zweiten Weltkrieg, Wien 2005, S. 421–429. Zu Rumänien auch Singer: Energy and International War, S. 142 f.

Die schnelle Produktionssteigerung war zudem zwangsläufig mit einer massiven Aufstockung des eingesetzten Equipments einhergegangen. Die Anlagen in Ungarn und Österreich waren deshalb größtenteils wesentlich neuer und moderner, als dies in älteren Förderregionen wie dem Kaukasus oder in Rumänien der Fall war. Im Gegensatz zu ihren sowjetischen Kollegen waren die Betreiber zusätzlich in allen drei Ländern in den 1930er Jahren nur geringfügig von politischen Prioritäten, zentral gesteuerten Investitionen und Ressourcenallokationen abhängig gewesen. Der Zugriff auf benötigte Ausrüstung und Technologie war lediglich durch die Finanzierungsmöglichkeiten der jeweiligen Unternehmen eingeschränkt worden – die häufig direkte Tochtergesellschaften der großen westlichen Erdölkonzerne waren. Spätestens Mitte der 1930er Jahre waren die verfügbaren Mittel durch deutsche Investoren noch einmal erheblich gewachsen.

Für Stalin, der bereits im Dezember 1941 seine Intention verdeutlicht hatte, dem Deutschen Reich und seinen Verbündeten »ihre fortschrittlichsten Maschinen zugunsten der okkupierten und geschädigten Länder [...] zu entziehen«,[97] waren die Erdölindustrien Europas entsprechend von besonderem Interesse. Mit dem Vorrücken der Roten Armee nahmen ab 1944 Beutekommandos ihre Arbeit auf, um für den sowjetischen Wiederaufbau benötige Ressourcen und Ausrüstungsgüter in deutschem Besitz ausfindig zu machen.[98] Für Österreich und Rumänien, wahrscheinlich auch für Ungarn, lagen bald detaillierte Berichte über die jeweiligen Erdölindustrien vor, welche das Potential der jeweiligen Förder- und Raffineriesektoren ins Visier nahmen.[99] Bereits wenige Wochen nach der Besetzung Rumäniens entsandte die Kremlführung im Oktober 1944 Delegationen des Narkomneft' sowie der entsprechenden Gosplan-Abteilung nach Ploieşti, um vor Ort den Zustand des größtenteils in der Nähe der Stadt befindlichen Wirtschaftszweiges zu überprüfen. Zu den wichtigsten Aufgaben zählten die Suche nach fortschrittlichem Equipment sowie die Erfassung jeglicher dort nicht zwingend benötigter Ausrüstung, um diese in die Sowjetunion zu verfrachten.[100]

97 AVP RF, f. 48, op. 48, p. 431, d. 10, ll. 34–50, abgedruckt in Kynin, Georgij P. (Hg.): SSSR i germanskij vopros 1941–1949. Dokumenty iz Archiva vnešnej politiki Rossijskoj Federacii. 3 Bde., Moskva 1996–2003, hier Bd. 1, S. 124–135, Zitat S. 128.

98 Laufer, Jochen: Politik und Bilanz der sowjetischen Demontagen in der SBZ/DDR 1945–1950, in: Rainer Karlsch/Jochen Laufer (Hg.): Sowjetische Demontagen in Deutschland 1944–1949. Hintergründe, Ziele und Wirkungen (Zeitgeschichtliche Forschungen 17), Berlin 2002, S. 31–77, hier S. 33–44.

99 Der detaillierte Bericht zu Österreich deutet darauf hin, dass solche Analysen auch zu anderen Förderregionen erstellt wurden: RGASPI, f. 17, op. 121, d. 395, ll. 1–3, abgedruckt in: Békés et al. (Hg.): Soviet Occupation, S. 274 f. Dazu auch Egorova: Stalin's Oil Policy, S. 98.

100 RGAE, f. 4372, op. 45, d. 472, ll. 42–48; Lavruško: O rekonstrukcii neftjanoj industrii, S. 47–50.

Die Ergebnisse der Mission waren äußerst vielversprechend: Insgesamt »erwies sich der Zustand der rumänischen Erdölindustrie wesentlich besser, als wir erwartet hatten«, wie General Andrej Chrulëv die Eindrücke einer Kommission zur Inspektion der Anlagen schilderte. Ursprünglich mit der Suche nach Möglichkeiten zur Nutzung der Bohrtürme und Raffinerien für die Treibstoffversorgung der Frontverbände beauftragt, fanden die Inspekteure neben Ersatzteilen und diversem ungenutzten Equipment auch eingelagerte Rohre und Gestänge in einem Umfang, der die sowjetische Jahresproduktion der Kriegsjahre deutlich überstieg.[101] Die gut gefüllten Lagerhallen Ploieştis waren ein willkommenes Geschenk und entsprachen exakt den Vorstellungen der sowjetischen Führung von einer angemessenen Kriegsentschädigung.

Am 23. Oktober beschloss das GKO den »schnellstmöglichen Abtransport« der unverhofften Beute, um diese im Kaukasus und den anderen Erdölregionen nutzbar zu machen. Relevantes Material im Umfang von 30.000 Tonnen galt es allein im November mit der Priorität militärischer Transporte über die Grenze der UdSSR zu verfrachten. Berija und der NKVD hatten dafür Sorge zu tragen, dass die benötigte Arbeitskraft für Demontagen und Verladungen zur Verfügung stand – in Form von Kriegsgefangenen.[102] Die Eile, mit der vorgegangen wurde, stellte selbst die Vorgaben in den Schatten – bereits Mitte des Monats war das Soll beinahe erfüllt. Bis Ende November wurden mehr als 50.000 Tonnen Stahlrohre in Ploieşti verladen und abtransportiert. Lediglich die Verschiffung über das Schwarze Meer in den Kaukasus stockte aufgrund unzureichender Tonnagekapazitäten und verzögerte die Operation.[103]

Ein wesentlicher Grund für die hastige Umsetzung waren die ungeklärten Eigentumsverhältnisse im rumänischen Erdölsektor. Schon früh hatten die Westalliierten Anspruch auf rund zwei Drittel der gefundenen Ausrüstung als vormals amerikanisches oder britisches Eigentum angemeldet, was zunächst Anordnungen zur Folge hatte, das entsprechende Material in Rumänien zu belassen. Doch intern regten sich Widerstände. Aus Ploieşti protestierten am 14. November zwei ranghohe Mitarbeiter des Sovnarkom und Narkomneft' in einem gemeinsamen Brief an Berija gegen die Zugeständnisse. Angesichts der

101 Ein Auszug aus den Erinnerungen Chrulëvs ist abgedruckt in Zolotarev, et al.: Neft' i bezopasnost', S. 262–266, Zitat S. 263. Ein Teil der in Ploieşti gefundenen Rohre war, wie sich schnell herausstellte, von der deutschen Führung ursprünglich für eine schnelle Wiederaufnahme der Erdölförderung im Kaukasus nach einer erfolgreichen Eroberung bestimmt gewesen, vgl. Eichholtz/Kockel: Deutsche Ölpolitik, S. 485–502.

102 RGASPI, f. 644, op. 1, d. 32, ll. 87–90; GARF, f. R5446, op. 47a, d. 992, l. 49.

103 RGASPI, f. 644, op. 1, d. 335, ll. 3–5; GARF, f. R5446, op. 46a, d. 1148, ll. 148–147 sowie l. 137.

hohen Qualität der gefundenen Rohre und des massiven Mangels an ebensolchen in der Sowjetunion empfahlen sie eindringlich, die Entscheidung zu überdenken. Ihr Plädoyer hatte einiges Gewicht. Schon die Markierungen im entsprechenden Dokument legen den Schluss nahe, dass Lösungen gesucht wurden, den Anteil der Alliierten zu verringern.[104]

Berija scheint schließlich zu der Überzeugung gekommen zu sein, die Verärgerung der Regierungen in London und Washington in Kauf nehmen zu können. Bereits zwei Tage nach Erhalt des Briefes überzeugte er Voznesenskij und andere Mitglieder des GKO, Stalin zusätzliche Demontagen und Abtransporte zu empfehlen.[105] Wie der stellvertretende Volkskommissar für auswärtige Angelegenheiten, Andrej Vyšinskij, dem US-Konsul in Rumänien kurz darauf verdeutlichte, betrachtete die sowjetische Führung nun auch Equipment aus den Lagerhallen der amerikanischen Konzerne als Kriegsbeute, da dieses erst nach Kriegsbeginn nach Ploieşti gelangt sei. Im Kaukasus würde das beschlagnahmte Material zudem dringender für den Wiederaufbau gebraucht werden als in Rumänien, sodass eine Verlagerung »unseren gemeinsamen Anstrengungen dienlich« sein könne. Seine Empfehlung, die ganze Sache aufgrund ihrer Geringfügigkeit zu vergessen und als Lend-Lease-Lieferung zu verbuchen, offenbart jedoch auf sowjetischer Seite bestehende Zweifel an der Durchsetzbarkeit dieser Argumentation.[106] In den Folgejahren beförderte die Angelegenheit das Zerwürfnis zwischen den Alliierten. Die unterschiedlichen Definitionen deutschen Eigentums – denn nur solches wurde offiziell als Kriegsbeute anerkannt – standen in starkem Kontrast zueinander und boten einigen Konfliktstoff.[107]

In Anbetracht des verheerenden Zustands der sowjetischen Industrie versprach die aus Perspektive der kaukasischen Neftjaniki mehr als üppige technische Ausstattung der rumänischen Förderunternehmen jedoch eine einfache Lösung für eines der gravierendsten Probleme: die unzulängliche Treibstoffversorgung. Zwei Mitarbeiter der Erdölabteilung des Sovnarkom verdeutlichten die Sichtweise der sowjetischen Bürokratie in einem Brief, welchen sie im April 1945, wenige Tage nach Ende der Kampfhandlungen in Ungarn, mit der Bitte um weitere Anweisungen an Berija adressierten:

104 Die jeweiligen Mengen der im Dokument genannten, als westliches Eigentum bewerteten Rohre sind markiert und handschriftlich nach unten korrigiert: GARF, f. R5446, op. 46a, d. 1148, ll. 90–89.

105 RGASPI, f. 644, op. 3, d. 4, ll. 55–57.

106 FRUS 1944, Bd. 4, S. 246 f.

107 Umfassend dazu Napuch: Sowjetunion, S. 168–180, S. 242–248, S. 258–274 und S. 299–304.

> Da gegenwärtig in den heimischen [sowjetischen] Fabriken keine neue Bohrausrüstung hergestellt wird, der Import [...] aus den USA jedoch abgelehnt wurde, würden wir es als notwendig erachten, Arbeitertrupps in diese Regionen [gemeint sind die ungarischen und österreichischen Ölfelder] zu entsenden, mit dem Auftrag, den Bestand an Bohrausrüstung vor Ort offenzulegen und [...] die Möglichkeit ihres Abtransportes zu konstatieren.[108]

In diesem Kontext wurden die Proteste der westlichen Alliierten als nebensächlich – oder für die weitere Zusammenarbeit nicht entscheidend – betrachtet. Die Bedeutung vor allem der Gestänge und Rohre für die sowjetische Erdölindustrie war zugleich enorm: Allein die für den November 1944 veranschlagten Sendungen aus Rumänien sollten gemäß einer vom Narkomneft' und Gosplan ausgearbeiteten Verordnung, welche ohne Änderungen von Stalin unterzeichnet wurde, eine jährliche Mehrförderung von rund 2 Millionen Tonnen Erdöl gestatten – immerhin ein knappes Zehntel der geringen Nachkriegsproduktion.[109] An die vom Umfang her vergleichbaren Lieferungen des Folgemonats wurden ähnlich hohe Erwartungen geknüpft.[110]

Mit derart glanzvollen Perspektiven sollte die in Rumänien erprobte Vorgehensweise, wie im zitierten Brief vorgeschlagen, im Sommer 1945 auch in Ungarn und Österreich zur Anwendung kommen. Die seit dem Herbst des Vorjahres veränderte weltpolitische Lage und besonders die mit den Konferenzen von Teheran und Jalta grob skizzierte Nachkriegsordnung, welche den Großteil Osteuropas zur sowjetischen Einflusssphäre deklarierte,[111] spiegelte sich allerdings in den Demontageprioritäten im Erdölsektor wider: Zwar wurde die Suche nach lohnenswerter Kriegsbeute in beiden Ländern – wie im gesamten von der Roten Armee befreiten Gebiet – forciert, der Umfang der Ausfuhren

108 GARF, f. R5446, op. 47, d. 353, l. 51. Wer genau die Importe aus den USA ablehnte, geht aus dem Dokument nicht hervor. Möglich ist sowohl die Ablehnung einer konkreten Bestellung vonseiten des entsprechenden Unternehmens oder eine nicht erteilte Ausfuhrlizenz, aber auch die Unterbindung entsprechender Importe aus Moskau, da andere, technologisch anspruchsvollere Ausrüstungsgüter als dringender empfunden wurden. Zu den Importen aus den USA umfassend auch Kapitel 4.3.

109 RGASPI, f. 644, op. 1, d. 335, ll. 3–5. Der von Gosplan und Narkomneft' erstellte Entwurf findet sich in ebd., op. 2, d. 416, ll. 4–9.

110 RGASPI, f. 644, op. 2, d. 429, l. 62. Auch im Dezember wurde wesentlich mehr Erdölausrüstung aus Rumänien demontiert und abtransportiert, als der Plan dies vorgesehen hatte, vgl. GARF, f. R5446, op. 47a, d. 992, ll. 20–19.

111 Dazu Naimark: Sovietization, S. 175–181.

blieb jedoch in Ungarn verhältnismäßig gering.[112] Im Gegensatz zu den rumänischen und österreichischen Pendants finden sich weder in den Archiven des GKO noch in den durchgesehenen Verzeichnissen des Sovnarkom oder des Politbüros konkrete Anweisungen zur Überführung von Anlagen und Ausrüstung mit Bezug zum ungarischen Erdölsektor.

Das bedeutet keineswegs, dass kein Bohrequipment abtransportiert wurde. Eine nicht näher erläuterte Beschwerde der amerikanischen Standard Oil, welche offiziell auch während des Krieges Eigentümerin des größten Erdölunternehmens in Ungarn geblieben war, deutet auf den Transfer von entsprechender Ausrüstung in die Sowjetunion hin.[113] Ein Maßnahmenkatalog zur Stabilisierung der Treibstoffproduktion in Baku aus dem Oktober 1945 verwies zudem auf den geplanten Einsatz von Turbinen und Generatoren, welche aus Ungarn bezogen werden sollten.[114] Allerdings waren die ungarischen Bohrtürme – im Gegensatz zu ihren rumänischen Äquivalenten – mehrere Wochen vor der deutschen Kapitulation weitgehend funktionstüchtig übernommen worden und boten eine ideale Versorgungsbasis für das weitere Vorrücken der sowjetischen Truppen. Aus diesem Grund konzentrierten sich die Besatzer früh auf den Erhalt der Förderleistung, sodass die verfügbare Rohölmenge den Rahmenbedingungen zum Trotz 1945 nur rund ein Fünftel unter dem Vorjahresniveau lag und im Folgejahr sogar anstieg.[115] Es ist also zu vermuten, dass nur geringe Teile des in Ungarn vorgefundenen Equipments in die Sowjetunion überführt werden konnten, ohne die Produktionskapazitäten zu gefährden.

---

112 Ein entsprechendes Dokument findet sich in Isakov, Vladimir I. (Hg.): Tyl Vooružennych Sil v dokumentach. Velikaja Otečestvennaja vojna (1941–1945 gg.), Moskva 2000, S. 582–608, hier S. 607 f. Dazu auch RGASPI, f. 82, op. 2, d. 104, ll. 1–2, abgedruckt in: Békés et al. (Hg.): Soviet Occupation, S. 330 f.; Musial, Bogdan: Sowjetische Demontagen und Beschlagnahmungen in Polen und in den ehemaligen deutschen Ostgebieten, in: Iber/Ruggenthaler (Hg.): Stalins Wirtschaftspolitik, S. 45–71, hier S. 59. Details zu als Kriegsbeute verbuchten Demontagen in Ungarn sind bis heute nicht bekannt, dazu auch die Anmerkungen in Békés et al. (Hg.): Soviet Occupation, S. 158 f.

113 FRUS 1945, Bd. 4, S. 921 f.

114 GARF, f. R5446, op. 47a, d. 984, ll. 154–153.

115 Bereits im Jahr 1944 war die Förderung gesunken. Bis zum 2. April 1945 wurden schließlich heftige Kämpfe auf den Ölfeldern im Westen Ungarns ausgetragen, welche die deutschen Bataillone unter großen Verlusten verteidigten. In den ersten drei Monaten konnte entsprechend nur unter äußerst schwierigen Bedingungen Erdöl gefördert werden. Dazu auch Eichholtz: Ende mit Schrecken, S. 92–94. Zur anschließenden Übernahme der Ölfelder: Paterson: Soviet-American Confrontation, S. 103 f.; Borhi, László: The Merchants of the Kremlin. The Economic Roots of Soviet Expansion in Hungary, Washington, D. C. 2000, S. 44–47; Ders.: Hungary in the Cold War, 1945–1956. Between the United States and the Soviet Union, Budapest 2004, insbes. S. 174–176.

Im Osten Österreichs hingegen nahmen die Demontagetrupps nur wenig Rücksicht auf den Erhalt der bestehenden Industrie. Die westlich von Wien gelegenen Ölfelder waren ein wichtiges Ziel des sowjetischen Vorstoßes. Noch während in der Hauptstadt der Häuserkampf tobte, zogen größere Verbände der Roten Armee bereits weiter, um die nahen Fördergebiete zu übernehmen.[116] Nach erfolgter Besetzung wurde sofort mit der Demontage unbeschädigter Anlagen begonnen. Fabrikationsbetriebe für Pumpen, Gestänge und anderes Equipment zählten schon wenige Tage nach dem Einmarsch zu den ersten Zielen der Beutekommandos.[117] Der deutschen Kapitulation folgte umgehend die Anweisung zum Abtransport weiterer Gerätschaften und Materialien. Bajbakov selbst erhielt von Stalin den Auftrag, die notwendigen Schritte zu ergreifen, um verschiedene Ausrüstung – von vorgefundenen Lagerbeständen über Pumpstationen bis hin zu einer vollständigen Raffinerie – fachgerecht demontieren zu lassen. Anschließend sollte alles bis spätestens Mitte Juni in die Sowjetunion verfrachtet werden.[118]

Grundsätzlich befassten sich die Beutetrupps allerdings nur am Rande mit der verarbeitenden Industrie. Infolge des Förderniederganges im eigenen Land verfügte die Sowjetunion über ungenutzte Raffineriekapazitäten, sodass ein weiterer Ausbau dieses Bereichs vorerst offensichtlich als überflüssig erachtet wurde. Primäres Ziel der Konfiskationen war das Equipment zur Exploration und Erschließung von Erdölvorkommen sowie zum Betrieb und zur Instandhaltung der Bohrlöcher. Wie Vertreter der sowjetischen Besatzungsorgane den zuständigen Stellen in Österreich Anfang Juni 1945 mitteilten, waren insgesamt 83 Prozent der Bohranlagen, 74 Prozent der Pumpen, 70 bis 80 Prozent der Gestänge und Rohre sowie zahllose weitere Werkzeuge, Armaturen und Gebrauchsgüter in die Sowjetunion zu überführen, »soweit sie deutsches Eigentum waren und auf den Ölfeldern und in den Magazinen lagern«.[119] Für die Erdölindustrie des Alpenstaates war der Umfang der Demontagen verheerend.

116 GARF, f. R5446, op. 47, d. 353, l. 51.

117 Eine Liste der Demontagen findet sich in Karner, Stefan: Zu den sowjetischen Demontagen in Österreich 1945/46. Ein erster Aufriss auf russischer Quellenbasis, in: Michael Pammer et al. (Hg.): Erfahrung der Moderne. Festschrift für Roman Sandgruber zum 60. Geburtstag, Stuttgart 2007, S. 301–312, hier S. 308–312.

118 RGASPI f. 644, op. 1, d. 414, ll. 123–124; ebd., d. 417, l. 127.

119 Das entsprechende Gesprächsprotokoll vom 7. Juni 1945 ist abgedruckt in Iber: Sowjetische Mineralölverwaltung, S. 248 f. Dazu umfassend auch ebd., S. 53 f.; Iber: Erdöl statt Reparationen, S. 578. Antony Sutton zufolge war es allgemein üblich, dass die Beutekommandos primär solche Güter beschlagnahmten, die in der Sowjetunion Mangelware waren: Sutton: Western Technology, Bd. 3, S. 17 f.

Obwohl wenige Wochen nach der Übernahme die Bemühungen zur Wiederherstellung der Produktion in Gang gesetzt wurden, konnte bis September infolge des Materialmangels nur rund ein Drittel der Monatsproduktion des Vorjahres erreicht werden.[120] Mit nur einem Bruchteil der benötigten Ausrüstung sollte es Jahre dauern, bis die Produktion in Österreich wieder auf das Niveau von 1944 gesteigert werden konnte.

Die ›Pax Sovietica‹ als Erdölgarant

Parallel zu den laufenden Demontagen bemühten sich die Besatzungsorgane in Österreich ebenso wie in Ungarn und Rumänien um den Erhalt größtmöglicher Erträge bei geringstmöglichem Kapital- und Materialeinsatz. Die osteuropäischen Felder sollten nicht nur die Truppen in Europa mit Kraftstoff versorgen und so die Lieferungen aus dem Kaukasus reduzieren, sondern zugleich auch den Erdölmangel in der Sowjetunion lindern. Vor allem das Unvermögen des Narkomneft', die von Gosplan erstellten Produktionspläne zu erfüllen, hatte eine Diskrepanz zwischen den ohnehin niedrigen geplanten und tatsächlich verfügbaren Erdölmengen geschaffen. Auf diese Weise behinderte der Mangel auch den inzwischen angelaufenen Wiederaufbau. In der Folge war die Sowjetunion auf Importe angewiesen, um besonders die Industrie mit Erdölprodukten zu versorgen.[121]

Ende März 1945 veranlasste das GKO allein aus Rumänien die Ausfuhr von 610.000 Tonnen petrochemischer Produkte für das zweite Quartal des Jahres in die UdSSR – mit einem Fokus auf Benzin und auf Zwischenprodukte zur Endverarbeitung in den kaukasischen Raffinerien.[122] Unter Hinzunahme der für die Versorgung der Roten Armee bestimmten Treibstoffe verbrannten sowjetische Motoren in den drei Folgemonaten etwa 90 Prozent der rumänischen Erdölproduktion.[123] Allein die Ausfuhren aus Ploieşti entsprachen zu dieser Zeit rund einem Fünftel

120 GARF, f. R5446, op. 47a, d. 969, l. 62.

121 Dies klingt in mehreren Dokumenten durch, etwa in: GARF, f. R5446, op. 47a, d. 3836, ll. 18–1; ebd., d. 973, ll. 107–105.

122 RGASPI, f. 644, op. 1, d. 383, ll. 83–84. Das zweite Quartal 1945 stellte keineswegs den Beginn der Ausfuhr rumänischer Erdölprodukte dar, allerdings waren zuvor nahezu ausschließlich die Fronteinheiten von dort versorgt worden: Zahlreiche Akten dazu finden sich in GARF, f. R5446, op. 47a, d. 5195, zur Verteilung besonders ll. 1–2.

123 Unter Berücksichtigung der knapp über 4 Millionen Tonnen Jahresproduktion 1945 und einer durchschnittlichen monatlichen Nutzung von 100.000 Tonnen rumänischen Benzins durch die Rote Armee wurden ca. 90 Prozent des Erdöls von der Sowjetunion verbraucht; unter Berücksichtigung der verarbeitungsbedingten Verluste wahrscheinlich sogar mehr. Zum Treibstoffbezug der Roten Armee aus Ploieşti im April: RGASPI, f. 644, op. 1, d. 388, l. 179; im Mai: ebd., d. 413, l. 144; im Juni: ebd., d. 427, l. 61.

der Förderung in der Sowjetunion, Exporte aus Ungarn und Österreich linderten den Mangel zusätzlich und gestatteten es den Planern in Moskau, auch den in Industrie und Landwirtschaft verordneten Verzicht schrittweise zu reduzieren.

Gleichzeitig war zu diesem Zeitpunkt jedoch keineswegs absehbar, ob und wo sich der ›Eiserne Vorhang‹ aufspannen würde – und welche Form der von den Westalliierten gewährte Einfluss der Sowjetunion in Osteuropa annehmen könnte.[124] In diesem Kontext wurde es für Stalin und seine Mitstreiter zunehmend wichtiger, die osteuropäischen Erdölvorkommen auch langfristig im Interesse des Kremls nutzen zu können. Unmittelbar nach der deutschen Kapitulation wurden deshalb in Österreich und Rumänien Verhandlungen zur Gründung gemeinsamer Unternehmen zum weiteren Betrieb des Industriezweiges begonnen. In erster Linie galt es, die sowjetischen Aktivitäten in den Erdölsektoren der Länder auf eine rechtliche Grundlage zu stellen.

Flankiert von erheblichem diplomatischem Druck[125] konnte die sowjetische Führung am 17. Juli 1945 mit der Bukarester Regierung einen Vertrag unterzeichnen, welcher viel über die Vorstellungen des Kremls bezüglich der weiteren Ausbeutung dieser Ressourcen verrät: Das zu gründende Unternehmen Sovrompetrol sollte zwar gemeinsam finanziert und betrieben werden, die sowjetischen Investitionen beschränkten sich allerdings auf die beschlagnahmten und als vormals deutsch deklarierten Betriebe und Gebrauchsmaterialien, welche nicht abtransportiert worden waren. Alle anderen Kapitalaufwendungen nebst der Beisteuerung vormals im Regierungseigentum befindlicher Erdölgesellschaften übertrug der Vertrag der rumänischen Seite.[126] Zur Ergänzung wurde auf ein Finanzierungsmodell zurückgegriffen, welches bereits im Kaukasus zur Anwendung gekommen war: Exporte sollten die nötigen Außenhandelsdevisen generieren, um benötigte Ausrüstung im Ausland kaufen zu können. Wenngleich das neue Unternehmen nur rund ein Drittel der Erdölförderung des Landes verantwortete, gewährte das Abkommen diesem Vorzugsrechte bei Konzessionsvergaben sowie Steuer- und Zollprivilegien, um einen gewissen Schutz vor der kapitalistischen Konkurrenz zu bieten.[127] Die restlichen Erdölunternehmen in

124 Naimark: Sovietization, S. 175–177.

125 Tatsächlich bemühten sich die britische Regierung und Vertreter der westlichen Erdölunternehmen, den Vertragstext in einem für die sowjetische Führung »absolut inakzeptablen« Ausmaß zu verändern, konnte sich letztlich jedoch nicht durchsetzen: GARF, f. R5446, op. 47a, d. 969, l. 78.

126 Eine Kopie des Vertrages findet sich in GARF, f. R5446, op. 47a, d. 969, ll. 75–63, zu den Investitionen l. 73.

127 GARF, f. R5446, op. 47a, d. 969, ll. 71–70.

Rumänien hingegen befanden sich zwar unter sowjetischer Kontrolle, waren offiziell aber weiterhin als Eigentum der jeweiligen westlichen Muttergesellschaft anerkannt und von deren Personal betrieben.

Profitieren konnte Sovrompetrol von der Vorzugsbehandlung nur eingeschränkt. Fast die Hälfte der rumänischen Erdölproduktion betrachtete die östliche Siegermacht unabhängig vom Produktionsbetrieb als Reparationen. Entschädigt wurden die Unternehmen von der Regierung mit dem Durchschnittspreis des letzten Vorkriegsjahres, der weit unter dem Nachkriegswert lag.[128] Hinzu kamen alsbald Handelsverträge mit der Sowjetunion, Polen und der Tschechoslowakei, welche in Ermangelung von Devisen im Austausch gegen Fahrzeuge, Kohle und andere dringend benötigte Güter weitere Erdöllieferungen vorsahen. Anfang Februar 1946 konstatierte ein Fachausschuss der Regierung in Bukarest, dass nach Abzug des Inlandsverbrauchs und der Ausfuhrverpflichtungen allein für die kommenden fünf Monate ein Defizit von mehr als 230.000 Tonnen Erdölprodukten entstehen würde. Auf diese Weise wurde »der Erdölindustrie im Jahr 1946 jegliche Möglichkeit zum Import von Materialien entzogen, die für den Betrieb unverzichtbar waren«.[129]

Als besonderes Dilemma hob der Ausschuss hervor, dass Kohle aus Polen und Fahrzeuge aus der Sowjetunion für den Wiederaufbau unverzichtbar seien und deshalb allenfalls der Vertrag mit der Tschechoslowakei vernachlässigt werden könne; dieser jedoch zugleich die einzige mögliche Bezugsquelle für Erdölausrüstung darstellte. »Unter den gegebenen Bedingungen«, so der Haupttenor des Dokumentes, »darf man überhaupt nicht erwarten, dass die rumänische [Erdöl] Industrie eine Vielzahl unterschiedlicher Werkstoffe produzieren würde.«[130] In der Folgezeit verfielen die Bohranlagen Ploieştis immer mehr. Wie im Rest des sowjetischen Besatzungsgebietes bestand das primäre Interesse der Moskauer Führung an der Maximierung der Güterextraktion zugunsten des Wiederaufbaus des eigenen Landes.[131] Eine Steigerung der Förderleistung war dazu nicht zwingend notwendig – die Reparationszahlungen hatten Vorrang vor anderen vertraglichen Verpflichtungen.

---

128 FRUS 1946, Bd. 2, S. 1329 f.; GARF, f. R5446, op. 48a, d. 634, ll. 120–119. Zur Preisgestaltung ebd., op. 47a, d. 969, ll. 75–63.

129 GARF, f. R5446, op. 48a, d. 633, ll. 121–111, besonders ll. 118–117 und ll. 112–111, Zitat l. 111.

130 GARF, f. R5446, op. 48a, d. 633, l. 118.

131 Stone, Randall W.: Satellites and Commissars. Strategy and Conflict in the Politics of Soviet-Bloc Trade (Princeton Studies in International History and Politics), Princeton NJ 1997, S. 27 f.; Sanchez-Sibony: Red Globalization, S. 68 f.

Das Vorgehen in Österreich folgte zunächst dem rumänischen Beispiel. Die Präsenz der anderen Alliierten im Land veranlasste die sowjetische Seite jedoch zu erheblichen Zugeständnissen, um die Wiener Regierung zu einer finanziellen Beteiligung am Wiederaufbau des Erdölsektors zu bewegen. Dazu brachte die Delegation aus Moskau sogar die vorrangige Deckung des Inlandsverbrauchs ins Gespräch und erklärte sich zu einer österreichisch-sowjetischen Doppelspitze in der Unternehmensführung bereit.[132] Das Projekt scheiterte dennoch am Widerstand der westlichen Alliierten, welche sogar die Anerkennung der Wiener Autorität in ihren Besatzungsgebieten zu verweigern drohten, um eine Einigung mit der Sowjetunion zu verhindern.[133] Nach dem Scheitern einer gemeinsamen Lösung forcierte die sowjetische Führung den selbstständigen Betrieb der Erdölunternehmen unter vormals deutscher Kontrolle und gründete bereits im September 1945 zu diesem Zweck die Sowjetische Mineralölverwaltung (SMV) in Österreich. Ohne die Beteiligung des erhofften Investitionspartners war die finanzielle Situation der Gesellschaft noch weitaus prekärer als die ihres rumänischen Pendants. Zwar gelang es, mittels Improvisationen und des Einsatzes der verbliebenen Ausrüstung die jährliche Erdölförderung auf einem Niveau von rund der Hälfte der Kriegsjahresproduktion zu stabilisieren. Dennoch stellten die Moskauer Eigentümer nicht nur keine externen finanziellen Mittel für den Betrieb zur Verfügung, sondern gaben auch die geringfügigen Gewinne des Unternehmens lediglich zu einem Bruchteil zur Reinvestition frei und führten diese mehrheitlich anderen Zwecken zu.[134]

132 Napuch: Sowjetunion, S. 313–323.

133 Ziel der Westalliierten war es, in der österreichischen Erdölindustrie ohne Berücksichtigung des Aufschwungs des Sektors unter deutscher Kontrolle eine Wiederherstellung der Besitzverhältnisse vor 1938 zu erreichen, wodurch westliche Unternehmen erneut die Vormachtstellung erlangt hätten. Dazu umfassend Seidel: Österreichs Wirtschaft, S. 433–441; Iber: Sowjetische Mineralölverwaltung, S. 56–59; Bader, William B.: Austria between East and West, 1945–1955, Stanford CA 1966, S. 111–116. Die Erdölfrage war insgesamt in den alliierten Nachkriegsverhandlungen zur Zukunft Österreichs ein bedeutender Teilaspekt. Zur Rolle Österreichs im frühen Kalten Krieg: Bischof, Günter: Austria in the first Cold War, 1945–55. The Leverage of the Weak (Cold War History Series), Houndmills et al. 1999.

134 RGASPI, f. 3, op. 8, d. 223, ll. 107–108., abgedruckt in Iber: Sowjetische Mineralölverwaltung, S. 274–276; RGANI, f. 5, op. 28, d. 224, ll. 70–78, abgedruckt in Karner, Stefan/Stelzl-Marx, Barbara (Hg.): Die Rote Armee in Österreich. Sowjetische Besatzung 1945–1955 (Veröffentlichungen des Ludwig-Boltzmann-Instituts für Kriegsfolgen-Forschung. Sonderband 4). 2 Bde., 2. Aufl., Graz et al. 2005, hier Bd. 2, S. 561–571, insb. S. 563 f. Dazu auch Iber: Erdöl statt Reparationen, S. 592. Um die nötigen Investitionen zu erhalten, unternahmen die sowjetischen Besatzungsorgane in Österreich in den Folgejahren verschiedene Versuche, doch noch eine finanzielle Beteiligung der Wiener Regierung auszuhandeln. Eine Einigkeit kam jedoch nicht mehr zustande. Dazu Ders.: Sowjetische Mineralölverwaltung, S. 167–170 und S. 192.

Derartige Methoden sind für die unmittelbare Nachkriegszeit keineswegs exklusiv für Rumänien und Österreich oder gar den dortigen Erdölsektor zu konstatieren, sondern entsprachen dem allgemeinen Vorgehen der sowjetischen Besatzer. Güter jeder Art wurden für den sowjetischen Gebrauch extrahiert, wo immer sie gefunden wurden, und in vielen anderen Sektoren wurden ebenfalls Unternehmen gegründet, um diesen Ressourcentransfer, den »imperialen Raub der siegreichen UdSSR«, zu steuern.[135] Allerdings waren nur wenige Güter von großer strategischer Relevanz und zugleich Mangelware innerhalb der sowjetischen Machtsphäre. Die aus polnischen Minen zur Nutzung in der UdSSR extrahierte Kohle war beispielsweise im Verhältnis zur sowjetischen Produktion weit weniger relevant als das importierte Erdöl und trug allenfalls zu einem leicht beschleunigten Wirtschaftswachstum bei.[136]

Deutlich wird die Bedeutung des flüssigen Brennstoffs im Kontext der Ereignisse während der letzten Monate des Jahres 1947 und des Folgejahres, in welchen sich der Ost-West-Gegensatz immer offenkundiger manifestierte. Um das endgültige Scheitern einer Konzession im Nordiran zu kompensieren, trafen die besorgten sowjetischen Entscheidungsträger umgehend Vorkehrungen, um die Erdölförderung in den osteuropäischen Ländern zu erhöhen und dort neue Vorkommen zu erschließen. Zuvor waren Verhandlungen zwischen der Moskauer Führung und Josip Tito über eine gemeinsame Ausbeutung der jugoslawischen Ölreserven stets an nur geringem Interesse und daraus resultierenden hohen Forderungen des Kremls gescheitert.[137] Im Sommer 1947 schlug der Vorsitzende der Hauptverwaltung für sowjetisches Vermögen im Ausland, Vsevolod Merkulov, jedoch einen erneuten Anlauf vor. Erbeutete deutsche geologische Gutachten hatten auf eine aussichtsreiche Erdölprovinz im Osten Ungarns hingewiesen, welche sich auch über die Grenze zu Jugoslawien und Rumänien erstreckte. Eine detaillierte Analyse der Dokumente hatte zu dem

---

135 Plaggenborg: Experiment Moderne, S. 300 f.; ähnlich auch Musial: Stalins Beutezug, S. 247–269. In Ungarn wurde 1946 zwar ebenfalls ein gemeinsames Förderunternehmen gegründet, dieses war jedoch nahezu unbedeutend neben dem dominierenden amerikanischen Ölkonzern, welcher infolge eindeutiger Eigentumsverhältnisse auch unter sowjetischer Besatzung geduldet wurde. Siehe dazu Napuch: Sowjetunion, S. 355 f.; Borhi: Merchants of the Kremlin, S. 35.

136 Fursenko, Alexandr A./Naftali, Timothy J.: Khrushchev's Cold War. The Inside Story of an American Adversary, New York 2006, S. 99 f. und S. 114; Shimkin: Minerals; S. 180 f.; Campbell, Robert W.: The Soviet Union, in: Gerard J. Mangone (Hg.): Energy Policies of the World. Vol. 2: Indonesia, the North Sea Countries, the Soviet Union, New York 1979, S. 217–310, hier S. 227–230.

137 Napuch: Sowjetunion, S. 356–359; zu den hohen Forderungen auch im Detail: Dedijer, Vladimir: Tito. Autorisierte Biographie, Berlin 1953, S. 269–281.

Ergebnis geführt, dass die Rohstoffmengen nördlich von Belgrad sogar eine Produktion auf ungarischem Niveau gestatten würden. Merkulov empfahl deshalb, die Verhandlungen mit Tito »unter einem passenden Vorwand« und anders als im Vorjahr dieses Mal »auf paritätischer Grundlage« wieder aufzunehmen, um die sowjetische Kontrolle dieser Vorkommen zu sichern.[138]

Mit den neuen Erkenntnissen, welche jedoch nicht in die Verhandlungen einfließen sollten, war die Kompromissbereitschaft auch in Moskau gestiegen – Berijas Mitarbeiter empfahlen Ende des Jahres eine Umsetzung der Vorschläge Merkulovs.[139] Wenngleich über den weiteren Verlauf der Angelegenheit nichts bekannt ist und eine Neuauflage der Gespräche vermutlich am Bruch zwischen Tito und Stalin scheiterte, sind die intensivierten Bemühungen verschiedener sowjetischer Institutionen um zusätzliches Erdöl keineswegs als Einzelfall zu betrachten. Nahezu zeitgleich intensivierten sich beispielsweise die Aktivitäten sowjetischer Neftjaniki in Albanien, um dort ebenfalls Produktionssteigerungen zu forcieren.[140] In der Tschechoslowakei waren 1948 verschiedene Teams des Sovmin unterwegs, um dort Explorationsarbeiten und im Falle eines Erfolges gegebenenfalls den Aufbau von Förderkapazitäten zu organisieren.[141] Wo immer im sowjetisch kontrollierten Gebiet geringe Hoffnungen auf eine Vergrößerung des zukünftigen Treibstoffreservoirs bestanden, war das Interesse der Kremlführung bald geweckt.

Parallel veränderte sich auch in den klassischen, großen Fördergebieten Osteuropas die sowjetische Herangehensweise. Im Februar 1948 bewilligte der Sovmin eine Delegation hochqualifizierter Neftjaniki nach Rumänien, um dort nach Lösungen zur dringend notwendigen Steigerung der Erdölproduktion zu suchen. Die wesentlichen Ergebnisse waren wenig überraschend – in einem abschließenden Brief an Berija Anfang März kritisierten die Inspekteure in besonderem Maße die fehlende Ausrüstung und die daraus resultierenden eingeschränkten Möglichkeiten als Hauptgrund für die Diskrepanz zwischen Vor- und Nachkriegsförderung in Ploieşti. Der Aufbau nationaler Kapazitäten zur Produktion von Equipment und die zusätzliche Bereitstellung von solchem aus der Sowjetunion waren aus Sicht der Experten unumgänglich, um das Förder-

138 GARF, f. R5446, op. 49a, d. 780, ll. 29–28.

139 GARF, f. R5446, op. 49a, d. 780, l. 30.

140 Diese Aktivitäten trugen sogar zum Zerwürfnis mit Tito bei, siehe dazu Perović, Jeronim: The Tito-Stalin Split. A Reassessment in Light of New Evidence, in: Journal of Cold War Studies 9 (2007) 2, S. 32–63, hier S. 46.

141 GARF, f. R5446, op. 80a, d. 2176, l. 90.

niveau von 1938 wiederherzustellen.[142] Zugleich jedoch kritisierten die Verfasser des Berichtes die Vorgehensweise der im Land befindlichen westlichen Unternehmen, welche aufgrund der niedrigen Preise und hohen Abgaben wenig Interesse an einem Ausbau ihrer Aktivitäten gezeigt hätten. Zur Verbesserung der Situation empfahlen sie, die konstatierte Fehlentwicklung durch die Einführung planwirtschaftlicher Methoden sowie eine »Verbesserung der Betriebsstrukturen« zu beenden, primär durch eine Nationalisierung des Erdölsektors.[143]

Die Empfehlungen trafen auf offene Ohren. Schon kurze Zeit später wurden die zuvor zwar partiell diskriminierten, aber dennoch geduldeten westlichen Erdölunternehmen in Ungarn und Rumänien unter vollständige sowjetische Kontrolle gestellt, nachdem die US-Regierung laufende Kooperationsverhandlungen mit den jeweiligen Muttergesellschaften zum gemeinsamen Weiterbetrieb torpediert hatte. Auch wurde die Distribution von SMV-Produkten in Österreich deutlich eingeschränkt, um die zur Ausfuhr in die sowjetisch kontrollierten Gebiete verfügbaren Treibstoffmengen zu erhöhen.[144] In diesem Kontext verzeichnen die Exportstatistiken der Sowjetunion ab Ende 1947 trotz des innersowjetischen Mangels einen sprunghaften Anstieg des ausgeführten Bohrequipments auf nahezu zwölf Prozent der als Ausrüstung verzeichneten Güter. Ein bedeutender Teil der Lieferungen war für die Fördergebiete Osteuropas bestimmt.[145]

Um den Mehrbedarf zu decken, beschlossen die Wirtschaftsstrategen in Moskau die planwirtschaftliche Einbindung der Industriegebiete zahlreicher besetzter Länder. Den jeweiligen Regierungen wurde aufgetragen, im Erdölsektor benötigte Pumpen, Bohrer, Rohre oder Ähnliches zur Versorgung der sowjetischen Förderbetriebe im In- und Ausland zu produzieren. Aus Perspektive des Kremls stellte dies die mit Abstand günstigste Variante dar: Wie Stalin im Januar 1948 anordnete, sollten offene Reparationsverpflichtungen für das zu liefernde Equipment geltend gemacht werden.[146] Besonders die Massenproduktion von qualitativ hochwertigen Gestänge- und Pipelinerohren, welche für die Erdöl- und Erdgasindustrie unabdingbar waren, bereitete den sowje-

142 GARF, f. R5446, op. 50a, d. 948, ll. 146–144.

143 GARF, f. R5446, op. 50a, d. 948, l. 144.

144 Napuch: Sowjetunion, S. 380–390; Iber, Walter M./Ruggenthaler, Peter: Sowjetische Wirtschaftspolitik im besetzten Österreich. Ein Überblick, in: Iber/Ruggenthaler (Hg.): Stalins Wirtschaftspolitik, S. 187–207, hier S. 200.

145 Vnešnjaja Torgovlja SSSR (1918–1966), S. 76f und S. 120 f. Dazu auch GARF, f. R5446, op. 86a, d. 10950, l. 13; ebd., d. 10980, ll. 9–12.

146 GARF, f. R5446, op. 50a, d. 965, ll. 26–29; RGAE, f. 4372, op. 46, d. 190, ll. 59–61.

tischen Wirtschaftslenkern erhebliche Probleme und sollte auf diese Weise durch Importe ergänzt werden.[147]

Der neue Materialzufluss spiegelte sich bald in den Produktionsziffern der österreichischen und rumänischen Erdölindustrie wider. Dank neuer Funde und des Ausbaus bestehender Ölfelder war in beiden Ländern ab 1949 ein deutlicher Anstieg der Fördermengen festzustellen, und auch in Ungarn machten sich kleinere erste Fortschritte bemerkbar.[148] Wenngleich nach wie vor wenig in den Erhalt der Produktionsanlagen oder die »Modernisierung der Betriebe« investiert wurde und eine größtmögliche Ausbeute mit einfachsten Mitteln das primäre Ziel blieb,[149] richteten sich die sowjetischen Betreiber im zeitlichen Kontext der Blockbildung auf eine längerfristige und umfassende Nutzung der Vorkommen ein.

Die Abordnung von sowjetischen Neftjaniki und die Bereitstellung von Equipment waren keineswegs unumstritten, gingen sie doch zulasten des inländischen Erdölsektors. Mehrfach bemühte sich Bajbakov, entsprechende Anordnungen in ihrem Umfang zu reduzieren oder die Auslandsreisen von erfahrenen und hochqualifizierten Arbeitskräften »im Angesicht des akuten Mangels an Spezialisten für Bohrarbeiten« ganz zu verhindern.[150] Die Verwaltungsorgane des Sovmin waren anderer Ansicht. Zwar gestatteten sie dem Minnefteprom in mindestens einem Fall, Ersatzpersonal für die ursprünglich zur Entsendung nach Rumänien vorgesehenen Fachkräfte vorzuschlagen. Die Bitte Bajbakovs, von der langfristigen Entsendung spezialisierter sowjetischer Neftjaniki ins Ausland ganz abzusehen, wurde jedoch zur Ablehnung empfohlen.[151] Die osteuropäischen Vorkommen waren zu wichtig für die wirtschaftlichen und strategischen Planungen des Kremls, um eine alleinige Konzentration aller Fachkräfte auf die Steigerung der heimischen Erdölförderung zu forcieren.

Mit den zusätzlichen Produktionskapazitäten in Rumänien, Österreich, Ungarn und anderen Ländern flossen immer größere Treibstoffmengen in die

147 Dazu auch GARF, f. R5446, op. 47a, d. 984, ll. 154–153; CIA FOIA ERR ORE 24–49: The USSR Petroleum Industry, S. 8.

148 Etemad/Luciani (Hg.): World Energy, S. 75–77.

149 So etwa in RGANI, f. 5, op. 28, d. 224, ll. 70–78, abgedruckt in Karner/Stelzl-Marx (Hg.): Rote Armee in Österreich, Bd. 2, S. 561–571.

150 GARF, f. R5446, op. 80a, d. 2175, l. 25; bezüglich Materiallieferungen ähnlich auch in ebd., op. 81b, d. 2278, ll. 3–1.

151 GARF, f. R5446, op. 80a, d. 2175, l. 26. Eine endgültige Entscheidung diesbezüglich liegt nicht vor, lediglich ein Vermerk in der Akte, dass die Angelegenheit von Berija gelöst worden sei. Allerdings ist davon auszugehen, dass der Sovnarkom letztlich der Empfehlung der für Erdölangelegenheiten zuständigen Mitarbeiter folgte.

Sowjetunion. [152] Auf diese Weise stellten die Rohstoffvorkommen Osteuropas eine wichtige Ressourcengrundlage des wirtschaftlichen Aufschwungs und der Mobilisierung des militärischen Potentials des Landes in der Frühphase des Systemkonfliktes mit den USA dar. Dabei diente das zusätzliche Erdöl primär als Lückenfüller für sowjetische Defizite. Je nach Auslastung der Raffinerien in der UdSSR wurden die importierten Rohölmengen erhöht oder reduziert; und auch die Anteile der verschiedenen eingeführten Treibstoffe variierten je nach Bedarf.[153] Erst nach Versorgung des sowjetischen Minimalbedarfs wurden auch die Märkte Osteuropas bedacht; für Österreich etwa stellten die Moskauer Planer erst ab 1952 eine verbrauchsdeckende Treibstoffmenge aus heimischer Produktion zur Verfügung. Bis dahin waren trotz eigentlich ausreichender Kapazitäten stets größere Zukäufe bei westlichen Erdölkonzernen notwendig, um die umfangreichen Ausfuhren zu kompensieren.[154] Für andere Länder, denen im Gegensatz zum Alpenstaat ob der wirtschaftlichen Konfrontation und des nur eingeschränkt durchlässigen ›Eisernen Vorhangs‹ keine Möglichkeiten zum externen Treibstoffimport offenstanden, bedeutete die sowjetunionzentrierte Erdölpolitik im von Moskau kontrollierten Gebiet vor allem eines: den größtmöglichen Verzicht.[155] Für die Kremlführung hingegen ermöglichte das zusätzliche Erdöl immerhin eine temporäre Verschnaufpause im Streben nach einer vom Westen unabhängigen Treibstoffbasis.

Wie Stalin bereits in seiner ersten Nachkriegsrede auf der Wählerversammlung in Moskau 1946 deutlich gemacht hatte, war eine Abhängigkeit von Importen mit dem sowjetischen Sicherheitsverständnis langfristig jedoch nicht vereinbar. Daran änderten auch die Präsenz der Besatzungstruppen oder die kontinuierliche Einsetzung sowjetfreundlicher Regierungen in den Ländern Osteuropas nur wenig. Langfristig ließ sich eine dem neuen Supermachtstatus angemessene stabile, selbst im Kriegsfall ausreichende und vor allem sichere

152 Vnešnjaja Torgovlja SSSR (1918–1966), S. 76 f. und S. 98 f.

153 GARF, f. R5446, op. 81b, d. 2524, ll. 6–11; ebd., d. 2095, ll. 134–136; ebd., op. 50a, d. 6764, ll. 138–137; ebd., op. 86a, d. 10215.

154 Iber: Erdöl statt Reparationen, S. 593–595. Anzumerken ist, dass der Warentransfer zwischen den Besatzungszonen insgesamt nur begrenzt funktionierte. Es ist also durchaus möglich, dass die sowjetischen Verwalter den österreichischen Treibstoff zunächst bewusst nur für ihre Besatzungszone bereitstellten. Zur Durchlässigkeit der innerösterreichischen Grenze umfassend Komlosy, Andrea: Austria and the Permeability of the Iron Curtain. From Bridge-building to Systemic Change, in: Gertrude Enderle-Burcel (Hg.): Gaps in the Iron Curtain. Economic Relations between Neutral and Socialist Countries in Cold War Europe, Krakow 2009, S. 107–124; Rathkolb, Oliver: ›Austria – Sieve to the East‹. Austria's Neutrality during the East-West Economic War, 1945/8–1989, in: Enderle-Burcel (Hg.): Gaps in the Iron Curtain, S. 11–25.

155 Dazu auch Kapitel 8.1.

Versorgung nur auf eine Weise erreichen: Die Sowjetunion musste die Brennstoffkrise im eigenen Land endlich überwinden und selbst eine »mächtige Erdölmacht«[156] werden, um mit den USA konkurrieren zu können.

Resümee: Substitution des Mangels

Der Zweite Weltkrieg hatte zwar die sowjetische Wirtschaft und vorübergehend auch den Staat selbst zutiefst erschüttert, keineswegs jedoch das in der Zwischenkriegszeit entwickelte energetische Weltbild ins Wanken gebracht. Der Umgang mit dem sowjetischen Erdgas oder dem estnischen Ölschiefer zeigt deutlich den hartnäckigen Einfluss, welchen die energiepolitischen Vorstellungen Stalins und des engsten Führungskreises im Rahmen des Wiederaufbaus hatten. Die während des Krieges kurzfristig außer Kraft gesetzte Zweckbindung der verschiedenen Energieträger und das fortwährende Streben nach der technologisch aufwändigen Substitution schwer transportierbarer Brennstoffe durch regionale Alternativen war derart fest in den Köpfen der Herrschenden verankert, dass ein Wandel allenfalls langsam möglich war. Sei es aus eigener Überzeugung oder aus vorauseilendem Gehorsam – selbst die Führungskader des Erdölsektors trugen die Vorlieben Stalins zur Kohleverflüssigung oder zur nur eingeschränkten Erdgasnutzung mit, obwohl Ersteres gewaltige Kapital- und Materialkosten verursachte. Auf diese Weise galt, ungeachtet der sicherheitsstrategischen Stoßrichtung sowjetischer Außenpolitik nach Kriegsende, dem Erdöl außerhalb der eigenen Grenzen eine höhere Priorität als in der Innenpolitik, in der weiterhin der Vorkriegstradition folgend die Gestaltung einer möglichst kohle- und technologiezentrischen Energiebilanz in den Vordergrund gerückt werden sollte.

Der Umgang mit dem Iran weist in besonderem Maße auf die weiterhin bestehende Skepsis der sowjetischen Führung hin, inwieweit sich innerhalb des eigenen Territoriums ausreichend Erdöl würde finden lassen, um die Abhängigkeit vom Kaukasus endgültig zu überwinden. Im Spannungsfeld zwischen regionalen wie individuellen Interessen, undurchsichtigen Absichten, der aufziehenden Bedrohungskulisse des Kalten Krieges und den daraus resultierenden konkreten Ängsten pokerte Stalin jedoch zu hoch und musste sich letzten

156 Ein streng geheimer interner Bericht des Führungsstabes der französischen Besatzungstruppen in Österreich, welcher durch sowjetische Agenten in die Hände Berijas gelangte, kam im Sommer 1946 genau zu diesem Fazit. Berija markierte den entsprechenden Absatz: GARF, f. R5446, op. 48a, d. 634, ll. 127–115, Zitat l. 115.

Endes geschlagen geben. Zumindest am Kaspischen Meer scheiterte der Versuch, das Erdölproblem ins nahe Ausland zu verlagern und dem vermeintlichen nationalen Brennstoffdefizit mit ebenjenen Mitteln gegenüberzutreten, welche für die westlichen Großmächte längst zum Alltag geworden waren.

Das Gegenteil war zunächst im Osten Europas der Fall: Wenngleich die Ressourcen der dortigen Länder bereits früh ins Blickfeld des Kremls gerückt waren, dienten die dortigen Industrien zunächst in erster Linie als Ersatzteillager für den Wiederaufbau des stark in Mitleidenschaft gezogenen sowjetischen Erdölsektors und zur Kompensation der jahrelangen Mangelwirtschaft. Alles, was nicht der unmittelbaren Treibstoffproduktion zur Versorgung der Front diente, schafften die eigens abgestellten Beutetrupps in den Kaukasus und andere prioritäre Gebiete. Investitionen in eine Expansion der Förderung waren häufig nur dann möglich, wenn die jeweiligen Unternehmen die nötigen Mittel selbst aufbringen konnten – was in Anbetracht der durch Reparationsforderungen legitimierten Selbstbedienungsmentalität der sowjetischen Besatzungsorgane zum Scheitern verurteilt war. Auf diese Weise verdammten die Entscheidungsträger die Ölfelder Ungarns, Österreichs und Rumäniens in den unmittelbaren Nachkriegsjahren zu einem weitreichenden Dahinsiechen, welches sich bald im zunehmenden Verfall der Produktionsanlagen bemerkbar machte.

Die Vernachlässigung endete schlagartig in der zweiten Hälfte des Jahres 1947, nachdem das Scheitern der sowjetischen Avancen im Iran eingestanden werden musste und parallel nicht zuletzt im Angesicht der außenpolitischen Spannungen die Unzulänglichkeiten der innenpolitischen Entwicklungen der Vorjahre zum Vorschein gekommen waren. Dem osteuropäischen Erdöl kam in der Folge trotz des geringen Umfangs eine massiv wachsende Bedeutung für die Sowjetunion zu: Die Moskauer Führung dachte den betroffenen Gebieten fortan eine Rolle als Treibstoffexklaven zu, deren Unterhalt zwar nicht zwingend gleichberechtigt, aber dennoch auch zulasten des sowjetischen Erdölsektors gewährleistet werden sollte. In Anbetracht der zunehmend konturierten Nachkriegsordnung bereitete die sowjetische Führung sich offensichtlich auf eine längerfristige Einbeziehung sämtlicher kontrollierter Erdölressourcen in die eigene Wirtschaftsplanung vor. Darin spiegelten sich nicht zuletzt auch die Schwierigkeiten des sowjetischen Erdölsektors wider, die bestehenden Probleme trotz gestiegener Investitionen in den Griff zu bekommen.

6 Auftakt zum Überfluss: Die Entdeckung des sowjetischen Erdölpotentials

Die ambivalente Haltung der Moskauer Entscheidungsträger gegenüber dem flüssigen Energieträger selbst kann nur teilweise als Erklärungsansatz für die ausbleibenden Erfolge des Erdölsektors herangezogen werden. Obwohl die sowjetische Führung grundsätzliche energetische Auffassungen nur langsam in Frage stellte, vergrößerte die Aufwertung des Energie- und Ressourcensektors nach dem Krieg den Spielraum der Neftjaniki ebenso wie die durch Lend-Lease und die Konfiskationen aus Osteuropa generierten technologischen Impulse. Das folgende Kapitel rückt deshalb die konkreten, handlungsweisenden Schwierigkeiten, Prioritäten und Motive in den Vordergrund, welche für die innersektorale Schwerpunktsetzung eine essentielle Bedeutung hatten. In besonderem Maße relevant sind in diesem Kontext regionale Erwartungen, Vorgaben und Präferenzen, welchen in der Planwirtschaft eine herausragende Bedeutung zukam: Dies gilt für die zwischenzeitlich sogar institutionell verankerte Vorzugsbehandlung des Kaukasus ebenso wie für das fortwährende Bestreben der sowjetischen Führung, einen möglichst regional diversifizierten Erdölsektor aufzubauen.

Unabhängig von ihrem tatsächlichen Potential erhielten einzelne Fördergebiete, bedingt durch Überlegungen strategischer, perspektivischer, bedarfs- oder transportabhängiger Natur, eine höhere Bedeutung zugesprochen als andere. Bevor dem rasanten Aufstieg des Zweiten Baku in den 1950er Jahren der Weg geebnet werden konnte, mussten grundsätzliche Paradigmen und insbesondere der Fokus auf eine regional verortete Treibstoffversorgung in Frage gestellt werden. Ein solcher Wandel forderte der sowjetischen Führung nicht zuletzt die Akzeptanz einer in den meisten westlichen Ländern längst verankerten Wahrheit: Für die Förderung von Ressourcen jeglicher Art ist der politische Wille im Angesicht der geologischen Bedingungen zweitrangig. Anstelle der vermeintlich einfachsten Konzentration auf den Kaukasus und der politisch gewollten Forcierung möglichst vieler über das Territorium der Sowjetunion verteilter Industrieableger musste die Frage nach den perspektivisch realistischen Optionen in den Vordergrund der Entscheidungsfindung rücken. Erst die partielle Abkehr der Erdölpolitik vom Prinzip der regionalen Autarkie der einzelnen Wirtschaftsbezirke des Landes, welches umzusetzen die sowjetische

Politik seit den 1930er Jahren entscheidend geprägt hatte, ebnete den Weg für die Schaffung einer unionsübergreifenden und gesamtstaatlichen Versorgungssicherheit, die in erster Linie auf dem immer deutlicher hervortretenden Ressourcenreichtum des Zweiten Baku basierte.

6.1 Rückkehr zum Kaspischen Meer

Nach dem Ende des Zweiten Weltkrieges hatten die sowjetischen Führungskader gemeinsam mit den verantwortlichen Neftjaniki verschiedene konkrete Fragen zu klären. Die Entscheidung zugunsten einer Aufwertung des Erdölsektors und das Bekenntnis zur Notwendigkeit einer gesicherten Treibstoffversorgung hatten mit dem unabdingbaren Ausbau der Förderleistung zwar ein Ziel konstatiert, gleichsam jedoch auch Fragen aufgeworfen: Selbst wenn sich die Produktion binnen weniger Jahre auf 60 Millionen Tonnen Erdöl würde steigern lassen, wo sollte damit begonnen werden?[1] Bereits die Erfolge – oder eher Misserfolge – der Kriegsjahre lieferten diesbezüglich eine erste Antwort. Da der Mangel an Erdölprodukten in erster Linie auf die Kapazitätsverluste des Kaukasus zurückgeführt werden konnte, erachtete das Narkomneft' eine »Abwendung des [weiteren] Rückgangs« im Kaukasus und die Sicherstellung eines erneuten Anstiegs ab 1943 als wesentliche Ziele.[2] Wie in vielen anderen Wirtschaftszweigen wurde in der Folge mit dem Wiederaufbau begonnen.

Was folgte, ähnelte ab 1944 einer forcierten Kampagne zur Rehabilitierung des im Erdölsektor in der Vorkriegszeit allgegenwärtigen Primats des Kaukasus. Nicht nur begannen die zuständigen Behörden mit der Rückverlegung vormals evakuierter Anlagen und Ausrüstung, sondern planten alsbald auch die Lend-Lease-Lieferungen aus den USA prioritär zur Wiederherstellung der Förderleistung in Baku, Groznyj und Majkop ein.[3] Plakate riefen bereits Ende 1944 die Neftjaniki der westlichen und südlichen Regionen zum schnellstmöglichen Wiederaufbau unter Verwendung der neuesten und überlegens-

1 Siehe dazu auch Kapitel 4.2.

2 RGASPI, f. 644, op. 1, d. 132, l. 11; ebd., op. 2, d. 188, l. 106. Dazu auch Čadaev: Ėkonomika SSSR, S. 270; Bajbakov: Neftjanoj front, S. 26.

3 GARF, f. R5446, op. 46a, d. 1022, l. 15; ebd., d. 1056, l. 119, l. 114 sowie ll. 50–39; ebd., d. 1057, l. 165 und ll. 130–128; ebd., d. 1059, ll. 117–116 und ll. 113–111; ebd., d. 1060, ll. 68–57; ebd., op. 47a, d. 982, l. 73; ebd., d. 982, ll. 71–64; ebd., d. 999, ll. 1–2; ebd., d. 1019, ll. 43–26. Dazu auch Bajbakov: Sache des Lebens, S. 154–55.

Abb. 4: Plakat »Neftjaniki južnych i zapadnych rajonov!« aus dem Jahr 1944

ten Technik auf.[4] Einflussreiche Parteikader aus dem Kaukasus bemühten sich unentwegt, die Vorzüge der in ihren Machtsphären befindlichen Ölfelder aufzuzeigen. Aus der Liste der Bittsteller sticht besonders Bagirov hervor, der sich wiederholt an seinen engen Vertrauten Berija wandte, um auf die Nöte der Neftjaniki in Baku hinzuweisen. Am 5. Mai 1944 äußerte die aserbaidschanische Parteielite unter seiner Führung erstmals verhaltene Kritik an der Prioritätenverlagerung der Vorjahre: Um die aus den Evakuierungen hervorgehenden Materialdefizite auszugleichen und den Niedergang aufhalten zu können, müsste in Baku nicht nur das Personal massiv aufgestockt, sondern

4 Vecrumb, S. A.: Neftjaniki južnych i zapadnych rajonov! Bistree vosstanavlivajte neftedobyči, primenjajte peredovye metody burenija, vnedrjajte novejšuju neftjanuju techniku! Plakat, [Moskva] 1944, online verfügbar unter: http://www.gelos.ru/2010/bigimages/nb5795-12.jpg [10.10.2017]. Ein ähnliches Plakat für die östlichen Regionen aus der Hand desselben Künstlers folgte erst drei Jahre später, siehe Abb. 6.

vor allem in kurzer Zeit wesentlich mehr investiert und geleistet werden als in den gesamten 1930er Jahren.[5]

Berija ließ seinen Parteifreund nicht im Stich und sammelte unmittelbar Verbündete für die Durchsetzung dessen Anliegens. Am 11. Mai schlug er gemeinsam mit Voznesenskij und Sedin Stalin eine entsprechende Verlagerung der Prioritäten vor: Infolge des Ausrüstungs- und Personalmangels sei es zielführender, das vorhandene Material – wie in den 1930er Jahren – auf die Erschließung der ergiebigsten bekannten Erdölvorkommen zu konzentrieren. Hauptprofiteur dieser bald durch eine entsprechende Verordnung bestätigten Neuordnung waren infolge der wesentlich genaueren geologischen Vorarbeiten in den alten Fördergebieten die Erdölfelder im Westen des Landes – ebenjene Regionen, die aus der Sicherheitsperspektive zuvor kritisiert worden waren.[6]

Unmittelbar nach dem Kriegsende setzte Bagirov im Kontext der Rückkehr zur Planungsnormalität noch einmal nach, um auch die inzwischen ausgetauschten Führungskader des Narkomneft' zu überzeugen. In einem Brief an Bajbakov bemühte er sich, die Alternativlosigkeit seines Ansinnens zu verdeutlichen:

> [D]ie schnellstmögliche Erneuerung der grundlegenden Erdölbasis der Union – Baku – stellt unserer Meinung nach die vordringlichste Aufgabe dar, ohne diese Aufgabe in einen Gegensatz zu der Entwicklung neuer Erdölregionen im Osten zu bringen. Allerdings darf man nicht […] missachten, dass die neuen Regionen selbst mit erheblichen Investitionen von Kräften und Mitteln in den nächsten Jahren eine große Fördermenge nicht gewährleisten können, während die Wiederherstellung des Vorkriegsniveaus der Erdölförderung im Bakuer Bezirk, der über eine mächtige industrielle Basis verfügt, weniger Schwierigkeiten bereitet.[7]

Ähnlich argumentierten auch die für Groznyj und Krasnodar zuständigen Parteiorganisationen, die sich ebenfalls anstrengten, Berija und andere Führungskader in Moskau von der Notwendigkeit ihrer Unterstützung zu überzeugen.[8]

5 GARF, f. R5446, op. 46a, d. 1057, l. 110.

6 RGASPI, f. 644, op. 2, d. 332, ll. 92–93; Die endgültige Verordnung findet sich in ebd., op. 1, d. 252, ll. 5–19. Dazu auch Komarov, N. J. (Hg.): Gosudarstvennyj Komitet Obrony postanovljaet … Dokumenty. Vospominanija. Kommentarii, Moskva 1990, S. 350–352.

7 GARF, f. R5446, op. 47a, d. 1032, l. 85.

8 Zu Groznyj etwa GARF, f. R5446, op. 47a, d. 999, ll. 1–2; ebd., op. 49a, d. 772, ll. 155–148. Zu Krasnodar finden sich vergleichbare Briefe in ebd., op. 46a, d. 1059.

Die Bemühungen waren äußerst erfolgreich. Bereits 1945 wurden Explorationsarbeiten wieder prioritär im Kaukasus durchgeführt. Während die Erkundungsbohrungen in allen östlichen Regionen aufgrund des zurücktransferierten Equipments teils deutlich reduziert werden mussten, wurde mehr als die Hälfte der diesbezüglichen Arbeiten erneut auf den Südwesten der Sowjetunion fixiert.[9] Selbst neue Ausrüstungsbetriebe und Ausbildungseinrichtungen innerhalb der Strukturen des Erdölsektors planten die Berija unterstellten Mitarbeiter des Sovnarkom in enger Kooperation mit der Führung des Narkomneft' primär im Kaukasus. Von dort aus sollten Material und Personal nach dem Ermessen des Volkskommissars Bajbakovs dem Bedarf entsprechend im Land verteilt werden.[10] Wenngleich die konkreten territorialen Bestimmungen in der endgültigen, von Stalin abgesegneten Fassung des Dekretes teilweise unerwähnt blieben,[11] wird die von den führenden Neftjaniki und den Mitarbeitern Berijas präferierte Stoßrichtung aus den Entwürfen mehr als deutlich.

Tatsächlich rechnete nach den Misserfolgen der 1930er Jahre auch außerhalb des Kaukasus kaum jemand mit einem schnellen Aufbau des Zweiten Baku. Im Juli 1945 publizierte die *Pravda* einen längeren Artikel unter dem Titel »Das Land benötigt mehr Erdöl!«, welcher die langfristigen Perspektiven der östlichen Regionen als »gewaltig« bezeichnete, sodass die Erdölförderung dort »Jahr für Jahr wachsen soll und wird. In der Gegenwart bleiben die südlichen Erdölregionen und vor allem Baku jedoch ausschlaggebend.«[12] Bezeichnend ist diesbezüglich, dass Bajbakov im Frühjahr 1946 zwar auf die Erfolge der Kriegsjahre hinwies, in denen »34 neue Erdöl- und Erdgasvorkommen« entdeckt worden waren, während in der gesamten Zwischenkriegszeit nur 83 Reservoire erschlossen worden waren. Auch betonte er die Erfolge im Zweiten Baku, wo sich die meisten neuen Vorkommen befanden. Im Juni 1944 war es einigen Neftjaniki mithilfe der aus dem Kaukasus evakuierten und durch Lend-Lease ergänzten Ausrüstung in Baschkirien sogar gelungen, erstmals in den Devonschichten fast 2000 Meter unter der Erdoberfläche größere Erdölmengen nachzuwei-

9 RGAE, f. 4372, op. 46, d. 189, l. 223.
10 GARF, f. R5446, op. 47a, d. 1019, ll. 43–26.
11 RGASPI, f. 644, op. 1, d. 414, ll. 23–54.
12 Pravda 172, 20.7.1945, S. 1. Ähnlich auch in Pravda 55, 6.3.1946, S. 1.

sen – dort hatte Gubkin schon in den 1930er Jahren die Hauptreservoire des Zweiten Baku vermutet.[13]

So imposant die von Bajbakov genannten Erfolge insgesamt jedoch wirken mochten, sie hatten sich bis dahin nur geringfügig auf die Produktionskapazitäten der Regionen ausgewirkt und sagten nur wenig über die tatsächlich erschlossenen Erdölmengen aus. Wenngleich 1946 bereits nahezu ein Drittel der in der Sowjetunion bekannten Vorkommen des begehrten Rohstoffes zwischen Volga und Ural lag, wiesen andere Landesteile und primär der Kaukasus nach wie vor ebenfalls große Erdölmengen auf.[14]

Aus pragmatischen Gesichtspunkten sprach zugleich vieles gegen eine Konzentration auf die östlich gelegenen Landesteile und das Zweite Baku. Einer von Bajbakovs Stellvertretern, Vartan Kalamkarov, argumentierte gemeinsam mit dem Erdölgeologen Anatolij Kozlov im Januar 1946 bezüglich der Standortfrage zugunsten der südlichen Förderregionen: Trotz der teilweise irreparablen Schäden an der Ausrüstung und dem immensen zu erwartenden Aufwand sei der im Vergleich zum Osten milde Winter am Kaspischen Meer ein erheblicher Vorteil. Nicht nur die Ausrüstung müsse dort weniger robust und temperaturbeständig sein, auch die Versorgung, Ausstattung und Unterbringung der Arbeiter würde vereinfacht, was im Angesicht allgemein knapper Ressourcen zu berücksichtigen sei.[15]

Die in der Nachkriegszeit meist aus dem Kaukasus stammenden Neftjaniki hatten mit den klimatischen Bedingungen im Osten des Landes schon während des Krieges erhebliche Probleme gehabt. Während auf den Ölfeldern des Kaukasus ganzjährig gearbeitet werden konnte, mussten in vielen Regionen östlich der Volga längere Winterpausen eingelegt werden, in denen verschiedene Bau- und Erschließungsaktivitäten infolge der Wetterbedingungen nicht möglich waren.[16] Wenngleich der einige Jahre später einsetzende Drang nach

13 Izvestija 56, 6.3.1946, S. 3. Zu den kleinen Erfolgen der Kriegsjahre im Osten auf Basis der evakuierten Technologie auch Owen: Trek of the Oil Finders, S. 1368; Aldašova, Elena N.: Istorija stanovlenija neftedobyvajuščej otrasli na territorii Baškirskoj ASSR v 1930-ch – pervoj polovine 1940-ch godov, in: Vestnik Čeljabinskogo gosudarstvennogo universiteta (2011) 9, S. 52–62, hier S. 59–61; Budkov/Budkov: Gody ispytanij; Šammazov/Mastobaev: Očerki po istorii, S. 51–53; Igolkin: Neftjanaja politika (1940–1950), S. 76 f.

14 Mal'cev, et al.: Neftjanaja promyšlennost', S. 78; Keller: Neftjanaja promyšlennost', S. 6. Zur regionalen Entwicklung der Produktion im Zweiten Baku während des Krieges Budkov/Budkov: Gody ispytanij, S. 47.

15 RGAE, f. 8627, op. 9, d. 383, ll. 50–51.

16 So etwa sichtbar in GARF, f. R5446, op. 48, d. 332, ll. 14–15; ebd., op. 48a, d. 611, l. 18; ebd., op. 49a, d. 770, l. 200. Zu den klimabedingten Problemen der kaukasischen Neftjaniki im Osten siehe Agarunov: Geroičeskie sveršenija, S. 41–43; Sultanov: Vystojali by SSSR, S. 236–251.

Osten und vor allem die Entdeckung der sibirischen Erdölvorkommen in den 1960er Jahren die verantwortlichen Neftjaniki mit weitaus schwierigeren klimatischen Bedingungen konfrontierten, boten die Ölfelder Bakus den Führungskadern des Narkomneft' in der Nachkriegszeit eine immerhin als ebenbürtig erachtete Alternative.

Die nach wie vor geltende und durch die Zerstörungen des Krieges nochmals in den Vordergrund gerückte Planungsrichtlinie, nach welcher die größtmögliche regionale Ressourcenautarkie zur Entlastung der Transportinfrastruktur und einer gleichmäßigen wirtschaftlichen Entwicklung beitragen würde, sprach einerseits für einen Vorrang der Fördergebiete außerhalb des Kaukasus.[17] Die bereits in den 1930er Jahren angestrebte Unabhängigkeit der grundlegenden Wirtschaftsregionen sollte 1947 im Rahmen der Planungen für ein neues Parteiprogramm sogar per Satzung zur besonderen »Notwendigkeit für den Aufbau der wirtschaftlichen Basis des Kommunismus und die Festigung der Verteidigungsfähigkeit der UdSSR« erhoben werden.[18] Wenngleich der Entwurf, befördert durch den Tod des damit beauftragten Andrej Ždanov, letztlich in den internen Machtkämpfen der späten 1940er Jahre versandete, waren die Planungsarbeiten bereits weit fortgeschritten und in den wirtschaftsbezogenen Punkten der Zustimmung Stalins sicher.[19]

Die Fokussierung der Nachkriegsbemühungen auf nur ein Erdölgebiet im Osten hätte allerdings lediglich die Abhängigkeit zahlloser Wirtschaftsregionen vom kaukasischen Erdöl durch eine Dependenz vom Zweiten Baku ersetzt und zur als wichtig erachteten »Beseitigung irrationaler und exzessiver Langstreckentransporte«[20] allenfalls partiell beigetragen. Aus Moskauer Perspektive hatte der Krieg hingegen eindrucksvoll bewiesen, dass auch andere Regionen östlich der Volga durchaus noch Steigerungspotential hatten[21] – und umfassende Explorationsarbeiten zudem die Grundlage des Erfolges sind: Der immer deutlicher zutage tretende Erdölreichtum des Zweiten Baku schloss schließlich im Umkehrschluss keineswegs aus, dass es in den von den sowjetischen Wirtschaftsplanern präferierten Regionen keine Vorkommen gab.

17 RGAE, f. 4372, op. 42, d. 371, l. 23.

18 RGASPI, f. 558, op. 11, d. 124, l. 136.

19 In dem Entwurf finden sich zahlreiche handschriftliche Kommentare und Änderungen Stalins, im zitierten Absatz jedoch nicht. Zum Scheitern des Programmes Tikhonov, Aleksei/ Gregory, Paul R.: Stalin's Last Plan, in: Gregory (Hg.): Stalin's Command Economy, S. 159–192, hier S. 160–162.

20 RGASPI, f. 558, op. 11, d. 124, l. 136.

21 Shimkin: Minerals, S. 90.

Hinzu kamen nach wie vor bestehende Probleme bei der Verarbeitung des schwefelhaltigen Erdöls aus der Volgaregion. Während des Krieges waren die ohnehin schon niedrigen Qualitätsstandards der sowjetischen Erdölprodukte zugunsten der Quantität weiter gelockert worden. Die schwefelhaltigen Treibstoffe bereiteten nach Kriegsende den zivilen Verbrauchern vor allem in der Landwirtschaft weit größere Probleme als den sowjetischen Panzern.[22] Die Wirtschaftsplaner in Moskau und mit ihnen wohl auch die Führungskader des Erdölsektors standen dadurch vor einem Dilemma: Wie Panov als stellvertretender Gosplan-Vorsitzender im Sommer 1946 anlässlich der Gründung eines Erdölinstitutes innerhalb der Akademie der Wissenschaften verkündete, waren neben dem militärischen Bedarf »in erster Linie [...], natürlich, die Bedürfnisse der Landwirtschaft« dringend zu erfüllen, um »das Land mit Getreide und Lebensmitteln zu versorgen«.[23]

Mit den vorhandenen Technologien ließ sich jedoch im Osten des Landes eine Produktionssteigerung der Traktorentreibstoffe nur mit erheblichem Aufwand und durch weitere Qualitätseinschnitte vornehmen. Wenngleich in den Kriegsjahren die bereits begonnenen Bemühungen fortgesetzt wurden, die Verarbeitungsprozesse dem hohen Schwefelanteil anzupassen, unterlagen diese in erster Linie den geltenden militärischen Prioritäten. Während so in der zweiten Hälfte der 1940er Jahre Verfahren bekannt waren, wenigstens minderwertiges Flugbenzin aus dem Erdöl des Zweiten Baku herzustellen, befanden sich die Forschungen zu anderen Treibstofffraktionen gerade erst am Anfang.[24]

In der für Erdöltransporte zuständige Abteilung des Narkomneft' stand bereits wenige Wochen vor Kriegsende im Rahmen einer perspektivischen Entwicklungsplanung deshalb erstmals zur Diskussion, zukünftig auch die Traktoren in den östlich gelegenen Agrarregionen mit Kerosin aus dem Südwesten versorgen zu müssen.[25] Distributionsstatistiken der einzelnen Treibstoffarten aus den späten 1940er Jahren legen nahe, dass derartige Überlegungen trotz der offensichtlichen Diskrepanz zu den politischen Leitlinien zur regionalen

22 RGAE, f. 8627, op. 9, d. 1593, ll. 12–13; ebd., f. 4372, op. 47, d. 354.

23 RGAE, f. 4372, op. 47, d. 352, l. 105.

24 RGAE, f. 4372, op. 48, d. 554, l. 100. Zur Entwicklung von Verfahren zur Entschwefelung von Flugbenzin siehe Igolkin: Neftjanaja politika (1940–1950), S. 130. Der hohe Schwefelanteil blieb lange ein primäres Problem der sowjetischen Erdölindustrie, dazu auch Zieber: Sowjetische Erdölwirtschaft, S. 50 f. und S. 147; Černyš: Razvitie neftepererabatyvajuščej promyšlennosti, S. 219 f.

25 RGAE, f. 8627, op. 10, d. 578, ll. 3–5.

Wirtschaftsentwicklung letztlich tatsächlich umgesetzt werden mussten.[26] Für den Standortvorteil des Zweiten Baku bedeutete dies zusätzliche Einbußen in Bezug auf die Reduzierung vermeidbarer Transportwege. Die technologischen Defizite verringerten auf diese Weise den Nutzen des Volga-Erdöls für die sowjetische Volkswirtschaft und erhöhten zugleich die Kosten und das Risiko möglicher Komplikationen. Vor die Aufgabe gestellt, die Produktion schnellstmöglich zu erhöhen und mittelfristig 60 Millionen Tonnen Erdöl im Jahr zu fördern, war der Zugriff auf bestehende Infrastruktur in den Industriegebieten des Westens für Bajbakov und die Führungskader des Narkomneft' zu verlockend, um knappes Personal und Ausrüstung für aufwändige Erschließungsprojekte fernab jeglicher industriellen Grundlage abzustellen.[27] Das für eine perspektivische Produktionssteigerung durchaus relevante Verhältnis zwischen bekannten Vorkommen und tatsächlichen Produktionsmengen, welches bereits zu dieser Zeit in keiner Region derart günstig war wie im Zweiten Baku, geriet in diesem Kontext in den Hintergrund.

Mit dieser Einschätzung waren die Neftjaniki keineswegs allein. Offensichtlich wird das nicht zuletzt in den von Gosplan ausgearbeiteten Wirtschaftsplänen für das Jahr 1945 und das erste Nachkriegsjahrfünft ab 1946. In beiden Perspektivplanungen wird von den Gosplan-Strategen eine besondere Relevanz des Erdölsektors hervorgehoben, ohne jedoch regionale Präferenzen zu verdeutlichen. Neben dem Zweiten Baku führte der erste Nachkriegsfünfjahresplan entsprechend nahezu sämtliche bekannte Erdölgebiete außerhalb des Kaukasus als bedeutend auf, wie die Ukrainische, Kasachische, Usbekische und Turkmenische SSR sowie die Insel Sachalin. Einzig bezüglich einer angestrebten Erhöhung des Anteils der östlichen Regionen am Gesamtvolumen der Rohstoffproduktion wagte die Moskauer Behörde eine Zielvorgabe für die Nachkriegsentwicklung.[28]

Ganz im Sinne der weiterhin geltenden Zielsetzung der 1930er Jahre bezüglich einer anzustrebenden regionalen Ressourcenautarkie betrachteten viele die »neue, richtigere geographische Verteilung der Erdölindustrie über das Territorium der UdSSR« als »bedeutendes Resultat« der zurückliegenden Ereignisse, wie der Vorsitzende der Abteilung für Wirtschaftsplanung des Narkomneft',

26 GARF, f. R5446, op. 51a, d. 6057, ll. 30–29. Während 1948 etwa ein Drittel des sowjetischen Erdöls in den Ostgebieten produziert wurde, lieferten die südwestlichen Regionen 92 Prozent des Traktorentreibstoffes, zugleich aber nur ein Drittel des Autobenzins. Zur Verteilung der Erdölförderung nach Regionen RGAE, f. 1562, op. 41, d. 65, l. 50ob.

27 Bajbakov: Neftjanoj front, S. 88 f.; RGAE, f. 8627, op. 9, d. 322, l. 451.

28 Rešenija po chozjajstvennym voprosam, Bd. 3, S. 229–30 sowie S. 260–61.

Ivan Karjagin, die Ausgangslage 1946 kommentierte.[29] Ein Blick auf die regionalen Planvorgaben und primär die Entwicklungsziele der Russischen Sozialistischen Föderativen Sowjetrepublik (RSFSR) zeigt jedoch eine Diskrepanz zwischen den gesamtwirtschaftlichen Absichten und den konkreten Prioritäten: Die Förderleistung der russischen Unionsrepublik sollte insgesamt bis 1950 stärker ansteigen als diejenige des in ihrer Mitte gelegenen Zweiten Baku.[30] Die größten Zugewinne des Jahrfünftes sollten in der RSFSR die beiden anderen großen Erdölregionen bewerkstelligen: Groznyj und das inzwischen von Majkop administrativ getrennte Krasnodar. Die geplante Erhöhung des Anteils der Ostgebiete war offensichtlich in anderen Unionsrepubliken vorgesehen.

Infolge der inkohärenten und teils widersprüchlichen Ziele rückte primär der Kaukasus ein weiteres Mal ins Zentrum der Moskauer Investitionspolitik. Zusätzlich zu den für den Wiederaufbau zur Verfügung gestellten Mitteln erhielten die Ölfelder von Baku einen stetig wachsenden Anteil des Budgets zum Ausbau der Erdölförderung. Wenngleich das Vorkriegsniveau prozentual nicht mehr erreicht wurde, stiegen im Kontext des insgesamt deutlich erhöhten Kapitalvolumens die im Kaukasus aufgewendeten Mittel absolut gesehen am stärksten. 1948 übertrafen die dem Fördersektor Bakus zugeteilten Investitionen bereits die für entsprechende Arbeiten im letzten Vorkriegsjahr insgesamt zur Verfügung gestellte Summe. Auch die anderen Ölfelder zwischen Kaspischem und Schwarzem Meer erhielten mehr Mittel als je zuvor. Zweifelsohne stiegen die Investitionen auch in anderen Gebieten der Sowjetunion an, wurden jedoch relativ gleichmäßig auf die verschiedenen bekannten Vorkommen im Land verteilt.[31] Ziel war es augenscheinlich selbst außerhalb des Kaukasus nicht, die Förderregionen nach ihrer langfristigen Perspektive auszubauen, sondern – ganz im Duktus der Zwischenkriegsjahre – auf Basis der bisherigen regionalen Produktionsleistung eine möglichst auf die gesamte Sowjetunion verteilte Erdölindustrie aufzubauen.[32]

29 Zitiert nach Šammazov/Mastobaev: Očerki po istorii, S. 55.

30 In der RSFSR sollten bis 1950 14,5 Millionen Tonnen Erdöl produziert werden, statt 5,7 Millionen Tonnen im Jahr 1945. Für das Zweite Baku war hingegen nur eine Steigerung um das 2,4-Fache vorgesehen: Rešenija po chozjajstvennym voprosam, Bd. 3, S. 289 f.

31 GARF, f. R5446, op. 51a, d. 1226, l. 99. In der Tabelle werden nur die Investitionen im Produktionssektor aufgeführt, ohne Raffinerien, Infrastruktur und zusätzliche Wiederaufbaufonds für die südwestlichen Regionen.

32 Auch außerhalb des Erdölsektors entsprach diese Vorgehensweise in den späten 1940er Jahren den Vorlieben der Gosplan-Mitarbeiter und insbesondere Voznesenskijs, vgl. Dunmore: Stalinist Command Economy, S. 42–44.

Besonders deutlich wird die Fokussierung der wirtschaftlichen Entwicklung auf vorhandene Strukturen am Beispiel der Turkmenischen SSR: Aus dem Kaukasus evakuierte Raffinerien waren während des Zweiten Weltkrieges am Ostufer des Kaspischen Meeres errichtet worden, um dort außerhalb der Reichweite deutscher Truppen das Erdöl aus Baku verarbeiten zu können.[33] Als der Rückgang der kaukasischen Rohölproduktion die Kapazitäten überflüssig gemacht hatte, wurden im Sovnarkom Wege gesucht, die Förderung vor Ort zu forcieren – nicht etwa, weil dort größere Vorkommen als in der Volga-Ural-Region oder in anderen Gebieten nachgewiesen werden konnten, sondern weil die unausgelasteten Raffinerien eine eigenständige Rohstoffgrundlage ohne umfangreiche Transportwege erhalten sollten.[34] Ähnlich wie in der zweiten Hälfte der 1930er Jahre im Nordkaukasus erhielt der Erdölsektor der Turkmenischen SSR in der Folgezeit für Bohrungen Investitionen in einem Umfang zugesprochen, die in keinem Verhältnis zur tatsächlichen Förderleistung oder den dort bekannten Vorkommen standen.[35] Beobachter aus dem Ausland spekulierten aufgrund der intensiven Bemühungen sogar über ein vom Kreml angestrebtes »Drittes Baku« in der Region[36] – welches nach derzeitigem Forschungsstand dort weder errichtet werden sollte noch konnte.

Während die Moskauer Planer und Strategen im Erdölsektor davor zurückschreckten, im Angesicht der zahllosen Unwägbarkeiten bei der Erschließung neuer Gebiete größere Risiken einzugehen, fokussierten sie ihre Bemühungen primär auf diejenigen Gebiete, in denen sie sich wenig aufwändige Produktionserfolge erhofften und – abgesehen von der Erdölsuche – nur geringe Vorarbeiten notwendig waren. Die Denkweise der Entscheidungsträger in der Nachkriegszeit wird dadurch klar ersichtlich: Eine umfassende Erschließung des Ostens würde Jahre dauern, die es mithilfe altbewährter Methoden und Prioritäten zu überbrücken galt. Die schon lange propagierte und während des Krieges notge-

33 Shabad: Basic Industrial Resources, S. 309 f.

34 GARF, f. R5446, op. 47a, d. 1053; zur Argumentation besonders ll. 26–19.

35 In die Suche nach neuen Erdölquellen und die Erschließung bekannter wurde bis Ende der 1940er Jahre in Turkmenistan ähnliche Summen investiert wie in Baschkirien, wo jedoch nicht nur erheblich größere Vorkommen bekannt waren, sondern auch die Förderleistung mehr als doppelt so hoch war. Zur deutlichen Ausweitung der Erdölsuche: GARF, f. R5446, op. 48, d. 341, ll. 21–16; weitere diesbezügliche Bemühungen finden sich auch in ebd., op. 50a, d. 1029. Zur Verteilung der Investitionen und den tatsächlichen Perspektiven der Region ebd., op. 51a, d. 1226, ll. 99–102. Zu den Bemühungen in Groznyj auch Budkov, A. D./Budkov, L. A.: Pjatiletka vosstanovlenija (1946–1950 gg.), in: Dinkov et al. (Hg.): Neft' SSSR, S. 60–75, hier S. 67 f.

36 Grund: Energiewirtschaft, S. 33.

drungen auch tatsächlich angestrebte forcierte Erschließung des Zweiten Baku wurde auf diese Weise vorerst aufgeschoben.

Eine ungleiche Teilung

Durch die Entscheidung der sowjetischen Führung zur institutionellen Aufspaltung zahlreicher Volkskommissariate im März 1946 sollte der unterschiedlichen Entwicklung der verschiedenen Landesteile während des Krieges Rechnung getragen werden. Das Narkomneft' wurde deshalb in ein Volkskommissariat für die südlichen und westlichen Förderregionen sowie ein Gegenstück für die Erdölgebiete östlich der Volga zweigeteilt. In Ermangelung von außerhalb des Kaukasus gelegenen größeren Fördergebieten im Westen des Landes bedeutete dies letztlich die Schaffung einer Behörde für den Kaukasus und einer zweiten für nahezu alle anderen Regionen. Bajbakov, keine zwei Jahre zuvor zum Volkskommissar für die gesamte Erdölindustrie ernannt, fiel die Zuständigkeit für die Instandsetzung der südwestlichen Industriegebiete zu. Einer seiner Stellvertreter, Michail Evseenko, erhielt die Verantwortung für die neueren Fördergebiete im Osten des Landes.[37]

Was auf den ersten Blick als Aufwertung und Chance für die Regionen jenseits der Volga betrachtet werden könnte,[38] wird schon durch die personelle Besetzung der Führungspositionen deutlich relativiert. Bajbakov war nicht nur der einflussreichere Neftjanik, sondern von seinen beiden Amtsvorgängern, Kaganovič und Sedin, bereits temporär zum Verantwortlichen für die Erschließung der Ostgebiete ernannt worden: im Sommer 1939 zunächst im Rahmen der allgemeinen Euphorie des dritten Fünfjahresplanes, 1942 erneut mit dem Auftrag zur Mobilisierung der Erdölressourcen des Hinterlandes für die Front.[39] Einige russische Historiker vermuten sogar, dass seine Ernennung zum Volkskommissar als Resultat der ersten erfolgreichen Devonbohrung und der zahlreichen Erdölfunde der späten Kriegsjahre im Zweiten Baku zu betrachten sei. Bajbakov hatte als regionaler Entscheidungsträger des Narkomneft' 1944 trotz

37 GARF, f. R7523, op. 35, d. 13a, ll. 115–118, abgedruckt in Chlevnjuk (Hg.): Politbjuro i Sovet Ministrov, S. 27–29.

38 So etwa die Interpretation von Considine/Kerr: Russian Oil Economy, S. 48.

39 Alekperov: Oil of Russia, S. 274–276; Bajbakov: Vtoroe Baku; Ivkin, Vladimir I.: Gosudarstvennaja vlast' SSSR. Vysšie organy vlasti i upravlenija i ich rukovoditeli 1923–1991. Istoriko-biografičeskij spravočnik, Moskva 1999, S. 211.

offizieller Anordnung zum Abbruch der zuvor wiederholt gescheiterten Tiefbohrungen die Genehmigung zu weiteren Versuchen gegeben.[40]

Evseenko hingegen hatte bis 1942 als Vorsitzender von Azneft' den Produktionsanstieg der letzten Vorkriegsmonate in Baku als persönlichen Erfolg verbuchen können. Nach einer temporären Beschäftigung mit Evakuierungen von Material und Ausrüstung aus dem Kaukasus und der Inspektion der Ölfelder Rumäniens Ende 1944 hatte er sich als stellvertretender Volkskommissar unmittelbar vor der Teilung des Narkomneft' erneut mit den Problemen bei Azneft' befasst.[41] Die Entscheidung, trotz der primär auf Baku fokussierten Führungsexpertise Evseenkos stattdessen den nur ein Jahr zuvor mit der schnellstmöglichen Wiederherstellung der Vorkriegsförderleistung beauftragten Bajbakov mit dieser Region zu betrauen, kann entsprechend als Signal gewertet werden: Auch die in solchen Personalangelegenheiten ausschlaggebende Kremlführung um Stalin setzte vorrangig auf die Rekonstruktion der kaukasischen Ölfelder. Die strategischen und perspektivischen Überlegungen der Kriegsjahre waren dem Ziel der schnellstmöglichen Erhöhung der real verfügbaren Rohstoffmengen gewichen.

Tatsächlich bedeutete die Aufteilung in Bezug auf die Versorgung der Fördergebiete eine Herausforderung für die östlichen Regionen. Große Teile der ausrüstungsproduzierenden Industrie befanden sich nach wie vor im Kaukasus oder in anderen westlichen Landesteilen. Östlich der Volga und besonders im Zweiten Baku befand sich eine zur Bedarfsdeckung notwendige Versorgungsinfrastruktur allenfalls in einem frühen Baustadium und sollte plangemäß erst Ende der 1940er Jahre den Betrieb aufnehmen. Bis dahin waren die Gebiete nahezu vollständig von der Lieferbereitschaft externer Betriebe abhängig, da selbst die kaukasischen Equipmentproduzenten nun einer separaten Verwaltungsstruktur unterstanden.[42] Beide Minister – die Umbenennung der Volkskommissariate erfolgte kurz nach der Entscheidung zur Spaltung des Narkomneft' – stimmten zwar darin überein, dass die Vergrößerung der Kapazitäten zur Produktion

40 Kurjatnikov: Stanovlenie neftjanogo kompleksa, Bd. 2, S. 57. Zur Rolle Bajbakovs auch Agarunov: Geroičeskie sveršenija, S. 75–87; Bajbakov: Ot Stalina do El'cina, S. 91–93.

41 RGAE, f. 8627, op. 9, d. 383, ll. 39–40. Zur Vita Evseenkos vgl. die Kurzbiographie in Veterany 21 (2008), S. 215 f. sowie die in Garnjuk, Sergej D.: Sovet narodnych komissarov SSSR, Sovet ministrov SSSR, Kabinet ministrov SSSR 1923–1991. Ėnciklopedičeskij spravočnik, Moskva 1999, S. 253 f. Den längeren Aufenthalt in Osteuropa belegen etwa zahlreiche an Berija adressierte Briefe aus Rumänien im November 1944, in GARF, f. R5446, op. 46a, d. 1148.

42 GARF, f. R5446, op. 48, d. 333, ll. 21–19. Dazu auch Vajner, I. J./Krol, M. M./Kozorezov, A. A.: Krutoj pod"em (1951–1980), in: Dinkov et al. (Hg.): Neft' SSSR, S. 75–138, hier S. 79.

von Stahlrohren und Equipment nach dem Krieg die dringlichste Aufgabe sei.[43] Wie Evseenko im Sommer 1946 in einem Brief an Berija kritisierte, konnte jedoch nicht einmal ein Drittel des zur Planerfüllung notwendigen Bedarfes an Ausrüstung im Osten gedeckt werden, weil die Verteilung der produzierenden Betriebe zugunsten des westlichen Ministeriums verlaufen war.[44] Neben grundsätzlichen und häufig infrastrukturell bedingten Problemen beim Aufbau von Industrieanlagen und Wohnraum wurde die »Inexistenz einer unumgänglichen Maschinenbaugrundlage«[45] zum wesentlichen Hindernis einer forcierten Erschließung der östlichen Erdölvorkommen.

Unter Berücksichtigung des Ausrüstungszuflusses der Kriegsjahre stellte die 1945 einsetzende Entwicklung besonders für das Zweite Baku einen erheblichen Rückschritt dar: Die Evakuierung von Technik nebst Arbeiterschaft aus dem Kaukasus hatte ebenso wie die Lend-Lease-Lieferungen und die als Reparationen von den Ölfeldern Osteuropas entfernte Ausrüstung vorübergehend zur Verbesserung der Personal- und Materialbasis zwischen Volga und Ural beigetragen und wahrscheinlich sogar die Unterversorgung der 1930er Jahre teilweise kompensiert.[46] Nun jedoch musste die Ausstattung der Region – ähnlich wie der Kaukasus im Verlauf des deutschen Vorstoßes – erneut auf das Nötigste reduziert werden. Während es in Baku und anderen westlichen Regionen an Erdöl mangelte, um die vorhandene Infrastruktur auszulasten, fehlten im Zweiten Baku an vielen Stellen die Möglichkeiten, um zunehmend aus der Erde sprudelnde Erdöl nutzbar zu machen.[47]

Im Kaukasus gingen die Arbeiten deshalb immer mehr über die Instandsetzung der Industrie hinaus. Zwar war der Wiederaufbau das dringendste Ziel der Neftjaniki in der Region. Vormals ausgebeutete Erdölvorkommen in Baku und Grosnyj vernachlässigten sie jedoch häufig, um stattdessen neue und potentiell ergiebigere Gebiete und Tiefen zu erkunden. In vielen Fällen waren die alten Reservoire, die schon vor dem Zweiten Weltkrieg ihren Zenit überschritten hatten, weitgehend erschöpft. In Anbetracht der irreparablen Bohrtürme und löcher hätte eine Wiederaufnahme der Produktion einen Neubeginn der Erschließungsarbeiten erfordert, der sich mit den verbliebenen Erdölmengen

43 GARF, f. R5446, op. 49a, d. 829, ll. 182–179; RGAE, f. 8627, op. 9, d. 383, ll. 16–46.

44 GARF, f. R5446, op. 48, d. 333, ll. 21–20.

45 GARF, f. R5446, op. 48a, d. 693, besonders l. 23 und l. 14. Zu den Problemen beim Aufbau auch ebd., op. 48, d. 333, ll. 183–182.

46 Sutton: Western Technology, Bd. 3, S. 17–18, S. 37–38.

47 Agarunov: Geroičeskie sveršenija, S. 95; Igolkin: Neftjanaja politika (1940–1950), S. 123.

nicht rechtfertigen ließ.[48] Auch in Dagestan und Georgien wurde die Suche nach Erdöl und der Ausbau der jeweils vorhandenen geringfügigen Produktion weiter forciert, da das Führungsgremium des Narkomneft' dort mit vergleichsweise wenig Aufwand zumindest kleinere Erfolge erwartete.[49]

Sowjetische Geologen empfahlen vermehrt auch wesentlich anspruchsvollere und in dieser Zeit international wenig erprobte Offshore-Bohrungen im Kaspischen Meer, um den Förderrückgang der Kriegsjahre auszugleichen. Bereits im Sommer 1945 hatte das GKO die Genehmigung gegeben, die ein Jahr zuvor begonnenen Explorationsarbeiten fernab der Küste zu forcieren und trotz der eklatanten Mängel im Erdölsektor die prioritäre Produktion dazu notwendiger Ausrüstung angeordnet.[50] Nicht nur Bajbakov, der »der Erschließung neuer Erdöllagerstätten im Kaspischen Meer große Bedeutung beimaß« und diese persönlich überwachte, sondern auch Berija und Stalin wird ein besonderes Interesse an den Offshore-Bohrungen nachgesagt.[51] Sichtbar wird die besondere Aufmerksamkeit der Parteiführung, für die sich in den eingesehenen Akten nur wenige Belege finden ließen,[52] vor allem anhand des trotz deutlich höherer Kosten stetig steigenden Anteils der unter dem Meer durchgeführten Bohrun-

48 Semjonow: Erdöl aus dem Osten, S. 212.

49 RGAE, f. 8627, op. 9, d. 322, ll. 449–455.

50 RGASPI, f. 644, op. 1, d. 431, ll. 45–48.

51 Bajbakov: Sache des Lebens, S. 96–104, Zitat S. 99. Nach Berichten aus Venezuela über dort durchgeführte Versuche zu Tiefseebohrungen wies Berija Bajbakov an, sich der Sache persönlich anzunehmen: GARF, f. R5446, op. 51a, d. 1265, l. 131. Dazu auch Lisičkin: Očerki razvitija, S. 91–98; Aliyev, Il'cham: Kaspijskaja neft' Azerbajdžana, Moskva 2003, S. 39–41; LeVine, Steve: The Oil and the Glory. The Pursuit of Empire and Fortune on the Caspian Sea, New York 2007, S. 50 f. Zur Unterstützung Berijas: Igorev, Vladimir: A Man-Made Island of Oil Treasures, in: Oil of Russia (2010) 3, online verfügbar unter: http://www.oilru.com/or/44/925 [06.10.2017]. Zweifel an der Ernsthaftigkeit von dessen Bemühungen weckte Bajbakov in seinen Aussagen anlässlich der Verurteilung Berijas im Sommer 1953. In diesem Rahmen gab er zu Protokoll, dass er unmittelbar nach Stalins Tod die Anweisung erhalten habe, die von diesem initiierten, »abenteuerlichen« Offshore-Bemühungen einzustellen. Dazu RGANI, f. 2, op. 1, d. 32, ll. 1–85, abgedruckt in: Naumov, Vladimir P./Jakovlev, Aleksandr N./Sigačev, Ju. V. (Hg.): Lavrentij Berija. 1953. Stenogramma ijul'skogo plenuma CK KPSS i drugie dokumenty (Rossija. XX vek), Moskva 1999, Zitat S. 213. Die Bedeutung der Tiefseeförderung lässt sich auch dahingehend erahnen, dass 1948 der Leiter der für Offshore-Aktivitäten zuständigen Abteilung zugleich zum stellvertretenden Minister ernannt wurde, vgl. Čirskov, Vladimir G.: Stroiteli neftegazovogo kompleksa Sovetskogo Sojuza, Moskva 2009, S. 350 f. Leider fehlt bisher eine detaillierte Aufarbeitung dieser regionalen Episode der sowjetischen Erdölindustrie, die sicherlich interessante Aspekte aufdecken würde.

52 Einzelne im GARF archivierte Akten mit direktem Bezug zur Exploration und Erschließung von Offshore-Erdöllagerstätten in der Aserbaidschanischen SSR (GARF, f. R5446, op. 50a, d. 1018; ebd., op. 51, d. 278; ebd., op. 51a, d. 1348; ebd., d. 1469; ebd., d. 1545) konnten nicht mehr eingesehen werden.

gen: Bereits bei Kriegsende waren rund 17,5 Prozent aller Bohraktivitäten auf das Kaspische Meer konzentriert. Während des vierten Planjahrfünftes wurden die Explorationstätigkeiten dort nochmals stärker gesteigert als in sämtlichen anderen Regionen des Landes.[53]

In den vom XIX. Parteitag verabschiedeten Direktiven zum fünften Fünfjahresplan, die sich ganz im Sinne der weitreichenden Geheimhaltungspflicht Anfang der 1950er Jahre bezüglich des Erdölsektors äußerst bedeckt hielten, wird einzig dem forcierten Ausbau der Tiefseeförderung eine hervorgehobene Bedeutung zugemessen.[54] Der unbedingte Wille, die Infrastruktur im Kaukasus weiter auszulasten und neue Vorkommen zu finden, führte auf diese Weise in den 1950er Jahren zu international beachteten prestigeträchtigen Erfolgen – zu nennen ist vor allem die weltweit erste Offshore-Bohrinsel, Neft Daşları, mit deren Konstruktion nach zweijährigen Erkundungsarbeiten 1949 rund 50 Kilometer vor der Küste Bakus begonnen wurde.[55]

Im Zweiten Baku hingegen bemühten sich die zuständigen Behörden, das Förderwachstum einzuschränken. Offensichtlich war eine rasche Produktionssteigerung nicht erwünscht, solange Verarbeitungs- und Transportkapazitäten fehlten. Nachdem 1946 in den beiden damals förderstärksten Gebieten im Osten, Baschkirien und der heutigen Samarskaja Oblast', eine Erhöhung der für Bohrungen und Erschließungsarbeiten vorgesehenen Investitionen mit einer erheblichen Produktionszunahme einhergegangen war, reduzierten die Budgetverantwortlichen den Anteil im Folgejahr wieder.[56] War während des Krieges noch die Hälfte aller Explorationsarbeiten in der Region durchgeführt worden, sank der Anteil auf nicht einmal ein Fünftel; und selbst potentiell lukrative Vorkommen mussten infolge fehlender Kapazitäten zum Abtransport unerschlossen bleiben.[57] Damit einhergehend wurde den dort aktiven Unternehmen auch das ingenieurtechnische Personal entzogen, dessen Umfang in Baschkirien 1948 mit weniger als 50 Prozent der Vorkriegsbesetzung einen Tiefststand erreichte.[58] Wenngleich

53 Lisičkin: Očerki razvitija, S. 286–288. Die in Metern im Plan erfassten Offshore-Bohrungen wurden im ersten Nachkriegsjahrfünft um das Siebenfache gesteigert, während diese im Zweiten Baku etwa reduziert wurden.

54 Rešenija po chozjajstvennym voprosam, Bd. 3, S. 719.

55 LeVine: Oil and the Glory, S. 50–52. Neft Daşları steht im Guinness Buch der Rekorde als älteste Offshore-Plattform: http://www.guinnessworldrecords.com/world-records/oldest-offshore-oil-platform- [10.03.2012].

56 GARF, f. R5446, op. 51a, d. 1226, ll. 99–102.

57 Campbell: Economics of Soviet Oil, S. 128 f.; Šammazov/Mastobaev: Očerki po istorii, S. 55.

58 Kurjatnikov: Stanovlenie neftjanogo kompleksa, Bd. 2, S. 233.

der weitere Aufstieg des Zweiten Baku so keineswegs gestoppt werden konnte, sank das Tempo der Förderzunahme in der Region.

Paradoxerweise hatte zugleich auch der Ausbau der regionalen Versorgungsstruktur keineswegs die höchste Priorität. Bezeichnend ist diesbezüglich ein Blick auf die Gesamtinvestitionen während des ersten Nachkriegsjahrfünftes, welche auch Ausgaben für die infrastrukturelle Erschließung nebst Aufbau von Zuliefererbetrieben, Raffinerien und Arbeiterunterbringung einbeziehen: Im Zweiten Baku entstanden in dieser Zeit weniger als 20 Prozent aller Kosten. Doch auch im Kaukasus, wo Straßen, Raffinerien und andere Strukturbauten im Kern bereits vorhanden waren, fiel lediglich ein Drittel der Gesamtausgaben an. Beinahe zwei Fünftel aller Investitionen verteilten die Planer auf andere Regionen, in denen häufig allenfalls kleinere Vorkommen bekannt waren.[59] Vor dem Hintergrund der schwierigen Arbeitsbedingungen und teils eklatanter infrastruktureller Defizite bestanden selbst an einer langfristig angestrebten Fokussierung auf die Region zwischen Volga und Ural wohl deutliche Zweifel. Zumindest wurden weiterhin Alternativen gesucht, die einfacheren, schnelleren oder weniger transportintensiven Erfolg versprachen. Und wo immer die Wirtschaftslenker in Moskau das Potential dazu sahen, wurden die Prioritäten entsprechend angepasst.

Infolge der höheren Investitionen und eines massiven Technologieimpulses während der Kriegsjahre[60] stellte vor allem der Umfang der durchgeführten Erkundungsbohrungen nicht nur die Erschließungsarbeiten in den Schatten, sondern erreichte binnen weniger Jahre nahezu das Niveau der gesamten

59 Lisičkin: Očerki razvitija, S. 190–192.

60 Die Lend-Lease-Lieferungen bewirkten, ebenso wie das als Reparationen aus Osteuropa entfernte Equipment, einen Technologiesprung, der in der unmittelbaren Nachkriegszeit auch Eingang in die sowjetische Ausrüstungsproduktion fand. Zugleich waren die Erdölingenieure während des Krieges häufig auf experimentelle Ausrüstung angewiesen, die sich dadurch bewähren konnte und Eingang in die regulären Arbeiten fand. Besonders zu nennen ist diesbezüglich das bereits in den 1920er Jahren in der Sowjetunion entwickelte Turbinenbohren, dessen Einführung in den 1930er Jahren beschlossen, aber lediglich langsam und regional begrenzt umgesetzt wurde. Die Technologie wies einen geringeren Effizienzgrad im Vergleich zum bis dahin global dominierenden Rotary-Bohrverfahren auf, war jedoch zugleich weit weniger anfällig für Gestängebrüche und andere Unfälle. Für die von Materialengpässen geplagte sowjetische Erdölwirtschaft und die Bodenbeschaffenheit des Zweiten Baku stellte sich die Technologie schnell als vorteilhaft heraus und gestattete eine erhebliche Geschwindigkeitszunahme bei den Bohrarbeiten. Dazu umfassend der zeitgenössische US-Bericht: PIRINC: Role of Oil, S. 8 f., ferner auch Igolkin: Neftjanaja politika (1940–1950), S. 127 f.; Ders.: Neftjanaja promyšlennost' (1928–1950), S. 305–307; Ebel: Petroleum Industry, S. 52–56; Josten: Öl regiert die Welt, S. 34–39; Campbell: Economics of Soviet Oil, S. 108–110.

Zwischenkriegszeit.[61] Allerdings konzentrierten die Moskauer Wirtschaftsplaner die Bemühungen auf derart viele Projekte gleichzeitig, dass Fortschritte überall nur langsam eintraten. Vor allem die Ölfelder Bakus vermochten ihren 1941 erreichten Förderhöhepunkt selbst in den Folgedekaden bis zur Auflösung der Sowjetunion nicht mehr zu erreichen. Aus Groznyj konnten die zuständigen Neftjaniki immerhin das Übertreffen der geforderten Planziffern vermelden und so eine partielle Kompensation für den wiederholten Planrückstand Bakus liefern.[62] Die erhoffte Erholung der Gebiete blieb dennoch weitgehend aus.

Nichtsdestotrotz produzierten die kaukasischen Erdölregionen in den ersten Nachkriegsjahren infolge der Instandsetzungsarbeiten deutlich mehr als die Hälfte des zusätzlich zur Verfügung stehenden Erdöls in der UdSSR. Damit einher ging jedoch ein stetig sinkender Ertrag pro Bohrturm, da nur wenige neue und vor allem keine großen Vorkommen entdeckt werden konnten.[63] Während die Planer vor der zwischen Volga und Ural benötigten Anschubfinanzierung weiterhin zurückschreckten, stiegen die Produktions- und Materialkosten im Kaukasus im Vergleich zu den anderen Regionen – und trotz der dort fehlenden Mittel auch zum Zweiten Baku – immer stärker an. Die immensen Investitionssteigerungen schienen gleichzeitig vielfach wirkungslos zu verpuffen.[64]

Lev Mechlis, zu dieser Zeit Minister für staatliche Kontrolle und aufgrund seiner Methoden als »einer der skrupellosesten Erfüllungsgehilfen Stalins« gefürchtet,[65] witterte bereits Führungsversagen und fehlende Motivation zur Planerfüllung im Erdölsektor, ohne dabei die Prioritätensetzung auf den Kaukasus in Frage zu stellen. Intern jedoch waren sich die leitenden Kader des Erdölsektors der tatsächlichen Problemursachen längst bewusst: Als Hauptgründe für steigende Kosten betrachtete Bajbakov die stetig sinkenden durchschnittlichen Produktivitätsraten der Bohrlöcher und gleichzeitig zunehmende Bohr- und Personalkosten, die mit immer intensiveren Bemühungen einhergingen. Dennoch befand er es, wohl um Mechlis zu beschwichtigen, für nötig, die Bestra-

61 Budkov/Budkov: Pjatiletka vvostanovlenija, S. 60; Igolkin: Neftjanaja promyšlennost' (1928–1950), S. 289; Keller: Neftjanaja promyšlennost', S. 10–12; Mal'cev, et al.: Neftjanaja promyšlennost', S. 57; Campbell: Economics of Soviet Oil, S. 68.

62 Alekperov: Oil of Russia, S. 279.

63 GARF, f. 5446, op. 51a, d. 1226, l. 102. Zur Produktivität der Bohrtürme Campbell: Economics of Soviet Oil, S. 134 f.

64 GARF, f. R5446, op. 49a, d. 772, ll. 40–39. Dazu auch Hassmann: Erdöl in der Sowjetunion, S. 88; Shabad: Basic Industrial Resources, S. 148 f.

65 Dahlke, Sandra: Individuum und Herrschaft im Stalinismus. Emel'jan Jaroslavskij (1878–1943) (Ordnungssysteme 29), München 2010, S. 261. Umfassend zum Werdegang Mechlis: Rubcov, Jurij V.: Alter ego Stalina. Stranicy političeskoj biografii L. Z. Mechlisa, Moskva 1999.

fung der »Schuldigen« Disziplinarmaßnahmen anzuordnen.[66] Zwischen Volga und Ural sprudelte zugleich, ermöglicht durch die intensivierten Explorationsarbeiten der Vorjahre, im Verhältnis zum Kapital, Material- und Personalaufwand immer mehr Erdöl aus dem Boden.[67] Vor dem Hintergrund der Probleme im Kaukasus, der teilweise ungeplant wirkenden Erfolge im Zweiten Baku und des nach wie vor spürbaren Treibstoffmangels im Land brauchte es dringend neue Denkweisen, fokussierte Prioritäten und vor allem wesentlich mehr Erdöl.

6.2 Blick nach Osten

Schon in dem von Berija, Bajbakov und Evseenko im Juli 1947 versendeten Brief, in welchem diese aufs Schärfste vor der absehbaren Disproportion zwischen der langsam wachsenden Erdölproduktion und des rasant steigenden Treibstoffverbrauches warnten,[68] waren umfassende Anpassungsvorschläge enthalten, wie die quantitativen Defizite in den Griff zu bekommen sein würden. Vorbehaltlich entsprechender Prioritätenverschiebungen und umfassender Maßnahmen stellte das Trio darin Stalin eine deutliche Erhöhung der Erdölförderung und daraus resultierend der verfügbaren Treibstoffmenge in Aussicht: Das ursprüngliche Planziel für 1950 sollte auf diese Weise um 13 Prozent – oder 4,6 Millionen Tonnen Erdöl – übertroffen werden.[69] Eine Anpassung der Planvorgaben lag im Sommer 1947 durchaus im Zeitgeist der Moskauer Wirtschaftsstrategen. Das Jahr wurde von zahlreichen Zeitgenossen als »erstes echtes Friedensjahr für die sowjetische Industrie« betrachtet; und obwohl die von Gosplan gesetzten Ziele für das Jahr 1950 offiziell bindend blieben, passte die Planungsbehörde zahlreiche Industrienormen an die faktischen Produktionsentwicklungen der frühen Nachkriegszeit an.[70] Im Ressourcensektor bedeutete dies fast ausschließlich eine Korrektur nach oben, da die realen Bedarfssteigerungen die ursprünglichen Kalkulationen in nahezu sämtlichen Bereichen deutlich überstiegen.

Als ungewöhnlich ist im Sommer 1947 allerdings die Abkehr der führenden Neftjaniki von der seit den späten 1930er Jahren verbreiteten Skepsis bezüglich

66 GARF, f. R5446, op. 49a, d. 772, ll. 40–39.

67 Während der Anteil des Zweiten Baku an den Investitionen in den Jahren 1945–1947 bei 15 Prozent stagnierte, steigerte sich der Anteil der Region an der Erdölproduktion des Landes um 65 Prozent: GARF, f. R5446, op. 51a, d. 1226, ll. 99–102.

68 Siehe hierzu Kapitel 4.3.

69 GARF, f. R5446, op. 49a, d. 829, ll. 170–169.

70 Zaleski: Stalinist Planning, S. 364–385. Zitat S. 364.

schneller Erfolge zu betrachten. Noch wenige Monate zuvor hatte der mit Planungen im Erdölsektor befasste Gosplan-Mitarbeiter Mkrtič Mkrtčjan öffentlich sein Bekenntnis zu den klassischen Fördergebieten des Kaukasus kundgetan: Grundsätzlich sprach er allein Azneft' und den Ölfeldern um Baku das Potential zu, größere Produktionsmengen und somit »vorteilhaftere Proportionen zwischen der Entwicklung des Erdölsektors und anderen elementaren Volkswirtschaftszweigen zu gewährleisten«.[71] Der kurz darauf im Februar präsentierte Plan für das Jahr 1947 sah deshalb bezüglich zusätzlicher Förderkapazitäten auch einen Fokus auf die Kaukasusregion vor. Im Osten hingegen galt als primäres Ziel nicht der Infrastruktur- oder Förderausbau, sondern die forcierte Entwicklung von mit dem Schwefel kompatiblen Raffineriekapazitäten zur Produktion von hochwertigem Flugbenzin.[72]

Allzu groß, darüber waren sich in Anbetracht der nur schleichenden Renaissance der kaukasischen Öltrusts alle Beteiligten im Klaren, waren die Ausbauperspektiven nicht. Besonders in den Leitzentralen des Erdölsektors waren die Neftjaniki von der vermeintlichen Hoffnungsregion westlich des Kaspischen Meeres zunehmend weniger überzeugt. Anfang Juli präferierten Bajbakov und Evseenko mit Berijas Unterstützung[73] deshalb als Grundlage des weiteren Ausbaus einen neuen Ansatz: Die Steigerung der Planziffern war ihrer Ansicht nach primär durch die Intensivierung der Erschließungsarbeiten »besonders perspektivischer Erdölvorkommen« zu erreichen, von denen die beiden größten und erstgenannten zwischen Volga und Ural, jedoch keines im Gebiet der ursprünglichen Platzhirsche Baku und Groznyj liegen sollte. Lediglich für zwei kleinere kaukasische Erdöltrusts im Westen Aserbaidschans und in Dagestan sowie für

71 Mkrtčjan, Mkrtič: Uskorit' vosstanovlenie i razvitie neftedobyvajuščej promyšlennosti Baku, in: Planovoe chozjajstvo (1947) 1, S. 39–47, Zitat S. 47.

72 GARF, f. R5446, op. 49a, d. 3504, ll. 177–153.

73 Ein erster, weit weniger umfangreicher Brief aus dem Frühjahr 1947 an Stalin, in welchem zusätzliche Mittel zur Steigerung der Produktion gefordert wurden, erreichte den Parteivorsitzenden vermutlich nicht persönlich, sondern wurde an Berija weitergeleitet. Dieser erste Brief trug neben Bajbakovs und Evseenkos Unterschrift auch die des für Brennstofffragen zuständigen stellvertretenden Gosplan-Vorsitzenden Panov, der inzwischen in Personalunion auch zum Vorsitzenden des Sovmin-Büros für Brennstoffangelegenheiten ernannt worden war, und die des Ministers für den Bau von Brennstoffunternehmen, Aleksandr Zademidko. Der Brief stellte bereits die grundsätzliche Möglichkeit einer erhöhten Produktion mithilfe entsprechender Ausrüstung in Aussicht, ohne jedoch konkrete regionale Prioritäten zu fokussieren. Die Archivierung des Dokumentes unmittelbar vor dem sechs Monate später an Stalin gesendeten Aufrufes lässt darauf schließen, dass der erste Brief eine interne Diskussion in Gang setzte, die letztlich in der Unterstützung Berijas und den Ereignissen im Juli 1947 gipfelte. GARF, f. R5446, op. 49a, d. 829, ll. 182–179.

die Region Krasnodar erachteten die Verfasser eine nennenswerte zusätzliche Steigerung in den Südgebieten im Rahmen des Möglichen.[74]

Einen vollkommenen Bruch beabsichtigten – oder wagten – die Neftjaniki keineswegs. Der Vorschlag stellte keine Abkehr vom Kaukasus dar, sondern diente im Gegenteil sogar dazu, auch die einflussreichen Regionalkader in den klassischen Erdölgebieten zufriedenzustellen. So waren von Beginn an auch umfangreiche zusätzliche Investitionen zum Ausbau der Bohraktivitäten in Baku und Groznyj vorgesehen. Und wenngleich die konkreten Aushandlungsprozesse im Verlauf des Juli, an denen zahllose Akteure und Institutionen beteiligt waren, aus den Archivdokumenten nicht vollumfänglich rekonstruiert werden können, kamen weitere Zugeständnisse hinzu: Bis zum endgültigen Dekret passten die zuständigen Mitarbeiter des Sovmin verschiedene Planziffern zugunsten des Kaukasus an. Sie veränderten sogar die Reihenfolge der genannten Regionen: Die beiden Trusts des Zweiten Baku wurden in dem finalen Dokument nicht mehr an erster Stelle, sondern zuletzt genannt. Auch verschoben sich die Erwartungen bezüglich zusätzlicher Förderkapazitäten im Lauf der Bearbeitung wieder zugunsten der traditionellen Förderregionen im Westen.[75]

Teils drastische Forderungen der Erdölminister, vor allem nach umfangreicher zusätzlicher Unterstützung »auch zulasten der Interessen anderer Wirtschaftszweige«,[76] wurden von Berijas Mitarbeitern bereits im ersten Stalin vorgelegten Planentwurf entschärft. Dennoch drängten die maßgeblichen Akteure des Erdölsektors im Verlauf des Jahres 1947 immer offensiver auf eine politische Berücksichtigung des Industriezweiges, die der Bedeutung des Brennstoffes gerecht würde. Besonders deutlich wird das etwa in wiederholten Forderungen, mehr Neftjaniki in den Gosplan-Strukturen unterzubringen, um auch dort auf Fachexpertise zugreifen zu können und den bevorstehenden »großen Aufgaben« gerecht zu werden. Besondere Kritik erregte dabei die Dominanz von Kohlespezialisten in zahlreichen wichtigen Abteilungen, die etwa mit Neubauten im Energiesektor oder mit Planungen für den Maschinenbausektor befasst waren.[77]

Die konfrontative Grundhaltung der Neftjaniki und selbst der abgeschwächte Verordnungstext spiegelten deutlich eine veränderte Ausgangslage wider. Der überwiegende Teil des Dekretes fokussierte die lange vernachlässigte infra-

74 GARF, f. R5446, op. 49a, d. 829, ll. 170–169.

75 GARF, f. R5446, op. 49a, d. 829, l. 130. Allgemein wird die Konzentration auf die Ostgebiete im endgültigen Dekret weitaus weniger betont als in frühen Entwürfen, in denen Handlungsbedarf »besonders im Osten« häufig eingefordert wird, siehe etwa ebd., d. 828, ll. 298–280.

76 GARF, f. R5446, op. 49a, d. 829, l. 182.

77 RGAE, f. 4372, op. 48, d. 554, ll. 175–176.

strukturelle Erschließung der östlichen Erdölregionen nebst Wohnungs- und Straßenbau sowie die Schaffung neuer Raffinerien und weiterer Zuliefererbetriebe. Die ab 1948 für den gesamten Erdölsektor deutlich erhöhten Investitionen begünstigten in erster Linie die Fördergebiete jenseits der Volga. Das für den Südwesten zuständige Ministerium erhielt weniger als ein Drittel der außerplanmäßig zur Verfügung gestellten Mittel, deren Anteil bis 1950 weiter reduziert werden sollte. Die zusätzlichen Investitionen waren nach den Vorstellungen der Planstrategen unter anderem durch entsprechende Kürzungen im Kohlesektor zu ermöglichen, wenngleich die bestehende Budgetdifferenz zwischen den beiden wichtigsten Brennstoffzweigen dadurch lediglich reduziert werden konnte. Zugleich waren zahlreiche Ministerien aus dem Maschinenbau, Transport- und Bausektor angewiesen, verschiedene zum Ausbau des Zweiten Baku und anderer Gebiete jenseits der Volga notwendige Materialien und Kapazitäten in den Dienst des Erdölsektors zu stellen.[78]

Das Ausmaß der Prioritätenverlagerung stellt sich bei genauerem Blick sogar als umfassender dar, als das Dokument zunächst vermuten lassen würde: Formal stiegen zwar auch im Westen die Investitionen, Planziffern und Materialzuweisungen deutlich an. Zuvor hatte Stalin jedoch ›vorgeschlagen‹, zur weiteren »Entwicklung der Erdölindustrie Turkmenistans und zur Einbeziehung der Maschinenbaubasis der Bakuer Erdölindustrie für dieses Ziel« die dort tätigen Betriebe aus dem Ministerium für die östlichen Regionen in das südwestliche Gegenstück zu überführen.[79] Sicherlich verlor Evseenko auf diese Weise einen Teil seines Zuständigkeitsbereiches und damit auch seines Einflusses. Zugleich vergrößerte die administrative Verschiebung die Möglichkeiten seines Ministeriums. Investitionen und Materialkosten mussten nun durch das Budget Bajbakovs getragen werden, während die ursprünglich für Turkmenistan vorgesehenen Mittel im Ministerium Evseenkos verblieben und auch die Verteilung der zusätzlichen Mittel deutlich zugunsten der Ostgebiete ausfiel.[80] Zugleich hielten die Wirtschaftsplaner innerhalb von Gosplan am eingeschlagenen Ausbaukurs der turkmenischen Erdölindustrie fest, dessen Ausmaß – der dort tätige Trust verantwortete rund ein Zehntel der Bohrtätigkeit innerhalb

78 GARF, f. R5446, op. 49a, d. 829, ll. 130–106, besonders ll. 124–111. Wenngleich das endgültige Dekret nicht vorliegt, ist dieser letzte Entwurf auf dem 30.07.1947 datiert. Nur wenige Stunden später wurde der Beschluss vom Sovmin verabschiedet, sodass größere Veränderungen auch bedingt durch die vorherige Einflussnahme Stalins nicht mehr anzunehmen sind. Zur Planungsphase auch RGAE, f. 4372, op. 46, d. 190, ll. 39–62; ebd., d. 185, l. 7.

79 GARF, f. R5446, op. 49a, d. 829, l. 131.

80 GARF, f. R5446, op. 49a, d. 829, l. 124.

von Evseenkos Ministerium und infolge verhältnismäßig hoher Kosten sogar 10 Prozent der Gesamtinvestitionen im Fördersektor – die Plankorrekturen bezüglich der Ressourcenallokationen partiell relativierte.[81]

Das für den Südwesten zuständige Ministerium unter Bajbakovs Führung verfügte aufgrund der weitgehend konsolidierten Industrie des Kaukasus und der grundsätzlich funktionierenden Infrastruktur nach wie vor über zahlreiche Vorteile gegenüber seinem östlichen Pendant. Doch Evseenko hatte nun ein deutlich breiteres Maßnahmenportfolio zu seiner Verfügung und überdies eine Fokusregion weniger zu versorgen. Bedingt durch die gemeinsame Autorenschaft des abschließenden Dokumentes wurde der Paradigmenwechsel offiziell auch von Gosplan unterstützt, während selbst Stalin ein besonderes Interesse an der Angelegenheit hatte. Erdölfachleute und die Kremlführung begannen im Angesicht der Nachkriegsentwicklungen offenbar, die Rolle des Kaukasus als hauptsächliche Erdölbasis des Landes ebenso zu hinterfragen wie die untergeordnete Relevanz des Erdöls innerhalb der sowjetischen Brennstoffwirtschaft.

Aufstieg des Erdöl-GULag

Die Verwirklichung der angestrebten Erschließungsarbeiten erforderte neben Material und Investitionen vor allem eine erhebliche Aufstockung des Personals im Dienste der Erdölministerien, was sich als großes Problem darstellte: Der Sieg über das ›Dritte Reich‹ war mit gewaltigen demographischen Verlusten erkauft worden, sodass trotz der einsetzenden Demobilisierung ganze Generationen und insbesondere junge Männer fehlten. Zugleich war infolge des während des Krieges einsetzenden Arbeitskräftemangels bereits ab 1942 vermehrt auf Zwangsmobilisierung und -rekrutierung zurückgegriffen worden, um die personellen Defizite in zahlreichen Industriezweigen zu reduzieren. Das NKVD hatte nach dem deutschen Überfall zehntausende wehrdienstlich als ungeeignet betrachtete Personen, primär mit deutscher Abstammung, zur Arbeit in den Raffinerien und auf den Ölfeldern des Narkomneft' verpflichtet, um die Versorgung der Front zu gewährleisten.[82]

81 RGAE, f. 4372, op. 46, d. 189, ll. 121–124 und ll. 213–229; GARF, f. R5446, op. 49a, d. 829, ll. 129–124; ebd., op. 51a, d. 1226, l. 99.

82 GARF, f. R9479, op. 1, d. 138, ll. 11–13, abgedruckt in C Carevskaja-Djakina, Tat'jana V. (Hg.): Specpereselency v SSSR (Istorija stalinskogo Gulaga. Konec 1920-ch – pervaja polovina 1950-ch godov 5), Moskva 2004, S. 376 f.; dazu auch Arutjunjan: V mire černogo zolota, S. 118; Kurjatnikov: Stanovlenie neftjanogo kompleksa, Bd. 2, S. 263.

Nach Kriegsende ergänzten Kriegsgefangene das für den Wiederaufbau zur Verfügung stehende Arbeitskräftereservoire der Sowjetwirtschaft in zahllosen Industriebetrieben. Bedingt durch die Zerstörungen im westlichen Kohle-, Eisen- und Elektrizitätssektor fiel die Berücksichtigung der Erdölindustrie bei der Verteilung aus der Perspektive der Neftjaniki jedoch weitgehend unbefriedigend aus. Wenngleich der Anteil der unfreiwilligen Arbeitskräfte nach Kriegsende in einzelnen kleineren Trusts rund 30 Prozent ausmachte, waren diese größtenteils 1942 und 1943 zwangsmobilisierten Deutschstämmigen inzwischen eingearbeitet und in der regulären Belegschaft weitgehend aufgegangen. Für Wiederaufbauarbeiten oder den Ausbau der Kapazitäten konnten diese entsprechend nicht eingesetzt werden. Zugleich bestanden die dem Erdölsektor zugewiesenen sogenannten Spezialkontingente größtenteils aus Frauen, was Bajbakov 1945 zusätzlich vor erhebliche Probleme stellte: Nach Kriegsende hatte die Moskauer Regierung den zum Arbeitseinsatz verpflichteten Deutschstämmigen die Familienzusammenführung gestattet, das Recht zu einem entsprechenden Antrag jedoch den primär im Kohle- und Stahlsektor tätigen Männern zugestanden. Die Führung des Narkomneft' fürchtete deshalb um die zahlreichen nicht ganz freiwilligen weiblichen Neftjaniki, für deren Ersatz keineswegs garantiert werden konnte.[83]

Zwar konnte in diesem Fall die sowjetische Führung von einer Ausnahmeregelung überzeugt werden – die im Erdölsektor befindlichen deutschstämmigen Frauen wurden an ihren Arbeitsplatz gebunden und durften ihrerseits nun den Antrag auf Familiennachzug stellen.[84] Im Vergleich zu anderen für die industrielle Restauration als besonders wichtig erachteten Wirtschaftszweigen genehmigte die sowjetische Führung jedoch nur äußerst wenige Zwangsarbeiter für den Erdölsektor.[85] Von den insgesamt mehr als 4 Millionen unfreien Arbeitskräften, welche das MVD den verschiedenen Ministerien Ende 1946 zur Verfügung gestellt hatte – darunter fanden sich neben Kriegsgefangenen und Zwangsmobilisierten auch zahllose Insassen des GULag-Systems –, fielen auf die beiden Erdölministerien weniger als 30.000.[86] Lediglich für Bauprojekte von beson-

83 GARF, f. R5446, op. 47a, d. 969, l. 110, l. 78 sowie l. 59. Dazu auch Igolkin: Neftjanaja politika (1940–1950), S. 225 f. Zu den Spezialkontingenten auch Penter: Kohle für Stalin, S. 328 f.

84 Das entsprechende Dekret vom 07.12.1945 ist abgedruckt in: Bugaj, Nikolaj F. (Hg.): Iosif Stalin – Lavrentiju Berii. »Ich nado deportirovat'«, Moskva 1992, S. 77 f.

85 GARF, f. R9401, op. 1, d. 2227, ll. 31–42, abgedruckt in: Zagorul'ko, Maksim M. (Hg.): Voennoplennye v SSSR 1939–1956. Dokumenty i materialy, Moskva 2000, S. 603–609.

86 GARF, f. R9401, op. 1, d. 2542, ll. 194–197, abgedruckt in Chlevnjuk (Hg.): Ėkonomika Gulaga, S. 225–228. Hinzu kamen allerdings noch zehntausende Zwangsarbeiter, welche innerhalb des GULag-Systems in Uchta und auf Sachalin mit der Erdölförderung befasst waren.

derer Bedeutung, vornehmlich Raffinerien in den Ostgebieten und Schlüsselinfrastrukturprojekte zum Abtransport fertiger Produkte, bewilligte die sowjetische Führung zur Beschleunigung der Fertigstellung kleinere Kontingente.[87]

Dem Erdölsektor war auf diese Weise in den unmittelbaren Nachkriegsjahren eine Partizipation an diesem gewaltigen und vermeintlich sogar unbegrenzten Arbeitskräftereservoir des Innenministeriums, welches 1947 nach Donald Filtzer rund ein Fünftel der Industriearbeiterschaft ausmachte, weitgehend versperrt. Infolge des Krieges – und des expandierenden Lagersystems – waren die Möglichkeiten zur Anwerbung freier Werktätiger in der sowjetischen Industrie jedoch deutlich geschrumpft.[88] Das regionale Mobilisierungspotential war aufgrund der Bevölkerungsverluste selbst in vielen landwirtschaftlichen Gebieten eingeschränkt, während das MVD sich auf dem besten Weg »zum größten Bauministerium in der Sowjetunion« befand.[89] Bitten vonseiten Bajbakovs, die etablierten Prioritäten bei der Verteilung der Spezialkontingente Anfang 1946 zu überdenken und 10.000 zusätzliche japanische Kriegsgefangene zum allgemeinen Wiederaufbau der kaukasischen Infrastruktur einzusetzen, wurden abgelehnt.[90] Offensichtlich sah die Kremlführung keinen dringenden Grund, dem Erdölministerium die zusätzliche Muskelkraft zur Verfügung zu stellen, oder erachtete diese zumindest in anderen Bereichen als nötiger. Der Arbeitskräftemangel wurde auf diese Weise zu einem gravierenden Hindernis für die Instandsetzung der kaukasischen Erdölindustrie und die strukturelle Erschließung der Ostgebiete.

Noch im März 1947 wies das MVD einen Antrag des Ministeriums für den Bau von Brennstoffbetrieben (Mintopstroj) ab, in Baschkirien ein größeres Lager zur Forcierung der Bautätigkeit im Erdölsektor zu errichten.[91] Auch als einige Wochen zuvor auf Vorschlag des Innenministeriums zur Erleichterung der prekären Arbeitskräftesituation im Erdöl- und Kohlesektor die vorzeitige Entlassung von 175.000 ehemals in diesen Bereichen tätigen Häftlingen beschlossen worden war, waren Evseenko und Bajbakov bei der Umsetzung weitgehend leer ausgegangen: Lediglich für das Mintopstroj, welches allerdings auch für andere

87 GARF, f. R5446, op. 48a, d. 693, ll. 45–44; ebd., d. 3469, ll. 5–8; ebd., d. 3818, l. 3.

88 Zur Entwicklung der Beschäftigtenzahlen Filtzer, Donald A.: Soviet Workers and Late Stalinism. Labour and the Restoration of the Stalinist System after World War II, Cambridge 2002, S. 13–15; zum Anteil der unfreien Arbeiter an den Gesamtbeschäftigten im Jahr 1947 ebd., S. 23.

89 Gestwa: Großbauten, S. 396 f.

90 GARF, f. R5446, op. 48a, d. 613, l. 37.

91 GARF, f. R9401, op. 2s, d. 176, ll. 358–362.

Brennstoffsektoren zuständig war, wurden 55.000 Arbeiter verpflichtet.[92] Erst als Evseenko mahnte, dass ohne einen Ersatz für freizulassende japanische Kriegsgefangene verschiedene wichtige und bereits fortgeschrittene Bauprojekte im Osten nicht abzuschließen sein würden, erteilte der Sovmin die Genehmigung, 5000 dieser Arbeiter unmittelbar dem Erdölsektor zu überstellen.[93]

Die Beschränkung des Zugriffes auf das Zwangsarbeiterreservoir war keineswegs absehbar gewesen und verwunderte vermutlich selbst die beteiligten Akteure. Nur wenige Wochen vor dem 22. Juni 1941 hatte die sowjetische Führung die Schaffung einer weit umfassenderen GULag-Hauptabteilung mit dazugehörigen Arbeitslagern speziell für Bauvorhaben im Erdölsektor (Glavspecneftestroj) noch genehmigt. Einzig der deutsche Überfall hatte die Umsetzung des entsprechenden Dekretes verhindert.[94] Unmittelbar nach dem Krieg galten offensichtlich andere Prioritäten. In der Konsequenz kam das Bauministerium infolge des nach wie vor kohlezentrischen Fokus der sowjetischen Führung[95] und des Mangels an Arbeitskraft und Ausrüstung besonders in den östlichen Erdölregionen nicht annähernd den Planerwartungen nach. Der Leiter von Bašneft', des für die Erdölindustrie Baschkiriens zuständigen Trusts, wandte sich Ende Juli 1947 sogar an die *Izvestija*. Angesichts einer Planerfüllung von knapp 10 Prozent im Bausektor war seine Botschaft eindeutig: »So kann man nicht arbeiten.«[96]

Seine Vorgesetzten waren ihm jedoch bereits zuvorgekommen. In der Diskussion um Plankorrekturen im Sommer 1947 hatten die leitenden Kader der drei primär betroffenen Ministerien von Beginn an geltend gemacht, dass die »Baubetriebe der Erdölindustrie mit dem für sie vorgesehenen Bauplan nicht zurechtkommen, weil sie schlecht ausgestattet sind«.[97] Mit dem Ziel einer groß-

92 GARF, f. R5446, op. 49a, d 3259, ll. 1–7, die relevanten Auszüge sind abgedruckt in Chlevnjuk (Hg.): Ėkonomika Gulaga, S. 314 f. sowie S. 565 f., Fußnote 220.

93 GARF, f. R5446, op. 49a, d. 3796, ll. 8–4.

94 GARF, f. R5446, op. 25a, d. 7225, ll. 2–3, abgedruckt in Chlevnjuk (Hg.): Ėkonomika Gulaga, S. 187 sowie S. 547, Fußnote 104.

95 Das zeigte sich nicht nur in der Dominanz der Kader aus dem Kohlesektor in der Führungsetage des erst 1946 gegründeten Mintopstroj. Auch von den im Sommer 1946 ergriffenen Maßnahmen zur Schaffung einer Produktionsbasis für das Ministerium waren primär die Kohleregionen des Landes betroffen. Vgl. dazu die entsprechenden Dekrete: Postanovlenie SNK SSSR Nr. 305 ot 5.2.1946. O zamestiteljach Narodnogo Komissara po Stroitel'stvu Toplivnych Predprijatij, in: SP SSSR (1946) 4, S. 63 und Postanovlenie SovMina SSSR Nr. 1596 ot 16.7.1946. O merach pomošči i sozdanii proizvodstvennoj bazy Ministerstva stroitel'stva toplivnych predprijatij, online verfügbar unter: http://www.consultant.ru/cons/cgi/online.cgi?req=doc&base=ESU&n=7234 [01.03.2017].

96 Izvestija 177, 30.7.1947, S. 2.

97 GARF, f. R5446, op. 49a, d. 829, l. 164.

flächigen Erschließung der Erdölgebiete östlich der Volga vor Augen, folgte die sowjetische Regierung der weiteren Argumentation der Neftjaniki: Um eine angemessene Aufmerksamkeit für die zahlreichen Bauvorhaben vor allem im Zweiten Baku zu garantieren, war eine vom Kohlesektor unabhängige Verwaltungsstruktur unabdingbar. Ende Juli wurde deshalb die Schaffung einer eigenständigen Hauptverwaltung für den Bau von Erdölbetrieben und der Gasindustrie (Glavneftegazstroj) genehmigt, welche direkt dem Sovmin unterstand.[98]

Deren neuer Leiter, Leon Safraz'jan, hatte sich zuvor in einem anderen Bereich einen Namen gemacht: Während des Krieges war ihm als stellvertretendem NKVD-Volkskommissar die Verantwortung für den Bau von Militärflughäfen für die Luftstreitkräfte der Roten Armee übertragen worden. Die entsprechende Abteilung hatte sich als Teil des Lagersystems nahezu ausschließlich auf den Einsatz von Zwangsarbeitern gestützt und in den späteren Kriegsjahren vereinzelt auch bei strategisch wichtigen Infrastrukturprojekten im Erdölsektor mitgewirkt.[99] Wenngleich Safraz'jan zuvor bereits als Teil des Führungskaders im Mintopstroj präsent gewesen war, warf seine Beförderung zum Leiter der Bautätigkeiten im Erdölsektor dennoch einen deutlichen Schatten auf die Zukunft des Industriezweiges: Das Lagersystem sollte fortan die Erschließung der Ostgebiete beschleunigen.

Bereits in der Planungsphase, rund eine Woche vor der Verabschiedung der institutionellen Umstrukturierung, wurde das Baupersonal für den Erdölsektor aus den Reihen der Kriegsgefangenen deutlich aufgestockt.[100] Sogar die wenige Monate zuvor noch abgelehnte GULag-Abteilung für den Bau von Erdölbetrieben (Neftestrojlag) leitete das MVD in die Wege, wenn auch auf die Region Kujbyšev und maximal 7000 Häftlinge beschränkt. Die Zahl der in Baschkirien im Dienst des Erdölsektors befindlichen Zwangsarbeiter sollte gleichzeitig binnen Jahresfrist sogar mehr als verdreifacht werden.[101] Der Umfang der unfreiwilligen Belegschaft stieg derart schnell an, dass die entsprechenden Trusts bald Probleme bekamen: Bereits Mitte August 1947 meldeten die Verantwortlichen aus der Region, dass nicht alle Häftlinge eingesetzt werden könnten, weil nun Personal für deren Bewachung fehle.[102]

---

98 GARF, f. R5446, op. 49a, d. 829, ll. 124–123.

99 Smirnov: Sistema ispravitel'no-trudovych lagerej, S. 100 f.

100 Am 21. Juli 1947 fasste der Ministerrat den Beschluss, 26.038 Kriegsgefangene aus anderen Ministerien abzuziehen und diese in den Erdöl- und Stahlsektor zu transferieren. Siehe dazu Sidorov, Sergej G.'e.: Vvedenie, in: Zagorul'ko (Hg.): Voennoplennye, S. 25–58, hier S. 48. Die genaue Verteilung auf die jeweiligen Industriezweige geht aus dem Text nicht hervor.

101 Smirnov: Sistema ispravitel'no-trudovych lagerej, S. 251 sowie S. 426, Fußnote 3.

102 GARF, f. R5446, op. 49a, d. 768, ll. 157–155.

Der rasante Ausbau der Zwangsarbeit übertraf sogar die Kapazitäten des MVD, welches die Versorgung unzähliger Projekte zu gewährleisten hatte. Nur einen Monat später mussten Verantwortliche aus den Reihen des Innenministeriums in einem Brief an Molotov Schwierigkeiten bei der Überstellung von fast 40.000 Personen an die Bautrusts der beiden Erdölministerien einräumen. Der Versorgung der Kohlegruben mit unzähligen ›regulären‹ Häftlingen zur Kompensation für freigelassene Kriegsgefangene – in kaum einem anderen Industriezweig war die Zwangsarbeit in den späten 1940er Jahren derart präsent – war von höchster Stelle ein Vorrang eingeräumt worden, den auch die Pläne für den flüssigen Brennstoff nicht aushebeln konnten. Dennoch stand der Erdölsektor zu diesem Zeitpunkt, das geht aus dem Dokument klar hervor, weit oben auf der Prioritätenliste bezüglich zusätzlicher GULag-Kontingente.[103] Vor allem im Osten des Landes entwickelte sich die Häftlingsarbeit zu einer bedeutenden Basis für die zunehmenden Erschließungsarbeiten. Im Jahr 1949 stammte Donald Filtzer zufolge rund ein Drittel der Arbeiterschaft des Industriezweigs aus den Lagern des MVD, wenngleich die von ihm genannten Beschäftigtenzahlen insgesamt zu niedrig erscheinen.[104] Der in den letzten Jahren vor Stalins Tod immer weiter ausufernde Lagerkomplex war, mit leichter Verspätung, auch im Erdölsektor zum Alltag geworden.

Die neue Priorität spiegelte sich unmittelbar in den Investitionen des MVD wider. Zwischen 1947 und 1949 wurden die für entsprechende Bauaktivitäten eingesetzten Mittel vervierfacht, während das Gesamtbudget des Innenministeriums lediglich um 50 Prozent anstieg. Auffällig ist vor allem der schrumpfende Anteil der Investitionen für den Kohlesektor, der im gleichen Zeitraum um mehr als die Hälfte einbrach.[105] In den Folgejahren setzte sich im Lagersystem diese Entwicklung zugunsten des Erdöls weiter fort. Ende 1949 strebte die Führung des MVD sogar erneut die Gründung einer Hauptverwaltung für die Lager im Erdölsektor an, wenngleich diese aus unbekannten Gründen ein zweites Mal nicht realisiert wurde. Dennoch entstanden zahlreiche weitere zum Bau von

103 GARF, f. R5446, op. 49a, d. 3352, ll. 9–12, abgedruckt in Chlevnjuk (Hg.): Ėkonomika Gulaga, S. 243 f. Zur Zwangsarbeit im Kohlesektor umfassend auch Penter: Kohle für Stalin, S. 301–356.

104 Filtzer: Workers and Late Stalinism, S. 23, Fußnote 21. Auf Basis des MVD-Archivs und der Zentralen Abteilung für Statistik kalkuliert Filtzer mit 124.500 freien Arbeitern und 56.000 Häftlingen im Jahr 1949, während das Erdölministerium selbst knapp 300.000 Mitarbeiter zählt (RGAE, f. 8627, op. 9, d. 611, l. 211) und die für Erdöl zuständige Abteilung des Sovmin sogar mehr als 600.000 (GARF, f. R5446, op. 80a, d. 227, l. 2). Anzunehmen ist, dass lediglich direkt mit der Produktion und Verarbeitung von Erdöl befasste Arbeiter bei Filtzer eingerechnet sind: Zur primär auf den Osten fokussierten Zwangsarbeit Slavkina: Velikie pobedy, S. 127.

105 Chlevnjuk (Hg.): Ėkonomika Gulaga, S. 33 f. sowie S. 40.

Erdölbetrieben und zur infrastrukturellen Anbindung der Gebiete bestimmte Lager. Zwei Jahre später wurde Glavspecneftestroj schließlich eine Dekade nach dem ersten diesbezüglichen Beschluss ins Leben gerufen.[106]

Einige Monate nach Stalins Tod waren trotz zunehmender Auflösungserscheinungen und Entlassungen fast 100.000 Häftlingsarbeiter im Dienste des Erdölministeriums tätig. Einzig in der Metallurgie und in der Forstwirtschaft war das Lagersystem zu dieser Zeit noch präsenter.[107] Wenngleich die Rentabilität des GULag-Systems selbst von Führungskadern des Innenministeriums hinterfragt wurde, so glaubten die Kremlherren doch, in den unerschlossenen, ressourcenreichen Gebieten der Sowjetunion fernab jeglicher Infrastruktur mithilfe der Zwangsarbeit die größten Resultate erzielen zu können.[108]

Bollwerke im Niemandsland

Der neue Fokus des von Stalin persönlich protegierten und in Grundzügen auch kontrollierten GULag-Systems deutete bereits darauf hin, dass der Parteichef der schnellstmöglichen Erschließung zusätzlicher Ölregionen persönlich eine hohe Priorität zumaß. Der forcierten erdölstrategischen Neuordnung und dem Ausbau der dazugehörigen Lagerstrukturen lagen für Stalin allerdings auch konkrete militärische Überlegungen zugrunde. Auf seine persönliche Anweisung hin wurden vor allem in zwei Regionen die Planzahlen und Aktivitäten im

106 Smirnov: Sistema ispravitel'no-trudovych lagerej, S. 11 f.; Kokurin, Aleksandr I./Pichoja, R. G. (Hg.): Lubjanka. VČK – OGPU – NKVD – NKGB – MGB – MVD – KGB, 1917–1960. Spravočnik (Rossija. XX vek), Moskva 1997, S. 68 f.; Chlevnjuk, Oleg V. (Hg.): Zaključennye na strojkach kommunizma. Gulag i obekty ėnergetiki v SSSR: sobranie dokumentov i fotografij, Moskva 2008, S. 238.

107 GARF, f. R9414, op. 1, d. 202, ll. 17–40, abgedruckt in: Petrov, Nikita V. (Hg.): Karatel'naja sistema: struktura i kadry (Istorija stalinskogo Gulaga. Konec 1920-ch – pervaja polovina 1950-ch godov 2), Moskva 2004, S. 484–492; GARF, f. R9414, op. 1, d. 118, ll. 246–253, abgedruckt in: Chlevnjuk (Hg.): Ėkonomika Gulaga, S. 357. Die Zahl der für das Erdölministerium tätigen Häftlinge stieg in den Monaten nach Stalins Tod sogar weiter an, wenngleich dies vermutlich auf die Eingliederung von MVD-Lagern in die Ministeriumsstrukturen zurückzuführen ist.

108 Gregory/Harrison: Allocation under Dictatorship, S. 737 f.; Khlevnyuk, Oleg V.: The Economy of the OGPU, NKVD, and MVD of the USSR, 1930–1953. The Scale, Structure, and Trends of Development, in: Paul R. Gregory/Valery Lazarev (Hg.): The Economics of Forced Labor. The Soviet Gulag, Stanford CA 2003, S. 43–66; Applebaum: Gulag, S. 424–426; Filtzer: Workers and Late Stalinism, S. 32. Dass sich diese Einschätzung wohl als Trugschluss erwies, zeigt nicht zuletzt der rasante Abbau der Häftlingszahlen im Erdölsektor Mitte der 1950er Jahre, der weitaus schneller vollzogen wurde als in anderen Ressourcenindustrien: GARF, f. R9414, op. 1, d. 2449, l. 150, abgedruckt in Chlevnjuk (Hg.): Ėkonomika Gulaga, S. 573, Fußnote 265.

Vergleich zu den ursprünglichen Vorschlägen der Neftjaniki deutlich nach oben korrigiert: Wie schon in den 1930er Jahren sollte in der Region Komi endlich die gewünschte, von weiten Transporten unabhängige Versorgungsbastion für die Nordflotte sowie für das Gebiet um Murmansk und Leningrad entstehen. Das zweite Fördergebiet, dem Stalin aus ähnlichen Beweggründen eine Sonderbehandlung zumaß, lag rund 5000 Kilometer östlich, am entgegengesetzten Ende der Sowjetunion – auf der Insel Sachalin: Auch die dort stationierte Pazifikflotte, deren Treibstoffversorgung aus dem Kaukasus oder den größeren Fördergebieten des Ostens aufgrund der gewaltigen Entfernungen noch eklatantere Probleme bereitete, sollte nach dem Abbruch der amerikanischen Treibstofflieferungen eine zuverlässige und möglichst nahegelegene Treibstoffquelle erhalten.[109]

Letzteres war erst durch die japanische Kapitulation möglich geworden. Während der NĖP hatte die japanische Führung im Norden Sachalins – die Südhälfte der Insel war bereits seit der russischen Niederlage von 1905 eine Kolonie des Kaiserreiches – eine umfassende Konzession erlangt, die erst 1944 aufgehoben wurde. Mit Beginn der Planwirtschaft waren die Aktivitäten der japanischen Förderunternehmen durch Bemühungen unter sowjetischer Kontrolle ergänzt worden. Deren Grundfinanzierung basierte im Austausch gegen zusätzliches Erdöl jedoch gleichermaßen auf der Kreditvergabe und der Bereitstellung westlicher Technologie durch den benachbarten Inselstaat.[110] Nach der japanischen Kapitulation standen die Erdölbetriebe im Norden wie im Süden Sachalins schließlich allein unter der Kontrolle des Minnefteprom. Materialevakuierungen aus dem Kaukasus und Unterstützung »aus jenem Wunderland, das Lend-lease hieß«, hatten den regionalen sowjetischen Erdölbetrieben bereits während des Krieges eine deutliche Steigerung der Produktion gestattet, an welche im Sommer 1947 angeknüpft werden sollte.[111] Obwohl infolge der nicht auf Nachhaltigkeit angelegten Kapazitätserweiterungen die Förderleistung bereits vor der japanischen Kapitulation wieder zu sinken begann, forderte Stalin nun einen deutlichen Ausbau: Innerhalb von drei Jahren sollte der Niedergang nicht nur gestoppt, sondern eine Verdoppelung der Jahresproduktion möglich gemacht werden.[112]

Schon im September 1945 hatte Stalin die Insel, die infolge der einseitig diktierten Kapitulationsbedingungen nach vierzig Jahren wieder vollständig unter

---

109 GARF, f. R5446, op. 49a, d. 829, ll. 133–132; RGAE, f. 4372, op. 46, d. 190, ll. 36–38.

110 Sokolov: Sovetskoe neftjanoe chozjajstvo, S. 261–267; Igolkin: Neftjanaja promyšlennost' (1928–1950), S. 263–274.

111 Semjonow: Erdöl aus dem Osten, S. 207. Zur Produktionssteigerung während des Krieges RGAE, f. 1562, op. 41, d. 65, l. 50ob, auch Dienes/Shabad: Soviet Energy System, S. 61.

112 GARF, R5446, op. 49a, d. 829, ll. 133–129; ebd., op. 51a, d. 1466, l. 166.

der Kontrolle des Kremls stand, zur neuen »Verteidigungsbasis unseres Landes gegen die japanische Aggression« erklärt.[113] Nachdem die Repatriierung der japanischen Bevölkerung und die vollständige Sowjetisierung der Insel 1947 weit fortgeschritten waren,[114] erachtete er die Zeit für die Schaffung einer solchen Bastion, wohl auch im Kontext der internationalen Spannungen, für gekommen. Die ergriffenen Maßnahmen erstreckten sich zwar weit über den Erdölsektor hinaus und schlossen die in vielen Fällen nicht ganz freiwillige Umsiedlung von zehntausenden sowjetischen Arbeiter- und Bauernfamilien ein. Dem ›schwarzen Gold‹ galt dabei dennoch besondere Aufmerksamkeit: Nicht nur stellten Kriegsgefangene, anders als in den meisten anderen Erdölregionen, schon ab 1945 infolge des Fachkräftemangels einen bedeutenden Anteil der lokalen Arbeitskraft dar und bildeten so »eine der Grundlagen der Wiedergeburt der Erdölindustrie Sachalins«.[115] Nach dem Sommer 1947 entstanden auf der Insel darüber hinaus als Ersatz für die schrumpfenden Kontingente japanischer Häftlinge die ersten GULag-Strukturen, die im Folgejahr rasch ausgebaut wurden. Vorrangiges Ziel war die Intensivierung der Erdölproduktion, deren Plan 1948 trotz zuvor sinkender Förderquoten ein weiteres Mal deutlich nach oben angepasst wurde.[116]

Gewaltige Summen wurden in diesen Jahren in die tiefgreifende geologische Erschließung und die Durchführung von Explorationsbohrungen in den Nordgebieten der Insel investiert. Bis zu 16.000 Häftlingsarbeiter schufen gleichzeitig die infrastrukturellen Rahmenbedingungen für einen weiteren Ausbau der

113 Pravda 211, 3.9.1945, S. 1. Die Situation im Fernen Osten und das Verhältnis zu Japan genossen bereits in den 1930er Jahren eine besondere Priorität Stalins, vgl. Davies, Robert W./Ilič, Melanie/Khlevnyuk, Oleg V.: The Politburo and Economic Policy-making, in: Rees (Hg.): Nature of Stalin's Dictatorship, S. 108–133, hier S. 129–131.

114 Dazu umfassend Tonai, Yuzuru: Soviet Rule in South Sakhalin and the Japanese Community, 1945–1949, in: Svetlana Paichadze/Philip A. Seaton (Hg.): Voices from the Shifting Russo-Japanese Border. Karafuto/Sakhalin (Routledge Studies in the Modern History of Asia), Hoboken 2015, S. 80–100.

115 Lisicyna, Elena N.: Trud japonskich voennoplennych v neftjanoj promyšlennosti Sachalina v poslevoennye gody, in: Izvestija Rossijskogo gosudarstvennogo pedagogičeskogo universiteta im. A.I. Gercena (2012) 151, S. 18–26, Zitat S. 18.

116 GARF, f. R5446, op. 50a, d. 4619, ll. 24–26. Zu den Planungen bezüglich Sachalin ab April 1948 umfassend: ebd., d. 4663 und d. 4664. Weiterführend auch Vysokov, Michail S./Lisicyna, Elena N.: Prinuditel'nyj trud v neftjanoj promyšlennosti Sachalina vo vtoroj polovine 40-ch – načale 50-ch gg. XX v., in: Vestnik ToGU 23 (2011) 4, S. 279–287, besonders S. 284 f. Wenngleich diesbezüglich noch keine umfassenden Studien vorliegen, geht aus den Archivbeständen der Oblast' Sachalin hervor, dass im August 1947 bereits die ersten Strukturen geschaffen wurden, vgl. Dudarec, G. I. (Hg.): Putevoditel' po fondam Gosudarstvennogo Archiva Sachalinskoj Oblasti, 2. Aufl., Južno-Sachalinsk 1995, S. 54.

Förderleistung.[117] Marshall Goldman zufolge hatte die Insel im fernen Osten sogar die primäre Aufmerksamkeit des zuständigen Ministeriums für die östlichen Regionen, wenngleich die Archivdokumente diesbezüglich keinerlei Hinweise enthalten. Faktisch jedoch galt den Erdölgebieten Sachalins aus regional- und militärstrategischen Gründen auch nach Stalins Tod bis zu den gewaltigen Erdölfunden in Sibirien eine besondere Priorität.[118]

Auch im polarkreisnahen Nordwesten der Sowjetunion, wo die Erdölproduktion im Gegensatz zum äußersten Osten nicht den Ministerien, sondern direkt dem MVD unterstand und nahezu ausschließlich auf Zwangsarbeit gesetzt wurde, hatte die sowjetische Führung die Anstrengungen zum Ausbau der Produktionskapazitäten bereits unmittelbar nach Kriegsbeginn weiter intensiviert. Ein erheblicher Teil der 1942 aus Majkop evakuierten Ausrüstung gelangte nach Uchta, wo trotz der zahllosen Entbehrungen und der reduzierten Häftlingszahlen während des Krieges höhere Summen in die lokale Erdölproduktion investiert wurden als in den gesamten 1930er Jahren.[119] Das bereits 1940 gesetzte Ziel, innerhalb von wenigen Jahren die Produktion auf 800.000 Tonnen Erdöl jährlich zu verzehnfachen, war jedoch selbst in Friedenszeiten weitgehend utopisch gewesen. Unter den Bedingungen des deutschen Vernichtungsfeldzuges war die Umsetzung vollkommen ausgeschlossen. Erkauft mit dem Leben zahlloser Häftlinge und befördert durch die Verurteilung derjenigen nordkaukasischer Neftjaniki, die für kurze Zeit in deutsche Gefangenschaft geraten waren, gelang dem NKVD zumindest ein beachtenswerter Ausbau der Förderkapazitäten.[120]

Mit weniger als 200.000 Tonnen Jahresproduktion bei Kriegsende blieben die Ölfelder bei Uchta im gesamtsowjetischen Kontext marginal und konnten

117 Smirnov: Sistema ispravitel'no-trudovych lagerej, S. 300; Vysokov, Michail S.: Sachalinskaja neft', in: Moskovskij žurnal (2000) 8, S. 30–32.

118 RGASPI, f. 592, op. 1, d. 13, l. 16; Goldman: Enigma of Soviet Petroleum, S. 28. Zur Entwicklung nach Stalins Tod siehe Vysokov: Sachalinskaja neft'. Im Russland der Gegenwart gilt dieser Region wieder ein besonderer Fokus, da dort in den vergangenen Jahren gigantische Erdöl- und Erdgasvorkommen gefunden werden konnten.

119 Borozinec: Iz istorii sozdanija, S. 379; Igolkin: Neftjanaja politika (1940–1950), S. 75. Zur Erdölproduktion auf Komi in den 1930er Jahren auch Kapitel 3.3.

120 RGAE, f. 1562, op. 41, d. 65, l. 50ob; Borozinec, Lenfrid G.: V gody Velikoj Otečestvennoj vojny, in: Irina D. Voroncova (Hg.): Istoriko-kul'turnyj atlas g. Uchty. Naučno-populjarnaja literatura, Uchta 2009, S. 169–174. Die in älteren westlichen Publikationen (etwa bei Grund: Energiewirtschaft, S. 32) veranschlagten und vielfach zitierten weit höheren Fördermengen sind mit Vorsicht zu betrachten. Zur deutlich erhöhten Sterblichkeitsrate der Häftlinge in der Region Komi während des Krieges: Sokolov: Sovetskoe neftjanoe chozjajstvo, S. 252. Zur Verurteilung nordkaukasischer *Neftjaniki* zum Dienst im GULag des Nordens während des Krieges: Tchurilov, et al.: Lifeblood of Empire, S. 135 f.

allenfalls zur Verbesserung der regionalen Treibstoffversorgung beitragen. Für die lokalen Parteikader und GULag-Funktionäre boten die Erfolge dennoch eine ausreichende Grundlage für neue Hoffnungen hinsichtlich einer glorreichen Erdölzukunft. Obwohl die zuständigen Lagerverwalter die größtenteils schlechte Qualität des nördlichen Erdöls, den großen Verarbeitungsaufwand und daraus resultierende hohe Kosten keineswegs verschwiegen, warben sie ab dem Frühjahr 1945 für weitere Investitionen. Der Leiter des in Uchta angesiedelten Kombinates, unter dessen Dach die Lagerhäftlinge mit den wenigen freien Arbeitskräften kooperierten, versprach »neue Erdöl- und Gaslagerstätten mit reichhaltigen Vorkommen«, die es – wie er durchaus einräumte – jedoch erst zu finden gelte.[121] Regionale Parteieliten und Moskauer Planstrategen träumten bereits von einem »dritten, Nördlichen Baku«.[122] Dieses »neue Zentrum der Erdöl- und Erdgasindustrie«[123] sollte nicht nur die Selbstversorgung der nordwestlichen Unionsteile gewährleisten, sondern auch zusätzliche Industriegebiete versorgen können.

Die Aufmerksamkeit der sowjetischen Führung hatten die Ölfelder des Nordens bereits seit den 1930er Jahren, und so trafen die Argumente der lokalen Kader bei den Gosplan-Funktionären von Beginn an auf offene Ohren. Der Nachkriegsfünfjahresplan sah in Anlehnung an die Ausbauvisionen der Zwischenkriegszeit umfangreiche Investitions- und Produktionssteigerungen für die Region Komi vor, um bis 1950 eine 500.000 Tonnen Erdöl jährlich gewinnen zu können.[124] Vor allem aus Österreich wurde ein nicht unerheblicher Teil der dort demontierten Ausrüstung in die subarktische Förderregion der Sowjetunion gebracht, um den Traum eines von Treibstoffimporten unabhängigen Nordens Wirklichkeit werden zu lassen.[125] Rund 5 Prozent der im Erdölsektor getätigten Investitionen und wahrscheinlich auch ein erheblicher Anteil der unionsweit knappen Ausrüstung flossen in den ersten beiden Nachkriegsjahren in den Ausbau der Kapazitäten in der ASSR Komi, bei knapp 1 Prozent der sowjetischen Gesamtproduktion.[126]

Für die weitreichenden Ambitionen der beteiligten Akteure war das jedoch keineswegs ausreichend. In diesem Kontext stand bei den Überlegungen zur

121 GARF, f. R5446, op. 47a, d. 1011, ll. 74–68, Zitat ll. 69–68.
122 Zitiert nach Borozinec: Istorija stanovlenija, S. 96.
123 GARF, f. R5446, op. 51a, d. 1243, ll. 30–20.
124 RGAE, f. 4372, op. 46, d. 377, l. 28; Budkov/Budkov: Pjatilekta vvostanovlenija, S. 74.
125 RGASPI, f. 644, op. 1, d. 443, ll. 168–169.
126 Zu den Investitionen in der Region Komi Borozinec: Istorija stanovlenija, S. 109; zum Gesamtbudget GARF, f. R54446, op. 51a, d. 1267, l. 8.

Steigerung der Erdölförderung im Sommer 1947 die Republik Komi erneut im Rampenlicht. Schon Mitte Mai teilte der unter anderem für den GULag zuständige stellvertretende Innenminister Vasilij Černyšëv seinem Vorgesetzten mit, dass »große Anstrengungen bei der Entwicklung des Uchtaer Erdöls« bevorstehen würden, da »die Arbeiten zur Erschließung […] praktisch erst begonnen haben«.[127] Wie es scheint, war Stalin der gleichen Ansicht. Im Juli 1947 forderte er eine Neuauflage der mehr als ambitionierten Ziele aus dem letzten Vorkriegsjahr, die innerhalb von drei Jahren mehr als die Verdoppelung der Förderleistung vorsahen, nebst dem forcierten Ausbau der Raffineriekapazität und den dazugehörigen Investitionen, Explorationsarbeiten und Personalaufstockungen.[128]

In der Region waren selbst einige Jahre später Erdölreserven von nur knapp 6 Millionen Tonnen nachgewiesen und förderbar, die in keinem Verhältnis zu den angestrebten Produktionszielen standen. Wenngleich zusätzliche Funde nicht ausgeschlossen waren – und in den folgenden Jahrzehnten immer wieder kleinere Vorkommen entdeckt werden konnten –, nahm die sowjetische Führung unabhängig von den technischen Möglichkeiten zur Umsetzung bewusst das Risiko in Kauf, dass die aufzubauende Infrastruktur mit großer Wahrscheinlichkeit einen äußerst temporären Nutzen haben würde.[129] Ohnehin waren die geplante Fördersteigerung und damit auch der physische Ausbau des regionalen Industriezweiges infolge des begrenzten Potentials weitgehend zum Scheitern verurteilt. Aus diesem Grund konzentrierten die regionalen Kader ihre Anstrengungen zunehmend auf die Suche nach neuen Vorkommen. Mit der Unterstützung der zuständigen Gosplan-Mitarbeiter und des MVD warben

127 Der Brief ist ohne Archivsignatur abgedruckt in: Chlevnjuk (Hg.): Politbjuro i Sovet Ministrov, S. 152–154.

128 GARF, f. R5446, op. 49a, d. 829, l. 133, l. 129 und l. 124.

129 GARF, f. R5446, op. 80a, d. 227, l. 5. Zum Vergleich: Im Jahr 1948 standen einer sowjetischen Gesamtförderleistung von 29,3 Millionen Tonnen Erdöl förderbare Reserven von rund 800 Millionen Tonnen gegenüber. In Aserbaidschan, wo die Neftjaniki große Mühe hatten, die hohe Vorkriegsleistung erneut zu erreichen, war das Verhältnis selbst 1940 weitaus besser gewesen. Auch auf Sachalin war das Verhältnis mit 30 Millionen Tonnen Reserven zu 1,5 Millionen Tonnen angestrebter Förderquote weitaus günstiger. Zu den angegebenen Werten GARF, f. R5446, op. 51a, d. 1466, l. 166; ebd., op. 80a, d. 2574, l. 50. Global waren zu dieser Zeit Reserven in einem Ausmaß erforscht, um für ca. zwanzig Jahre eine gleichbleibende Förderleistung zu ermöglichen, wobei diese sich regional stark unterschieden. Gegenwärtig reichen die bekannten Vorkommen mehr als vierzig Jahre. Grundsätzlich gilt, dass unter dem Aspekt der Rentabilität die jährliche Förderkapazität eines Vorkommens möglichst lang erhalten bleiben sollte, um die hohen Startinvestitionen zu rechtfertigen. Zum Verhältnis Reserven zu Produktion auch Smil: Oil, S. 116–120.

sie für immer weitere »spezielle Verordnung[en] der Regierung über Maßnahmen zur [weiteren] Intensivierung der Erdöl- und Erdgasprospektion«, denen in einigen Fällen sogar der erhoffte Erfolg beschieden war.[130]

Alte Prioritäten mit neuem Ansatz

Im ersten Nachkriegsjahrfünft investierte die sowjetische Regierung auf diese Weise in den beiden Randgebieten der Sowjetunion – und nicht nur dort – im Verhältnis zum Gesamtbudget erhebliche Ressourcen und Kräfte, denen primär strategische Überlegungen zugrunde lagen. Wenngleich die Erfolge und selbst die Investitionen auf Sachalin und in der Region Uchta rückblickend als marginal betrachtet werden können, so ist der das Erdölpotential der Gebiete weit übertreffende Fokus doch bezeichnend. In weiten Teilen folgte die Vorgehensweise, befördert durch Stalins Begünstigung und unzählige Zwangsarbeiter, den bereits 1941 angestellten, Gosplan-internen Überlegungen zur langfristigen Entwicklung der Versorgung der verschiedenen Unionsteile mit Treibstoffen:

> [D]er Transport des kaukasischen Erdöls beschränkt sich im Wesentlichen auf die Regionen des Südens, des Zentrums und die nächstgelegenen Oblaste des Südostens; die Regionen des mittleren Volga-Landes und des Urals, die eine eigene Erdölbasis aufweisen, decken ihren Bedarf an Erdöl und Erdölprodukten selbst sowie den Bedarf der nächstgelegenen Regionen Westsibiriens, die Regionen des Nordens und des Nordwestens versorgen sich hauptsächlich mit dem Uchtaer Erdöl; die Regionen des Westens haben vor allem ihre eigene Treibstoffbasis durch [estnischen] Ölschiefer; und die Regionen Mittelasiens und Kasachstans sowie des Fernen Ostens und Ostsibiriens decken ihren Erdölbedarf [...] durch Eigenproduktion.[131]

Zweifelsohne basierten diese Vorstellungen, wie gezeigt werden konnte, zumindest teilweise mehr auf vagen Annahmen und Hoffnungen denn auf nachgewiesenen Rohstoffvorkommen. Im Gegensatz zu den Vorkriegsjahren und den unmittelbaren Nachkriegsjahren bröckelte jedoch die Dominanz des Kaukasus. Darüber hinaus waren nach dem Sommer 1947 infolge der Budgetaufstockungen

130 GARF, f. R5446, op. 51a, d. 1243, l. 20; auch ebd., d. 4965, ll. 78–75, abgedruckt in Chlevnjuk (Hg.): Ėkonomika Gulaga, S. 384–386. Weiterführend aus regionaler Perspektive: Borozinec, Lenfrid G.: »Bol'šaja neft'« evropejskogo Cevero-Vostoka Rossii, in: Voroncova (Hg.): Istoriko-kul'turnyj atlas, S. 175–181, insbesondere S. 176–178.

131 RGAE, f. 4372, op. 42, d. 371, l. 88.

wesentlich umfangreichere personelle, finanzielle und materielle Ressourcen vorhanden, um das Versorgungskonzept der Moskauer Wirtschaftsstrategen in die Tat umzusetzen.

Intern wurde die Bedeutung der umfassenden Plankorrekturen vom 30. Juli für die Umsetzung dieser Ziele durchaus gesehen. Als im Sommer 1948 ein selbstbewusster Ingenieur in einem Brief an Stalin das Risiko der Abhängigkeit vom Kaukasus betonte und die durch die Dominanz nur einer regional ungünstig verorteten Erdölbasis entstehenden Versorgungsprobleme in der Landwirtschaft kritisierte, traf die Analyse in den damit befassten Sovmin-Büros auf breite Zustimmung. Doch obwohl das Schreiben aufgrund der darin enthaltenen Lösungsvorschläge zur Senkung des Erdölverbrauchs des Agrarsektors anschließend sogar zwischen den Moskauer Behörden zirkulierte, war die Beurteilung in einer Hinsicht eindeutig: »Maßnahmen zur Entwicklung der Erdölindustrie [...] in den östlichen Regionen sind im [überarbeiteten] Fünfjahresplan [...] für die Jahre 1948–1950 bereits festgeschrieben.«[132]

Tatsächlich boten die Quartalszahlen in dem Dreivierteljahr nach dem Sommer 1947 aus fast allen Teilen der Sowjetunion Grund zur Hoffnung. Die ergriffenen Maßnahmen zur Verbesserung der Versorgung des Erdölsektors mit der benötigten Ausrüstung zeigten bald erste Resultate und entschärften auf diese Weise teilweise den Materialmangel. Zahlreiche neue Raffinerien konnten 1948 den Betrieb aufnehmen.[133] Produktionssteigerungen von fast 25 Prozent zum jeweiligen Vorjahresquartal in der zweiten Jahreshälfte machten das Jahr 1947 zum bis dahin erfolgreichsten in der Geschichte der sowjetischen Erdölindustrie. Die Gesamtförderung stieg von 21,6 auf nahezu 26 Millionen Tonnen, sodass die neuen Raffineriekapazitäten bereits an ihre Grenzen stießen. Die intensivierten Explorationsarbeiten hatten innerhalb kürzester Zeit Kenntnis über zusätzliche Reserven von 150 Millionen Tonnen mit sich gebracht. Selbst die aserbaidschanischen Bohrtürme konnten den Plan erfüllen und produzierten mehr als ein Drittel des zusätzlichen Erdöls.[134] Um den Jahreswechsel verkündeten die Neftjaniki beider Ministerien in Briefen an Stalin sogar die vorzeitige

132 GARF, f. R5446, op. 50a, d. 925, ll. 51–46ob., Zitat l. 51. Eine berufliche oder fachliche Zuordnung des Ingenieurs mit dem Namen M.N. Tomilin ist anhand der gegebenen Informationen nicht möglich.

133 RGAE, f. 1562, op. 41, d. 65, l. 28ob und l. 74ob; Bajbakov, Nikolaj K.: Očerednye zadači neftjanoj promyšlennosti, in: Planovoe chozjajstvo (1950) 1, S. 40–51, hier S. 49.

134 Zu den Produktionszahlen GARF, f. R5446, op. 51a, d. 1466, l. 29 sowie ebd., d. 1226, l. 102. Angaben zu den bekannten Reserven in der UdSSR finden sich in ebd., op. 80a, d. 2574, l. 28. Zur Quartalsentwicklung Vikent'ev, Aleksandr I.: Očerki razvitija sovetskoj ėkonomiki v četvertoj pjatiletke, Moskva 1952, S. 95.

Erfüllung des Fünfjahresplanes in nur vier Jahren – obwohl erst drei davon vergangen waren. Die Weiterleitung der Schreiben durch Bajbakov und Evseenko über Berija an den Parteichef selbst zeugt von der Überzeugung der Führungskader, den Durchbruch geschafft zu haben.[135]

Wenigstens Bajbakov müssen jedoch Indizien vorgelegen haben, dass für sein Ministerium nur eingeschränkt Grund zur Euphorie bestand. Im zweiten Quartal 1948 brach primär im südlichen Kaukasus das Produktionswachstum ein und war bei Azneft' sogar rückläufig, obwohl mehr Bohrlöcher in Betrieb waren als je zuvor. Trotz gewaltiger Investitionen und der gründlichen Exploration der Region um Baku waren die größeren neuen Vorkommen nicht dort, sondern primär zwischen Volga und Ural entdeckt worden. Bajbakov sah sich schließlich gezwungen, den Ministerrat um eine deutliche Reduktion der Planzahlen zu bitten, da das wiederholte Nichterfüllen »unerreichbarer und utopischer« Vorgaben die Arbeiter demoralisieren und die Arbeitsmoral gefährden würde.[136] Im Frühjahr 1948 aufgetretene Transportprobleme und Lagerengpässe verschärften die Probleme in Baku zusätzlich.[137]

Mitte Juni kam die sowjetische Führung dem Gesuch Bajbakovs deshalb nach. Die erneute Revision bedeutete nicht nur die Aufgabe der ein Jahr zuvor noch durchgesetzten Planerhöhungen für Aserbaidschan, sondern stellte auch die ursprünglichen regionalen Vorgaben des Fünfjahresplanes in Frage. Das für Azneft' gesetzte Ziel wurde um mehrere Millionen Tonnen Erdöl nach unten korrigiert, die Fehlmengen auf erfolgreichere Kombinate und Trusts verteilt. Von der weitreichenden Korrektur, die mit einer erneuten Budgetaufstockung für verschiedene Regionen und zusätzlichen Materialzuweisungen aus anderen Ministerien verbunden war, profitierten zwar auch der Nordkaukasus und Turkmenistan, in erster Linie jedoch die Regionen des Zweiten Baku.[138] Während der Ministerrat Bajbakov auf Dienstreise ans Kaspische Meer schickte, damit dieser sich persönlich ein Bild der Lage und den langfristigen Entwicklungsperspektiven der alternden Erdölprovinz machen konnte, fand sich Evseenko

135 Beide Briefe finden sich in GARF, f. R5446, op. 50a, d. 948, ll. 8–1.

136 GARF, f. R5446, op. 50a, d. 949, l. 180. Azneft' hatte 1947 und im ersten Halbjahr 1948 trotz immenser Investitionen und Bemühungen nicht ein neues Ölfeld erschließen können, während im Zweiten Baku erstmals mehr Erdölreserven verortet werden konnten als im Kaukasus. Vgl. ebd., ll. 84–82; ebd., d. 4622, l. 12; ebd., op. 80a, d. 2574, l. 50; ebd., op. 51a, d. 1226, l. 29 und l. 99; Keller: Neftjanaja promyšlennost', S. 6; Hodgkins: Soviet Power, S. 112.

137 GARF, f. R5446, op. 50a, d. 951, l. 57; ebd., d. 954, l. 102, 71–70.

138 GARF, f. R5446, op. 50a, d. 992, ll. 30–20; zur Rezeption der »drastischen Revision« durch den US-Geheimdienst: CIA FOIA ERR SC/RR/100: The Petroleum Industry in Economic Region V of the USSR, 01.06.1955, S. 5.

mit zahlreichen anderen Ministern aus verschiedenen Bereichen der Schwerindustrie kurze Zeit später im Kremlbüro Stalins ein.[139]

Über den Anlass oder den Inhalt der Zusammenkunft liegen leider bisher keinerlei Informationen vor, ein Protokoll wurde offensichtlich nicht erstellt. Die Abwesenheit Bajbakovs oder eines anderen Vertreters des südwestlichen Erdölministeriums spricht zugleich eine deutliche Sprache. Ob auch die nahezu gleichzeitige Entdeckung größerer Erdölmengen in Tatarstan für das Treffen relevant war, darüber kann allenfalls spekuliert werden: Zwar hatten die Neftjaniki bei dem Dorf Romaškino das über viele Jahre größte Erdölvorkommen der Welt entdeckt, zu diesem Zeitpunkt jedoch herrschte allenfalls Gewissheit, dass auch in Tatarstan eine industrielle Erdölproduktion möglich war.[140] Dennoch zeichneten sich durch den Fund immer mehr das gewaltige Potential sowie die Richtigkeit der von Gubkin veranschlagten geographischen Dimensionen des Zweiten Baku ab. Die sowjetische Führung konnte sich dessen immer weniger verschließen.

Die im Dezember 1948 eingeleitete Wiedervereinigung der beiden Erdölministerien, welche Bajbakov zum Erdölminister und Evseenko zum ersten Stellvertreter machte, erfolgte schließlich mit der Begründung, dass die Aufgabe des Wiederaufbaus im Erdölsektor nun abgeschlossen sei.[141] Mit dieser Feststellung akzeptierte der Kreis um Stalin nicht zuletzt auch die Realität der tatsächlichen Fördermöglichkeiten: Während sich der Nordkaukasus und auch die Gesamtproduktion tatsächlich dem Vorkriegsniveau annäherten, war Baku davon weit entfernt. Und obgleich der Erdölsektor die korrigierten Planvorgaben für 1948 insgesamt erfüllen konnte, traten in der zweiten Jahreshälfte trotz nach wie vor geltenden Restriktionen bei der Treibstoffvergabe in Anbetracht der deutlich höheren Verbrauchszunahme eklatante Defizite auf. Die verschiedenen Planrevisionen und Budgetaufstockungen hatten zwar in der Summe die geplanten Erfolge mit sich gebracht. Beim Erdölverbrauch hingegen hatten die Gosplan-Kalkulationen ein weiteres Mal versagt. Die sowjetische Führung sah sich schließlich in der zweiten Jahreshälfte 1948 gezwungen, zusätzliche Erdölprodukte aus Rumänien, Albanien und wahrscheinlich auch aus Österreich und

139 GARF, f. R5446, op. 50a, d. 992, ll. 28–27; Černobaev (Hg.): Na prieme u Stalina, S. 509.

140 Grace: Russian Oil, S. 17–23; Peterson/Clarke: Petroleum Geology, S. 20; Considine/Kerr: Russian Oil Economy, S. 50. Das Potential Romaškino wurde nach dem Sommer 1948 nur langsam erkannt; es dauerte noch wesentlich länger, bis dies in die Wirtschaftsplanungen einbezogen wurde, siehe dazu die Dokumente in GARF, f. R5446, op. 51a, d. 1280.

141 Dazu die Dokumente in GARF, f. R5446, op. 50a, d. 1053 sowie das Vorwort in RGAE, f. 8625, op. 4. Die darin enthaltenen Akten konnten leider aufgrund einer Archivumstrukturierung nicht eingesehen werden.

Ungarn zu importieren.[142] Mit Blick auf das Zerwürfnis mit den einstigen Alliierten, welches mit der Berlin-Blockade einen neuen vorläufigen Höhepunkt erreicht hatte, war anhand der Planerfüllungsquote eines deutlich sichtbar: Nicht die Erdölindustrie, sondern die Energiepolitik steckte in einer Krise, die es dringend abzuwenden galt.

6.3 Der Weg zur Autarkie: Nationalisierung statt Regionalisierung

Die auf GOĖLRO basierende Idee, prioritären und zugleich als rückständig empfundenen Industriezweigen mithilfe von langfristigen Perspektivplänen unter die Arme zu greifen, war auch nach dem offiziell erfolgreichen Abschluss der Elektrifizierungskampagne Anfang der 1930er Jahre nie vollends in Vergessenheit geraten. Anfang der 1930er Jahre wurden ebenso wie eine Dekade später intensive Debatten innerhalb von Gosplan geführt, wie ein auf 10 oder 15 Jahre angelegter Langzeitplan mit dem Ziel des Sozialismus aussehen könnte.[143] Weit mehr noch als die Direktiven der Fünfjahrespläne spiegelten diese nur für den internen Gebrauch bestimmten Überlegungen die Vorlieben und Ziele der Moskauer Wirtschaftsstrategen zum Zeitpunkt ihrer Entstehung wider. Für die Gestaltung der konkreten Wirtschaftspolitik der 1930er Jahre waren diese gesamtökonomischen Entwicklungskonzepte durch die ständig wandelnden Prioritäten und vor allem den Krieg hingegen nur von vorübergehender und untergeordneter Bedeutung.[144]

Nach der deutschen Kapitulation widmeten sich die Moskauer Planstrategen neben verschiedenen erfolglosen Versuchen zur Reanimation der gesamtwirtschaftlichen Langzeitplanung erneut einzelnen besonders wichtigen oder prestigeträchtigen Branchen zu. Die Kremlführung fasste ins Auge, schnellstmöglich solche – häufig selbstverantwortete – »Disproportionen zu liquidieren«, die in einem starken Kontrast zu den veränderten Prioritäten der Nachkriegszeit standen.[145] Der wohl erste der resultierenden Perspektivpläne fokussierte, angelegt auf zehn Jahre, bereits kurz nach Kriegsende die Errichtung einer

142 Siehe dazu die Akten in GARF, f. R5446, op. 50a, d. 802; sowie in ebd., d. 848. Aus Österreich wurde 1948 weitaus mehr Erdöl gen Osten exportiert als im Vorjahr, wie viel davon in die Sowjetunion ging, ist unklar: Iber: Sowjetische Mineralölverwaltung, S. 131.

143 Igolkin: Neftjanaja politika (1928–1940), S. 43–45. Zum 1941 konzeptionierten Perspektivplan auch Kapitel 4.2.

144 Zur symbolischen Bedeutung der Fünfjahrpläne Gregory: Political Economy, S. 118–121.

145 RGASPI, f. 592, op. 1, d. 13, l. 2.

gewaltigen Flotte, die dem neuen Selbstverständnis der Siegermacht gerecht werden solle.[146] Nach dem offiziellen Abschluss der Wiederaufbauarbeiten 1948 und dem Abbruch der gesamtwirtschaftlichen Perspektivplanungen[147] konzentrierten sich die Führungsgremien und Behörden in Moskau auf die langfristig angelegte Korrektur empfundener Fehlentwicklungen in ausgewählten Branchen und Regionen. Einige dieser Projekte, wie die von Stalin initiierte Umgestaltung der Hauptstadt zu einer Metropole von globaler Strahlkraft oder der ›große Plan zur Transformation der Natur‹, waren ungeachtet der anstoßgebenden realen Probleme auch auf einen Prestigegewinn angelegt. Sie wurden von umfangreichen Propagandakampagnen begleitet, verzeichneten zugleich aber nur eingeschränkte Erfolge, nicht zuletzt weil die Prioritäten ebenso wie ihr volkswirtschaftlicher Nutzen umstritten blieben.[148]

Weitaus prekärer waren jedoch die ›Disproportionen‹ im Energie- und Brennstoffsektor, die zunehmend das Wachstum der gesamten Industrie hemmten. Wie sehr Anspruch und Wirklichkeit des einstigen Prestigeprojektes Lenins, der Elektrifizierung des gesamten Landes, auseinanderklafften, sollte verborgen bleiben. Im Herbst 1948 begannen eilig zusammengesetzte Kommissionen mit den Arbeiten an einem Rettungsplan für den immer mehr dem Verbrauchszuwachs hinterherhinkenden Kraftwerksbau. Lediglich die zentralen Elemente der resultierenden Kampagne – die gewaltigen Staudämme der Nachkriegszeit, mit denen die Elektrifizierung wieder auf Kurs gebracht werden sollte – wurden propagandistisch als mächtige Monumente sowjetischer Ingenieurskunst inszeniert, als ›stalinsche Großbauten des Kommunismus‹.[149]

Wenige Monate später, im Frühjahr 1949, setzte der Ministerrat auch den zweiten großen Problembereich auf die Agenda: die im Ausland inzwischen als

---

146 Rohwer, Jürgen/Monakov, Mikhail S.: Stalin's Ocean-going Fleet. Soviet Naval Strategy and Shipbuilding Programmes, 1935–1953 (Cass series 11), London 2001, S. 185–190 und S. 223 f. Die genauen Motive Stalins liegen weitgehend im Dunkeln, zumal bereits in den späten 1930er Jahren erste Versuche dokumentiert sind, eine mächtige sowjetische Flotte aufzubauen; dennoch scheinen die Erklärungsversuche der Autoren plausibel.

147 Zalkind/Miroščenko: Očerki razvitija, S. 241–246; dazu auch die obigen Ausführungen auf S. 88.

148 Zur Umgestaltung der Natur Kovda, Viktor A.: Velikij plan preobrazovanija prirody, Moskva 1952; Zaleski: Stalinist Planning, S. 386–395; Brain, Stephen: The Great Stalin Plan for the Transformation of Nature, in: Environmental History 15 (2010) 4, S. 670–700. Zur Umgestaltung Moskaus das entsprechende Dekret in: Direktivy KPSS po chozjajstvennym voprosam, Bd. 3, S. 337, weiterführend auch Colton, Timothy J.: Moscow. Governing the Socialist Metropolis (Russian Research Center Studies 88), Cambridge MA 1995, S. 352–356.

149 Direktivy KPSS po chozjajstvennym voprosam, Bd. 3, S. 470. Dazu umfassend Gestwa: Großbauten, hier besonders S. 78–90.

Achillesferse der Sowjetunion wahrgenommene Erdölversorgung.[150] Wenngleich aus den Archiven nicht klar hervorgeht, auf wessen Initiative, in welchem Rahmen oder wann genau die Arbeiten an einem entsprechenden Perspektivplan für den Erdölsektor begonnen wurde, befassten sich zahlreiche Moskauer Institutionen spätestens ab März 1949 eifrig mit der Datensammlung.[151] Im Vergleich mit den USA stellten die Moskauer Behörden schnell fest, dass der Brennstoffmangel keineswegs als Resultat fehlender Ressourcen, sondern vielmehr der »ungenügenden« Verwertung des vorhandenen Potentials vor allem in den östlichen Regionen zu betrachten war.[152] Wie bereits im Sommer 1947 bereitete den Wirtschaftsstrategen des Ministerrates besonders der für die Folgejahre erwartete Mehrverbrauch an Treibstoff Sorgen, wie Berija Anfang Juni 1949 in einem Brief an Stalin einräumte:

> Die Produktionssteigerung an Kraftfahrzeugen und Traktoren, die Entwicklung des Krafttransports und die weitere Mechanisierung der Landwirtschaft sowie der beträchtliche Ausbau der Düsen- und Kolbenluftfahrt, des Schiffsbaus und des Dieselmotorenbaus erhöht in den kommenden zehn Jahren den Treibstoffbedarf nach vorläufigen Schätzungen im Vergleich zum Verbrauchsniveau des Jahres 1949 um mehr als das Dreifache.[153]

Die von Stalin 1946 aufgeworfene perspektivische Zielmarke von 60 Millionen Tonnen Erdöl, dessen herrschte angesichts des Wachstumskurses Gewissheit, würde bereits 1955 nicht mehr genügen, um die Versorgung aller Treibstoffverbraucher in der Sowjetunion gewährleisten zu können. Auch in Anbetracht der nur eingeschränkt zufriedenstellenden Ausgangslage war ein radikaler Ausbau sämtlicher Phasen des Produktionsprozesses notwendig. Die nach dem Sommer 1947 ergriffenen Maßnahmen hatten zwar in den meisten Regionen den gewünschten Erfolg mit sich gebracht, die im Vergleich zum Fünfjahresplan gewaltigen Fehlmengen aus Baku konnten sie jedoch allenfalls teilweise kompensieren.[154]

---

150 Hassmann: Erdöl in der Sowjetunion, S. 130. Auch interne CIA-Studien gingen davon aus, dass die Sowjetunion 1949 keine ausreichende Erdölversorgung für die Kriegsführung hatte: CIA FOIA ERR ORE 24–49: The USSR Petroleum Industry, S. 2.

151 Die ersten entsprechen Dokumente sind aus dem März 1949: GARF, f. R5446, op. 83, d. 159; ebd., op. 51a, d. 1466.

152 GARF, f. R5446, op. 51a, d. 1466, ll. 85–81.

153 GARF, f. R5446, op. 51a, d. 1466, l. 169. Grundlage der Hochrechnung war der stark anwachsende Fahrzeugbestand, der bereits 1948 deutlich über dem Niveau des letzten Vorkriegsjahres lag: GARF, f. R5446, op. 51a, d. 1466, l. 15.

154 RGAE, f. 1562, op. 41, d. 65, l. 50ob.

Während die US-Geheimdienste die sowjetische Führung durchaus darum beneideten, im Notfall den zivilen Verbrauch ohne Rücksichtnahme auf die Bevölkerung einschränken zu können,[155] blickten die Zuständigen in Moskau überaus beunruhigt auf die angespannte Versorgungssituation. Der Wiederaufbau war auch durch Einsparungen bei den Treibstoffzuweisungen für die Sowjetarmee beschleunigt worden, woran selbst die Bemühungen zur erneuten Aufrüstung ab 1948 wenig geändert hatten. Mit Ausnahme des hochwertigen Flugzeugtreibstoffes, der nach wie vor nahezu vollumfänglich militärischen Zwecken vorbehalten war, blieb die Versorgung der Streitkräfte gedrosselt und befand sich unter dem Niveau des Jahres 1940, welches sich im Winterkrieg mit Finnland, vor allem aber nach dem deutschen Überfall als verhängnisvoll erwiesen hatte.[156] Die entstandene Abhängigkeit von Importen – fast 2 Millionen Tonnen verarbeitete Erdölprodukte mussten jährlich allein aus Rumänien eingeführt werden, um den Mindestbedarf der sowjetischen Volkswirtschaft zu decken – und die weitgehende Vernachlässigung der Reservebildung stellten ein zusätzliches Problem dar, welches es aus Berijas Perspektive dringend zu lösen galt.[157]

Nach einer persönlichen Unterredung im Kreml, an der auch Bajbakov und die Vertreter anderer Ministerien teilnahmen, ohne deren Teilhabe ein solches Großvorhaben sich nicht umsetzen ließ, war Stalin von der Argumentation seines Intimus schnell überzeugt.[158] Am 20. Juli 1949 unterzeichnete er ein Dekret, welches die Grundlagen eines im Detail noch auszuarbeitenden Zehnjahresplanes beinhaltete. Die vorgegebenen Ziele waren überaus ambitioniert: Innerhalb einer Dekade sollten Kapazitäten zur Förderung auf 90 Millionen Tonnen, zur Verarbeitung sogar auf 100 Millionen Tonnen Erdöl aufgestockt werden. Was Berija in seinem Brief nur angedeutet hatte, brachte das Dokument auf den Punkt: Die Stärkung nicht nur des wirtschaftlichen Potentials, sondern auch der Verteidigungsfähigkeit *(oboronosposobnost')* wurde zu »einer der wich-

155 CIA FOIA ERR ORE 24–49: The USSR Petroleum Industry, S. 17.

156 GARF, f. R5446, op. 51a, d. 6057, ll. 30–29; ebd., d. 6185, l. 271. Zum Ausmaß der sowjetischen Aufrüstung in der Nachkriegszeit umfassend Simonov, Nikolaj S.: Voenno-promyšlennyj kompleks SSSR v 1920–1950-e gody. Tempy ėkonomičeskogo rosta, struktura, organizacija proizvodstva i upravlenie, Moskva 1996, S. 191–210.

157 GARF, f. R5446, op. 51a, d. 1466, ll. 169–168. Insgesamt importierte die Sowjetunion 1950 fast 2,5 Millionen Tonnen Treibstoff, wenngleich zumindest ein kleiner Teil davon wieder ausgeführt wurde, nicht zuletzt um die europäischen Besatzungstruppen zu versorgen. GARF, f. R5446, op. 51a, d. 6198, ll. 112–111 sowie ll. 272–270.

158 Černobaev (Hg.): Na prieme u Stalina, S. 523.

tigsten Regierungsaufgaben« für die folgende Dekade erhoben.[159] Eine eilig aus der Moskauer Politprominenz, den Entscheidungsträgern aus dem Erdölministerium und den wichtigsten Kadern aus den betroffenen Erdölregionen zusammengesetzte Kommission unter dem Vorsitz Berijas nahm alsbald ihre Arbeit auf. In zahlreichen Unterausschüssen galt es, innerhalb von wenigen Monaten nicht nur den Ausbau des Erdölsektors, sondern auch die Steuerung des Treibstoffverbrauches, die Einbindung synthetischer Flüssigbrennstoffe oder die Energieversorgung des Industriezweiges mit den Planzielen in Einklang zu bringen.[160]

Schon die für die Umsetzung des Unterfangens erwarteten Investitionen waren gewaltig. Die Planungsabteilung des Minnefteprom kalkulierte bereits für 1950 mit einem Budget, welches in den beiden Vorjahren zusammengenommen zur Verfügung gestanden hatte. Um die umfangreichen Perspektivziele zu erreichen, berechneten die Ministerialen bis zum Ende der Dekade sogar einen jährlichen Finanzbedarf vom Ausmaß der Gesamtinvestitionen des ersten Nachkriegsfünfjahresplanes.[161] Gleichzeitig stellten die Wirtschaftsstrategen auch die wenig effiziente Praxis der Vorjahre in Frage, die vorhandenen Ressourcen über das ganze Land zu verteilen, um möglichst jeder Wirtschaftsregion eine eigene Erdölindustrie zur Selbstversorgung zu ermöglichen. Stattdessen konzentrierten die Moskauer Behörden ihre Bemühungen verstärkt auf die bekannten Erdölregionen und gaben vor allem die intensive Suche nach Erdöl in den weniger ergiebigen Westgebieten der Sowjetunion weitgehend auf. Lediglich im Osten Sibiriens, wo selbst oberflächliche geologische Erkundungsarbeiten nur partiell erfolgt waren, sahen die Planungen außerhalb der bekannten Erdölregionen einen besonderen Fokus für die Ressourcenprospektion vor.[162] Binnen weniger Jahre verdoppelte sich auf diese Weise der Budgetanteil des Zweiten Baku, und auch die zentralasiatischen Regionen profitierten von der Verlagerung der Prioritäten.[163]

159 GARF, f. R5446, op. 51a, d. 1466, ll. 181–175, Zitat l. 181. Mit der Angelegenheit waren gremienübergreifend sowohl der Ministerrat als auch das Politbüro befasst, siehe auch Adibekov et al. (Hg.): Povestki dnja zasedanii, Bd. 3, S. 589.

160 GARF, f. R5446, op. 51a, d. 1466, ll. 151–139.

161 GARF, f. R5446, op. 51a, d. 1267, l. 8.

162 GARF, f. R5446, op. 80a, d. 2416, l. 308. Genannt wurden Ostsibirien und zusätzlich speziell Kamtschatka und Jakutien, in denen die Entdeckung von Erdölvorkommen als besonders wichtig erachtet wurde. Dazu auch zahlreiche Dokumente in GARF, f. R5446, op. 81b, d. 2540. Ähnliche Beobachtungen in Ebel: Petroleum Industry, S. 58.

163 Lisičkin: Očerki razvitija, S. 191.

Ohnehin stand für die Führungskader des Minnefteprom und die entsprechende Abteilung des Sovmin schon vor Beginn der Detailplanungen fest, dass der geplante Ausbau primär in den östlichen Fördergebieten zu erfolgen habe. Vermutlich nach einer Intervention Bagirovs, der als einziger Regionalpolitiker von Stalin in die Perspektivplankommission berufen worden war und sogar im Unterausschuss für die Prospektion und Erschließung neuer Erdölvorkommen mitwirken konnte, verschob sich das Gewicht der einzelnen Förderregionen im Verlauf der Planungen noch einmal leicht. Die ursprüngliche Prämisse, dass ungeachtet individueller Präferenzen das Zweite Baku den Großteil der zusätzlichen Produktionskapazitäten beisteuern musste, blieb jedoch unangetastet.[164] Um den durch den umfassenden Ausbau des Industriezweiges erwarteten Stromverbrauchsanstieg der Region zu bewältigen, zugleich aber der bis dahin üblichen eigenständigen Erdölverstromung des Minnefteprom Einhalt zu gebieten, strebten die Moskauer Wirtschaftsstrategen sogar eine enge territoriale Verzahnung der beiden im Energiesektor verorteten Perspektivpläne an.[165] Befördert durch die energetischen Prioritäten wurde dem Volgagebiet auf diese Weise der Aufstieg zu einer Schlüsselregion für die Energieversorgung des Landes zugesprochen, zu einer zentralen »energetischen Brennstoffbasis« *(toplivno-ėnergetičeskaja baza)*, basierend auf Wasserkraft und Erdöl.

Vieles deutet darauf hin, dass die Entscheidungsträger im Kreml infolge des dringenden Handlungsbedarfes und der fehlenden Alternativen sogar bereit waren, die Notwendigkeit langer Transporte im Erdölsektor mittelfristig hinzunehmen. Schon die Vorgaben für den Perspektivplan betonten das Ziel eines weitreichenden Fernleitungsbaus, dessen Kern ein »Verbundnetz zwischen den wichtigsten Erdölförderregionen und Raffinerien« bilden sollte.[166] Zuvor waren Pipelines in der Sowjetunion nahezu unbedeutend gewesen. Die nötigen Inves-

164 Zur Berufung Bagirovs in die Komitees und Ausschüsse zur Erstellung des Perspektivplanes GARF, f. R5446, op. 51a, d. 1466, ll. 151–150 sowie l. 176. Der Stalin anfänglich vorgelegte Entwurf des Sovmin sah noch eine deutliche Fokussierung auf die östlichen Regionen vor, infolge derer sich der Anteil des Kaukasus an der Gesamtförderung bis 1960 auf ein Drittel nahezu halbiert haben würde (Stand 1948: beinahe 60 Prozent). Bis zum Ende des Jahres verschoben sich die Planungen dahingehend, dass die westlichen Regionen ab 1955 infolge nochmals intensivierter Erkundungsarbeiten im südlichen Kaukasus rund die Hälfte des zusätzlichen Erdöls pro Jahr beisteuern sollten. GARF, f. R5446, op. 51a, d. 1466, l. 166; ebd., op. 80a, d. 2414, ll. 280–279 sowie ll. 155–149.

165 GARF, f. R5446, op. 51a, d. 1466, ll. 76–75. Der für den Erdölsektor kalkulierte Energieverbrauchsanstieg war mit 250 Prozent binnen eines Jahrfünfts der höchste in der Sowjetunion, vgl. RGASPI, f. 592, op. 1, d. 14, l. 15. Zur Verzahnung von Wasserkraft und Erdölhoffnungen auch Gestwa: Großbauten, S. 213 f.

166 GARF, f. R5446, op. 51a, d. 1466, l. 176.

titionen waren den Bolschewiki in der Zwischenkriegszeit infolge der Dominanz des Kaukasus, technologischer Defizite und der Konzentration auf größtmögliche regionale Ressourcenautarkie zunächst wenig plausibel erschienen. Die längste sowjetische Pipeline stammte Ende der 1940er Jahre bezeichnenderweise noch aus Zarenzeiten und verband Baku mit dem – inzwischen weitgehend ungenutzten – mehr als 800 Kilometer westlich gelegenen Exporthafen bei Batumi. Nach der Machtübernahme der Bolschewiki hatten diese im Einklang mit den geltenden energetischen Paradigmen primär den weiteren Ausbau des auf den internationalen Markt ausgerichteten Leitungsnetzes veranlasst. Die innersowjetische Distribution überließen die überlasteten Wirtschaftsplaner nur zu gern den etablierten Volgatankern und der ergänzend benötigten Eisenbahn.[167]

Die durch den Niedergang der Ölfelder Bakus herbeigeführte territoriale Umverteilung der Kapazitäten hatte allerdings eine Verschiebung der Transportströme mit sich gebracht, die eine zunehmende Belastung für das sowjetische Schienennetz darstellte.[168] Der mit Transportfragen befasste Unterausschuss präsentierte deshalb im Oktober 1949 ein Konzept, welches noch über die ursprünglichen Vorgaben hinausging. Dieses sah vor,

> bis zum Ende des Jahrzehnts etwa 80 Prozent der Raffineriekapazität [...] zu einem einzigen wechselseitig verflochtenen Pipelinesystem [zu] verbinden: von Batumi im Westen bis nach Novosibirsk im Osten sowie Jaroslawl und Molotov [das heutige Perm] im Norden. [...] dieses System [...] gestattet es, einerseits die [verarbeitenden] Betriebe aus mehreren Rohstoffquellen zu versorgen, und andererseits aus großen Ölförderstätten mehrere Betriebe.[169]

167 GARF, f. R5446, op. 51a, d. 1466, l. 19; Lyndolph/Shabad: Oil and Gas Industries, S. 488–490; Sokolov: Sovetskoe neftjanoe chozjajstvo, S. 163; Considine, Jennifer I.: The Evolution of the Russian Oil Industry (1860–2012). A Search for a Long-Run Crude Oil Supply Forecasting Model, Dissertation, Aberdeen 1999, S. 443–448; Ebel: Petroleum Industry, S. 145.

168 RGAE, f. 1562, op. 33, d. 2310, l. 135; auch die Dokumente in GARF, f. R5446, op. 80a, d. 2198, darin besonders ll. 81–80 und ll. 9–5.

169 GARF, f. R5446, op. 80a, d. 2411, l. 247. Ursprünglich war nur die Verbindung der wichtigsten Produktionsgebiete mit den Verbrauchsregionen geplant. Primär sahen frühe Entwürfe eine Bündelung der kaukasischen Ölprodukte und deren Weiterleitung nach Norden sowie eine Leitung zwischen dem Zweiten Baku und den westlich und östlich gelegenen Industriegebieten vor. GARF, f. R5446, op. 51a, d. 1466, ll. 70–66.

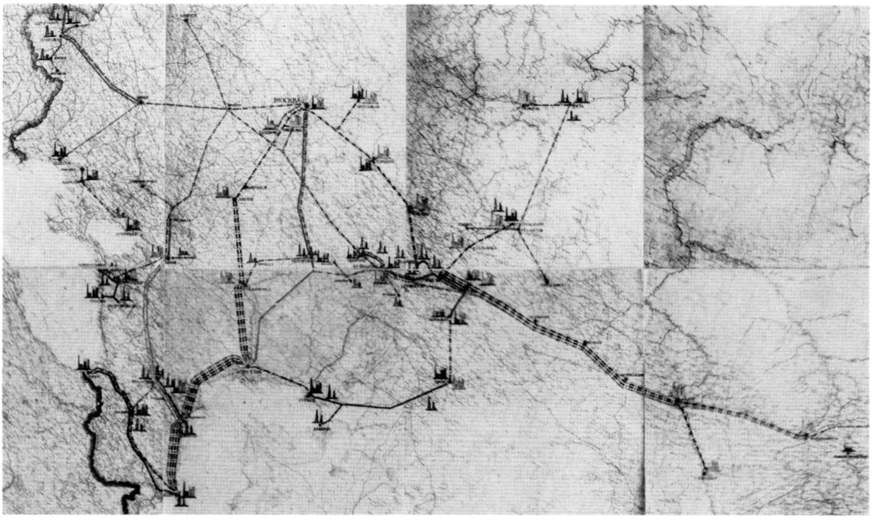

Abb. 5: Ausschnitt aus der für den Perspektivplan erstellten Karte. Geplante Pipelines sind durch gestrichelte Linien angezeigt, geplante Förder- und Raffineriekomplexe durch graue (im Original rote) Hervorhebung. Die Karte befindet sich in GARF, f. 5446, op. 80a, d. 2411, l. 187.

Die ersten Leitungen sollten bereits 1951 den Betrieb aufnehmen, insbesondere in den vom Schienentransport besonders abhängigen Regionen. Durch mehr als 15.000 Kilometer zu verlegender Pipelinerohre strebten die Planstrategen auf diese Weise die Verwandlung des regional zersplitterten Erdölsektors zu einem in sich geschlossenen Industriegiganten an, der die Eisenbahn entlasten und die Ressourcenarmut der westlichen Industrieregionen kompensieren würde. Lediglich kleineren Randgebieten, primär den Fördergebieten bei Uchta, auf Sachalin und im Süden Kasachstans, maß der Ausschuss auch zukünftig eine strategische, aber nur regionale Bedeutung zu.[170] Um das Risiko einer im Kriegsfall gefährlichen Versorgungslücke vorzubeugen, sahen Vertreter der Streitkräfte bis zum Ende der Dekade überall im Land zusätzliche Treibstoffdepots mit einem Gesamtvolumen von bis zu 2 Millionen Tonnen Treibstoff vor – ergänzend zu den ohnehin eingeplanten Depots der zivilen Großverbraucher und vor allem der Landwirtschaft.[171]

170 GARF, f. R5446, op. 80a, d. 2411, ll. 285–284, l. 271 und l. 187. Anfang 1949 waren 3200 Kilometer Fernleitungen in Betrieb, davon mehr als ein Viertel zwischen Baku und Batumi. Bis Ende 1950 sollten bereits 1400 Kilometer hinzukommen und weitere 14.955 Kilometer bis 1960. Vgl. ebd., l. 247.

171 GARF, f. R5446, op. 80a, d. 2411, l. 237.

Eine Ölmacht rüstet auf

Noch während in den Ausschüssen die Details zum Perspektivplan ausgehandelt wurden, begann die Führung des Minnefteprom in enger Absprache mit dem Ministerrat bereits mit der Umsetzung einzelner Aspekte. Zu den ersten Maßnahmen zählte auf besondere Anweisung Stalins der »bedeutende Ausbau der staatlichen Reserven«, dem im Plan für das Jahr 1950 eine besondere Priorität gelten sollte.[172] Langfristig forderte der alternde Parteichef auf Basis des für 1952 prognostizierten Verbrauches, militärisches Flugbenzin für ein halbes Jahr und zivile Treibstoffe für drei Monate zurückzuhalten, um gegen alle Eventualitäten gewappnet zu sein.[173]

Schon im Dezember 1949 erhielt die Hauptabteilung für den Vertrieb und Transport von Erdöl und Erdölprodukten (Glavneftesbyt) deshalb die Anweisung, die Lagerkapazitäten binnen Jahresfrist mehr als zu verdoppeln, mit einem besonderen Fokus auf die östlichen und nördlichen Regionen. Kernelement des Auftrags war die Schaffung von Reserven, um Lieferverzögerungen und potentielle Engpässe besser ausgleichen zu können. Der Fokus auf die weniger dicht besiedelten Gebiete hatte aber noch einen zweiten, nicht minder relevanten Hintergrund: Entfernungen bis zum nächsten Treibstofflager von 100 bis 200 Kilometer waren dort keine Seltenheit, wodurch nicht nur knappe Kapazitäten gebunden, sondern in Anbetracht des Mangels auch wertvolle Erdölprodukte verschwendet wurden.[174] Die aus landwirtschaftlicher oder industrieller Perspektive besonders wichtigen Gebiete – genannt werden etwa Tscheljabinsk und die östliche Ukraine – sollte Glavneftesbyt darüber hinaus schnellstmöglich durch Produktpipelines direkt mit den Raffinerien verbinden, um eine vom Schienennetz unabhängige Treibstoffversorgung zu gewährleisten.[175]

Produktpipelines boten allerdings den Nachteil, dass lediglich eine Treibstoffsorte transportiert werden konnte, und kamen entsprechend für die größeren Industriegebiete im Westen des Landes nur eingeschränkt in Frage. In Einklang mit den weitreichenden Plänen zum Ausbau des Erdölsektors griff die sowjetische Führung deshalb ab den späten 1940er Jahren auf eine Strategie zurück, die in der Zwischenkriegszeit in Ansätzen und eher unbeabsichtigt

172 GARF, f. R5446, op. 51a, d. 6185, ll. 228–157, Zitat l. 158.
173 RGASPI, f. 592, op. 1, d. 13, l. 9; ebd., d. 19, ll. 2–6.
174 GARF, f. R5446, op. 51a, d. 1518, ll. 142–138 sowie ll. 73–69.
175 GARF, f. R5446, op. 51a, d. 1518, l. 140. Glavneftesbyt hatte bereits zwei Jahre zuvor mit der Planung von Produktpipelines begonnen, konnte jedoch noch keine Erfolge vorweisen, dazu Alekperov: Oil of Russia, S. 281.

bereits im Zweiten Baku zur Anwendung gekommen war: Da die Ressourcen nicht überall zur Verfügung standen, begann das Erdölministerium mit der Dezentralisierung der Raffineriekapazitäten – etwa durch den forcierten Ausbau in der westlichen Ukraine, in Rostov, Stalingrad und Moskau sowie im westlichen Sibirien.[176]

Der Pipelineausbau machte währenddessen im Vergleich zu den vorherigen Jahrzehnten rasche Fortschritte. 1951 konnten allein zwischen Volga und Ural mehr Leitungen in Betrieb genommen werden als während des ersten Nachkriegsfünfjahresplanes insgesamt. Nach dem Frühjahr 1953 waren nach längerer Bauzeit auch die ersten überregionalen Fernleitungen fertiggestellt, welche in erster Linie die Raffinerien in Gor'kij (heute Nižnij Novgorod), im Großraum Moskau und im westsibirischen Omsk mit den Fördergebieten des Zweiten Baku verbanden.[177] Die Länge des Gesamtnetzes verdoppelte sich auf diese Weise innerhalb nur eines Jahrfünftes, während das Transportvolumen infolge größerer Durchmesser noch weitaus umfassender gesteigert werden konnte;[178] obwohl fehlende Kapazitäten zur Produktion von geeigneten Rohren das Vorhaben immer wieder bremsten und mit der Ost-West-Achse nur die wichtigsten Leitungen tatsächlich gebaut werden konnten[179] – ein wesentlicher Teil des geplanten Pipelineverbundes nahm so binnen weniger Jahre Gestalt an und manifestierte die Zentralisierung des Erdölsektors.

---

176 Veranschaulicht wird das etwa in GARF, f. R5446, op. 80a, d. 2411, l. 187. Heinrich Hassmann erkannte bereits im Sommer 1951 Aktivitäten zum Ausbau der Kapazitäten in Stalingrad, Rostov, Leningrad und Moskau, vgl. Hassmann: Erdöl in der Sowjetunion, S. 69. Anzumerken ist, dass andere Beobachter erst Mitte der 1950er Jahre einen entsprechenden Wandel feststellten, etwa Shabad: Basic Industrial Resources, S. 13–18; Lyndolph/Shabad: Oil and Gas Industries, S. 475–477. Zumindest die Raffinerien in Moskau und der westlichen Ukraine zählten jedoch zu den ersten, die nach dem Sommer 1949 ein Kapazitätsupgrade erhielten, GARF, f. R5446, op. 80a, d. 2595, l. 22.

177 GARF, f. R5446, op. 51a, d. 1466, l. 19; ebd., op. 86a, d. 2726, l. 85; ebd., op. 93, d. 502, l. 79; allgemein auch Lyndolph/Shabad: Oil and Gas Industries, S. 484–486.

178 GARF, f. R5446, op. 93, d. 502, l. 74 und l. 65; dazu auch Dienes/Shabad: Soviet Energy System, S. 62.

179 Campbell: Economics of Soviet Oil, S. 146–148. Die Schaffung eines kaukasischen Erdölverbundes wurde trotz der Bewilligung von Projektierungsarbeiten im Januar 1952 erst in den 1960er Jahren, dessen Vernetzung mit den nördlichen Industriegebieten in den 1970er Jahren angegangen. Zur frühen Projektierung vgl. die Dokumente in GARF, f. R5446, op. 86a, d. 2438; zu den weiteren Entwicklungen auch Elliot: Soviet Energy Balance, S. 113; Considine/Kerr: Russian Oil Economy, S. 322–327; Lyndolph/Shabad: Oil and Gas Industries, S. 479. Grund für die Prioritätensetzung waren in erster Linie die immer rasanter ansteigenden Fördervolumen aus dem Zweiten Baku, für deren Transport im Gegensatz zum infrastrukturell gut erschlossenen Kaukasus keine Alternativen zur Verfügung standen, dazu umfassend die Argumentation in GARF, f. R5446, op. 86a, d. 2514, ll. 39–36 und ll. 14–12.

Insgesamt aber waren die Prioritäten nach 1949 vom Fiasko der ersten Kriegsmonate geprägt. Zumindest ein Grundstock an Treibstoffen sollte direkt in den östlichen Gebieten, im sicheren Hinterland produziert werden. Die Ausgangslage für eine entsprechende Ostverlagerung war alles andere als günstig: Insbesondere militärisch relevante Erdölprodukte stammten aufgrund der höheren Qualität der Ausgangsrohstoffe nach wie vor weitgehend aus dem Kaukasus. Die höchste Priorität galt deshalb, wie schon in den Vorjahren, der Verbesserung der Flugbenzine aus dem schwefelhaltigen Erdöl des Zweiten Baku. Trotz der technischen Schwierigkeiten mit den Verarbeitungsprozessen erhielt Bajbakov die Anweisung, gemeinsam mit dem Minister für Streitkräfte und dem Amtskollegen für Flugzeugbau binnen Zweiwochenfrist eine Lösung zu finden und Testläufe zu beginnen. Ein Scheitern stand nicht zur Debatte: Im gleichen Dekret ordnete Stalin an, die Produktion hochwertiger Flugbenzine in den Ostgebieten bis Ende 1952 nahezu auf das Niveau des Kaukasus zu bringen – und ein Teil der Kapazitäten noch im selben Jahr in Betrieb zu nehmen.[180]

Auch unabhängig der militärischen Treibstoffversorgung machten sich die Erfahrungen aus der Zeit des Zweiten Weltkrieges und vor allem mit den äußerst langen Bauzeiten neuer Raffinerien bemerkbar, aufgrund derer viele 1942 evakuierte Betriebe erst Jahre nach Kriegsende wieder einsatzbereit gewesen waren.[181] Die in der Nachkriegszeit insgesamt gegenüber der Fördersteigerung ins Hintertreffen geratene erdölverarbeitende Industrie war der sowjetischen Führung offensichtlich ein Dorn im Auge. Bereits für 1951 waren erhebliche Reservekapazitäten eingeplant.[182] Wohl in keinem anderen Bereich wurden die Aktivitäten des Minnefteprom von der Regierung derart genau überwacht wie beim Ausbau der verarbeitenden Industrie. In regelmäßigen Abständen kritisierte der Ministerrat die unzureichenden Bemühungen der Neftjaniki, und immer wieder folgten neue Dekrete, die noch höhere Ziele formulierten als der Perspektivplan und eine immer größere »Reservekapazität« verlangten. Schon im Oktober 1950 war bis zum Ende des Jahrfünftes nicht mehr die zuvor geplante weitgehende Parität zwischen Förderung und Verarbeitung vorgesehen, sondern ein Überschuss von mehr als 20 Prozent aufseiten der Raffinerien.[183] Nicht

180 GARF, f. R5446, op. 80a, d. 2268, ll. 29–26 und ll. 7–4.

181 Igolkin: Neftjanaja politika (1940–1950), S. 69.

182 GARF, f. R5446, op. 80a, d. 2191, l. 177; zum Fokus auf militärische wie zivile Treibstoffe auch RGASPI, f. 592, op. 1, d. 13, l. 3.

183 GARF, f. R5446, op. 80a, d. 2595, ll. 167–160, l. 119, ll. 23–18 und ll. 3–1, Zitat l. 146; ferner auch ebd., op. 81b, d. 2232, ll. 332–322; ebd., d. 2094, ll. 178–169; ebd., d. 2529, ll. 4–1; ebd., d. 2582, l. 56, l. 48.

weniger als die Verdoppelung der installierten Gesamtleistung erhoffte sich die Kremlspitze binnen Fünfjahresfrist.[184]

Da einige Raffinerien im Kaukasus noch aus der Zarenzeit stammten und eine Unterstützung westlicher Unternehmen im Gegensatz zur Zwischenkriegszeit und den Kriegsjahren verwehrt war, erforderte dieses Unterfangen gewaltige Anstrengungen. »Angesichts der außerordentlich großen Bedeutung« dieser Bauvorhaben verpflichtete Stalin deshalb nahezu die halbe Regierung – insgesamt ein knappes Dutzend Minister – zur »persönlichen Haftung für die fristgerechte und vollständige Lieferung von Materialien und Ausrüstung«. Für sämtliche in diesem Kontext eingehenden Bestellungen des Minnefteprom, so die Anweisung, war die gleiche »vorrangige […] Beschaffung zu gewährleisten wie für besonders wichtige Bauten«.[185] Um die militärische Relevanz der Treibstoffversorgung noch zu unterstreichen, wies die sowjetische Führung trotz der internationalen Spannungen selbst das Rüstungsministerium an, in seinen Betrieben einzelne im Erdölsektor dringend benötigte Komponenten wie Stahlrohre, aber auch ganze Bohrvorrichtungen herzustellen.[186] Tausende Sowjetbürger wurden unionsweit zur Unterstützung rekrutiert, um die laufenden Bauarbeiten zu beschleunigen und die plankonforme Fertigstellung der Raffinerien zu gewährleisten.[187]

Unterdessen stieg die Aufmerksamkeit für den Personalmangel im Erdölsektor auch insgesamt deutlich an. Ab dem Herbst 1949 warb das sowjetische Rekrutierungsorgan Orgnabor jährlich weitaus mehr freie Arbeiter für die Beschäftigung in den Kombinaten und Trusts des Minnefteprom an als in den ersten drei Nachkriegsjahren insgesamt. Der Personalbestand des Ministeriums stieg rasant an, und ein Großteil der Neuzugänge wurde zur weiteren Intensivierung der Bohraktivitäten eingesetzt. Im Zeitraum von zwei Jahren kamen auf diese Weise fast 150.000 neue Beschäftigte hinzu. Auch danach setzte sich der Wachstumstrend fort.[188] Gerade junge, gut ausgebildete Ingenieure wur-

184 GARF, f. R5446, op. 81b, d. 2514, ll. 71–67.

185 GARF, f. R5446, op. 81b, d. 2140, l. 125. Persönlich genannt werden acht Minister, die – zusätzlich zu Bajbakov – für einen ausbleibenden Erfolg verantwortlich gemacht werden würden. Binnen weniger Wochen wurden weitere Ministerien eingebunden, die ihre eigenen Bauvorhaben vorerst zurückstellen sollten. Dazu die verschiedenen Dekrete in ebd., dd. 2144–2147, sowie in ebd., d. 2232.

186 RGAE, f. 4372, op. 49, d. 424, l. 233, dazu auch Igolkin: Neftjanaja promyšlennost' (1928–1950), S. 295 f.

187 GARF, f. R5446, op. 81b, d. 2179, ll. 12–11 und l. 3.

188 Zu den Anwerbungen Filtzer: Workers and Late Stalinism, S. 31. Waren 1948 noch 570.000 Arbeiter für das Erdölministerium aktiv, stieg die Zahl bis 1950 auf 714.000, vgl. GARF, f. R5446, op. 80a, d. 2271, l. 2. Inbegriffen sind nicht nur Neftjaniki, sondern auch andere Beschäftigte wie Kindergärtner oder Chauffeure.

Abb. 6: Plakat »Neftjaniki vostočnych rajonov!« aus dem Jahr 1947/48

den vielfach auch aus anderen verwandten Sektoren wie dem Maschinenbau oder der chemischen Industrie abgezogen, um den riesigen Personalbedarf des Erdölsektors für die Umsetzung der Perspektivziele zu stillen.[189]

Die bereits im Osten tätigen Neftjaniki wurden währenddessen in Zeitungen und auf Plakaten dazu aufgerufen, alles für die rechtzeitige Erfüllung des Fünfjahresplanes zu geben, neue Erdölvorkommen zu erschließen und zusätzlichen Treibstoff zu produzieren.[190] Dass die ursprünglichen und den Arbeitern im

189 Dazu die Dokumente in GARF, f. R5446, op. 80a, d. 2334.

190 Vecrumb, S. A.: Neftjaniki vostočnych rajonov! Osvaivajte novye neftjanye mestoroždenija, uveličivajte dobyču i pererabotku nefti! Vse sily na vypolnenie pjatiletnego plana! Plakat, [Moskva] 1947, online verfügbar unter: http://www.neftepro.ru/_ph/11/358794112.jpg [10.03.2017]. Das Plakat wurde im Kontext der Plankorrekturen Ende 1947 in Auftrag gegeben und kam vermutlich ab dem Sommer 1948 zum Einsatz. Der aufgedruckte Slogan gleicht aber den Losungen, die das ZK der VKP(b) zum 1. Mai 1949 ausgab, etwa in Volžskaja Kommuna 80, 24.04.1949, S. 1.

Detail vermutlich nicht vorgelegten Planvorgaben aus dem Jahr 1946 längst umgesetzt und mehrfach erhöht worden waren, spielte dabei keine Rolle – solange der Kaukasus die Erwartungen nicht erfüllte, war das Erdöl des Ostens unverzichtbar.

Die Überlegenheit des Zweiten Baku

Die sowjetische Führung setzte sofort zahlreiche Hebel in Bewegung, um die angestrebte Produktionssteigerung im Osten in die Tat umzusetzen. Schon Mitte August 1949 unterzeichnete Stalin Anweisungen, das Romaškino-Erdölfeld »schnellstmöglich« in Betrieb zu nehmen und dort die Grundlagen für eine industrielle Förderung zu schaffen.[191] Allzu hohe Investitionen waren dafür allerdings nicht vorgesehen. Der Fokus lag zunächst auf dem Ausbau der bestehenden Fördergebiete des Zweiten Baku, in denen noch zahlreiche vollständig erkundete Lagerstätten unerschlossen waren. Im Gegensatz dazu waren trotz optimistischer Einschätzung erst rudimentäre Kenntnisse über die Beschaffenheit des tatarischen Erdölreservoirs vorhanden.[192] Im Vergleich zu Tatarstan waren darüber hinaus selbst die übrigen Gebiete des Zweiten Baku infrastrukturell luxuriös ausgestattet. Es existierten weder Straßen noch Schienen, die Stromversorgung war nicht gewährleistet und selbst notdürftiger Wohnraum war knapp bemessen. Die ergriffenen Maßnahmen, bestehend aus der zusätzlichen Rekrutierung ungelernter Arbeiter und einer geringfügigen Budgetaufstockung, waren in dieser Situation keineswegs ausreichend.[193]

Dennoch lieferte das Dekret zumindest die Grundlage für eine grobe infrastrukturelle Erschließung der Region und eine Ausweitung der Erkundungsbohrungen. Letztere brachten in den folgenden Monaten immer mehr das gewaltige Potential Romaškinos und auch der Region Tatarstan zum Vorschein. Die nach 1946 jedes Jahr weiter gesteigerten Explorationsarbeiten, deren Anteil an den Gesamtbohrungen sich seit 1940 nahezu verdoppelt und deren Umfang sich sogar vervierfacht hatte, trug immer größere Früchte.[194] Schon im März 1950 konnte Bajbakov die Erdölvorkommen der autonomen Sowjetrepublik als die größten bis dahin bekannten Reserven in der Sowjet-

191 GARF, f. R5446, op. 51a, d. 1445, ll. 64–55, Zitat l. 64.

192 GARF, f. R5446, op. 80a, d. 2188, ll. 60–53; ebd., d. 2574, l. 50. In Anbetracht eines Gesamtbudgets von mehr als 9 Milliarden Rubel im Erdölsektor können 3 Millionen Rubel zusätzlich für die infrastrukturelle Erschließung Tatarstans allenfalls als marginal betrachtet werden. Zum Budget GARF, f. R5446, op. 80a, d. 2618, l. 83.

193 Mal'cev, et al.: Neftjanaja promyšlennost', S. 79; GARF, f. R5446, op. 51a, d. 1445, ll. 64–55.

194 GARF, f. R5446, op. 80a, d. 2271, l. 42; ebd., d. 2574, ll. 28–8.

union bezeichnen, denen ein bedeutender Anteil an den geplanten Fördersteigerungen zukommen müsse.[195]

Dafür benötigte Startinvestitionen wurden so zur Nebensächlichkeit. Allein das Ölfeld Romaškino, welches sich in fast 2000 Meter Tiefe über eine Fläche etwa doppelt so groß wie Baku erstreckte, verfügte nach den gewonnenen Erkenntnissen über größere Reserven als der gesamte Kaukasus. Der Schwefelgehalt war zwar hoch, aber weitaus niedriger als in Baschkirien und anderen Nachbarregionen, und ein gewaltiger natürlicher Druck machte Pumpen und andere Hilfsmittel für eine Ausbeutung weitgehend überflüssig. Es dauerte nicht lange, bis die sowjetische Führung erkannt hatte, dass wahrscheinlich nirgendwo mit weniger Materialaufwand einfachere Erfolge erzielt werden könnten als in Tatarstan.[196] Die Entscheidung fiel entsprechend leicht: Am 28. April 1950 unterzeichnete Stalin, ohne Bajbakov oder andere Neftjaniki zuvor zur Konsultation in den Kreml zu zitieren, ein Dekret, welches den Aufstieg der Sowjetunion zum größten Erdölproduzenten der Welt ebnen sollte. Die Erschließung der einige Jahre zuvor noch völlig unbedeutenden Förderregion erhielt höchste Priorität. Aus dem Kaukasus, aber auch von den benachbarten Ölfeldern wurden Ausrüstung, Fachkräfte und Finanzmittel abgezogen, um Tatarstan binnen nur eines Jahrfünfts in eine komplexe und »äußerst kostengünstige« Erdölbasis mit 7 Millionen Tonnen Jahresproduktion zu verwandeln.[197] Die regionalen Parteikader, die schon zuvor intensiv um eine erhöhte Aufmerksamkeit geworben hatten, machten sich mithilfe der gewährten Unterstützung unverzüglich daran, alle verfügbaren regionalen Kapazitäten in die Umsetzung des Vorhabens zu investieren.[198]

195 GARF, f. R5446, op. 80a, d. 2351, ll. 56–54. Bis zum Sommer wurden die Lobreden Bajbakovs bezüglich des Potentials Tatarstans im Einklang mit fortschreitenden Erkundungen immer selbstbewusster, GARF, f. R5446, op. 80a, d. 2519, l. 5.

196 GARF, f. R5446, op. 80a, d. 2351, ll. 200–199.

197 GARF, f. R5446, op. 80a, d. 2351, ll. 226–218, Zitat l. 225. Das Dekret ist in verschiedenen Varianten auch in Auszügen abgedruckt worden, etwa in Vachitov, Gadel' G.: Neftjanaja promyšlennost' Rossii: včera, segodnja, zavtra. opyt razrabotki mestoroždenij uglevodorodov v 1950–2008 gg., 2. Aufl., Moskva 2008, S. 237–242 oder in Alekperov (Hg.): Neft' strany Sovetov, S. 584–589. Das Dekret wird aufgrund seiner Bedeutung ebenfalls in den Memoiren Bajbakovs erwähnt, vgl. Bajbakov: Sache des Lebens, S. 259 f.

198 GARF, f. R5446, op. 80a, d. 2351, ll. 245–236. Zu den Investitionen des Minnefteprom für das Jahr 1951, hinsichtlich derer Bajbakov die Ölfelder Tatarstans als ein Primärziel definiert, vgl. ebd., d. 2618, ll. 83–82. Ähnlich äußerte sich der ehemalige Minister in seinen Memoiren: Bajbakov: Sache des Lebens, S. 270 f. Zu den Entwicklungen in Tatarstan bzw. dem Zweiten Baku ferner Slavkina: Velikie pobedy, S. 75; Alekperov: Oil of Russia, S. 284 f.; Keller: Neftjanaja promyšlennost', S. 27–29; Shabad: Basic Industrial Resources, S. 129 f. Zum politischen Prozess zwischen Regionen, Erdölministerium und Sovmin umfassend auch Kapitel 7.

Mit der Entscheidung Stalins zur Konzentration auf die reichhaltigen Ölvorkommen Tatarstans ging auch die endgültige Umorientierung wichtiger Moskauer Behörden einher. Im Sommer 1950 bestand Gosplan-intern bereits Einigkeit darüber, dass das vordergründige Ziel des fünften Fünfjahresplanes im Erdölsektor nur sein könne, das Zweite Baku sowohl bei der Raffineriekapazität als auch in der Förderleistung seinen kaukasischen Namensgeber übertreffen zu lassen.[199] Wenngleich sich die Verabschiedung der endgültigen Direktiven diesbezüglich noch bis zum Parteitag zwei Jahre später verzögerte, beinhalteten die kurzfristigeren Planungen bereits entsprechende Budgetanpassungen: Für 1951 war mehr als ein Zehntel aller volkswirtschaftlichen Investitionen in der Sowjetunion im Erdölsektor vorgesehen. Nach einer 1947 beginnenden Aufholjagd hatte Bajbakov sogar erstmals seit dem Krieg mehr Finanzmittel zur Verfügung als sein Kollege im Kohleministerium, einzig für die Metallurgie war ein höherer Budgetanteil vorgesehen.[200] Auch die Ernennung des ehemaligen Ministers für Baumaterialien zum ersten Stellvertreter Bajbakovs im März 1951 kann in diesem Kontext als deutliches Zeichen interpretiert werden. Der Aufstieg der Erdölindustrie zur etatmäßigen Nummer eins im Energie- und Brennstoffsektor resultierte in großen Teilen aus den Ausbauplänen für das Zweite Baku, rund ein Drittel der Kosten wurde zwischen Volga und Ural veranschlagt.[201]

Doch ungeachtet der zunehmend offensichtlicheren Verlagerung der Prioritäten gen Osten offenbarte die Realität immer wieder die Schwierigkeiten bezüglich der Planbarkeit eines Wirtschaftszweiges, dessen Produktionspotential bis heute in erster Linie vom Auffinden zusätzlicher Bodenschätze abhängt. Die beinahe schon sturen Prognosen bezüglich möglicher Produktionssteigerungen im Kaukasus und vor allem in Groznyj und Baku erwiesen sich auch 1951 als verfehlt. Wie bereits in den Vorjahren waren erneute Detailanpassungen der laufenden Pläne zugunsten der östlichen Regionen notwendig, um die Gesamtvorgaben des Sektors nicht zu gefährden.[202] Selbst die kurzfristigen Monatspläne wiesen eine stetige Diskrepanz zwischen Übererfüllung in den Ostgebieten und Nichterfüllung im Kaukasus auf. Steigerungsquoten von bis zu 80 Prozent in den Regionen zwischen Volga und Ural waren nicht vorhergesehen worden.[203]

199 Das geht aus den frühen Entwürfen für den neuen Fünfjahresplan hervor, die der Gosplan-Vorsitzende Maksim Saburov im Juni 1950 an Stalin schickte: RGASPI, f. 592, op. 1, d. 16, l. 16.
200 RGASPI, f. 592, op. 1, d. 18, l. 130.
201 Lisičkin: Očerki razvitija, S. 191; Garnjuk: Ėnciklopedičeskij spravočnik, S. 225.
202 GARF, f. R5446, op. 81b, d. 2333, ll. 27–26.
203 GARF, f. R5446, op. 86a, d. 2432, ll. 26–24.

Das von Gosplan gesetzte Ziel, das Zweite Baku bis zur Mitte der Dekade zum führenden Fördergebiet der Sowjetunion zu machen, erreichten die Neftjaniki vor Ort auf diese Weise bereits im Herbst 1951 – und damit deutlich eher, als der Zehnjahresplan aus dem Sommer 1949 und andere langfristige Planungen dies vorgesehen hatten.[204]

Bajbakov nahm diese Entwicklung endgültig zum Anlass, das vorherige fast protektionistische Engagement für die kaukasischen Kombinate zu überdenken. Der im September 1951 vorgestellter Planentwurf für das Folgejahr sah erstmals eine Stagnation in Baku und Groznyj vor, während sein Ministerium in Dagestan sogar eine Drosselung beabsichtigte. Lediglich die – dem Dokument zufolge kurz zuvor noch einmal explizit vom Ministerrat geforderte – Forcierung der Tiefseeförderung im Kaspischen Meer sollte dem Kaukasus insgesamt zu einer marginalen Produktionssteigerung verhelfen.[205] Auch in zahlreichen anderen Gebieten, etwa in Turkmenistan oder Kasachstan, schlug Bajbakov eine Reduzierung der Zuwachsraten vor, um den natürlichen Lagerstättendruck und somit auch eine kostengünstige Ausbeutung der Vorkommen so lange wie möglich aufrechtzuerhalten. Das Zweite Baku und vor allem Tatarstan sollte mit einem gewaltigen Produktionsanstieg eine Kompensation bieten.[206] Kurze Zeit später gestand der führende Neftjanik vor Vertretern der tatarischen Erdölindustrie sogar ein, dass sein Ministerium in der Nachkriegszeit einen zu starken Fokus auf den Kaukasus gelegt habe, weshalb das Zweite Baku und speziell Tatarstan »nicht die gebührende Aufmerksamkeit« bekommen hätten.[207]

Im Dezember 1951 überzeugten der Leiter des inzwischen gegründeten Kombinates Tatneft', Aleksej Šmarev, gemeinsam mit dem Ersten Sekretär des zuständigen Regionalkomitees (Oblastnoj Komitet, Obkom), Zinnat Muratov, und der Unterstützung Bajbakovs die Partei- und Landesführung von der Notwendigkeit zusätzlicher Maßnahmen. Gestützt auf weitere Erfolge bei der Prospektion der Region, infolge derer geologische Gutachten die Reserven Tatarstans inzwischen auf mehr als 1 Milliarde Tonnen Erdöl schätzten – ein größeres Reservoir, als in allen anderen Regionen des Landes zusammengenommen –, kam in einem Gespräch mit Malenkov und Berija schnell eine Einigung zustan-

204 GARF, f. R5446, op. 81b, d. 2166, ll. 212–211.
205 GARF, f. R5446, op. 81b, d. 2509, ll. 54–53
206 GARF, f. R5446, op. 81b, d. 2509, l. 53.
207 So erinnerten sich zumindest anwesende Neftjaniki: Mal'cev, et al.: Neftjanaja promyšlennost', S. 37.

de.[208] Wenig später war auch Stalin einverstanden: Eine Entwicklung der Erdölindustrie »im Zentrum des Landes« reduziere nicht nur die Transportwege, sondern sei zugleich »kostengünstig« und »unumgänglich für die Steigerung der Verteidigungsfähigkeit des Landes«. Unter dieser Prämisse genehmigte der Parteichef im März 1952 einen wesentlichen Bruch mit den Paradigmen des erst wenige Jahre zuvor erstellten Zehnjahresplanes.[209]

Statt der vorgesehenen Entwicklung der gesamten Erdölindustrie des Landes rückte die auf lediglich drei Jahre angelegte forcierte Erschließung Baschkiriens und Tatarstans in den Vordergrund, bei der alle anderen Regionen nur noch eine Nebenrolle spielen sollten. Durch die Konzentration aller Kapazitäten auf das Zweite Baku erwarteten das Erdölministerium und die zuständige Sovmin-Abteilung, dort innerhalb von nur dreieinhalb Jahren 26 Millionen Tonnen Erdöl zusätzlich produzieren zu können – mehr als 1952 in den anderen Unionsteilen insgesamt produziert wurde. Mit Ausnahme von Uchta, Sachalin und der Tiefseeförderung im Kaspischen Meer waren zu diesem Zweck für alle Kombinate und Trusts teils drastische Kürzungen der Ausrüstungs- und Investitionszufuhr vorgesehen. Bewusst nahmen Erdölfachleute und die sowjetische Regierung die daraus resultierende weitgehende Stagnation der Erdölproduktion in all diesen Regionen in Kauf.[210] Ab dem Frühjahr 1952 setzten sie alles auf eine Karte: Die Zukunft der sowjetischen Treibstoffversorgung lag im Zweiten Baku.

Resümee: Anfänge eines nationalen Erdölsektors

Der rapide Förderrückgang im Kaukasus hatte der sowjetischen Regierung während des Krieges zwar eindrucksvoll ihre Abhängigkeit von einer grenz- und vor allem frontnahen Region vor Augen geführt, gleichwohl aber eine zumindest oberflächlich einfache Lösung für den gravierenden Erdölmangel präsentiert. Das nach dem deutschen Überfall zum Hauptprofiteur der Evakuierungen und

208 Kurjatnikov: Stanovlenie neftjanogo kompleksa, Bd. 1, S. 248. Mit anderen Akzenten ist die Episode bei Slavkina: Bajbakov, S. 67 f. wiedergegeben, wonach Bajbakov weitgehend übergangen worden sei. Dennoch ist davon auszugehen, dass – nachdem der Minister einmal informiert worden war – er die Angelegenheit unterstützte.

209 GARF, f. R5446, op. 86a, d. 2528, ll. 241–240. Unklar ist, wann Stalin von diesem Schritt überzeugt wurde. Die Besucherlisten weisen jedoch für Februar und März 1952 zahlreiche Treffen mit Berija und Malenkov auf, zuletzt drei Tage vor der Genehmigung entsprechender Maßnahmen. Černobaev (Hg.): Na prieme u Stalina, S. 545.

210 GARF, f. R5446, op. 86a d. 2730, ll. 306–304; ebd., d. 2731, ll. 158–150; ebd., d. 2726, l. 83; ebd., d. 2911, ll. 53–37; ebd., op. 81b, d. 2509, ll. 54–53.

der wachsenden Unsicherheit avancierte Zweite Baku brachte aus Perspektive der Kremlführung zu viele neue Herausforderungen mit sich, während Baku und Groznyj bekanntes Terrain versprachen. Kaukasische Interessenvertreter taten ihr Möglichstes, diesen Eindruck zu bestärken. Die zahlreichen Nachteile der Volga-Ural-Region trugen ebenso wie die vermeintlichen Chancen eines binnen weniger Jahre möglichen Wiederaufbaus dazu bei, an Denkmuster der 1930er Jahre anzuknüpfen: Während die kaukasischen Bohrtürme die Grundversorgung decken sollten, erlebte die Vision einer möglichst in allen Landesteilen zu erreichenden regionalen Ressourcenautarkie auch im Erdölsektor eine Renaissance.

Investitionen wurden ebenso wie Ausrüstung und Personal auf die gesamte Sowjetunion verteilt. Entscheidend war weniger die langfristige Perspektive einer Region, sondern der mögliche Zugriff auf bereits vorhandene Infrastruktur – die in den Weiten des Zweiten Baku Mangelware war. Die institutionelle Spaltung des inzwischen umbenannten Erdölministeriums beeinträchtigte die Situation der östlich gelegenen Trusts zusätzlich und besiegelte die klare Priorität für den Wiederaufbau. Die Moskauer Führung erachtete die materialintensiven und technisch anspruchsvollen Tiefseeförderungen im Vergleich zur Erdölsuche im Osten als lukrativer und vor allem prestigeträchtiger, zumal diese zur Auslastung der im Kaukasus bereits vorhandenen Infrastruktur beitragen konnten. Die traditionellen Fördergebiete am Kaspischen Meer konnten infolge des allgemeinen Material- und Personalmangels nach dem Krieg und den bereits seit den 1930er Jahren spürbaren Erschöpfungstendenzen zugleich nur eingeschränkt von der hohen Priorität profitieren. Vor einer großflächigen und vollumfänglichen Erschließung des erdölreichen Territoriums jenseits der Volga schreckten die Planer hingegen nach wie vor zurück.

Ab dem Frühjahr 1947 mehrten sich gleichwohl die Zweifel an der bisherigen Wiederaufbaustrategie. Die Allianz zugunsten einer Konzentration auf den Kaukasus begann zu bröckeln, während der Treibstoffmangel und die angespannte internationale Lage den Befürwortern einer deutlichen Aufwertung des Erdölsektors Aufwind verlieh. Wenngleich die Zeit für eine grundsätzliche Neuausrichtung der sowjetischen Energiepolitik noch nicht gekommen war, konnten die Vertreter des Erdölsektors eine deutliche Budgetaufstockung erreichen, die in erster Linie den östlichen Fördergebieten zugutekommen sollte. Der GULag und die zahllosen in der Sowjetunion internierten Kriegsgefangenen, die zuvor im Erdölsektor mit Ausnahme des äußersten Nordens nur eine untergeordnete Rolle gespielt hatten, wurden nun in immer größerem Ausmaß in den Dienst der Erschließung der östlichen Förderregionen gestellt.

Die in anderen Ressourcenindustrien bereits allgegenwärtige Zwangsarbeit diente fortan auch auf den Ölfeldern in häufig unwirtlichen Gebieten fernab jeglicher Infrastruktur als vermeintliche Panazee zur Überwindung des sowjetischen Treibstoffdefizites. Ein besonderer Fokus Stalins, der sich kurzzeitig intensiv mit dem sowjetischen Treibstoffmangel auseinandersetzte, lag in diesem Kontext jedoch weniger auf perspektivischen, sondern auf strategischen Überlegungen: Besonders die Treibstoffautarkie der sowjetischen Flottenverbände im hohen Norden und im äußersten Westen genoss höchste Priorität, sodass die Erdölregionen Komis und Sachalins mit gewaltigen Investitionen und Häftlingskontingenten ausgestattet wurden. Der Suche nach näher an den Verbrauchsgebieten gelegenen oder insgesamt weniger aufwändigen Alternativen galt zugleich ein besonderer Vorrang.

Der kaum noch übersehbare Ost-West-Gegensatz führte den Moskauer Entscheidungsträgern schließlich die durch Vernachlässigung und ideologische Prioritäten herbeigeführte Krise vor Augen, in welcher die sowjetische Energiepolitik sich befand. Im Gründungsjahr der NATO betrachteten sowjetische Führungskräfte die bestehenden Probleme nicht mehr als Konsequenz fehlender Rohstoffvorkommen, sondern – mit Blick auf die USA – vielmehr als wirtschaftspolitisches Versäumnis bezüglich der Ausschöpfung des sowjetischen Ressourcenpotentials. Bald überzeugten sie auch Stalin, die bisherige Erdölpolitik zur Sicherung der Verteidigungsfähigkeit und des wirtschaftlichen Potentials der Sowjetunion von Grund auf zu revidieren und das Zweite Baku endlich zur perspektivischen Schlüsselregion zu erheben, die es rhetorisch bereits seit den 1930er Jahren war.

Nicht mehr regional verortete, autarke, kleine Förderindustrien zur Versorgung des Umlandes, sondern ein unionsweit vernetzter Wirtschaftszweig rückte auf die Agenda, unabhängig vom überlasteten Schienennetz. Die Idee einer einheitlichen, durch Pipelines miteinander verwobenen sowjetischen Erdölindustrie war geboren. Die Moskauer Führung plante nicht weniger als die Abkehr vom energetischen Ideal des GOELRO-Planes, welches die Vermeidung von Transporten und entsprechend durch größtmögliche Substitution geprägte, regionale Brennstoffautarkie propagiert hatte. Auf diese Weise, so das Kalkül, könnten alle Fördergebiete ins gleiche Leitungsnetz einspeisen, was die Abhängigkeit von der Planerfüllung einzelner Betriebe deutlich reduzieren und das gesamte System flexibilisieren würde. Um das langjährige Treibstoffdefizit zu überwinden und im Wettstreit mit den USA bestehen zu können, erhoben die einstigen Kritiker des Erdöls ebendieses zur höchsten Priorität im Brennstoffsektor.

Mit den gewaltigen Investitionen, die zu diesem Zweck bereitgestellt wurden, machte das Zweite Baku immer größere Fortschritte, während die Situation in den meisten anderen Förderregionen von weitreichender Stagnation oder allenfalls geringfügigen und überaus materialintensiven Erfolgen geprägt blieb. Dennoch dauerte es noch einige Jahre, bis diese Entwicklungen sich endgültig in der Prioritätensetzung widerspiegelten: Erst 1952 entschieden das Erdölministerium und der Ministerrat, die beinahe schon zwanghaft angestrebten und immer wieder revidierten Pläne zur Produktionssteigerung außerhalb des Zweiten Baku vorerst aufzugeben. Mit wenigen strategischen Ausnahmen war fortan die Fokussierung aller verfügbaren Ressourcen dort vorgesehen, wo tatsächlich nachgewiesene Vorkommen einen Erfolg garantieren konnten. Die daraus resultierende Konzentration aller ungebundenen Kapazitäten auf die Erschließung der Rohstoffe Baschkiriens und Tatarstans beförderte bald einen beispiellosen Anstieg der sowjetischen Erdölproduktion, der nicht nur als Grundstein für immer größere Exporte fungierte, sondern der zuvor durch Verzicht und Mangel geprägten Sowjetbevölkerung endlich den Weg ins Erdölzeitalter ebnen sollte.

7 Präferenzen, Pläne und Institutionen

Die mehrere Jahre dauernde Abkehr von zahlreichen bereits seit langem wenig prosperierenden Projekten wirft im Angesicht der immer offensichtlicher und ab 1949 auch von Stalin selbst anerkannten Vorteile des Zweiten Baku einige Fragen auf. Bevor in einem abschließenden Kapitel auf die außenwirtschaftlichen und gesellschaftlichen Auswirkungen, den ›Glanz des schwarzen Goldes‹ eingegangen werden soll, ist es notwendig, die Hintergründe des langsamen Wandels einer genaueren Betrachtung zu unterziehen. Im folgenden Abschnitt stehen daher die relevanten Entscheidungsprozesse auf den höchsten Ebenen im Vordergrund, denen vor allem deshalb besondere Relevanz zukommt, weil sich Stalin aus dem tagespolitischen Geschäft langsam zurückzog.

Die eingehendere Analyse der meist vor der Außenwelt verborgenen internen Debatten, Kontroversen und Differenzen innerhalb des politischen Prozesses soll auf diese Weise dazu beitragen, eine entscheidende Phase in der sowjetischen Erdölpolitik genauer zu beleuchten. In diesem Kontext sind die zentralen Machtorgane der spätstalinistischen Wirtschaftspolitik – neben dem Parteichef im Hintergrund in erster Linie der in den späten 1940er Jahren maßgebliche Ministerrat und dessen Verwaltungsstab – gleichermaßen relevant wie die untergeordneten Institutionen und Abteilungen, welche durch einen Informationsvorsprung oder die Eigenarten der Planwirtschaft einen nicht zu unterschätzenden Einfluss ausüben konnten. Fortschritte oder Veränderungen erforderten häufig den Willen zum Kompromiss, der infolge der klar definierten Befugnisse der verschiedenen Akteure keineswegs verpflichtenden Charakter hatte, zugleich aber vorübergehende Allianzbildungen beförderte und Entscheidungen deutlich verzögerte. Sichtbar werden diese Aushandlungsprozesse um Prioritäten und Ziele in besonderem Maße bei der Ausarbeitung des fünften Fünfjahresplanes, die sich mit nur rudimentärer Partizipation Stalins fast zwei Jahre hinzog. Wenngleich die Bedeutung der Fünfjahrespläne nicht überinterpretiert werden darf, stellten sie doch »Wachstumsvisionen« der wirtschaftspolitischen Vordenker dar, die eine »Message« übermittelten und die Prioritäten festlegten[1] – und entsprechend viel über die Vorlieben einzelner Regierungsorgane verraten.

1 Gregory: Political Economy, S. 118–121. Zu den Fünfjahresplänen als »visions of growth«: Zaleski: Stalinist Planning, S. 496–502.

Die spätestens Ende der 1940er Jahre zwischen Berija und dem von Bajbakov geführten Erdölministerium geschlossene Allianz dominierte den Entscheidungsprozess vielfach, aber war keineswegs immer erfolgreich. Zugleich zeigt sich nicht zuletzt in der Betrachtung regionaler Initiativen, dass die Zielsetzung nicht immer übereinstimmend war – und Bajbakov im Zweifelsfall das Nachsehen hatte. Unterstützt durch die lokalen Vertreter des Zweiten Baku trieb die Regierung das teils skeptische Ministerium so zu immer neuen Rekorden in diesem Gebiet, bis die Probleme unübersehbar wurden: Erst die vollständige Überlastung der regionalen Infrastruktur ermöglichte schließlich die Forcierung einer gewaltigen Kampagne, mit deren Hilfe auch die weniger prestigeträchtigen Vorhaben endlich angegangen werden konnten: Dem Aufstieg des Zweiten Baku sollten fortan keine Grenzen mehr gesetzt sein.

7.1 Im Zentrum der Macht

Zweifellos stand Stalin, nach dem Zweiten Weltkrieg mächtiger denn je, bis zu seinem Tod in der Sowjetunion an der Spitze der Befehlskette. Eine Entscheidung von nationaler Tragweite ohne seine Zustimmung oder gar gegen seinen Willen war nahezu undenkbar, und im Erdölsektor trugen sogar die meisten Dekrete von sekundärer Bedeutung seine Unterschrift. Der Allmachtanspruch Stalins änderte sich auch Anfang der 1950er Jahre nicht, als sich sein Gesundheitszustand deutlich verschlechterte: Besonders die Abkehr von gewissen Paradigmen – wie etwa des Primats des Kaukasus – erforderte die persönliche Zustimmung des Mannes, der seit 1941 in Personalunion an der Spitze der Regierung und der Partei stand. Allerdings beschränkte der alternde Kremlchef seine Partizipation am Regierungsprozess nach dem Zweiten Weltkrieg zunehmend auf seine individuellen Kernthemen, richtungsweisende Vorgaben und fallspezifische Interventionen. Die konkrete Umsetzung seiner Präferenzen überließ er in volkswirtschaftlichen Angelegenheiten – weit mehr noch als in den 1930er Jahren – seinen engsten Vertrauten und griff nur in Einzelfällen umfassend ein.[2]

Das Politbüro, das Führungsgremium der Partei und einstige uneingeschränkte Machtzentrum in der Sowjetunion, war als kollektives Entscheidungsorgan mit dem Großen Terror zunehmend zur Farce geworden. Wenn-

2 Khlevniuk: Master of the House, S. 251 f.; Gorlizki/Khlevniuk: Cold Peace, S. 17 f.; Gellately: Stalin's Curse, S. 118–120; Rees: Leaders and their Institutions, S. 57; Davies: Making Economic Policy, S. 68; Ellman, Michael: The Political Economy of Stalinism in the Light of the Archival Revolution, in: Journal of Institutional Economics 4 (2008) 01, S. 99–125, hier S. 110–113.

gleich offiziell der Schein einer übergeordneten Konsultationsinstanz gewahrt wurde, schränkte Stalin den Zuständigkeitsbereich des höchsten Parteiorgans ebenso ein wie die Beteiligung des Kollektivgremiums an der Entscheidungsfindung. Das Politbüro wurde zu Stalins persönlichem Herrschaftsinstrument zur Kontrolle außen- und sicherheitspolitischer sowie struktureller und ideologischer Angelegenheiten. Es fungierte weiterhin als Sammelbecken und Fundus für den engsten Berater- und Unterstützerkreis des Kremlchefs, die wirtschaftspolitischen Tagesgeschäfte wurden jedoch der eigentlichen Regierung überlassen – dem Rat der Volkskommissare, 1946 in Ministerrat umbenannt. Zwar waren nahezu alle Schlüsselpositionen in diesem höchsten Regierungsorgan von Politbüromitgliedern besetzt, die ihrerseits Stalin Rechenschaft schuldig waren. Dennoch verlagerte sich das sowjetische Machtzentrum auf diese Weise und emanzipierte sich zumindest in als sekundär erachteten Bereichen von der totalen Kontrolle Stalins. Eine Konsultation des Partei- und Regierungschefs, der nur äußerst selten und ab den späten 1940er Jahren gar nicht mehr an den Sitzungen des Gremiums teilnahm, erfolgte nicht nur im Erdölsektor weitgehend informell: in Stalins Kremlbüro oder auf seiner Datscha.[3]

Während der Ministerrat in der Nachkriegszeit zusehends zu einer rationalen und nahezu technokratischen Arbeitsweise überging, schuf Stalin auf diese Weise mit den Worten Yoram Gorlizkis einen »neo-patrimonialen« Staat: Seine autokratische Autorität stand der strukturierten und durch Stabilität geprägten Regierungsroutine gegenüber. Stalin selbst bezogen die Staatsorgane in vielen innenpolitischen Angelegenheiten nur noch vereinzelt und in bedeutenden Phasen wichtiger Projekte in den Entscheidungsprozess ein – im Zehnjahresplan für den Erdölsektor etwa bei der Zusammenstellung der einzelnen Planungskommissionen oder bei der Festlegung der wesentlichen Paradigmen.[4] Grundlegende Produktionsziele entsprachen nach 1946 – in diesem Jahr hatte Stalin die zu erreichende Fördermenge von 60 Millionen Tonnen Erdöl ohne vorherige Kon-

---

3 Diese ›Entmachtung‹ des Politbüros, welche sich bereits seit Mitte der 1930er Jahre abzeichnete, wurde im Februar 1947 auch per Dekret festgehalten, in RGASPI, f. 17, op. 3, d. 1063, ll. 32–37, abgedruckt in Chlevnjuk (Hg.): Politbjuro i Sovet Ministrov, S. 39–43. Weiterführend zu Macht und Ohnmacht des Politbüros auch Gellately: Stalin's Curse, S. 120–125; Goehrke, Carsten: Russland. Eine Strukturgeschichte (NZZ Libro), Zürich 2010, S. 222–224; Rees, Edward A.: Stalin as Leader, 1937–1953: From Dictator to Despot, in: Rees (Hg.): Nature of Stalin's Dictatorship, S. 200–239, hier S. 204–217; Ders.: Leaders and their Institutions, S. 58 f.; Khlevniuk: Master of the House, S. 255 f.; Wheatcroft: Team-Stalin to Tyranny, S. 84–91.

4 Gorlizki, Yoram: Ordinary Stalinism. The Council of Ministers and the Soviet Neopatrimonial State, in: The Journal of Modern History 74 (2002) 4, S. 699–736; Gorlizki/Khlevniuk: Cold Peace, S. 64 f. Zum Zehnjahresplan Kapitel 6.3.

sultation der verantwortlichen Neftjaniki gefordert – nicht mehr den Vorgaben des Kremlchefs, sondern entstanden, wie etwa die Planänderungen 1947, vielmehr auf Initiative oder unter Mitwirkung der betroffenen unteren Regierungsebenen.

Die abschließende Entscheidung, welche Vorhaben Stalin in welcher Form vorzulegen waren und letztlich ein Dekret des Ministerrates zur Folge hatten, oblag weiterhin einem eingeschränkten Personenkreis aus seinem direkten Umfeld: Um die Kontrolle über die immer zahlreicher werdenden Ministerien – in den späten 1940er Jahren waren es fast 60 – aufrechtzuerhalten, hatte Stalin bereits in den letzten Vorkriegsjahren das System der »overlords«[5] etabliert: Die von Stalin benannten stellvertretenden Vorsitzenden des zentralen Regierungsgremiums erhielten jeweils die Zuständigkeit für mehrere nach Wirtschaftssektoren gruppierte Ministerien und bildeten so ein »inneres Kabinett«.[6] 1946 wurde dieses System zunächst informell erneut aufgegriffen und im Folgejahr per Erlass auch offiziell zur Arbeitsgrundlage des höchsten Regierungsorgans erhoben, zunächst als Büro und später als Präsidium des Sovmin. Dieser »echte Ministerrat«,[7] dem je nach Jahr bis zu ein Dutzend der einflussreichsten Mitstreiter Stalins angehörten, tagte wöchentlich und agierte weitgehend als kollektives Entscheidungsorgan.[8]

Zur eigentlichen Machtinstanz in Erdölfragen etablierte sich in diesem Kontext allerdings Berija, der spätestens ab März 1946 innerhalb der Sovmin-Strukturen die primäre Verantwortung für sämtliche Brennstoffsektoren trug.[9] Die Amy Knight zufolge »zweitmächtigste Person im Kreml« war nicht nur aufgrund seines Einflusses ein Gewinn für den Erdölsektor – vor der Revolution hatte der gebürtige Georgier am Polytechnikum in Baku Bautechnik studiert. Der Schwerpunkt des Institutes lag bei sämtlichen Studienfächern schon früh auf dem dominierenden Wirtschaftszweig der Region. Bevor seine politische Karriere Berija zunehmend vereinnahmte, hatte die kaukasische Parteiführung sogar seine Entsendung nach Belgien geplant, um dort Kenntnisse über den Aufbau moderner Raffinerien zu erwerben. Es kam letztlich anders, doch wenigstens bis zu seinem Wechsel nach Moskau war Berija stets ein bedeutender Faktor in

---

5 Zum Begriff: Nove: Economic History, S. 302.

6 Crowfoot, John/Harrison, Mark: The USSR Council of Ministers under Late Stalinism, 1945–1954. Its Production Branch Composition and Requirements of National Economy and Policy, in: Soviet Studies 42 (1990) 1, S. 39–58, hier S. 39–43; Rees: Stalin as a Leader, S. 20.

7 Zaleski: Stalinist Planning, S. 17.

8 Gorlizki/Khlevniuk: Cold Peace, S. 55 f. und S. 166.

9 GARF, f. R5446, op. 1, d. 275, ll. 121–124, abgedruckt in Chlevnjuk (Hg.): Politbjuro i Sovet Ministrov, S. 30–32.

der regionalen Erdölpolitik gewesen.[10] Auf dieser Basis verfügte er im Gegensatz zu anderen Mitstreitern Stalins über eine gewisse Erfahrung und Expertise in diesem Bereich, die auch durchaus anerkannt wurde.[11]

Wenngleich das Führungsgremium des Ministerrates formell jedweder Initiative zustimmen musste, kam dem von Berija geleiteten Büro für Brennstoff und Kraftwerke nun eine herausragende Rolle bei der gesamtstaatlichen Gestaltung und Verwaltung des Erdölsektors zu: Neben einer Kontrollfunktion zur Gewährleistung der Umsetzung von Regierungsbeschlüssen im jeweiligen Zuständigkeitsbereich und der Option, in diesem Kontext operative Maßnahmen ad hoc und selbstständig ergreifen zu können, fiel auch die Ausarbeitung von Kabinettsvorlagen dem dazugehörigen Mitarbeiterstab zu.[12] Lediglich bei größeren, über den Zuständigkeitsbereich der Abteilung hinausgehenden Projekten wurden sektorenübergreifende Kommissionen gebildet, die anhand zuvor festgelegter Parameter gemeinsam mit den Mitarbeitern des Brennstoffbüros die Detailfragen regelten.[13] Den Einfluss Berijas und seiner Mitarbeiter auf den Aushandlungsprozess schmälerte dies nur geringfügig.

Daran änderte sich selbst nach der Auflösung der gesonderten Abteilung des Sovmin im Frühjahr 1951 nur wenig. Die Energiesektoren unterstanden in der Folge direkt dem Kollektivgremium, in erster Linie um verschiedenen Führungskadern im Rahmen des Koreakrieges zusätzliche Verantwortung für die rüstungsrelevanten Wirtschaftszweige einzuräumen. Der Erdölsektor blieb jedoch vornehmlich unter der Obhut Berijas, obwohl dieser »die Hälfte seiner Arbeitszeit« den prioritären Nuklear-, Raketen- und Radarprojekten widmen sollte.[14] Während Bajbakov trotz seiner Position als Minister selbst für gering-

10 Knight: Beria, S. 11–28; Zitat S. 5. Zu Berijas früher Rolle im Erdölsektor auch Kapitel 2 und 3.

11 Slavkina: Neftegazovyj faktor, S. 168. Im Vorfeld der Entmachtung Berijas im Sommer 1953 versprachen die Initianten um Chruščëv den skeptischeren Parteikollegen wie Mikojan oder Kliment Vorošilov, lediglich eine Degradierung vornehmen zu wollen. Berija sollte einen geeigneten Ministerposten erhalten, wobei die Wahl in der Diskussion schnell auf den Erdölsektor fiel, vgl. Kramer, Mark: The Early Post-Stalin Succession Struggle and Upheavals in East-Central Europe: Internal-External Linkages in Soviet Policy Making (Part 2), in: Journal of Cold War Studies 1 (1999) 2, S. 3–38, hier S. 10 und S. 30.

12 RGASPI, f. 17, op. 3, d. 1063, ll. 32–37, abgedruckt in Chlevnjuk (Hg.): Politbjuro i Sovet Ministrov, S. 39–43, hier S. 41.

13 GARF. f. R5446, op. 86a, d. 2730, l. 478 sowie ll. 306–304.

14 RGASPI, f. 17, op. 3, d. 1088, l. 2, abgedruckt in Chlevnjuk (Hg.): Politbjuro i Sovet Ministrov, S. 86 f.; dazu umfassend auch Gorlizki/Khlevniuk: Cold Peace, S. 98–101. In den Archiven des Ministerrates finden sich nach dem März 1951 zwar zunehmend Hinweise auf die Mitwirkung von anderen Regierungsmitgliedern wie Mikojan, Kaganovič oder Bulganin bei der Ausarbeitung von Projekten. Der überwiegende Teil der Korrespondenz und vor allem die Abstimmung zwischen Minneftеprom und Sovmin lief jedoch weiterhin über Berija und seine Mitarbeiter.

fügige Planabweichungen stets die Zustimmung des einflussreichen Supervisors benötigte, traf Berija in Einzelfällen auch spezifische Entscheidungen auf regionaler Ebene, ohne das Minnefteprom vorgängig zu konsultieren.[15]

In der Regel bemühte sich der Mitarbeiterstab des Brennstoffbüros derweil um einen möglichst einvernehmlichen Kurs, insbesondere im Kontext von größeren Vorhaben, welche auch die Kalkulationen von Gosplan beeinflussen konnten. Als im Rahmen der Vorbereitungen für den Zehnjahresplan im Herbst 1949 die damit befasste Kommission den Transfer von gleich mehreren Bauunternehmen aus dem Kohle- in den Erdölsektor vorschlug, erhielt das Kohleministerium zunächst Gelegenheit zur Stellungnahme. Diese beinhaltete zahlreiche Einsprüche gegen eine entsprechende Verlagerung der Prioritäten, deren tatsächliche Auswirkungen sich allerdings nur schwer abschätzen lassen. Obwohl die grundlegenden Paradigmen des Zehnjahresplanes weitgehend bindenden Charakter erhielten, ging die über Monate hinweg erfolgte detaillierte Ausarbeitung der Kommission selbst nie über den Entwurfsstatus hinaus. Die Konsultation der zuständigen Stellen zeigt jedoch zumindest das Interesse an einer Kompromisslösung.[16]

Auch als Ende 1950 Maßnahmen eingeleitet werden sollten, die für die laufende Dekade eingeplanten Raffinerien mit der notwendigen Ausrüstung zu versorgen, konnten die beteiligten Institutionen und Ministerien ihrerseits Änderungsvorschläge und Einwände einbringen – was diese vielfach in Anspruch nahmen.[17] Konfliktpotential bestand in erster Linie dann, wenn bereits zugesprochene Ressourcen umverteilt oder umgewidmet werden sollten und die entsprechenden Verwaltungsstellen dadurch Nachteile befürchteten. Das Ministerium für Werkzeugmaschinenbau machte in diesem Kontext etwa geltend, dass »die Betriebe […] mit dem Hauptprogramm ausgelastet« seien und entsprechend keine Möglichkeit bestehe, zusätzliche Aufträge »ohne die Beeinträchtigung ihrer eigenen Pläne« zu übernehmen.[18] Allerdings waren Planrevisionen auf verschiedenen Ebenen der Hierarchie ein nahezu alltäglicher Vorgang in

15 Slavkina: Velikie pobedy, S. 61.

16 GARF, f. R5446, op. 51a, d. 1466, ll. 254–253. Während sich verschiedene Dekrete der frühen 1950er Jahre immer wieder auf die im Sommer 1949 erlassenen Direktiven zur Ausarbeitung eines Zehnjahresplanes berufen, findet sich einzig in einem Brief von Bajbakov an den Ministerrat aus dem Sommer 1951 eine kurze Anmerkung, dass der Plan im Detail zwar fertiggestellt, aber nie verabschiedet worden sei, GARF, f. R5446, op. 81b, d. 2094, l. 177.

17 In den Akten GARF, f. R5446, op. 81b, dd. 2145–2147 sind zahllose diesbezügliche Korrespondenzen enthalten, eine Zusammenfassung der eingegangenen Einsprüche findet sich in ebd., d. 2146, ll. 65–63.

18 GARF, f. R5446, op. 81b, d. 2145, ll. 78–77.

der Sowjetunion und auch die Prioritäten des Ministerrates wurden deutlich kommuniziert, sodass Einwände einbezogen, durch partielle Gegenleistungen beruhigt oder notfalls per Weisung übergangen werden konnten.[19] Erst wenn insbesondere in »Grundsatzfragen« die Positionen innerhalb einer Kommission oder zwischen Ministerien »unvereinbar blieben«, überließen die Verantwortlichen dem Sovmin-Büro und damit dem engsten Kreis um Stalin eine abschließende Entscheidung.[20] Der Partei- und Regierungschef selbst erhielt zuletzt die fertige Verordnung zur Unterschrift vorgelegt,[21] wenngleich eine informelle Konsultation durch Berija oder andere im Verlauf des Aushandlungsprozesses anzunehmen ist.

Wettstreit um die Deutungshoheit

Die Beteiligung Stalins am Planungs- und Entscheidungsprozess nahm in den frühen 1950er Jahren infolge seines Alters gleichwohl rapide ab. In den Archiven des Ministerrates finden sich nach 1950 selbst bei gewichtigen Projekten im Erdölsektor fast keine ausgehenden Briefe an Stalin mehr, die sonst vorab die notwendigen Informationen zusammengefasst und um eine Positionierung des Parteichefs gebeten hatten. In dessen Kremlbüro sind nach 1949 gleichsam keine Besuche von Bajbakov oder anderen Neftjaniki verzeichnet.[22] Ähnliches stellen auch Aleksei Tikhonov und Paul Gregory in Bezug auf den fünften Fünfjahresplan fest, bei dessen Konzeption sie zwar deutliche Hinweise der Rezeption, nicht aber der Einflussnahme auf den Aushandlungsprozess zwischen den verschiedenen Regierungsorganen ausmachen konnten. An die Stelle der in den Vorjahren noch allgegenwärtigen Kontrolle Stalins über die Festlegung der wesentlichen Planvorgaben rückte eine bis dahin seltene Passivität.[23] Lediglich bezüglich zweier Kernanliegen bat Stalin im wirtschaftspolitischen Abschnitt

19 Gregory: Dictator's Orders, S. 32 f.; Gregory/Harrison: Allocation under Dictatorship, S. 729 f.

20 So etwa in GARF, f. R5446, op. 86a, d. 2730, l. 478.

21 GARF, f. R5446, op. 81b, d. 2145, ll. 320–304.

22 Černobaev (Hg.): Na prieme u Stalina. Möglich ist allerdings, dass Stalin wie in den späten 1940er Jahren telefonisch Kontakt zu einzelnen Neftjaniki wie Bajbakov gesucht hat, dazu Slavkina: Neftegazovyj faktor, S. 166; Dies.: Velikie pobedy, S. 60. Abgesehen von seinem Namen in der offiziellen Funktion als Vorsitzender des Ministerrates unter nahezu jedem Dekret sind in den Archiven allerdings keine Spuren mehr von einer Teilhabe Stalins nach 1950 zu finden.

23 Zuvor war Stalin in den entscheidenden Phasen und insbesondere bei der Festlegung der Planziffern beteiligt, vgl. Chlevnjuk, Oleg V.: Die sowjetische Wirtschaftspolitik im Spätstalinismus und die »Affäre Gosplan«, in: Osteuropa 50 (2000) 9, S. 1031–1047, hier S. 1035.

um Korrekturen: Er befürwortete wie bereits zuvor einen stärkeren Fokus auf die Schwerindustrie und insbesondere die Rüstungssektoren und forderte im Brennstoffbereich den Verzicht auf die nach dem Krieg in geringem Maße notwendig gewordenen Kohleimporte.[24]

Daraus folgt keineswegs, dass der Plan in anderen Punkten ohne Rücksicht auf die Wünsche Stalins zusammengestellt wurde. Zumindest im Erdölsektor folgten die frühen Entwürfe im Großen und Ganzen den Direktiven des ein Jahr zuvor erarbeiteten Zehnjahresplanes, an dessen Gestaltung der Parteichef noch beteiligt gewesen war. Gosplan und Gossnab (Gosudarstvennyj komitet po material'no-techničeskomu snabženiju), das 1948 von Stalin zur Entlastung der Planungsagentur ins Leben gerufene Staatliche Versorgungskomitee, schickten jeweils verschiedene Entwürfe des Fünfjahresplanes an Stalin und das Präsidium des Ministerrates.[25] Die von Tikhonov und Gregory aufgestellte These, dass die ausführenden Institutionen am Planungsprozess offiziell nicht beteiligt gewesen seien und der Fünfjahresplan vielmehr als »Produkt technischer Debatten unter Planungsagenturen« zu betrachten sei,[26] lässt sich im Erdölsektor nicht bestätigen: Innerhalb der Sovmin-Strukturen analysierten und diskutierten die zuständigen Mitarbeiter die von Gosplan vorgeschlagenen Zielmarken und beteiligten sich aktiv am Aushandlungsprozess. Das Brennstoffbüro des Ministerrates kritisierte einzelne Punkte des Planentwurfes sogar bereits vier Tage, bevor Saburov diesen offiziell an dessen Präsidium – und an Stalin – verschickte. Insbesondere dort, wo Abweichungen zu vorherigen Beschlüssen festzustellen waren, forderten die Regierungsbeamten Nachbesserungen von Gosplan oder Neuaushandlungen mit dem Erdölministerium.[27] Bajbakov als zuständiger Minister hielt wiederum Rücksprache mit Berija, wenn die Pläne nach Einschätzung der Minnefteprom-Fachkräfte unrealistische Züge annah-

24 Tikhonov/Gregory: Stalin's Last Plan, S. 174f. und S. 191. Zu den Kohleimporten auch Shimkin: Minerals, S. 180f.

25 Die Briefe sind zwar an Stalin adressiert, enthalten jedoch Vermerke, dass Kopien an den Ministerrat verschickt wurden, etwa in RGASPI, f. 592, op. 1, d. 13, l. 56. Das im direkten Austausch mit Stalin ebenfalls beteiligte Finanzministerium kann an dieser Stelle ignoriert werden, da die Interessen dieser Institution schon aufgrund des Zuständigkeitsbereiches auf das Budget fokussiert waren, die konkrete Entwicklung der einzelnen Sektoren jedoch mit wenigen Ausnahmen nicht thematisierte, vgl. Tikhonov/Gregory: Stalin's Last Plan, S. 188.

26 Tikhonov/Gregory: Stalin's Last Plan, S. 191.

27 GARF, f. R5446, op. 81b, d. 2499, ll. 11–9. Ähnliche Dokumente finden sich in ebd., op. 86a, d. 2847, für die gesamte Wirtschaft in ebd., dd. 8218–8225. Die erste Kritik am Entwurf bezüglich des Erdölsektors ist datiert auf den 29.05.1950, während dieser erst am 03.06.1950 an Stalin versandt wurde. Vgl. dazu die Briefe in RGASPI, f. 592, op. 1, d. 16.

men.[28] Konkrete Anweisungen, in welchen Punkten der ursprüngliche Planentwurf anzupassen sei, erfolgten allerdings in Form einer Entscheidung des ZK – welches in dieser Zeit nur pro Forma als Siegel des engsten Kreises um Stalin fungierte.[29] Es ist davon auszugehen, dass der im sowjetischen Machtapparat omnipräsente Autokrat auf diese Weise zumindest abschließend die Kontrolle über den Planungsprozess behielt.

Gleichzeitig wurde der Spielraum für die beteiligten Institutionen durch die nur indirekte Partizipation Stalins etwas größer, und selbst vormals protegierte Dogmen konnten innerhalb eines gewissen Rahmens in Frage gestellt werden. Den nach 1949 angestrebten Aufbau von Überschusskapazitäten im erdölverarbeitenden Sektor, der sich vollständig im Einklang mit den wirtschaftspolitischen Präferenzen des Parteivorsitzenden befand,[30] revidierten die Gosplan-Strategen beispielsweise in ihren Überlegungen zum fünften Fünfjahresplan. Motiviert durch eine höhere Kosteneffizienz und vor allem die Reduktion der notwendigen Investitionen senkten die Planer das vorgesehene Budget für den Raffineriebau sogar in einem Ausmaß, welches das Brennstoffbüro zu Protesten veranlasste: »[D]er Umfang der Erdölverarbeitung und der Produktionsplan für Erdölprodukte passt nicht mit der Kapazitätserweiterung zusammen«, weshalb die Notwendigkeit bestehe, »Korrekturen einzubringen«.[31] Ähnliche Bedenken äußerte auch Kaganovič in seiner Funktion als Gossnab-Vorsitzender. Insbesondere hegte sein Komitee die Befürchtung, auf Basis der im Planentwurf vorgesehenen Produktionsziffern die Treibstoffversorgung in verschiedenen entlegenen Regionen nicht ausreichend gewährleisten zu können.[32] Obwohl in der offiziellen Kritik des ZK nur eine Steigerung der Produktion von Erdölausrüstung und Flugzeugtreibstoffen sowie eine deutliche Erhöhung des Gesamtbudgets für die Schwerindustrie gefordert wurde, konnte Berijas Abteilung sich durchsetzen: Im Sommer 1951 – die Ausarbeitungsphase des fünften

28 So etwa in GARF, f. R5446, op. 81b, d. 2514, ll. 71–76.

29 RGASPI, f. 592, op. 1, d. 17, ll. 131–132. Die Entscheidung wurde vom Politbüro am 08.01.1951 getroffen: Adibekov et al. (Hg.): Povestki dnja zasedanii, Bd. 3, S. 740. Wenngleich keine Anwesenheitsliste vorliegt, ist von einer Partizipation Stalins auszugehen, zumindest arbeitete er an diesem Tag im Kreml: Černobaev (Hg.): Na prieme u Stalina, S. 538 f. Zur Rolle des ZK Mawdsley, Evan/White, Stephen: The Soviet Elite from Lenin to Gorbachev. The Central Committee and its Members, 1917–1991, Oxford 2000, S. 285 f.

30 Gregory/Harrison: Allocation under Dictatorship, S. 723.

31 GARF, f. R5446, op. 81b, d. 2499, ll. 11–9. Zu den Überlegungen im ersten Planentwurf RGASPI, f. 592, op. 1, d. 16, l. 17. Ganz allgemein dominierte in den späteren Nachkriegsjahren die Maximierung der Anlagenrentabilität die Überlegungen innerhalb der Gosplan-Administration, dazu Dunmore: Stalinist Command Economy, S. 61.

32 RGASPI, f. 592, op. 1, d. 13, l. 28.

Fünfjahresplanes erstreckte sich über zwei Jahre und wurde erst mit der Verabschiedung auf dem XIX. Parteitag 1952 endgültig abgeschlossen – sah der überarbeitete Entwurf den vom Sovmin präferierten höheren Ausbauumfang der Raffineriekapazitäten vor.[33]

Tatsächlich verabschiedete der Ministerrat »unter Mitwirkung von Gosplan, Gossnab und den beteiligten Ministerien«[34] im Oktober 1950, lange bevor der Aushandlungsprozess für den gesamtwirtschaftlichen Fünfjahresplan abgeschlossen war, bereits einen internen Fünfjahresplan »Über Maßnahmen zur Entwicklung der Kapazitäten der erdölverarbeitenden Betriebe in den Jahren 1951–1955«.[35] In der Gewissheit, dass die Verdoppelung des Raffinerieumfangs eine »besonders wichtige Aufgabe« für den Erdölsektor darstellen und mehr als ein Fünftel aller Investitionen in diesem Bereich anfallen würden, genehmigte Stalin auf Bitten Bajbakovs sogar die Schaffung einer zusätzlichen Verwaltungsabteilung innerhalb des Minnefteprom, welche die Koordinierung des Vorhabens erleichtern sollte.[36] Der im internen Fünfjahresplan enthaltene Ausbau der Kapazitäten umfasste auch verschiedene Pipelineprojekte und ging weit über die Vorstellungen der Gosplan-Strategen und die Paradigmen des Zehnjahresplanes hinaus. Stalins Mitstreiter waren sich diesbezüglich ihrer Sache sehr sicher: Trotz der in seinen letzten Lebensjahren immer länger werdenden Kaukasusaufenthalte signierte der formelle Regierungschef sonst nahezu jedes wichtigere Dekret im Erdölsektor auch aus der Ferne, während dieses Grundlagendokument im Namen von Bulganin als dessen Stellvertreter in Moskau verabschiedet wurde.[37]

Im 1952 verabschiedeten Fünfjahresplan konnte sich die Planungsinstitution jedoch zumindest in einem Aspekt durchsetzen: Nachdem auf wiederholten Druck Berijas und mit der Unterstützung des Minnefteprom gegen den Willen des Gosplan-Vorsitzenden Saburov die deutliche Erhöhung der vorgesehenen Fördermengen beschlossen worden war,[38] verzichteten die Beteiligten zugunsten des Budgets auf eine erneute Anpassung des Raffinerieausbaus. Die von Stalin und einzelnen Mitstreitern angestrebten Überschusskapazitäten, die wohl nicht

33 GARF, f. R5446, op. 81b, d. 2514, l. 71. Zur Kritik des ZK: RGASPI, f. 592, op. 1, d. 17, l. 131. Zur Dauer der Planungen Tikhonov/Gregory: Stalin's Last Plan, S. 170 f.

34 GARF, f. R5446, op. 80a, d. 2595, l. 146.

35 GARF, f. R5446, op. 80a, d. 2595, ll. 167–160.

36 GARF, f. R5446, op. 81b, d. 2529, ll. 1–2; zur Entscheidung Stalins ll. 14–4.

37 GARF, f. R5446, op. 80a, d. 2595, ll. 167–160. Nur die wenigsten wichtigen Dekrete der Nachkriegszeit trugen nicht die Unterschrift Stalins. Nach Kriegsende verbrachte Stalin die letzten vier bis fünf Monate des Jahres außerhalb Moskaus. Eine Dokumentation der Abwesenheit findet sich in RGASPI, f. 558, op. 11, d. 1481, ll. 51–52.

38 RGANI, f. 2, op. 1, d. 32, ll. 1–85, abgedruckt in: Naumov et al. (Hg.): Lavrentij Berija, S. 214.

nur den ohnehin mit knappen Ressourcen ausgestatteten Gosplan-Abteilungen ein Dorn im Auge waren, blieben unter dem Aspekt zusätzlichen Treibstoffs ein verkraftbarer Verlust.[39] Aufschlussreich ist die Argumentation der Sovmin-Strategen für die durchgesetzten Produktionssteigerungen: Um im etwaigen Ernstfall den Treibstoffbedarf der Streitkräfte decken zu können, empfahlen die Analysten Anfang 1952 in einem Brief an Berija zwecks Reserveaufbau die Steigerung des wirtschaftlichen Verbrauchs. Vorgesehen waren in erster Linie eine Intensivierung des Lastwagenverkehrs und die Verwendung von Dieseltreibstoffen für den Eisenbahn- und Schiffstransport sowie in Kraftwerken.[40] Nicht die Vorteile des flüssigen Brennstoffes oder der erwartete Anstieg des volkswirtschaftlichen Bedarfs, sondern vielmehr die drohende Kriegsgefahr und der in einem solchen Fall erwartete Mehrverbrauch wirkten als Stimuli für die weitere energiepolitische Fokussierung auf das Erdöl.

An anderer Stelle gingen die frühen Planungen von Gosplan hingegen über die Wünsche Stalins hinaus. Besonders deutlich wird das bei den technisch komplizierten und kostspieligen Absichten des Parteichefs, Erdölprodukte und vor allem das ungeliebte Masut als industriellen Brennstoff zu verbannen. 1949 hatte Stalin noch darauf bestanden, eine entsprechende Nutzung innerhalb einer Dekade schrittweise zu reduzieren und ab 1960 weitgehend einzustellen. Wie bereits in den 1930er Jahren schwebte der Parteiführung eine technologische Lösung vor, mit deren Hilfe die Verarbeitung von mehr als 60 Prozent des geförderten Erdöls zu Treibstoffen vorgesehen war – Ende der 1940er Jahre waren es knapp 45 Prozent. Ermöglicht werden sollte dies durch die Adaption der erbeuteten deutschen Technologie zur Kohleverflüssigung.[41] Die Protagonisten der sowjetischen Erdölpolitik erhofften sich auf diese Weise, die Sowjetunion durch eine gewaltige Bautätigkeit innerhalb von einer Dekade »vom technischen Niveau im Bereich der Erdölverarbeitung her auf den weltweit ersten Platz [zu] befördern«.[42] Obwohl sich das »Hydrierverfahren für Masut [als] hochkomplex und kostspielig« erwies und in der Sowjetunion Anfang der 1950er Jahre »Industrieanlagen zur Verarbeitung des Heizöles nicht vorhanden« waren,[43] warben sowohl Gosplan als auch Gossnab für eine schnellere

39 Zu den finalen Planziffern RGASPI, f. 558, op. 11, d. 148, l. 8.
40 GARF, f. R5446, op. 86a, d. 2528, ll. 237–233.
41 GARF, f. R5446, op. 51a, d. 1466, ll. 181–178; ebd., op. 80a, d. 2414, l. 141. Der Masutanteil aus dem Erdöl lag 1949 bei rund einem Drittel: ebd., d. 2623, l. 33.
42 GARF, f. R5446, op. 80a, d. 2414, l. 141.
43 GARF, f. R5446, op. 81b, d. 2499, l. 39. Erste Anlagen waren gleichwohl im Bau, wenngleich diese nur eine begrenzte Kapazität hatten.

Umsetzung der entsprechenden Pläne. In diesem Punkt herrschte trotz der zu erwartenden hohen Kosten zwischen beiden Institutionen weitgehend Einigkeit, entsprach die Reduktion des Masutanteils durch die technische Optimierung der Verarbeitungsprozesse doch einer frühen und von Stalin persönlich protegierten Grundüberzeugung der Bolschewiki.[44]

Obwohl die in verschiedenen Regierungsorganen fest verankerte sowjetische Haltung zum Heizöl offiziell mit dem »Mangel an Erdölreserven« begründet werden konnte, regte sich Anfang der 1950er Jahre im Brennstoffbüro ein zaghafter Widerstand dagegen. In Anbetracht der »Wirtschaftlichkeit des Gebrauchs von Erdöltreibstoffen« und »in Verbindung mit der Erschließung großer Erdölvorkommen in der Tatarischen und Baschkirischen ASSR« erachteten es die Experten des Ministerrates für angebracht, eine erweiterte Nutzung des Masuts in Erwägung zu ziehen.[45] Auch Bajbakov warnte in einem Brief an den Ministerrat Mitte 1951 eindringlich vor den hohen Kosten, welche mit den Plänen zur Reduktion des Masutanteils einhergingen. In Anbetracht »solch wichtiger Aufgaben, wie […] der Schaffung von Reservekapazitäten zur Erdölverarbeitung, der Produktion von Flugbenzin, Raketentreibstoff« und verschiedenen Schmierölen, empfahl er, die Pläne zur Intensivierung der Verarbeitungsprozesse teilweise zurückzustellen.[46]

Die von Gosplan und Gossnab angestrebte Ausweitung der Einsparungsbemühungen traf in diesem Kontext auf wenig Gegenliebe, sodass Berijas Mitarbeiter eine Ablehnung und Überarbeitung der entsprechenden Parameter empfahlen.[47] Bekräftigt durch die erheblichen Schwierigkeiten des Ministeriums bei der Reduktion des Masutanteils im ersten Jahr des Fünfjahresplanes[48] setzte sich das Brennstoffbüro schließlich auch in diesem Punkt durch. Von einem sinkenden Einfluss Stalins auf den Planungsprozess und einem Erstarken der für eine intensivere Masutnutzung eintretenden Fraktion zeugt, dass die im finalen Plan genehmigten Produktionsmengen mehr als doppelt so hoch angesetzt waren wie ursprünglich von Gosplan vorgesehen. In den veröffentlichen Direktiven fehlte schließlich sogar jedwedes Bekenntnis zu einer entsprechenden Substitution.[49]

---

44 RGASPI, f. 592, op. 1, d. 13, l. 29; ebd., d. 16, ll. 31–32 Zur Reduktion des Masutanteils in den 1930er Jahren Kapitel 3.

45 GARF, f. R5446, op. 86a, d. 2528, l. 228. Zur weiteren Erschließung im Zweiten Baku umfassend das folgende Kapitel.

46 GARF, f. R5446, op. 81b, d. 2094, ll. 174–173.

47 GARF, f. R5446, op. 81b, d. 2499, l. 11.

48 GARF, f. R5446, op. 81b, d. 2094, ll. 170–169.

49 Tikhonov/Gregory: Stalin's Last Plan, S. 181; KPSS v rezoljucijach i rešenijach, čast' II, S. 1098–1107.

Eine endgültige Abkehr vom geplanten Heizölverzicht wurde zwar erst nach Stalins Tod möglich.[50] Im Aushandlungsprozess um den fünften Fünfjahresplan leiteten die zuständigen Regierungsorgane jedoch bereits die ersten entsprechenden Schritte hin zu einem Wandel in der Brennstoffpolitik ein.

Eine ähnliche Entwicklung deutete sich auch in einem weiteren von Stalin und anderen hochrangigen Parteikadern lange präferierten Segment des Treibstoffsektors an: Während Gosplan unter dem Vorsitz Voznesenskijs noch als Verfechter des synthetischen Treibstoffes agierte, änderte sich dies mit der Übernahme des Postens durch Saburov. Unter seiner Führung gab die Planungsagentur die Kohleverflüssigung zwar keineswegs auf, in den konkreten Zielsetzungen verfiel die Technologie allerdings immer mehr zur Bagatelle. Bereits im ersten Entwurf des fünften Fünfjahresplanes finden sich lediglich vage Bekundungen zum synthetischen Treibstoff. Mit dem »flächendeckenden« Bau zusätzlicher Hydrationsanlagen sollte »begonnen« werden, in erster Linie fokussierten die darin enthaltenen Absichtsbekundungen jedoch die Fertigstellung bereits in Bau befindlicher Projekte sowie die estnische Ölschieferindustrie und nannten entgegen der üblichen Vorgehensweise keinerlei Zielmarken.[51] Dabei hatten die von Stalin abgesegneten Direktiven zur Erstellung eines Zehnjahresplanes diesbezüglich klare Vorgaben formuliert, denen zufolge allein bis 1953 drei neue und sogar konkret aufgeführte Betriebe mit einer Gesamtkapazität von mehr als 1 Million Tonnen synthetischen Treibstoffes geschaffen werden sollte. Bis 1960 hatten die weiteren Planungen aus dem Jahr 1949 insgesamt 5 Millionen Tonnen Jahresproduktion vorgesehen.[52]

Dem Brennstoffbüro und dessen Leiter fiel die deutliche Abwertung sofort auf.[53] In Stalins Leseexemplar finden sich hingegen nicht einmal die sonst häufigen Markierungen, geschweige denn Kommentare oder Änderungswünsche.[54] Ohne Einwände des Parteichefs stimmten schließlich auch die anderen Regierungsakteure der Herabsetzung des synthetischen Brennstoffes zu, die Anfang Januar 1951 auch vom ZK bestätigt wurde – noch deutlich über das ursprünglich von Gosplan geforderte Ausmaß hinausgehend. Im Gegenzug erteilte die Parteiführung die Anweisung, stattdessen die Produktion von konventioneller Erdölausrüstung deutlich zu erhöhen.[55] Bis zum Ende des Jahrfünftes sahen

50 Mikojan: Tak bylo, S. 525.
51 RGASPI, f. 592, op. 1, d. 16, l. 32.
52 GARF, f. R5446, op. 51a, d. 1466, l. 177; ebd., op. 80a, d. 2416, l. 300.
53 GARF, f. R5446, op. 81b, d. 2499, l. 10.
54 RGASPI, f. 592, op. 1, d. 16, l. 32.
55 RGASPI, f. 592, op. 1, d. 17, l. 131; Adibekov et al. (Hg.): Povestki dnja zasedanii, Bd. 3, S. 740.

die weiteren Planungen fortan nur noch eine Gesamtkapazität von weniger als 1 Million Tonnen synthetischen Treibstoffes vor. Für deren Aufbau veranschlagten die Gosplan-Strategen zwar weiterhin erhebliche Summen. Im Vergleich zu den ursprünglichen und nur ein Jahr zuvor noch prioritären Absichten Stalins waren die Ausbaupläne jedoch allenfalls marginal.[56]

Wenngleich der Parteichef und entscheidende Regierungsorgane zwar weiterhin auf die wenigstens eingeschränkte Nutzung der teuren Substitutionstechnologie bestanden, bedeutete der Umschwung im Verlauf des Jahreswechsels 1950/51 doch eine weitreichende Kehrtwende in der sowjetischen Energiestrategie: Das aus Kohle gewonnene synthetische Benzin sollte, anders als lange Zeit vorgesehen, zukünftig nur noch einen unerheblichen Anteil zur sowjetischen Treibstoffversorgung beitragen. Die auf Basis der kommunizierten Prioritäten von Außenstehenden interpretierte energiepolitische Kontinuität[57] war unter der Oberfläche in Wallungen geraten. Unmittelbar nach Stalins Tod stellten dessen Mitstreiter die laufenden Projekte zur Kohlehydrierung auf Initiative Berijas schließlich ein. Im Laufe der 1950er Jahre rüstete das Minnefteprom auch bereits in Betrieb befindliche Anlagen auf die Verarbeitung von Erdöl als Ausgangsrohstoff um.[58]

Ein neuer Fünfjahresplan

In vielen Bereichen stellte der Fünfjahresplan so eine Kompromisslösung dar, welche die bereits bekannten Präferenzen Stalins zwar berücksichtigte, diese anders als zuvor jedoch nicht diskussionslos übernahm. Gosplan und Gossnab vertraten dabei zwar häufig die traditionellen Ansichten der Parteiführung,[59] in unterschiedlichen Aspekten jedoch waren beide Institutionen ebenso wie die verantwortlichen Kader des Ministerrates von der Notwendigkeit eines Wandels überzeugt. In besonderem Maße galt dies in Hinblick auf die langjährigen und wenig erfolgreichen Versuche, das Erdöl durch andere Brennstoffe zu substituieren. Die grundlegende Stoßrichtung des Fünfjahresplanes bezüglich des

56 RGASPI, f. 592, op. 1, d. 18, l. 90.

57 Ebel: Petroleum Industry, S. 7.

58 GARF, f. 9401, op. 2, d. 416, ll. 14–19, abgedruckt in Jakovlev, Aleksandr N./Kokurin, Aleksandr I./Petrov, Nikita V. (Hg.): Gulag (Glavnoe upravlenie lagerej). 1917–1960 (Rossija XX vek Dokumenty), Moskva 2000, S. 788–791; Bajbakov: Neftjanoj front, S. 42.

59 In Ermangelung von zuverlässigen Daten war der Rückgriff auf »historische Erfahrungen« in der späten Stalin-Ära auch unabhängig vom Erdölsektor nicht nur in den Planungsinstitutionen ein gängiges Mittel, um die Informationsdefizite auszugleichen. Dazu Gregory/Harrison: Allocation under Dictatorship, S. 724 und S. 751.

Erdöls benötigte hingegen keinerlei Kompromisse. Der schleichende Wandel, welchen die Protagonisten der sowjetischen Energiepolitik und insbesondere bezüglich des flüssigen Brennstoffes ab 1947 eingeleitet und mit Stalins Unterstützung forciert hatten, stand in den frühen 1950er Jahren kaum noch zur Debatte. Bereits der erste von Gosplan vorgestellte Planentwurf Ende Mai 1950 zielte in erster Linie auf die Überwindung des Erdöl- und Elektrizitätsdefizites ab und beförderte die beiden Sektoren neben der weiterhin stark protegierten Metallurgie und der kontinuierlich schwächelnden Baustoffindustrie zu den Hauptprofiteuren des fünften Planjahrfünfts.[60] Die Notwendigkeit entsprechender Prioritäten stand für die beteiligten Institutionen außer Frage und war bereits durch die beiden Zehnjahrespläne von Stalin abgesegnet worden. Entsprechend herrschte auch ein weitgehender Konsens, die Investitionen im Erdölsektor 1951 erstmals höher anzusetzen als im Kohlesektor und mehr als 10 Prozent des Gesamtbudgets für die Überwindung des Treibstoffdefizites einzuplanen. Einzig in der Metallurgie war nach 1950 noch ein größerer Anteil der zur Verfügung stehenden Mittel vorgesehen.[61]

Die neuen Zielsetzungen spiegelten sich abschließend in der vom XIX. Parteitag verabschiedeten Resolution zu den Direktiven des Fünfjahresplanes wider: Erstmals nannte das Dokument den Erdölsektor noch vor der Kohleindustrie, erstmals sollte die Produktion des flüssigen Brennstoffes deutlich schneller gesteigert werden als die seines festen Pendants.[62] Obwohl das Dokument den Prioritätenwechsel zwischen den beiden Energieträgern nicht explizit erwähnt und an vielen Stellen auf traditionelle Ziele wie die Forcierung der synthetischen Treibstoffproduktion verwiesen wird – während die Angaben zum Erdöl eher vage bleiben –, ist die Zurückhaltung diesbezüglich offensichtlich auf die ausufernde Geheimhaltung der späten Stalin-Ära[63] zurückzuführen: In den Vorbereitungen zur Publikation der Parteitagsreden strichen die verantwortlichen Editoren einerseits die von Vertretern des entsprechenden Ministeriums geäußerte Glorifizierung des Kohlesektors als »lebendige Verkörperung der Lehren unserer Partei«[64]. Andererseits entfernten die Zensoren einen Hinweis Bajbakovs auf die 80 Jahre währenden Probleme im Erdölsektor, die nun bin-

60 RGASPI, f. 592, op. 1, d. 16, ll. 11–15.

61 RGASPI, f. 592, op. 1, d. 18, l. 130.

62 KPSS v rezoljucijach i rešenijach, čast' II, S. 1098–1102.

63 Schon vorab zensierte Stalin die wichtigsten Vorträge persönlich und strich sämtliche Informationen, welche auf Prioritäten oder Veränderungen im Energiesektor schließen ließen: RGASPI, f. 558, op. 11, d. 148, ll. 10–11 sowie ll. 39–55.

64 RGASPI, f. 592, op. 1, d. 42, l. 57.

nen eines Jahrfünfts behoben würden.[65] Die damit implizierte und kaum noch verborgene Kritik an der bisherigen sowjetischen Energiepolitik war ebenso wenig erwünscht wie die Bezugnahme auf das langjährige Primat der Kohle.

Die vollständigen Protokolle des XIX. Parteitages wurden nie veröffentlicht – ein Unikum in der gesamten Sowjetära. Dennoch bestärkten die vorgenommenen Korrekturen die gewandelten energiepolitischen Prioritäten. Neben der wiederbelebten und auf ein Fundament aus Staudämmen gestellten Elektrifizierungskampagne[66] erhoben die Moskauer Wirtschaftsstrategen das Minnefteprom zum eigentlichen Protagonisten des letzten unter Stalin verabschiedeten Fünfjahresplanes. Lediglich Detailfragen innerhalb dieser politischen Grundlinie boten Anlass zur Kritik: Kaganovič als Gossnab-Vorsitzender avancierte in diesem Kontext zum Advokaten der industriellen Verbraucher und kritisierte Diskrepanzen zwischen Produktionszielen und Verbrauchsprognosen, etwa bezüglich hochwertiger Steinkohle oder einzelner Treibstoffe.[67]

In einigen Bereichen wagten die Behörden trotz anderer Ansichten und der größeren Flexibilität keineswegs, gegen die Präferenzen Stalins aufzubegehren. Die gewaltigen Investitionen zur Tiefseeförderung im Kaspischen Meer beispielsweise getraute sich Berija erst kurz nach dem Tod Stalins – und ohne die Unterstützung Bajbakovs in dieser Angelegenheit – in Frage zu stellen.[68] Unumstößlich waren im Schatten einer drohenden Eskalation der Konfrontation in Korea[69] auch die Anweisungen zum Aufbau umfassender Notfallreserven an sämtlichen wichtigen Treibstoffen. Die entsprechende Richtlinie Stalins stellte das Minnefteprom in Ermangelung von Lagerkapazitäten vor größere Probleme: Die Zweckentfremdung zahlreicher Treibstofftanks, die eigentlich zur Zwischenlagerung benötigt wurden, schränkte die noch nicht via Pipeline vernetzten Raf-

65 RGASPI, f. 592, op. 1, d. 40, l. 132.

66 Den für Kraftwerke eingeplanten Budgetanteil verdoppelten die Planer kurzerhand im Vergleich zum Nachkriegsjahrfünft und strebten auf dieser Basis einen Anteil der Wasserkraft an der Stromproduktion von über 20 Prozent an. RGASPI, f. 592, op. 1, d. 18, l. 130; ebd., d. 13, ll. 6–7; umfassend auch Gestwa: Großbauten, S. 90–95.

67 RGASPI, f. 592, op. 1, d. 13, ll. 26–29 sowie l. 59.

68 RGANI, f. 2, op. 1, d. 32, ll. 1–85, abgedruckt in: Naumov et al. (Hg.): Lavrentij Berija, S. 213. Angemerkt werden muss, dass Bajbakov die Aussage in Zusammenhang mit der Verhaftung Berijas machte. Allerdings ist nicht ersichtlich, warum er bezüglich der Differenzen hinsichtlich der Tiefseeförderung nicht die Wahrheit gesagt haben sollte. Dazu auch Keller: Neftjanaja promyšlennost', S. 8.

69 Nachdem der Konflikt in den Nachkriegsjahren bereits schwelte, gab Stalin Ende Januar 1950 dem Drängen der nordkoreanischen Führung, in den Süden einzumarschieren, nach, dazu Stueck, William: The Korean War, in: Leffler/Westad (Hg.): Cambridge History of Cold War: Vol. I, S. 266–287, hier S. 272–274.

finerien in ihrer Funktionsweise erheblich ein, wie Berija Bulganin bereits im Mai 1950 mitteilte.[70] An der grundsätzlichen Zielsetzung änderte das nur wenig. Falls die vorgesehenen Reserverückstellungen einmal nicht gewährleistet werden konnten, beschloss der Ministerrat Produktionssteigerungen mit dem Ziel, den vorgegebenen Lagerungsplan zu erfüllen.[71] »Angesichts der besonderen Geheimhaltung«, so wandte sich Kaganovič im Frühjahr 1951 an Stalin, stand die alle relevanten Wirtschaftszweige umfassende Bevorratungsverpflichtung nur sehr eingeschränkt zur Debatte. Allerdings wies der Gossnab-Vorsitzende den alternden Parteichef diesbezüglich explizit darauf hin, dass die frühen Gosplan-Planentwürfe »nicht [...] Ihre [Stalins] Anordnung über das Niveau der Anhäufung von Staatsreserven« erfüllten.[72]

Wenngleich die Entscheidung diesbezüglich nicht vorliegt, deuten die zahlreichen Markierungen Stalins in Kaganovičs Brief ein großes Interesse des langjährigen Machthabers an diesem Thema an. Auch nachdem der Fünfjahresplan im Sommer 1951 weitgehend ausgehandelt war, hielt der Ministerrat am Aufbau strategischer Reserven fest. Die Erschließung neuer Erdölgebiete, vor allem im Zweiten Baku, ging weiterhin von vornherein mit dem Auftrag zur Bereitstellung entsprechender Tanklager einher, um die vorgegebenen staatlichen Bevorratungsquoten sicherzustellen.[73] Die sowjetischen Treibstoffrücklagen für Notfälle nahmen auf diese Weise auch über Stalins Tod hinaus »gewaltige Dimensionen« an. Allerdings wurde diese »Tugend planwirtschaftlicher Reservebildung« nach 1953 zunehmend in den Dienst der zivilen Sektoren gestellt: Die Lagerbestände ermöglichten die schnelle Reaktion auf unvorhergesehene Verbrauchsentwicklungen.[74] Die hinlängliche Bereithaltung von zur Treibstoffproduktion benötigten Zwischenlagern fiel hingegen in die Eigenverantwortung des Ministeriums und räumte so eine gewisse Flexibilität ein.

7.2 Kampf um Einfluss: Spielräume und Prioritäten

Obwohl Stalin über den groben energiepolitischen Kurs entschied und Berija und mit ihm das Führungsgremium des Ministerrates die Erdölpolitik häufig bis ins kleinste Detail kontrollierten, verfügten Bajbakov und mit ihm das Minnef-

70 GARF, f. R5446, op. 80a, d. 2197, ll. 90–87.
71 GARF, f. R5446, op. 81b, d. 2620, ll. 4–1.
72 RGASPI, f. 592, op. 1, d. 19, ll. 2–6.
73 GARF, f. R5446, op. 86a, d. 2528, l. 239.
74 Zieber: Sowjetische Erdölwirtschaft, S. 163 f.

teprom über zahlreiche Möglichkeiten zur Mitgestaltung. Dem Brennstoffbüro standen, ebenso wie der für den Erdölsektor zuständigen Gosplan-Abteilung, nur wenige Mitarbeiter zur Verfügung, die direkt mit dem Energieträger befasst waren.[75] Im Gegensatz dazu konnte Bajbakov allein auf eine Ministerialbürokratie von fast 1500 Mitarbeitern zugreifen. Die Kombinate und Trusts verfügten ihrerseits über zusätzlich regionale Führungskader zur Projektplanung und operativen Geschäftsführung. Wenngleich der Zentralapparat des Erdölministeriums infolge der langjährigen Vernachlässigung des Sektors wohl zu den personalschwächeren zählte und immer wieder Probleme bei der qualifizierten Besetzung vakanter Positionen auftraten – von 235 Führungspositionen innerhalb der Ministerialbürokratie waren 34 mangels geeigneter Fachkräfte im Jahr 1950 nicht besetzt[76] –, waren die Regierungsorgane ihrerseits auf die Zusammenarbeit mit dem Minnefteprom angewiesen.

Als »Hauptaufgabe« des Ministeriums definierte die 1949 aktualisierte Satzung

> die Gewährleistung der Entwicklung der Erdölindustrie entsprechend der von der Regierung der UdSSR bewilligten Pläne mit dem Ziel der vollständigen Bedarfsdeckung der Volkswirtschaft mit Mineralölerzeugnissen und Erdgas,

wozu sämtliche notwendige Maßnahmen zu ergreifen seien.[77] Zugleich verwies das Dokument jedoch explizit darauf, dass das Kollegium des Minnefteprom »perspektivische, jährliche und vierteljährliche« Pläne sowie solche für »die Investitionstätigkeit, den Vertrieb, die Beförderung per Eisenbahn und Schiff« und »Bilanzen der Einnahmen und Ausgaben« vorab erstelle. Die von den internen Planungsabteilungen erarbeiteten Entwürfe dienten anschließend als Diskussionsgrundlage für die unterschiedlichen Sovmin-Institutionen, vor allem das Brennstoffbüro, Gosplan und Gossnab.[78]

75 Wenngleich bisher keine genauen Zahlen zur Größe des Mitarbeiterstabes des Ministerrates vorliegen, handelte sich es um ein eher kleines Gremium, dazu Gregory, Paul R.: Restructuring the Soviet Economic Bureaucracy (Soviet Interview Project Series), Cambridge 1990, S. 28. In den Briefwechseln des Brennstoffbüros mit Berija taucht nur eine Handvoll unterschiedlicher Namen auf, die sich mit der Erdölpolitik befassten. Gosplan verfügte 1950 über einen Grundbestand von ungefähr 1400 Mitarbeitern, von denen sich aufgrund dutzender Abteilungen ebenfalls nur ein Bruchteil mit dem Erdölsektor befasst haben konnte, vgl. Chlevnjuk: Sowjetische Wirtschaftspolitik, S. 1046.

76 GARF, f. R5446, op. 80a, d. 2547, l. 32 sowie ll. 10–6.

77 GARF, f. R5446, op. 51, d. 272, l. 36.

78 GARF, f. R5446, op. 51, d. 272, l. 36.

Auch Kommissionen zur Ausarbeitung größerer Vorhaben griffen auf die Expertise der Mitarbeiter des Minnefteprom zurück. Nachdem der Ministerrat Ende Juni 1949 beschlossen hatte, Stalin bezüglich des Zehnjahresplanes einen konkreten Vorschlag zu präsentieren, beauftragte das Sovmin-Büro zunächst Bajbakov und seine Experten, gemeinsam mit dem MVD und dem Ministerium für Geologie binnen Zweiwochenfrist einen Entwurf vorzulegen.[79] Gleiches galt für die ungleich wichtigeren Jahrespläne, welche zwar an die grundsätzlichen Vorgaben der Perspektivpläne gebunden blieben, sich im Tagesgeschäft jedoch zur eigentlichen Grundlage der sowjetischen Wirtschaftspolitik etablierten.[80]

Selbst wenn das aufmerksam beobachtende Brennstoffbüro sich mit der Entwicklung im Erdölsektor oder der Umsetzung einzelner Direktiven unzufrieden zeigte, kontaktierte Berija zunächst Bajbakov mit der Bitte um eine Stellungnahme und die Ausarbeitung von Maßnahmen zur Beseitigung der empfundenen Defizite. Die dabei kommunizierten Zielvorgaben fielen häufig nur wenig detailliert aus: »Setzen Sie sich gründlich damit auseinander und legen Sie einen Vorschlag des Ministeriums [...] gemäß der vorgesehenen Erdölfördersteigerung und der Erhöhung des Ertrages an hochwertigen Erdölprodukten vor«, lautete etwa eine Anweisung Berijas im Kontext des geplanten Ausbaus der Raffineriekapazität.[81] Das Brennstoffbüro legte der Aufforderung zwar noch eine kurze Begründung für die erachteten Defizite bei und zitierte den höchsten Neftjanik bereits wenige Tage später zur Diskussion der Angelegenheit in den Kreml. In wesentlichen Detailfragen überließen die Mitarbeiter Berijas die Initiative jedoch den Planungsstellen des Ministeriums. Innerhalb eines grob vorgegebenen und durch grundsätzliche Prioritäten und Investitionen begrenzten Rahmens hatten die Verwaltungsabteilungen des Minnefteprom auf diese Weise erheblichen Einfluss auf die Ausgestaltung der Erdölpolitik.[82]

Das Ministeriumskollegium selbst war gleichsam in den Nachkriegsjahren infolge des Bedeutungszuwachses des Erdöls einem massiven Wachstum

79 GARF. f. R5446, op. 51a, d. 1247, l. 70.

80 Dazu etwa für das Jahr 1951 den Entwurf Bajbakovs, in: GARF, f. R5446, op. 80a, d. 2618, ll. 83–79; für das Jahr 1952 ebd., op. 81b, d. 2509, ll. 54–34; für das Jahr 1953 ebd., op. 86a, d. 2911, ll. 53–37. Zur Relevanz der Jahrespläne Gregory: Political Economy, S. 190 f.; Zaleski: Stalinist Planning, S. 500–502.

81 GARF, f. R5446, op. 80a, d. 2595, l. 4.

82 Dies war keineswegs nur im Erdölsektor der Fall, wie verschiedentlich bereits festgestellt werden konnte, etwa in Gregory: Political Economy, S. 129–132; Dunmore: Stalinist Command Economy, S. 8–15, S. 143 f., Huzinec, George A.: Soviet Decision Making in Regional Planning and its Potential Impact on Siberian Resource Exports, in: Jensen et al. (Hg.): Soviet Natural Resources, S. 124–132, hier S. 125.

ausgesetzt, dem immer neue Abteilungen entsprangen. Im März 1951 bewilligte das Sovmin-Büro nach verschiedenen kleinen Änderungen im Zuge der regionalen Aufspaltung und Wiedervereinigung einen erheblichen Ausbau des Ministerialapparates, um den gestiegenen Anforderungen im Erdölsektor und den weitreichenden Plänen vor allem bezüglich des Raffineriebaus gerecht zu werden.[83] Die Zahl der im Führungskollegium vertretenden Stellvertreter und Abteilungsleiter stieg in diesem Kontext von sechzehn während des Krieges auf gut zwei Dutzend in den frühen 1950er Jahren. Ähnlich wie im Ministerrat koordinierten drei erste Stellvertreter die Arbeit des Minnefteprom und bildeten gemeinsam mit Bajbakov einen inneren Führungszirkel.[84] In beinahe wöchentlichen Sitzungen beriet allerdings das gesamte Kollegium über die Anforderungen und Möglichkeiten im Erdölsektor, diskutierte Planentwürfe oder aufgetretenen Probleme, von der Lebenssituation der Neftjaniki einzelner Trusts bis hin zu den langfristigen Entwicklungsmöglichkeiten des Erdölsektors.[85] Entscheidungen traf das Gremium keineswegs gemeinsam, vielmehr imitierte Bajbakov darin – wie viele seiner Kollegen – in mancher Hinsicht den Führungsstil Stalins: Bis auf wenige Unterbrechungen ließ er seine Stellvertreter jeweils der Reihe nach ihre Anliegen vortragen, um dann abschließend Position zu beziehen und Anweisungen zu erteilen.[86]

83 GARF, f. R5446, op. 81b, d. 2529, l. 14. Zu den vorherigen Strukturveränderungen Campbell: Economics of Soviet Oil, S. 23–36.

84 Zu den Zahlen für 1942 siehe Veterany 21 (2008), S. 39, Fußnote 1. 1950 waren es 24 Personen gemäß GARF, f. R5446, op. 80a, d. 2547, l. 32. Offiziell wurde das Kollegium des Ministeriums sowohl 1939 als auch 1948 auf 13 Personen festgelegt (Postanovlenie SNK SSSR Nr. 1685 ot 12.10.1939. O Kollegii Narodnogo Komissariata Neftjanoj Promyšlennosti Sojuza SSR, in: SP SSSR (1939) 55, S. 534; Postanovlenie SovMina SSSR Nr. 4842 ot 28.12.1948. Voprosy Ministerstva Neftjanoj Promyšlennosti, in: SP SSSR (1949) 1, S. 18). An den Kollegiumssitzungen nahmen allerdings in der Regel zusätzliche Führungskräfte teil. Durch die Umstrukturierung 1951 kamen weitere Stellvertreter hinzu, wenngleich keine exakten Zahlen vorliegen, dazu GARF, f. R5446, op. 81b, d. 2529, ll. 14–1.

85 1950 fanden beispielsweise 42 offizielle Kollegiumssitzungen statt, RGAE, f. 8627, op. 9, dd. 600–609.

86 Siehe dazu etwa RGAE, f. 8627, op. 9, d. 322, ll. 449–455 sowie ebd., d. 383, ll. 3–46. Für die Jahre nach 1947 liegen aufgrund verschärfter Geheimhaltungsvorschriften nur wenige Protokolle vor, die nicht unter die höchste Geheimhaltungsstufe fielen, sodass eine Untersuchung etwaiger Differenzen an dieser Stelle ausbleiben muss. Die inzwischen deklassifizierten Akten konnten infolge einer Umstrukturierung der RGAE-Bestände nicht eingesehen werden. Die Spiegelung des Führungsstils Stalins auf dem untergeordneten Ebenen war keineswegs ungewöhnlich: Gregory, Paul R./Markevich, Andrei: Creating Soviet Industry: The House That Stalin Built, in: Slavic Review 61 (2002) 4, S. 787–814; Lazarev, Valery/Gregory, Paul R.: The Wheels of a Command Economy: Allocating Soviet Vehicles, in: Economic History Review 55 (2002) 2, S. 324–348.

Allerdings spiegelte in der sowjetischen Planwirtschaft nahezu jede administrative Ebene die nächsthöhere in ihrer Funktionsweise, wie Paul Gregory hinlänglich aufzeigen konnte. Von internen Differenzen ist entsprechend auszugehen: Über 20 Glavki (Glavnye Upravlenija, Hauptverwaltungen) für unterschiedlichste Aufgaben und Regionen bestanden Anfang der 1950er Jahre, die wiederum in Untereinheiten aufgeteilt waren.[87] Von Moskau aus koordinierten die Glavki einzelne Ressorts wie etwa die Planungstätigkeit oder das Budget des Ministeriums, den bracheninternen Maschinenbau, die Erdgasproduktion oder die Erdölförderung. Hinzu kamen mehr als zehn Kombinate, welche für die Administration in den verschiedenen Regionen zuständig und ihrerseits in zahlreiche lokale Trusts unterteilt waren.[88] In Anbetracht der häufigen Versorgungsengpässe und der Ressourcenknappheit der sowjetischen Nachkriegswirtschaft waren Verteilungskämpfe und Meinungsverschiedenheiten in einer derart heterogenen Interessenssphäre sicherlich an der Tagesordnung.

Interne Konflikte zwischen einzelnen Abteilungen oder über den Kurs des Ministeriums drangen infolge einer »verordnete[n] ›Konfliktlosigkeit‹«[89] gleichwohl nicht an die Öffentlichkeit, sondern wurden allenfalls bilateral über die jeweiligen Vorgesetzten ausgetragen. Nach außen hin agierte das Ministerium in der Kommunikation mit dem Brennstoffbüro und mit Berija als Einheit, deren Akteure sich in erster Linie darum bemühten, die Pläne und Direktiven im Sinne der eigenen Vorstellungen zu gestalten – im stetigen Tauziehen mit den anderen ebenfalls nach zusätzlichen Ressourcen verlangenden Brennstoffzweigen und den Parteispitzen der Regionen, die stets die größte Aufmerksamkeit des Ministeriums verlangten.[90] Da im Angesicht der strategischen Bedeutung des Erdöls die Notwendigkeit zusätzlicher Förder- und Raffineriekapazitäten inzwischen weitgehend unumstritten war, waren die Vertreter des Minnefteprom zumin-

87 Gregory: Political Economy, S. 156 und S. 275–288. Wenngleich keine genauen Zahlen vorliegen, existierten Anfang der 1950er Jahre mehr Glavki als je zuvor. Viele wurden kurz nach Stalins Tod aufgelöst, vgl. Rossijskij Gosudarstvennyj Archiv Ėkonomiki (Hg.): Putevoditel'. I. Kratkij spravočnik fondov, Moskva 1994, S. 18–247.

88 Bei Igolkin: Neftjanaja politika (1940–1950), S. 219–223 findet sich eine detaillierte Beschreibung für das Jahr 1942, in den Nachkriegsjahren kamen weitere Kombinate und Trusts hinzu. Andere Ministerien waren ähnlich aufgebaut, vgl. etwa Arakelian, A.: Industrial Management in the USSR (Current Soviet Thought), Washington, D.C. 1950, S. 108–111.

89 Gestwa: Großbauten, S. 177 f.

90 GARF, f. R5446, op. 49a, d. 829, l. 182; ebd., op. 80a, d. 2195, ll. 41–36; ebd., op. 81b, d. 2514, l. 69; RGAE, f. 4372, op. 48, d. 554, ll. 175–176. Zu Konflikten zwischen Ministerium und Regionalkadern umfassend der folgende Abschnitt.

dest in diesem Punkt deutlich im Vorteil gegenüber den Fürsprechern anderer Energieträgerbranchen.

Nachdem der Ministerrat allerdings über größere Projekte oder Pläne entschieden hatte, benötigten selbst kleinste Korrekturen die Zustimmung des höchsten Regierungsorgans und der Planungsagenturen.[91] Ende 1948 bat Bajbakov Berija beispielsweise um eine Genehmigung, verschiedene erschöpfte oder aus technischen Gründen nicht mehr nutzbare Bohrlöcher stillzulegen. Wenngleich der Betriebsstopp der entsprechenden Förderanlagen nicht nur aus Kostenperspektive nachvollziehbar scheint, findet sich der Brief in den Gosplan-Archiven wieder – folglich zog das Brennstoffbüro in dieser Angelegenheit zunächst die Planungsbehörde hinzu, bevor eine Entscheidung getroffen wurde.[92]

Die Konsultation der nächsthöheren Ebene wurde für das Ministerium so zur Alltäglichkeit. Bereits Ende Januar 1952 zeichnete sich ein weiteres Mal ab, dass die Planerfüllung der kaukasischen Öltrusts trotz der keinesfalls ambitionierten Vorgaben nicht gewährleistet werden konnte, während die Bereitstellung der Fehlmengen problemlos im Zweiten Baku möglich war. Obwohl nur einige tausend Tonnen Treibstoff betroffen waren – ein Bruchteil der eigenen Produktion und weit weniger, als etwa aus Rumänien importiert wurde –, betrachtete die sowjetische Regierung die Angelegenheit als bedeutsam. Für entsprechende Änderungen benötigte das Minnefteprom zunächst die Genehmigung des Ministerrates und seiner Planungsagenturen: Sowohl die regionalen Plankorrekturen bezüglich der Förderquoten als auch die daraus resultierenden Veränderungen bei der Verarbeitung des Rohstoffes, welche durch die unterschiedliche Zusammensetzung der verschiedenen Erdölsorten notwendig wurden, erforderten die Konsultation der höchsten Regierungsorgane.[93] Nicht nur in diesem Fall zog der Ministerrat zur Bestätigung der Korrekturen sogar Stalin hinzu, obwohl diese explizit »im Großen und Ganzen ohne eine Änderung des Planes zur Förderung von Erdöl und Erdgas« vorgenommen werden sollten.[94] Dabei spielte es keine Rolle, dass das Grundproblem der hinter den Erwartungen zurückblei-

91 Es ist unklar, ob die Konsultation des Sovmin in allen Fällen obligatorisch war oder ob diese der verbreiteten Neigung entsprang, Entscheidungen an den Vorgesetzten zu delegieren, dazu Gregory/Harrison: Allocation under Dictatorship, S. 753. In der Praxis jedoch finden sich in den Archiven des Brennstoffbüros zahllose Bitten des Erdölministeriums, verschiedene Maßnahmen offiziell abzusegnen.

92 RGAE, f. 4372, op. 49, d. 424, l. 31. Die daraus resultierende Entscheidung liegt nicht vor.

93 GARF, f. R5446, op. 86a, d. 2516, ll. 19–9.

94 GARF. f. R5446, op. 81b, d. 2333, ll. 27–16, Zitat l. 27.

benden kaukasischen Bohrtürme bereits in der Jahresbilanz des Ministeriums für 1951 thematisiert worden war. Die entsprechenden Bemerkungen hatten lediglich die Mahnung zur Folge gehabt, Bajbakov möge »Maßnahmen ergreifen zur Gewährleistung der Planerfüllung«.[95]

Zugleich hatte auch Bajbakov durchaus Möglichkeiten, bei unliebsamen Entscheidungen des Ministerrates zu intervenieren. In den ersten Nachkriegsjahren stand der Neftjanik in regelmäßigem telefonischem Kontakt mit Stalin, der in verschiedenen Angelegenheiten vor seiner Unterschrift unter ein Sovmin-Dekret Bajbakovs Sichtweise hören wollte.[96] In wenigen strittigen Fragen wandte sich der Erdölminister unter Umgehung Berijas sogar an andere Regierungsmitglieder, um seine Position durchzusetzen. Als der Ministerrat 1949 die Errichtung eines Zulieferbetriebes für im Raffinerieprozess benötigte Chemikalien innerhalb der Strukturen des Erdölministeriums ins Auge gefasst hatte, schrieb Bajbakov an Malenkov, um den Entscheid abzuwenden: Nicht nur seien die ihm unterstellten Bauunternehmen bereits vollends ausgelastet, auch sei das Ministerium für die chemische Industrie allein aufgrund der dort vorhandenen Expertise besser geeignet, das Projekt zu übernehmen.[97]

Berija seinerseits reagierte Bajbakov zufolge äußerst ungehalten, wenn seine Kontrollfunktion auf diese Weise ausgehebelt wurde, und bemühte sich auch nach der Auflösung des Brennstoffbüros noch um größtmöglichen Einfluss im Erdölsektor.[98] Allzu oft, das zeigen die eingegangenen Briefe an den Ministerrat, wollte Bajbakov seinen Vorgesetzten wenigstens auf offiziellem Wege nicht düpieren. Anders als in den Jahren vor seiner Amtsführung, in denen die ausgehende Korrespondenz des Ministeriums häufig auch an Molotov oder unpersönlich an den Sovnarkom als Institution gerichtet war, wandte sich der Neftjanik bei wichtigeren Anliegen mit Bezug zur Entwicklung des

95 GARF, f. R5446, op. 86a, d. 2432, ll. 26–18.

96 Bajbakov: Neftjanoj front, S. 41.

97 RGAE, f. 4372, op. 49, d. 424, l. 269; dazu auch Igolkin: Neftjanaja politika (1940–1950), S. 228 f.

98 Was in der Aussage Bajbakovs anlässlich der Verurteilung Berijas zwar negativ erscheinen soll, entsprach zumindest bis zum Frühjahr 1951 tatsächlich seiner offiziellen Funktion als Leiter des Brennstoffbüros und selbst in den Folgejahren ist zumindest nicht zu erkennen, dass Bajbakov von der theoretischen Möglichkeit zur Korrespondenz mit anderen Sovmin-Mitgliedern übermäßigen Gebrauch gemacht hätte. RGANI, f. 2, op. 1, d. 32, ll. 1–85, abgedruckt in: Naumov et al. (Hg.): Lavrentij Berija, S. 213.

Erdölsektors selbst in den Monaten nach Stalins Tod noch nahezu ausnahmslos an Berija.[99]

Wenngleich Bajbakov wohl nicht als Protegé Berijas gewertet werden kann,[100] so hatten beide spätestens ab 1947 ein starkes gemeinsames Interesse: dem Erdölsektor mehr Mittel und Ausrüstung zur Verfügung zu stellen, um die Treibstoffversorgung der Sowjetunion endlich in Einklang mit dem Verbrauch bringen zu können.[101] Auf welche Weise dieser angestrebte Aufstieg der sowjetischen Erdölproduktion vonstattengehen sollte und welche Prioritäten dabei im Vordergrund standen, war keineswegs abschließend geklärt. Aus diesem Grund machten sich unzählige Regionalkader das unbedingte Streben der Regierung nach zusätzlichen Rohstoffreservoiren und Fördermöglichkeiten zunutze: Sie hofften, den Macht- und Verteilungspoker mithilfe des Erdöls zu ihren Gunsten entscheiden zu können.

Das Ministerium und die Regionen

Schon Ende der 1920er Jahre hatte sich unter den regionalen Parteieliten in den Regionen des späteren Zweiten Baku im Kontext der Prognosen Gubkins eine gewisse Euphorie verbreitet. Die erhofften Reichtümer versprachen, den Blick der Politbüromitglieder gen Osten zu lenken und die Industrialisierung in den entsprechenden Gebieten zu beschleunigen. Auf diese Weise, so hatten es sich die regionalen Parteiführungen erhofft, hätten sie ihr politisches Gewicht in Moskau auf ein mit Baku, Groznyj oder sogar dem Donbass vergleichbares Niveau erhöhen können.[102]

Infolge der ausbleibenden Erfolge in den frühen 1930er Jahren waren die Stimmen zugunsten einer schnellstmöglichen Erschließung jedoch bald verstummt. Ohne die Entdeckung größerer Vorkommen hatten die Vertreter der

---

99 Nur einige wenige Briefe Bajbakovs an die Regierung sind formlos an das Büro bzw. Präsidium des Ministerrates gerichtet, diese gelangten intern dann aber meist trotzdem in Berijas Hände.

100 Mawdsley/White: Soviet Elite, S. 119–126.

101 Auch unabhängig des Erdöls vertrat Berija in den Nachkriegsjahren durchaus erfolgreich die Interessen »seiner« Ministerien gegenüber denen seiner Mitstreiter. Chruščëv zufolge trug diese Kompromisslosigkeit letztlich auch zum Zerwürfnis mit Voznesenskij bei, welcher eine ausgeglichenere Verteilung der Mittel zwischen den verschiedenen Branchen anstrebte. Kirstein, Tatjana: Die Rolle der KPdSU in der Wirtschaftsplanung. 1933–1953/55 (Philosophische und Soziologische Veröffentlichungen 23), Berlin 1985, S. 116 f.; Chruščëv, Nikita S.: Chruschtschow erinnert sich, hg. v. Margaret Carroux/Strobe Talbott, Reinbek 1971, S. 255.

102 Igolkin: Neftjanaja promyšlennost' (1921–1928), S. 69; Romanovskaja, O. A.: Pervoe desjatiletie permskoj nefti (1929–1939 gg.), in: Alekperov (Hg.): Neft' strany Sovetov, S. 351–365, hier S. 355–357.

neueren Fördergebiete den kaukasischen Erfolgsversprechungen nur wenig entgegenzusetzen. Erst Ende der 1930er Jahre entstand im Zuge der Beschlüsse zum Aufbau eines Zweiten Baku erneut eine gewisse Aufbruchstimmung unter den verantwortlichen Parteikadern. Hinsichtlich der im Zuge der Kriegsvorbereitungen geltenden Prioritäten, der nach wie vor schwammigen Kenntnisse über die Erdölreichtümer zwischen Volga und Ural und der Nachwirkungen des Großen Terrors verzichteten die Akteure jedoch darauf, die Neuordnung im Erdölsektor erneut allzu laut zu thematisieren.[103] Eher allgemein kritisierten die Regionalvertreter ihre weitgehende Ohnmacht im Umgang mit den Moskauer Behörden, deren infolge des Terrors deutlich gewachsener Autorität sie nur wenig entgegenzusetzen hatten.[104] Die erodierte Machtposition der lokalen Partei- und Verwaltungskader hatte das Erdöl als potentielles Argument im planwirtschaftlichen Verteilungskampf entwertet, an welchem die politischen Institutionen vor Ort kaum noch beteiligt waren.

Zehn Jahre später hatte sich die Ausgangslage weitgehend verändert. Der Krieg hatte den Anteil der östlichen Regionen an der wirtschaftlichen Produktion insgesamt deutlich erhöht, und wenngleich sich das Zweite Baku in dieser Zeit keineswegs bereits als endgültige Alternative präsentieren konnte, waren bedeutende Fortschritte erzielt worden.[105] Gerade die immer neuen Funde weiterer Erdölvorkommen jenseits der Volga boten einen tatsächlichen Anlass zur Euphorie, der in den Zwischenkriegsjahren nicht gegeben war. Zugleich war die Fokussierung des Moskauer Regierungsapparates auf die Kriegsführung und die Versorgung der Roten Armee in den Regionen fernab der Front mit einer erneuten Dezentralisierung einhergegangen, welche den Zuständigkeitsbereich der Provinzkader ausgedehnt hatte. Durch die Säuberungen im Umfeld der Leningrader Affäre erhielt die vorübergehende Teilautonomie der Regionen zwar einen deutlichen Dämpfer, welcher die einst mächtige Parteiorganisation der Neva-Metropole bis ins Mark erschütterte. Ein erneuter Rundumschlag vom Ausmaß des Großen Terrors blieb den meisten regionalen Parteileitungen aber erspart, sodass diese als Kontroll- und Vollstreckungsinstanzen vor Ort

103 Der Kujbyšever Parteisekretär Nikolaj Ignatov gestand auf dem XVIII. Parteitag etwa ein, dass die Arbeiten zur Erdölförderung bisher »noch äußerst schlecht« liefen, und auch andere Redner aus dem Gebiet verwiesen eher auf das vorherige Scheitern denn auf das mögliche Potential der Region. XVIII s"ezd VKP(b), S. 344 und S. 377.

104 Rees, Edward A.: The Great Purges and the XVIII Party Congress of 1939, in: Edward A. Rees (Hg.): Centre-Local Relations in the Stalinist State, 1928–1941 (Studies in Russian and East European History and Society), Basingstoke 2002, S. 191–211, hier S. 194–208.

105 Siehe dazu Kapitel 4 und 5.

auch weiterhin eine ernstzunehmende Komponente in der sowjetischen Wirtschaftspolitik darstellten.[106]

Die regionalen Vertreter sahen es mit zunehmenden Fortschritten bei den Wiederaufbauarbeiten als ihre Pflicht, in Moskau für die Interessen ihres Einflussbereiches zu werben. Zugleich förderte die Regierung aufgrund des fortdauernden Treibstoffmangels ab 1946 lokal verortete Initiativen zur Steigerung der Produktion: Mithilfe von Bonuszahlungen, die sich an der Menge des produzierten Rohöls orientierten, sollte fortan insbesondere in der RSFSR das Engagement der regionalen Parteieliten stimuliert werden.[107] Das Machtgefüge zwischen den Erdölregionen hatte sich ohnehin im Verlauf der 1940er Jahre und besonders nach 1947 fundamental gewandelt. Die wiederholten Planerfüllungsdefizite der kaukasischen Fördertrusts forderten ihren Tribut und lieferten immer weniger plausible Argumente für einen größeren Anteil an den Neuinvestitionen. Die zumindest partielle Resignation infolge des eigenen Scheiterns spiegelt sich in den Korrespondenzen des Brennstoffbüros klar wider: Unmittelbar nach Kriegsende hatten in erster Linie die Parteivertreter der traditionellen Förderregionen, gestützt auf die Produktionsmengen der Zwischenkriegszeit, durchaus erfolgreich eine Rückbesinnung bei der Verteilung der Investitionen gefordert.[108] Als die erhofften schnellen Erfolge ausblieben, bekräftigten diese ihre bedingungslose Ergebenheit gegenüber der Überwindung des Treibstoffmangels. So leitete die Groznyjer Führung einen Geschäftsbericht für das Jahr 1946 etwa damit ein: Die lokale Partei-

106 Zubkova, Elena J.: The Soviet Regime and Soviet Society in the Postwar Years. Innovations and Conservatism, 1945–1953, in: Journal of Modern European History 2 (2004) 1, S. 134–152, hier S. 138; Gestwa: Großbauten, S. 143–145; Subkowa, Jelena: Kaderpolitik und Säuberungen in der KPdSU (1945–1953), in: Hermann Weber/Ulrich Mählert (Hg.): Terror. Stalinistische Parteisäuberungen 1936–1953, Paderborn et al. 1998, S. 187–236; Hill, Ronald J.: The Development of Soviet Local Government since Stalin's Death, in: Everett M. Jacobs (Hg.): Soviet Local Politics and Government, London 1983, S. 18–33, hier S. 20 f.; Breslauer, George W.: Provincial Party Leaders' Demand Articulation and the Nature of Center-Periphery Relations in the USSR, in: Slavic Review 54 (1986) 4, S. 650–672, hier S. 653 f.; Dunmore: Stalinist Command Economy, S. 61–63. Eine detaillierte quellenbasierte Untersuchung zum Einfluss regionaler Parteikader steht für den Nachkriegsstalinismus gleichwohl noch aus. Für die 1930er Jahre umfassend Rees, Edward A. (Hg.): Centre-Local Relations in the Stalinist State, 1928–1941 (Studies in Russian and East European History and Society), Basingstoke 2002.

107 Ein Verweis darauf findet sich in GARF, f. R5446, op. 48a, d. 619, l. 1. Inwieweit auch in anderen Regionen entsprechende Prämien gezahlt wurden, geht aus dem Dokument nicht hervor, ist aber anzunehmen. Im Dokument bemüht sich etwa die ukrainische Parteielite um eine Anwendung auch in der Ukrainischen SSR.

108 Siehe Kapitel 6.1.

organisation »lebt vom Erdöl und betrachtet den Kampf um das Erdöl als ihre Hauptaufgabe.«[109]

Aufgeben wollten die Nordkaukasier trotz aller Probleme nicht. Unter Umgehung nicht nur Bajbakovs, sondern auch Berijas wandten die Parteivertreter sich kurze Zeit später mit einem umfassenden Hilfsgesuch an den Leningrader Parteigranden Ždanov und dessen Protegé, Aleksej Kuznecov – die von Stalin kurz zuvor als Gegengewicht zu Berija und Malenkov im Zentrum der Macht etabliert worden waren.[110] In einem anderen Fall wandte sich der zuständige Parteisekretär, Pëtr Čeplakov, direkt an Stalin mit seiner Bitte um zusätzliche Ressourcen für die Groznyjer Erdölindustrie. Das mit zahllosen Versprechungen bezüglich zusätzlicher Fördermöglichkeiten garnierte Schreiben erregte im Sekretariat des ZK einige Aufmerksamkeit.[111] Wenngleich beide Vorstöße letztlich an das Brennstoffbüro weitergeleitet und dort bearbeitet wurden, zeugt die Auswahl der Ansprechpartner von einer gewissen Unzufriedenheit mit den vom Minnefteprom und vom Brennstoffbüro gesetzten Prioritäten. Čeplakov konnte langfristig allerdings nicht von seinem Schachzug profitieren. Im Sommer 1949 wurde er seines Postens enthoben und, wie viele andere mit engeren Kontakten zur Leningrader Parteiorganisation, zum Studium an die Parteihochschule geschickt.[112] Soweit ersichtlich trat sein Nachfolger weniger offensiv auf: Nach Absetzung Čeplakovs verstummten die Forderungen nach zusätzlicher Aufmerksamkeit.

Mit konkreten Unterstützungsanfragen aus Aserbaidschan hatte das Brennstoffbüro sich hingegen bereits ab 1946 kaum noch zu befassen, vielmehr präsentierte sich in erster Linie Bajbakov als Initiator verschiedener Hilfsmaßnahmen zur Wiederherstellung der alten Größe.[113] Einige sowjetische Historiker schrieben dem Erdölminister – wie auch seinem ersten Stellvertreter Evseenko – für die späten 1940er und frühen 1950er Jahre deshalb einen erheblichen Anteil an der Nachkriegsentwicklung der aserbaidschanischen Erdölindustrie

109 RGASPI, f. 17, op. 88, d. 732, l. 24, zitiert nach Igolkin: Neftjanaja politika (1940–1950), S. 228.

110 GARF, f. R5446, op. 49a, d. 772, ll. 155–148. Zu Ždanov und Kuznecov, deren Rivalität zu Berija und Malenkov letztlich in der Leningrader Affäre mündete: Chlevnjuk: Sowjetische Wirtschaftspolitik, S. 1039 f.

111 GARF, f. R5446, op. 80a, d. 2321, ll. 51–49.

112 Hirschkowitz, Nafthali: Spravočnik po istorii Kommunističeskoj partii i Sovetskogo Sojuza 1898–1991. Čeplakov, Pëtr Fëdorovič, online verfügbar unter: http://www.knowbysight.info/ChCC/04213.asp [17.12.2016]; Adibekov et al. (Hg.): Povestki dnja zasedanii, Bd. 3, S. 599. Zur Verbannung anderer Leningrader ins Studium: Subkowa: Kaderpolitik und Säuberungen, hier S. 208.

113 Etwa in GARF, f. R5446, op. 80a, d. 2188, ll. 50–52; ebd., op. 50a, d. 949, l. 180 und ll. 84–82.

zu, während sie in den östlichen Regionen eher die Rolle der lokalen Akteure hervorhoben.[114] Noch auf dem XIX. Parteitag, der zahlreiche Ovationen für die rasanten Erfolge beim Aufbau des Zweiten Baku mit sich brachte, richtete Bajbakov die Aufmerksamkeit auf die Vernachlässigungen der kaukasischen Förderregionen, welche er als »ernsthafte, für eine Vorwärtsbewegung [des Industriezweiges] hinderliche Fehler« anprangerte.[115] Wie im Sommer 1949 die Berufung Bagirovs in die Kommission zur Gestaltung des Zehnjahresplanes verrät, hatten die Vertreter Bakus selbst ohne die Patronage Bajbakovs genügend Einfluss und verfügten über informelle Kanäle, um den politischen Prozess beeinflussen zu können. Ab den späten 1940er Jahren waren es dennoch die Vertreter der östlichen Förderregionen, die vermehrt den Kontakt zu Berija suchten.

Als dem Parteisekretär der Kasachischen SSR, Žumabaj Šajachmetov, im Sommer 1949 die vom Minnefteprom ergriffenen Maßnahmen nicht weit genug gingen und Bajbakov ein beschleunigtes Vorgehen ablehnte, wandte er sich direkt an die übergeordnete Ebene, um seinen Vorstellungen Gehör zu verschaffen. Die schnellstmögliche Personalaufstockung in zwei Fördergebieten, so sein Argument, könne zu einer deutlichen Produktionssteigerung in Kasachstan führen. Obgleich die Mitarbeiter des Brennstoffbüros sich klar auf der Seite der Zentralbehörden positionierten und ebenso wie Bajbakov eine Ablehnung des Vorschlags empfahlen, endete der regionale Vorstoß mit einem Kompromiss, der in Teilaspekten ein Entgegenkommen signalisierte.[116]

Der grundlegende Konflikt um die weitere Vorgehensweise bei der Erschließung des kasachischen Erdöls blieb jedoch auch im Folgejahr bestehen. Die vom Erdölministerium geplante und von der sowjetischen Regierung per Dekret abgesegnete interne Fünfjahresplanung für den Sektor sah für die zentralasiatische Sowjetrepublik zwar eine Verdoppelung der Produktionskapazitäten bis 1955 vor, reichte den lokalen Parteigranden aber trotzdem nicht aus. Die Führungsebene des Minnefteprom hingegen erachtete eine weitere Beschleunigung der ohnehin geplanten Baumaßnahmen als wenig zielführend, da infolge fehlender

114 Vajner, et al.: Krutoj pod"em, hier S. 91–93. Im Vorwort der Erinnerungen Bajbakovs wird gleichsam die Bedeutung des Neftjaniks für Aserbaidschan (und das Zweite Baku) hervorgehoben: Bajbakov: Ot Stalina do El'cina, S. 6 f.

115 Die Rede ist publiziert in Pravda 285, 11.10.1952, S. 3–4, Zitat S. 4.

116 GARF, f. R5446, op. 51, d. 214, l. 144. Die genaue Lösung ist nicht vermerkt, allerdings ist auf dem Dokument handschriftlich ein Dekret erwähnt, in welchem einzelne Punkte geregelt wurden. Darüber hinaus verweist der zuständige Mitarbeiter des Brennstoffbüros auf anstehende Maßnahmen im Zusammenhang mit dem Zehnjahresplan.

infrastruktureller Grundlagen selbst durch einen erheblichen Mehraufwand nur geringe Erfolge zu erwarten seien.[117] Einige der aus der Region geforderten Maßnahmen, so der als erster Stellvertreter Bajbakovs damit befasste Evseenko, könnten schlichtweg nicht geleistet werden, ohne die prosperierende »Entwicklung manch einer Erdölregion« einzudämmen. Außerdem seien einige der angeregten Bauvorhaben darüber hinaus nicht notwendig.[118] Die in Kasachstan verorteten Reserven erachteten die Ministerialvertreter offensichtlich als zu gering, um den aus der Region geforderten Mehraufwand zu rechtfertigen. Wenngleich das Protokoll der Sovmin-Präsidiumssitzung vom 4. Juli 1950, in welcher die Angelegenheit thematisiert wurde, nicht vorliegt, setzte sich das Ministerium mit dieser zögernden Haltung durch: Im 1952 verabschiedeten Fünfjahresplan war schließlich für die Kasachische SSR nur eine geringfügige Produktionssteigerung vorgesehen, die sogar den ursprünglich von den Moskauer Behörden angestrebten Ausbau in Frage stellte.[119]

Grund für die Abfuhr der kasachischen Vertreter war nicht zuletzt eine andere Region, die in Moskau und vor allem bei Berija zunehmend Gehör fand. In besonderem Maße engagierte sich in diesem Kontext Muratov, der ab 1949 immer offensiver die Vorzüge des tatarischen Erdöls bewarb. Bereits im November 1948 schrieb der tatarische Parteisekretär an Berija und Malenkov mit der Bitte um zusätzliche Aufmerksamkeit für die Erschließung der dortigen Vorkommen, was innerhalb kürzester Zeit eine entsprechende Handlungsanweisung des Sovmin an Bajbakov zur Folge hatte. Wenngleich das Ministerium oder zumindest Evseenko die vorgeschlagenen Maßnahmen in diesem Fall sogar als sinnvoll erachtete,[120] hatte Muratov mit seiner Werbekampagne gerade erst begonnen. Nur wenige Wochen später initiierte er die nächste Bitte um unverzügliche Aufstockung der bereitgestellten Mittel, um die »schnellstmögliche« Erschließung der Region in die Wege zu leiten. Die vorherige Entdeckung Romaškinos diente ihm dabei als zusätzliches Argument, obwohl die genauen Ausmaße des Ölfeldes zu diesem Zeitpunkt keineswegs klar waren.[121]

Wie gezeigt wurde, bestand in den frühen 1950er Jahren ein weitreichender Konsens zwischen den betroffenen Zentralbehörden und den Regionalvertretern über die Notwendigkeit einer forcierten Erschließung des Zweiten Baku und speziell Tatarstans. Bezüglich der Geschwindigkeit dieser Entwick-

117 GARF, f. R5446, op. 80a, d. 2189, ll. 35–17.
118 GARF, f. R5446, op. 80a, d. 2189, ll. 33–31.
119 RGASPI, f. 558, op. 11, d. 148, l. 43.
120 GARF, f. R5446, op. 51a, d. 1280, ll. 3–1, ll. 17–15 und l. 35.
121 GARF, f. R5446, op. 51a, d. 1445, ll. 32–30.

lung gab es jedoch Differenzen. Bajbakov und das Minnefteprom bevorzugten eine ausgeglichene Entwicklung neuer Rohstoffreservoire, beginnend mit der Errichtung von Wohnraum und der benötigten Infrastruktur. Diese unmittelbar zu initiierenden Vorarbeiten würden innerhalb von zwei bis drei Jahren die Grundlage schaffen, um mit dem forcierten Abbau der Erdölvorkommen beginnen zu können.[122] Wenngleich der Minister die Vorteile der entdeckten Vorkommen im Volga-Ural-Gebiet keineswegs negierte und vielmehr ein erhebliches Potential für zusätzliche Funde prognostizierte, empfahl er zugleich, »besondere Aufmerksamkeit« auch auf jüngere Erfolge im Kaukasus und vor allem im Kaspischen Meer zu richten: Neft Daşları liefere nicht weniger als einen Beweis für die »Richtigkeit« des eingeschlagenen Kurses einer kontinuierlichen und ausgeglichenen Verteilung der Ressourcen auf alte wie neue Förderregionen.[123]

Im Sommer 1948 und auch zuvor hatte Berija ganz ähnlichen Einwänden des Ministeriums gegen eine überhastete Erschließung der Fördergebiete des Zweiten Baku noch nachgegeben,[124] nun hingegen hatte er seine Meinung offenbar geändert. »Angesichts der Unumgänglichkeit der schnellstmöglichen Entwicklung der Erdölförderung in Tatarstan« ergriff er die Position der regionalen Vertreter und legte Stalin ein Dekret zur Unterschrift vor, das den sofortigen Ressourcenabbau in den Vordergrund stellte. Das schließlich auch verabschiedete Dekret sah binnen Jahresfrist mehr als die Verdoppelung der Förderleistung vor, im Folgejahr waren die Absichten ähnlich ambitioniert. Die infrastrukturelle Erschließung der Region sollte gleichzeitig angegangen werden.[125]

Andere Vertreter der östlichen Förderregionen und in erster Linie des Zweiten Baku zogen alsbald nach und wandten sich ebenfalls an Berija. Ende Dezember 1950 konnte Sabir Vagapov, erster Sekretär des Baschkirischen Obkom, sogar den Leiter von Bašneft' von einem gemeinsamen Vorgehen überzeugen: In der Gewissheit, die Erdölförderung mit nur wenigen zusätzlichen Mitteln »beträchtlich steigern« zu können, warfen beide in einem Brief an Berija dem Erdölministerium vor, perspektivische Fragen in der Region »im Laufe der Jahre […] nur zum Teil gelöst zu haben«.[126] Die darin ebenfalls geäußerte Kritik an der unbefriedigenden und schlechter werdenden Versorgung mit Equip-

122 GARF, f. R5446, op. 80a, d. 2351, ll. 56–54.
123 GARF, f. R5446, op. 80a, d. 2574, l. 8.
124 Verschiedene Beispiele finden sich in GARF, f. R5446, op. 50a, d. 4622, etwa ll. 15–2. Ähnlich auch in ebd., op. 49a, d. 3782.
125 GARF, f. R5446, op. 80a, d. 2351, ll. 226–218 sowie ll. 200–199.
126 GARF, f. R5446, op. 81b, d. 2281, ll. 58–55.

ment lässt vermuten, dass die Bašneft'-Führung über die internen Kanäle keine Möglichkeit sah, die Situation zu verbessern – oder damit bereits gescheitert war. Berija hingegen sah auch in diesem Fall Handlungsbedarf und wies Bajbakov an, einen Vorschlag für geeignete Maßnahmen zu präsentieren. Der vorgelegte Entwurf spiegelte erneut die grundsätzliche Konfliktlinie zwischen dem Ministerium und dem Brennstoffbüro wider: Den darin vorgesehenen forcierten Infrastrukturausbau betrachteten die Mitarbeiter Berijas als »größtenteils bereits berücksichtigt im Volkswirtschaftsplan für das Jahr 1951« und entsprechend nicht mehr notwendig. Auch in anderen Punkten verweigerten die Sovmin-Angestellten die Zustimmung, sodass sie den Entwurf gleich mehrfach zur Überarbeitung zurückgaben.[127] Auf diese Weise wurde der Erdölminister zum Getriebenen der unentwegten Vorstöße der lokalen Akteure des Zweiten Baku, denen der Neftjanik infolge der Rückendeckung Berijas nur wenig entgegensetzen konnte.[128]

Bajbakov wagte es keineswegs, sich in dieser Angelegenheit offen gegen seinen Vorgesetzten zu stellen. Selbst im Rahmen des Prozesses gegen Berija im Juli 1953 kam er nicht umhin, ihm wesentliche Verdienste um den Aufstieg des Erdölsektors und vor allem des Zweiten Baku in den Nachkriegsjahren zuzugestehen. Allerdings kritisierte er in diesem Rahmen die »erhebliche Überdehnung der Kräfte«, die mit der forcierten Erschließung Baschkiriens und Tatarstans einhergegangen war und welche das Ministerium nun vor weitreichende Probleme stellte.[129] In den folgenden Jahren, so der Grundtenor der nur eingeschränkt als Anklage interpretierbaren Rede Bajbakovs, müssten die Prioritäten verschoben und die Versäumnisse beim Infrastrukturaufbau dringend korrigiert werden.

Trotz der offensichtlichen Versäumnisse – 1950 standen beispielsweise in Tatarstan für 25.000 Neftjaniki mit ihren Familien in den Unterkünften des Erdölministeriums anstelle der veranschlagten 4 Quadratmeter pro Person insgesamt gerade einmal 17.000 Quadratmeter Wohnfläche zur Verfügung[130] – beförderte

127 GARF, f. R5446, op. 81b, d. 2281, ll. 85–59, Zitat ll. 84–83.

128 Teilweise waren die regionalen Akteure sogar weit besser informiert als Bajbakov, sodass dieser infolge des Informationsdefizites in die Defensive gedrängt werden konnte, vgl. Slavkina: Bajbakov, S. 67 f. In anderen Fällen wurde das Ministerium von Berija vor vollendete Tatsachen gestellt, Kurjatnikov: Stanovlenie neftjanogo kompleksa, Bd. 1, S. 247 f.

129 RGANI, f. 2, op. 1, d. 32, ll. 1–85, abgedruckt in Naumov et al. (Hg.): Lavrentij Berija, S. 214–216. Anzumerken ist, dass Bajbakov die Verdienste Berijas trotz der offenkundigen Differenzen nicht per se, sondern in erster Linie dessen vermeintlichen Motive kritisierte: das individuelle Streben nach Macht statt des Wohles der Volkswirtschaft.

130 RGAE, f. 8627, op. 9, d. 611, l. 289. Hinzu kamen weitere Probleme: Filtzer: Workers and Late Stalinism, S. 94.

die Fokussierung Berijas auf Fördermengen die Mythisierung des Zweiten Baku: Bereits auf dem XIX. Parteitag glorifizierten zahlreiche Redner die Region, deren Aufstieg zur »neue[n], […] größte[n] Erdölbasis des Landes« bereits 1934 von Stalin persönlich vorausgesehen und in Auftrag gegeben worden sei.[131]

Selbst solche Regionen, die zuvor von erheblichen Kohlereserven profitiert hatten, erhofften sich einen Anteil am neuen Erdölrausch. Der Parteisekretär des Kemerovsker Obkom, in dessen Zuständigkeit mit einem der bis heute größten Kohlereviere der Welt ein bolschewistisches Prestigeprojekt und einstiger Stolz der Parteielite fiel, schloss sich den Bittstellern ebenfalls an: Im Sommer 1951 beklagte er sich bei Malenkov, dass vonseiten des Minnefteprom nicht genug unternommen worden sei, um vermutete Erdölvorkommen im Kuzbass genauer zu untersuchen.[132] Nach Konsultation Bajbakovs, der offensichtlich kein allzu großes Interesse am vermeintlichen Treibstoffpotential der Region hatte, folgte sogar tatsächlich eine von Stalin unterzeichnete Rüge des Sovmin, welche die angeprangerte Vernachlässigung verifizierte.[133]

Der flüssige Brennstoff gewann so nicht zuletzt aufgrund des erheblichen Investitionsanstiegs in diesem Sektor eine überregionale Strahlkraft, die vom rasanten Aufschwung des Zweiten Baku getragen wurde. Das Hauptaugenmerk der sowjetischen Erdölpolitik lag zu Beginn der 1950er Jahre allerdings immer offensichtlicher auf den Fördergebieten zwischen Volga und Ural. Andere Regionen wie der Kuzbass, in denen nie auch nur kleinere Vorkommen entdeckt wurden, erhielten im Verhältnis zum Gesamtbudget allenfalls marginale Investitionen zugewiesen. Erst Jahre später, als auch in Sibirien gigantische Erdölreservoire nachgewiesen werden konnten, etablierten sich ernstzunehmende Opponenten im Wettstreit um die Ressourcen des Erdölsektors.[134]

---

131 Pusanow, A. M.: Glänzende Perspektiven durch den neuen Fünfjahrplan. Aus der Rede des Genossen A. M. Pusanow (Gebiet Kujbyschew), in: Diskussionsreden auf dem XIX. Parteitag der KPdSU(B). 5. bis 14. Oktober 1952, Berlin 1952, S. 64–70, hier S. 65.

132 GARF, f. R5446, op. 81b, d. 2540, ll. 7–6. Zum Kuzbass als ›Zweiter Donbass‹: Penter, Tanja: Der »neue sozialistische Donbass« und der Aufstieg des Bergmanns zur kulturellen Leitfigur, in: Tanja Penter (Hg.): Sowjetische Bergleute und Industriearbeiter. Neue Forschungen (= Mitteilungsblatt des Instituts für soziale Bewegungen. Forschungen und Forschungsberichte 37 (2007) 1), Essen 2007, S. 81–95, hier S. 86.

133 GARF, f. R5446, op. 81b, d. 2540, ll. 69–66.

134 Zum Aufstieg der sibirischen Parteikader in den späten 1960er Jahren im Poker um Investitionen umfassend Chung, Han-ku: Interest Representation in Soviet Policymaking. A Case Study of a West Siberian Energy Coalition (Westview Special Studies on the Soviet Union and Eastern Europe), Boulder CO et al. 1987. Zugleich gingen einige Regionen dazu über, durch Schrägbohrungen auch Vorkommen außerhalb ihres Territoriums anzuzapfen, vgl. Adelman: World Petroleum Market, S. 44.

Erdöl im Überfluss

Auch ohne wirkliche Konkurrenz aus anderen Regionen erwiesen sich die beschleunigten Erschließungspläne für das Zweite Baku als Mammutaufgabe. Es dauerte nicht lang, bis die Konzentration auf Produktionsziffern zum Problem wurde. Bereits im Januar 1952 klagte Bajbakov über fehlende Kapazitäten zum Abtransport des geförderten Erdöls im Zweiten Baku, da der vorgesehene Ausbau der Transportinfrastruktur in keinem Verhältnis zu den rasant steigenden Rohstoffmengen stand.[135] Auch die Versorgung der Fördergebiete und die Bereitstellung von Wohnraum blieben immer weiter zurück. Wenngleich Bajbakov sich in den Planungen für eine nachhaltigere und umfassende Erschließung der Rohstoffvorkommen vor allem Tatarstans ausgesprochen hatte, hatte sein Ministerium vor Ort wenig dazu beigetragen, den auf Fördermengen fokussierten Planerfüllungseifer[136] einzudämmen. Wie ein Mitarbeiter des Ministerrates im Mai 1952 feststellte, hatten die Bauunternehmen des Minneftеprom in den ersten vier Monaten des Jahres nur ein äußerst geringes Interesse an sekundären Baumaßnahmen gezeigt: Langfristig essentielle Komponenten wie der Wohnungsbau, die zum langfristigen Erhalt des natürlichen Drucks eines Erdölfeldes notwendige Wasserversorgung oder die Infrastruktur zum Abtransport der gewonnenen Rohstoffe waren im Gebiet zwischen Volga und Ural weitgehend vernachlässigt worden. Die Planerfüllungsquoten der entsprechenden Projekte lagen teils im einstelligen Prozentbereich, während die geförderten Erdölmengen alle Vorgaben übertrafen.[137]

Die offensichtliche Diskrepanz zwischen den eigentlich benötigten und den tatsächlich vorhandenen Voraussetzungen für eine effiziente Nutzung der Ressourcen des Zweiten Baku erwies sich als Weckruf für die sowjetische Führung und wirkte sich unmittelbar auf den laufenden Planungsprozess aus. Bereits Ende April präsentierte Evseenko dem Ministerrat einen ersten Entwurf für die im März von Stalin abgesegnete forcierte Erschließung bis 1955, welcher in erster Linie die Notwendigkeit einer gesicherten Wasser- und Energieversorgung der Förderregionen, eines umfassenden Transportnetzes sowie der Bereitstellung

135 GARF, f. R5446, op. 86a, d. 2514, ll. 14–13.

136 Zu diesem Phänomen weiterführend auch Gregory: Political Economy, S. 160 f.

137 GARF, f. R5446, op. 86a, d. 2726, ll. 33–30. Von den Problemen, die in diesem Kontext für die Arbeiterschaft entstanden, berichten auch einige Zeitzeugen, etwa in Stössel, Erwin: Skizzen aus dem Alltag der sowjetischen Planwirtschaft. Autobiographische und andere Aufzeichnungen eines russlanddeutschen Ökonomen aus Baschkirien, Berlin 1995, S. 54–56.

von ausreichend Wohnraum für hunderttausende Arbeiter hervorhob.[138] Wenngleich die eilends vom Ministerrat zusammengestellte Kommission, der unter anderem die Gosplan- und Gossnab-Vorsitzenden sowie der Finanz-, Erdöl-, Innen- und Kraftwerksminister angehörten, den Grundlinien des Entwurfes folgte,[139] dauerte es beinahe drei Monate, bis sämtliche beteiligten Institutionen dem Vorhaben zustimmten. Allein mehr als die Hälfte aller Ministerien sollten einen Beitrag leisten, von denen die meisten mehr oder weniger berechtigte Einwände vorbrachten. Bis zuletzt protestierte der Kriegsminister – erfolglos – gegen die Abstellung von rund 30.000 Kriegsdienstpflichtigen und mehreren Hundert Offizieren, welche in eigens zusammengestellten Brigaden die Bauarbeiten in der Region beschleunigen sollten. Gleichermaßen scheiterte auch das Finanzministerium, welches Gehaltszuschläge für nahezu alle am Aufbau der Erdölgebiete Baschkiriens und Tatarstans beteiligten Arbeiter zu verhindern suchte.[140]

Knapp 12 Milliarden Rubel beabsichtigte die sowjetische Führung innerhalb von drei Jahren zu investieren, um die »für die Erhöhung der Verteidigungsfähigkeit unabdingbar[e]« Treibstoffbastion im sicheren Hinterland endlich zu verwirklichen. Für die Erschließung der Erdölreichtümer Tatarstans und Baschkiriens veranschlagten die Planer auf diese Weise rund 4 Prozent des jährlichen Investitionsbudgets der Sowjetunion – mehr, als in den frühen 1930er Jahren für den gesamten Erdölsektor bereitgestellt wurde.[141] Auf fast 180 Seiten delegierte das entsprechende Dekret des Ministerrates Aufgaben und Ressourcen an die zahllosen beteiligten zentralstaatlichen wie lokalen Akteure. Letztere eilten sich zu versprechen, »alle Reserven und Kapazitäten« zur Umsetzung der Vorgaben zu mobilisieren.[142] Die Vertreter der beiden Kernregionen, aber auch die der übrigen Gebiete des Zweiten Baku konnten zufrieden sein: Der Anteil der in ihren Zuständigkeitsbereich fallenden Investitionen im Erdölsektor stieg unmittelbar nach Verabschiedung des Dekretes rasant an. Bereits 1953 flossen in die Region zwischen Volga und Ural fast 45 Prozent aller Kapital-

138 GARF, f. R5446, op. 86a, d. 2728, ll. 366–363. Bis 1955 sah der Entwurf etwa den Bau von 4000 Kilometer intraregionaler Pipelines, 1200 Kilometer Straßen, 700 Kilometer Stromleitungen und Wohnraum für mehr als 300.000 Personen vor.

139 GARF, f. R5446, op. 86a, d. 2730, ll. 306–304.

140 GARF, f. R5446, op. 86a, d. 2730, l. 478, ebd., d. 2731, ll. 177–150. Zahllose weitere Einwände finden sich auf mehr als 2000 Seiten in den ebd., dd. 2726–2731.

141 RGASPI, f. 588, op. 11, d. 148, ll. 95–96; GARF, f. R5446, op. 86a, d. 2731, l. 175 und l. 172. Zu den 1930er Jahren siehe Kapitel 3.

142 GARF, f. R5446, op. 86a, d. 2731, ll. 242–221, Zitat ll. 222–221. Zum Ausmaß des entsprechenden Dekretes auch die Erinnerungen von Dongarjan, Šagen S.: Na strojkach neftjanogo veka. Zapiski neftegazostroitelja, Moskva 2008, S. 50–54.

anlagen des Erdölministeriums, um den angestrebten »größtmöglichen Aufschwung der Erdölindustrie« bis 1955 zu bewerkstelligen.[143]

Der darauffolgende stetige Zustrom an Fachkräften aus dem ganzen Land[144] nebst Ausrüstung aus den traditionellen Fördergebieten am Kaspischen Meer sowie die Bereitstellung von zehntausenden zusätzlichen Hilfsarbeitern zur Errichtung der benötigten Infrastruktur brachten in vielerlei Hinsicht den gewünschten Erfolg. In einer internen Halbzeitbilanz des Ministeriums zeigte sich das Kollegium im Frühjahr 1954 durchaus zufrieden mit dem Erreichten, besonders die Versorgungs- und Transportinfrastruktur war deutlich verbessert worden. Allein in Tatarstan hatten die Bauunternehmen in kurzer Zeit fast 3000 Kilometer Pipelines verlegt und das Land mit einem Fernstraßen- und Stromleitungsnetz durchzogen, welches sämtliche Fördergebiete und anlagen umfasste, ohne den weiteren Produktionsanstieg zu beeinträchtigen.[145] Während das Kollegium noch erhebliche Mängel bei der Wasser- und Energieversorgung feststellte, die »nicht weiterhin geduldet werden können« – die Inbetriebnahme einzelner Bauobjekte aus diesem Bereich war teils deutlich hinter dem Plan zurückgeblieben –, betrachtete die Ministeriumsleitung den die Vorgaben deutlich verfehlenden Wohnungsbau weniger pessimistisch: Im Angesicht der ohnehin im ganzen Land grassierenden Vernachlässigung dieses Bereiches und der wesentlich geringeren Fortschritte in anderen östlichen Gebieten war die Vervielfachung der Wohnfläche auf mehr als das Zwanzigfache wohl als Teilerfolg zu verbuchen.[146] Zahlreiche Siedlungen und sogar ganze Städte entstanden ab 1953 in unmittelbarer Nähe zu den Fördergebieten, in denen zehntausende Neftjaniki leben konnten.[147]

Die gewaltigen Investitionen machten sich endlich bezahlt: Nicht nur produzierten die Trusts in Baschkirien und Tatarstan bereits kurz nach Stalins Tod erstmals mehr Erdöl als der einstige Platzhirsch Azneft', die Kosten pro geförderter Tonne sanken zugleich immer weiter und machten trotz des immensen

143 Lisičkin: Očerki razvitija, S. 191. Das Zitat stammt aus einem Entwurf Saburovs über die Leitlinien des fünften Fünfjahresplanes an Stalin aus dem Sommer 1952, RGASPI, f. 558, op. 11, d. 148, l. 6.

144 Aus zahllosen Ministerien und Regionen wurden Ingenieure und Baudivisionen abgezogen, die fortan das Zweite Baku errichten sollten, vgl. Dongarjan: Na strojkach, S. 68 f.; GARF, f. R5446, op. 87, d. 150, ll. 43–40.

145 RGAE, f. 8627, op. 9, d. 1415, ll. 5–6.

146 RGAE; f. 8627, op. 9, d. 1415, ll. 6–10; ebd., d. 1693, ll. 209–211; dazu auch Igolkin: Neftjanaja politika (1940–1950), S. 212 f. Ferner die begeisterte Zeitzeugenwahrnehmung in Dongarjan: Na strojkach, S. 55. Zur allgemeinen Wohnraumsituation im Nachkriegsstalinismus umfassend Filtzer: Workers and Late Stalinism, S. 91–99.

147 Kurjatnikov: Stanovlenie neftjanogo kompleksa, Bd. 2, S. 203–206.

Kapital- und Materialeinsatzes nur noch einen Bruchteil dessen aus, was in den klassischen Regionen anfiel.[148] Nach beinahe zwei Jahrzehnten des Mangels konnten die Planer im Angesicht des inzwischen etablierten Systemwettstreites nunmehr optimistisch in die Zukunft blicken: Die Sowjetunion war auf dem besten Weg, eine vollständig ressourcenautarke Ölmacht zu werden.

Resümee: Dominanz des Erdölpotentials

Der Ministerrat, in der spätstalinistischen Sowjetunion das zentrale Regierungsorgan, schaltete und waltete nach dem Krieg vor allem in wirtschaftlichen Angelegenheiten immer unabhängiger von Stalins machtpolitischer Omnipräsenz. Der Erdölsektor blieb in dieser Hinsicht keine Ausnahme. Berija, von Stalin kurz nach Kriegsende zum mächtigen Supervisor des Minnefteprom ernannt, etablierte sich in dieser Situation zur eigentlichen Schlüsselfigur in der sowjetischen Energiepolitik. In Anbetracht der zunehmenden Treibstoffkrise war dieser am Ende der 1940er Jahre offenbar fest entschlossen, das sowjetische Erdöldefizit gemeinsam mit seinem Mitarbeiterstab und dem zuständigen Ministerium endlich zu beenden. In Einklang mit der von Technokratisierungs- und Bürokratisierungstendenzen geprägten politischen Realität der Nachkriegsjahre erforderte der energetische Wandel jedoch Überzeugungsarbeit, wechselnde Allianzen und Kompromissbereitschaft auf verschiedenen Seiten.

Deutlich wurde diese Notwendigkeit zu Beginn der 1950er Jahre im Aushandlungsprozess um die planwirtschaftlichen Vorgaben, in denen nach Stalins Rückzug aus den entsprechenden Debatten die unterschiedlichen Prioritäten der beteiligten Akteure zum Vorschein kamen. Die grundsätzliche Zielsetzung der Wirtschaftsplanung blieb zwar merkbar von den Paradigmen des Zehnjahresplanes beeinflusst, deren Konzeption noch in enger Abstimmung mit dem Parteichef erfolgt war. Einzelne Punkte daraus, wie etwa die beschleunigte Reservebildung oder die prestigeträchtige Tiefseeförderung vor Baku, standen auch nicht zur Debatte. Es zeigte sich aber schnell, dass die Argumentationen der am Planungsprozess beteiligten Institutionen auf teils divergenten Interpretationen der im Perspektivplan formulierten Vorgaben und, mehr noch, deren Gewichtung fundierte. Das Brennstoffbüro unter der Führung Berijas positionierte sich in dieser Situation als Advokat eines größtmöglichen Kapazitätsausbaus.

---

148 GARF, f. R5446, op. 86a, d. 2911, l. 42; ebd., op. 93, d. 508, ll. 24–23. Zur Kostenentwicklung Zieber: Sowjetische Erdölwirtschaft, S. 140.

Um die Investitionen für den Erdölsektor möglichst in den Dienst der weiteren Produktionssteigerung zu stellen, sagten die Sovmin-Mitarbeiter in enger Allianz mit dem Minnefteprom sogar der von Stalin protegierten technologisch aufwändigen Reduktion des Masutanteils den Kampf an. Wenngleich die endgültige Abkehr der Substitutionspolitik im Erdölsektor erst nach Stalins Tod erfolgte, konnte Berija sich in diesem Punkt gegen den Widerstand Saburovs und Kaganovičs durchsetzen. Vor dem Hintergrund der langsam offenbar werdenden Erfolge im Zweiten Baku war die Intensivierung der Raffinationsprozesse vorerst schlichtweg nicht mehr nötig, um die angestrebte Quantität der Treibstoffsorten gewährleisten zu können. Nach mehr als einer Dekade geringfügiger Fortschritte auf der Suche nach kostspieligen technologischen Alternativen zum Erdöl erfolgte auf diese Weise eine Kehrtwende in der Energiepolitik. Dieses Umdenken war nicht für die Öffentlichkeit bestimmt, leitete intern aber die ersten Schritte ein, um die Position des Erdöls in der sowjetischen Brennstoffbilanz neu zu erfinden. Allerdings prägten mit Fortschreiten des Koreakriegs vorrangig militärische anstelle von wirtschaftlichen Überlegungen die Kür des flüssigen Energieträgers zum Costar des beginnenden »hydrologischen Jahrzehnts«.[149]

Für das Erdölministerium als zentrale Instanz zur Umsetzung der Planvorgaben und darüber hinaus wichtiger Gatekeeper im Informationsfluss zwischen den einzelnen Trusts und den Entscheidungsträgern im Kreml bedeutete die neue Priorität einen erheblichen Wachstumsschub. Der von Bajbakov geleitete Moskauer Verwaltungsstab und dessen Expertise etablierten sich als zunehmend wichtiger und einflussreicher Faktor in der sowjetischen Energiepolitik, der zwar von den unmittelbaren Entscheidungsprozessen innerhalb der Sovmin-Strukturen ausgeschlossen blieb, gleichwohl aber erheblichen Einfluss auf ebendiese ausüben konnte. Andererseits jedoch war die Chefetage der Neftjaniki in besonderem Maße auf die Kooperation des Brennstoffbüros und dessen mächtigen Vorgesetzten angewiesen. Das prinzipiell gemeinsame Interesse dieser beiden zentralen Figuren der sowjetischen Erdölpolitik der Nachkriegsjahre kann entsprechend als Grundvoraussetzung für den energetischen Wandel gesehen werden.

Zugleich verschafften die zahlreicher werdenden Erfolgsmeldungen aus den Regionen östlich der Volga in Anbetracht der fast alljährlichen Hiobsbotschaften aus den Fördergebieten am Kaspischen Meer verschiedenen neuen Akteuren zusätzliches Gewicht in den Überlegungen hinsichtlich der Investitionen und Prioritäten im Erdölsektor. In Anbetracht der gewaltigen Budget- und Ressour-

149 Gestwa, Klaus: Technik als Kultur der Zukunft. Der Kult um die »Stalinschen Großbauten des Kommunismus«, in: Geschichte und Gesellschaft 30 (2004) 1, S. 37–73, hier S. 43.

cenaufstockungen für das Minnefteprom in den späten 1940er Jahren lohnte es sich immer mehr, die Position und Vorgehensweise des Ministeriums in Frage zu stellen und gleichsam Petitionen direkt an Berija und das Brennstoffbüro zu richten. Die regionalen Partei- und Verwaltungskader drängten auf ein schnellstmögliches Vorgehen, wobei sich in besonderem Maße die Vertreter des Zweiten Baku hervortaten: Befördert durch die zunehmende Gewissheit bezüglich der gigantischen Erdölreichtümer unter ihren Füßen versprachen sie der Moskauer Führung kurzfristig glänzende Perspektiven in ihrem jeweiligen Zuständigkeitsbereich. Trotz der Warnungen des Ministeriums vor einer überhasteten und nicht von der notwendigen Infrastruktur untermauerten Expansion der Produktionsmengen ließen Berija und mit ihm die restliche sowjetische Führung sich blenden von den Verheißungen auf ein Erdölwunder, das gleich einem Eldorado die Treibstoffsorgen des Landes vergessen lassen würde. Das Minnefteprom wurde auf diese Weise zum Getriebenen immer neuer Initiativen und damit einhergehenden Forderungen aus der Volga-Ural-Region, die per Dekret in eine Erwartungshaltung des Kremls umgemünzt wurden.

Trotz dieser »kurzsichtigen, unrichtigen Politik [...] von manchen Mitarbeitern des Ministeriums [...] und der Staatlichen Planungskommission«, als welche die »einseitige« Entwicklung im Zweiten Baku Jahre später in Zusammenhang mit dem gescheiterten Putschversuch gegen Chruščëv der ›parteifeindlichen Gruppe‹ angelastet werden sollte,[150] erfüllte die Konzentration auf Produktionssteigerungen ihren Zweck: In kürzester Zeit führte die Erdölschwemme in der Region allen Beteiligten deutlich vor Augen, dass eine solche ohne ausreichende Kapazitäten zum Abtransport, zur Verarbeitung oder zur Versorgung der Arbeitskräfte zahllose neue Probleme mit sich brachte und wenig zur Überwindung des Treibstoffmangels beitrug. Erst dieses Scheitern der vermeintlich einfachsten Lösung führte schließlich in Moskau ein Umdenken herbei, welches in den Folgejahren den Aufstieg der Sowjetunion zur Erdölmacht ebnen sollte: Um das Potential des Zweiten Baku nachhaltig nutzen zu können, reichte eine Konzentration nur auf den Erdölsektor nicht aus. Stattdessen war es zwingend notwendig, alle verfügbaren Kräfte des Landes zu mobilisieren – für die großflächige infrastrukturelle Erschließung der Region. Wenngleich einzelne Probleme noch Jahre und teils Jahrzehnte fortbestehen sollten, brachte die neue Einsicht bereits binnen weniger Monate die ersten Erfolge mit sich, die sich ab 1954 in rasant steigenden Fördermengen widerspiegelten.[151]

150 Unter anderem in Vneočerednoj XXI s"ezd KPSS, Bd. 2, S. 105 sowie S. 204–206.
151 Goldman: Petrostate, S. 6.

8 Der Glanz des ›schwarzen Goldes‹

Im Jahr nach Stalins Tod erreichte die Sowjetunion erstmals seit den späten 1930er Jahren wieder einen Nettoüberschuss an Erdölprodukten im Außenhandel und musste nur noch einzelne, besonders knappe Treibstoffsorten in immer geringeren Mengen importieren. Die lang ersehnte Überwindung des Erdölmangels war trotz eines rasant wachsenden Treibstoffverbrauchs zumindest statistisch betrachtet endlich in greifbarer Nähe. Das zusätzliche Erdöl war dringend notwendig: Die neuen Verbündeten und teilweise auch die eigene Bevölkerung waren neben Industrie, Landwirtschaft, Transportsektor und Militär nach Kriegsende zusehends als neue Verbraucher in Erscheinung getreten und verlangten nach immer größeren Brennstoffmengen.

Zwar produzierten die Bohrtürme in den niederösterreichischen Besatzungsgebieten und in Rumänien größere Erdölmengen, als zur Deckung des Mindestbedarfs in Osteuropa nötig war. Ungarn als dritter Förderstaat der Region war jedoch nach Kriegsende gerade noch in der Lage, den eigenen Bedarf zu decken – und stand, ebenso wie viele seiner Nachbarländer, erst am Anfang einer weitreichenden Motorisierung.[1] In der UdSSR selbst beförderte der von großen Teilen der Bevölkerung während des Krieges erhaschte Blick in den Westen mit der Verkündung des erfolgreichen Wiederaufbaus den Druck aus der wachsenden, sowjetisch geprägten Wirtschaftselite, den seit Jahrzehnten versprochenen Wohlstandsgewinn zu verwirklichen.[2] Langfristig kam die Moskauer Führung um eine Lockerung der restriktiven Treibstoffvergabe innerhalb der von ihr kontrollierten Hemisphäre nicht umhin, solange Stalin und seine Mitstreiter die UdSSR im In- und Ausland als glaubwürdigen Gegenentwurf zum ameri-

1 Bis zu Beginn der 1950er Jahre erwirtschaftete Ungarn infolge eines gedrosselten Verbrauchs noch geringe Überschüsse und wurde dann Mitte der 1950er Jahre zum Importeur sowjetischer Brennstoffe. RGANI, f. 3, op. 12, d. 182, ll. 26–30, abgedruckt in Fursenko (Hg.): Prezidium CK KPSS, Bd. 2, S. 590–594.

2 Hessler, Julie: Cultured Trade. The Stalinist Turn towards Consumerism, in: Fitzpatrick (Hg.): Stalinism, S. 182–209; Dies.: A Social History of Soviet Trade. Trade Policy, Retail Practices, and Consumption, 1917–1953, Princeton NJ 2004, S. 296–328; dazu auch verschiedene Aufsätze in Fürst, Juliane (Hg.): Late Stalinist Russia. Society between Reconstruction and Reinvention (BASEES/Routledge series on Russian and East European Studies 29), London et al. 2006.

kanischen Traum und zugleich als konkurrenzfähige Supermacht präsentieren wollten. Überdies boten die nach wie vor zahlreichen technologischen wie produktionstechnischen Defizite der sowjetischen Wirtschaft hinreichend Gründe für eine baldige Wiederaufnahme des Erdölexports.

Zugleich waren Stalin und der Ministerrat bestrebt, den ohnehin durch Treibstoffmangel gebremsten Wirtschaftsaufschwung der Nachkriegsjahre nicht im Keim zu ersticken – und in diesem Sinne nicht grundsätzlich vom Primat der Schwerindustrie abzuweichen. Die klassischen Verbraucher, vor allem Landwirtschaft, Verkehr und Militär, blieben wie in den 1930er Jahren die bevorzugten Abnehmer der flüssigen Brennstoffe. Das Zweite Baku erleichterte die Aufteilung der wachsenden Erdölmenge zwar jedes Jahr mehr, entband die Moskauer Entscheidungsträger allerdings nicht von der Herausforderung, das Ausmaß des verordneten Mangels einzelner nachrangiger Interessenten disponieren zu müssen. Dieser ›Glanz des schwarzen Goldes‹, der nicht direkt den fokussierten wirtschaftlichen wie militärischen Aufstieg der Sowjetunion zum Ziel hatte, sondern primär den Zugewinn von Prestige, Tauschwerten oder Macht und Einfluss bezweckte, war vor allem innenpolitisch keineswegs nur mit tatsächlichen Rohstofflieferungen zu generieren. Um die eigene Bevölkerung trotz des weitreichenden Verzichts für den neuen Erdölrausch zu begeistern, griffen auch Massenmedien und die Propaganda das Thema auf und beförderten so die Identifizierung der Arbeiterschaft mit dem flüssigen Brennstoff. Das Erdöl sollte zum unverzichtbaren Teil der verheißungsvollen sozialistischen Zukunft werden.

8.1 Renaissance des Erdölexports

Als die Sowjetunion im Laufe des Jahres 1954, befördert durch die Reichtümer des Zweiten Baku, erstmals zum Nettoexporteur von Erdöl und Erdölprodukten avancierte,[3] lebte Stalin bereits nicht mehr. Auch Berija, der die Entwick-

3 Anzumerken ist an dieser Stelle, dass einzelne (vor allem hochwertige) Erdölprodukte erst Jahre später einen Nettoüberschuss aufwiesen, Benzin beispielsweise erst im Jahr 1959, Diesel und Traktorenkerosin hingegen bereits im Jahre 1953, vgl. Vnešnjaja Torgovlja SSSR (1918–1966), S. 80–83 sowie S. 102–105. Die angegebenen Importe für die 1940er Jahre sind mit Vorsicht zu betrachten, da als Reparationen verbuchte Erdölmengen ebenso wie von sowjetischen Besatzungstruppen verbrauchte Treibstoffe in der Statistik nicht oder nur teilweise auftauchen. Während 1947 gemäß interner Dokumentation 2,2 Millionen Tonnen Flüssigtreibstoff aus Rumänien, Ungarn und Österreich an die Sowjetunion geliefert wurden (knapp zwei Drittel als Reparationen), verzeichnen die offiziellen Statistiken weniger als ein Viertel dessen: GARF, f. R5446, op. 50a, d. 6764, ll. 138–137.

lung des Brennstoffsektors für ein Jahrzehnt maßgeblich mitgeprägt hatte, war längst inmitten der innerparteilichen Nachfolgekämpfe der Furcht seiner einstigen Mitstreiter zum Opfer gefallen, das langjährige Ziel einer bedarfsdeckenden Treibstoffproduktion in greifbarer Nähe. Zu beider Lebzeiten waren die Treibstoffimporte aus Osteuropa im Einklang mit den ab 1949 rasant erhöhten Produktionsmengen in Österreich und Rumänien immer stärker angestiegen, bis 1953 der Höhepunkt von fast 5 Millionen Tonnen erreicht war.[4] Die osteuropäischen Erdölstaaten innerhalb der sowjetischen Machtsphäre profitierten infolgedessen nur äußerst eingeschränkt von der positiven Entwicklung zahlreicher Fördergebiete, die 1949 einsetzte.

Die Moskauer Führung betrachtete in erster Linie die Vorteile für die eigene Wirtschaftsplanung, die mit den florierenden Industrien und steigenden Förder- wie Raffineriekapazitäten einhergingen. Als die SMV 1951 alle Erwartungen übertraf und Überschüsse produzierte, integrierten die Sovmin-Experten den unverhofften Erdölsegen aus Österreich kurzerhand in den sowjetischen Wirtschaftskreislauf. Ausschlaggebend dafür war nicht der Rohstoffmangel, sondern – abgesehen von der besseren Qualität des österreichischen Rohöls – eine andere Überlegung: Die infolge fehlender Alternativen ursprünglich vorgesehene Versorgung einer Raffinerie im Westen der Ukraine aus dem Zweiten Baku – welche mit mehr als 2000 Kilometer Entfernung den geltenden Richtwert für Langstreckentransporte nahezu um das Doppelte übertraf – war dadurch obsolet geworden.[5]

Auch für den österreichischen Markt war 1951 plangemäß zusätzliches Erdöl freigegeben worden und im Folgejahr standen dort nach Jahren des Mangels nicht nur erstmals ausreichende Treibstoffmengen zur Verfügung, sondern sogar eine bedarfsdeckende Versorgung aus ›heimischer‹ Produktion.[6] Dennoch erlaubt der Umgang mit den im Besatzungsgebiet erwirtschafteten Überschüssen Rückschlüsse auf die zu Lebzeiten Stalins im Kreml empfundenen Besitzverhältnisse: Bei knappen Ressourcen hatte stets die Sowjetunion Vorrang, und wenngleich entsprechende Abtransporte offiziell als Importe aus dem Ausland deklariert waren, galten die Bodenschätze ebendieser Länder doch als

4 Vnešnjaja Torgovlja SSSR (1918–1966), S. 103. Zu den nach 1949 steigenden Produktionsraten Osteuropas Kapitel 5.3.

5 GARF, f. R5446, op. 81b, d. 2524, ll. 11–1. Die bessere Qualität des österreichischen Erdöls spiegelt sich auch darin wider, dass verschiedentlich sowjetisches Rohöl gegen österreichisches ›getauscht‹ wurde, vgl. Hartshorn, Jack E.: Oil Companies and Governments. An Account of the International Oil Industry in its Politcal Environment, 2. Aufl., London 1967, S. 253 f.; Joesten: Öl regiert die Welt, S. 158 f.

6 Dazu umfassend die österreichische Analyse in WIFO-Monatsberichte 26 (1953) 6, S. 189–193.

Hoheitsgebiet der Hegemonialmacht. Verschiedene Historiker bewerten die im Jahr 1949 entdeckten größeren Erdöllagerstätten im Osten Österreichs sogar als wesentlichen Grund für die kurz darauf gescheiterten Verhandlungen der Siegermächte über eine Beendigung des Besatzungsstatuts.[7] Verwaltet wurde dieser Besitzanspruch nicht zuletzt durch die Dominanz sowjetischer Neftjaniki in den Führungsriegen der Ölindustrien Osteuropas, die in erster Linie nach Moskau berichteten: Im Einklang mit ihren in der Sowjetunion tätigen Kollegen etablierte sich dort, zumindest in der rumänischen Belegschaft, die Tradition, an Stalin adressierte Briefe über die jüngsten Erfolge zu versenden, welche »durch die harte Arbeit der sowjetischen Arbeiter« ermöglicht worden seien.[8]

Bis Mitte der 1950er Jahre standen die Erdölindustrien Osteuropas auf diese Weise unter der strengen Kontrolle der Moskauer Führung, um die sowjetischen Defizite im Wettstreit mit den USA durch außenwirtschaftliches »Kompensieren und Kaschieren« auszugleichen. Erst die energetische Autarkie ermöglichte in der zweiten Hälfte der 1950er Jahre eine ausreichende Flexibilität für verschiedene Weichenstellungen, um die für die östliche Supermacht lange Zeit unverzichtbare Ressourcenbasis aus der direkten Obhut des Kremls zu entlassen.[9]

Doch obgleich die europäischen Staaten in der sowjetischen Einflusssphäre als Einheit betrachtet einen erheblichen Exportüberschuss an Energieressourcen gen Osten verzeichneten, floss ein immer größer werdender Anteil wieder zurück, um den Verbündeten ohne eigene Rohstoffquellen wenigstens eine Verwaltung des Mangels zu ermöglichen. Die Versorgung der eigenen Besatzungstruppen, aber auch die proklamierte Unterstützung bei der Industrialisierung der noch im Aufbau befindlichen ›kommunistischen Brudervölker‹ erforderte bald steigende Treibstofflieferungen aus der Sowjetunion.[10] Mit der Etablierung des Marshall-Planes durch die USA, welcher nicht zuletzt auch die Absicherung der Erdölversorgung Westeuropas garantieren sollte,[11] der zunehmenden Blockbildung zwischen Ost und West und der damit einhergehenden handelspolitischen Isolierung blieb der sowjetischen Führung keine Alternative, als immer größere Brennstoffexporte

7 Iber Iber/Ruggenthaler: Sowjetische Wirtschaftspolitik, S. 197–200; Ruggenthaler, Peter: The Concept of Neutrality in Stalin's Foreign Policy, 1945–1953 (The Harvard Cold War Studies Book Series), Lanham MD 2015, S. 235.

8 GARF, f. R5446, op. 86a, d. 2465, ll. 48–47, Zitat l. 48.

9 Iber, Walter M./Ruggenthaler, Peter: Stalins Wirtschaftspolitik an der sowjetischen Peripherie: Vorgehensweisen und Handlungsmuster, in: Iber/Ruggenthaler (Hg.): Stalins Wirtschaftspolitik, S. 349–371, hier S. 360–370, Zitat S. 360.

10 Pravda 153, 2.6.1950, S. 2.

11 Dazu etwa Painter, David S.: The Marshall Plan and Oil, in: Cold War History 9 (2009) 2, S. 159–175.

bereitzustellen. Wenngleich in den Nachkriegsjahren größtenteils das von der SMV in Österreich gewonnene Erdöl an die benachbarten Satellitenstaaten weitergeleitet wurde,[12] zeichneten sich spätestens ab Anfang der 1950er Jahre langsam die bis heute bestehenden Abhängigkeitsstrukturen heraus.

Verteilung des Mangels

Die ersten Lieferungen in osteuropäische Nachbarländer begannen bereits gegen Ende des Jahres 1944, obschon die sowjetische Führung infolge der Entbehrungen im eigenen Land nur marginale Mengen zur Deckung des dringendsten Bedarfs bereitstellen konnte. Es handelte sich lediglich um wenige zehntausend Tonnen Treibstoff monatlich, die bis Ende 1945 zur Verwendung in den osteuropäischen Besatzungsgebieten gewährt wurden.[13] Innerhalb von 14 Monaten erhielt beispielsweise Polen, durch die Verluste des Weltkrieges und die von Stalin durchgesetzte Westverschiebung vor gewaltigen Herausforderungen stehend, lediglich knapp 27.000 Tonnen Benzin und Diesel aus der Sowjetunion. Zusätzlich veranlasste die Moskauer Führung Treibstofflieferungen von ähnlichem Ausmaß aus Rumänien. Obwohl Erdölprodukte in Polen in den 1930er Jahren im europäischen Vergleich kaum eine Rolle gespielt hatten – der polnische Energieverbrauch war infolge erheblicher Kohlevorkommen noch weitaus kohlezentrischer als der sowjetische –, deckten die Hilfslieferungen der Besatzungsmacht lediglich 12 Prozent des jährlichen Vorkriegsverbrauches.[14] Andere Länder, vor allem Bulgarien, die Tschechoslowakei (ČSR) und Jugoslawien, erhielten größere Treibstoffrationen, wenngleich lediglich Jugoslawien an das – äußerst geringe – vorherige Bedarfsniveau anknüpfen konnte. Ein besonderer Fokus der frühen Nachkriegsexporte in die osteuropäischen Besatzungsgebiete galt der Inbetriebnahme einer grundlegenden Transportinfrastruktur sowie der Aufrechterhaltung der landwirtschaftlichen Produktion: Benzin und Traktorentreibstoffe dominierten die Liste der zur Verfügung gestellten Erdölprodukte.[15]

In den Folgejahren änderte sich an den sowjetischen Ausfuhren nur wenig. Zwar stiegen die Versorgungsquoten der meisten osteuropäischen Länder leicht

---

12 IBER/RUGGENTHALER: Sowjetische Wirtschaftspolitik, S. 197–200.

13 IGOLKIN, ALEKSANDR A.: Politika cveta nefti, in: Neft' Rossii (2007) 12, online verfügbar unter: http://www.oilru.com/nr/176/4073 [06.10.2017].

14 RGAE, f. 413, op. 12, d. 10949, l. 327, l. 333, l. 498 und l. 525. Zum polnischen Vorkriegsverbrauch im Jahr 1937 und den Umrechnungsfaktoren: UN (Hg.): World Energy Supplies (1929–1950), S. 62 bzw. S. 106.

15 RGAE, f. 413, op. 12, d. 10949, l. 320, l. 373, ll. 388–389, ll. 393–394 und ll. 524–525.

an, in erster Linie auf Basis zusätzlicher Importe aus Österreich, Rumänien und Ungarn. Lediglich Polen verzeichnete eine nennenswerte Intensivierung der Lieferungen aus der UdSSR und stieg mit mehr als 100.000 Tonnen jährlich zu einem der größten Empfänger sowjetischer Erdölprodukte auf.[16] Allerdings lassen sich daraus keineswegs Rückschlüsse über das tatsächliche Versorgungsniveau der jeweiligen Länder schließen. Reexporte und Transfers von für die Sowjetunion bestimmten Erdölmengen in andere Staaten tauchen in den offiziellen Statistiken nicht oder nur teilweise auf, waren zugleich aber an der Tagesordnung. Allein das Erdöl aus Österreich ging sowohl als Treibstoff als auch unverarbeitet in erster Linie in die spätere DDR, nach Polen sowie in die ČSR, teilweise jedoch auch in ungarische und rumänische Raffinerien, von wo aus die weitere Distribution gesteuert wurde.[17]

Bis in die 1950er Jahre hinein entschied die Moskauer Führung häufig ohne Konsultation der jeweiligen Staatsorgane anhand der eigenen Planerfüllungsquoten über die Ausfuhren der osteuropäischen Erdölunternehmen. Als im Sommer 1951 durch unvorhergesehene Produktionssteigerungen bei gleichzeitigen Rückschlägen im Raffineriebau ein Überschuss an Rohöl in der Sowjetunion festgestellt wurde, beschloss der Ministerrat kurzfristig die Umleitung einer aus Österreich erwarteten Großlieferung in die DDR.[18]

Wenngleich ähnlich große Rohstoffmengen nur wenige Monate später infolge der Überproduktion aufseiten der SMV doch noch ihren Weg in die Westukraine fanden,[19] zeigt sich bereits am österreichischen Beispiel das undurchsichtige energetische Verflechtungsgewirr der Nachkriegsjahre. Im rumänischen und ungarischen Erdölsektor, aber auch in anderen sowjetisch kontrollierten Wirtschaftszweigen dürfte die Situation zwar grundsätzlich ähnlich gewesen sein, aus Moskauer Perspektive jedoch noch komplizierter: Im Gegensatz zu Österreich waren die osteuropäischen Erdölstaaten, ganz dem Vorbild der Sowjetunion folgend, trotz des eigenen Mangels durchaus gewillt, die nach Begleichung der Reparationsschulden im Land verbleibenden Treibstoffmengen zugunsten der angestrebten forcierten Industrialisierung gegen andere knappe Güter einzutauschen.[20] Für die Moskauer Behörden, welche die blockinternen Transaktionen

16 Vnešnjaja Torgovlja SSSR (1918–1966), S. 126–129.

17 Eine entsprechende Aufschlüsselung findet sich in: WIFO-Monatsberichte 28 (1955) 11, Beilage Nr. 33, S. 6–11 und S. 17 f.; dazu umfassend auch Iber: Sowjetische Mineralölverwaltung, S. 130–133.

18 GARF, f. R5446, op. 81b, d. 2095, ll. 134–136.

19 Siehe dazu S. 239.

20 GARF, f. R5446, op. 48a, d. 633, ll. 121–111.

ohne sowjetische Beteiligung sicherlich wachsam beobachteten, intensivierte die partielle Eigenständigkeit offensichtlich den Aufwand. Die Gründung des Rates für gegenseitige Wirtschaftshilfe (RGW) im Januar 1949, vom Politbüro begründet unter anderem mit der Notwendigkeit der »Ausarbeitung von Plänen für die Wirtschaftsbeziehungen zwischen den Volksdemokratien und der UdSSR« und einer engen »Abstimmung der Import-/Export-Pläne«,[21] kann entsprechend auch als Konsequenz des unreglementierten und vor allem nicht vollständig vom Kreml kontrollierten Außenhandels der Nachkriegsjahre interpretiert werden.

Zugleich exportierte die Sowjetunion in den Nachkriegsjahren im Angesicht der zunehmenden internationalen Spannungen und spätestens mit der wirtschaftlichen Abschottung Osteuropas in erster Linie das eigene Erdöldefizit.[22] Nicht nur Stalins Streben nach Ressourcenautarkie, sondern auch der Mangel an Devisenreserven oder wertvollen Handelsgütern sowie das nach wie vor erhebliche Misstrauen der Kremlführung gegenüber den einstigen Alliierten und, mehr noch, den westlichen Erdölkonzernen schlossen auch nur den vorübergehenden Zukauf von Treibstoff weitgehend aus.[23] Den Staaten innerhalb der sowjetischen Hemisphäre blieb infolge ihrer politischen wie wirtschaftlichen Abhängigkeit vom Kreml – und der daraus hervorgehenden Isolation vom Westen – nichts anderes übrig, als der energiepolitischen Denkweise Stalins zu folgen.[24] Das sowjetische Modell der Zwischenkriegszeit, die größtmög-

21 RGASPI, f. 17, op. 162, p. 39, d. 149, ll. 199–200, abgedruckt in: Muraško (Hg.): Vostočnaja Evropa, Bd. 1, S. 944–946 Auch die konkrete Ausgestaltung des RGW, welcher in erster Linie den bilateralen Handel zwischen der Sowjetunion und den einzelnen osteuropäischen Staaten förderte, nicht jedoch den Aufbau eines multilateralen Wirtschaftsraums, lässt auf das geringe sowjetische Interesse an Handelsbeziehungen zwischen den anderen Mitgliedsstaaten ohne Beteiligung der UdSSR schließen: Spaulding, Robert M.: Trade, Aid, and Economic Warfare, in: Richard H. Immerman/Petra Goedde (Hg.): The Oxford Handbook of the Cold War, Oxford 2013, S. 394–413, hier S. 396.

22 Shimkin: Minerals, S. 216.

23 In diesem Sinne äußerte sich etwa Beria 1951, in Pravda 311, 7.11.1951, S. 4. Dazu auch Hardt, John P.: Soviet Energy Policy in Eastern Europe, in: Sarah M. Terry (Hg): Soviet Policy in Eastern Europe. An Overview, New Haven CT 1984, S. 189–220, hier S. 190 f. Anzumerken ist, dass auch aufseiten der Westalliierten keineswegs Einigkeit bestand, inwieweit der Sowjetunion Erdöl verkauft werden sollte. Eine entsprechende und durchaus kontroverse Diskussion innerhalb der britischen Regierung endete schließlich darin, zumindest keine entsprechenden Angebote zu machen. Dazu Napuch: Sowjetunion, S. 364–366.

24 Wilczynski, Jozef: The Economics and Politics of East-West Trade. A Study of Trade between Developed Market Economies and Centrally Planned Economies in a Changing World, London 1969, S. 48; Dietz, Raimund: Die Energiewirtschaft in Osteuropa und der UdSSR (Studien über Wirtschafts- und Systemvergleiche 11), Wien 1984, S. 20; Staniszkis, Jadwiga: The Ontology of Socialism, Oxford et al. 1992, S. 44–47.

liche Substitution fehlender Brennstoffe durch lokal vorhandene Alternativen, manifestierte sich als einheitliches, grundlegendes Merkmal der sonst differenzierten osteuropäischen Energiepolitiken, welches die Entwicklung der entstehenden Planwirtschaften über Dekaden prägen sollte.

Mit Ausnahmen Rumäniens und teilweise auch Ungarns zeichnete sich die Energiebilanz dieser Staaten in den Nachkriegsjahren bis zu Stalins Tod, befördert durch eine forcierte Industrialisierungspolitik, durch einen rapide steigenden Kohleverbrauch aus, dessen Anteil am Energiemix in vielen Fällen weit über 90 Prozent lag. Wenngleich infolge des steigenden Energieverbrauchs absolut gesehen auch in Osteuropa immer mehr Erdöl benötigt wurde, war der vom Kreml oktroyierte Wandel bald ersichtlich: Hatte der flüssige Brennstoff in dieser Region infolge der geringen Vorkommen bereits vor dem Krieg in Einklang mit dem restlichen Kontinent eine weitaus geringere Rolle gespielt als in der restlichen Welt, zeichnete sich die gesamte sowjetisch kontrollierte Hemisphäre nach 1945 durch einen Sonderweg aus: Anstelle des global und zudem in allen anderen Weltregionen festzustellenden steigenden Erdölanteils am Energieverbrauch sank dieser in Osteuropa und lag 1950 bei knapp der Hälfte des Vorkriegsniveaus.[25]

Selbst die gemessen am gesamten sowjetisch kontrollierten Erdölvolumen geringen Mengen an Treibstoff, welche die Kremlführung zur Verwendung außerhalb der eigenen Landesgrenzen zur Nutzung freigab, waren den Moskauer Behörden ein Dorn im Auge. Als sich Ende der 1940er Jahre abzuzeichnen begann, dass die auf größtmögliche Begünstigung der Sowjetunion fokussierte Außenpolitik der Nachkriegsjahre einer partiellen Revision bedurfte – und

25 Darmstadter et al. (Hg.): Energy, S. 85–91, S. 107; UN (Hg.): World Energy Supplies (1929–1950), S. 62 f.; Snell, Edwin M.: Economic Efficiency in Eastern Europe, in: Congress of the US (Hg.): Economic Developments in Countries of Eastern Europe. A Compendium of Papers. Submitted to the Subcommittee on Foreign Economic Policy of the Joint Economic Committee (91. Congr., 2. sess. Joint Committee Print), Washington, D.C. 1970, S. 240–296, hier S. 247; Sobell, Vladimir: The Red Market. Industrial Cooperation and Specialisation in Comecon, Aldershot 1984, S. 36–38. Anzumerken ist, dass die Fokussierung auf vorhandene Brennstoffe keineswegs ein exklusiv planwirtschaftliches Phänomen darstellte. Auch in verschiedenen westeuropäischen Staaten wurden vergleichbare Initiativen ergriffen, das teure Importerdöl möglichst zu vermeiden. Allerdings unterschieden sich die entsprechenden Bemühungen in ihrer Konsequenz – staatliche Subventionen im Westen boten eine gewisse Flexibilität und konnten die Vorzüge des günstig verfügbaren Erdöls nur in wenigen Fällen aufwiegen. Zur Entwicklung in Westeuropa siehe etwa den Überblick in Graf, Rüdiger: Öl und Souveränität. Petroknowledge und Energiepolitik in den USA und Westeuropa in den 1970er Jahren (Quellen und Darstellungen zur Zeitgeschichte 103), Berlin 2014, S. 19–49; Clark: Political Economy, S. 99–109.

fortan allein schon aus ideologischen und strategischen Gründen der Rohstoffbedarf der eigenen Verbündeten wenigstens grundsätzlich gedeckt werden müsste[26] –, begann eine verzweifelte Suche nach Auswegen. Wo immer in Osteuropa auch nur geringe Hoffnungen auf bisher unentdeckte Erdölvorkommen bestanden, herrschte bald ein reges Treiben. Die sowjetischen Explorationsteams, welche in den Nachkriegsjahren in die ČSR, die Mongolei und andere Staaten entsendet worden waren, suchten nicht nur für die UdSSR nach zusätzlichem Erdöl, sondern auch zur Reduktion der Importe der jeweiligen Länder.[27] Noch im April 1957 argumentierte Bajbakov, inzwischen zum Gosplan-Vorsitzenden aufgestiegen, in einem Brief an das ZK trotz der seit einer Dekade ausbleibenden Erfolge für eine Fortsetzung intensiver Prospektionsarbeiten in der Tschechoslowakei, um »die Angespanntheit in der Brennstoffbilanz der europäischen Volksdemokratien zu reduzieren«.[28] Unerwähnt blieb dabei allerdings, dass die angespannte Erdölversorgung der osteuropäischen Staaten bis zu diesem Zeitpunkt in erster Linie durch die massive Entnahme von Treibstoffen für den sowjetischen Markt oder den Reexport in Drittstaaten verursacht wurde.[29]

Offenbar präferierten die Moskauer Planer für Osteuropa noch weit über Stalins Tod hinaus nicht nur die Gestaltung eines selbstständigen, energieautarken Wirtschaftsraumes – dieser sollte, wenn möglich, sogar Überschüsse produzieren. In den frühen 1950er Jahren kam noch ein anderes Motiv hinzu, wie ein Brief des ungarischen Generalsekretärs Mátyás Rákosi andeutete: In dem im Herbst 1950 an Stalin gerichteten Schreiben, welches in erster Linie von den Erfolgen seines Landes bei der aus Moskau geforderten Aufrüstung berichtete, bat Rákosi im Kontext der ungarischen Verteidigungsfähigkeit um die Ent-

26 Slavkina: Četyre lika, S. 60–64; Kovner, Milton: The Challenge of Coexistence. A Study of Soviet Economic Diplomacy, Washington, D.C. 1961, S. 28–31; Sanchez-Sibony: Red Globalization, S. 69 f.; Wilczynski: Economics of East-West-Trade, S. 47–50.

27 GARF, f. R5446, op. 80a, d. 2176, l. 90; ebd., op. 81b, d. 2278, ll. 11–1; ebd., op. 86a, d. 10950, l. 13. In der Mongolischen Volksrepublik, welche trotz des Mangels bereits während des Krieges mit sowjetischem Treibstoff versorgt werden musste, begannen Maßnahmen zur Suche nach Erdöl bereits 1945, wurden Ende der 1940er Jahre aber nochmals intensiviert. RGAE, f. 413, op. 12, d. 10949, l. 511; GARF, f. R5446, op. 48a, d. 619, ll. 104–103; ebd., op. 80a, d. 2545; ebd., op. 51, d. 250, ll. 1–24; Meščerjakov, Michail V.: Očerk ėkonomičeskogo sotrudničestva Sovetskogo Sojuza i Mongol'skoj Narodnoj Respubliki, Moskva 1959, S. 153.

28 RGAE, f. 355, op. 1, d. 389, l. 47.

29 Vnešnjaja Torgovlja SSSR (1918–1966), S. 126–129, S. 148 f.; Polach, Jaroslav G.: The Development of Energy in East Europe, in: Congress of the US (Hg.): Economic Developments, S. 348–433, S. 393–396. Unklar ist, ob die sowjetischen Statistiken das nach Osteuropa versandte SMV-Erdöl bereits einbeziehen. Allerdings blieb die Region auch unter Hinzunahme dieser Mengen noch bis einschließlich 1956 Nettoexporteur: WIFO-Monatsberichte 30 (1957) 4, Beilage 46, S. 6.

sendung sowjetischer Erdölspezialisten, welche die seit Kriegsende im Erdölsektor des Landes vorherrschenden Stagnation zu überwinden helfen sollten.[30] Allzu groß war die Solidarität der Moskauer Führung jedoch nicht immer. In den Archiven des Ministerrates finden sich keine Hinweise über eine unmittelbare Reaktion Stalins, die erbetene Entsendung sowjetischer Neftjaniki veranlasste dieser erst anderthalb Jahr später.[31] An anderer Stelle intervenierte das Erdölministerium, als die tschechoslowakische Regierung um die Bereitstellung moderner sowjetischer Bohrtechnologie bat: Der in der Zwischenkriegszeit entwickelte sogenannte Turbodrill, der sich im Zweiten Baku im Vergleich zu anderen Bohrverfahren als überlegen erwiesen hatte, solle besser nicht geteilt werden, da »die Möglichkeit des Abfangens dieser neuen Technologie durch andere Länder nicht ausgeschlossen ist, zumal die Amerikaner stark an unserem Turbobohrer interessiert sind.«[32]

Energie für die ›Brudervölker‹

Obschon der markanteste Bruch im sowjetischen Umgang mit dem Erdölbedarf Osteuropas erst in der zweiten Hälfte der 1950er Jahre als Konsequenz des Aufstands in Ungarn beobachtet werden kann – 1957 stiegen die sowjetischen Erdöl- und Treibstoffexporte nach Osteuropa um fast 80 Prozent, insgesamt jedoch nur um 30 Prozent[33] –, zeichnete sich zu Lebzeiten Stalins ein langsamer Wandel ab. Ab 1950 lieferte die UdSSR nicht mehr nur raffinierten Treibstoff, sondern auch steigende Rohölmengen und vereinzelt sogar Ausrüstung für den selbstständigen Ausbau des Raffineriesektors an die RGW-Länder.[34] In Anbetracht

30 AP RF, f. 45, op. 1, d. 293, ll. 80–82, abgedruckt in Muraško (Hg.): Vostočnaja Evropa, Bd. 2, S. 437–439.

31 GARF, f. R5446, op. 86a, d. 10856, ll. 1–10. Aus dem Brief Rákosis geht bereits hervor, dass dieser Stalin im Herbst 1950 nicht das erste Mal um sowjetische Unterstützung im Erdölsektor gebeten hatte.

32 GARF, f. R5446, op. 81b, d. 2278, l. 11/2.

33 Jentleson, Bruce W.: Khrushchev's Oil and Brezhnev's Natural Gas Pipelines, in: Lieber (Hg.): Will Europe fight for Oil?, S. 40; Vnešnjaja Torgovlja SSSR (1918–1966), S. 127–129. Zum Bruch nach Stalins Tod auch Reisinger, William M.: Energy and the Soviet Bloc. Alliance Politics after Stalin, Ithaca NY 1992, S. 150; Jentleson: Pipeline Politics, S. 84 f.

34 Vnešnjaja Torgovlja SSSR (1918–1966), S. 126; GARF, f. R5446, op. 86a, d. 10980, ll. 9–12; RGASPI, f. 592, op. 1, d. 42, l. 50. Siehe dazu auch die Rede Mikojans auf dem XIX. Parteitag, der stolz von der sowjetischen Hilfe beim Aufbau einer autarken rumänischen Erdölindustrie berichtete, abgedruckt in Pravda 286, 12.10.1952, S. 6. Anzumerken ist, dass interne Statistiken bereits 1948 einen steigenden Rohölexport verzeichnen, ohne diesen nach Empfängern aufzuschlüsseln. GARF, f. R5446, op. 51a, d. 1466, l. 103.

des hohen technischen Niveaus vor allem der ostdeutschen und tschechoslowakischen Wirtschaft, die beide inzwischen Equipment für den sowjetischen Erdölsektor produzierten, und der dort bestehenden Verarbeitungsindustrien war die Bereitstellung von Rohwaren effizienter und aus Moskauer Perspektive auch günstiger als die weitere Beanspruchung des überlasteten sowjetischen Raffineriesektors.[35]

Die Entwürfe für den fünften Fünfjahresplan sahen ab 1951 die »weitere Entwicklung des Außenhandels der UdSSR und, in erster Linie, mit den volksdemokratischen Ländern« vor, wobei Saburov und seine Behörde darin einen besonderen Fokus auf den Export von Rohstoffen legten. Die gerade erst forcierten Rohölausfuhren nannte das Gosplan-Dokument nicht explizit. Die Absichten der Planungsbehörde bezüglich der wichtigsten Treibstoffsorten gaben jedoch einen klaren Hinweis auf die erwartete Stoßrichtung: Das Planjahrfünft sollte nach Jahren der weitgehenden Stagnation bis 1955 nicht weniger als eine Verdoppelung der entsprechenden Exportvolumina an die kommunistischen Nachbarländer mit sich bringen.[36]

Vor dem Hintergrund des fortschreitenden Koreakrieges standen hinter den Planungen des Erdölhandels und -verbrauchs innerhalb des RGW Anfang der 1950er Jahre allerdings in erster Linie militärische Beweggründe. Im Frühjahr 1952 kalkulierten Sovmin-Mitarbeiter binnen Dreijahresfrist eine Verdreifachung des Treibstoffbedarfs der Sowjetarmee sowie die Notwendigkeit einer Erhöhung der zugehörigen Reservebestände um 2 Millionen Tonnen. Für den Fall einer Eskalation des Konfliktes mit den USA veranschlagten sie sogar zwei Drittel der sowjetischen Produktion für den militärischen Verbrauch, was nur einen Schluss zuließ: Auch 1952 reichte die heimische Erdölförderung nicht aus, um die Sicherheit der Sowjetunion und ihrer Verbündeten zu gewährleisten.[37] Diesen zuvor nicht einkalkulierten Verbrauchsanstieg, welcher die

35 GARF, f. R5446, op. 48a, d. 633, l. 111; ebd., op. 50a, d. 965, ll. 29–27; ebd., op. 80a, d. 2271, l. 1; ferner auch Hardt, John P.: East European Economic Development. Two Decades of Interrelationships and Interactions with the Soviet Union, in: Congress of the US (Hg.): Economic Developments, S. 5–40, hier S. 17; Stone: Satellites and Commissars, S. 27–29; Lentz, Manfred: Die Wirtschaftsbeziehungen DDR – Sowjetunion 1945–1961. Eine politologische Analyse (Forschungstexte Wirtschafts- und Sozialwissenschaften), Opladen 1979, S. 64–75. Ein Blick auf die Planerfüllungsquoten verrät die Herkunft des Exportrohöls: Wenngleich die Treibstoffproduktion infolge von Effizienzsteigerungen Anfang der 1950er Jahre das Soll erfüllte, benötigte das Minnefteprom dazu geringere Rohstoffmengen als vorgesehen. GARF, f. R5446, op. 81b, d. 2582, l. 56; ebd., op. 86a, d. 2432, l. 20.

36 RGASPI, f. 592, op. 1, d. 16, l. 24; ebd., d. 18, ll. 159–163.

37 GARF, f. R5446, op. 86a, d. 2528, ll. 237–233.

Streitkräfte wie bereits am Vorabend des Zweiten Weltkrieges binnen kürzester Zeit zum größten Verbraucher der UdSSR hätte werden lassen, glaubten die Moskauer Planer nicht aus eigener Kraft stemmen zu können. Aus Rumänien und Österreich waren bis 1955 zusätzliche Lieferungen zur Deckung des Defizites vorgesehen, in vollem Bewusstsein, dass dadurch die Diskrepanzen im Energieträgerhandel des RGW weiter zugunsten der Sowjetunion vergrößert werden würden.[38]

Die Konzentration der sowjetischen Führung auf die angespannte Situation in Ostasien spiegelte sich bereits früh auch in den Exportprioritäten wider. Hatte sich die Machtübernahme Maos in China zunächst nicht auf die bereits während des Bürgerkrieges etablierten Treibstofflieferungen aus der Sowjetunion an die Volksbefreiungsarmee ausgewirkt, änderte sich dies mit der chinesischen Intervention im Koreakrieg. Bereits Ende 1950 veranlasste der Ministerrat »gemäß einer Sonderregelung« die Bereitstellung von nicht näher definierten Erdölmengen, für welche der laufende Produktionsplan angepasst werden musste.[39] »[F]ür die Versorgung der in Korea aktiven chinesischen Truppen und die Kriegsvorbereitungen der Volksbefreiungsarmee Chinas« gewährte Stalin, der sämtliche Aspekte der Entwicklungen in Korea mit Argusaugen überwachte, ab 1951 gewaltige Treibstofflieferungen, welche den jüngsten Verbündeten zum größten Empfänger sowjetischer Erdölexporte aufstiegen ließ.[40]

Auch das von Moskau protegierte Nordkorea, von Beginn an Adressat ideologischer wie materieller Unterstützung aus der UdSSR, konnte im Kampf für eine sozialistisch orientierte Gestaltung des Landes auf von Stalin autorisierte Treibstoffsubventionen zählen.[41] Zusätzlich spannte die Moskauer Führung auch die RGW-Mitglieder ein. Rumänien, einziger nicht vollständig unter der Kontrolle des Kremls stehende osteuropäischer Erdölproduzent mit nennenswerten Überschüssen, sah sich alsbald ebenfalls motiviert, »kostenfreie Hilfe für die

38 GARF, f. R5446, op. 86a, d. 2528, ll. 237–237. Die Herkunft der zusätzlichen Importe geht aus dem Dokument nicht hervor, da allerdings sowohl Rumänien als auch Österreich als größte Treibstoffversorger der sowjetischen Hemisphäre nach 1950 einen rapiden Anstieg der Ausfuhren verbuchten, ist eine entsprechende Annahme plausibel. Vnešnjaja Torgovlja SSSR (1918–1966), S. 148; WIFO-Monatsberichte 28 (1955) 11, Beilage 33, S. 6 f.

39 GARF, f. R5446, op. 80a, d. 2491, l. 6.

40 GARF, f. R5446, op. 86a, d. 1058, l. 7; dazu auch ebd., d. 1016, l. 9; ebd., op. 81b, d. 2102, l. 109 und l. 151; Vnešnjaja Torgovlja SSSR (1918–1966), S. 126. Zu Stalins Rolle im Koreakrieg: Volkogonov: Autopsy, S. 151–166.

41 GARF, f. R5446, op. 80a, d. 2491, l. 6; ebd., op. 50a, d. 4670, ll. 12–13; ebd., op. 86a, d. 1058, l. 8–7.

Koreanische Demokratische Volksrepublik« bereitzustellen.[42] Inwieweit diese zusätzliche Unterstützung jedoch tatsächlich in Bukarest und nicht ebenfalls in Moskau initiiert wurde – in Anbetracht des sonst eher freizügigen Umgangs der Moskauer Behörden mit dem Erdöl aus Ploieşti sind Zweifel diesbezüglich sicherlich angebracht –, geht aus den Dokumenten nicht hervor.

Die meisten RGW-Staaten profitierten bis 1953 im Gegensatz zu ihren weniger von Moskau abhängigen ›Brudervölkern‹ hingegen in Anbetracht der stark auf die Sowjetunion fokussierten Außenhandelsbilanz nur eingeschränkt von dem von Stalin konzipierten Modell des Energieträgerhandels. Brennstoffnettoimporte im Verhältnis zur Sowjetunion verzeichneten lediglich die ČSR und Bulgarien, während Polen den seichten Treibstoffzufluss nur durch gewaltige Kohleexporte im Austausch aufrechterhalten konnte und die DDR sogar synthetisches Benzin aus Braunkohle zur Deckung des gewaltigen sowjetischen Bedarfs an Erdölprodukten bereitstellte.[43] Dennoch gewährte die Sowjetunion den RGW-Staaten trotz der gewaltigen Reparationsforderungen und häufig diskriminierenden Konditionen im bilateralen Außenhandel eine langsam, aber stetig wachsende Treibstoffzufuhr aus Österreich, Rumänien und den eigenen Fördergebieten.[44] Wenngleich das Handelsvolumen mit Energieträgern im RGW-Raum bis in die späten 1950er Jahre vergleichsweise gering blieb, waren einige Staaten in Osteuropa in Ermangelung anderer Alternativen zunehmend von der aus Moskau verwalteten Umverteilung abhängig. Das Erdöl entwickelte sich langsam, aber sicher zu einem »die sowjetische imperiale Ordnung zusammenhaltenden ›Klebstoff‹«.[45]

Der nach wie vor selbst unter Erdölmangel leidende Hegemon erwies sich auf diese Weise gegenüber Osteuropa als zwar knausriger, aber zuverlässiger

---

42 GARF, f. R5446, op. 86a, d. 1287, ll. 7–1, Zitat l. 7. Die nach dem Krieg noch erzielten Überschüsse in Ungarn schwanden Anfang der 1950er Jahre infolge der stagnierenden Produktion bei gleichzeitigem Verbrauchsanstieg rasant an und reichten schon kurz nach Stalins Tod nicht einmal mehr zur eigenen Bedarfsdeckung: RGANI, f. 3, op. 12, d. 182, ll. 26–30, abgedruckt in Fursenko (Hg.): Prezidium CK KPSS, Bd. 2, S. 590–594.

43 Vnešnjaja Torgovlja SSSR (1918–1966), S. 126, S. 148; Staniszkis: Ontology of Socialism, S. 46, Fußnote 5. Während Uneinigkeit darüber herrscht, ob die Sowjetunion den RGW-Raum ab den späten 1950er Jahren durch überzogene Preise in imperialer Manier ausbeutete oder die Mitgliedsstaaten vielmehr durch schier endlose Energieexporte im Austausch gegen überteuerte Tauschwaren subventionierte, ließ Stalin bis zu seinem Tod wenig Zweifel am Primat der UdSSR. Dazu Plaggenborg: Experiment Moderne, S. 310–317; Stone: Satellites and Commissars, S. 27–29; Sanchez-Sibony: Red Globalization, S. 69 f.; Staniszkis: Ontology of Socialism, S. 43 f.

44 UN (Hg.): World Energy Supplies (1929–1950), S. 63.

45 Rogers, Douglas: Petrobarter, in: Current Anthropology 55 (2014) 2, S. 131–153, hier S. 137. Ähnlich auch Andrén: Energy and Soviet Foreign Policy, S. 108–111. Zum geringen Handelsvolumen Reisinger: Energy and the Soviet Bloc, S. 39.

Versorger – ein Privileg, welches den kommunistischen Verbündeten außerhalb des unmittelbaren Moskauer Einflusses nicht immer zukam. Zählte etwa Jugoslawien bis 1948 zu den größten Empfängern sowjetischer Erdöllieferungen, war Stalin infolge der immer offener zutage tretenden politischen Differenzen mit Tito zusehends weniger motiviert, das knappe Erdöl oder andere Ressourcen mit seinem unfolgsamen Kontrahenten zu teilen. Zwar diente der Mangel der RGW-Staaten an nahezu sämtlichen nach Jugoslawien exportierten Waren in der UdSSR nie als Argument für den vollständigen Abbruch des Außenhandels, und auch die Bedeutung der persönlichen Komponente im Konflikt zwischen Tito und Stalin soll keineswegs negiert werden.[46] Der große und wachsende Energieträgeranteil der sowjetischen Ausfuhren in das Balkanland, der in beidseitigem Einverständnis in erster Linie mit Südfrüchten und Tabak sowie teilweise durch ein aus Moskau gewährtes Darlehen oder sogar als direkte Subvention für den Industrialisierungsanschub vergolten werden sollte,[47] lieferte jedoch sicherlich zusätzliche Argumente. Knapp zwei Dekaden später erlitt China, Anfang der 1950er Jahre zum mit Abstand größten Empfänger sowjetischer Erdölexporte und Wirtschaftshilfen aufgestiegen, in Anbetracht des sino-sowjetischen Konfliktes ein ähnliches Schicksal – subventionierte Treibstoffexporte flossen fortan primär gen Kuba und Indien.[48]

Mit den osteuropäischen Staaten hingegen hatte die Kremlführung andere Pläne. Wurde die Initiative zur Institutionalisierung intensivierter Wirtschaftsbeziehungen als Antwort auf den Marshall-Plan noch von verschiedenen Seiten

46 Pravda 366, 31.12.1948, S. 2. Umfassend zur wirtschaftlichen Komponente des Bruchs zwischen Tito und Stalin: Freedmen, Robert O.: Economic Warfare in the Communist Bloc. A Study of Soviet Economic Pressure against Yugoslavia, Albania, and Communist China (Praeger Special Studies in International Economics and Development), New York 1970, S. 25–48; Lazarević, Žarko: Yugoslavia. Economic Aspects of the Position between East and West, in: Enderle-Burcel (Hg.): Gaps in the Iron Curtain, S. 218–225, hier S. 219 f.; Klinghoffer: Soviet Union, S. 195 f.

47 So etwa im Gespräch Titos mit Stalin 1946: AP RF, f. 45, op. 1, d. 397, ll. 107–110, abgedruckt in: Istoričeskij archiv 2 (1993) 2, S. 21–24. Im Sommer 1947 gewährte die Sowjetunion Jugoslawien einen grosszügigen Kredit für zusätzliche Importe, vgl. Nove: Economic History, S. 322. Zwar galt dies auch für andere Staaten in Osteuropa. Da jedoch Tito keine Reparationen zahlen musste, konnte das Balkanland weit mehr vom Handel mit der Sowjetunion profitieren: Freedmen: Economic Warfare, S. 22. Nötel, Rudolf: International Finance and Monetary Reforms, in: Michael C. Kaser/Edward A. Radice (Hg.): The Economic History of Eastern Europe. 1919–1975. Vol. 2: Interwar Policy, the War and Reconstruction, Oxford 1986, S. 520–563, hier S. 553–555.

48 Goldman: Enigma of Soviet Petroleum, S. 58 f.; Klinghoffer: Soviet Union, S. 61; Vnešnjaja Torgovlja SSSR (1918–1966), S. 126–129. Umfassend zu China und vergleichbaren Fällen: Freedmen: Economic Warfare.

und in erster Linie aus Rumänien an Stalin herangetragen, hatten die vermeintlichen Partner bei der Ausgestaltung des angestrebten »Wirtschaftsblocks« wenig Mitspracherecht. Der aus Osteuropa gewünschten Verstetigung des gegenseitigen Handels stellten Stalin und seine Mitstreiter Mechanismen zur Kontrolle der außenwirtschaftlichen Verflechtungen einzelner RGW-Mitglieder mit Drittstaaten zur Seite, die ein koordiniertes Auftreten auf dem Weltmarkt ermöglichten.[49] Als wesentliches Ziel der wirtschaftlichen Zusammenarbeit definierte das unveröffentlichte Gründungsprotokoll vom 18. Januar 1949 den Ausbau der »Kapazitäten für die Gewinnung von Rohstoffen« sowie die Forcierung des gemeinsamen »Abbau[s] von Bodenschätzen in jedem Land«.[50] Innerhalb einer Dekade, so die im internen Kreis der versammelten Staatschefs verkündete Absicht Stalins, sollten die RGW-Staaten gemeinsam ausreichende Überschüsse erwirtschaften, um den ganzen Kontinent versorgen zu können:

> Wenn wir allen europäischen Ländern grundlegende Rohstoffe liefern [explizit genannt sind Kohle, Baumwolle, Weizen und Erdöl], wird das Diktat Amerikas in Europa zusammenbrechen. [...] Wir müssen einen Plan und Perspektiven für zehn Jahre haben. [...] Das Herausbilden einer Rohstoffbasis für ganz Europa wird eine größere Bedeutung haben als die Komintern.[51]

Die Ende der Dekade von der Chruščëv-Administration auch öffentlich propagierte Idee einer »Vernetzung der Welt [...] durch internationale Waren- und Energieströme« zur Überwindung ideologischer Grenzen war,[52] in ihren Grundzügen, bereits zum langfristigen Ziel des RGW-Außenhandels erhoben worden.

49 Gibianskij, Leonid: Die Gründung des Rates für gegenseitige Wirtschaftshilfe, in: Iber/Ruggenthaler (Hg.): Stalins Wirtschaftspolitik, S. 21–41, hier S. 27–29, Zitat S. 28; Muraško (Hg.): Vostočnaja Evropa, Bd. 1, S. 946, Fußnote 2; siehe dazu auch das Protokoll einer Sitzung am 7. Januar 1949, in welchem Mikojan die Bedeutung eines »gemeinsamen Vorgehens auf ausländischen Märkten« hervorhob, abgedruckt in: Kaplan, Karel: Československo v RVHP, 1949–1956 (Edice Studie-materiály-dokumenty 4), Praha 1995, S. 231. Das in der Pravda veröffentlichte Gründungskommuniqué vom 25.1.1949 erwähnte lediglich die RGW-internen Komponenten des Abkommens: Pravda 25, 25.1.1949, S. 2.

50 Eine Übersetzung des rumänischsprachigen Protokolls über die Gründung eines Rates für Gegenseitige Wirtschaftshilfe vom 18. Januar 1949 findet sich in Uschakow, Alexander (Hg.): Integration im RGW (COMECON). Dokumente, Baden-Baden 1983, S. 19–21, Zitate S. 19.

51 NAČR, f. ÚV KSČ – Antonín Zápotocký, svazek (sv.) 47, archivní jednotka (aj.) 1101, ll. 20–25, Zitat l. 23. Übersetzung durch Tom Koritschan. Arthur Klinghoffer vermutet eine derartige Absicht zumindest gegenüber der Bundesrepublik Deutschland und gegenüber Japan bereits 1977: Klinghoffer: Soviet Union, S. 87 f.

52 Gestwa: Energetische Brücken, S. 26–28, Zitat S. 26.

Aus der angestrebten Partizipation am globalen Exportmarkt machte Stalin bald keinen Hehl mehr: Was 1949 noch als Vision einer fernen Zukunft hinter verschlossenen Türen besprochen wurde, offenbarte der alternde Kremlchef kurz vor seinem Tod der ganzen Welt: In Anbetracht der Industrialisierungserfolge innerhalb der sowjetischen Hemisphäre prophezeite er, dass die volksdemokratischen Länder in naher Zukunft »nicht nur keine Warenzufuhr mehr aus den kapitalistischen Ländern benötigen, sondern selbst die Notwendigkeit verspüren werden, überschüssige Waren [...] an Dritte zu verkaufen« – und den USA und ihren Verbündeten dann Weltmarktanteile streitig machen würden.[53]

Stalin selbst erlebte den prognostizierten Wandel nicht mehr, und bezüglich des angestrebten Weizenüberschusses mussten seine Nachfolger ab den frühen 1960er Jahren durch entsprechende Einfuhren ein Scheitern auf ganzer Linie eingestehen. An anderer Stelle sollte der langjährige Kremlchef hingegen Recht behalten, wenngleich er den perspektivischen Energiebedarf Westeuropas gründlich unterschätzte: Bodenschätze und vor allem Brennstoffe wurden unter Chruščëv und Leonid Brežnev zum sowjetischen Exportschlager. Gänzlich verabschiedet vom internationalen Handel hatte sich die Sowjetunion gleichwohl nie. Während des Krieges hatte die alliierte Lend-Lease-Politik vorübergehend die Möglichkeit geschaffen, den technologischen Nachholbedarf einzelner Industriezweige sowie planwirtschaftliche Produktionsdefizite auch ohne gewaltige Warenausfuhr auszugleichen. Da in der Nachkriegszeit jedoch ein Mangel an nahezu sämtlichen Produkten bestand, blieb den sowjetischen Wirtschaftsstrategen wie bereits nach der Revolution kaum eine Alternative, als auch das in vielen Ländern begehrte und entsprechend wertvolle Erdöl als Devisenquelle zu nutzen.[54] Solange die sowjetische Führung nicht auf Außenhandel verzichten wollte, führte an einer Renaissance des Erdölexportes und einer Rückkehr auf den Weltmarkt kein Weg vorbei.

Rückkehr auf den Weltmarkt

Besonders deutlich trat die Alternativlosigkeit zum Erdölexport im letzten Kriegsjahr und den Monaten nach der deutschen Kapitulation zutage. Größte Empfänger sowjetischer Lieferungen waren in dieser Zeit mit den USA und dem Iran zwei Länder mit einem Erdölüberschuss, aus denen die UdSSR selbst einzelne besonders knappe Benzinsorten bezog. Zwar ließ der Kreml in erster

53 Stalin, Iosif V.: Ėkonomičeskie problemy socializma v SSSR, Moskva 1952, S. 31 f.
54 Goldman: Enigma of Soviet Petroleum, S. 67 f.

Linie das im eigenen Land unbeliebte Masut und zusätzlich Rohöl ausführen, jedoch waren auch andere als weniger dringlich betrachtete Treibstoffe – in erster Linie Traktorenkerosin, aber auch Benzin und Diesel – unter den ausgeführten Mengen.[55]

Andere vom Kreml unabhängige Staaten wie Schweden, Finnland und das Vereinigte Königreich zählten ebenfalls zu den frühen Empfängern sowjetischer Erdöllieferungen, wenngleich die entsprechenden Volumen zunächst vergleichsweise gering blieben und es sich vornehmlich um Reexporte aus Rumänien und Ungarn handelte.[56] Der Großteil dieser frühen Ausfuhren in Länder außerhalb des osteuropäischen Besatzungsgebietes zielte auf die Bezahlung dringend benötigter Importwaren ab und stand im engen Bezug zur Verkaufsbereitschaft der jeweiligen Regierungen: Während die Statistiken bis Ende der 1940er Jahre zusehends weniger Brennstoffausfuhren in die USA und nach Großbritannien verzeichneten und die Lieferungen mit der forcierten US-Embargopolitik 1949 schließlich fast vollständig abbrachen,[57] fanden einzelne europäische Staaten in der Sowjetunion eine willkommene Alternative zum Erdöl des Nahen Ostens.

Einen besonderen Stellenwert im sowjetischen Erdölhandel nahmen zunächst die skandinavischen Länder und in erster Linie Schweden und Finnland ein, wenngleich aus unterschiedlichen Gründen. Das während des Krieges neutrale Schweden war von Zerstörungen weitgehend verschont geblieben und konnte der Sowjetunion 1946 einen großzügigen Kreditrahmen für den Kauf von Equipment einräumen, der in den folgenden Jahrzehnten durch Erdöl- und andere Rohstofflieferungen abgegolten werden sollte. Die US-Regierung intervenierte im Kontext der Blockbildung verschiedentlich und konnte zahlreiche an amerikanischen Importen interessierte schwedische Unternehmen vom Handel mit der Sowjetunion abhalten. Dennoch lieferte der Vertrag die Grundlage

55 RGAE, f. 413, op. 12, d. 10949, ll. 39–40, ll. 103–104, l. 127, l. 488, l. 508 sowie l. 520. Inwieweit die in die USA verschifften Erdölprodukte bereits zur Tilgung verschiedener zuvor gewährter Kredite oder als Tauschware gegen andere Produkte gedacht waren, geht aus dem Dokument nicht hervor.

56 RGAE, f. 413, op. 12, d. 10949, ll. 424–425.

57 Besonders aus den Handelsbeziehungen mit den USA geht ein solcher Zusammenhang klar hervor, so reduzierten die sowjetischen Aussenhandelsorganisationen ihre Lieferungen erst, nachdem die US-Administration verschiedene Exportlizenzen nach anfänglicher Bewilligung zurückgezogen hatte: RGAE, f. 413, op. 24, d. 6151, ll. 59–64; ebd., d. 6152, ll. 310–345, jeweils abgedruckt in Sevost'janov et al. (Hg.): Sovetsko-amerikanskie otnošenija (1949–1952), S. 135–143 bwz. S. 152–182. Dazu auch die Daten in Vnešnjaja Torgovlja SSSR (1918–1966), S. 126.

für einen stetigen und nach Ende des Koreakrieges rasant ansteigenden Erdölstrom aus der Sowjetunion.[58]

Finnland hingegen stellte in vielerlei Hinsicht einen Sonderfall dar. Bereits wenige Monate nach Unterzeichnung des Waffenstillstandvertrages im September 1944 hatte die finnische Regierung das eben noch bekämpfte Nachbarland um Unterstützung bei der Versorgung der eigenen Bevölkerung gebeten, in erster Linie fehlte es an Lebensmitteln und Treibstoff. Die Moskauer Führung kam dieser Bitte nur zu gern nach:[59] Die nach dem Ende der Kampfhandlungen in Finnland eingesetzte Alliierte Kontrollkommission, faktisch unter alleiniger sowjetischer Führung, hatte zur Eindämmung des amerikanischen und britischen Einflusses bereits im Sommer 1944 die größtmögliche wirtschaftliche Durchdringung des Landes mit sowjetischen Waren anvisiert.[60] Zu groß waren die strategischen Interessen des Kremls am nördlichen Nachbarn, als dass Stalin und seine Mitstreiter eine starke ökonomische Anbindung an den Westen zugelassen hätten. Ziel war es laut Ždanov, der als enger Vertrauter Stalins die Leitung der Kommission übernommen hatte, »dass Finnland ein festes Anhängsel unserer Wirtschaft wird« – und ein zukünftiger Konflikt im nordwestlichen Grenzgebiet auf diese Weise ausgeschlossen werden konnte.[61] Der Ende der 1940er Jahre für den RGW mit Bezug auf Westeuropa formulierte perspektivische Plan der Überwindung amerikanischer Hegemonie durch die Schaffung wirtschaftlicher Abhängigkeiten sollte in dem kleinen skandinavischen Land schon weitaus früher erprobt werden.

Wenngleich allein die gewaltigen Reparationsschulden, denen die Regierung in Helsinki mit dem Waffenstillstand zugestimmt hatte, über Jahre die Ausrich-

58 Dazu umfassend Aalders, Gerard: The Second World War and the Cold War. Influences on the Swedish Post-War Economy, in: Enderle-Burcel (Hg.): Gaps in the Iron Curtain, S. 60–72. Mit direktem Bezug zum Erdöl auch Goldman: Enigma of Soviet Petroleum, S. 67 f.; Semjonow: Erdöl aus dem Osten, S. 613 f. In Dänemark deutete sich nach Kriegsende zunächst eine vergleichbare Entwicklung an; diese endete jedoch nach der eindeutigen Positionierung aufseiten der USA und spätestens mit dem NATO-Beitritt 1949. Dazu Ruggenthaler: Concept of Neutrality, S. 119–123.

59 Komarov (Hg.): GKO postanovljaet, S. 396–398; RGAE, f. 413, op. 12, d. 10949, l. 500 und l. 525.

60 Androsova, Tatiana: Economic Interest in Soviet Post-war Policy on Finland, in: Sari Autio-Sarasmo (Hg.): Reassessing Cold War Europe (Routledge Studies in the History of Russia and Eastern Europe 14), Abingdon 2011, S. 33–48, hier S. 33 f.

61 RGASPI, f. 77, op. 3, d. 39, ll. 25–26, zitiert nach Büttner, Ruth: Sowjetisierung oder Selbständigkeit? Die sowjetische Finnlandpolitik 1943–1948 (Schriftenreihe Hamburger Beiträge zur Geschichte des östlichen Europa 8), Hamburg 2001, S. 290 f.; dazu umfassend auch Dies.: Sowjetisierung, S. 257–308; Nevakivi, Jukka: The Soviet Union and Finland after the War, 1944–53, in: Francesca Gori/Silvio Pons (Hg.): The Soviet Union and Europe in the Cold War, 1943–53, New York 1996, S. 89–105.

tung der finnischen Wirtschaft auf den Export in die Sowjetunion garantierten, hatten die Moskauer Entscheidungsträger zugleich ein Interesse an auch langfristig florierendem Handel. Nicht zuletzt sollte das Nachbarland im Kontext der zunehmenden weltpolitischen Spannungen als Vorbild für ideologieüberschreitende Wirtschaftsbeziehungen dienen und – sobald die sowjetische Wirtschaft sich ausreichend erholt hatte – potentiellen Nachahmern die Furcht vor entsprechenden Geschäften nehmen.[62] Das Erdöl spielte in diesen Tauschgeschäften, die sich auch für das infolge der Reparationsschulden chronisch devisenarme Finnland als lukrativ erwiesen, eine zunehmend wichtigere Rolle und entwickelte sich bald zum »tragenden Pfeiler« des beidseitigen Handels. Um die für beide Länder profitable wirtschaftliche Verflechtung, die zusätzlich auch in Helsinki als Garant des Friedens mit dem mächtigen Nachbarn betrachtet wurde, nicht zu gefährden, zeigte sich die finnische Regierung verschiedentlich sogar zu politischen Konzessionen bereit.[63]

Parallel zeugte die Fokussierung der Moskauer Führung auf die Versorgung Finnlands mit dem flüssigen Brennstoff vom weiterhin vorherrschenden Misstrauen gegenüber jeglicher grenznaher Präsenz westlicher Erdölunternehmen, die nach wie vor als destruktive Avantgarde der kapitalistischen Weltordnung betrachtet wurden.[64] Nachdem sie jahrelang Marktanteile verloren hatten, »verschärf[t]en die angloamerikanischen Ölkonzerne [im Sommer 1952] den Konkurrenzkampf gegen die sowjetischen Ölgesellschaften in Finnland«[65] und ließen im Kreml die Alarmglocken läuten. Zur Abwehr der westlichen ›Qualitätsoffensive‹, welche die finnischen Kunden wohl von der Unterlegenheit des unerwünschten Rivalen überzeugen sollte, war Stalin trotz des fortwährenden Mangels sogar zur Reduktion der Produktion von Flugbenzin bereit: Auf diese Weise sollte das Niveau der sowjetischen Exporttreibstoffe an das Konkurrenzniveau angepasst werden.[66] Vollkommen unbegründet war das Misstrauen gegenüber den westlichen Ölmultis keineswegs. Wie Niklas Jensen-Eriksen

62 Androsova: Economic Interest, S. 34; Jensen-Eriksen, Niklas: Finland – A Hole in the Cold War Embargo? Vortrag, XIV International Economic History Congress, Helsinki, 21–25.08.2006, online verfügbar unter: http://www.helsinki.fi/iehc2006/papers3/Jensen.pdf [06.08.2016], S. 8 f.

63 Jensen-Eriksen/Kuisma: British Government, S. 281 f.; Kuisma, Markku: A Child of the Cold War. Soviet Crude, American Technology and National Interests in the Making of the Finish Oil Refining, in: Historiallinen Aikakauskirja 96 (1998) 2, S. 136–142, S. 136 f.; Jensen-Eriksen: First Wave, S. 353–355.

64 Wilczynski: Economics of East-West-Trade, S. 259 f.

65 GARF, f. R5446, op. 86a, d. 1353, l. 6.

66 GARF, f. R5446, op. 86a, d. 1353, ll. 1–9.

zeigen konnte, bemühten sich diese vor allem in den 1950er Jahren, die britische und amerikanische Embargopolitik zu beeinflussen und die Gefahren des »roten« Erdöls heraufzubeschwören.[67]

Zu Lebzeiten Stalins war die sowjetische Produktion allerdings zu gering, um tatsächlich eine Bedrohung darstellen zu können – sofern dies überhaupt beabsichtigt war. Zwar präsentierte sich Moskau gelegentlich als Blockadebrecher, etwa nachdem die westlichen Ölkonzerne den Staat Israel nach dessen Gründung 1948 aus Furcht vor der Reaktion arabischer Staaten mit einem Embargo belegt hatten; oder als Island 1952 infolge eines Streits mit Großbritannien um Fischereirechte notwendige Treibstoffimporte nicht mehr bezahlen konnte.[68] Allerdings lieferten die sowjetischen Ölgesellschaften auch an die Anglo-Iranian Oil Company, nachdem die iranische Regierung 1951 deren Rohstoffgrundlage durch eine eigentlich vom Kreml geförderte Nationalisierungspolitik beschlagnahmt hatte.[69]

Selbst die Reduktion der Treibstoffexporte in einzelne westeuropäische Staaten im zeitlichen Kontext der NATO-Gründung währte nur kurz und spiegelte weitgehend die von den USA forcierte anfängliche westliche Embargopolitik. Aus Stalins Perspektive, nach welcher Außenhandel lediglich ein Instrument zur Stärkung der sowjetischen Wirtschafts- und Defensivstärke darstellte, war ein Aussetzen weiterer Exporte des knappen Erdöls an Verbündete der USA, die ihrerseits die gewünschten Tauschwaren zunehmend zurückhielten, eine logische Konsequenz: Neben der inzwischen durchgesetzten strategischen Bedeutung des flüssigen Brennstoffes betrachtete die sowjetische Führung diesen ähnlich wie andere Rohstoffe auch weiterhin als begrenzt verfügbare Allzweckwährung zum Erwerb von Technologie, defizitären Gütern oder Einfluss, nicht aber per se als Mittel zum Ausbau des Handels.[70]

---

67 Jensen-Eriksen: Cold War in Energy Markets; Ders.: First Wave. Ähnlich auch Parra, Francisco R.: Oil Politics. A modern History of Petroleum, London et al. 2004, S. 83 f.

68 Klinghoffer: Soviet Union, S. 24 f. sowie S. 145–150.

69 Jensen-Eriksen: Cold War in Energy Markets, S. 193 f.

70 Zu den Motiven sowjetischen Außenhandels: Ross, Michael L.: The Oil Curse. How Petroleum Wealth shapes the Development of Nations, Princeton NJ 2012, S. 84; Sanchez-Sibony: Red Globalization, S. 74–80; Wright, Arthur W.: Soviet Natural Resource Exports and the World Market, in: Jensen et al. (Hg.): Soviet Natural Resources, S. 617–622, hier S. 617; Tugendhat, Christopher: Erdöl. Treibstoff der Weltwirtschaft: Sprengstoff der Weltpolitik, Reinbek 1972, S. 263–266; Adler-Karlsson: Western Economic Warfare, S. 164; Jacoby, Neil H.: Multinational Oil. A Study in Industrial Dynamics (Studies of the Modern Corporation, Graduate School of Business, Columbia University), New York 1974, S. 163 f.

Die für Italien und Großbritannien – bis 1948 nach Finnland die beiden größten Empfänger sowjetischen Erdöls außerhalb der Moskauer Einflusssphäre – gekürzten Treibstoffmengen hatten entsprechend Exportsteigerungen nicht nur innerhalb des RGW, sondern auch für Finnland und China zur Folge.[71] Wenngleich Chruščëv in der zweiten Hälfte der 1950er Jahre dieses Fundament sowjetischer Außenwirtschaftspolitik als Baustein einer ›friedlichen Koexistenz‹ neu justierte, blieb die rein ökonomisch motivierte Beschaffung von Waren im nichtkommunistischen Ausland bis zur Auflösung der UdSSR oft eine durch verfügbare Exportwaren limitierte Ultima Ratio.[72]

Um Abhängigkeiten zu vermeiden, achteten die Moskauer Behörden auf »ein striktes bilaterales Gleichgewicht« im Warenaustausch mit anderen Ländern.[73] Schon der im Juli 1945 abgeschlossene Handelsvertrag mit Polen sah beispielsweise in einer Klausel vor, dass nur eine geringe Abweichung in der Balance zwischen den beiden Partnern und die daraus resultierende Verschuldung ab deren Feststellung binnen Dreimonatsfrist beglichen werden musste.[74] Als in einem konkreten Fall Albanien 1952 die zugesagten Erdölmengen infolge von Produktionsdefiziten nicht liefern konnte, akzeptierte die Kremlführung das Versäumnis »im Interesse der Ausgeglichenheit der beidseitigen Lieferungen« nur mit der dezidierten Auflage, unverzüglich alternative Exportwaren bereitzustellen.[75] Darlehen zum Import sowjetischer Waren, welche die UdSSR im ersten Nachkriegsjahrzehnt gelegentlich den RGW-Mitgliedern und selten sogar unabhängigen Drittstaaten gewährte, stellten eine Ausnahme dar und beruhten meist auf politischen Interessen und Zielen. Besonders gegenüber den NATO-Staaten bemühten sich die Protagonisten des sowjetischen Außen-

71 Spaulding: Trade, Aid, and Economic Warfare, S. 398; Jentleson: Pipeline Politics, S. 65–70 sowie S. 242–244; Ders.: Consensus to Conflict, S. 633–635. Umfassend zur westlichen Embargopolitik Adler-Karlsson: Western Economic Warfare. Zur Verlagerung gen Finnland und China die Daten in Vnešnjaja Torgovlja SSSR (1918–1966), S. 126 f.

72 Hanson, Philip: The Soviet Union's Acquisition of Western Technology after Stalin. Some Thoughts on People and Connections, in: Autio-Sarasmo (Hg.): Reassessing Cold War Europe, S. 16–32, hier S. 17 f.; Sanchez-Sibony: Red Globalization, S. 85. Der erbitterte Widerstand Molotovs gegen den Wandel verdeutlicht die vorherige Fokussierung auf eine grösstmögliche Stärkung der Sowjetunion als Basis der Aussenpolitik: Fursenko/Naftali: Khrushchev's Cold War, S. 26–32.

73 ›Echanges pétroliers entre l'Ouest et l'Est‹, in: Petroleum Press Service 20 (1953) 1, S. 29. Übersetzung durch Julia Heinemann.

74 GARF, f. R5446, op. 80a, d. 2195, ll. 48–47.

75 GARF, f. 5446, op. 86a, d. 1348, ll. 17–12, Zitat l. 12.

handels hingegen bevorzugt um symmetrische Kompensationsgeschäfte, die möglichst sogar ohne den Einsatz von Devisen abgewickelt werden sollten.[76]

Stalin, der dem Außenhandel auch in seinen letzten Lebensjahren noch eine besondere Aufmerksamkeit widmete und diesen oftmals persönlich überwachte,[77] legte einen besonderen Fokus auf die Vermeidung von Leistungsbilanzüberschüssen, wenn diese ein Defizit auf sowjetischer Seite beinhalteten. Als im Frühjahr 1951 vom Ministerrat der zusätzliche Import verschiedener Konsumgüter, darunter Südfrüchte, Tabakwaren und Textilien beschlossen wurde, strich der Parteichef in der ihm vorgelegten Liste nahezu sämtliche Waren, für die eine Bezahlung in britischen Pfund oder amerikanischen Dollars vorgesehen war. Die Beteuerungen der Autoren des Dokumentes, dass die Fremdwährungstransaktionen den sowjetischen Devisenbestand nur marginal beeinträchtigen und die Staatsfinanzen nicht belasten würden, konnten Stalin nicht überzeugen: Der Parteichef zog den vollständigen Verzicht einem vorübergehend asymmetrischen Handel vor. Mit dem Export knapper Güter wie Weizen oder Erdöl hatte er hingegen offensichtlich weniger Probleme.[78]

In Einklang mit den Erfolgen im Zweiten Baku, der Entscheidung zum forcierten Ausbau des Brennstoffsektors und ungeplanter Mehrproduktion fanden so Anfang der 1950er Jahre immer größere Erdölmengen ihren Weg auf den Weltmarkt und insbesondere nach Westeuropa. »Der Wandel der [Erdölexport]Politik der kommunistischen Regierungen kam gegen Ende des Jahres 1951 in Gang«, stellten westliche Erdölanalysten bereits wenige Monate vor dem Tod Stalins fest.[79] Die offizielle sowjetische Außenhandelsstatistik verzeichnete für 1951 nahezu die Verdoppelung der Treibstoffausfuhren gen Westen, hinzu kamen erhebliche Rohöllieferungen für Italien. Bis zu Stalins Tod stieg das Volumen der Erdölausfuhren in nichtkommunistische Länder sogar um das Fünffache.[80] Auch kurzfristige Exporte ermöglichten die Sovmin-Mitarbeiter durch Plankorrekturen, sofern ein dringender Bedarf an zusätzlichen Kompensationsgütern bestand. Sie reduzierten in solchen Fällen in erster Linie den eigentlich

76 Jensen-Eriksen: Cold War in Energy Markets, S. 201. Die RGW-Länder adaptierten die Fokussierung auf symmetrische Tauschgeschäfte mit dem sowjetischen Wirtschaftssystem. GARF, f. R5446, op. 48a, d. 633, ll. 112–111.

77 Nogee, Joseph L./Donaldson, Robert H.: Soviet Foreign Policy since World War II, 4. Aufl., New York et al. 1992, S. 65 f.

78 RGASPI, f. 558, op. 11, d. 155, ll. 93–103.

79 ›Echanges pétroliers entre l'Ouest et l'Est‹, in: Petroleum Press Service 20 (1953) 1, S. 29. Übersetzung durch Julia Heinemann.

80 Vnešnjaja Torgovlja SSSR (1918–1966), S. 126–128.

von Stalin persönlich protegierten Reservebestand.[81] Vorzugsweise jedoch veräußerte die sowjetische Regierung in den frühen 1950er Jahren das im eigenen Land wenig beliebte Masut: Nachdem der Zehnjahresplan auf Initiative Stalins die Reduzierung des Verbrauchs gefordert hatte, stiegen die ungenutzten Heizölüberschüsse rapide an. Solange öffentliche Kritik an der Politik Stalins nicht geduldet wurde, blieb den sowjetischen Planern offensichtlich keine Alternative als der Verkauf ins Ausland.[82]

Häufig waren es die während des Koreakrieges deutlich ausgeweiteten westlichen Sanktionen, die einen – von der sowjetischen Führung durchaus angestrebten – Ausbau der Tauschgeschäfte behinderten. Fast in allen europäischen Ländern zeigten Unternehmen Interesse an einer Intensivierung des Ost-West-Handels, scheiterten jedoch zu Lebzeiten Stalins an der von den USA geforderten konsequenten Haltung der jeweiligen Regierungen.[83] Wie groß der Technologiebedarf des Landes in einzelnen Bereichen tatsächlich war, zeigt sich nicht zuletzt auch daran, dass sogar Produkte minderer Qualität im Austausch gegen das Erdöl akzeptiert wurden, wenn bessere Alternativen zum Import nicht zur Verfügung standen. Kurz nach Stalins Tod, als das zuvor undurchlässige westliche Embargo infolge des Waffenstillstands im Koreakrieg bereits an verschiedenen Stellen zu bröckeln begann, segnete die sowjetische Führung eine mit dem flüssigen Brennstoff zu bezahlende Beschaffung von französischer und italienischer Funkausrüstung ab – in dem vollen Bewusstsein, dass das angebotene Equipment »nicht allzu gut« sei.[84] Alternative Bezugsquellen standen offensichtlich nicht zur Verfügung.

Besonders im Erdölsektor, in welchem amerikanische Analysten einen gewaltigen technologischen Rückstand ausgemacht hatten, beeinträchtigte die Embargopolitik »unter dem Mandat der Eindämmung des kommunistischen Wirtschaftswachstums« das gerade erst durch den Zehnjahresplan fokussierte

81 GARF, f. R5446, op. 86a, d. 2723, ll. 13–1.

82 GARF, f. R5446, op. 86a, d. 2528, l. 233, dazu auch Kapitel 7.1. Unmittelbar nach Stalins Tod entbrannte eine öffentliche Diskussion um die Verwendung des Masuts, dazu etwa Pravda 134, 14.05.1955, S. 2; Maslakov: Voprosy toplivnogo balansa; Bakulev: Voprosy ėkonomiki topliva.

83 Exemplarisch etwa in der Bundesrepublik Deutschland: Rudolph, Karsten: Wirtschaftsdiplomatie im Kalten Krieg. Die Ostpolitik der westdeutschen Großindustrie. 1945–1991, Frankfurt am Main 2004, S. 129–154.

84 RGANI, f. 3, op. 8, d. 389, ll. 8–13, abgedruckt in Fursenko (Hg.): Prezidium CK KPSS, Bd. 1, S. 67 f.

Ziel einer Expansion der Kapazitäten.[85] Die Blockade hielt die Kremlführung jedoch keineswegs davon ab, immer neue Anläufe zu deren Überwindung zu starten. Noch Anfang 1951, als der Technologietransfer im Ost-West-Handel nahezu vollständig zum Erliegen gekommen war, bemühte sich das sowjetische Außenhandelsministerium im Auftrag Stalins um die Beschaffung von verschiedenen für den Bau von Raffinerien benötigten Materialien im kapitalistischen Ausland. Die Initiative scheiterte letztlich, »weil die Regierungsorgane dieser Länder keine Exportlizenzen für die Ausfuhr solcher Ausrüstung in die Sowjetunion ausstellen«. Als Notlösung sahen die damit befassten Mitarbeiter in der ČSR und der DDR vorhandenes Potential, in den Folgejahren für einen Teil der benötigten Komponenten Produktionskapazitäten aufzubauen.[86] Der für den Außenhandel zuständige Minister Michail Men'šikov wurde dennoch wenig später unter dem Vorwurf mangelnder Initiative bei der Umsetzung der gesetzten Ziele seines Amtes enthoben.[87]

Der grundsätzliche Wille zum Export kann zugleich nicht darüber hinwegtäuschen, dass die tatsächlichen Möglichkeiten hinsichtlich der Erdölausfuhr trotz der Bereitschaft zum eigenen Verzicht begrenzt waren. Noch im Frühjahr 1952 rechneten die Mitarbeiter des Sovmin mit einer auch in den Folgejahren deutlich steigenden Abhängigkeit der UdSSR von Erdöl- und Treibstoffimporten aus den RGW-Staaten. Mindestens bis zur Mitte des Jahrzehnts prognostizierten sie, dass der Bedarf an flüssigen Brennstoffen wesentlich schneller steigen würde als die inzwischen beachtliche Wachstumsraten aufweisende heimische Produktion.[88]

85 McGlade, Jacqueline: COCOM and the Containment of Western Trade and Relations, in: Eloranta/Ojala (Hg.): East-West Trade, S. 47–62, hier S. 48 f. Ende 1949 konzentrierten die USA ihre Bemühungen zum grösstmöglichen Erhalt amerikanischer technologischer Überlegenheit im Coordinating Committee on Multilateral Export Controlls (CoCom), häufig bezeichnet als »wirtschaftlicher Arm der NATO«. Dazu umfassend Jensen-Eriksen, Niklas: CoCom and Neutrality. Western Export Control Policies, Finland and the Cold War, 1949–58, in: Autio-Sarasmo (Hg.): Reassessing Cold War Europe, S. 49–65, Zitat nach S. 49; Wilczynski: Economics of East-West-Trade, S. 271–293; Adler-Karlsson: Western Economic Warfare; Jackson, Ian: Economics and the Cold War, in: Immerman/Goedde (Hg.): Oxford Handbook of Cold War, S. 50–66. Zum Fokus auf den Erdölsektor Jentleson: Khrushchev's Oil, S. 38 f.; Ders.: Pipeline Politics, S. 73–82.

86 GARF, f. R5446, op. 81b, d. 2147, l. 12.

87 Sanchez-Sibony: Red Globalization, S. 79 f. Mikojan wertete hingegen lediglich einen Zwischenfall mit ungenießbaren Bananen als Auslöser für die ›irrationale‹ Reaktion Stalins: Mikojan: Tak bylo, S. 528–533. Allerdings hatte Stalin sich wenige Monate vorher gegen einen zusätzlichen Ankauf von Bananen ausgesprochen, da eine Bezahlung nur in Dollar möglich war: RGASPI, f. 558, op. 11, d. 155, l. 103.

88 GARF, f. R5446, op. 86a, d. 2528, l. 237.

Abb. 7: Plakat »Bol'še perevezem nefti dlja nužd ljubimoj Rodiny!« aus dem Jahr 1950

Hinzu kamen unzureichende Transportkapazitäten, die selbst im Inland die Treibstoffdistribution immer wieder behinderten. Die Handelsflotte war sogar zu klein, um die Versorgung der östlichen Landesteile auf dem Seeweg zu gewährleisten, während das westliche Embargo die Möglichkeiten zum Ankauf geeigneter Schiffe einschränkte und die Anwerbung ausländischer Redereien häufig an ideologischen Vorbehalten scheiterte.[89] Das Grunddilemma der fehlenden Transportkapazitäten griff auch die sowjetische Propaganda auf, indem sie Seeleute und Hafenarbeiter 1950 mithilfe von Plakaten dazu aufrief, »mehr Erdöl [...] für die Bedürfnisse der Heimat« zu verfrachten.[90] Fehlende Schiffe konnten jedoch nur eingeschränkt durch härtere Arbeit kompensiert werden. Die neutralen Staaten und in erster Linie Finnland waren in dieser Situation die einzigen

89 GARF, f. R5446, op. 81b, d. 2102, l. 180, ll. 131–130 sowie ll. 30–29; CIA FOIA ERR SC/RR/178: The Growth and Employment of the Soviet Tanker Fleet. 1 January 1951 through 31 March 1957, 27.09.1957; Sanchez-Sibony: Red Globalization, S. 180.

90 Elkin, Vasilij: Bol'še perevezem nefti dlja nužd ljubimoj Rodiny! Plakat, [Moskva] 1950, in: Snopkov et al. (Hg.): Šest'sot plakatov, S. 418.

externen Bezugsquellen für dringend benötigte Tanker, um die unzureichende Fertigung der heimischen Werften zu komplementieren.[91] Vereinzelt konnte das Erdölministerium auch die Verpflichtungen gegenüber externen Handelspartnern nicht oder nur teilweise erfüllen, weil die benötigten Transportmittel nicht rechtzeitig eingetroffen oder gar nicht verfügbar waren.[92]

Infrastrukturelle Defizite intensivierten die Probleme zusätzlich. Von den alten sowjetischen Verladeterminals an der Schwarzmeerküste aus den 1920er Jahren ausgehend, die nach dem Kriegsende kurzerhand reaktiviert worden waren, dauerte die Versorgung bedeutender Abnehmer sowjetischen Erdöls – Finnland, Schweden, Polen und später die DDR – beinahe einen Monat. Den Bau eines Ostseehafens für den nordwärts gerichteten Erdölexport ohne Umschiffung des europäischen Kontinents erwogen die sowjetischen Planer jedoch erst, nachdem Produktion und Rohölausfuhr 1956 rapide angestiegen waren – zuvor waren die Volumen wohl zu gering für einen solchen Schritt gewesen.[93] Der Mangel an exportierbaren Erdölmengen verleitete die sowjetische Führung sogar zum Bruch mit einem Tabu der Zwischenkriegszeit, der zusätzlich die gewandelten Prioritäten im Energiesektor widerspiegelte: Ende der 1940er Jahre begann die Sowjetunion mit dem Export von Kohle nach Westeuropa.[94]

Eine tatsächliche Alternative stellte der lange Zeit vom Handel ausgeschlossene Energieträger keineswegs dar: Der geringere Tauschwert des im restlichen Europa ohnehin reichlich vorhandenen und häufig gegenüber ausländischer Konkurrenz protegierten Brennstoffes konnte den gleichsam hohen Transportaufwand in Zeiten eines überlasteten Eisenbahnnetzes nur begrenzt legitimieren, zumal bis Ende der 1950er Jahre Kohleimporte aus Polen zur Deckung des sowjetischen Bedarfs nötig waren.[95] Zu diesem Zeitpunkt hatte sich die Sowjetunion auf den Wogen immer neuer Entdeckungen im Zweiten Baku längst ihren Platz auf dem Weltmarkt zurückerobert, nach zwei Jahrzehnten des Mangels war sie wieder eine »Ölgroßmacht«.[96]

91 Jensen-Eriksen: CoCom and Neutrality, S. 59; Ders.: Finland, S. 12–14.
92 Im Sommer 1951 wurde beispielsweise festgestellt, dass ein Vertrag mit Afghanistan zum Tausch von Treibstoff gegen Baumwolle und Wolle von sowjetischer Seite entgegen der Zusagen erst zu einem Zehntel, von anderer Seite jedoch bereits vollständig erfüllt worden war. GARF, f. R5446, op. 81b, d. 2102, ll. 98–97 sowie l. 37.
93 RGAE, f. 8627, op. 9, d. 1885, ll. 100–104.
94 Grund: Energiewirtschaft, S. 24 f.
95 Vnešnjaja Torgovlja SSSR (1918–1966), S. 80 f.; Shimkin: Soviet Mineral-Fuels, S. 98.
96 Joesten: Öl regiert die Welt, S. 445 f.

8.2 Verzicht und Hoffnung: Erdöl für das Volk

Die Quittung für den in den Nachkriegsjahren durch stetig wachsende Exporte verschärften Mangel zahlte, wie bereits in den 1930er Jahren, die sowjetische Bevölkerung. Durch eine »rigorose Drosselung« des privaten und kommunalen Bedarfs, die in den 1950er Jahren nur Schrittweise gelockert und erst am Ende der Folgedekade zunehmend hinterfragt wurde, blieben Erdölprodukte und vor allem Treibstoffe in der Sowjetunion außerhalb von Wirtschaft, Transport und Militär noch lange Zeit ein knappes Gut.[97] Für die Moskauer Behörden hatte die während des Krieges erfolgreich unterbundene Distribution von Lampenöl und anderen privat genutzten Flüssigbrennstoffen offensichtlich gezeigt, dass sich in der sowjetischen Gesellschaft selbst größere Einsparungen durchsetzen ließen, ohne das Wirtschaftswachstum zu beeinträchtigen. Den sowjetischen Haushalten stand 1950 weniger als die Hälfte der Vorkriegsmenge an geeignetem Brennmaterial für Petroleumlampen und -öfen zur Verfügung. Die versprochene flächendeckende Elektrifizierung, die den Verzicht kompensieren sollte, war zugleich selbst in vielen Großstädten und vor allem in ländlichen Regionen keineswegs gewährleistet.[98] Während das Produktionsniveau des letzten Friedensjahres in der UdSSR um rund 15 Prozent, unter Hinzunahme der Importmengen sogar um mehr als ein Fünftel überschritten werden konnte, konsumierte der private Sektor gerade einmal 2 Prozent des verfügbaren Erdöls.[99] Insbesondere zu Heizzwecken war die Mehrheit der Sowjetbürger weiterhin gezwungen, auf Brennholz zurückzugreifen.[100]

Selbst in der sowjetischen Hauptstadt war für die Bevölkerung in den Nachkriegsjahren nahezu kein flüssiger Brennstoff zu bekommen.[101] Insbesondere diejenigen, welche die Kriegsjahre im vermeintlich sicheren Hinterland verbracht und die Front mit dringend benötigten Rohstoffen und Ausrüstung versorgt hatten, gingen häufig leer aus – eine Vorzugsbehandlung blieb außerhalb der Nomenklatura in erster Linie Invaliden und Veteranen sowie deren Familien

97 GARF, f. R5446, op. 86a, d. 2528, l. 228. Zu den auch Ende der 1960er Jahre noch bestehenden Rationierungen auf Benzin und Diesel Berliner, Joseph S.: The Innovation Decision in Soviet Industry, Cambridge MA 1976, S. 90f.

98 Campbell: Economics of Soviet Oil, S. 159. Zum Stand der Elektrifizierung Anfang der 1950er Jahre Gestwa: Großbauten, S. 224–226.

99 Campbell: Soviet Energy Balances, S. 50–52.

100 Campbell: Soviet Union, S. 230; Zieber: Sowjetische Erdölwirtschaft, S. 164–166; Hodgkins: Soviet Power, S. 101–103.

101 Zubkova, Elena J.: Russia after the War. Hopes, Illusions, and Disappointments, 1945–1957 (The new Russian History), Armonk NY 1998, S. 42.

vorbehalten.[102] Selbst die Neftjaniki, die sogar während des Krieges mit einigen im Haushaltsbedarf relevanten Erdölprodukten und in erster Linie mit Masut zum Vorzugspreis versorgt worden waren, mussten ab 1948 auf Alternativen zurückgreifen: Nicht nur strich das Minnefteprom die zuvor gewährten Rabatte, das erlassene Dekret untersagte die Nutzung entsprechender Brennstoffe nunmehr ganz, sofern Kohle oder das in den Fördergebieten meist reichlich vorhandene Erdgas denselben Zweck erfüllen konnten.[103] Für Kritik am verordneten Verzicht hatten einzelne Beamte keinerlei Verständnis. Als eine Bauersfrau in der Ukrainischen SSR einige Monate nach Kriegsende einen Parteifunktionär nach den Gründen für den Mangel an entsprechenden Produkten fragte, hatte dies eine sofortige Disziplinierung zur Folge.[104] In Einklang mit den energetischen Visionen der Nachkriegsjahre, denen zufolge neben der Lenin'schen Elektrifizierung vor allem das Erdgas oder bevorzugt synthetisch gewonnene Substitute aus Kohle die Haushalte mit Energie versorgen sollten,[105] wiesen die Moskauer Planer dem hypothetischen Erdölbedarf der Bevölkerung nur eine äußerst geringe Priorität zu.

In dieser von zentral verordnetem Mangel geprägten Situation, die keineswegs ein exklusives Phänomen im Brennstoffbereich darstellte und die für zahlreiche Sowjetbürger symptomatisch für die Entbehrungen der Vergangenheit standen, hatten viele Menschen nur ein eingeschränktes Verständnis für die offen kommunizierte »selbstlose Hilfe für die Volksdemokratien«.[106] Die zusätzlichen Exporte über die Grenzen der kommunistischen Länder hinaus verschwieg die sowjetische Presse vermutlich auch aus diesem Grund lange Zeit, stattdessen thematisierten die Artikel vermeintliche Konfrontationen zwischen

102 GARF, f. R5446, op. 49, d. 3157, ll. 184–192. Die Schlechterstellung von im Hinterland gebliebenen Arbeitern und vor allem von Evakuierten im Vergleich zu Frontkämpfern war in den Nachkriegsjahren ein häufiges Phänomen, dazu Manley, Rebecca: »Where should We resettle the Comrades next?«. The Adjudication of Housing Claims and the Construction of the Post-war Order, in: Fürst (Hg.): Late Stalinist Russia, S. 233–246.

103 RGAE, f. 8627, op. 9, d. 188, ll. 127–131.

104 Taubman, William: Khrushchev. The Man and his Era, London 2003, S. 182 f. Zwar erregte das anschließend stolz berichtete Vorgehen des Provinzbeamten die Kritik des damals zuständigen ukrainischen Parteisekretärs Chruščëv. Die vorherige ›Prahlerei‹ des Kritisierten zeugt jedoch keineswegs von einer unüblichen oder grundsätzlich verwerflichen Reaktion.

105 GARF. f. R5446, op. 86a, d. 2528, l. 235. Siehe dazu auch Kapitel 5.1.

106 Pravda 153, 2.6.1950, S. 2. Zur Unzufriedenheit der Bürger: Zubkova: Russia after the War, S. 82.Zum allgemeinen Konsumverzicht der Nachkriegsjahre Hessler: Cultured Trade, S. 202 f.

westlichen Erdölunternehmen oder deren Probleme auf dem Weltmarkt.[107] An der Prioritätensetzung der sowjetischen Regierung sollte sich auch nach der Entscheidung, bis zur Mitte der Dekade die Vorkriegskapazitäten des Erdölsektors mehr als zu verdoppeln, wenig ändern. In den langfristigen Bedarfsprognosen des Sovmin sowie der Planungsbehörden, auf deren Basis der fünfte Fünfjahresplan überhaupt erst erstellt wurde, sollte lediglich die Landwirtschaft noch weniger vom zusätzlichen Treibstoff profitieren als die Bevölkerung.[108]

Die sowjetischen Agrarfabriken mit ihren unzähligen Traktoren hatten allerdings in Anbetracht des gravierenden Nahrungsmittelmangels bereits kurz nach Kriegsende die zwischenzeitlich verlorene Position als größte Verbraucher zurückerlangt. »Als Hilfsmaßnahme für die Landwirtschaft« hatte die Regierung ab 1944 die Instandsetzung sowie den weiteren Ausbau des lückenhaften sowjetischen Tankstellennetzes nahezu ausschließlich auf die ländlichen Regionen konzentriert, um die Treibstoffversorgung sicherzustellen.[109] Genutzt hatte die Vorzugsbehandlung, welche mit rasant steigenden Traktorenzahlen einherging, nur wenig. Auch sechs Jahre später konnten die Nahrungsmittelbetriebe in vielen Bereichen noch nicht an das Vorkriegsniveau anknüpfen, und so beeilten sich die Mitarbeiter des Sovmin zu versichern, dass der geringe Anstieg der Treibstoffzuweisungen kompensiert würde durch die in den späten 1940er Jahren erfolgte »Umstellung der Traktoren auf Dieselmotoren, welche weniger Treibstoff verbrauchen«.[110]

Für die nahe Zukunft war die Verteilung der Erdölprodukte – wie bereits am Ende der 1930er Jahre – in Einklang mit den grundsätzlichen Prioritäten dem Primat des Militärs untergeordnet. Dies galt umso mehr im Bereich der Luftfahrt, welche seit jeher ein zentrales Motiv des sowjetischen Technikkultes dargestellt hatte – stand das Fliegen doch sinnbildlich für die Machbarkeitsvisionen und Naturoberungsambitionen einer Generation von Visionären.[111] Bereits seit dem ersten Fünfjahresplan und erneut nach Kriegsende hatten Stalin und seine Partei erhofft und vollmundig versprochen, das Flugzeug zum Mas-

107 Pravda 108, 18.4.1950, S. 2f.; Pravda 123, 18.5.1947, S. 3. Nur vereinzelt und vor allem nach 1952 finden sich Informationen über abgeschlossene oder mögliche Erdöltauschgeschäfte mit westlichen Staaten in der Pravda, etwa in Pravda 268, 24.9.1952, S. 3; Pravda 97, 6.4.1952, S. 3.

108 GARF. f. R5446, op. 86a, d 2528, l. 237; RGASPI, f. 592, op. 1, d. 19, ll. 130–134.

109 GARF. f. R5446, op. 49, d. 3160, l. 68.

110 GARF, f. R5446, op. 86a, d. 2528, l. 236. Zum Stand der landwirtschaftlichen Produktion fünf Jahre nach Kriegsende Hildermeier: Geschichte der Sowjetunion, S. 693–701; zur Traktorenzahl RGAE, f. 1562, op. 33, d. 2310, l. 114.

111 Goehrke, Carsten: Russischer Alltag. Eine Geschichte in neun Zeitbildern vom Frühmittelalter bis zur Gegenwart. 3 Bde., Zürich 2003–2005, hier Bd. 3, S. 184–186.

sentransportmittel zu erheben. Sieben Jahre später fokussierten die Moskauer Behörden hingegen nur noch den Ausbau des Lufttransportnetzes, obwohl das Passagieraufkommen im Vergleich zu 1946 nur unwesentlich gestiegen war.[112]

Mehr noch als in anderen Bereichen fielen die Ambitionen bezüglich einer innerhalb der eigenen ideologischen wie territorialen Grenzen mobileren, sich in die Lüfte erhebenden Gesellschaft dem Ost-West-Antagonismus zum Opfer. Mit Beginn des Koreakrieges und den damit einhergehenden Treibstofflieferungen an China und Nordkorea weisen die internen Statistiken einen deutlichen Einbruch bei den Waren- und Passagiertransporten per Flugzeug auf, der sich bis zu Stalins Tod nur langsam erholte.[113] Auch als die tschechoslowakische Regierung im Jahr der NATO-Gründung mit der Bitte um Hilfe beim Aufbau einer zivilen Luftfahrtindustrie an die sowjetische Führung herantrat, intervenierte Stalin: »Es ist besser, wenn sie Kampfjäger bauen. Dabei werden wir helfen.«[114]

Während die Bevölkerung von den Vorzügen des Erdölreichtums des Zweiten Baku auf diese Weise größtenteils ausgeschlossen blieb, konnte die rasante Motorisierung der Wirtschaft zugleich immer weniger übersehen werden. Durch den Aufbau erheblicher Produktionskapazitäten, die das Niveau des Jahres 1940 binnen eines Jahrfünfts um mehr als das Zweifache übertrafen, war es den sowjetischen Planern gelungen, den Fahrzeugbestand im Verhältnis zur Vorkriegszeit nahezu zu verdoppeln. Ende der 1940er Jahre, mit offiziellem Abschluss der Wiederaufbauarbeiten und dem Entschluss zum Ausbau des Erdölsektors, hatten die Wirtschaftsstrategen des Kremls sogar damit begonnen, den vorherigen alleinigen Fokus auf Lastwagen in Frage zu stellen und schrittweise auch die Massenproduktion von Personenfahrzeugen zu lancieren.[115] Heerscharen an professionellen Fahrern – 1945 waren es bereits eine halbe Million – waren nötig, um den täglich wachsenden Fuhrpark in Bewegung zu setzen, die Fahrzeuge zu warten oder mit Benzin oder Diesel zu versorgen.[116]

---

112 Rešenija po chozjajstvennym voprosam, Bd. 3, S. 283 sowie S. 732. Zum Passagieraufkommen Slavkina: Neftegazovyj faktor, S. 200 f. Zu den Vorkriegsplänen auch RGAE, f. 4372, op. 36, d. 131, ll. 6–7.

113 RGAE, f. 1562, op. 41, d. 65, l. 71.

114 NAČR, f. ÚV KSČ – Antonín Zápotocký, sv. 47, aj. 1101, l. 24. Übersetzung durch Tom Koritschan.

115 GARF, f. R5446, op. 51a, d. 1466, l. 15; RGASPI, f. 592, op. 1, d. 18, l. 93; Dazu auch Igolkin: Neftjanaja promyšlennost' (1928–1950), S. 287. Vor dem Krieg waren ebenfalls Pläne zur PKW-Massenproduktion verabschiedet worden, bei der Umsetzung offenbarte sich aber deutlich das Primat der Schwerindustrie: Während der zweite Fünfjahresplan etwa das Soll für LKWs um fast 30 Prozent übertraf, produzierten die Autobauer gerade einmal die Hälfte der vorgesehenen Fahrzeuge: RGAE, f. 4372, op. 36, d. 1390, l. 1.

116 Siegelbaum, Lewis H.: Cars for Comrades, Ithaca NY et al. 2008, S. 194 und S. 219.

Die von Marija Slavkina konstatierte »Transportrevolution«, die den Erdölsektor mit zunehmender Erholung als »Lokomotive in die Entwicklung der heimischen Wirtschaft« einspannte, weitete den zuvor überwiegend auf Militär und Landwirtschaft limitierten Anwendungsbereich von Flüssigtreibstoffen rasant aus.[117] Der Alltag konfrontierte die Menschen in der Sowjetunion bald täglich mit dem fortschreitenden Wandel. Obwohl ein öffentlicher Nahverkehr noch im Aufbau befindlich war und der »sonstige Bedarf« an Treibstoffen, wozu der Personentransport gezählt wurde, »nicht vollständig gewährleistet werden kann infolge des Mangels an Erdölprodukten«, stieg die Zahl der mit dem Bus beförderten Passagiere nach Kriegsende in den industrialisierten Städten rasant an.[118]

Daran änderten auch die verordneten Einschränkungen der städtischen Transportnetze nichts, welche die sowjetische Regierung noch über Stalins Tod hinaus häufig dann verhängte, wenn Produktions- oder Lieferengpässe im Erdölsektor bestanden. In Anbetracht des den Alltag erleichternden Fortschritts, der bereits fünf Jahre nach Kriegsende mehr als doppelt so viele Stadtbewohner erreichte wie 1940, waren die Unterbrechungen des öffentlichen Nahverkehrs sicherlich eher entschuldbar.[119] Der nur sporadisch verfügbare Luxus moderner Infrastruktur, der vielen Sowjetbürgern in Zusammenhang mit der lückenhaften Elektrizitätsversorgung längst bekannt war, stellte für die sowjetische Arbeiterschaft eine Erleichterung dar, bedeutete dieser doch ein Ende der teils endlosen Fußmärsche auf dem Weg zum Arbeitsplatz.[120] Selbst in den ländlichen Regionen, deren infrastruktureller Erschließung die Regierung eine noch weitaus geringere Priorität einräumte, profitierten die Menschen vom expandierenden Straßenverkehr: Außerhalb der Zentren boten Lastwagenfahrer eine Kostprobe des mit der Motorisierung einhergehenden Komforts, indem sie verbotenerweise zahllosen Anhaltern ihren Fußmarsch erleichterten.[121]

Das von Jurij Pimenov bereits 1937 malerisch inszenierte »Neue Moskau« mit seiner von individuellen PKWs und Bussen geprägten Szenerie des alltäglichen Straßenverkehrs blieb für die überwiegende Mehrheit der sowjetischen

117 Slavkina: Velikie pobedy, S. 116.

118 GARF, f. R5446, op. 86a, d. 2528, ll. 236–235; RGAE, f. 1562, op. 41, d. 55, l. 110. Zum geplanten Ausbau des Nahverkehrs Rešenija po chozjajstvennym voprosam, Bd. 3, S. 287f.

119 GARF, f. R5446, op. 89, d. 788, ll. 269–269ob, ll. 232–231 und l. 89.

120 Filtzer: Workers and Late Stalinism, S. 45f.; Gestwa: Großbauten, S. 224f.

121 Siegelbaum: Cars for Comrades, S. 220.

Bevölkerung die Vision einer fernen Zukunft.[122] Mit einem Anteil von fast 90 Prozent prägten Lastwagen das Straßenbild im öffentlichen Raum. Kleinere Automobile für den Personenverkehr, deren Zahl absolut gesehen Ende der 1940er Jahre sogar niedriger war als vor dem Krieg, standen hingegen seit den Anfängen der sowjetischen Fahrzeugproduktion fast ausschließlich im Dienste der Ministerien, Behörden oder der Partei.[123] An der Unerreichbarkeit des eigenen fahrbaren Untersatzes sollte sich für die meisten Menschen in der Sowjetunion erst Jahrzehnte später etwas ändern. Noch bis in die 1960er Jahre hinein hielten die Mitstreiter und Erben Stalins an ihrem Grundsatz fest, »verglichen mit den USA bedeutend weniger Erdölprodukte für die Fahrzeugflotte zu verbrauchen und die Erdölressourcen effizienter einzusetzen« – womit in besonderem Maße der Verzicht auf individuelle Mobilität gemeint war.[124]

Auftakt zum schleichenden Wandel

Eine 1950 initiierte und auf zehntausenden Plakaten und Postkarten verbreitete Werbekampagne, welche die Bevölkerung zum Kauf eines eigenen Autos anspornen sollte, war dennoch mehr als reine Propaganda. Zwar dienten solche Promotionen in den Nachkriegsjahren häufig auch dazu, der Arbeiterschaft ein langfristig durch harte Arbeit und gesparte Löhne erreichbares besseres Leben zu versprechen.[125] Neben dieser Lockvogelfunktion, welche der Partei Stalins

122 Jurij Pimenovs Gemälde »Novaja Moskva« hängt heute in der Tretjakov-Galerie. Ein Druck findet sich in Goehrke: Russischer Alltag, Bd. 3, S. 92.

123 GARF, f. R5446, op. 51a, d. 1466, l. 15; RGAE, f. 1562, op. 41, d. 65, l. 71. Zu den Mechanismen zur Verteilung von Fahrzeugen in den 1930er Jahren Lazarev/Gregory: Wheels of a Command Economy.

124 RGAE, f. 4372, op. 43, d. 125b, l. 32. Zur Situation bis in die 1960er Jahre Edwards, Imogene: The Passenger Car Industries of Eastern Europe. A Brief Survey, in: Congress of the US (Hg.): Economic Developments, S. 316–328; Tugendhat: Erdöl, S. 261; Siegelbaum, Lewis H.: Introduction, in: Lewis H. Siegelbaum (Hg.): The Socialist Car. Automobility in the Eastern Bloc, Ithaca NY 2011, S. 1–13, hier S. 3 f.; Gatejel, Luminita: The Common Heritage of the Socialist Car Culture, in: Siegelbaum (Hg.): Socialist Car, S. 143–156, hier S. 146.

125 Koreckij, Viktor: Nakopil i mašinu kupil! Otkrytka, o. O. 1950, online verfügbar unter: http://plakat.ru/catalog/postcards/nakopil-i-mashinu-kupil [01.03.2017]; Ders.: Nakopil i mašinu kupil! Plakat, o. O. 1950, online verfügbar unter: http://www.davno.ru/posters/накопил-и-машину-купил.html [01.03.2017]. Die Kampagne umfasste auch Anzeigen in Zeitschriften und Zeitungen, etwa in Ogonëk 2, 08.01.1950, S. 43. Weiterführend auch: Cox, Randi: All This Can Be Yours! Soviet Commercial Advertising and the Social Construction of Space, 1928–1956, in: Evgeny Dobrenko/Eric Naiman (Hg.): The Landscape of Stalinism. The Art and Ideology of Soviet Space (Studies in Modernity and National Identity), Seattle 2003, S. 125–162, insbesondere S. 145–147; allgemeiner auch Zubkova: Regime and Soviet Society, S. 150–152.

Abb. 8: Werbemotiv »Nakopil i mašinu kupil!« aus dem Jahr 1950

die Gefolgschaft der Massen sichern sollte, standen spätestens ab 1949 allerdings tatsächlich vereinzelt Privatfahrzeuge zum Verkauf. Als Motivationsanreiz für die zahllosen aufstrebenden, bereits von der Planwirtschaft geprägten und weitgehend systemtreuen Ingenieure und Manager, die ›neue sowjetische Mittelklasse‹, entstand in der UdSSR nach Kriegsende erstmals ein – streng limitierter – Markt für »einige tausend Automobile vom Typ ›Pobeda‹«.[126]

Die Nachfrage nach einem solchen Hauch von Luxus, von dem zahllose gutverdienende Technikbegeisterte bereits seit ihrer Ausbildung in den 1930er Jahren geträumt hatten,[127] war höher als erwartet und übertraf das Angebot deutlich. Bevorzugt versorgt wurden in dieser Situation privilegierte und streng selektierte Sowjetbürger, die nach Ansicht der Kremlführung einen essentiellen Beitrag für ihr Land leisteten. So versicherte Stalin dem technischen Leiter des sowjetischen Atomprojektes Igor Kurchatov bereits im Frühjahr 1946, dass allen Problemen zum Trotz »einige tausend Menschen mehr als sehr gut leben können, mit ihren eigenen Datschen [...] und ihren eigenen Autos«.[128]

Während weiten Teilen der Bevölkerung unter dem Deckmantel der knappen Reserven sogar das dringend benötigte Lampenöl rationiert wurde, stieg der

126 Pravda 271, 28.9.1949, S. 4. Zur ›neuen sowjetischen Mittelklasse‹ umfassend DUNHAM, VERA S.: In Stalin's Time. Middleclass Values in Soviet Fiction, Cambridge 1976. Die Anzahl der verkauften Fahrzeuge stieg von knapp 20.000 im Jahr 1950 auf über 60.000 kurz nach Stalins Tod, stagnierte dann aber bis zum Ende der Dekade. Dazu SIEGELBAUM: Cars for Comrades, S. 6, S. 218 und S. 224.

127 SCHATTENBERG: Stalins Ingenieure, S. 218 f.

128 Zitiert nach: HOLLOWAY: Stalin and the Bomb, S. 148. In den Genuss solch »großartiger und angenehmer Fortbewegungsmittel« kamen jedoch auch weniger ranghohe Persönlichkeiten, unter ihnen fanden sich unter anderem auch Künstler: RGASPI, f. 558, op. 11, d. 873, ll. 138–139.

Treibstoffkonsum dieser privilegierten Fahrzeughalter zu Beginn der 1950er Jahre rasant an. Der individuelle Personenverkehr nahm im Verhältnis sogar schneller zu als das Passagieraufkommen der Busse.[129] Bereits 1952 verantworteten die zahlreicher werdenden privaten Automobilisten rund 5 Prozent des sowjetischen Benzinverbrauches – und konsumierten mehr als ein Viertel der frei verkäuflichen Erdölprodukte. Bis zur Mitte des Jahrzehnts waren die Moskauer Planer sogar gewillt, die für diesen Zweck zugestandenen Treibstoffmengen im Gegensatz zum knappen Lampenöl nahezu zu verdoppeln.[130] Parallel zur entsprechenden Entwicklung in Westeuropa hatte für einen kleinen Teil der Gesellschaft das »Zeitalter der Massenmotorisierung« in der Sowjetunion begonnen.[131] Völlig unbemerkt blieb dieser neue Komfort, der sich nahezu ausschließlich auf die größeren Städte des Landes beschränkte, auch in der Provinz nicht. Parteigänger aus dem Ural erhoben, in vollem Bewusstsein der rudimentären Wohnraumversorgung der Arbeiterschaft und zahlloser weiterer dringlicher Probleme, »auch das Badezimmer, das Theater und das Automobil für den persönlichen Gebrauch« zum individuellen Bedürfnis eines jeden Menschen.[132] Mit Ausnahme vielleicht einiger weniger Moskauer und Leningrader Viertel sollten derartige Forderungen in Anbetracht der begrenzten Mittel und zahllosen als dringlicher empfundenen Prioritäten in der Sowjetunion noch lange Zeit eine Utopie bleiben.

Stattdessen bemühten sich die Moskauer Planstrategen in den Monaten vor Stalins Tod wieder um die eigentlich bevorzugte Lösung zur Deckung des Erdölbedarfs der städtischen Bevölkerung: Der stagnierenden Erdgasproduktion zum Trotz widmeten sich verschiedene Abteilungen des Ministerrates erneut der perspektivischen Gasifizierung der Städte, nicht zuletzt auch vor dem Hintergrund einer angestrebten weiteren Reduktion des Haushaltsbedarfs an Erdölprodukten.[133] Obwohl dem Vorhaben in den 1952 veröffentlichten Direktiven des Fünfjahresplanes kaum mehr als eine Randnotiz zukam, nahm die zuständige Gosplan-Abteilung diesen Punkt durchaus ernst: Nach dem XIX. Parteitag begannen die Planer pflichtbewusst und teils enthusiastisch mit der ihnen aufgetragenen Ausarbeitung von Projektentwürfen zur Anbindung zahlloser auch kleinerer sowjetischer Städte und Arbeitersiedlungen an das auszubauende Gasnetz.[134]

---

129 Narodnoe chozjajstvo SSSR (1922–1972), S. 309 f.

130 GARF, f. R5446, op. 86a, d. 2528, ll. 232–231.

131 Gatejel: Socialist Car Culture, S. 145 f.

132 Literaturnaja Gazeta 112, 16.9.1952, S. 2.

133 GARF, f. R5446, op. 80a, d. 2195, insbesondere ll. 41–36, sowie ebd., op. 86a, d. 2528, l. 235.

134 Die Akten dazu finden sich in RGAE, f. 4372, op. 53, dd. 431–438. Zum Enthusiasmus der Erdgasbefürworter auch Högselius: Red Gas, S. 14.

Viele dieser Vorhaben sollten erst Jahre später umgesetzt werden, und bis zu Stalins Tod waren nahezu alle Überlegungen kaum über eine Projektierungsphase hinausgekommen. Einen wesentlichen Wachstumsschub erlebte insbesondere die Produktion des Energieträgers erst, nachdem Chruščëv den entsprechenden Wirtschaftszweig am Ende der Dekade zur Priorität erhoben hatte.[135] Gleichwohl weisen die internen Statistiken bereits 1953 auf eine Intensivierung der Ausbaubemühungen hin: Die Anzahl der ans Gasnetz angebundenen Städte stieg nach dem Parteitag rasant an, sodass zwei Jahre später – zumindest nach offiziellen Angaben – allein in der RSFSR rund neun Millionen Haushalte versorgt werden konnten.[136] Der tatsächliche Startschuss folgte allerdings erst im Januar 1954, als der Ministerrat mehrere Obkoms per Dekret dazu aufforderte, binnen Jahresfrist den Bewohnern Dutzender Städte einen Zugang zum flüchtigen Brennstoff zu ermöglichen.[137] Ob Stalin persönlich die Planungen unterstützte, darüber kann nur spekuliert werden. Begonnen wurden diese jedoch noch vor seinem Tod.

In einer Perspektive allerdings verbreitete sich das Erdöl mit gewaltigem Tempo in sämtlichen gesellschaftlichen Schichten: Mit der ab Ende der 1940er Jahre rasant wachsenden Belegschaft des Erdölsektors kamen immer mehr Menschen in Kontakt mit dem Energieträger. Bereits 1950 zählte der Erdölsektor mehr als doppelt so viele Beschäftigte wie im letzten Vorkriegsjahr. Mit mehr als 700.000 über das ganze Land verteilten Angestellten war das Minnefteprom keineswegs mehr der regionale Nischenarbeitgeber, der vor allem im Kaukasus rekrutierte,[138] sondern hatte sich als attraktive Berufsperspektive für Ingenieure und Fachkräfte etabliert. Im Kernbereich – also abzüglich der zahllosen Arbeiter, die im Rahmen des für alle Ministerien symptomatischen »Empire-Building« der Stalin-Zeit die autonome Versorgung der Branche mit Waren und Dienstleistungen garantierten – stieg die Beschäftigtenzahl noch etwas schneller an.[139]

---

135 Impact of Oil Exports from the Soviet Bloc. 2 Bde., Washington, D. C. 1962–1964, hier Bd. 2, S. 73; Lyndolph/Shabad: Oil and Gas Industries, S. 468 f.; Elliot: Soviet Energy Balance, S. 14–17; umfassend auch Slavkina: Neftegazovyj faktor, S. 226–247.

136 RGAE, f. 1562, op. 33, d. 2310, ll. 186–188; Zarovnyj, Platon B.: Gazosnabženie gorodov RSFSR, in: Gazovaja promyšlennost' 1 (1956) 1, S. 21–23.

137 Das Dekret für die RSFSR ist ohne Quellenangabe abgedruckt in Meščerjakova, Svetlana V./ Orlova, Elena E./Frolov, Sergej A.: Pravovoe obespečenie toplivno-ėnergetičeskogo kompleksa v Rossii (istoričeskij aspekt), Tambov 2013, S. 60–64.

138 GARF, f. R5446, op. 80a, d. 227, l. 2. Mehr als drei Viertel der Arbeiterschaft des Narkomneft' war vor dem Krieg im Kaukasus angestellt: RGAE, f. 8627, op. 10, d. 6, ll. 23–24. Nach dem Krieg änderte sich dies: GARF, f. R5446, op. 86a, d. 2911, l. 41.

139 RGAE, f. 8627, op. 9, d. 611, l. 211. Zum ›Empire-Building‹ Dunmore: Stalinist Command Economy, S. 12.

Vor allem außerhalb des Kaukasus lockte der Erdölsektor junge, gut ausgebildete Spezialisten mit hohen Löhnen, die zwar im Vergleich zum Bergbausektor niedriger, aber infolge der besseren Arbeitsbedingungen nicht nur für Hochschulabsolventen dennoch attraktiver waren.[140]

Zur Aufrechterhaltung des neuen Andrangs trugen bald auch die Kulturschaffenden des Landes bei. Der Neftjanik, in der medialen und propagandistischen Begleitung des sowjetischen Industrialisierungsprojekts lange zum Statisten verdammt, ging aus dem Zweiten Weltkrieg als »Krieger an der Erdölfront« hervor, der heroisch für den dringend benötigten Treibstoff gekämpft hatte.[141] Ende der 1940er Jahre rückte der Arbeiter des Erdölsektors schließlich in eine Reihe mit den anderen »neuen kulturellen Leitfigur[en]« und »Held[en] des sowjetischen Kinos« auf. Als deren Avantgarde war lange Zeit und insbesondere während der ersten Fünfjahrespläne der Bergmann präsentiert worden,[142] der seinen Ruhm jedoch bald zu teilen gezwungen war: 1948 erschien Vasilij Ažaevs mit dem Stalin-Preis geadeltes Werk »Fern von Moskau« (»Daleko ot Moskvy«), welches zwar nicht dem Neftjanik selbst, stattdessen aber dem Bau einer strategisch wichtigen Pipeline unter widrigsten Bedingungen, dieser mit dem Frontdienst vergleichbaren »Schlacht für das Erdöl« und ihren Protagonisten ein Heldendenkmal setzte.[143] Auf den von sowjetischer Seite hochgelobten Roman im Stil des Sozialistischen Realismus mit einer Gesamtauflage von mehr als anderthalb Millionen folgte zwei Jahre später ein gleichnamiger Film, der – ebenfalls mit dem höchsten Staatspreis geehrt – die neue Strahlkraft des Erdölsektors auch unter den sowjetischen Kinobesuchers zu verbreiten half.[144]

---

140 GARF, f. R5446, op. 80a, d. 2547, l. 50; RGAE, f. 8627, op. 9, d. 974, ll. 396–397. Dazu auch Slavkina: Velikie pobedy, S. 74, S. 88. Die Durchschnittslöhne im Erdölsektor lagen 1950 deutlich unterhalb der Spitzengehälter vor allem des Kohlebergbaus und waren sogar seit 1946 leicht gesunken, allerdings verdienten Arbeiter in diesem Bereich weiterhin mehr als in anderen Branchen. Dazu Filtzer: Workers and Late Stalinism, S. 196 f., S. 234–236.

141 Pravda 297, 24.10.1942, S. 3.

142 Dazu umfassend: Penter: Kohle für Stalin, S. 169–178, Zitat S. 15; dazu auch Dies.: Neuer sozialistischer Donbass.

143 Ažaev, Vasilij N.: Daleko ot Moskvy. Roman, Moskva 1948, Zitat S. 277.

144 Stolper, Aleksandr: Daleko ot Moskvy, Moskva 1950. Zur Auflage Dox, Georg: Die Russische Sowjetliteratur. Namen, Daten, Werke, Berlin 1961, S. 19. Da insgesamt in den Nachkriegsjahren bis zu Stalins Tod nur 124 Filme produziert wurden, von denen nur 4 das Heldenethos der sowjetischen Arbeiterschaft in den Vordergrund stellten, stach »Daleko ot Moskvy« aus der Masse der Kriegsfilme sicherlich sogar besonders heraus. Dazu Kenez, Peter: Cinema and Soviet Society, 1917–1953 (Cambridge Studies in the History of Mass Communications), Cam-

Abb. 9: »Povest' o neftjanikach Kaspija« aus dem Jahr 1953

Nahezu gleichzeitig endeten auch die Arbeiten am Film »Die Feuer von Baku« (»Ogni Baku«), der primär den selbstlosen Taten der kaukasischen Neftjaniki in den 1930er Jahren und deren Beitrag für die Abwehr der faschistischen Bedrohung während des ›Großen Vaterländischen Krieges‹ gewidmet war. Wenngleich der Film aus unbekannten Gründen erst nach Stalins Tod in den Kinos des Landes gezeigt wurde, weist die Entstehung gleich zweier Werke mit Bezug zum Erdöl in Anbetracht eines eingeschränkten Repertoires auf den veränderten Zeitgeist hin: Die sowjetischen Studios verwirklichten in dieser Periode jährlich nur knapp ein Dutzend Filmprojekte.[145] Die Anfang 1953 vollendete dokumentarfilmische »Erzählung über die Neftjaniki des Kaspischen Meeres« (»Povest' o neftjanikach Kaspija«) führte diesen Trend mit einem Ausblick auf die verheißungsvolle und von zahllosen technischen Errungenschaften begleitete Zukunft der Tiefseeförderung vor der Küste Bakus fort. Der Erdölsektor und seine Arbeiterschaft, so wirkt es in dem nur wenige Wochen nach Stalins Ableben abgedrehten Bericht, waren ein unverzichtbarer Aspekt der sowjetischen Moderne geworden.[146]

bridge et al. 1992, S. 209–228; Gestwa: Großbauten, S. 280–292. Zum Sozialistischen Realismus umfassend Dobrenko, Evgeny: Political Economy of Socialist Realism, New Haven CT 2007.

145 Iosif Chejfic/Aleksandr Zarchi/Rza Tachmasib: Ogni Baku, Baku 1950. Zur von Zensur und Mangel geprägten Filmarmut nach Kriegsende siehe oben, Fußnote 144.

146 Karmen, Roman: Povest' o neftjanikach Kaspija, Baku 1953. Das Plakat zum Film ist online verfügbar unter: http://www.vnikitskom.ru/antique/images/lots/46-527-1670-76-01282052.jpg [02.04.2018].

Die Printmedien trugen den neuen Glanz des Berufsfelds mit. Beliebte sowjetische Illustrierte wie die *Ogonëk,* die mit einer Auflage von 500.000 eine breite Leserschaft in der Bevölkerung erreichen konnte, widmeten einzelne Hefte der heldenhaften Arbeit auf den Ölfeldern des Landes. Gleich zwei Ausgaben präsentierten sich 1950 mit Bohrtürmen auf dem Titelblatt.[147] Auch in den Artikeln der überregionalen Zeitungen *Pravda* und *Izvestija* fand der Neftjanik spätestens ab 1949 eine deutlich größere Beachtung. Besonders deutlich wird der Unterschied im Vergleich zu den ersten beiden Fünfjahresplänen: Gerade einmal 44 jährliche Nennungen der Berufsgruppe wiesen die Sprachrohre der Partei und des Staates gemeinsam in dieser Phase durchschnittlich auf. In den letzten fünf Jahren bis einschließlich 1953 taucht der Neftjanik hingegen im Schnitt mehr als 250 Mal auf.[148] Eine quantitative Häufigkeitsanalyse in der einschlägigen russischsprachigen Literatur weist auf eine ähnliche Entwicklung hin: Etablierte die Kohle sich spätestens mit dem Ende der NĖP als dominierender Brennstoff im zeitgenössischen Schriftgut, erschienen ab Anfang der 1950er Jahre immer mehr Publikationen mit Bezug zum Erdöl. Fünfzehn Jahre später, zu Beginn der Brežnev-Ära, war der flüssige Energieträger schließlich weitaus präsenter in der sowjetischen Literatur als sein festes Pendant.[149] Das sowjetische Erdöl, und mit ihm der Neftjanik, war endlich in der Mitte der sowjetischen Gesellschaft angekommen.

---

147 Ogonëk 17, 23.4.1950; Ogonëk 28, 9.7.1950. Zur Relevanz der Ogonëk: Gestwa: Großbauten, S. 263.

148 So das Ergebnis einer quantitativen Suche in den digitalen Archiven beider Zeitungen via Eastview. Lediglich im Jahr 1941 taucht der Neftjanik häufiger auf als in den frühen 1950er Jahren, danach gehen die Nennungen jedoch wieder deutlich zurück. Die Häufigkeit der Erwähnung des Bergmannes *(gornjak, ugol'ščik, šachtër)* hingegen bleibt weitgehend konstant. Anzumerken ist, dass die Suche über Eastview nur bedingt aussagekräftig ist, da die Texterkennung einzelner Zeitungsausgaben infolge einer schlechten Bildqualität fehleranfällig ist. Da sich dieses Problem jedoch für sämtliche Jahrgänge im Betrachtungszeitraum bemerkbar macht, lassen die Suchergebnisse dennoch Aussagen über grundsätzliche Trends und Entwicklungslinien zu.

149 Zur Häufigkeitsanalyse via Google Books Ngram Viewer (https://books.google.com/ngrams): http://books.google.com/ngrams/interactive_chart?content=нефть%2Bнефти%2Bнефтью%2Cугля%2Bуголь%2Bуглю%2Bуглём%2Bугле&year_start=1917&year_end=1991&corpus=25 [13.03.2017]. Wenngleich die Analyse aufgrund der unvollständigen Google-Books-Datengrundlage und der fehlenden Gewichtung in Abhängigkeit zur Verbreitung der Bücher nur eingeschränkt aussagekräftig ist, kann er im Betrachtungszeitraum durch eine Datenbasis von mehreren tausend russischsprachigen Büchern pro Jahrgang doch Hinweise auf gewisse Tendenzen liefern. Dies gilt umso mehr für die Sowjetunion unter Stalin, in der Publikationen nicht zuletzt aufgrund der weitreichenden staatlichen Zensur häufig die offizielle Position der Partei widerspiegelten.

Resümee: Wachsendes Erdölpotential und neue Optionen

Dem Credo stalinistischer Wirtschaftspolitik hinsichtlich der Dominanz der Schwerindustrie und des Militärs folgend, blieb ein Großteil der sowjetischen Erdölproduktion in den Nachkriegsjahren ebendiesen Sektoren vorbehalten. Der lange Zeit vorherrschende Mangel an Treibstoffen verstärkte dieses Primat zusätzlich, sodass nur geringe Erdölmengen für andere Abnehmer im In- und Ausland übrig blieben. Deren hypothetischen Bedarf betrachtete die Moskauer Führung eher als Belastung denn als Verpflichtung, bedeutete dieser doch die weitere Einschränkung der verfügbaren Erdölmengen. Die Konsequenzen dessen bekamen in erster Linie die osteuropäischen Staaten im Einzugsgebiet des Kremls zu spüren. Selbst Rumänien, Österreich und Ungarn, die eine eigene Erdölindustrie und theoretisch auch eine ausreichende Produktion zur Deckung des inländischen Bedarfes aufweisen konnten, sahen sich infolge der sowjetischen Reparationsforderungen und Enteignungen alsbald zur Substitution des eigentlich reichlich vorhandenen Brennstoffs gezwungen. Die Moskauer Führung, in den Nachkriegsjahren primär auf den Wiederaufbau der UdSSR und nach 1947 im Schatten des Kalten Krieges zunehmend auf die Kompensation der eigenen Schwäche bedacht, exportierte in dieser Situation in die vom Weltmarkt abgeschnittenen Volkswirtschaften Osteuropas vor allem den eigenen Erdölmangel.

In Einklang mit der sowjetischen Bevölkerung, deren Versorgung mit zur Beleuchtung, Beheizung und zum Kochen benötigten Erdölprodukten nach 1945 deutlich unter dem Vorkriegsniveau lag, mussten diese Staaten lernen, mit dem oktroyierten Verzicht zu leben – und ihrerseits Alternativen zum flüssigen Brennstoff zu suchen. In Osteuropa folgte daraus die Adaption der stalinistischen kohlezentrischen Energiepolitik. Vollständig ignorieren konnte die Führung in Moskau den Treibstoffbedarf anderer Abnehmer gleichwohl nicht. Die geostrategischen Ambitionen Stalins, in Osteuropa die Vorherrschaft des Kremls aufrechtzuerhalten, China und bis 1948 auch Jugoslawien an die Sowjetunion zu binden und zugleich den USA nicht zuletzt in Korea und Berlin Paroli zu bieten, erforderten immer größere Erdöllieferungen an die jeweiligen Partnerländer, um die Sowjetunion als zuverlässige Verbündete zu präsentieren.

Das Erdöl etablierte sich auf diese Weise zusehends als Instrument der Außenpolitik, welches die Nachbarländer an den »Energietropf«[150] der Sowjetunion hängen, auf diesem Weg aber zugleich den Einfluss des Kremls erwei-

150 Der Begriff stammt von Balmaceda, Margarita M.: Der Weg in die Abhängigkeit. Ostmitteleuropa am Energietropf der UdSSR, in: Osteuropa 54 (2004) 9–10, S. 162–179.

tern – und den amerikanischen zurückdrängen – sollte. Das gesetzte Ziel einer energetischen Durchdringung blieb keinesfalls auf die eigene Hemisphäre beschränkt. Spätestens mit der Schaffung des RGW im Jahr 1949 lagen entsprechende Absichten auch den Beziehungen zu Westeuropa zugrunde, wo Stalin sowjetische Rohstoffexporte als Mittel zur Überwindung der amerikanischen Hegemonie einzusetzen gedachte. Wie ernst es ihm tatsächlich damit war, die sowjetische Machtsphäre zur Rohstoffbasis für Europa auszubauen, ist aufgrund der geringen Spielräume der Nachkriegsjahre schwer abzuschätzen. In einzelnen kleinen Ländern wie Finnland beschritt die Moskauer Führung jedoch bereits nach Kriegsende einen solchen Weg.

Andere Staaten standen infolge des sowjetischen Brennstoffmangels und der Vorliebe Stalins für ausgeglichene bilaterale Handelsbilanzen meist nur temporär auf der Agenda. Die Außenhandelsbehörden leiteten den langsam wachsenden auswärtigen Erdölfluss stets dorthin, wo sie gerade die größten Vorteile erwarteten, sei es zur Stärkung der eigenen Verbündeten, zur Akquise von Technologie oder zum Erwerb knapper Waren, als Blockadebrecher oder zur Verdrängung westlicher Ölkonzerne. Wenngleich die Sowjetunion erst Jahre später zum relevanten Akteur auf den globalen Erdölmärkten werden sollte, wagte Stalin bereits einen Vorstoß in diese Richtung. Die sowjetische Seite gedachte offensichtlich, den Kalten Krieg zusehends auch auf der außenwirtschaftlichen Ebene auszutragen.

Auch im Umgang mit der eigenen Bevölkerung, deren Versorgung mit Erdölprodukten eine noch niedrigere Priorität erhalten hatte als der Export, sah sich die Moskauer Führung bald zu Zugeständnissen gezwungen. Die nach 1945 einsetzende forcierte Motorisierung des Transportwesens führte der Bevölkerung die Vorzüge des Erdöls vor Augen, die zugleich immer weniger bereit war, den zu den Verheißungen eines steigenden Lebensstandards konträren tatsächlichen Verzicht zu akzeptieren. Der motorisierte Personenverkehr hielt schrittweise Einzug in den sowjetischen Alltag, weit mehr, als dies in den 1930er Jahren der Fall gewesen war. In besonderem Maße galt dies für die Manager und Ingenieure stalinistischer Prägung, die inzwischen in führende Positionen aufgestiegen waren und nach einem Hauch von Luxus strebten – und diesen als Belohnung für die Treue der Vorjahre auch erhielten. Das individuelle Automobil, eigentlich als verschwenderisches Charakteristikum des kapitalistischen Westens gebrandmarkt, fand in diesem Rahmen über eine limitierte wirtschaftliche, technische und kulturelle Elite zu Beginn der 1950er Jahre Einzug in die sowjetische Planwirtschaft. Wie im Außenhandel mit den Nachbarländern gedachte die sowjetische Führung, die – erst zu generierende – Nachfrage nach

Erdöl zu nutzen, um die Loyalität dieser Bevölkerungsschicht auch in Zukunft zu gewährleisten. Zu diesem Zweck waren die Wirtschaftsplaner sogar dazu bereit, den Verbrauch an anderer Stelle zu reduzieren und zunehmend größere Benzinmengen für den individuellen Konsum Einzelner abzustellen.

Ein breiteres Publikum erreichte jedoch der am Ende der 1940er Jahre einsetzende radikale Ausbau des Erdölsektors selbst. Um die hunderttausende von Arbeitern, vor allem aber die dringend benötigten Ingenieure von einer Karriere auf den Ölfeldern des Ostens zu überzeugen, leiteten die Printmedien und Kulturschaffenden des Landes eine Imagekampagne ein, die den Neftjanik und sein Arbeitsumfeld in den Vordergrund rückten. Die mediale Präsenz des im sowjetischen Fortschritts- und Heldennarrativ lange Zeit zur Randfigur deklassierten Erdölarbeiters stieg in den frühen 1950er Jahren rasant an, und mit ihm rückte auch der Erdölsektor selbst in den Vordergrund. Wenngleich der neue Glanz des ›schwarzen Goldes‹ gerade erst zu strahlen begann, konnte die sowjetische Gesellschaft nicht umhin zu bemerken, dass sich ein Umbruch andeutete: Die kommunizierte Relevanz des Erdöls hatte sich binnen kürzester Zeit radikal verändert.

9 Fazit: Der lange Weg zum sowjetischen Erdöl

Die in den Nachkriegsjahren initiierten Entwicklungen waren keineswegs abgeschlossen, als der Tod Stalins das machtpolitische Gefüge im Kreml erschütterte und die Diadochenkämpfe der verbliebenen Führung einen wesentlichen Teil der Aufmerksamkeit abverlangten. Die grundsätzliche Bewertung des Erdöls änderte sich politisch wie wirtschaftlich in den kommenden Jahren hingegen nur noch wenig. Die alsbald etablierte ›Kollektive Führung‹ folgte mangels Einigkeit hinsichtlich der weiteren Stoßrichtung mit wenigen Ausnahmen den Paradigmen der späten Stalin-Ära. Erst nach dem gescheiterten Putschversuch 1957 konnte Chruščëv die Debatten um das weitere Vorgehen für sich entscheiden. Wirklich neu war allerdings nur sein Bekenntnis zur petrochemischen Industrie, »sein persönliches Programm für die technologische und institutionelle Modernisierung der Wirtschaft«.[1] Als Nikita Chruščëv 1959 auf dem XXI. Parteitag die Abkehr vom Primat der Kohle auch öffentlich verkündete und die Substitution des festen Brennstoffes durch günstiges Erdöl und Erdgas zum prioritären Ziel erklärte,[2] schloss er damit eine beinahe zwei Jahrzehnte währende Entwicklung ab: Das Erdöl sollte fortan wie im kapitalistischen Westen nun auch offiziell in der Sowjetunion ein staatstragendes Element und eine wesentliche Grundlage der sozialistischen Wirtschaft werden.

Die Abkehr von den seit Jahrzehnten geltenden Paradigmen sowjetischer Energie- und Brennstoffpolitik war den sowjetischen Parteigranden und Wirtschaftsführern nicht leichtgefallen. Nachdem Lenin und sein GOĖLRO-Plan die Elektrizität zum Fundament des bolschewistischen Projektes erklärt und das Erdöl auf Grundlage der Erfahrungen des Zarenreichs zum unerwünschten Widersacher der angestrebten Elektrifizierung degradiert hatten, blieb diese Lesart in den Köpfen der Moskauer Wirtschaftsstrategen tief verankert. Der geringe eigene Bedarf an Motorentreibstoffen einerseits und der hohe Exportwert des Energieträgers andererseits hatten den vornehmlich regional konzentrierten Erdölsektor am Rande der Sowjetunion zur idealen Devisenquelle erhoben, deren Nutzen durch den inländischen Verzicht maximiert werden konnte.

1 Nekrasov: Decision Making, Zitat S. 169.

2 Vneočerednoj XXI s"ezd KPSS, Bd. 1, S. 27–29.

Ein vermeintliche Mangel an Erdölreserven innerhalb des sowjetischen Territoriums trug seinerseits dazu bei, die Suche nach entsprechenden Rohstoffvorkommen weitgehend zu vernachlässigen – zu hoch waren die Kosten für Prospektions- und Explorationsarbeiten, zu gering die angenommene Aussicht auf Erfolg oder der mögliche Mehrwert neuer Funde. Die Verkaufserlöse stellten alsbald eine wesentliche Investitionsgrundlage für das kohlezentrische sowjetische Industrialisierungsprojekt dar, während der Erdölsektor selbst infolge der hohen Preise nur einen Bruchteil der Gewinne benötigte, um zumindest im Kaukasus weiter zu wachsen.

Die Weltwirtschaftskrise hatte dieser lukrativen Geschäftsgrundlage einen Großteil der Legitimation entzogen. Niedrige Erdölpreise auf den Weltmärkten verursachten in den frühen 1930er Jahren rasant sinkende Einnahmen und stellten somit die Berechtigung zusätzlicher Investitionen zugunsten weiterer Produktionssteigerungen in Frage. Vor die Entscheidung gestellt, den Ausbau des exportorientierten und kaum noch lukrativen Erdölsektors zu forcieren oder stattdessen weiter am schwächelnden Fundament der bolschewistischen Vision, der Industrialisierung des Landes zu bauen, war die weitgehende Abkehr vom flüssigen Brennstoff eine logische Konsequenz. Während die Sowjetunion in den Folgejahren deutliche Fortschritte hin zur Motorisierung der Landwirtschaft und der Armee machte, entwickelte sich der Erdölsektor als zentraler Treibstofflieferant für den wachsenden Fuhrpark zu einem Sorgenkind der sowjetischen Wirtschaft.

Die späten 1930er Jahre waren gleichwohl in Anbetracht des allgemein stagnierenden Aufschwungs, der Kriegsangst, des Großen Terrors und zahlloser weiterer Probleme ein denkbar schlechter Zeitpunkt für eine grundlegende Korrektur der energetischen Paradigmen. Im Spannungsfeld zwischen militärischer Aufrüstung, industrieller Prosperität und einer kostspieligen Kompensation langjähriger Defizite im Erdölsektor zog der flüssige Brennstoff trotz seiner Relevanz für die Kriegsmaschinerie erneut den Kürzeren. Zwar ergriffen die Planer verschiedene Maßnahmen, die dem Mangel entgegenwirken sollten, eine fokussierte und umfassende Suche nach neuen Erdölvorkommen außerhalb des Kaukasus kam gleichwohl nicht zustande. Stattdessen investierten die Wirtschaftsstrategen im Kreml gewaltige Summen in den Aufbau einer synthetischen Treibstoffindustrie, welche dem vorherrschenden kohlezentrischen Weltbild und dem bereits im GOĖLRO-Plan verankerten Streben nach größtmöglicher regionaler Ressourcenautarkie Tribut zollte.

Wenige Monate vor dem deutschen Überfall, welcher das Land in eine tiefe Krise stürzte, bahnte sich schließlich ein Wandel an. Wie gezeigt werden konnte, nahm Stalin, aufgeschreckt durch verheerende Berichte der Armeeführung hinsichtlich der Treibstoffgrundlage der sowjetischen Kriegsmaschinerie, schließlich persönlich die Dinge in die Hand. Die gewaltigen Investitionen, die er zum Auf- und Ausbau essentieller Ausrüstungs- und Kaderschmieden sowie der Diversifizierung der Fördergebiete anordnete, kamen jedoch zu spät. Während die fast zweijährige Schonfrist, welche der Pakt mit Hitler der Sowjetunion im Zweiten Weltkrieg verschafft hatte, in vielen rüstungsrelevanten Sektoren gewaltige Fortschritte ermöglicht hatte, war die Situation im Erdölsektor zum Zeitpunkt des deutschen Überfalls alles andere als zufriedenstellend.

Der Krieg stellte schließlich zahlreiche geltende Paradigmen vorübergehend in Frage. Der Treibstoffmangel der Roten Armee und der deutsche Vorstoß in Richtung des Kaukasus bewogen die sowjetische Führung, dem Erdölsektor die höchste Priorität einzuräumen. Ein gewaltiges Evakuierungsprogramm war die Folge, welches die zuvor weitgehend vernachlässigten Fördergebiete im Osten des Landes und vor allem das Zweite Baku zwischen Volga und Ural in den Vordergrund rückte. Gleichzeitig bewog der Brennstoffmangel die sowjetische Führung, die Energieträger unabhängig der ihnen eigentlich zugeschriebenen Zweckbindung zu nutzen. Um dem allgemeinen Mangel entgegenzuwirken, erlebte sogar das zuvor lange Zeit ignorierte Erdgas eine kurze Hochphase und etablierte sich zu einem zentralen Industriebrennstoff der Rüstungszentren im sowjetischen Hinterland.

Mit dem Kriegsende fielen die Protagonisten der sowjetischen Energiepolitik und insbesondere Stalin wieder in alte Denkmuster zurück. Der Wiederaufbau brachte nicht nur eine Renaissance des Primats von Kohle und Stahl, sondern beförderte auch eine Rückbesinnung des sowjetischen Erdölsektors auf seine Wurzeln. Trotz der anerkannten strategischen Relevanz des flüssigen Brennstoffes bevorzugten die Moskauer Behörden, unterstützt von der kaukasischen Politprominenz, einen erneuten Fokus auf die klassischen – und grenznahen – Fördergebiete, obwohl diese bereits in den späten 1930er Jahren zahlreiche Erschöpfungserscheinungen aufgezeigt hatten. Für das weiterhin vorgesehene Nischendasein des Erdölsektors hatten die Wirtschaftsstrategen in Moskau ohnehin keine allzu großen Ambitionen. Es fehlten der politische Wille und der nötige Konsens, um das Erdöl als gleichberechtigten Energieträger anzuerkennen und die forcierte Suche nach Rohstoffvorkommen im seit mehr als einer Dekade prophezeiten Zweiten Baku zwischen Volga und Ural ernsthaft anzugehen.

Daran änderte auch die grundsätzliche Aufwertung der Energie- und Rohstoffbranchen nur wenig, die in den Nachkriegsjahren zum gemeinsamen Fundament des Wiederaufbaus erhoben wurden – innerhalb dieser Industriezweige galt dem flüssigen Brennstoff wie zu Beginn der Planwirtschaft die niedrigste Priorität. Die finanzielle Basis des Erdölsektors war zwar im Vergleich zur Vorkriegszeit deutlich verbessert, die eingeplanten Produktionssteigerungen reichten allerdings auch weiterhin nicht annähernd an die prognostizierten Verbrauchszunahmen heran. Die Moskauer Führung zweifelte offensichtlich auch weiterhin am inzwischen öffentlich verkündeten Erdölreichtum des eigenen Landes. Außerhalb der eigenen Grenzen, in den Besatzungsgebieten im Iran, in Osteuropa und in der Mandschurei, maßen die Entscheidungsträger im Kreml im Streben nach einem ›fairen Anteil‹ an den globalen Reserven dem Energieträger eine höhere Relevanz zu als im eigenen Land.

Zugleich betrachtete Stalin, und mit ihm vermutlich auch weitere Führungsmitglieder, das Erdöl in erster Linie als militärisch relevanten Brennstoff. In diesem Kontext sah er offensichtlich keinen Grund zur Eile: Der Krieg gegen Hitler war gewonnen, die USA und Großbritannien trotz einzelner Differenzen nach wie vor eher Alliierte als Kontrahenten und im Iran standen die Chancen gut, nicht nur eine Sicherheitszone zum Schutz des Kaukasus, sondern zugleich Zugriff auf die dort vermuteten reichhaltigen Erdölvorkommen zu erhalten. Selbst den kurz vor Kriegsbeginn noch beschlossenen Ausbau der innersowjetischen Produktion von Erdölequipment erachteten die Entscheidungsträger unter dieser Prämisse als sekundär, lieferten verschiedene US-Unternehmen im Rahmen der amerikanischen Unterstützung doch modernes Equipment zum Vorzugspreis.

Der Bruch mit den einstigen Alliierten wies der sowjetischen Erdölpolitik jedoch allzu deutlich ihre Defizite auf. Das Ende der Zusammenarbeit bedeutete 1947 in vielen Fällen auch das Ende einer sechs Jahre währenden Wirtschaftskooperation, welche in erster Linie die sowjetischen Rohstoffbranchen und besonders auch den Erdölsektor mit amerikanischem Equipment versorgt hatte. Die zunehmende Konfrontation mit den USA traf nicht nur das auf den Technologietransfer eingestellte Minnefteprom weitgehend unvorbereitet, sondern zugleich auch die sowjetische Energiepolitik. Um die Erfahrungen des zurückliegenden Mangels in einem etwaigen Konflikt mit der im Vergleich zum ›Dritten Reich‹ ungleich mächtigeren Supermacht jenseits des Pazifiks nicht erneut durchleben zu müssen, benötigte die Sowjetunion eine ausreichende und vor allem abgesicherte Treibstoffversorgung.

Im Sommer 1947 überdachte Stalin seinen Standpunkt hinsichtlich der bisherigen Gewichtung der einzelnen Brennstoffe, in den Folgejahren verschoben sich die Prioritäten ausgehend von strategischen Motiven zusehends in Richtung des Erdöls. Besonders deutlich manifestierte sich der Wandel im Osten Europas, wo in der zweiten Jahreshälfte ein Kurswechsel hin zu einer nachhaltigeren Nutzung der dortigen Ölfelder konstatiert werden konnte. Nach mehr als zwei Jahren der weitgehend rücksichtslosen Ausbeutung der osteuropäischen Lagerstätten richtete sich die Kremlführung auf eine langfristige Anbindung der dortigen Rohstoffindustrien an die sowjetische Planwirtschaft ein. Den Ölfeldern Rumäniens, Ungarns und Österreichs schrieb sie fortan eine Rolle als Treibstoffexklaven zu, als essentielles Fundament des neu gewonnenen Supermachtstatus.

Im Landesinneren fiel der Umschwung den Protagonisten des sowjetischen Erdölsektors unter dem Patronat Berijas gleichwohl schwerer. Erhebliche Aufstockungen des Budgets und die verspätete großflächige Einbindung des in anderen Sektoren längst allgegenwärtigen GULag-Systems in die sowjetische Erdölpolitik spiegelten die neue Aufmerksamkeit der Parteiführung wider und erweiterten den Spielraum des Minnefteprom erheblich. Im Spannungsfeld zwischen der geostrategischen Fokussierung auf militärisch relevante Gebiete im nördlichen und östlichen Grenzraum, des seit den 1930er Jahren fortbestehenden planwirtschaftlichen Primats größtmöglicher regionaler Rohstoffautarkie und der andauernden Faszination für synthetische Treibstoffe blieb eine klare Akzentuierung einzelner Prioritäten jedoch aus. Anstelle einer konsistenten Projektierung des gesamtsowjetischen Erdölsektors erfolgte die Fokussierung auf zahlreiche regionale Brennstoffzweige, die unabhängig voneinander jeweils einen ganz eigenen Zweck verfolgten. Die zusätzlichen Kräfte und Mittel, auf deren Basis der Ausbau des Erdölsektors erfolgen sollte, reichten deshalb nicht aus, um die Versäumnisse der Vergangenheit zu kompensieren und zugleich neue Herausforderungen anzugehen.

Erst die weitere Eskalation des Kalten Kriegs lieferte am Ende der 1940er Jahre den notwendigen Anreiz, das Grunddilemma sowjetischer Erdölpolitik, die Unvereinbarkeit der angestrebten regionalen Rohstoffautarkie mit der territorialen Verteilung der Erdölreserven des Landes, zu überwinden. Im zeitlichen Kontext der Berlin-Krise und der NATO-Gründung mehrten sich die internen Warnungen vor einer Fortsetzung der bisherigen Energiepolitik und den daraus resultierenden Nachteilen hinsichtlich des wirtschaftlichen und militärischen Potentials der Sowjetunion. Um den Systemkonflikt mit den USA aufnehmen zu können, so die an Stalin herangetragene Auffassung des vom Brennstoffbüro unterstützten Erdölministeriums, war eine hinlängliche und vor allem gesicherte Treibstoffgrundlage unabdingbar. In stalinistischer Manier folgte alsbald eine Großkampagne, die den Erdölsektor, verborgen vor der Außenwelt, zu einem zentralen Protagonisten der weiteren Wirtschaftsentwicklung kürte. Still und heimlich konzipierte die Politprominenz gemeinsam mit den Ministerialexperten einen Perspektivplan, der gewaltige Investitionen in die Abkehr vom energetischen Regionalitätsprinzip Lenins durch die Vernetzung der bestehenden Fördergebiete vorsah.

Erdölprodukte sollten in Zukunft nicht mehr möglichst am Ort der Nutzung produziert und andernfalls substituiert, sondern durch ein weitreichendes Pipelinesystem im Land verteilt werden – und überall zur Verfügung stehen. Verteilungskämpfe innerhalb der sowjetischen Führung wie auch zwischen einzelnen Regionen, die am Geldsegen aus Moskau teilhaben und vorhandene oder auch nur vorstellbare Ölreserven in das geplante Fernleitungssystem einspeisen wollten, verzögerten die dadurch beabsichtigte Abkehr von weniger aussichtsreichen Förderregionen noch einige Zeit. Die Allianz zwischen Bajbakov und Berija zugunsten eines forcierten Ausbaus des Erdölsektors konnte jedoch bald vor dem Hintergrund des Koreakrieges hinlängliche Argumente vorbringen, zumindest die Bedenken in Moskau zu zerstreuen: Ein möglicher Krieg mit den USA erforderte den Aufbau größtmöglicher Reservekapazitäten zur Erdöl- und Treibstoffproduktion, die wiederum in Friedenszeiten für zahlreiche andere Zwecke genutzt werden könnten.

Die Vorbereitung für den Ernstfall und das daraus resultierende Überangebot, so die Quintessenz der Anfang der 1950er Jahre angestellten Überlegungen, ermöglichte eine Abkehr von alten Paradigmen hinsichtlich der restriktiven Erdölnutzung und der kohlezentrischen Brennstoffpolitik. Der von Elena Zubkova konstatierte und zu Lebzeiten Stalins überwiegend defensiv motivierte »Großmachtkomplex«, der nicht nur die wirtschaftspolitischen Prioritäten der Sowjetunion über Jahrzehnte hinweg prägen sollte,[3] wird im energiepolitischen Vorgehen der späten Stalin-Ära überdeutlich: Die sich wandelnde internationale Großwetterlage zu Beginn des Kalten Krieges und die zunehmend als notwendig empfundene strategische Parität zu den USA versetzte die Planstrategen in Moskau wiederholt in Zugzwang. Die immer neuen Kurskorrekturen als Reaktion auf die verschärfte Bedrohungslage und die damit einhergehenden Konsequenzen für den Erdölsektor deuten auf eine gewisse Passivität oder sogar Hilfslosigkeit der Verantwortlichen im Umgang mit der fortschreitenden Konfrontation hin. Das Ausmaß der wirtschaftlichen Blockadehaltung der einstigen Alliierten, vielleicht sogar des Bruches selbst, war vom Ministerrat und den Behörden nicht vorhergesehen worden.

3 Zubkova: Regime and Soviet Society, S. 137. Zur auf größtmögliche Sicherheit ausgerichteten Nachkriegsmotivation Stalins umfassend etwa Pechatnov, Vladimir O.: The Soviet Union and the World, 1944–1953, in: Leffler/Westad (Hg.): Cambridge History of Cold War: Vol. I, S. 90–111.

Befördert durch immer neue Versprechungen aus dem Zweiten Baku, welches infolge der gewaltigen Investitionen nunmehr sein tatsächliches Potential offenbaren konnte, konzipierten Berija und der Ministerrat als Reaktion, in den Worten Lev Čurilovs, ein Grundprinzip der späteren sowjetischen Erdölpolitik: »Quantität, Quantität und noch mehr Quantität«.[4] Nachdem der flüssige Brennstoff 1950 mit einem Anteil von lediglich 16 Prozent am Gesamtenergieverbrauch einen historischen Tiefpunkt erreicht hatte, deutete sich in den beiden Folgejahren eine Kehrtwende an.[5] Die immer größeren Erdölmengen, die im Gebiet zwischen Volga und Ural aus dem Boden traten, offenbarten zwar binnen kürzester Zeit die – vom Minnefteprom prophezeite – Vernachlässigung des geplanten Infrastrukturausbaus, führten aber zugleich eines deutlich vor Augen: Die Sowjetunion war, wie es die politische Führung des Landes nach Stalins Tod lautstark verkündete, »das an Energiequellen reichste Land der Welt«.[6] Wenngleich nach wie vor nahezu endlose Probleme mit dem Abtransport, der Verarbeitung und der Versorgung der Arbeiter bestanden, zeichnete sich ein Ende des Mangels ab: Der Weg in das Erdölzeitalter war geebnet.

Diese neue Einschätzung bekam binnen kürzester Zeit auch die Außenwelt zu spüren. Die sowjetische Bevölkerung hatte bereits durch die nach dem Kriegsende rasant einsetzende Motorisierung des Transportsektors einen Vorgeschmack auf die Vorzüge des flüssigen Brennstoffes erhalten, wenngleich der Busverkehr des Landes nur äußerst langsam expandierte. Ende der 1940er Jahre eröffnete die Moskauer Führung allerdings auch einem breiteren Publikum eine Teilhabe am ›Glanz des schwarzen Goldes‹. Privatfahrzeuge hielten limitiert Einzug in die Öffentlichkeit, um den systemtreuen Eliten des Landes ihre Aufopferungsbereitschaft in der Vergangenheit zu vergelten. Zugleich offenbarten die Privatfahrzeuge der breiten Masse aber einen Vorgeschmack auf die möglichen Errungenschaften des Kommunismus. In besonderem Maße bahnte sich der flüssige Brennstoff jedoch in einer anderen Perspektive den Weg in die Gesellschaft: Das rasante Wachstum des Erdölsektors und seiner Arbeiterschaft wurden alsbald von einer Imagekampagne begleitet, welche das mediale

4 Tchurilov, et al.: Lifeblood of Empire, S. 19; Čurilov, Lev D.: Moja istorija sovetskoj nefti. (zapiski poslednego ministra), Moskva 2016, S. 24.

5 Der Anteil stieg bis 1952 wieder auf das Niveau von 1940 von fast 18 Prozent. GARF, f. R5446, op. 86a, d. 2528, l. 229.

6 Malenkow, Georgi: Elektrifizierung – ein Fundament des Kommunismus. Aus der Rede des Genossen G. M. Malenkow, in: XX. Parteitag der Kommunistischen Partei der Sowjetunion. Rechenschaftsbericht, Referat über die Richtlinien zum 6. Fünfjahrplan, Auszüge aus der Diskussion und Begrüßungen, Düsseldorf 1956, S. 281–294, hier S. 287.

Nischendasein des Energieträgers endgültig beendete. Die Neftjaniki und ihr Umfeld wurden zu Beginn der 1950er Jahre zu Heldenfiguren stilisiert, die in Romanen, Filmen und anderen Medien erstmals ihren Beitrag zum sowjetischen Projekt leisten durften. Wenngleich Mangel und untergeordnete Priorität des zivilen Bedarfs eine weitreichende Teilhabe am wachsenden Erdölreichtum noch für Jahrzehnte verhinderten, herrschte in einer Hinsicht doch kein Zweifel mehr: In der angestrebten kommunistischen Zukunft gab es durchaus einen Platz für das ›schwarze Gold‹.

Auch die zuvor nur sporadischen und in der Menge begrenzten Erdölexporte stiegen rasant an und versorgten nicht nur die eigenen Verbündeten mit immer größeren Erdölmengen, sondern auch den ideologischen Gegner in Westeuropa. Wie sehr sich die Wahrnehmung hinsichtlich des Ausmaßes der sowjetischen Erdölreserven in den vergangenen Jahren verschoben hatte, zeigte sich nicht zuletzt an der hinter verschlossener Tür formulierten Zielsetzung Stalins, die sowjetische Hemisphäre langfristig zur Roh- und Brennstoffbasis des gesamten Kontinents auszubauen – dem es in erster Linie an Erdöl fehlte. Das bereits in Finnland erprobte Konzept, den amerikanischen Einfluss durch wirtschaftliche Durchdringung der europäischen Staaten zu reduzieren, offenbarte zwar ein weiteres Mal die Fehleinschätzung des Kremlchefs hinsichtlich des zukünftigen Treibstoffbedarfs. Allerdings ließ er in anderer Perspektive wenig Zweifel daran, dass das Erdöl zukünftig vor allem eines sein sollte: ein Instrument der sowjetischen Politik.

Die einsetzende Erdölschwemme gestattete es der Moskauer Führung in den Jahren nach Stalins Tod, in Einklang mit den zumindest etwas konsumorientierteren Wirtschaftsprioritäten, zusätzlichen Verbrauchern einen Zugang zum flüssigen Brennstoff zu gestatten und weitere dem Mangel geschuldete Restriktionen zu hinterfragen.[7] Mit dem Ende des Koreakrieges erweiterten sich quasi über Nacht die Möglichkeiten des Kremls, das sowjetische Erdöl auf den Weltmärkten zu positionieren. Der Wandel der neuen Führung hin zur ›Friedlichen Koexistenz‹ veranlasste zahlreiche Verbündete der USA, die restriktive Embargopolitik der Vorjahre in Frage zu stellen und den Handel mit der Sowjetunion schrittweise auszubauen.[8] Mitte der 1950er Jahre bezogen fast alle europäischen Länder, einschließlich Großbritannien, Frankreich und Italien, wieder sowje-

7 Zum industrie- und gesellschaftspolitischen Wandel unter Chruščëv: Breslauer, George W.: Khrushchev and Brezhnev as Leaders. Building Authority in Soviet Politics, London 1982, S. 23–26.

8 Adler-Karlsson: Western Economic Warfare, S. 83–87; Sanchez-Sibony: Red Globalization, S. 85.

tisches Erdöl – wenn auch zunächst in geringen Mengen. Handelsverträge mit dem kapitalistischen Ausland wurden nun auch wieder in die Öffentlichkeit kommuniziert und als Beitrag der Sowjetunion zum Frieden gewertet.[9] All diese Faktoren bestärkten jedoch lediglich die fortschreitende Fokussierung auf den flüssigen Brennstoff, die bereits in den späten 1940er Jahren eingesetzt hatte. Der Tod Stalins stellte diesbezüglich keineswegs einen Bruch dar, da die wesentlichen, häufig der poststalinistischen Ära zugeordneten energetischen Reformen in Industrie, Wirtschaft und in Ansätzen sogar in der Gesellschaft bereits eingeleitet waren. Die 1955 erfolgte Ernennung des einstigen Erdölministers Nikolaj Bajbakov zum Gosplan-Vorsitzenden zeugt in diesem Kontext ebenso von einer energiepolitischen Kontinuität wie die im Vorjahr erstmals erreichten Erdölüberschüsse im Außenhandel.[10]

Stalins Vision einer sozialistischen Rohstoffbasis für das westliche Europa, durch welche wirtschaftliche Abhängigkeiten den amerikanischen Einfluss und die Konfrontationsbereitschaft der europäischen Staaten drastisch reduzieren würden, etablierte sich in den 1950er Jahren zu einer von Erdölexporten gestützten tragenden Säule der Moskauer Außenwirtschaftspolitik.[11] Seine Nachfolger übertrugen diesen Ansatz auf die restliche Welt und positionierten sich bald als vermeintlich selbstlose und bei Bedarf bereitstehende Alternative zur Treibstoffversorgung für die nach Unabhängigkeit strebenden Kolonien.[12]

Einen wesentlichen Wandel signalisierte die ›neue‹ politische Führung unmittelbar nach Stalins Tod durch die zuvor unbekannte Transparenz, mit der die energetischen Prioritäten fortan vermittelt wurden. Im Gegensatz zu Stalin waren Chruščëv und seine Mitstreiter offensichtlich bereit, auch öffentlich einzugestehen, dass die sowjetische energetische Moderne, bestehend aus Hydroenergie und Kohlekraft, gegen die globalen Fortschritte in der Mobilität nicht hatte bestehen können und eine Korrektur unabdingbar geworden war.

Die sowjetische Führung folgte in den 1950er Jahren mit ihrem Schwenk hin zu einer erdölzentrierten Energiepolitik trotz einer nicht vergleichbaren Aus-

9 So etwa mit Frankreich in Pravda 198, 17.07.1953, S. 2; mit Italien in Pravda 301, 28.10.1953, S. 3, ein allgemeiner Aufruf zu mehr Handel mit dem kapitalistischen Ausland findet sich schließlich in Pravda 9, 09.01.1954, S. 3.

10 Bajbakov: Ot Stalina do El'cina, S. 110–112.

11 Zubok: Failed Empire, S. 110; Jentleson: Pipeline Politics, S. 84 f.

12 Pisar, Samuel: Supergeschäft West-Ost. Der Schlüssel zum Weltfrieden, Hamburg 1970, S. 259–261; Klinghoffer: Soviet Union, S. 61 und S. 140 f.; Fursenko/Naftali: Khrushchev's Cold War, S. 58–71; Taubman: Khrushchev, S. 354; Sanchez-Sibony: Red Globalization, S. 142 und S. 216 f.; El Hussini, Mohrez M.: Soviet-Egyptian Relations 1945–85, Basingstoke 1987, S. 32–51; Rogers: Petrobarter, S. 139; Gaddis: We Now Know, S. 154 und S. 163.

gangslage aus ganz eigenen Motiven einem globalen Trend: In sämtlichen Industriestaaten setzte im ersten Nachkriegsjahrzehnt ein Umdenken nach amerikanischem Vorbild ein, welches durch einen gewaltigen Energieverbrauchsanstieg notwendig geworden war: Die regionale Kohleförderung konnte mit dem Wirtschaftswachstum und Konsumanstieg der Nachkriegszeit nicht mehr mithalten, während die aufgrund hoher Nachfrage steigenden Preise die industrielle Blütezeit zu gefährden drohten. Das zeitgleich erschlossene Erdöl aus dem Nahen Osten stellte in dieser Situation eine günstige und reichlich verfügbare Energiequelle dar, deren intensivierte globale Nutzung Christian Pfister zufolge eine »umweltgeschichtliche Epochenschwelle« markierte.[13] Während die entstehende Konsumgesellschaft im Westen die explodierende Nachfrage nach dem flüssigen Brennstoff mit verursachte, war es in der Sowjetunion jedoch umgekehrt. Die in den 1950er Jahren wachsenden Überschüsse des vorwiegend zur militärischen Sicherung initiierten Erdölbooms gestatteten erst die wachsende Hoffnung auf einen zukünftigen sozialistischen Massenkonsum. Gerade in diesem Kontext besteht viel Potential für weitere Forschungen, welche den zu Lebzeiten Stalins eingeschlagenen sowjetischen Weg ins Erdölzeitalter und die Konsequenzen der gefällten Entscheidung zugunsten des flüssigen Brennstoffes bis in die Brežnev-Ära weiterverfolgen.

Die grundsätzliche Bedeutung des Erdöls im energetischen Weltbild der sowjetischen Führung stand jedoch spätestens ab der zweiten Hälfte der 1950er Jahre nicht mehr zur Debatte. Chruščëv wandte sich bereits einem anderen Energieträger zu, der in der Sowjetunion zuvor weit mehr noch als das Erdöl vernachlässigt worden war: In der zweiten Hälfte der 1950er Jahre erfuhr auch das Erdgas mit der Gründung einer eigenständigen Behörde eine deutliche Aufwertung und etablierte sich in vielen Bereichen als Konkurrenz zum ›schwarzen Gold‹.[14] Wirklich gefährden konnte der neue Brennstoffzweig den einsetzenden Siegeszug des Erdöls gleichwohl nicht.

---

13 Pfister, Christian: Das »1950er Syndrom«: Die umweltgeschichtliche Epochenschwelle zwischen Industriegesellschaft und Konsumgesellschaft, in: Christian Pfister (Hg.): Das 1950er Syndrom. Der Weg in die Konsumgesellschaft (Publikation der Akademischen Kommission der Universität Bern), Bern et al. 1995, S. 51–95. Siehe ferner auch die anderen Beiträge in diesem Sammelband, insbesondere Neu, Axel D.: Die Entfaltung der internationalen Erdölwirtschaft seit 1950, in: Pfister (Hg.): 1950er Syndrom, S. 179–200.

14 Slavkina: Velikie pobedy, S. 161; Jentleson: Pipeline Politics, S. 84, umfassend auch Högselius: Red Gas.

Abkürzungen und Akronyme

ADAP	Akten zur Deutschen Auswärtigen Politik
AP RF	Archiv Prezidenta Rossijskoj Federacii (= Archiv des Präsidenten der Russländischen Föderation)
ASSR	Avtonomnaja socialističeskaja sovetskaja respublika (= Autonome Sozialistische Sowjetrepublik)
AVP RF	Archiv vnešnej politiki Rossijskoj Federacii (= Archiv für Außenpolitik der Russländischen Föderation)
CIA, FOIA ERR	CIA, Freedom of Information Act Electronic Reading Room
CIA, ORE	CIA, Office of Reports and Estimates
CIA, SC/RR	CIA, Security Council/Research Report
FRUS	Foreign Relations of the United States
GARF	Gosudarstvennyj archiv Rossijskoj Federacii (= Staatsarchiv der Russländischen Föderation)
Glavgaztopprom	*Glavnoe upravlenie iskusstvennogo židkogo topliva i gaza* (= Hauptverwaltung für synthetische Flüssigbrennstoffe und Gase)
Glavki	*Glavnye Upravlenija* (= Hauptverwaltungen)
Glavneft'	*Glavnoe upravlenie neftjanoj promyšlennosti* (= Hauptverwaltung für die Erdölindustrie)
Glavneftesbyt	*Glavnoe upravlenie po sbytu i transportu nefti i nefteproduktov* (= Hauptverwaltung für die Verteilung und den Transport von Erdöl und Erdölprodukten)
Glavspecneftestroj	*Glavnoe upravlenie lagerej po stroitel'stvu neftepererabatyvajuščich zavodov i predprijatij iskusstvennogo židkogo topliva* (= Lagerhauptverwaltung zum Bau von Raffinerien und Betrieben zur Produktion synthetischer Flüssigbrennstoffe)
Gosplan	Gosudarstvennyj plan (= Staatsplan, oberste Planungsbehörde der Sowjetunion)
KPSS	*Kommunističeskaja partija Sovetskogo Sojuza* (Kommunistische Partei der Sowjetunion)
Minnefteprom	Ministerstvo neftjanoj promyšlennosti (= Ministerium für die Erdölindustrie)

Mintopstroj	*Ministerstvo stroitel'stva toplivnych predprijatij* (= Ministerium für den Bau von Brennstoffbetrieben)
MVD	*Ministerstvo vnutrennich del* (= Innenministerium)
NAČR	*Národní Archiv České Republiky* (= Nationalarchiv der Tschechischen Republik)
Narkom	*Narodnij Kommissar* (= Volkskommissar)
Narkomneft'	*Narodnyj Kommissariat neftjanoj promyšlennosti* (= Volkskommissariat für die Erdölindustrie)
Narkomtjažprom	*Narodnyj Komissariat tjažëloj promyšlennosti* (= Volkskommissariat für die Schwerindustrie)
Neftjanik	(pl. Neftjaniki) russische Bezeichnung für Erdölarbeiter
NKVD	Narodnyj Komissariat vnutrennich del (= Volkskommissariat für innere Angelegenheiten)
Oblast'	*Administrativ-territoriale Verwaltungseinheit in der Sowjetunion*
PIRINC	Petroleum Industry Research Foundation
RGAE	*Rossijskij gosudarstvennyj archiv ėkonomiki*
RGANI	*Rossijskij gosudarstvennyj archiv novejšej istorii*
RGASPI	*Rossijskij gosudarstvennyj archiv social'no-političeskoj istorii*
RGW	Rat für gegenseitige Wirtschaftshilfe
RSFSR	Rossijskaja Socialističeskaja Federativnaja Sovetskaja Respublika (= Russländische Sozialistische Föderative Sowjetrepublik)
SMV	Sowjetische Mineralölverwaltung in Österreich
Sovmin	*Sovet Ministrov* (= Ministerrat)
Sovnarkom	*Sovet narodnych komissarov* (= Rat der Volkskommissare)
SP SSSR	*Sobranie postanovlenij i rasporjaženij pravitel'stva SSSR* (= Sammlung der Beschlüsse und Dekrete der Regierung der UdSSR)
SSR	Sovetskaja socialističeskaja respublika (= Sowjetische Sozialistische Republik)
TIAS	Texts of International Agreements to which the US is a Party
UdSSR	Union der Sozialistischen Sowjetrepubliken
VKP(b)	*Vsesojuznaja kommunističeskaja partija (bol'ševikov)* (= Kommunistische All-Unionspartei (Bolschewiki)
WIFO	Österreichisches Institut für Wirtschaftsforschung

Quellen- und Literaturverzeichnis

Unveröffentlichte Archivbestände

GARF

- Fond R5446 (Ministerrat der Sowjetunion)
  Opisi der Jahre 1937–1959

RGASPI[1]

- Fond 57 (XVI Parteikonferenz der VKP(b), 1929)
- Fond 558 (Stalin (Džugašvili), Iosif Vissarionovič)
  Opis 11 (Persönliches Archiv Stalins)
- Fond 592 (XIX Parteitag der KPSS, 1952)
- Fond 644 (Staatliches Verteidigungskomitee)

RGAE

- Fond 355 (Gosplan SSSR (1955–1957))
- Fond 413 (Ministerium für Außenhandel der Sowjetunion)
  Opis 12 (Zentraler Apparat des Volkskommissariates)
  Opis 13 (Zentraler Apparat des Ministeriums)
- Fond 1562 (Zentrale Statistikabteilung des Ministerrates der Sowjetunion)
- Fond 4372 (Gosplan SSSR)
  Opisi der Jahre 1937–1955
- Fond 8627 (Ministerium für die Erdölindustrie)[2]
  Opis 9 (Sekretariat des Volkskommissariates/Ministeriums)
  Opis 10 (Planungsabteilung des Volkskommissariates/Ministeriums)

---

1 Ein Teil dieser Archivbestände konnte in der Bayerischen Staatsbibliothek in München eingesehen werden, ein anderer Teil unter http://sovdoc.rusarchives.ru.

2 In den Jahren 1946–1948 war das Ministerium gespalten. Die für diese Jahre relevanten Bestände in den Fonds 8625 und 8626 konnten infolge einer Archivumstrukturierung nicht mehr eingesehen werden. Gleiches gilt für andere Opisi aus dem Fond 8627, insbesondere die deklassifizierten Dela aus den Opisi 1 und 2 sowie den Opisi 12 und 14.

NAČR[3]

- Fond ÚV KSČ – Antonín Zápotocký (Protokoll der Gründungssitzung des RGW)

Zeitschriften und Zeitungen

- Izvestija (Jahrgänge 1920–1955)
- Izvestija ČK KPSS (einzelne Ausgaben)
- Literaturnaja Gazeta (einzelne Ausgaben)
- Nauka i žizn' (Jahrgänge 1938–1953)
- Ogonëk (Jahrgänge 1938–1953)
- Petroleum Press Service (einzelne Ausgaben)
- Planovoe Chozjajstvo (Jahrgänge 1938–1956)
- Pravda (Jahrgänge 1920–1955)
- Technika – molodeži (Jahrgänge 1938–1953)
- WIFO-Monatsberichte (Jahrgänge 1950–1957)

Gedruckte Quellen, Reden, Memoiren

XVII s"ezd Vsesojuznoj Kommunističeskoj partii (b). 26 janvarja–10 fevralja 1934 g. Stenografičeskij otčet, Moskva 1934.

XVIII s"ezd Vsesojuznoj Kommunističeskoj Partii (b). 10–21 marta 1939 g. Stenografičeskij otčet, Moskva 1939.

XX s"ezd Kommunističeskoj Partii Sovetskogo Sojuza. 14–25 fevralja 1956 goda. Stenografičeskij otčet. 2 Bde., Moskva 1956.

XX. Parteitag der Kommunistischen Partei der Sowjetunion. Rechenschaftsbericht, Referat über die Richtlinien zum 6. Fünfjahrplan, Auszüge aus der Diskussion und Begrüßungen, Düsseldorf 1956.

Acton, Edward (Hg.): The Soviet Union. A Documentary History (Exeter Studies in History). 2 Volumes, Exeter 2007.

Adibekov, Grant M. (Hg.): Politbjuro CK RKP(b) – VKP(b) i Evropa. Rešenija »osoboj papki«. 1923–1939, Moskva 2001.

Adibekov, Grant M./Anderson, K./Rogovaja, L. (Hg.): Politbjuro CK RKP (b) – VKP(b). Povestki dnja zasedanii: 1919–1952. Katalog v trech tomach, Moskva 2000–2001.

Agarunov, Jakov M.: Geroičeskie sveršenija azerbajdžanskich neftjanikov v gody Velikoj Otečestvennoj vojny, Baku 1982.

3 Die Dokumente aus diesem Fond wurden dankenswerterweise per E-Mail zur Verfügung gestellt von Měšťánková Vlasta vom Nationalarchiv der Tschechischen Republik, die Übersetzung erfolgte durch Tom Koritschan.

Akten zur Deutschen Auswärtigen Politik, 1918–1945. Aus dem Archiv des Deutschen Auswärtigen Amtes (= ADAP), Göttingen 1950–1995.

Bachturina, Aleksandra J.'e. (Hg.): Rossija i SŠA: ėkonomičeskie otnošenija 1933–1941. Sbornik dokumentov, Moskva 2001.

Bajbakov, Nikolaj K.: Sache des Lebens. Aufzeichnungen eines Erdölarbeiters, Berlin 1985.

–: Ot Stalina do El'cina, Moskva 1998.

–: Neftjanoj front (Biblioteka literaturnogo fakela), Moskva 2006.

Berija, Lavrentij P.: Itogi Janvarskogo Plenuma CK i CKK VKP(b) i Zadači Azerbajdžanskoj Parkijnoy Organizacii. Doklad na sobranii obščebakinskogo partijnogo aktiva 26 janvarja 1933 goda, in: Lavrentij Pavlovič Berija: Za neft' i chlopok, o. O. 1933, S. 3–39.

–: Za neft' i chlopok, o. O. 1933.

Bugaj, Nikolaj F. (Hg.): Iosif Stalin – Lavrentiju Berii. »Ich nado deportirovat'«, Moskva 1992.

Carevskaja-Djakina, Tat'jana V. (Hg.): Specpereselency v SSSR (Istorija stalinskogo Gulaga. Konec 1920-ch – pervaja polovina 1950-ch godov 5), Moskva 2004.

Černobaev, Anatolij A. (Hg.): Na prieme u Stalina. Tetradi (žurnaly) zapisej lic, prinjatych I. V. Stalinym. 1924–1953 gg, Moskva 2008.

Černyš, Michail E.: Razvitie neftepererabatyvajuščej promyšlennosti v Sovetskom Sojuze. Fragmenty istorii, Moskva 2006.

Chaustov, Vladimir N. (Hg.): Lubjanka. Stalin i Glavnoe upravlenie gosbezopasnosti NKVD, 1937–1938 (Rossija. XX vek. Dokumenty), Moskva 2004.

– (Hg.): Lubjanka. Stalin i NKVD – NKGB – GUKR »Smerš«. 1939–mart 1946 (Rossija. XX vek. Dokumenty), Moskva 2006.

Chlevnjuk, Oleg V. (Hg.): Stalinskoe Politbjuro v 30-e gody. Sbornik dokumentov (dokumenty sovetskoj istorii), Moskva 1995.

– (Hg.): Stalin i Kaganovič. Perepiska. 1931–1936 gg. (Annaly kommunizma), Moskva 2001.

– (Hg.): Politbjuro CK VKP(b) i Sovet Ministrov SSSR. 1945–1953 (dokumenty sovetskoj istorii 6), Moskva 2002.

– (Hg.): Ėkonomika Gulaga (Istorija stalinskogo Gulaga. Konec 1920-ch – pervaja polovina 1950-ch godov 3), Moskva 2004.

– (Hg.): Zakljućennye na strojkach kommunizma. Gulag i obekty ėnergetiki v SSSR: sobranie dokumentov i fotografij, Moskva 2008.

Chromov, Semen S. (Hg.): Industrializacija Sovetskogo Sojuza. Novye dokumenty, novye fakty, novye podchody. 2 Bde., Moskva 1997–1999.

Chruščev, Nikita S.: Chruschtschow erinnert sich, hg. v. Margaret Carroux/Strobe Talbott, Reinbek 1971.

CIA FOIA ERR ORE 4/1: Petroleum Resources within the USSR, 16.06.1947.

CIA FOIA ERR ORE 24–49: The USSR Petroleum Industry, 05.01.1950.

CIA FOIA ERR SC/RR/100: The Petroleum Industry in Economic Region V of the USSR, 01.06.1955.

CIA FOIA ERR SC/RR/178: The Growth and Employment of the Soviet Tanker Fleet. 1 January 1951 through 31 March 1957, 27.09.1957.

Čuev, Feliks I.: Soldaty imperii. Besedy, vospominanija, dokumenty, Moskva 1998.

Čuev, Feliks I./Molotov, Vjačeslav M.: Sto sorok besed s Molotovym, Moskva 1991.

Čurilov, Lev D.: Moja istorija sovetskoj nefti. (zapiski poslednego ministra), Moskva 2016.

Darmstadter, Joel/Teitelbaum, Perry D./Polach, Jaroslav G. (Hg.): Energy in the World Economy. A statistical Review of Trends in Output, Trade, and Consumption since 1925, Baltimore 1971.

Der Sozialismus siegt. Berichte und Reden auf dem 17. Parteitag der KPdSU(B). Januar/Februar 1934, Zürich 1935.

»Narkomvneštorg sčitaet celesoobraznym organizovat' zakupočnuju komissiju«. Istorija lend-liza v dokumentach RGAĖ. Fevral' 1942–mart 1945 g., in: Istoričeskij archiv 21 (2013) 5, S. 31–55.
Die Geheimakten des französischen Generalstabes. Sechstes Weißbuch der Deutschen Regierung, Berlin 1941.
Direktivy KPSS i sovetskogo pravitel'stva po chozjajstvennym voprosam. 1917–1957 gody. Sbornik dokumentov v 4 tomach, Moskva 1957–1958.
Diskussionsreden auf dem XIX. Parteitag der KPdSU(B). 5. bis 14. Oktober 1952, Berlin 1952.
Djilas, Milovan: Gespräche mit Stalin, Frankfurt am Main 1962.
Dongarjan, Šagen S.: Na strojkach neftjanogo veka. Zapiski neftegazostroitelja, Moskva 2008.
Drobižev, Vladimir Z. (Hg.): Sbornik dokumentov po istorii SSSR. Dlja seminarskich i praktičeskich zanjatij, Moskva 1970.
Dudarec, G. I. (Hg.): Putevoditel' po fondam Gosudarstvennogo Archiva Sachalinskoj Oblasti, 2. Aufl., Južno-Sachalinsk 1995.
Etemad, Bouda/Luciani, Jean (Hg.): World Energy Production, 1800–1985. Production mondiale d'énergie, 1800–1985 (Publications du Centre d'histoire économique internationale de l'Université de Genève 7), Genève 1991.
Eudin, Xenia J./Fisher, Harold H. (Hg.): Soviet Russia and the West. 1920–1927. A Aocumentary Survey (Hoover Library Publications 26), 2. Aufl., Stanford CA 1967.
Eudin, Xenia J./North, Robert C. (Hg.): Soviet Russia and the East. 1920–1927. A Documentary Survey, 2. Aufl., Stanford 1964.
Foreign Relations of the United States, Diplomatic Papers (= FRUS), Washington, D.C. 1932–.
Fourth World Petroleum Congress Proceedings. 10 Bde., Rom 1955.
Fursenko, Aleksandr A. (Hg.): Prezidium CK KPSS, 1954–1964. Černovye protokolnye zapisi zasedanij. Stenogrammy. Postanovlenija. V 3 tomach, Moskva 2004–2008.
Gor'kov, Jurij A. (Hg.): Gosudarstvennyi Komitet Oborony postanovljaet (1941–1945). Cifry, dokumenty (Archiv), Moskva 2002.
Gubkin, Ivan M.: Neftjanaja promyšlennost' v pjatiletnem i general'nom plane, in: Ivan M. Gubkin/A. N. Sachanov (Hg.): Neftjanaja promyšlennost' SSSR i toplivnaja problema. K toplivnoj konferencii, sozyvaemoj Gosplanom SSSR, Moskva 1930, S. 3–46.
–: Uralo-volžskaja neftenosnaja oblast'. (Vtoroe Baku,) Moskva et al. 1940.
Gubkin, Ivan M./Sachanov, A. N. (Hg.): Neftjanaja promyšlennost' SSSR i toplivnaja problema. K toplivnoj konferencii, sozyvaemoj Gosplanom SSSR, Moskva 1930.
Hasanli, Jamil: New Evidence on the Iran Crisis 1945–1946. From the Baku Archives, in: CWIHP Bulletin 12–13 (2001), S. 309–314.
Hearings regarding Shipment of Atomic Material to the Soviet Union during World War II. Hearings Before the Committee on Un-American Activities. House of Representatives. Eighty-First Congress. First and Second Sessions. December 5 and 7, 1949; January 23, 24, 25, and 26, and March 2, 3, and 7, 1950 (HUAC Hearings. 1950, Volume 1), Washington, D.C. 1950.
Hürter, Johannes/Uhl, Matthias: Hitler in Vinnica. Ein neues Dokument zur Krise im September 1942, in: Vierteljahrshefte für Zeitgeschichte 63 (2015) 4, S. 581–639.
Impact of Oil Exports from the Soviet Bloc. 2 Bde., Washington, D. C. 1962–1964.
Irgalin, G. D./Muchametdinova, G. R. (Hg.): Baškirija v gody Velikoj Otečestvennoj vojny, 1941–1945. Dokumenty i materialy, Ufa 1995.
Isakov, Vladimir I. (Hg.): Tyl Vooružennych Sil v dokumentach. Velikaja Otečestvennaja vojna (1941–1945 gg.), Moskva 2000.
Jakovlev, Aleksandr N./Kokurin, Aleksandr I./Petrov, Nikita V. (Hg.): Gulag (Glavnoe upravlenie lagerej). 1917–1960 (Rossija XX vek Dokumenty), Moskva 2000.
Jensen, Kenneth M. (Hg.): Origins of the Cold War. The Novikov, Kennan, and Roberts »Long Telegrams« of 1946 with three new Commentaries, 2. Aufl., Washington, D.C. 1993.

Jordan, George R./Stokes, Richard L.: From Major Jordan's Diaries, New York 1952.

Kaganovič, Lazar' M.: Pamjatnye zapiski, Moskva 2003.

Kaplan, Karel: Československo v RVHP, 1949–1956 (Edice Studie-materiály-dokumenty 4), Praha 1995.

Kockel, Titus: Eine Quelle zur Vor- und Gründungsgeschichte der Kontinentale Öl AG aus dem Jahr 1940. E. R. Fischer (Reichswirtschaftsministerium, II Min. Öl), »Die Versorgung Europas mit Mineralöl vor dem Kriege, Ermittlungen des Nachkriegsverbrauches und Sicherung der Belieferung, 1940«, September 1940, in: Jahrbuch für Wirtschaftsgeschichte 44 (2003) 1, S. 175–208.

Kokurin, Aleksandr I./Pichoja, R. G. (Hg.): Lubjanka. VČK – OGPU – NKVD – NKGB – MGB – MVD – KGB, 1917–1960. Spravočnik (Rossija. XX vek), Moskva 1997.

Komarov, N. J. (Hg.): Gosudarstvennyj Komitet Obrony postanovljaet... Dokumenty. Vospominanija. Kommentarii, Moskva 1990.

Kommunističeskaja Partija Sovetskogo Sojuza v rezoljucijach i rešenijach s"ezdov, konferencij i plenumov CK. 1898–1953 (časť II: 1925–1953), 7. Aufl., Moskva 1953.

Krylov, Aleksandr P.: The Fundamental Principles of Developments of Oil Fields in the USSR, in: Fourth World Petroleum Congress Proceedings, Section II, Rom 1955, S. 587–592.

Kuibyschew, Walerian: Der zweite Fünfjahrplan, in: Der Sozialismus siegt. Berichte und Reden auf dem 17. Parteitag der KPdSU(B). Januar/Februar 1934, Zürich 1935, S. 487–603.

Kynin, Georgij P. (Hg.): SSSR i germanskij vopros 1941–1949. Dokumenty iz Archiva vnešnej politiki Rossijskoj Federacii. 3 Bde., Moskva 1996–2003.

Lenin, Vladimir I.: Polnoe sobranie sočinenij v 55 tomach, 5. Aufl., Moskva 1967–1981.

Levy, Walter J.: Middle Eastern Oil as an Objective of World Power. Lecture given at the National War College, Washington D.C., January 22, 1947, in: Walter J. Levy: Oil strategy and politics, 1941–1981, hg. v. Melvin Conant, Boulder CO 1982, S. 46–62.

–: Oil strategy and politics, 1941–1981, hg. v. Melvin Conant, Boulder CO 1982.

Lih, Lars T./Koschelewa, L. (Hg.): Stalin – Briefe an Molotow. 1925–1936, Berlin 1996.

Mal'cev, Nikolaj A./Igrevskij, Valerij I./Vadeckij, Jurij V.: Neftjanaja promyšlennosť Rossii v poslevoennye gody, Moskva 1996.

Malenkow, Georgi: Elektrifizierung – ein Fundament des Kommunismus. Aus der Rede des Genossen G. M. Malenkow, in: XX. Parteitag der Kommunistischen Partei der Sowjetunion. Rechenschaftsbericht, Referat über die Richtlinien zum 6. Fünfjahrplan, Auszüge aus der Diskussion und Begrüßungen, Düsseldorf 1956, S. 281–294.

Malyšev, Vjačeslav A.: Dnevnik narkoma. »Projdet desjatok let, i ėti vstreči ne vosstanoviš' uže v pamjati«, in: Istočnik (1997) 5, S. 103–147.

Meijer, Jan M. (Hg.): The Trotsky Papers. 1917–1922. 2 Bde., The Hague 1964–1971.

Mikojan, Anastas I.: Tak bylo. Razmyšlenija o minuvšem, Moskva 1999.

Mozochin, O. B./Naumenko, G. I./Šepelev, V. N.: »SSSR budet okazana vsjačeskaja pomošč' v toj bor'be, kotoruju on vedet«. Dokumenty AP RF i RGASPI. Ijul' – nojabr' 1941 g., in: Istoričeskij archiv 21 (2013) 5, S. 4–40.

Muraško, Galina P. (Hg.): Vostočnaja Evropa v dokumentach rossijskich archivov. 1944–1953 gg. 2 Bde., Moskva 1997.

Narodnoe chozjajstvo SSSR. 1922–1972 gg. Jubilejnyj statističeskij ežegodnik, Moskva 1972.

Narodnoe chozjajstvo SSSR v Velikoj Otečestvennoj vojne. 1941–1945 gg. Statističeskij sbornik, Moskva 1990.

Naumov, Vladimir P./Jakovlev, Aleksandr N./Sigačev, Ju. V. (Hg.): Lavrentij Berija. 1953. Stenogramma ijul'skogo plenuma CK KPSS i drugie dokumenty (Rossija. XX vek), Moskva 1999.

Ordshonikidse, Sergo: Die Vollendung der Rekonstruktion der gesamten Volkswirtschaft, in: Der Sozialismus siegt. Berichte und Reden auf dem 17. Parteitag der KPdSU(B). Januar/Februar 1934, Zürich 1935, S. 605–651.

Petrov, Nikita V. (Hg.): Karatel'naja sistema: struktura i kadry (Istorija stalinskogo Gulaga. Konec 1920-ch – pervaja polovina 1950-ch godov 2), Moskva 2004.
PIRINC Special Report: The Role of Oil in the Soviet Economy (PIRINC Reports on World Business), New York 1956.
Pjatiletnij plan narodno-chozjajstvennogo stroitel'stva SSSR, Moskva 1929–30.
Plan ėlektrifikazii RSFSR. Doklad 8-mu s"ezdu Sovetov Gosudarstvennoj komissii po Ėlektrifikicii Rossii, 2. Aufl., Moskva 1955.
Plan ėlektrifikazii RSFSR. Vvedenie k dokladu 8-mu s"ezdu Sovetov Gosudarstvennoj komissii po Ėlektrifikicii Rossii, Moskva 1920.
Postanovlenie CIK SSSR i SNK SSSR ot 13.7.1927. Ob utverždenii Položenija o gosudarstvennych promyšlennych trestach, in: Sobranie zakonov i rasporjaženij Raboče – Krest'janskogo Pravitel'stva SSSR. Otdel pervyj (1927) 39, S. 391–392.
Postanovlenie SNK SSSR Nr. 1685 ot 12.10.1939. O Kollegii Narodnogo Komissariata Neftjanoj Promyšlennosti Sojuza SSR, in: SP SSSR (1939) 55, S. 534.
Postanovlenie SNK SSSR Nr. 305 ot 5.2.1946. O zamestiteljach Narodnogo Komissara po Stroitel'stvu Toplivnych Predprijatij, in: SP SSSR (1946) 4, S. 63.
Postanovlenie SNK SSSR Nr. 670 ot 19.6.1943. Ob organizacii Glavnogo Upravlenija iskusstvennogo židkogo topliva i gaza pri Sovnarkome SSSR, online verfügbar unter: http://www.consultant.ru/cons/cgi/online.cgi?req=doc;base=ESU;n=35341 [06.04.2017].
Postanovlenie SovMina SSSR Nr. 1596 ot 16.7.1946. O merach pomošči i sozdanii proizvodstvennoj bazy Ministerstva stroitel'stva toplivnych predprijatij, online verfügbar unter: http://www.consultant.ru/cons/cgi/online.cgi?req=doc&base=ESU&n=7234 [01.03.2017].
Postanovlenie SovMina SSSR Nr. 4842 ot 28.12.1948. Voprosy Ministerstva Neftjanoj Promyšlennosti, in: SP SSSR (1949) 1, S. 18.
Protokoly X s"ezda RKP(b), Moskva 1933.
Pusanow, A. M.: Glänzende Perspektiven durch den neuen Fünfjahrplan. Aus der Rede des Genossen A. M. Pusanow (Gebiet Kujbyschew), in: Diskussionsreden auf dem XIX. Parteitag der KPdSU(B). 5. bis 14. Oktober 1952, Berlin 1952, S. 64–70.
Ramsin, Leonid K.: The Power Resources of Russia, in: The Transactions of the First World Power Conference. London, June 30 th to July 12 th, 1924, Vol. 1: Power Resources of the World Available and Utilized, London [1925], S. 1213–1286.
Report on War Aid furnished by the United Staes to the U.S.S.R. June 22, 1941 – September 20, 1945, [Washington, D.C.] 1945.
Rešenija partii i pravitel'stva po chozjajstvennym voprosam. 1917–1967 gg. Sbornik dokumentov za 50 let. 16 Bde., Moskva 1968.
Rešin, Leonid E./Naumov, Vladimir P. (Hg.): 1941 god. V 2-ch knigach (Rossija. XX vek. Dokumenty), Moskva 1998.
Rossijskij Gosudarstvennyj Archiv Ėkonomiki (Hg.): Putevoditel'. I. Kratkij spravočnik fondov, Moskva 1994.
Sevost'janov, Grigorij N./Semenov, Vjačeslav M./Jakovlev, Aleksandr N./Petrenko, A. I. (Hg.): Sovetsko-amerikanskie otnošenija. 1945–1948 (Rossija XX vek Dokumenty), Moskva 2004.
– (Hg.): Sovetsko-amerikanskie otnošenija. 1949–1952 (Rossija XX vek Dokumenty), Moskva 2006.
Sistematičeskoe sobranie dejstvujuščich zakonov Sojuza Sovetskich Socialističeskich Respublik. 5 Bde., Moskva 1926–1927.
Soviet Supply Protocols. Wartime International Agreements, Washington, D.C. [1948].
Stalin, Iosif V.: Sočinenija. 18 Bde., Moskva 1946–1952, 1997–2006.
–: Ėkonomičeskie problemy socializma v SSSR, Moskva 1952.

Stalin, Josef: Bericht über die Arbeit des ZK der KPdSU(B), in: Der Sozialismus siegt. Berichte und Reden auf dem 17. Parteitag der KPdSU(B). Januar/Februar 1934, Zürich 1935, S. 7–105.
Stössel, Erwin: Skizzen aus dem Alltag der sowjetischen Planwirtschaft. Autobiographische und andere Aufzeichnungen eines russlanddeutschen Ökonomen aus Baschkirien, Berlin 1995.
Tchurilov, Lev/Gorst, Isabel/Poussenkova, Nina: Lifeblood of Empire. A Personal History of the Rise and Fall of the Soviet Oil Industry, New York 1996.
The Transactions of the First World Power Conference. London, June 30 th to July 12 th, 1924. 5 Bde., London [1925].
The United States Strategic Bombing Survey. Vol. 5: Oil Division Final Report, 2. Aufl., [Washington, D.C.] 1947.
Tretij pjatiletnij plan razvitija narodnogo chozjajstva Sojuza SSR (1938–1942 gg.). Proėkt, Moskva 1939.
Trofimuk, A. A.: Conditions that led to the Formation of Oil Fields in the Ural-Volga Oil-Bearing Region, in: Fourth World Petroleum Congress Proceedings, Section I, Rom 1955, S. 731–736.
Trošin, Anatolij: Trudovoj front neftjanikov, in: Neft' Rossii (2000) 5–6, nachgedruckt in: Vladimir A. Zolotarev/A. M. Sokolov/Michail V. Janovič: Neft' i bezopasnost' Rossii, Moskva 2007, S. 146–149.
Trotsky, Leon (Hg.): Problems of Everyday Life, and other Writings on Culture & Science, New York 1994.
–: Radio, Science, Technology, and Society. March 1, 1926, in: Leon Trotsky (Hg.): Problems of Everyday Life, and other Writings on Culture & Science, New York 1994, S. 250–263.
–: Science in the Task of Socialist Construction. November 23, 1923, in: Leon Trotsky (Hg.): Problems of Everyday Life, and other Writings on Culture & Science, New York 1994, S. 199–205.
United Nations (Hg.): World Energy Supplies in Selected Years, 1929–1950 (Statistical Papers, Series J 1), New York 1952.
United States Treaties and Other International Agreements. Volume 7 in Three Parts, Part 3, Washington, D.C. 1957.
Uschakow, Alexander (Hg.): Integration im RGW (COMECON). Dokumente, Baden-Baden 1983.
Use of American-Owned Tankers Transporting Gasoline and Oil to Russia. Hearings before the Committee on Merchant Marine and Fisheries. House of Representatives, Eightieth Congress, First Session, June 27, July 1, 9, 10, and 16, 1947, Washington, D.C. 1947.
Vneočerednoj XXI s"ezd Kommunističeskoj Partii Sovetskogo Sojuza. 27 janvarja – 5 fevralja 1959 goda. Stenografičeskij otčet. 2 Bde., Moskva 1959.
Vnešnjaja Torgovlja SSSR. Statističeskij sbornik. 1918–1966, Moskva 1967.
Vnešnjaja Torgovlja SSSR za 1918–1940. Statističeskij obzor, Moskva 1960.
Vos'moj Vserossijskij s"ezd Sovetov rabočich, rest'janskich, krasnoarmejskich i kazač'ich deputatov. Stenografičeskij otčet (22–29 dekabrja 1920 goda), Moskva 1921.
Voznesenskij, Nikolaj A.: Izbrannye proizvedenija. 1931–1947, Moskva 1979.
Weitere Dokumente zur Kriegsausweitungspolitik der Westmächte. Die Generalstabsbesprechungen Englands und Frankreichs mit Belgien und den Niederlanden. Fünftes Weißbuch der Deutschen Regierung, Berlin 1940.
Werth, Nicolas/Mironenko, Sergej V. (Hg.): Massovye repressii v SSSR (Istorija stalinskogo Gulaga. Konec 1920-ch – pervaja polovina 1950-ch godov 1), Moskva 2004.
Zagorul'ko, Maksim M. (Hg.): Voennoplennye v SSSR 1939–1956. Dokumenty i materialy, Moskva 2000.
Zolotarev, Vladimir A. (Hg.): Prikazy narodnogo komissara oborony SSSR. 1937–21 ijunja 1941 g. (Russkij archiv: Velikaja Otečestvennaja 13,2(1)), Moskva 1994.
– (Hg.): Glavnye političeskie organy vooružennych sil SSSR v Velikoj Otečestvennoj vojne 1941–1945 gg. Dokumenty i materialy (Russkij archiv: Velikaja Otečestvennaja 17,6), Moskva 1996.
– (Hg.): Prikazy narodnogo komissara oborony SSSR. 22 ijunja 1941 g. – 1942 g. (Russkij archiv: Velikaja Otečestvennaja 13,2(2)), Moskva 1997.
Žukov, Georgij K.: Vospominanija i razmyšlenija, Moskva 1969.

Literatur

Aalders, Gerard: The Second World War and the Cold War. Influences on the Swedish Post-War Economy, in: Gertrude Enderle-Burcel (Hg.): Gaps in the Iron Curtain. Economic Relations between Neutral and Socialist Countries in Cold War Europe, Krakow 2009, S. 60–72.

Adelman, Morris A.: The World Petroleum Market, 2. Aufl., Baltimore 1973.

Adler-Karlsson, Gunnar: Western Economic Warfare 1947–1967. A Case Study in Foreign Economic Policy (Stockholm Economic Studies, New Series 9), Stockholm 1968.

Aldašova, Elena N.: Istorija stanovlenija neftedobyvajuščej otrasli na territorii Baškirskoj ASSR v 1930-ch – pervoj polovine 1940-ch godov, in: Vestnik Čeljabinskogo gosudarstvennogo universiteta (2011) 9, S. 52–62.

Alekperov, Vagit J. (Hg.): Neft' strany Sovetov. Problemy istorii neftjanoj promyšlennosti SSSR (1917–1991 gg.), Moskva 2005.

–: Oil of Russia. Past, Present, & Future, Minneapolis 2011.

Aliyev, Il'cham: Kaspijskaja neft' Azerbajdžana, Moskva 2003.

Andrén, Nils: Energy and Soviet Foreign Policy, in: Robert J. Lieber (Hg.): Will Europe fight for Oil? Energy Relations in the Atlantic Area, New York 1983.

Androsova, Tatiana: Economic Interest in Soviet Post-war Policy on Finland, in: Sari Autio-Sarasmo (Hg.): Reassessing Cold War Europe (Routledge Studies in the History of Russia and Eastern Europe 14), Abingdon 2011, S. 33–48.

Applebaum, Anne: Gulag. A History of the Soviet Camps, London 2003.

Arakelian, A.: Industrial Management in the USSR (Current Soviet Thought), Washington, D.C. 1950.

Arutjunjan, Vladimir A.: V mire čërnogo zolota, 2. Aufl., Moskva 2002.

Autio-Sarasmo, Sari (Hg.): Reassessing Cold War Europe (Routledge Studies in the History of Russia and Eastern Europe 14), Abingdon 2011.

Ažaev, Vasilij N.: Daleko ot Moskvy. Roman, Moskva 1948.

Baberowski, Jörg: Der Feind ist überall. Stalinismus im Kaukasus, München 2003.

Bachtizin, Ramil' N./Vereščagin, Aleksandr S./Furman, Aleksandr B.: Bitva za neft'. Rossija v mirovoj bor'be za »čërnoe zoloto« : (konec XIX – seredina XX vv.), Ufa 2003.

Bachtizin, Ramil' N./Vereščagin, Aleksandr S./Kijko, Michail J.'e.: »Neftjanoj Faktor« v Rossijskoj gosudarstvennoj politike. Dorevoljucionnyj i sovetskij periody, Ufa et al. 2007.

Bader, William B.: Austria between East and West, 1945–1955, Stanford CA 1966.

Bailes, Kendall E.: Technology and Society under Lenin and Stalin. Origins of the Soviet Technical Intelligentsia, 1917–1941 (Studies of the Russian Institute, Columbia University), Princeton NJ 1978.

Bajbakov, Nikolaj K.: Vtoroe Baku, Moskva 1939.

–: Očerednye zadači neftjanoj promyšlennosti, in: Planovoe chozjajstvo (1950) 1, S. 40–51.

Bakulev, Grigorij D.: Voprosy ėkonomiki topliva v SSSR, Moskva 1957.

Balmaceda, Margarita M.: Der Weg in die Abhängigkeit. Ostmitteleuropa am Energietropf der UdSSR, in: Osteuropa 54 (2004) 9–10, S. 162–179.

Basedau, Matthias/Kappel, Robert (Hg.): Machtquelle Erdöl. Die Außen-, Innen- und Wirtschaftspolitik von Erdölstaaten, Baden-Baden 2011.

Békés, Csaba/Borhi, Laszlo G./Ruggenthaler, Peter/Traşcă, Ottmar (Hg.): Soviet Occupation of Romania, Hungary and Austria. 1944/45–1948/49, Budapest 2015.

Bellamy, Chris: Absolute War. Soviet Russia in the Second World War, New York 2008.

Beltran, Alain (Hg.): A Comparative History of National Oil Companies, Bruxelles et al. 2010.

– (Hg.): Oil Producing Countries and Oil Companies. From the Nineteenth Century to the Twenty-first Century, Bern et al. 2011.

– (Hg.): Le pétrole et la guerre. Oil and War, Bruxelles et al. 2012.
Berliner, Joseph S.: The Innovation Decision in Soviet Industry, Cambridge MA 1976.
Beyrau, Dietrich: Das bolschewistische Projekt als Utopie und soziale Praxis, in: Wolfgang Hardtwig (Hg.): Utopie und politische Herrschaft im Europa der Zwischenkriegszeit, München 2003, S. 13–40.
Birkenfeld, Wolfgang: Stalin als Wirtschaftspartner Hitlers (1939–1941), in: VSWG 53 (1966) 4, S. 477–510.
Bischof, Günter: Austria in the first Cold War, 1945–55. The Leverage of the Weak (Cold War History Series), Houndmills et al. 1999.
Blake, Kristen: The U.S.-Soviet Confrontation in Iran, 1945–1962. A Case in the Annals of the Cold War, Lanham MD 2009.
Bonin, Hubert (Hg.): Transnational Companies, 19 th–20 th Centuries (Collection Ecoclio), Paris 2002.
Bonnell, Victoria E.: Iconography of Power. Soviet Political Posters under Lenin and Stalin (Studies on the History of Society and Culture 27), Berkeley 1997.
Borhi, László: The Merchants of the Kremlin. The Economic Roots of Soviet Expansion in Hungary (CWIHP Working Paper), Washington, D. C. 2000.
–: Hungary in the Cold War, 1945–1956. Between the United States and the Soviet Union, Budapest 2004.
Borozinec, Lenfrid G.: Istorija stanovlenija i razvitija neftegazovogo kompleksa Komi kraja, Uchta 2004.
–: Iz istorii sozdanija neftegazovogo kompleksa na severo-zapade SSSR (konec 30-ch – seredina 70-ch gg. XX v.), in: Vagit J. Alekperov (Hg.): Neft' strany Sovetov. Problemy istorii neftjanoj promyšlennosti SSSR (1917–1991 gg.), Moskva 2005, S. 366–414.
–: »Bol'šaja neft'« evropejskogo Cevero-Vostoka Rossii, in: Irina D. Voroncova (Hg.): Istoriko-kul'turnyj atlas g. Uchty. Naučno-populjarnaja literatura, Uchta 2009, S. 175–181.
–: V gody Velikoj Otečestvennoj vojny, in: Irina D. Voroncova (Hg.): Istoriko-kul'turnyj atlas g. Uchty. Naučno-populjarnaja literatura, Uchta 2009, S. 169–174.
Brain, Stephen: The Great Stalin Plan for the Transformation of Nature, in: Environmental History 15 (2010) 4, S. 670–700.
Breslauer, George W.: Khrushchev and Brezhnev as Leaders. Building Authority in Soviet Politics, London 1982.
–: Provincial Party Leaders' Demand Articulation and the Nature of Center-Periphery Relations in the USSR, in: Slavic Review 54 (1986) 4, S. 650–672.
Brzenk, Eleanor T.: The Turning Point in Postwar Soviet-American Trade Relations, 1947, in: Papers of the Michigan Academy of Science, Arts, and Letters 37 (1951), S. 153–159.
Budkov, A. D./Budkov, L. A.: Neftjanaja promyšlennost' SSSR v gody Velikoj Otečestvennoj vojny, Nedra 1985.
–: Gody ispytanij (1941–1945 gg.), in: V. A. Dinkov et al. (Hg.): Neft' SSSR. 1917–1987 gg., Moskva 1987, S. 31–59.
–: Pjatiletka vosstanovlenija (1946–1950 gg.), in: V. A. Dinkov et al. (Hg.): Neft' SSSR. 1917–1987 gg., Moskva 1987, S. 60–75.
Burdett, Anita L. P. (Hg.): Oil Resources in Eastern Europe and the Caucasus. British Documents 1885–1978 (Cambridge Archive Editions). 9 Bde., Cambridge 2012.
Butenina, Natalya V.: Lend-liz. Sdelka veka, Moskva 2004.
–: Lend-Lease: The Oil Factor, in: Oil of Russia 22 (2005) 1, online verfügbar unter: http://www.oilru.com/or/22/360 [03.04.2012].
Büttner, Ruth: Sowjetisierung oder Selbständigkeit? Die sowjetische Finnlandpolitik 1943–1948 (Schriftenreihe Hamburger Beiträge zur Geschichte des östlichen Europa 8), Hamburg 2001.

Čachmachčev, G. G.: Barinov Michail Vasil'evič, online verfügbar unter: https://sites.google.com/site/oilindustry95/b/barinov-mihail-vasilevic [06.10.2017].

Čadaev, Jakov E.: Ėkonomika SSSR v gody Velikoj Otečestvennoj vojny. 1941–1945 gg., 2. Aufl., Moskva 1985.

Campbell, Robert W.: The Economics of Soviet Oil and Gas, Baltimore 1968.

–: Soviet Energy Balances, Santa Monica 1978.

–: The Soviet Union, in: Gerard J. Mangone (Hg.): Energy Policies of the World. Vol. 2: Indonesia, the North Sea Countries, the Soviet Union, New York 1979, S. 217–310.

Carell, Paul: Unternehmen Barbarossa. Der Marsch nach Russland (Bibliothek der Zeitgeschichte), Frankfurt am Main 1985.

Chernyshev, A. N.: Mining Without Miners, in: USSR Information Bulletin 6 (1946) 38, S. 317.

Chick, Martin: Oil, National Security and Fuel Policy in France and the United Kingdom, 1945–1972, in: Alain Beltran (Hg.): A Comparative History of National Oil Companies, Bruxelles et al. 2010, S. 181–197.

Chimič, Oksana: Narkom Stalina. Nikolaj Bajbakov: »Nikto iz nynešnich ministrov Iosifu Vissarionoviču ne ponravilsja by«, in: Moskovskij komsomolec 1628, 13.5.2005, online verfügbar unter: http://www.mk.ru/editions/daily/article/2005/05/13/196354-narkom-stalina.html [06.03.2017].

Chlevnjuk, Oleg V.: Politbjuro. Mechanizmy političeskoj vlasti v 1930-e gody, Moskva 1996.

–: Die sowjetische Wirtschaftspolitik im Spätstalinismus und die »Affäre Gosplan«, in: Osteuropa 50 (2000) 9, S. 1031–1047.

Chung, Han-ku: Interest Representation in Soviet Policymaking. A Case Study of a West Siberian Energy Coalition (Westview Special Studies on the Soviet Union and Eastern Europe), Boulder CO et al. 1987.

Churchill, Winston S.: The World Crisis. Vol. 1, Toronto 1923.

Čirskov, Vladimir G.: Stroiteli neftegazovogo kompleksa Sovetskogo Sojuza, Moskva 2009.

Clark, John G.: The Political Economy of World Energy. A Twentieth-Century Perspective, New York 1990.

Colton, Timothy J.: Moscow. Governing the Socialist Metropolis (Russian Research Center Studies 88), Cambridge MA 1995.

Congress of the US (Hg.): Economic Developments in Countries of Eastern Europe. A Compendium of Papers. Submitted to the Subcommittee on Foreign Economic Policy of the Joint Economic Committee (91. Congr., 2. sess. Joint Committee Print), Washington, D.C. 1970.

Conquest, Robert: The Great Terror. A Reassessment, London 1990.

Considine, Jennifer I.: The Evolution of the Russian Oil Industry (1860–2012). A Search for a Long-Run Crude Oil Supply Forecasting Model, Dissertation, Aberdeen 1999.

Considine, Jennifer I./Kerr, William A.: The Russian Oil Economy, Cheltenham et al. 2002.

Coopersmith, Jonathan: The Electrification of Russia, 1880–1926, Ithaca NY et al. 1992.

Cox, Randi: All This Can Be Yours! Soviet Commercial Advertising and the Social Construction of Space, 1928–1956, in: Evgeny Dobrenko/Eric Naiman (Hg.): The Landscape of Stalinism. The Art and Ideology of Soviet Space (Studies in Modernity and National Identity), Seattle 2003, S. 125–162.

Crowfoot, John/Harrison, Mark: The USSR Council of Ministers under Late Stalinism, 1945–1954. Its Production Branch Composition and Requirements of National Economy and Policy, in: Soviet Studies 42 (1990) 1, S. 39–58.

Dahlke, Sandra: Individuum und Herrschaft im Stalinismus. Emel'jan Jaroslavskij (1878–1943) (Ordnungssysteme 29), München 2010.

Danilov, Aleksandr A./Pyžikov, Aleksandr V.: Roždenie sverchderžavy. SSSR v pervye poslevoennye gody, Moskva 2001.

Davies, Robert W.: The Soviet Economy in Turmoil, 1929–1930 (The Industrialisation of Soviet Russia 3), London 1989.

–: The Management of Soviet Industry, 1928–41, in: William G. Rosenberg/Lewis H. Siegelbaum (Hg.): Social Dimensions of Soviet Industrialization (Indiana-Michigan Series in Russian and Eastern European Studies), Bloomington 1993, S. 105–123.

–: Soviet Economic Development from Lenin to Khrushchev (New studies in economic and social history 34), Cambridge 1998.

–: Making Economic Policy, in: Paul R. Gregory (Hg.): Behind the Façade of Stalin's Command Economy. Evidence from the Soviet State and Party Archives (Hoover Institution Press publication 493), Stanford CA 2001, S. 61–80.

–: The Years of Progress. The Soviet Economy, 1934–1936 (The Industrialisation of Soviet Russia 6), London 2014.

Davies, Robert W./Harrison, Mark/Wheatcroft, Stephen G. (Hg.): The Economic Transformation of the Soviet Union, 1913–1945, Cambridge 1994.

Davies, Robert W./Ilič, Melanie/Khlevnyuk, Oleg V.: The Politburo and Economic Policymaking, in: Edward A. Rees (Hg.): The Nature of Stalin's Dictatorship. The Politburo, 1924–1953 (Studies in Russian and East European History and Society), Basingstoke 2003, S. 108–133.

Davies, Robert W./Wheatcroft, Stephen G.: Crisis and Progress in the Soviet Economy, 1931–1933 (The Industrialisation of Soviet Russia 4), London 1996.

Davies, Sarah: »Us against Them«. Social Identity in Soviet Russia, 1934–41, in: Sheila Fitzpatrick (Hg.): Stalinism. New Directions (Rewriting histories), London 2000, S. 47–70.

Dedijer, Vladimir: Tito. Autorisierte Biographie, Berlin 1953.

Dickerman, Leah (Hg.): Building the Collective. Soviet Graphic Design 1917–1937, New York 1996.

–: Bulding the Collective, in: Leah Dickerman (Hg.): Building the Collective. Soviet Graphic Design 1917–1937, New York 1996, S. 11–38.

Dienes, Leslie/Shabad, Theodore: The Soviet Energy System. Resource Use and Policies, Washington NY 1979.

Dietz, Raimund: Die Energiewirtschaft in Osteuropa und der UdSSR (Studien über Wirtschafts- und Systemvergleiche 11), Wien 1984.

Dinkov, V. A./Apanovich, Iu. G./Baikov, N. M./Berlin, M. A. (Hg.): Neft' SSSR. 1917–1987 gg., Moskva 1987.

D'jakonova, Irina A.: Neft' i ugol' v ėnergetike carskoj Rossii v meždunarodnych sopostavlenijach (Ėkonomičeskaja istorija Dokumenty, issledovanija, perevody), Moskva 1999.

Dobrenko, Evgeny: Political Economy of Socialist Realism, New Haven CT 2007.

Dobrenko, Evgeny/Naiman, Eric (Hg.): The Landscape of Stalinism. The Art and Ideology of Soviet Space (Studies in Modernity and National Identity), Seattle 2003.

Dox, Georg: Die Russische Sowjetliteratur. Namen, Daten, Werke, Berlin 1961.

Dunham, Vera S.: In Stalin's Time. Middleclass Values in Soviet Fiction, Cambridge 1976.

Dunmore, Timothy: The Stalinist Command Economy. The Soviet State Apparatus and Economic Policy, 1945–53, London 1980.

Ebel, Robert E.: The Petroleum Industry of the Soviet Union, Arlington VA 1961.

–: Communist Trade in Oil and Gas. An Evaluation of the Future Export Capability of the Soviet Bloc, New York 1970.

Edwards, Imogene: The Passenger Car Industries of Eastern Europe. A Brief Survey, in: Congress of the US (Hg.): Economic Developments in Countries of Eastern Europe. A Compendium of Papers. Submitted to the Subcommittee on Foreign Economic Policy of the Joint Economic Committee (91. Congr., 2. sess. Joint Committee Print), Washington, D.C. 1970, S. 316–328.

Egorova, Natalija I.: »Iranskij Krizis« 1945–1946 gg. po rassekrečennym archivnym dokumentam, in: Novaja i Novejšaja Istorija (1994) 3, S. 24–42.

–: Stalin's Oil Policy and the Iranian Crisis of 1945–1946, in: Jeronim Perović (Hg.): Cold War Energy. A Transnational History of Soviet Oil and Gas, Cham 2017, S. 79–104.

Eichholtz, Dietrich: Krieg um Öl. Ein Erdölimperium als deutsches Kriegsziel (1938–1943), Leipzig 2006.

–: Ende mit Schrecken. Deutsche Ölpolitik und Ölwirtschaft nach Stalingrad, [Leipzig] 2010.

Eichholtz, Dietrich/Kockel, Titus: Deutsche Ölpolitik im Zeitalter der Weltkriege. Studien und Dokumente, Leipzig 2010.

El Hussini, Mohrez M.: Soviet-Egyptian Relations 1945–85, Basingstoke 1987.

Elliot, Iain F.: The Soviet Energy Balance: Natural Gas, Other Fossil Fuels, and Alternative Power Sources, New York 1974.

Ellman, Michael: The Political Economy of Stalinism in the Light of the Archival Revolution, in: Journal of Institutional Economics 4 (2008) 01, S. 99–125.

–: Socialist Planning, 3. Aufl., Cambridge 2014.

Eloranta, Jari/Ojala, Jari (Hg.): East-West Trade and the Cold War (Jyväskylä Studies in Humanities 36), Jyväskylä 2005.

Enderle-Burcel, Gertrude (Hg.): Gaps in the Iron Curtain. Economic Relations between Neutral and Socialist Countries in Cold War Europe, Krakow 2009.

Engels, Jens I./Schenk, Gerrit J.: Infrastrukten der Macht – Macht der Infrastrukturen. Überlegungen zu einem Forschungsfeld, in: Birte Förster/Martin Bauch (Hg.): Wasserinfrastrukturen und Macht von der Antike bis zur Gegenwart, Berlin et al. 2015, S. 22–59.

Ericson, Edward E.: Feeding the German Eagle. Soviet Economic Aid to Nazi Germany, 1933–1941, Westport CT 1999.

Fachreev, Nail' K.: Iz istorii otrasli iskusstvennogo židkogo topliva SSSR, in: Izvestija Rossijskogo gosudarstvennogo pedagogičeskogo universiteta im. A.I. Gercena (2008) 54, S. 231–236.

Fawcett, Louise L.'E.: Iran and the Cold War. The Azerbaijan Crisis of 1946 (Cambridge Middle East library 26), Cambridge 1992.

Ferrier, Ronald W./Bamberg, James H.: The History of the British Petroleum Company. 3 Bde., Cambridge 1982–2000.

Filtzer, Donald A.: Soviet Workers and Stalinist Industrialization. The Formation of Modern Soviet Production Relations, 1928–1941, London 1986.

–: Soviet Workers and Late Stalinism. Labour and the Restoration of the Stalinist System after World War II, Cambridge 2002.

Fitzpatrick, Sheila: Stalin and the Making of a New Elite. 1928–1939, in: Slavic Review 38 (1979) 3, S. 377–402.

– (Hg.): Stalinism. New Directions (Rewriting histories), London 2000.

–: The Russian Revolution, Oxford 2001.

–: Education and Social Mobility in the Soviet Union, 1921–1934 (Soviet and East European Studies), Cambridge 2002.

Förster, Birte/Bauch, Martin (Hg.): Wasserinfrastrukturen und Macht von der Antike bis zur Gegenwart, Berlin et al. 2015.

Freedmen, Robert O.: Economic Warfare in the Communist Bloc. A Study of Soviet Economic Pressure against Yugoslavia, Albania, and Communist China (Praeger Special Studies in International Economics and Development), New York 1970.

Frevert, Ute: Neue Politikgeschichte: Konzepte und Herausforderungen, in: Ute Frevert/Heinz-Gerhard Haupt (Hg.): Neue Politikgeschichte. Perspektiven einer historischen Politikforschung, Frankfurt am Main et al. 2005, S. 7–26.

Frevert, Ute/Haupt, Heinz-Gerhard (Hg.): Neue Politikgeschichte. Perspektiven einer historischen Politikforschung, Frankfurt am Main et al. 2005.

Frey, John W./Ide, Chandler H. (Hg.): A History of the Petroleum Administration for War. 1941–1945, Washington, D.C. 1946.

Fursenko, Alexandr A./Naftali, Timothy J.: Khrushchev's Cold War. The Inside Story of an American Adversary, New York 2006.

Fürst, Juliane: Introduction. Late Stalinist Society: History, Policies and People, in: Juliane Fürst (Hg.): Late Stalinist Russia. Society between Reconstruction and Reinvention (BASEES/Routledge series on Russian and East European Studies 29), London et al. 2006, S. 1–19.

– (Hg.): Late Stalinist Russia. Society between Reconstruction and Reinvention (BASEES/Routledge series on Russian and East European Studies 29), London et al. 2006.

Gaddis, John L.: We Now Know. Rethinking Cold War History (A Council on Foreign Relations book), Oxford 1997.

Galpern, Steven G.: Money, Oil, and Empire in the Middle East. Sterling and Postwar Imperialism, 1944–1971, Cambridge et al. 2009.

Garnjuk, Sergej D.: Sovet narodnych komissarov SSSR, Sovet ministrov SSSR, Kabinet ministrov SSSR 1923–1991. Ėnciklopedičeskij spravočnik, Moskva 1999.

Gatejel, Luminita: The Common Heritage of the Socialist Car Culture, in: Lewis H. Siegelbaum (Hg.): The Socialist Car. Automobility in the Eastern Bloc, Ithaca NY 2011, S. 143–156.

Gellately, Robert: Stalin's Curse. Battling for Communism in War and Cold War, New York 2013.

Gel'man, Vladimir/Marganiya, Otar (Hg.): Resource Curse and post-Soviet Eurasia. Oil, Gas and Modernization, Lanham MD 2010.

Gestwa, Klaus: Energetische Brücken und Klimafabriken. Das energetische Weltbild der Sowjetunion, in: Osteuropa 54 (2004) 9–10, S. 15–38.

–: Technik als Kultur der Zukunft. Der Kult um die »Stalinschen Großbauten des Kommunismus«, in: Geschichte und Gesellschaft 30 (2004) 1, S. 37–73.

–: Die Stalinschen Großbauten des Kommunismus. Sowjetische Technik- und Umweltgeschichte, 1948–1967 (Ordnungssysteme 30), München 2010.

Getty, John A./Naumov, Oleg V.: The Road to Terror. Stalin and the Self-Destruction of the Bolsheviks, 1932–1939 (Annals of Communism), New Haven CT 1999.

Gibianskij, Leonid: Die Gründung des Rates für gegenseitige Wirtschaftshilfe, in: Walter M. Iber/Peter Ruggenthaler (Hg.): Stalins Wirtschaftspolitik an der sowjetischen Peripherie. Ein Überblick auf der Basis sowjetischer und osteuropäischer Quellen, Innsbruck 2011, S. 21–41.

Goehrke, Carsten: Russischer Alltag. Eine Geschichte in neun Zeitbildern vom Frühmittelalter bis zur Gegenwart. 3 Bde., Zürich 2003–2005.

–: Russland. Eine Strukturgeschichte (NZZ Libro), Zürich 2010.

Gökay, Bülent: The Background: History and Political Change, in: Bülent Gökay (Hg.): The Politics of Caspian Oil, Houndmills et al. 2001, S. 1–19.

– (Hg.): The Politics of Caspian Oil, Houndmills et al. 2001.

Goldman, Marshall I.: The Enigma of Soviet Petroleum. Half-Full or Half-Empty?, London et al. 1980.

–: Soviet Economic Trends, with Special Emphasis on Investment and Energy Policies, in: Kinya Niiseki/Seweryn Bialer (Hg.): The Soviet Union in Transition (Westview's Special Studies on the Soviet Union and Eastern Europe), Boulder CO 1987, S. 72–88.

–: Petrostate. Putin, Power, and the new Russia, Oxford et al. 2008.

Gori, Francesca/Pons, Silvio (Hg.): The Soviet Union and Europe in the Cold War, 1943–53, New York 1996.

Gorlizki, Yoram: Ordinary Stalinism. The Council of Ministers and the Soviet Neopatrimonial State, in: The Journal of Modern History 74 (2002) 4, S. 699–736.

GORLIZKI, YORAM/KHLEVNIUK, OLEG V.: Cold Peace. Stalin and the Soviet Ruling Circle, 1945–1953, Oxford 2004.

GORODETSKY, GABRIEL: Die große Täuschung. Hitler, Stalin und das Unternehmen »Barbarossa«, Berlin 2001.

GRACE, JOHN D.: Russian Oil Supply. Performance and Prospects, Oxford 2005.

GRAF, RÜDIGER: Öl und Souveränität. Petroknowledge und Energiepolitik in den USA und Westeuropa in den 1970er Jahren (Quellen und Darstellungen zur Zeitgeschichte 103), Berlin 2014.

GRÄTZ, JONAS/CHRISTIE, EDWARD H.: Russlands Erdöl und -gas: Treibstoff für Autoritarismus und Großmachtanspruch, in: Matthias Basedau/Robert Kappel (Hg.): Machtquelle Erdöl. Die Außen-, Innen- und Wirtschaftspolitik von Erdölstaaten, Baden-Baden 2011, S. 223–252.

GREGORY, PAUL R.: Restructuring the Soviet Economic Bureaucracy (Soviet Interview Project Series), Cambridge 1990.

– (Hg.): Behind the Façade of Stalin's Command Economy. Evidence from the Soviet State and Party Archives (Hoover Institution Press publication 493), Stanford CA 2001.

–: The Dictator's Orders, in: Paul R. Gregory (Hg.): Behind the Façade of Stalin's Command Economy. Evidence from the Soviet State and Party Archives (Hoover Institution Press publication 493), Stanford CA 2001, S. 11–34.

–: The Political Economy of Stalinism. Evidence from the Soviet Secret Archives, Cambridge et al. 2004.

GREGORY, PAUL R./HARRISON, MARK: Allocation under Dictatorship. Research in Stalin's Archives, in: Journal of Economic Literature 43 (2005) 3, S. 721–761.

GREGORY, PAUL R./LAZAREV, VALERY (Hg.): The Economics of Forced Labor. The Soviet Gulag, Stanford CA 2003.

GREGORY, PAUL R./MARKEVICH, ANDREI: Creating Soviet Industry: The House That Stalin Built, in: Slavic Review 61 (2002) 4, S. 787–814.

GRUND, HERBERT: Die Energiewirtschaft der Sowjetunion (Deutsches Institut für Wirtschaftsforschung, Sonderheft NF 18), Berlin 1952.

GRÜNEWALD, JÖRN: Die Ethnisierung des Proletariats. Arbeiter in der Ölindustrie Bakus im ersten Drittel des 20. Jahrhunderts, in: Tanja Penter (Hg.): Sowjetische Bergleute und Industriearbeiter. Neue Forschungen (= Mitteilungsblatt des Instituts für soziale Bewegungen. Forschungen und Forschungsberichte 37 (2007) 1), Essen 2007, S. 31–50.

GUBKIN, IVAN M.: Učenie o nefti, 3. Aufl., Moskva 1975.

GUMPEL, WERNER: Energiepolitik in der Sowjetunion, Köln 1970.

GUREVIČ, JA. D.: Roždenija revoljuciej (1917–1922 gg.), in: V. A. Dinkov et al. (Hg.): Neft' SSSR. 1917–1987 gg., Moskva 1987, S. 19–31.

GURFINKEL', IOSIF M.: Zabytaja promyšlennost'. (Gazovoe delo v SSSR i sovremennoe sostojanie ego na Zapade), in: Planovoe chozjajstvo (1928) 5, S. 223–237.

GUSHEE, DAVID E./HARDT, JOHN P.: Soviet and United States Policy Options, in: John P. Hardt (Hg.): Energy in Soviet Policy. A Study, Washington, D.C. 1981, S. 140–157.

HANSON, PHILIP: The Soviet Union's Acquisition of Western Technology after Stalin. Some Thoughts on People and Connections, in: Sari Autio-Sarasmo (Hg.): Reassessing Cold War Europe (Routledge Studies in the History of Russia and Eastern Europe 14), Abingdon 2011, S. 16–32.

HARDT, JOHN P.: East European Economic Development. Two Decades of Interrelationships and Interactions with the Soviet Union, in: Congress of the US (Hg.): Economic Developments in Countries of Eastern Europe. A Compendium of Papers. Submitted to the Subcommittee on Foreign Economic Policy of the Joint Economic Committee (91. Congr., 2. sess. Joint Committee Print), Washington, D.C. 1970, S. 5–40.

– (Hg.): Energy in Soviet Policy. A Study, Washington, D.C. 1981.

–: Soviet Energy Policy in Eastern Europe, in: Sarah M. Terry (Hg.): Soviet Policy in Eastern Europe. An Overview, New Haven CT 1984, S. 189–220.

Hardtwig, Wolfgang (Hg.): Utopie und politische Herrschaft im Europa der Zwischenkriegszeit, München 2003.

Harrison, Mark: Accounting for War. Soviet Production, Employment, and the Defence Burden, 1940–1945 (Cambridge Russian, Soviet and post-Soviet Studies 99), New York 1996.

–: Soviet Planning in Peace and War, 1938–1945 (Soviet and East European Studies), Cambridge 2002.

Hartshorn, Jack E.: Oil Companies and Governments. An Account of the International Oil Industry in its Politcal Environment, 2. Aufl., London 1967.

Hasanli, Jamil: At the Dawn of the Cold War. The Soviet-American Crisis over Iranian Azerbaijan, 1941–1946 (The Harvard Cold War Studies Book Series), Lanham MD 2006.

–: Der Kampf um das Erdöl im Nahen und Mittleren Osten, in: Walter M. Iber/Peter Ruggenthaler (Hg.): Stalins Wirtschaftspolitik an der sowjetischen Peripherie. Ein Überblick auf der Basis sowjetischer und osteuropäischer Quellen, Innsbruck 2011, S. 297–326.

Hassmann, Heinrich: Erdöl in der Sowjetunion. Geschichte – Gebiete – Probleme, Hamburg 1951.

Haumann, Heiko: Beginn der Planwirtschaft. Elektrifizierung, Wirtschaftsplanung und gesellschaftliche Entwicklung Sowjetrusslands 1917–1921 (Studien zur modernen Geschichte 15), Düsseldorf 1974.

Hayward, Joel: Hitler's Quest for Oil. The Impact of Economic Considerations on Military Strategy, 1941–42, in: The Journal of Strategic Studies 18 (1995) 4, S. 94–135.

Hessler, Julie: Cultured Trade. The Stalinist Turn towards Consumerism, in: Sheila Fitzpatrick (Hg.): Stalinism. New Directions (Rewriting histories), London 2000, S. 182–209.

–: A Social History of Soviet Trade. Trade Policy, Retail Practices, and Consumption, 1917–1953, Princeton NJ 2004.

Hildermeier, Manfred: Geschichte der Sowjetunion, 1917–1991. Entstehung und Niedergang des ersten sozialistischen Staates, München 1998.

–: Die Sowjetunion 1917–1991 (Oldenbourg Grundriss der Geschichte 31), 2. Aufl., München 2007.

Hill, Ronald J.: The Development of Soviet Local Government since Stalin's Death, in: Everett M. Jacobs (Hg.): Soviet Local Politics and Government, London 1983, S. 18–33.

Hirschkowitz, Nafthali: Spravočnik po istorii Kommunističeskoj partii i Sovetskogo Sojuza 1898–1991. Čeplakov, Pëtr Fëdorovič, online verfügbar unter: http://www.knowbysight.info/ChCC/04213.asp [17.12.2016].

–: Spravočnik po istorii Kommunističeskoj partii i Sovetskogo Sojuza 1898–1991. Gejdarov, Nazar Gejdar ogly, online verfügbar unter: http://www.knowbysight.info/GGG/02005.asp [30.07.2016].

Hodgkins, Jordan A.: Soviet Power. Energy Resources, Production and Potential, Englewood Cliffs 1961.

Hodgman, Donald R.: Soviet Industrial Production. 1928–1951 (Russian Research Center Studies 15), Cambridge 1954.

Högselius, Per: Red Gas. Russia and the Origins of European Energy Dependence (Palgrave Macmillan Transnational History Series), New York 2013.

Hohensee, Jens: Der erste Ölpreisschock 1973/74. Die politischen und gesellschaftlichen Auswirkungen der arabischen Erdölpolitik auf die Bundesrepublik Deutschland und Westeuropa (Historische Mitteilungen: Beiheft 17), Stuttgart 1996.

Holloway, David: Stalin and the Bomb. The Soviet Union and Atomic Energy, 1939–1956, New Haven CT 1994.

Holmberg, Rurik: Survival of the Unfit. Path Dependence and the Estonian Oil Shale Industry (Linköping Studies in Arts and Science 427), Linköping 2008.

Huzinec, George A.: Soviet Decision Making in Regional Planning and its Potential Impact on Siberian Resource Exports, in: Robert G. Jensen et al. (Hg.): Soviet Natural Resources in the World Economy, Chicago 1983, S. 124–132.

Iber, Walter M.: Erdöl statt Reparationen. Die Sowjetische Mineralölverwaltung in Österreich 1945–1955, in: Vierteljahrshefte für Zeitgeschichte 57 (2009) 4, S. 571–605.

–: Die sowjetische Mineralölverwaltung in Österreich. Zur Vorgeschichte der OMV 1945–1955, Innsbruck 2011.

Iber, Walter M./Ruggenthaler, Peter: Sowjetische Wirtschaftspolitik im besetzten Österreich. Ein Überblick, in: Walter M. Iber/Peter Ruggenthaler (Hg.): Stalins Wirtschaftspolitik an der sowjetischen Peripherie. Ein Überblick auf der Basis sowjetischer und osteuropäischer Quellen, Innsbruck 2011, S. 187–207.

– (Hg.): Stalins Wirtschaftspolitik an der sowjetischen Peripherie. Ein Überblick auf der Basis sowjetischer und osteuropäischer Quellen, Innsbruck 2011.

–: Stalins Wirtschaftspolitik an der sowjetischen Peripherie: Vorgehensweisen und Handlungsmuster, in: Walter M. Iber/Peter Ruggenthaler (Hg.): Stalins Wirtschaftspolitik an der sowjetischen Peripherie. Ein Überblick auf der Basis sowjetischer und osteuropäischer Quellen, Innsbruck 2011, S. 349–371.

Ibragimov, Marat D.: Neftjanaja promyšlennost' Azerbajdžana v period imperializma, Baku 1984.

Igolkin, Aleksandr A.: Otečestvennaja neftjanaja promyšlennost' v 1917–1920 gg., Moskva 1999.

–: Sovetskaja neftjanaja promyšlennost' v 1921–1928 gg., Moskva 1999.

–: Neftjanaja politika SSSR v 1928–1940 gg., Moskva 2005.

–: Neftjanaja promyšlennost' v gody vtoroj pjatiletki: plany i real'nost', in: Èkonomičeskaja istorija. Obozrenie 10 (2005), S. 132–145.

–: Osobennosti razvitija neftjanoj promyslennosti SSSR v gody pervych pjatiletok (1928–1940 gg.), in: Vagit J. Alekperov (Hg.): Neft' strany Sovetov. Problemy istorii neftjanoj promyšlennosti SSSR (1917–1991 gg.), Moskva 2005, S. 105–191.

–: Sovetskij neftjanoj èksport v gody predvoennych pjatiletok, in: Neftjanoe Chozjajstvo (2006) 9, S. 139–141.

–: Èvakuacija predprijatij neftjanoj promyšlennosti v period Velikoj Otečestvennoj vojny, in: Veterany 20 (2007), S. 18–28.

–: Politika cveta nefti, in: Neft' Rossii (2007) 12, online verfügbar unter: http://www.oilru.com/nr/176/4073 [06.10.2017].

–: Sovetskaja ènergetičeskaja strategija i neftjanaja promyšlennost' v 1940 – pervoj polovine 1941 g., in: Ju. A. Petrov (Hg.): Èkonomičeskaja istorija: Ežegodnik. 2007, Moskva 2008, S. 340–365.

–: Sovetskaja neftjanaja politika v 1940–1950 gg., Moskva 2009.

–: Neftjanaja promyšlennost' SSSR. 1928–1950-e gg, Moskva 2011.

Igolkin, Aleksandr A./Sokolov, Andrej K.: Neftjanoj šturm i ego posledstvija, in: Ju. A. Petrov (Hg.): Èkonomičeskaja istorija: Ežegodnik. 2006, Moskva 2006, S. 385–438.

Igorev, Vladimir: A Man-Made Island of Oil Treasures, in: Oil of Russia (2010) 3, online verfügbar unter: http://www.oilru.com/or/44/925 [06.10.2017].

Immerman, Richard H./Goedde, Petra (Hg.): The Oxford Handbook of the Cold War, Oxford 2013.

Ivanov, V. A.: Stanovlenie uglevodorodnoj ènergetiki Rossii, Sankt-Peterburg 2007.

Ivkin, Vladimir I.: Gosudarstvennaja vlast' SSSR. Vysšie organy vlasti i upravlenija i ich rukovoditeli 1923–1991. Istoriko-biografičeskij spravočnik, Moskva 1999.

Jackson, Ian: Economics and the Cold War, in: Richard H. Immerman/Petra Goedde (Hg.): The Oxford Handbook of the Cold War, Oxford 2013, S. 50–66.

Jacobs, Everett M. (Hg.): Soviet Local Politics and Government, London 1983.

Jacoby, Neil H.: Multinational Oil. A Study in Industrial Dynamics (Studies of the Modern Corporation, Graduate School of Business, Columbia University), New York 1974.

Jensen, Robert G./Shabad, Theodore/Wright, Arthur W. (Hg.): Soviet Natural Resources in the World Economy, Chicago 1983.

Jensen-Eriksen, Niklas: Just Rhetoric? The United Kingdom and the Question of Western Economic Aid to Finland, 1950–1962, in: Jari Eloranta/Jari Ojala (Hg.): East-West Trade and the Cold War (Jyväskylä Studies in Humanities 36), Jyväskylä 2005, S. 93–112.

–: Finland – A Hole in the Cold War Embargo? Vortrag, XIV International Economic History Congress, Helsinki, 21–25.08.2006, online verfügbar unter: http://www.helsinki.fi/iehc2006/papers3/Jensen.pdf [06.08.2016].

–: The first Wave of the Soviet Oil Offensive. The Anglo-American Alliance and the Flow of ›Red Oil‹ to Finland during the 1950s, in: Business History 49 (2007) 3, S. 348–366.

–: CoCom and Neutrality. Western Export Control Policies, Finland and the Cold War, 1949–58, in: Sari Autio-Sarasmo (Hg.): Reassessing Cold War Europe (Routledge Studies in the History of Russia and Eastern Europe 14), Abingdon 2011, S. 49–65.

–: The Cold War in Energy Markets. British Efforts to Contain Soviet Oil Exports to Non-communist Countries, 1950–1965, in: Alain Beltran (Hg.): Le pétrole et la guerre. Oil and War, Bruxelles et al. 2012, S. 191–208.

–: »Red Oil« and Western Reactions: The Case of Britain, in: Jeronim Perović (Hg.): Cold War Energy. A Transnational History of Soviet Oil and Gas, Cham 2017, S. 105–130.

Jensen-Eriksen, Niklas/Kuisma, Markku: British Government, Anglo-American Oil Companies & the Case of the Finnish Oil Market during the Cold War (1950–1970), in: Hubert Bonin (Hg.): Transnational Companies, 19 th–20 th Centuries (Collection Ecoclio), Paris 2002, S. 281–286.

Jentleson, Bruce W.: Khrushchev's Oil and Brezhnev's Natural Gas Pipelines, in: Robert J. Lieber (Hg.): Will Europe fight for Oil? Energy Relations in the Atlantic Area, New York 1983.

–: From Consensus to Conflict. The Domestic Political Economy of East-West Energy Trade Policy, in: International Organization 38 (1984) 4, S. 625–660.

–: Pipeline Politics. The Complex Political Economy of East-West Energy Trade, Ithaca NY 1986.

Joesten, Joachim: Öl regiert die Welt. Geschäft und Politik, Düsseldorf 1958.

Jones, Christopher F.: A Landscape of Energy Abundance. Anthracite Coal Canals and the Roots of American Fossil Fuel Dependence, 1820–1860, in: Environmental History 15 (2010) 6, S. 449–484.

–: Routes of Power. Energy and Modern America, Cambridge MA 2014.

Jones, Geoffrey: The State and the Emergence of the British Oil Industry (Studies in Business History), London 1981.

Jones, Geoffrey/Trebilcock, Clive: Russian Industry and British Business 1910–1930: Oil and Armaments, in: The Journal of European Economic History 11 (1982) 1, S. 61–103.

Jones, Robert H.: The Roads to Russia. United States Lend-Lease to the Soviet Union, Norman 1969.

Josephson, Paul R.: »Projects of the Century« in Soviet History: Large-Scale Technologies from Lenin to Gorbachev, in: Technology and Culture 36 (1995) 3, S. 519–559.

–: Atomic-Powered Communism. Nuclear Culture in the Postwar USSR, in: Slavic Review 55 (1996) 2, S. 297–324.

–: Red Atom. Russia's Nuclear Power Program from Stalin to Today, New York 1999.

–: The Conquest of the Russian Arctic, Cambridge et al. 2014.

Judy, Richard: Die Bedeutung der Sowjetunion für die Welterdölwirtschaft von 1960 bis 1975 (Veröffentlichung der Arbeitsgemeinschaft deutscher wirtschaftswissenschaftlicher Forschungsinstitute e. V. Bonn zum Energie-Gutachten 1961), Berlin 1963.

Kaplan, Norman M.: Capital Investments in the Soviet Union, 1924–1951, Santa Monica 1952.

Karlsch, Rainer/Laufer, Jochen (Hg.): Sowjetische Demontagen in Deutschland 1944–1949. Hintergründe, Ziele und Wirkungen (Zeitgeschichtliche Forschungen 17), Berlin 2002.
Karlsch, Rainer/Stokes, Raymond G. (Hg.): Faktor Öl. Die Mineralölwirtschaft in Deutschland 1859–1974, München 2003.
Karner, Stefan: Zu den sowjetischen Demontagen in Österreich 1945/46. Ein erster Aufriss auf russischer Quellenbasis, in: Michael Pammer et al. (Hg.): Erfahrung der Moderne. Festschrift für Roman Sandgruber zum 60. Geburtstag, Stuttgart 2007, S. 301–312.
Karner, Stefan/Stelzl-Marx, Barbara (Hg.): Die Rote Armee in Österreich. Sowjetische Besatzung 1945–1955 (Veröffentlichungen des Ludwig-Boltzmann-Instituts für Kriegsfolgen-Forschung. Sonderband 4). 2 Bde., 2. Aufl., Graz et al. 2005.
Kaser, Michael C./Radice, Edward A. (Hg.): The Economic History of Eastern Europe. 1919–1975. Vol. 2: Interwar Policy, the War and Reconstruction, Oxford 1986.
Keller, Aleksandr A.: Neftjanaja i gazovaja promyšlennost' SSSR v poslevoennye gody. (Kratkij obzor za 1946–1956 gg.), Moskva 1958.
Kenez, Peter: Cinema and Soviet Society, 1917–1953 (Cambridge Studies in the History of Mass Communications), Cambridge et al. 1992.
Khlevniuk, Oleg V.: In Stalin's Shadow. The Career of »Sergo« Ordzhonikidze (The new Russian History), Armonk NY 1995.
–: The History of the Gulag. From Collectivization to the Great Terror, New Haven 2004.
–: Master of the House. Stalin and his inner Circle (The Yale-Hoover Series on Stalin, Stalinism, and the Cold War), New Haven 2009.
–: Stalin. New Biography of a Dictator, New Haven 2015.
Khlevnyuk, Oleg V.: The Economy of the Gulag, in: Paul R. Gregory (Hg.): Behind the Façade of Stalin's Command Economy. Evidence from the Soviet State and Party Archives (Hoover Institution Press publication 493), Stanford CA 2001, S. 111–130.
–: The Economy of the OGPU, NKVD, and MVD of the USSR, 1930–1953. The Scale, Structure, and Trends of Development, in: Paul R. Gregory/Valery Lazarev (Hg.): The Economics of Forced Labor. The Soviet Gulag, Stanford CA 2003, S. 43–66.
Kirstein, Tatjana: Die Rolle der KPdSU in der Wirtschaftsplanung. 1933–1953/55 (Philosophische und Soziologische Veröffentlichungen 23), Berlin 1985.
Klinghoffer, Arthur J.: The Soviet Union and International Oil Politics, New York 1977.
Knight, Amy: Beria. Stalin's first Lieutenant, Princeton NJ 1993.
Knjazev, Sergej L.: Neft' Tatarii: stranicy istorii, Kazan' 1981.
Komgort, Marina V.: Zapadno-Sibirskaja neftegazonosnaja provincija, Tjumen' 2008.
Komlosy, Andrea: Austria and the Permeability of the Iron Curtain. From Bridge-building to Systemic Change, in: Gertrude Enderle-Burcel (Hg.): Gaps in the Iron Curtain. Economic Relations between Neutral and Socialist Countries in Cold War Europe, Krakow 2009, S. 107–124.
Kornai, János: Das sozialistische System. Die politische Ökonomie des Kommunismus (Schriftenreihe des Bundesinstituts für Ostwissenschaftliche und Internationale Studien 29), Baden-Baden 1995.
Kostorničenko, B. N.: Koncessionnaja politika sovetskogo rukovodstva v neftjanoj promyšlennosti v 20–30-e gg. XX veka, in: Vagit J. Alekperov (Hg.): Neft' strany Sovetov. Problemy istorii neftjanoj promyšlennosti SSSR (1917–1991 gg.), Moskva 2005, S. 261–350.
Kotkin, Stephen: Magnetic Mountain. Stalinism as a Civilization, Berkeley 1995.
Kovda, Viktor A.: Velikij plan preobrazovanija prirody, Moskva 1952.
Kovner, Milton: The Challenge of Coexistence. A Study of Soviet Economic Diplomacy, Washington, D.C. 1961.
Kramer, Mark: The Early Post-Stalin Succession Struggle and Upheavals in East-Central Europe: Internal-External Linkages in Soviet Policy Making (Part 2), in: Journal of Cold War Studies 1 (1999) 2, S. 3–38.

Kravčenko, Grigorij S.: Ėkonomika SSSR v gody Velikoj Otečestvennoj Vojny. (1941–1945 gg.), 2. Aufl., Moskva 1970.

Krischanowski, Gleb M.: Die Planwirtschaftsarbeit in der Sowjetunion. Ergebnisse des ersten Jahrzehnts, Wien 1927.

Kuisma, Markku: A Child of the Cold War. Soviet Crude, American Technology and National Interests in the Making of the Finish Oil Refining, in: Historiallinen Aikakauskirja 96 (1998) 2, S. 136–142.

Kuniholm, Bruce R.: The Origins of the Cold War in the Near East. Great Power Conflict and Diplomacy in Iran, Turkey, and Greece, 2. Aufl., Princeton NJ 1994.

Kurjatnikov, Vladimir N.: O geopolitičeskich aspektach sozdanija novoj neftjanoj bazy na vostoke SSSR v 30-e – 50-e gg. XX stoletija. Čast' II, in: Vestnik SamGU 50 (2006) 10/1, S. 101–109.

–: O geopolitičeskich aspektach sozdanija novoj neftjanoj bazy na vostoke SSSR v 30-e–50-e gg. XX stoletija. Čast' I, in: Vestnik SamGU 45 (2006) 5/1, S. 74–85.

–: Stanovlenie neftjanogo kompleksa v Ural'skom i Povolžskom regionach. (30–50-e gg. XX veka). 2 Bde., Samara 2008.

Kuromiya, Hiroaki: The Commander and the Rank and File. Managing the Soviet Coal-Mining Industry, 1928–33, in: William G. Rosenberg/Lewis H. Siegelbaum (Hg.): Social Dimensions of Soviet Industrialization (Indiana-Michigan Series in Russian and Eastern European Studies), Bloomington 1993, S. 146–165.

Lampert, Nicholas: The Technical Intelligentsia and the Soviet State. A Study of Soviet Managers and Technicians 1928–1935 (Studies in Soviet History and Society), London 1979.

Laufer, Jochen: Politik und Bilanz der sowjetischen Demontagen in der SBZ/DDR 1945–1950, in: Rainer Karlsch/Jochen Laufer (Hg.): Sowjetische Demontagen in Deutschland 1944–1949. Hintergründe, Ziele und Wirkungen (Zeitgeschichtliche Forschungen 17), Berlin 2002, S. 31–77.

Lavruško, P. N.: O rekonstrukcii neftjanoj industrii posle Velikoj Otečestvennoj Vojny, in: Veterany 3 (1992), S. 39–52.

Lazarev, Valery/Gregory, Paul R.: The Wheels of a Command Economy: Allocating Soviet Vehicles, in: Economic History Review 55 (2002) 2, S. 324–348.

Lazarević, Žarko: Yugoslavia. Economic Aspects of the Position between East and West, in: Gertrude Enderle-Burcel (Hg.): Gaps in the Iron Curtain. Economic Relations between Neutral and Socialist Countries in Cold War Europe, Krakow 2009, S. 218–225.

Le Dez, Morgan: France's Oil Sources and Supply Networks (1861–1950), in: Alain Beltran (Hg.): Oil Producing Countries and Oil Companies. From the Nineteenth Century to the Twenty-first Century, Bern et al. 2011, S. 15–32.

Leffler, Melvyn/Westad, Odd (Hg.): The Cambridge History of the Cold War. Volume I: Origins, Cambridge 2010.

Leffler, Melvyn P./Painter, David S. (Hg.): Origins of the Cold War. An International History, 2. Aufl., New York et al. 2005.

Lentz, Manfred: Die Wirtschaftsbeziehungen DDR – Sowjetunion 1945–1961. Eine politologische Analyse (Forschungstexte Wirtschafts- und Sozialwissenschaften), Opladen 1979.

Levering, Ralph B. (Hg.): Debating the Origins of the Cold War. American and Russian Perspectives, Lanham MD 2002.

LeVine, Steve: The Oil and the Glory. The Pursuit of Empire and Fortune on the Caspian Sea, New York 2007.

Lieber, Robert J. (Hg.): Will Europe fight for Oil? Energy Relations in the Atlantic Area, New York 1983.

Lisičkin, Stepan M.: Očerki razvitija neftedobyvajuščej promyšlennosti SSSR, Moskau 1958.

Lisicyna, Elena N.: Trud japonskich voennoplennych v neftjanoj promyšlennosti Sachalina v poslevoennye gody, in: Izvestija Rossijskogo gosudarstvennogo pedagogičeskogo universiteta im. A.I. Gercena (2012) 151, S. 18–26.

Livšin, A. J. (Hg.): Sovetskaja propaganda v gody Velikoj Otečestvennoj vojny. »Kommunikacija ubeždenija« i mobilizacionnye mechanizmy (dokumenty sovetskoj istorii), Moskva 2007.

Lyndolph, Paul E./Shabad, Theodore: The Oil and Gas Industries in the USSR, in: Annals of the Association of American Geographers 50 (1960) 4, S. 461–486.

Maier, Charles S.: The World Economy and the Cold War in the Middle of the Twentieth Century, in: Melvyn Leffler/Odd Westad (Hg.): The Cambridge History of the Cold War. Volume I: Origins, Cambridge 2010, S. 44–66.

Mangone, Gerard J. (Hg.): Energy Policies of the World. Vol. 2: Indonesia, the North Sea Countries, the Soviet Union, New York 1979.

Manley, Rebecca: »Where should We resettle the Comrades next?«. The Adjudication of Housing Claims and the Construction of the Post-war Order, in: Juliane Fürst (Hg.): Late Stalinist Russia. Society between Reconstruction and Reinvention (BASEES/Routledge series on Russian and East European Studies 29), London et al. 2006, S. 233–246.

Manning, Roberta T.: The Soviet Economic Crisis of 1936–40 and the Great Purges, in: Roberta T. Manning/John A. Getty (Hg.): Stalinist Terror. New Perspectives, Cambridge 1993, S. 116–141.

Manning, Roberta T./Getty, John A. (Hg.): Stalinist Terror. New Perspectives, Cambridge 1993.

Mark, Eduard: The Turkish War Scare of 1946, in: Melvyn P. Leffler/David S. Painter (Hg.): Origins of the Cold War. An International History, 2. Aufl., New York et al. 2005, S. 112–133.

Maslakov, Dmitrij I.: Voprosy toplivnogo balansa SSSR, in: Planovoe chozjajstvo (1955) 3, S. 40–52.

Mastny, Vojtech: Moskaus Weg zum Kalten Krieg. Von der Kriegsallianz zur sowjetischen Vormachtstellung in Osteuropa, München 1980.

–: The Cold War and Soviet Insecurity. The Stalin Years, Oxford 1996.

Matvejčuk, Aleksandr A.: Neftjanaja sostavljajuščaja lend-liza, in: Vagit J. Alekperov (Hg.): Neft' strany Sovetov. Problemy istorii neftjanoj promyšlennosti SSSR (1917–1991 gg.), Moskva 2005, S. 415–455.

–: Zabytyj narkom. K 100-letiju so dnja roždenija I. K. Sedina, in: Veterany 19 (2006), S. 56–81.

–: V tiskach pervoj pjatiletki, in: Neft' Rossii (2011) 2, S. 112–117.

–: Na pike Bol'šogo terrora, in: Neft' Rossii (2012) 2, S. 111–117.

Matvejčuk, Aleksandr A./Evdošenko, Jurij V.: Istoki gazovoi otrasli Rossii. 1811–1945 gg. Istoricheskie ocherki, Moskva 2011.

Maugeri, Leonardo: The Age of Oil. The Mythology, History, and Future of the World's Most Controversial Resource, Westport 2006.

Mautner, Wilhelm: Der Kampf um und gegen das russische Erdöl, Wien et al. 1929.

Mawdsley, Evan/White, Stephen: The Soviet Elite from Lenin to Gorbachev. The Central Committee and its Members, 1917–1991, Oxford 2000.

McDivitt, James F.: The Thread of Soviet Oil. New Front in the Economic Cold War, in: Challenge 9 (1961) 8, S. 20–22.

McGlade, Jacqueline: COCOM and the Containment of Western Trade and Relations, in: Jari Eloranta/Jari Ojala (Hg.): East-West Trade and the Cold War (Jyväskylä Studies in Humanities 36), Jyväskylä 2005, S. 47–62.

McMillin, Douglas W./Parker, Randall E.: An Empirical Analysis of Oil Price Shocks in the Interwar Period, in: Economic Inquiry 32 (1994), S. 486–497.

Melija, Aleksej A.: Mobilizacionnaja podgotovka narodnogo chozjajstva SSSR, Moskva 2004.

Mergel, Thomas: Kulturgeschichte der Politik, online verfügbar unter: http://docupedia.de/zg/Kulturgeschichte_der_Politik_Version_2.0_Thomas_Mergel [10.03.2017].

Mertelsmann, Olaf: Die Arbeiter des estnischen Ölschieferbeckens – eine Industrieregion des Stalinismus, in: Tanja Penter (Hg.): Sowjetische Bergleute und Industriearbeiter. Neue Forschungen (= Mitteilungsblatt des Instituts für soziale Bewegungen. Forschungen und Forschungsberichte 37 (2007) 1), Essen 2007, S. 113–131.

Meščerjakov, Michail V.: Očerk ėkonomičeskogo sotrudničestva Sovetskogo Sojuza i Mongol'skoj Narodnoj Respubliki, Moskva 1959.

Meščerjakova, Svetlana V./Orlova, Elena E./Frolov, Sergej A.: Pravovoe obespečenie toplivno-ėnergetičeskogo kompleksa v Rossii (istoričeskij aspekt), Tambov 2013.

Meyerhof, Arthur A.: Soviet Petroleum. History, Technology, Geology, Reserves, Potential and Policy, in: Robert G. Jensen et al. (Hg.): Soviet Natural Resources in the World Economy, Chicago 1983, S. 306–362.

Mieczkowski, Z.: The Economic Regionalization of the Soviet Union in the Lenin and Stalin Period, in: Canadian Slavonic Papers 8 (1966), S. 89–124.

Militärgeschichtliches Forschungsamt (Hg.): Das Deutsche Reich und der Zweite Weltkrieg (Beiträge zur Militär- und Kriegsgeschichte). 10 Bde., Stuttgart 1979–2008.

Mitchell, Timothy: Carbon Democracy. Political Power in the Age of Oil, London et al. 2013.

Mkrtčjan, Mkrtič: Uskorit' vosstanovlenie i razvitie neftedobyvajuščej promyšlennosti Baku, in: Planovoe chozjajstvo (1947) 1, S. 39–47.

Montefiore, Simon: Stalin. Am Hof des roten Zaren, 2. Aufl., Frankfurt am Main 2005.

Musial, Bogdan: Stalins Beutezug. Die Plünderung Deutschlands und der Aufstieg der Sowjetunion zur Weltmacht, Berlin 2010.

–: Sowjetische Demontagen und Beschlagnahmungen in Polen und in den ehemaligen deutschen Ostgebieten, in: Walter M. Iber/Peter Ruggenthaler (Hg.): Stalins Wirtschaftspolitik an der sowjetischen Peripherie. Ein Überblick auf der Basis sowjetischer und osteuropäischer Quellen, Innsbruck 2011, S. 45–71.

Naimark, Norman: The Sovietization of Eastern Europe, 1944–1953, in: Melvyn Leffler/Odd Westad (Hg.): The Cambridge History of the Cold War. Volume I: Origins, Cambridge 2010, S. 175–197.

Napuch, Yury: Die Sowjetunion, das Erdöl und die Ursachen des Kalten Krieges (Europäische Hochschulschriften, Reihe 3, Geschichte und ihre Hilfswissenschaften 300), Frankfurt am Main et al. 1986.

Nekrasov, Vjačeslav L.: Decision-Making in the Soviet Energy Sector in Post-Stalinist Times: The Failure of Khrushchev's Economic Modernization Strategy, in: Jeronim Perović (Hg.): Cold War Energy. A Transnational History of Soviet Oil and Gas, Cham 2017, S. 165–199.

Nekrasov, Vjačeslav L./Stafeev, Oleg N./Chromov, Evgenij A.: Neftegazovyj kompleks SSSR (vtoraja polovina 1950-ch – pervaja polovina 1960-ch gg.). ėkonomičeskie i institucional'nye aspekty razvitija, Chanty-Mansijsk 2012.

Neu, Axel D.: Die Entfaltung der internationalen Erdölwirtschaft seit 1950, in: Christian Pfister (Hg.): Das 1950er Syndrom. Der Weg in die Konsumgesellschaft (Publikation der Akademischen Kommission der Universität Bern), Bern et al. 1995, S. 179–200.

Neutatz, Dietmar: Die Moskauer Metro. Von den ersten Plänen bis zur Grossbaustelle des Stalinismus (1897–1935) (Beiträge zur Geschichte Osteuropas 33), Köln 2001.

Nevakivi, Jukka: The Soviet Union and Finland after the War, 1944–53, in: Francesca Gori/Silvio Pons (Hg.): The Soviet Union and Europe in the Cold War, 1943–53, New York 1996.

Niiseki, Kinya/Bialer, Seweryn (Hg.): The Soviet Union in Transition (Westview's Special Studies on the Soviet Union and Eastern Europe), Boulder CO 1987.

Nogee, Joseph L./Donaldson, Robert H.: Soviet Foreign Policy since World War II, 4. Aufl., New York et al. 1992.

Nötel, Rudolf: International Finance and Monetary Reforms, in: Michael C. Kaser/Edward A. Radice (Hg.): The Economic History of Eastern Europe. 1919–1975. Vol. 2: Interwar Policy, the War and Reconstruction, Oxford 1986, S. 520–563.

Nove, Alec: An Economic History of the USSR. 1917–1991, 3. Aufl., London 1992.

OWEN, EDGAR W.: Trek of the Oil Finders. A History of Exploration for Petroleum, Tulsa OK 1975.
PAICHADZE, SVETLANA/SEATON, PHILIP A. (Hg.): Voices from the Shifting Russo-Japanese Border. Karafuto/Sakhalin (Routledge Studies in the Modern History of Asia), Hoboken 2015.
PAINTER, DAVID S.: Oil and the American Century. The Political Economy of U.S. Foreign Oil Policy, 1941–1954 (The Johns Hopkins University Studies in Historical and Political Science Ser. 104, 1), Baltimore 1986.
–: The Marshall Plan and Oil, in: Cold War History 9 (2009) 2, S. 159–175.
–: Oil, Resources, and the Cold War, 1945–1962, in: Melvyn Leffler/Odd Westad (Hg.): The Cambridge History of the Cold War. Volume I: Origins, Cambridge 2010, S. 486–507.
PAMMER, MICHAEL/NEISS, HERTA/JOHN, MICHAEL (Hg.): Erfahrung der Moderne. Festschrift für Roman Sandgruber zum 60. Geburtstag, Stuttgart 2007.
PARK, JOHN D.: The Oil and Gas Industries of the Soviet Union and Eastern Europe in Relation to the Comecon Energy Balance and the World Petroleum Market, PhD, Glasgow 1977.
PARRA, FRANCISCO R.: Oil Politics. A modern History of Petroleum, London et al. 2004.
PATERSON, THOMAS G.: Soviet-American Confrontation. Postwar Reconstruction and the Origins of the Cold War, Baltimore 1973.
PAYNE, MATTHEW J.: Stalin's Railroad. Turksib and the Building of Socialism, Pittsburgh 2001.
PECHATNOV, VLADIMIR O.: The Soviet Union and the World, 1944–1953, in: Melvyn Leffler/Odd Westad (Hg.): The Cambridge History of the Cold War. Volume I: Origins, Cambridge 2010, S. 90–111.
PECHATNOV, VLADIMIR O./EDMONDSON, EARL: The Russian Perspective, in: Ralph B. Levering (Hg.): Debating the Origins of the Cold War. American and Russian Perspectives, Lanham MD 2002, S. 85–153.
PENTER, TANJA: Der »neue sozialistische Donbass« und der Aufstieg des Bergmanns zur kulturellen Leitfigur, in: Tanja Penter (Hg.): Sowjetische Bergleute und Industriearbeiter. Neue Forschungen (= Mitteilungsblatt des Instituts für soziale Bewegungen. Forschungen und Forschungsberichte 37 (2007) 1), Essen 2007, S. 81–95.
– (Hg.): Sowjetische Bergleute und Industriearbeiter. Neue Forschungen (= Mitteilungsblatt des Instituts für soziale Bewegungen. Forschungen und Forschungsberichte 37 (2007) 1), Essen 2007.
–: Kohle für Stalin und Hitler. Arbeiten und Leben im Donbass 1929 bis 1953 (Veröffentlichungen des Instituts für soziale Bewegungen. Schriftenreihe C, Arbeitseinsatz und Zwangsarbeit im Bergbau 8), Essen 2010.
PEROVIĆ, JERONIM: The Tito-Stalin Split. A Reassessment in Light of New Evidence, in: Journal of Cold War Studies 9 (2007) 2, S. 32–63.
–: Russlands Aufstieg zur Energiegroßmacht. Geschichte einer gesamteuropäischen Verflechtung, in: Osteuropa 63 (2013) 7, S. 5–28.
–: Der Nordkaukasus unter russischer Herrschaft. Geschichte einer Vielvölkerregion zwischen Rebellion und Anpassung (Beiträge zur Geschichte Osteuropas 49), Köln 2015.
– (Hg.): Cold War Energy. A Transnational History of Soviet Oil and Gas, Cham 2017.
PETERSON, JAMES A./CLARKE, JAMES W.: Petroleum Geology and Resources of the Volga-Ural Province, U.S.S.R (Geological Survey circular 885), [Reston VA] 1983.
PETROV, JU. A. (Hg.): Èkonomičeskaja istorija: Ežegodnik. 2006, Moskva 2006.
– (Hg.): Èkonomičeskaja istorija: Ežegodnik. 2007, Moskva 2008.
PFISTER, CHRISTIAN: Das »1950er Syndrom«: Die umweltgeschichtliche Epochenschwelle zwischen Industriegesellschaft und Konsumgesellschaft, in: Christian Pfister (Hg.): Das 1950er Syndrom. Der Weg in die Konsumgesellschaft (Publikation der Akademischen Kommission der Universität Bern), Bern et al. 1995, S. 51–95.

– (Hg.): Das 1950er Syndrom. Der Weg in die Konsumgesellschaft (Publikation der Akademischen Kommission der Universität Bern), Bern et al. 1995.

Pisar, Samuel: Supergeschäft West-Ost. Der Schlüssel zum Weltfrieden, Hamburg 1970.

Plaggenborg, Stefan: Revolutionskultur. Menschenbilder und kulturelle Praxis in Sowjetrussland zwischen Oktoberrevolution und Stalinismus (Beiträge zur Geschichte Osteuropas 21), Köln 1996.

–: Experiment Moderne. Der sowjetische Weg, Frankfurt [am Main] et al. 2006.

Polach, Jaroslav G.: The Development of Energy in East Europe, in: Congress of the US (Hg.): Economic Developments in Countries of Eastern Europe. A Compendium of Papers. Submitted to the Subcommittee on Foreign Economic Policy of the Joint Economic Committee (91. Congr., 2. sess. Joint Committee Print), Washington, D.C. 1970, S. 348–433.

Rachmankulov, Diljus L.: U istokov sozdanija neftjanogo dela Uralo-Povolž'ja, Moskva 2008.

Ragulin, Aleksej I.: O repressijach v Groznenskoj neftjanoj promyšlennosti, in: Veterany 22 (2009), S. 244–250.

Rassweiler, Anne D.: The Generation of Power. The History of Dneprostroi, New York 1988.

Rathkolb, Oliver: ›Austria – Sieve to the East‹. Austria's Neutrality during the East-West Economic War, 1945/8–1989, in: Gertrude Enderle-Burcel (Hg.): Gaps in the Iron Curtain. Economic Relations between Neutral and Socialist Countries in Cold War Europe, Krakow 2009, S. 11–25.

Razumov, V. V.: Sistema neftesnabženija v Velikoj Otečestvennoj vojne 1941–1945 gg., Moskva 1995.

Rees, Edward A.: Leaders and their Institutions, in: Paul R. Gregory (Hg.): Behind the Façade of Stalin's Command Economy. Evidence from the Soviet State and Party Archives (Hoover Institution Press publication 493), Stanford CA 2001, S. 35–60.

– (Hg.): Centre-Local Relations in the Stalinist State, 1928–1941 (Studies in Russian and East European History and Society), Basingstoke 2002. –: The Great Purges and the XVIII Party Congress of 1939, in: Edward A. Rees (Hg.): Centre-Local Relations in the Stalinist State, 1928–1941 (Studies in Russian and East European History and Society), Basingstoke 2002, S. 191–211. –: Stalin as Leader, 1937–1953: From Dictator to Despot, in: Edward A. Rees (Hg.): The Nature of Stalin's Dictatorship. The Politburo, 1924–1953 (Studies in Russian and East European History and Society), Basingstoke 2003, S. 200–239. – (Hg.): The Nature of Stalin's Dictatorship. The Politburo, 1924–1953 (Studies in Russian and East European History and Society), Basingstoke 2003. –: Iron Lazar. A political Biography of Lazar Kaganovich, London 2012.

Rehschuh, Felix: From Crisis to Plenty: The Soviet »Oil Campaign« under Stalin, in: Jeronim Perović (Hg.): Cold War Energy. A Transnational History of Soviet Oil and Gas, Cham 2017, S. 47–77.

Reisinger, William M.: Energy and the Soviet Bloc. Alliance Politics after Stalin, Ithaca NY 1992.

Rezun, Miron: The Soviet Union and Iran. Soviet Policy in Iran from the Beginnings of the Pahlavi Dynasty until the Soviet Invasion in 1941, Boulder CO 1988.

Roberts, Geoffrey: Stalins Kriege. Vom zweiten Weltkrieg bis zum Kalten Krieg, Düsseldorf 2008.

Rogers, Douglas: Petrobarter, in: Current Anthropology 55 (2014) 2, S. 131–153.

Rohwer, Jürgen/Monakov, Mikhail S.: Stalin's Ocean-going Fleet. Soviet Naval Strategy and Shipbuilding Programmes, 1935–1953 (Cass series 11), London 2001.

Romanovskaja, O. A.: Pervoe desjatiletie permskoj nefti (1929–1939 gg.), in: Vagit J. Alekperov (Hg.): Neft' strany Sovetov. Problemy istorii neftjanoj promyšlennosti SSSR (1917–1991 gg.), Moskva 2005, S. 351–365.

Rosenberg, William G./Siegelbaum, Lewis H. (Hg.): Social Dimensions of Soviet Industrialization (Indiana-Michigan Series in Russian and Eastern European Studies), Bloomington 1993.

Ross, Michael L.: The Oil Curse. How Petroleum Wealth Shapes the Development of Nations, Princeton NJ 2012.

Rubcov, Jurij V.: Alter ego Stalina. Stranicy političeskoj biografii L. Z. Mechlisa, Moskva 1999.

RUBIN, BARRY M.: The Great Powers in the Middle East, 1941–1947. The Road to the Cold War, London et al. 1980.
RUDOLPH, KARSTEN: Wirtschaftsdiplomatie im Kalten Krieg. Die Ostpolitik der westdeutschen Großindustrie. 1945–1991, Frankfurt am Main 2004.
RUGGENTHALER, PETER: The Concept of Neutrality in Stalin's Foreign Policy, 1945–1953 (The Harvard Cold War Studies Book Series), Lanham MD 2015.
SACHS, WOLFGANG: Energie als Weltbild. Ein Kapitel aus der Kulturgeschichte des Produktivismus, in: Technik und Gesellschaft 3 (1985), S. 36–57.
SAFRANOV, EVGENIJ D.: Stanovlenie sovetskoj neftjanoj promyšlennosti, Moskva 1970.
ŠAMMAZOV, A. M./MASTOBAEV, B. N.: Očerki po istorii neftjanoj industrii SSSR, Ufa 1999.
ŠAMMAZOV, AJRAT M./BACHTIZIN, RAMIL' N./MASTOBAEV, B. N./MOVSUMZADE, ÈL'DAR M./ VLADIMIROV, A. I./KARNAUCHOV, N. N./CCHADAJA, NIKOLAJ D./LAPIDUS, A. L.: Istorija neftegazovogo dela Rossii, Mosvka 2001.
SANCHEZ-SIBONY, OSCAR: Depression Stalinism. The Great Break Reconsidered, in: Kritika 15 (2014) 1, S. 23–49. –: Red Globalization. The Political Economy of the Soviet Cold War from Stalin to Khrushchev (New Studies in European History), Cambridge 2014.
SCHATTENBERG, SUSANNE: Stalins Ingenieure. Lebenswelten zwischen Technik und Terror in den 1930er Jahren (Ordnungssysteme 11), München 2002.
SCHEID RAINE, FERNANDE: The Iranian Crisis of 1946 and the Origins of the Cold War, in: Melvyn P. Leffler/David S. Painter (Hg.): Origins of the Cold War. An International History, 2. Aufl., New York et al. 2005, S. 93–111.
SCHMID, SONJA D.: Producing Power. The Pre-Chernobyl History of the Soviet Nuclear Industry (Inside Technology), Cambridge MA 2015.
SCHUSTEREIT, HARTMUT: Die Mineralöllieferungen der Sowjetunion an das Deutsche Reich 1940/41, in: VSWG 67 (1980) 3, S. 334–353.
SCHWARZ, SOLOMON M.: How Much Oil has Russia, in: Foreign Affairs 24 (1946) 1, S. 736–741.
–: Labor in the Soviet Union, New York 1952.
SCHWENDEMANN, HEINRICH: Die wirtschaftliche Zusammenarbeit zwischen dem Deutschen Reich und der Sowjetunion von 1939 bis 1941. Alternative zu Hitlers Ostprogramm? (Quellen und Studien zur Geschichte Osteuropas, n. F. 31), Berlin 1993.
SEIDEL, HANS: Österreichs Wirtschaft und Wirtschaftspolitik nach dem Zweiten Weltkrieg, Wien 2005.
SEMJONOW, JURI N.: Erdöl aus dem Osten. Die Geschichte der Erdöl und Erdgasindustrie in der Sowjetunion, Düsseldorf 1973.
SERVICE, ROBERT W.: Stalin. A Biography, London 2004.
SHABAD, THEODORE: Basic Industrial Resources of the U.S.S.R., New York 1969.
SHIMKIN, DEMITRI B.: Minerals. A Key to Soviet Power, Cambridge 1953.
–: The Soviet Mineral-Fuels Industries, 1928–1958. A Statistic Survey (International Population Statistics Reports, Series P-90 19), Washington, D.C. 1961.
SIDOROV, SERGEJ G.'E.: Vvedenie, in: Maksim M. Zagorul'ko (Hg.): Voennoplennye v SSSR 1939–1956. Dokumenty i materialy, Moskva 2000, S. 25–58.
SIEGELBAUM, LEWIS H.: Stakhanovism and the Politics of Productivity in the USSR, 1935–1941 (Soviet and East European Studies 59), Cambridge 1990.
–: Cars for Comrades, Ithaca NY et al. 2008.
–: Introduction, in: Lewis H. Siegelbaum (Hg.): The Socialist Car. Automobility in the Eastern Bloc, Ithaca NY 2011, S. 1–13.
– (Hg.): The Socialist Car. Automobility in the Eastern Bloc, Ithaca NY 2011
SIMONOV, NIKOLAJ S.: Voenno-promyšlennyj kompleks SSSR v 1920–1950-e gody. Tempy ėkonomičeskogo rosta, struktura, organizacija proizvodstva i upravlenie, Moskva 1996.

Singer, Clifford: Energy and International War. From Babylon to Baghdad and Beyond, Singapore et al. 2008.
Slavkina, Marija V.: Triumf i Tragedija. Razvitie neftegazovogo kompleksa SSSR v 1960–1980-e gody, Moskva 2002.
–: Velikie pobedy i upuščennye vozmožnosti. Vlijanie neftegazovogo kompleksa na social'no-ėkonomičeskoe razvitie SSSR v 1945–1991 gg, Moskva 2007.
–: Bajbakov (žizn' zamečatel'nych ljudej. Serija biografij 1490 (1290)), Moskva 2010.
–: Četyre lika sovetskogo neftjanogo ėksporta: osnovnye tendencii razvitija v 1922–1990-e gody, in: Vestnik Čeljabinskogo gosudarstvennogo universiteta 7 (2012) 261, S. 56–64.
–: Neftegazovyj kompleks i modernizacija 1945–2008 godov: Problemy ėkonomičeskoj istorii i perspektivy razvitija, in: Vestnik Čeljabinskogo gosudarstvennogo universiteta 7 (2012) 261, S. 65–74.
–: Neftegazovyj faktor otečestvennoj modernizacii, 1939–2008, Moskva 2015.
Smil, Vaclav: Energy in World History, Boulder CO 1994.
–: Oil. A Beginner's Guide (Oneworld Beginner's Guides), Oxford 2008.
–: Energy Transitions. History, Requirements, Prospects, Santa Barbara 2010.
Smirnov, Michail B.: Sistema ispravitel'no-trudovych lagerej v SSSR. 1923–1960. Spravočnik, Moskva 1998.
Smith, Walter B.: Meine drei Jahre in Moskau, Hamburg 1950.
Snell, Edwin M.: Economic Efficiency in Eastern Europe, in: Congress of the US (Hg.): Economic Developments in Countries of Eastern Europe. A Compendium of Papers. Submitted to the Subcommittee on Foreign Economic Policy of the Joint Economic Committee (91. Congr., 2. sess. Joint Committee Print), Washington, D.C. 1970, S. 240–296.
Snyder, Timothy: Bloodlands. Europe between Hitler and Stalin, New York 2010.
Sobell, Vladimir: The Red Market. Industrial Cooperation and Specialisation in Comecon, Aldershot 1984.
Sokolov, Andrej K.: V godinu tjažkich ispytanij. Vklad otečestvennoj neftjanoj promyšlennosti v pobedu nad fašizmom v Velikoj Otečestvennoj vojne, in: Neft' Rossii (2005) 5, online verfügbar unter: http://www.oilru.com/nr/144/3002 [10.04.2012].
–: Sovetskoe neftjanoe chozjajstvo. 1921–1945 gg., Moskva 2013.
Sokolov, Boris V.: The Role of Lend-Lease in Soviet Military Efforts, 1941–1945, in: The Journal of Slavic Military Studies 7 (1994) 3, S. 567–586.
Spaulding, Robert M.: Trade, Aid, and Economic Warfare, in: Richard H. Immerman/Petra Goedde (Hg.): The Oxford Handbook of the Cold War, Oxford 2013, S. 394–413.
Stahmer, Alfred M.: Erdöl. Mächte und Probleme, Kevelaer 1950.
Staniszkis, Jadwiga: The Ontology of Socialism, Oxford et al. 1992.
Stern, Jonathan P.: Soviet Oil and Gas Exports to the West. Commercial Transaction or Security Threat?, Aldershot et al. 1987.
Stites, Richard: Revolutionary Dreams. Utopian Bision and Experimental Life in the Russian Revolution, New York 1989.
Stone, Randall W.: Satellites and Commissars. Strategy and Conflict in the Politics of Soviet-Bloc Trade (Princeton Studies in International History and Politics), Princeton NJ 1997.
Stueck, William: The Korean War, in: Melvyn Leffler/Odd Westad (Hg.): The Cambridge History of the Cold War. Volume I: Origins, Cambridge 2010, S. 266–287.
Styan, David: France and Iraq. Oil, Arms and French Policy Making in the Middle East (Library of International Relations 25), London 2006.
Subkowa, Jelena: Kaderpolitik und Säuberungen in der KPdSU (1945–1953), in: Hermann Weber/Ulrich Mählert (Hg.): Terror. Stalinistische Parteisäuberungen 1936–1953, Paderborn et al. 1998, S. 187–236.

Sultanov, Čapaj A.: Vystojali by SSSR i Evropa protiv fašiz-ma, v slučae poteri bakinskoj nefti? (K 60-letiju pobedy), Baku 2005.
Suny, Ronald G.: The Baku Commune, 1917–1918. Class and Nationality in the Russian Revolution, Princeton NJ 1972.
Sutton, Antony C.: Western Technology and Soviet Economic Development, 1917 to 1965. 3 Bde., Stanford 1968–1973.
Takoev, Dzandar A./Ivanov, Aleksej I.: Volžskaja neft', Kujbyšev 1960.
Taubman, William: Khrushchev. The Man and his Era, London 2003.
Terry, Sarah M. (Hg.): Soviet Policy in Eastern Europe. An Overview, New Haven CT 1984.
Thurston, Robert: The Stakhanovite Movement. Background to the Great Terror in the Factories, 1935–1938, in: Roberta T. Manning/John A. Getty (Hg.): Stalinist Terror. New Perspectives, Cambridge 1993, S. 142–160.
Tikhonov, Aleksei/Gregory, Paul R.: Stalin's Last Plan, in: Paul R. Gregory (Hg.): Behind the Façade of Stalin's Command Economy. Evidence from the Soviet State and Party Archives (Hoover Institution Press publication 493), Stanford CA 2001, S. 159–192.
Tolf, Robert W.: The Russian Rockefellers. The Saga of the Nobel Family and the Russian Oil Industry (Hoover-Institution-Publication 158), Stanford CA 1976.
Tonai, Yuzuru: Soviet Rule in South Sakhalin and the Japanese Community, 1945–1949, in: Svetlana Paichadze/Philip A. Seaton (Hg.): Voices from the Shifting Russo-Japanese Border. Karafuto/Sakhalin (Routledge Studies in the Modern History of Asia), Hoboken 2015, S. 80–100.
Travin, Dmitry/Marganiya, Otar: Resource Curse: Rethinking the Soviet Experience, in: Vladimir Gel'man/Otar Marganiya (Hg.): Resource Curse and post-Soviet Eurasia. Oil, Gas and Modernization, Lanham MD 2010, S. 23–47.
Tucker, Robert C.: The Soviet Political Mind. Stalinism and post-Stalin Change, London 1972.
Tugendhat, Christopher: Erdöl. Treibstoff der Weltwirtschaft: Sprengstoff der Weltpolitik, Reinbek 1972.
Tzouliadis, Tim: The Forsaken. From the Great Depression to the Gulags: Hope and Betrayal in Stalin's Russia, London 2008.
Vachitov, Gadel' G.: Neftjanaja promyšlennost' Rossii: včera, segodnja, zavtra. opyt razrabotki mestoroždenij uglevodorodov v 1950–2008 gg., 2. Aufl., Moskva 2008.
Vajner, I. J./Krol, M. M./Kozorezov, A. A.: Krutoj pod"em (1951–1980), in: V. A. Dinkov et al. (Hg.): Neft' SSSR. 1917–1987 gg., Moskva 1987, S. 75–138.
Vasilenko, A. B.: Kaspijskaja neft' v geopolitičeskoj strategii rukovodstva Sovetskoj Rossii (1917–1922 gg.), in: Vagit J. Alekperov (Hg.): Neft' strany Sovetov. Problemy istorii neftjanoj promyšlennosti SSSR (1917–1991 gg.), Moskva 2005, S. 8–43.
Vdovykin, G. P.: Istorija neftegazovogo dela v Rossii, Moskva 2003.
Vikent'ev, Aleksandr I.: Očerki razvitija sovetskoj ėkonomiki v četvertoj pjatiletke, Moskva 1952.
Volkogonov, Dmitrij A.: Triumf i tragedija. Političeskij portret I. V. Stalina. 2 Bde., Moskva 1989.
–: Autopsy for an Empire. The Seven Leaders Who Built the Soviet Regime, New York 1998.
Voroncova, Irina D. (Hg.): Istoriko-kul'turnyj atlas g. Uchty. Naučno-populjarnaja literatura, Uchta 2009.
Vysokov, Michail S.: Sachalinskaja neft', in: Moskovskij žurnal (2000) 8, S. 30–32.
Vysokov, Michail S./Lisicyna, Elena N.: Prinuditel'nyj trud v neftjanoj promyšlennosti Sachalina vo vtoroj polovine 40-ch – načale 50-ch gg. XX v., in: Vestnik ToGU 23 (2011) 4, S. 279–287.
Waschik, Klaus/Baburina, Nina I.: Werben für die Utopie. Russische Plakatkunst des 20. Jahrhunderts, Bietigheim-Bissingen 2003.
Weber, Hermann/Mählert, Ulrich (Hg.): Terror. Stalinistische Parteisäuberungen 1936–1953, Paderborn et al. 1998.

Weeks, Albert L.: Russia's Life-saver. Lend-lease Aid to the U.S.S.R. in World War II, Lanham MD 2004.
Westad, Odd A.: The Cold War and the International History of the Twentieth Century, in: Melvyn Leffler/Odd Westad (Hg.): The Cambridge History of the Cold War. Volume I: Origins, Cambridge 2010, S. 1–19.
Westwood, J. N.: Transport, in: Robert W. Davies et al. (Hg.): The Economic Transformation of the Soviet Union, 1913–1945, Cambridge 1994, S. 158–180.
Wheatcroft, Stephen G.: From Team-Stalin to Degenerate Tyranny, in: Edward A. Rees (Hg.): The Nature of Stalin's Dictatorship. The Politburo, 1924–1953 (Studies in Russian and East European History and Society), Basingstoke 2003, S. 79–107.
Wilczynski, Jozef: The Economics and Politics of East-West Trade. A Study of Trade between Developed Market Economies and Centrally Planned Economies in a Changing World, London 1969.
Wright, Arthur W.: Soviet Natural Resource Exports and the World Market, in: Robert G. Jensen et al. (Hg.): Soviet Natural Resources in the World Economy, Chicago 1983, S. 617–622.
Yegorova, Natalia I.: The ›Iran Crisis‹ of 1945–1946: A View from the Russian Archives (CWIHP Working Paper), Washington, D.C. 1996.
Yergin, Daniel: The Prize. The Epic Quest for Oil, Money, and Power, New York 1991.
Yodfat, Aryeh/Abir, Mordechai: In the Direction of the Persian Gulf. The Soviet Union and the Persian Gulf, London et al. 1977.
Zaleski, Eugène: Stalinist Planning for Economic Growth, 1933–1952, Chapel Hill 1980.
Zalkind, A. I./Mirošničenko, B. P.: Očerki razvitija narodno-chozjajstvennogo planirovanija, Moskva 1980.
Zarovnyj, Platon B.: Gazosnabženie gorodov RSFSR, in: Gazovaja promyšlennost' 1 (1956) 1, S. 21–23.
Zieber, Paul: Die sowjetische Erdölwirtschaft. Analyse eines sowjetischen Industriezweigs, Hamburg 1962.
Žimerin, Dmitrij G.: Istorija Ėlektrifikacii SSSR, Moskva 1962.
Zolotarev, Vladimir A./Sokolov, A. M./Janovič, Michail V.: Neft' i bezopasnost' Rossii, Moskva 2007.
Zubkova, Elena J.: Russia after the War. Hopes, Illusions, and Disappointments, 1945–1957 (The new Russian History), Armonk NY 1998.
–: The Soviet Regime and Soviet Society in the Postwar Years. Innovations and Conservatism, 1945–1953, in: Journal of Modern European History 2 (2004) 1, S. 134–152.
Zubok, Vladiaslav M.: A Failed Empire. The Soviet Union in the Cold War from Stalin to Gorbachev, London 2008.
Žukov, Ju. N.: Neftjanoj faktor v politike sovetskoj pravjaščej ėlity v 1921–1929 gg., in: Vagit J. Alekperov (Hg.): Neft' strany Sovetov. Problemy istorii neftjanoj promyšlennosti SSSR (1917–1991 gg.), Moskva 2005, S. 44–104.

Register